机器人学译丛

[美] 穆罕默德·H.萨德雷（Mohammad H. Sadraey）著

石忠佼 程喆坤 朱化杰 孙义 赵辰悦 译

无人飞行系统设计

DESIGN
OF
UNMANNED
AERIAL
SYSTEMS

U0126079

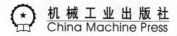

机械工业出版社
China Machine Press

图书在版编目（CIP）数据

无人飞行系统设计 /（美）穆罕默德·H. 萨德雷（Mohammad H.Sadraey）著；石忠佼等译 . —北京：机械工业出版社，2022.9
（机器人学译丛）
书名原文：Design of Unmanned Aerial Systems
ISBN 978-7-111-71151-3

I. ①无…　II. ①穆… ②石…　III. ①无人驾驶飞行器 - 飞行控制系统 - 设计　IV. ① V47

中国版本图书馆 CIP 数据核字（2022）第 117585 号

北京市版权局著作权合同登记　图字：01-2020-6458 号。

本书涵盖了无人飞行系统设计的三大主要部分——飞行器设计、自动驾驶仪设计和地面系统设计，从系统角度对无人飞行系统的设计和分析进行了全面的介绍。全书共有 14 章：第 1 章介绍设计基础，第 2 章详细介绍了初步设计，第 3 章介绍各设计项目（推进系统、动力传动系统、起落架等不同设计项目），第 4 章介绍机翼、水平尾翼、垂直尾翼以及机身的空气动力学设计，第 5 章介绍自动驾驶仪设计的基础知识，第 6～8 章分别介绍控制系统、制导系统和导航系统的设计，第 9 章介绍自动驾驶仪的核心器件——微控制器，第 10 章介绍发射和回收系统设计，第 11 章介绍地面控制站，第 12 章介绍有效载荷的选择和设计，第 13 章讨论通信系统的设计，第 14 章讨论各种设计分析和反馈。本书适合作为高年级本科生和低年级研究生的无人飞行系统、无人飞行器设计课程的教材，也可作为无人飞行器设计领域技术人员的参考书。

出版发行：机械工业出版社（北京市西城区百万庄大街 22 号　邮政编码：100037）

责任编辑：张秀华	责任校对：樊钟英　刘雅娜
印　　刷：北京铭成印刷有限公司	版　　次：2023 年 1 月第 1 版第 1 次印刷
开　　本：185mm×260mm　1/16	印　　张：31.5
书　　号：ISBN 978-7-111-71151-3	定　　价：199.00 元

客服电话：（010）88361066　68326294

译 者 序

无人飞行系统作为一个复杂、庞大的技术体系，集飞行器设计，导航、制导与控制，通信系统，计算机应用技术等学科于一体，是科技创新的集中体现。无人飞行系统能够自主感知并自主决策，相互之间可以协同执行任务，具有环境适应能力强、自主程度高、非接触、零伤亡、可长时间工作的特点，在军事和民用领域中具有广阔的应用前景，是近年来世界各国高度重视的新技术、新方向。

本书作者 Sadraey 博士是美国南新罕布什尔大学航空工程专业的副教授，同时也是飞行器设计领域的知名学者，从业 25 年间出版了多本学术专著。本书汇聚了作者近年来最新科研成果，从系统的角度对无人飞行系统的设计和分析进行了全面的介绍，涵盖了无人飞行系统设计的三大主要部分：飞行器设计、自动驾驶仪（即导航、制导与控制系统）设计和地面系统设计。相比目前大多数国内已有的无人飞行系统设计专著，本书具有内容完备、案例翔实、实用性强、适用范围广等特点。首先，本书涵盖了无人飞行系统设计所需的全部要素，包括设计人员分工、设计指标选定、无人飞行器设计、发射和回收系统设计、有效载荷选择以及总体性能分析。其次，在导航、制导与控制系统设计部分均用真实无人飞行器的设计案例验证所学理论。最后，分别以 C 语言和 MATLAB 语言的形式给出了嵌入式设备的源代码和数值仿真程序，对于工程实践具有很强的借鉴意义。每一章的结尾提供了相应的习题[⊖]，便于读者巩固所学知识。

翻译本书的目的是为国内从事无人飞行系统设计工作的科技工作者提供一本有益的参考书和工具书，为从事无人飞行系统设计教学的同行提供一本优秀的教材。衷心感谢本书作者、Wiley 出版社以及机械工业出版社的信任，尤其感谢机械工业出版社朱捷编辑的大力支持。本书翻译工作由北京理工大学飞行器控制系统实验室的师生共同完成。前言、缩略语、参数命名、第 8~10 章由博士后石忠佼翻译；第 1~5 章由研究生程喆坤翻译；第 6 章和第 7 章由研究生朱化杰翻译；第 11 章和第 12 章由研究生赵辰悦翻译；第 13 章和第 14 章由研究生孙义翻译。全书审校工作由石忠佼负责。

译者十分珍惜翻译此书的机会，在翻译过程中尽可能复原作者要表达的设计理念，并结合国内的工程习惯斟酌专业词汇和语句。但由于水平有限，书中难免有疏漏和不妥之处，欢迎广大读者批评指正。

译 者

2021 年 6 月于北京

⊖　关于教辅资源，凡使用本书作为教材的教师可登陆机械工业出版社教育服务网 www.cmpedu.com 注册后下载。

前　言

定义

无人飞行系统(UAS)指的是在完成某一空中任务的过程中,由无人飞行器及其配备的多种有效载荷构成的、系统内部协调有序的有机整体。通常易与之混淆的是无人飞行器(UAV),这是一种能够远程驾驶或自动驾驶的飞行器,可以携带各种有效载荷,例如摄像机、雷达、传感器和通信设备等。无人飞行器的所有飞行操作(包括起飞和降落)都是在无机载飞行员的情况下进行的。在新闻和媒体报道中,人们更喜欢使用"无人机"一词来指代无人飞行器。

无人飞行系统主要包括五大组成部分:无人飞行器、控制站、有效载荷、发射和回收系统、维护和保障系统。此外,可以将无人飞行器或系统元件所处的环境(例如空域、数据链、中继飞行器等)作为第六个不可缺少的组成部分。

无人飞行器不仅是一种可重复使用的飞行器,而且可以在执行关键飞行任务时避免人员安全受到威胁,并且其成本低于同类型的有人驾驶飞行器。无人飞行器也是一种飞行器,它们可以像普通飞行器一样在空中飞行。由于无人飞行器的设计类似于飞行器,因此它们也必须满足飞行过程中对飞行器的关键要求。无人飞行器设计人员需要知道如何集成复杂的多学科系统,了解飞行环境,熟悉设计要求和设计难点。

无人飞行器可用于多种飞行任务,在科学项目和科学研究中,可执行飓风跟踪、火山监测和遥感任务;在商业应用中,可执行高楼和桥梁观测、交通控制、塔台维护以及火灾监测任务。此外,无人飞行器也可供电影制作者进行航拍和摄影,可为导演捕捉完美的航拍画面提供一种新的拍摄方式。

在军事领域,无人飞行器可用于执行各种飞行任务,例如监视、侦察、智能路由、发动进攻和参与战斗等。无人飞行器通常具有灵活性强、适应性强的特点,能够进行侦察、地理测绘、收集各种污染物的样本等工作,并且能够执行"搜索和销毁"任务以及进行其他一般性研究。

无人飞行器领域对自主的定义尚无共识。无人飞行系统对自主性的一般要求是其能够提供更灵活的操作,这样操作员可以只告诉系统需要完成的任务是什么,而不是如何完成该任务,并且可以在任务目标动态变化的情况下,采用尽可能少的重规划操作完成任务。从远程驾驶到完全群体自主,无人飞行器的自主飞行能力由低到高可以分成 10 个级别。一般情况下,自主飞行包括一定程度的人工智能。自动驾驶仪是决定自主飞行能力的主要因素。例如,自动驾驶仪的一个主要功能就是辅助不稳定无人飞行器实现稳定飞行。

据美国联邦航空管理局(FAA)称,2018 年,美国至少有 12.2 万人获得了驾驶无人飞行器的专业认证,原因是该机构在 2016 年简化了允许无人飞行器商用的流程,由此引发了无人飞行器行业的爆发式发展。不过,联邦航空管理局也对无人飞行器的飞行做了规定,即不允许在飞行员视线外进行商业无人飞行器飞行。根据《时代》杂志的数据,2017年全球共售出了 300 万架无人飞行器[1],并且仅美国就有超过 100 万架无人飞行器在美国联邦航空管理局注册使用。

截至 2019 年 1 月,全世界至少有 62 个国家正在研发或使用无人飞行器,无人飞行器的种类也达到了 1300 多种。随着时间的推移,无人飞行器在出动架次、飞行时间以及任务拓展方面的贡献正在持续增加。这些无人飞行器的成本从几百美元(亚马逊出售各种产品)到数千万美元不等,重量从微型飞行器(MAV)的不足 1 lb 到大型无人飞行器的超过 4 万 lb 不等。无人飞行器必须能够适应以飞行员为中心的空域系统,而该空域系统的规则是根据有人驾驶飞行器的经验积累得到的。

读者对象

本书可作为高年级本科生和低年级研究生的无人飞行系统、无人飞行器设计课程的教材。在写作过程中作者付出了巨大的努力,旨在为读者详尽介绍无人飞行系统技术以及与其相关的多学科设计技术。由于作者试图将无人飞行系统设计的所有设计项目都涵盖到本书中,因此无法做到对每一项目进行详细介绍,读者可根据自身需求以及书后的参考文献进行有针对性的阅读和学习。

无人飞行器与有人驾驶飞行器有很多共同点。在设计方面,有人驾驶飞行器和无人飞行器既有很多相似之处,也有一些不同之处。相似之处包括:设计过程、约束条件(例如过载系数、增压)、飞行器的主要部件(例如机翼、机尾、机身、推进系统、结构、操纵面、起落架)。不同之处包括:自动驾驶仪、通信系统、传感器、有效载荷、发射和回收系统、地面控制站。

本书旨在成为无人飞行系统设计师的主要参考资料。本书介绍的技术同样适用于学术研究和课堂教学。本书可作为无人飞行系统和无人飞行器设计选修课的主要教材,也可作为对无人飞行系统感兴趣的读者的参考书。具有不同行业背景的工程师也可借助本书了解无人飞行系统,并为自己在无人飞行系统设计项目中的新角色做好准备。

方法

无人飞行系统设计的过程涉及众多学科,只有将这些学科有机地融合在一起才能获得满足要求的最佳设计。俗话说"实践出真知",因此强烈建议读者通过项目实践来检验自己所学的设计技术和理论。同时我们还鼓励教师开设一个长达一学期或一学年的无人飞行系统项目设计的课程,帮助学生在应用和实践过程中学习并体验工程项目设计的迭代过程。衷心希望本书能帮助各位学生和设计工程师设计出更高效、更安全的无人飞行系统和无人飞行器。

本书对与有人驾驶飞行器相似的内容进行了简单的回顾,同时详细介绍了有人驾驶飞行器设计教材中未涵盖的内容。我曾写过一本由 Wiley 出版的关于有人驾驶飞行器设计的书,即 *Aircraft Design: a Systems Engineering Approach*,建议读者仔细研究其中的部分内容。一些技术与传统的飞行器设计方法大有不同。在本书中,作者充分研究并论证了这种系统工程方法。

无人飞行器设计人员必须做到：(a)熟悉各种相关的工程技术知识；(b)了解无人飞行器的最新发展状况；(c)了解当前的设计技术；(d)借鉴过去的失败教训；(e)通晓多种无人飞行器设计方案。

无人飞行器的设计过程包含集成和迭代两大部分。设计过程包括：综合(将已知事物组合成全新的且更有用的新事物的创新过程)、分析(预测候选设计方案表现和行为的过程)、评估(对每个可行候选设计方案进行性能计算和比较，确定其不足之处的过程)。

无人飞行器通常比有人驾驶飞行器小，因此具有较小的雷达特征以及较大的航程。无人飞行器设计人员也要参与任务规划，而有效载荷的类型直接影响任务规划。对于任何任务，指挥人员都会不遗余力地提高其任务成功率。任务规划的限制条件是无人飞行器的成本。无人飞行器既可以用于科学研究，也可以用于军事目的。无人飞行器过去仅执行侦察任务，现在则可以完成军事打击、武装护卫和信号收集等工作。

除了与传统飞行器设计相同的内容外，本书还介绍了发射器、回收系统、通信系统、光电/红外摄像机、地面控制站、自动驾驶仪、雷达、科学传感器、飞行控制系统、导航系统、制导系统和微控制器等方面的内容。

内容概述

本书回顾了无人飞行器的设计基础，同时也介绍了无人飞行系统的设计技术。本书共14 章。第 1 章专门介绍设计基础，包括设计过程和三个设计阶段(即概念设计、初步设计和详细设计)。第 2 章详细介绍了初步设计阶段，包含了如何确定最大起飞重量、机翼参考面积以及发动机推力/功率等。第 3 章给出了推进系统、电气系统、起落架等不同设计项目和安全分析。第 4 章介绍了机翼、水平尾翼、垂直尾翼以及机身的空气动力学设计。第 5 章介绍了自动驾驶仪设计的基础知识，包括无人飞行器动力学建模、自动驾驶仪分类、飞行仿真、无人飞行器飞行品质以及自动驾驶仪的设计流程。第 6、7、8 章分别介绍了控制系统、制导系统和导航系统的设计。第 9 章介绍了自动驾驶仪的核心器件——微控制器，包括微控制器电路、微控制器元件、嵌入式系统和编程，此外，还介绍了一些开源商业微控制器和自动驾驶仪(例如 Arduino 和 ArduPilot)。第 10 章和第 11 章专门介绍了无人飞行系统的两个子系统，即发射和回收系统与地面控制站，包含系统的基本原理、相关设备、系统分类、控制方程式、人机工程学和相关设计技术介绍。第 12 章介绍了如何对有效载荷进行选择和设计，讨论了各种类型的有效载荷，包括货物、光电摄像机、红外传感器、测距仪、雷达、激光雷达、科学研究有效载荷、军事有效载荷和电子对抗设备等。第 13 章讨论了通信系统(包括数据链、发射机、接收机、天线、无线电频率和加密)的设计。第 14 章讨论了各种设计分析和反馈，主要对重量和平衡分析、稳定性分析、可控性分析、飞行性能分析和成本分析等技术进行了讨论。

本书提供了许多示例问题及案例，让读者能够对讨论的主题有一个清晰的理解。为展示所介绍的设计技术在现实中的应用，各章还提供了许多已经完全解决的示例。每章的结尾基本都提供了练习题，有些章还提供了设计题和实验。

四旋翼飞行器

由于四旋翼飞行器自身的特性以及在航空和商业应用中的广泛应用，本书将其作为一类特殊的无人飞行器进行详细介绍。在本书的个别章中，针对四旋翼飞行器的构型设计、空气动力学设计和控制器设计进行了专门的介绍：2.10 节介绍了四旋翼飞行器的构型，4.8 节介绍了空气动力学设计，5.7 节介绍了动力学模型。

单位制

本书采用国际单位制（又称公制），其中长度单位为米（m），质量单位为千克（kg），时间单位为秒（s）。由于公制单位比英制单位更通用且更准确，因此在全球范围内得到了广泛的应用，并成了教育界的基础单位制。然而，目前许多联邦航空条例（Federal Aviation Regulations，FAR）都采用了英制单位，其中长度/高度单位为英尺（ft）^㊀，质量单位为斯勒格（slug）^㊁，力（重量）单位为磅（lb）^㊂，时间单位为秒（s）。美国的工业界和其他联邦机构与组织（例如 FAA 和 NASA）仍在广泛地使用英制单位。

在联邦航空条例中，磅（lb）用作力和重量的单位，节（kn）^㊃用作空速的单位，英尺（ft）用作高度的单位。因此，在许多场景下将节（kn）用作空速单位，磅（lb）用作重量和力的单位，英尺（ft）用作高度的单位。所以，本书中同时采用了国际单位和英制单位。

在某些情况下，同一物理量会同时采用两种单位制来表示，而有的情况，可能需要借助单位转换表进行转换。根据上下文，有时会使用基本单位之外的单位对物理量进行表示，对于质量和空速尤其如此。例如，无人飞行器的空速用千米/时（km/h）或节（kn）表示比用米/秒（m/s）或英尺/秒（ft/s）更方便。对于质量和重量，最大起飞质量以千克（kg）为单位，最大起飞重量以磅（lb）为单位。

致谢

本书的出版离不开大家的共同努力，在此衷心地感谢 Wiley 出版社各位编辑为此付出的宝贵时间和心血，感谢策划编辑 Eric Willner 和 Steven Fassioms、出版编辑 Thilagavathy Mounisamy、排版编辑 Sashi Samuthiram，以及优秀的文字编辑兼校对 Mary Malin，他们对本书的顺利出版起着重要的作用。感谢我的学生以及本书的审稿人，他们提出的建议和意见使我的写作思路更加清晰，极大地促进了本书的成稿。

Mohammad H. Sadraey

2019 年 1 月

㊀ 1 ft＝0.3048 m。——编辑注

㊁ 1 slug＝14.5939 kg。——编辑注

㊂ 1 lb＝0.453 592 37 kg。——编辑注

㊃ 1 kn＝1 n mile/h＝(1852/3600) m/s。——编辑注

目　　录

X

第1章 设计基础

教学目标

经过本章的学习，读者将能够：

1）详述当前和现代无人飞行器的特征。

2）管理无人飞行系统设计项目。

3）制定无人飞行器的设计要求。

4）熟悉当前无人飞行系统的关键技术。

5）熟悉当前无人飞行系统的设计技术。

6）描述无人飞行器的分类。

7）解释设计过程。

8）进行可行性分析。

9）组建无人飞行器的设计团队。

10）描述无人飞行器设计中的系统工程方法。

11）进行无人飞行器的概念设计、初步设计和详细设计。

12）知悉无人飞行器构型设计中的备选方案。

13）对设计评审、评估和反馈结果进行分析。

14）进行安全分析。

15）熟悉无人飞行器现有的问题和挑战。

16）借鉴以往无人飞行器设计经验。

17）准备并提交设计报告。

1.1 引言

无人飞行器（UAV）是一种能够远程驾驶或自动驾驶的飞行器，可携带摄像机、传感器、通信设备等有效载荷。其所有飞行操作（包括起飞和降落）都是在无机载飞行员的情况下进行的。在美国国防部（DOD）的某些报告中，倾向于使用"无人飞行系统"（UAS），但在媒体报道中，使用的是"无人机"（drone）。无人飞行器旨在执行关键飞行任务，避免人员安全受到威胁，并且比同类型的有人驾驶系统更具成本优势。民用无人飞行器的设计目的是以低于同等有人驾驶飞行器的成本来执行特定的任务。

无人飞行器设计本质上是工程设计的一个分支。设计通常是一个伴随着绘图或制图的分析过程。设计有自己的知识体系，该知识体系独立于相关的科学分析工具。设计是人们日常生活中解决问题的方法的高级版本。

在过去的几十年中，有关无人飞行器的研究引起了越来越多人的兴趣，无论是固定翼还是旋翼无人飞行器都受到了极大的重视。早些年，无人飞行器设计旨在最大限度地提高其续航时间和航程，但近年来无人飞行器的设计要求发生了变化。无人飞行器的应用横跨民用和军用两个领域，后者在现阶段更为重要。在设计过程的早期阶段，性能、运行成本和可制造性等方面得到了高度重视。各种原型机、演示机和初始产品项目（如"捕食者""全球鹰"和其他国际项目）都满足了各自的技术要求。要取得潜在的无人飞行器技术突破需要认识到上述通用无人飞行器设计要求及其对无人飞行器系统成本、运行和性能的影响。

2016 年 6 月，美国运输部联邦航空管理局（FAA）制定了首个小型无人飞行系统（sUAS）商用规范，为无人飞行系统完全进入美国领空开辟了道路。这些新法规旨在安全地利用创新，刺激就业增长，推进关键科学研究并挽救生命。根据联邦航空条例（FAR）第 107 条，小型无人飞行器指重量小于 55 lb（即质量小于 25 kg）的无人飞行器。请注意，第 107 条并不涵盖娱乐或业余用途的小型无人飞行器。此外，107.51(a)～(d)规定，小型无人飞行器只能在 400 ft 以下飞行，即只能在地面（即当地海拔）以上，云层以下 500 ft，且能见度不得小于 3 mile [⊖] 的空域内飞行。

有人驾驶飞行器的设计原则已发展多年并取得了成功，无人飞行器的设计原则与之类似。无人飞行器的尺寸根据其用途的不同而大小各异。在许多情况下，无人飞行器的设计和制造面临着新的挑战。针对这些新要求，最近的一些研究工作都与创新型无人飞行器的设计有关。洛克希德·马丁等老牌公司及一些初创公司都在开发用于小型和大型固定翼无人飞行器的自动驾驶技术。许多概念设计技术、初步设计方法和优化方法已经被应用到各种无人飞行器的设计中，例如将多目标遗传算法应用到中空长航时（Medium-Altitude Long-Endurance，MALE）无人飞行器设计中。

出现于 20 世纪 90 年代早期的第一批无人飞行器是基于无人飞行器通用设计原则和实验研究结果设计得到的。民用无人飞行器的主要局限性往往是由低成本造成的。自动控制系统设计是无人飞行器技术中的一个重要领域。在过去二十年中，随着运算能力的大幅提升和通用软件包的开发，利用设计软件包进行现代无人飞行器的设计、评估和优化成为可能。

由于无人飞行器也是一种飞行器，因此它们可以像普通飞行器一样在空中飞行。因此它们也必须满足飞行过程中对飞行器的关键要求。无人飞行器设计人员需要知道如何集成复杂的多学科系统，了解飞行环境，并熟悉设计要求和设计难点。

无人飞行器系统不仅仅指可重复使用的飞行器。无人飞行器系统包括五个基本组成部分：无人飞行器或其系统单元所处的环境（例如空域、数据链、中继无人飞行器等）、飞行器或飞行器单元、控制站或任务控制单元、有效载荷或有效载荷单元、维护和保障系统或保障单元。

有人驾驶飞行器的设计与无人飞行器的设计有相似之处，但也有一些差异，如设计过程、约束条件（例如过载系数、增压）和无人飞行器的主要部件（自动驾驶仪、地面控制站、通信系统、传感器、有效载荷）。无人飞行器设计人员必须了解：（a）无人飞行器的最新发

⊖　1 mile＝1609.344 m。——编辑注

展情况；(b) 当前的设计技术；(c) 过去的失败教训。设计人员还应通晓多种无人飞行器的设计方案。

在美国注册的小型遥控模型飞行器(业余爱好者)的数量预计将从 2017 年的 110 万架增加到 2022 年的 240 万架。此外，2017 年商用(小型非模型无人飞行器)注册总数为 110 604 架，预计在 2022 年将增长到 451 800 架。从 2015 年 12 月开始，联邦航空管理局 (FAA)要求所有者们将重量在 0.55 lb 以上和 55 lb 以下的模型和商用无人飞行器进行注册。重量超过 55 lb 的大型无人飞行器必须作为传统飞行器在联邦航空管理局注册。

目前主要有五种军用无人飞行器在役，它们分别是美国陆军的"猎人"和"影子"、美国海军的"先锋"，以及美国空军的"捕食者"和"全球鹰"。这些无人飞行器的特性将在 1.3 节中介绍。

截至 2019 年 1 月，全世界至少有 62 个国家正在研发或使用无人飞行器，无人飞行器的种类也达到了 1300 多种。无人飞行器在出动架次、飞行时间和任务拓展方面的贡献在持续增加。这些无人飞行器在有效载荷的携带能力、暂存场地(体积、环境)、任务剖面 (高度、范围、持续时间)及其指挥、控制和数据采集能力均有不小的差异。

截至 2019 年 1 月，以下国家和地区开发并使用了民用无人飞行器：阿尔及利亚、阿根廷、亚美尼亚、澳大利亚、奥地利、阿塞拜疆、白俄罗斯、比利时、巴西、保加利亚、加拿大、智利、中国、哥伦比亚、哥斯达黎加、克罗地亚、捷克共和国、爱沙尼亚、芬兰、法国、格鲁吉亚、德国、希腊、匈牙利、印度、印度尼西亚、伊朗、以色列、意大利、日本、约旦、拉脱维亚、马来西亚、墨西哥、荷兰、新西兰、尼日利亚、挪威、朝鲜、巴基斯坦、秘鲁、菲律宾、波兰、葡萄牙、罗马尼亚、俄罗斯、沙特阿拉伯、塞尔维亚、新加坡、斯洛文尼亚、南非、韩国、西班牙、瑞士、瑞典、泰国、突尼斯、土耳其、阿拉伯联合酋长国、英国、美国、越南。

无人飞行器之前只执行侦察任务，现在也可以执行军事打击、武装护卫和信号收集任务。截至 2018 年，以下国家研发并使用了军用无人飞行器：阿根廷、澳大利亚、巴西、加拿大、中国、法国、德国、以色列、伊朗、伊拉克、印度、意大利、尼日利亚、巴基斯坦、俄罗斯、索马里、西班牙、南非、土耳其、英国和美国。

美国通用原子航空系统公司(通用动力公司的通用原子部门)于 2018 年 4 月 9 日宣布，包括 MQ-1 "捕食者"、"捕食者" B、"灰鹰"、MQ-9 "收割者"、MQ-9B "空中守护者" 和 "捕食者" C "复仇者" 在内的 "捕食者" 系列遥控飞行器于 4 月 4 日达到了一个历史性的行业里程碑，即飞行了 500 万 h，完成了 360 311 项任务，其中超过 90% 的任务是在战斗中完成的。

对能源、电信、摄影、体育和建筑等领域的公司而言，无人飞行器可以帮助它们开拓新的业务。根据美国航空航天工业协会(AIA)2013 年的一份报告，预计到 2023 年，无人飞行系统在民用空域将产生 890 亿美元的收益。2013 年，美国每年的无人飞行时间超过 100 万 h，美国国防部拥有的无人飞行器超过 7000 架。

最近，美国海军陆战队采购了新的 Mk-3 GEN5-D1 "瞬时眼" 小型无人飞行系统，以扩大其任务范围，并为海军陆战队员提供额外的侦察、监视和目标捕获能力。

本章将介绍定义、设计过程、无人飞行器的分类、现有的无人飞行器以及无人飞行系统设计中存在的挑战。此外，本章还介绍基于系统工程方法的无人飞行器概念设计、初步设计和详细设计。对于每个设计阶段，将给出设计流程图和设计步骤，描述如何在无人飞行系统设计中应用该方法。

1.2 无人飞行器的分类

无人飞行器设计人员必须能够根据不同的参数（例如成本、尺寸、重量、任务和用户群）对无人飞行器进行分类。例如，以无人飞行器的重量区分，可分为重量不足 1 lb 的微型飞行器(MAV)、重量超过 4 万 lb 的无人飞行器等。另外，以无人飞行器的成本区分，可分为低于 100 美元(亚马逊出售的各种产品)的、高达数千万美元(如"全球鹰")的等。此外，以无人飞行器的任务区分，可分为侦察、作战、目标捕获、电子战、监视、特殊用途、靶机与诱饵、通信中继、后勤[3]、研究与开发、民用和商用无人飞行器，以及环境应用无人飞行器(例如堪萨斯大学使用无人飞行器测量北极冰层厚度)。

例如，在慈善救助或灾害响应中，当手机信号塔受损时，可以利用通信中继无人飞行器填补通信网络中的空白或提高现有通信的质量、范围以及安全性。此外，在搜救任务中，集群技术可使多个小型无人飞行系统可以协同工作，从而覆盖更大的区域并与同一地面控制站进行通信。

无人飞行器具有许多优点，因此在军事领域被认为是一个"力量倍增器"。通常，与执行相同任务的有人驾驶飞行器相比，无人飞行器能够以较低的风险和较低的成本达到目标。无人飞行器在海军中的典型应用包括[4,5]：(a) 跟踪敌方舰队；(b) 通过发射人工信号诱骗导弹；(c) 获取电子情报；(d) 中继无线电信号；(e) 保护港口免受近海攻击；(f) 声呐浮标的放置和监测以及其他可能形式的反潜战；(g) 光学监视和侦察；(h) 指挥、控制、通信、计算机、情报、监视和侦察(C4ISR)。

例如，用小型无人飞行系统进行空中集群突袭被认为是一种突破雷达防御的有效方法[5]。该方法的具体做法是使具有不同功能的无人飞行器充满目标区域，其中一些无人飞行器充当诱饵，另一些无人飞行器携带武器摧毁指定目标。与传统的隐形技术相比，该策略具有更高的性价比。

早期的无人飞行器仅包含靶机和遥控飞行器(RPV)两大类型，而目前的无人飞行器包含从微型无人飞行器(长度小于 15 cm，或重量小于 1 lb)到高空长航时(HALE)无人飞行器，再到战术和战斗无人飞行器等在内的各类飞行器。本节将简要介绍各类无人飞行器的特点。

微型无人飞行器(Micro UAV，MUAV)最初源于美国国防部高级研究计划局(DARPA)的一项研究计划，旨在探寻微型飞行器在未来军事行动中的意义，并开发和演示适用于超小型无人飞行器(各维度均小于 15 cm 或 6 in ⊖)的飞行技术。战术无人飞行器(例如"先驱者")旨在为战术指挥官提供 200 km 内的近实时图像情报。联合战术无人飞行器("猎人")旨在为地面和海上部队提供 200 km 内的近实时图像情报。

中空长航时(MALE)无人飞行器("捕食者")可提供图像情报，以满足联合特遣部队和

⊖ 1 in＝0.0254 m。——编辑注

战区指挥官在 500 n mile [⊖] 范围内的需求。高空长航时（HALE）无人飞行器（"全球鹰"）主要用于需要远程部署和广域监视的任务，也可在目标区域上空进行长时间数据采集。

表 1-1 从重量、尺寸、任务［例如高空长航时、无人战斗飞行器（UCAV）］等方面展示了无人飞行器的分类标准。在表 1-1 中，固定翼无人飞行器的尺寸指的是翼展和机身长度的最大值，而对于四旋翼飞行器来说，它指的是螺旋桨尖之间的距离。此外，重量是指无人飞行器的最大起飞重量（MTOW）。

表 1-1 无人飞行器（UAV）分类

序号	类别	重量/lb	尺寸	正常飞行高度/ft	航程/km	续航时间
1	微型	<0.55	≤10 cm	<100	0.1～0.5	≤1 h
2	迷你型	0.55～2	10～30 cm	<500	0.5～1	≤1 h
3	超小型	2～5	30～50 cm	<1000	1～5	1～3 h
4	小型	5～55	0.5～2 m	1000～5000	10～100	0.5～2 h
5	中型	55～1000	5～10 m	10 000～15 000	500～2000	3～10 h
6	大型	10 000～30 000	20～50 m	20 000～40 000	1000～5000	10～20 h
7	战术/战斗	1000～20 000	10～30 m	10 000～30 000	500～2000	5～12 h
8	MALE	1000～10 000	15～40 m	15 000～30 000	20 000～40 000	20～40 h
9	HALE	>5000	20～50 m	50 000～70 000	20 000～40 000	30～50 h
10	四旋翼飞行器	0.5～100	0.1～1 m	<500	0.1～2	20 min～1 h
11	直升机	0.001～200	13 mm～2 m	<500	0.2～5	10 min～2 h

波音-英西图"扫描鹰"（见图 3-3）被归类为小型无人飞行器，RQ-4"全球鹰"是高空长航时无人飞行器，MQ-1"捕食者"和 MQ-9"收割者"是中型无人飞行器。X-45 被称为战术无人飞行器或无人战斗飞行器。四旋翼飞行器可分为包括微型到中型在内的多种类型。

在美军中，分类主要基于梯队制。例如，在美国空军中，第 I 梯队用于低空、长航时任务，而第 II 梯队用于中空长航时任务（如"捕食者"）。此外，第 II＋梯队用于高空长航时任务，第 III 梯队用于高空长航时、低可见任务。中空长航时无人飞行器通常用在本土作战场景，高空长航时无人飞行器通常用在洲际作战场景。

在海军陆战队中，第 I 梯队为迷你无人飞行器（如"黄蜂"），第 II 梯队为"先锋"等，第 III 梯队为中程飞行器（如"影子"）。在陆军中，第 I 梯队为小型无人飞行器（如"大乌鸦"），第 II 梯队为短程战术无人飞行器（如"影子 200"），第 III 梯队为中程战术无人飞行器。

微型、迷你型、超小型、小型、高空长航时无人飞行器以及四旋翼飞行器通常可以在 G 类国际空域内飞行。中空长航时无人飞行器可以在 A 类空域内飞行，战术无人飞行器可以在 B、C、D、E 类空域内飞行。应当明确的是，无论是在哪类空域内飞行，都必须提前获得相应主管部门的许可。大型无人飞行器必须在标示的空域内通过应答机等设备发送无线电信号，以表明其飞行特性。

军用无人飞行器分类的另一个准则是等级：1 级支援排级队伍（如"大乌鸦"、MUAV和小型无人飞行器），2 级支援连级队伍（如介于 1 级和 2 级间的无人飞行器），3 级支援营

⊖ 1 n mile≈1.852 km。——编辑注

级队伍(如"影子200"战术无人飞行器),4级支援旅级队伍[如"猎人"、增程/多用途(Extended Range/Multipurpose,ER/MP)无人飞行器]。美国在为军用无人飞行器命名时,用"R"代表侦察,"Q"代表无人飞行系统。例如,"捕食者"是第一种用于侦察任务的无人飞行器(因此命名为RQ-1)。

　　无人飞行器按照机翼类型可分为两类:固定翼和旋翼。固定翼无人飞行器通常需要跑道或发射器才能起飞,而旋翼无人飞行器则可以垂直起降。两种常见的旋翼无人飞行器是:无人直升机和四旋翼飞行器。图1-1所示为最大质量为94 kg、续航时间为1 h的雅马哈RMAX无人直升机。该无人飞行器主旋翼直径为3.115 m,长为3.63 m。

图1-1　雅马哈RMAX无人直升机

部分当前在役无人飞行器如下:

- 美国陆军无人飞行器系统:RQ-1L I-GNAT、RQ-5/MQ-5"猎人"空中侦察连、RQ-7"影子"空中侦察排、RQ-11"大乌鸦"班。
- 空军无人飞行器系统:RQ-4"全球鹰"、RQ/MQ-1"捕食者"、MQ-9"捕食者"B、武装护卫空中监视系统——"沙漠鹰"。
- 海军无人飞行器系统:RQ-2"先锋"、RQ-8B"火力侦察兵"。
- 海军陆战队无人飞行器系统:FQM-151"指针"、"龙眼""银狐""扫描鹰"。
- 海岸警卫队无人飞行器系统:"鹰眼"。
- 特种作战司令部无人飞行器系统:CQ-10"雪雁"、FQM-151"指针"、RQ-11"大乌鸦"、"龙眼"、RQ-170"哨兵"。

　　任何无人飞行器都必须按照FAR的特定部注册。表1-2按以下三部列出了FAA的无人飞行器注册范围:48部、47部和107部。FAA批准[6]将超过55 lb的新型无人飞行器用于农作物喷洒商业作业。

表 1-2　无人飞行器的注册范围

序号	无人机重量(质量)	FAR
1	≥0.55 lb(250 g)	48 部
2	≥55 lb(25 kg)	47 部
3	<55 lb(25 kg)	107 部

1.3　典型无人飞行器回顾

　　了解一些新旧无人飞行器的特点对于无人飞行器设计者来说是非常有帮助的。第11章将介绍这些无人飞行器地面控制站的特点。此外,第12章将介绍这些飞行器的有效载荷。第 2 章将给出设计其他无人飞行器时的经验教训。这一节介绍无人飞行器设计项目的一些成功案例，以及一些发生坠毁或取消的项目。

1.3.1　"全球鹰"

"全球鹰"（见图 1-2）是一种先进的情报、监视和侦察无人飞行系统，由高空长航时飞行器和地面控制部分组成，用于指挥、控制和数据收集。它的主要任务是提供公开、连续、全天候、近实时的大型区域侦察和监视。由诺斯罗普·格鲁曼公司设计和制造的"全球鹰"是目前最大的军用无人飞行系统。

图 1-2　"全球鹰"

1998 年 2 月 28 日，星期六，"全球鹰"在加利福尼亚州爱德华兹空军基地进行首飞。2001 年 4 月，它首次从美国飞往澳大利亚，这标志着无人飞行器第一次成功穿越太平洋。整个任务（包括起飞和降落）都是由无人飞行器根据任务规划自主控制的。系统地面控制部分的发射和回收单元持续监测无人飞行器的飞行状态。

吉尼斯世界纪录已认证这次飞行是全尺寸无人飞行器进行的最长的飞行距离（13 840 km）。"全球鹰"由加利福尼亚州地面控制站的飞行员轮班监控，可以 24 h 执行任务，而且其操作成本比 U-2 侦察机要低。

"全球鹰"是目前最大的具有成功飞行经历的现役无人飞行器，并且具备高海拔飞行和长续航能力，其质量和几何特征为：翼展为 39.9 m，长度为 14.5 m，最大起飞质量为 14 628 kg。该高空长航时无人飞行器装备一台罗尔斯·罗伊斯 F137-RR-100 涡轮风扇发动机，最大推力为 34 kN。该无人飞行器的性能指标如下：最高速度为 340 kn，巡航速度为 310 kn，航程为 22 779 km，续航时间为 32 h 以上，实用升限为 60 000 ft。"全球鹰"为铝制机身，装备加压的有效载荷和航空电子设备舱。

1.3.2　RQ-1A "捕食者"

美国通用原子公司开发的"捕食者"无人机（见图 8-5）是一种相对较小的飞行器（翼展为 48.4 ft），由高强度复合材料制成。"捕食者"于 1994 年 6 月首飞，被认为是美军最成功的无人飞行器之一。

"捕食者"的飞行和操作大约需要 55 位专职人员。"捕食者"可以沿着预先设定的路径自动飞行。通过卫星通信和加密数据链，它可以在世界上任何地方远程飞行。机翼和尾翼是可拆卸的,整个飞行器可装在专用的集装箱中,并与地面控制拖车一起使用 C-130 运输。

"捕食者"的构型相对传统,有大展弦比(19)机翼、Y 型尾翼,单推杆活塞发动机和三点式伸缩起落架。由于其最大起飞重量为 2100 lb,并且发动机功率较低(115 hp $^{\ominus}$),因此性能相对较弱(巡航速度为 90 kn,升限为 26 000 ft)。但是,在携带 450 lb 有效载荷的情况下,它的续航时间相对较长,为 25 h。

自 20 世纪 90 年代中期首次作战部署以来,"捕食者"已经从单纯的监视型无人飞行器演变为武装飞行器,成为美国在中东国家(如阿富汗、伊拉克、巴基斯坦和叙利亚)军事力量的象征。在携带两枚"地狱火"导弹时,"捕食者"的最大速度为 135 mile/h,航程为 770 mile。"地狱火"导弹虽然在编制上不属于空军导弹,但由于其轻便(14.2 kg)、小巧(53 cm),因此可以挂载到"捕食者"无人飞行器上。空军导弹相对较重(86 kg)、较大(2.89 m)。2013 年,"捕食者"每小时的飞行成本为 3679 美元。2009 年 2 月 18 日,"捕食者"机队飞行时长达到 50 万 h。"捕食者"已于 2018 年从美国空军退役。

1.3.3　MQ-9"捕食者"B"收割者"

"捕食者"最初有两种衍生型号,目前被命名为 MQ-1"捕食者"和 MQ-9"捕食者"B"收割者"。MQ-9"捕食者"是一种比早期版本(即"捕食者"A)更大、更重、性能更强的飞行器。在服役 20 多年后,美国空军于 2017 年 2 月 27 日宣布 MQ-1"捕食者"无人飞行器将于一年内逐步淘汰。"捕食者"的退役并不意味着它们将消失在天空中。相反,美国制造商通用原子航空系统公司重新开发了民用版本的无人飞行器,并更名为"捕食者"B"收割者",希望将其出售给警察和消防机关。

通用原子公司已经研发了"捕食者"B 的四种衍生型号:

- 海军版本,名为"水手"。
- 美国海关和边防版本,被称为"守护者"。
- 国际版本"天空卫士"。
- 英国版本"保护者"RG.1。

"捕食者"B(于 2001 年首飞)配备了霍尼韦尔 TPE-331-10T 涡轮螺旋桨发动机,额定功率为 750 hp,载油 1360 kg。更高的发动机功率使"收割者"可以携带 15 倍以上的弹药载荷,并且巡航速度约为 MQ-1"捕食者"A 的 3 倍。

该无人飞行器起飞总质量为 4500 kg,翼展为 20 m,最大速度为 210 kn,升限为 50 000 ft。"捕食者"B 有两种有效载荷:340 kg 内部有效载荷(用于传感器和照相机)和 1360 kg 外部有效载荷(用于 6 个存储箱或 14 枚"地狱火"导弹)。携带两个 1000 lb 外部油箱和 1000 lb 弹药时,MQ-9 的续航时间为 42 h。

"复仇者"是通用原子航空系统公司开发的无人战斗飞行器。它是美国陆军最新的无人飞行器之一。2012 年,该公司改进了地面控制站。作为"捕食者"的衍生型号,"复仇者"与 MQ-1 和 MQ-9 使用相同的地面保障基础设施,包括地面控制站和通信网络。到

$\ominus$　1 hp=745.7 W。——编辑注

2018 年底，"捕食者"（"捕食者"A、"灰鹰""天空卫士"和"收割者"）的飞行时间已经超过 500 万 h。

1.3.4　RQ-5A "猎人"

RQ-5A "猎人"无人飞行器基于 MQ-5 "猎人"，该项目于 1996 年 1 月被取消，这是第一个因 20 起空难而取消的项目。诺斯罗普·格鲁曼公司的 RQ-5A "猎人"自 1996 年来一直在美国陆军服役，2014 年 1 月 13 日，其战斗飞行时间超过 10 万 h。这架翼展为 10.57 m 的无人飞行器由两台梅赛德斯 HFE 柴油发动机提供动力，每台发动机的最大功率为 56 hp。"猎人"的最大起飞质量为 885 kg，最大速度为 90 kn，航程为 125 km，续航时间为 21 h，实用升限为 18 000 ft。

该无人飞行器有两名操作人员，一名在地面控制站（GCS）中控制起飞后的飞行，另一名在跑道上进行起降控制。位于飞行器下方的挂钩（一种缆绳系统）可将飞行器挂在一组横跨跑道的拦阻索上。截至 2012 年 10 月，美国陆军有 20 架 MQ-5B "猎人"在役，但"猎人"于 2013 年前陆续退役。

1.3.5　RQ-7 "影子 200"

RQ-7 "影子 200"无人飞行器具有矩形上单翼、推进式发动机、双尾撑和倒 V 形尾翼。该飞行器由功率为 38 hp 的活塞发动机提供动力。与"猎人"不同，"影子"不需要操作人员，而是依靠发射器起飞，并使用自动着陆系统进行回收。着陆系统称为战术自动着陆系统，通常在没有 GCS 操作人员干预的情况下控制飞行器的着陆。

缆绳系统（类似于"猎人"使用的系统）用于着陆后拦停飞行器。GCS 操作人员可以通过计算机菜单界面完成飞行器飞行过程的控制，该界面允许操作人员选择高度、航向和空速。在着陆过程中，GCS 内的操作人员既看不到飞行器，也接收不到任何来自机载传感器的输入信息。GCS 操作人员需要依靠外部观察员来确定飞行器是否已经着陆，获得着陆信息后才能发出飞行器发动机停止运行的命令。

1.3.6　RQ-2A "先锋"

与美国陆军的"猎人"无人飞行器一样，"先锋"（首飞时间：1985 年）也需要外部操作人员进行起飞和降落操作。起飞后，地面控制站能够以三种模式对飞行器进行控制。在第一种模式下，飞行器自动运行，自动驾驶仪根据全球定位系统的预编程坐标控制飞行器抵达每个路径点。在第二种模式下，地面控制站内部操作人员给定指令使得自动驾驶仪控制空速、高度、航向或滚转角。在第三种模式下，地面控制站内部操作人员使用操纵杆驾驶飞行器。"先锋"可以使用拦阻索降落在跑道上，但由于它是美国海军/海军陆战队使用的飞行器，因此也可以通过撞网的方式降落在船上。

"先锋"无人飞行器的翼展为 16.9 ft，长度为 14 ft，最大起飞重量为 450 lb，最大速度仅为 110 kn。

自 1994 年以来，"先锋"无人飞行器已飞越包括波斯尼亚、海地和索马里在内的多个国家。2006 年，它在伊拉克的费卢杰得到了广泛使用。在"沙漠盾牌"行动中，美国部署了 43 架"先锋"无人飞行器,飞行了 330 架次,完成了 1000 多个小时的飞行。在 10 年中,"先锋"无人飞行器飞行了近 14 000 h。

1.3.7　RQ-170"哨兵"

RQ-170"哨兵"(见图 1-3)是洛克希德·马丁公司开发的一种隐形无人飞行器,由美国空军为中央情报局代为管理。"哨兵"无人飞行器采用了无尾翼布局,并配备了空中侦察设备。该无人飞行器大约制造了 20 架,其翼展约 20 m,长度约 4.5 m,起飞质量大于 3900 kg。"哨兵"无人飞行器配备了一台涡轮风扇发动机(GE TF34),

图 1-3　洛克希德·马丁 RQ-170"哨兵"

推力为 40.3 kN。该无人飞行器于 2007 年首次出现,其实用升限约为 50 000 ft。RQ-170 需要三名机组人员在地面控制站中远程控制无人飞行器:一名负责发射和回收,一名负责飞行任务控制,另一名担任传感器操作员。

1.3.8　X-45A 无人战斗飞行器

由波音公司[7]开发的 X-45A 无人战斗飞行器(UCAV)(见图 4-10)是下一代完全自主军用战斗机的概念验证机。它采用后掠翼和隐形设计,没有垂直尾翼,使用复合结构。机身带有一个小喷口,并与后掠翼融为一体。该飞行器可以携带先进的精确制导弹药、炸弹或其他武器系统。X-45A 翼展 10.3 m,长 8.08 m,装有最大推力 28 kN 的涡轮风扇发动机。最大飞行马赫数为 0.75,航程 2405 km,实用升限为 13 200 m。

2003 年,DARPA 宣布取消 X-45B,并批准开发一种改进的 UCAV,称为 X-45C。因此,在完成飞行测试计划后,两架 X-45A 分别被送到了两家国家博物馆。

1.3.9　爱普生微型飞行机器人

2004 年,爱普生公司宣布已开发出质量为 12.3 g(含电池)的微型机器人(见图 1-4),是世界上最小、最轻的微型飞行机器人之一。

该无人飞行器配备了一个图像传感器和两个 LED 灯,其中图像传感器可以捕获空中图像并通过蓝牙传输至地面监视器,而两个 LED 灯可作为指示信号。飞行器的规格为:电压 4.2 V,功耗 3.5 W,直径 136 mm,高度 85 mm,

图 1-4　爱普生微型飞行机器人

飞行时间约 3 min，结构质量 3 g。

表 1-3 展示了一些无人飞行器的特征参数，包括最大起飞质量、有效载荷质量、机翼面积、翼展、发动机功率或推力、实用升限、最大速度、航程以及续航时间。

表 1-3　一些无人飞行器(UAV)的特征参数

序号	无人飞行器名称	最大起飞质量 m_{TO}/kg	有效载荷质量 m_{PL}	机翼面积 S	翼展 b/m	发动机功率(P)或推力(T)	实用升限	最大速度	航程	续航时间 /h
1	"捕食者" B "收割者"	4760	1700 kg	20.2 m²	20.1	712 kW 涡轮螺旋桨发动机	50 000 ft	260 kn	5926 km	14～28
2	"全球鹰"	14 628	2000 lb	69 m²	39.9	31.4 kN 涡轮风扇发动机	65 000 ft	V_C 345 kn	14 000 km	41
3	"捕食者" A	1020	—	11.5 m²	14.8	86 kW 活塞式发动机	25 000 ft	117 kn	726 km	24
4	雅马哈 RMAX	94	30 kg	旋翼直径: 3.115 m	—	15.4 kW 活塞式发动机	—	—	1 h	—
5	"扫描鹰"	18	—	—	3.1	1.5 hp 活塞式发动机	16 000 ft	70 kn	—	20＋
6	X-45A UCAV	6804	—	—	10.23	31.4 kN 涡轮风扇发动机	—	马赫数 0.75		
7	X-45C UCAV	16 555	—		14.9	50.03 kN 涡轮风扇发动机	12.19 km	马赫数 1	2220 km	—
8	RQ-5A "猎人"	885	90 kg	14.28 m²	10.57	2×64 hp 活塞式发动机	18 000 ft	89 kn	125 km	12
9	RQ-7 "影子 200"	170	—	4.5 m²	4.3	28 kW 活塞式发动机	15 000 ft	110 kn	400 km	6
10	"大乌鸦"	1.9	0.4 kg	0.32 m²	1.37	250 W 电动机		30 km/h	10 km	1

1.4　设计项目规划

开发和认证一个新的无人飞行系统项目成本高昂且复杂，通常需要花费数年时间。为了使设计项目依据既定的时间节点顺利推进，有必要制定一些程序来监督项目进度，通俗地讲就是鼓励设计人员推进项目进度。甘特图是一种有效的项目管理控制手段,它能够让非系统人员立即理解项目的进展情况。因此,作为一种展示项目状态的手段,甘特图具有很重要的价值。甘特图具有三个主要功能:

1) 能够告知经理和总设计师哪些任务已分配以及分配给了谁。

2) 能够显示任务开始和结束的预计日期,并以图形方式展示任务的预计持续时间。

3) 能够显示任务开始和完成的实际日期,并以图形方式展示这些信息。

与许多其他管理工具一样,如果某些工作无法按时完成或其他工作提前完成,甘特图可以为经理或总设计师提供这些信息。甘特图的作用很大,因为它能够以图形化的方式给出对技术人员技能和工作复杂度估计的即时反馈。甘特图为总设计师提供了一种调度方法,使其能够以周或月为周期快速跟踪和评估设计活动。如果没有设计项目规划,诸如"全球鹰"(见图 1-2)这样的无人飞行器项目是不会成功的。

1.5 决策

并非每个设计参数都是通过数学或者性能指标计算得到的。无人飞行器的某些设计参数是通过一些决策过程来确定的。在这种情况下,设计者应了解决策程序。任何工程上的选择都必须有逻辑和科学推理与分析的支持。决策过程中的主要困难是通常有多个标准且每个标准都有与之相关的风险,而且无法通过求解数学方程来完成该决策过程。

设计者必须认识到做出最佳决策的重要性,以及做出最差决策的不利后果。在大多数设计案例中,最佳决策就是正确的决策,而最差决策是错误的决策。正确的决策意味着设计成功,而错误的决策则导致设计失败。随着设计问题复杂程度的增加,需要更为复杂的方法来进行决策。

1.6 设计标准、目标和优先级

无人飞行器构型设计的首要任务之一是确定系统设计注意事项。定义系统级需求是确定客户需求和制定设计标准的起点。通过描述必须具备的功能来建立对系统整体的要求。设计标准是一系列"需要达到的设计要求",可以用定性和定量两种方式表达。设计标准是客户指定或商定的技术性能指标目标值。这些要求意味着设计者在进行综合、分析和评估时必须在这一界限内"操作"。业务功能(即完成特定任务场景或一系列任务所需的功能)以及维护和保障功能(即确保无人飞行器在需要时可运行的功能)必须在顶层进行描述。

不同的无人飞行器设计者在设计过程中有不同的优先级。这些优先级基于不同的目标、要求和任务。无人飞行器设计者主要分为 3 类:军用无人飞行器设计者、民用无人飞行器设计者,以及自制无人飞行器设计者。这 3 类设计者有着不同的关注点、优先级和设计标准。无人飞行器构型设计者主要考虑 10 个技术指标,它们是生产成本、飞行器性能、飞行品质、设计周期、美观(民用无人机)或恐惧感(军用无人机)、可维护性、可生产性、无人飞行器重量、可处置性、隐形要求。表 1-4 根据一些技术指标展示了每个无人飞行器设计者关注的目标和优先级。

表 1-4　设计目标

序号	目标	计量依据	标准	单位
1	售价低廉	单位生产成本	生产成本	美元
2	运营成本低	每公里油耗	运营成本	L/km
3	重量轻	总重量	重量	N
4	尺寸小	几何形状	外形尺寸	m
5	快	运行速度	性能	km/h
6	可维护	维护工时	可维护性	工时
7	可生产	制造所需的技术	可制造性	—
8	可回收	有害或不可回收材料的数量	可处置性	kg
9	可操纵	转弯半径；转向速率	机动性	m
10	发现及规避	导航传感器	制导与控制	—
11	适航性	安全标准	安全	—
12	自主性	自动驾驶仪的复杂性	耐撞性/编队飞行	—

在设计评估中，要充分认识设计标准，首先要建立基准，根据该基准对给定的候选方案或设计构型进行评估。该基准是通过需求分析的迭代过程（即需求确定、可行性分析、无人飞行器作战需求定义、维护概念选择、逐步淘汰和处置规划）确定的。该基准应当描述无人飞行器为满足特定客户要求而必须执行的任务，以及对周期、频率、速度、成本、有效性和其他相关因素的期望。相关功能要求必须通过在无人飞行器及其组件中结合设计特征来满足。

例如，表 1-5 给出了军用无人飞行器设计中的三种优先级方案（优先级以百分比表示）。在 10 个技术指标（或标准）中，等级 "1" 表示最高优先级，等级 "10" 表示最低优先级。该表中的等级 "0" 表示此技术指标不是此设计者的标准。军用无人飞行器设计者的首要任务是无人飞行器的性能，而对于自制无人飞行器设计者来说，控制成本是第一要务。有趣的是，隐形能力是军用无人飞行器设计者要重点考虑的优先事项，但这对于其他设计者而言却不重要。这些优先级（后称"权重"）反映了设计者心目中各个技术指标的相对重要性。

表 1-5　军用无人飞行器设计中的三种优先级方案（优先级以百分比表示）

序号	技术指标	优先级序号	优先级/%		
			设计者♯1	设计者♯2	设计者♯3
1	成本	4	8	9	9
2	性能	1	50	40	30
3	自主性	2	10	15	20
4	设计周期	5	7	7	8
5	恐惧感	10	1	1	2
6	可维护性	7	4	5	5
7	可生产性	6	6	6	7
8	重量	8	3	4	4
9	可处置性	9	2	2	3
10	隐形	3	9	11	12
	总计		100	100	100

可以为系统层次结构中的每一层建立设计标准。为了确定最优设计，必须制定优化目标。选定的无人飞行器构型将是基于优化函数的优化结果。有关无人飞行器的适用标准应以技术性能指标表示，并应在无人飞行器（系统）层面确定优先级。技术性能指标是针对特性的度量，这些特性来自（或本就是）设计的固有属性。设计标准的制定必须基于一组适当的设计考虑因素，这些考虑因素可以用来辨别与设计相关或无关的参数，并为技术性能指标的制定提供支撑。

1.7 可行性分析

在设计的早期阶段，通过头脑风暴提出一些有前途的概念，这些概念似乎符合计划安排以及可用资源要求。在将资源和人员投入详细设计阶段之前，必须进行一项重要的设计活动，即可行性分析。系统设计和开发过程必须经过多个阶段，其中最重要的是确定客户需求，根据这些需求可以确定系统要做什么。随后进行可行性研究，以发现潜在的技术解决方案，并确定系统需求。

在生命周期的早期阶段，设计者会做出采用特定设计方法和技术的重大决策，这对产品的生命周期成本有重大影响。在此阶段，设计者要解决的基本问题是是否继续采用之前选定的概念。显然，花费更多的时间和资源去实现一个不切实际的目标是没有任何益处或未来的。一些突破性的概念最初看起来很有吸引力，但到了现实中却发现它们太虚幻了。

可行性研究将创意设计概念和假想区分开来。可行性评估确定每个概念方案满足设计标准的程度。

在可行性分析中，需要寻求以下两个问题的答案：

1) 目标能否实现？或者目标是否现实？又或者是否满足设计要求？

2) 当前的设计概念可行吗？如果第一个问题的答案是"否"，则必须更改设计目标以及设计要求。因此，不管设计要求的来源是哪里（无论是客户要求还是通过市场分析得到），都必须对其进行更改。

1.8 设计小组

飞行器的总设计师应具有掌控和处理各种活动的能力。因此，飞行器总设计师应该有多年的经验，对管理技术了如指掌，并且最好在"飞行动力学"领域拥有全面的专业知识和背景。总设计师在规划、协调和进行正式设计审查方面负有重大责任。他还必须监督和审查飞行器系统测试和评估活动，并协调所有正式设计变更和修改以进行改进。设计机构的组织形式必须便于信息和技术数据在各设计部门之间流动，并且允许总设计师在整个设计周期内发起并建立必要的持续联络活动。

设计小组是按功能划分的组织，这涉及将功能性专业或学科分组为单独可识别的实体，其目的是在一个小组内进行类似的工作。因此，同一个小组将为所有正在进行的项目完成相同类型的工作。最终目标是通过适当的沟通达成团队合作，从而在整个过程中应用并行工程方法。

处理设计活动和组建设计小组的方法主要有两种：基于飞行器部件和基于专业知识。如果选择基于飞行器部件的分组方法，则总设计师必须组建以下团队（见图 1-5）：结构设计小组、空气动力学设计小组、有效载荷选择小组、推进系统设计小组、起落架设计小组、自动驾驶仪设计小组、地面控制站设计小组、发射和回收系统设计小组、通信系统小组，以及任务设计（和轨迹规划）小组。空气动力学设计小组还包括许多小组，例如机翼设计小组、尾翼设计小组及机身设计小组。

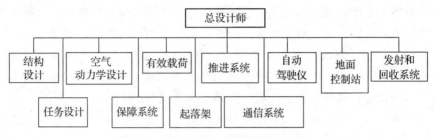

图 1-5 无人飞行器的主要设计小组类型

最后再组建一个小组，负责文档编制和起草。在管理便捷性、通信速度、效率和任务相似性方面，这两种分组方法各有优缺点。然而，如果项目规模较大（例如设计大型高空长航时飞行器），两种分组方法可以同时应用。第 14 章介绍了基于专业知识的设计小组分组方法。这种方法基本是结构化的，可用于设计分析。

1.9 设计流程

无人飞行器设计是一个涉及综合、分析和评估的迭代过程。设计（即综合）是用已知事物组成新的、更有用的组合的创造性过程。分析是指预测候选设计方案的性能或行为的过程。评估是进行性能计算并比较每个可行候选设计方案预计性能以确定缺陷的过程。设计过程涉及集成和迭代。综合、分析和评估之间存在某种关系。两个主要的设计活动是通过数学计算解决问题以及在候选方案中选择一个首选方案。

一般来说，设计考虑的是一个工程系统、产品或结构可能表现出的所有属性和特征。生产商和客户对这些都感兴趣。与设计相关的参数是指设计中固有的要预测或估计的属性或特征（例如重量、设计寿命、可靠性、可生产性、可维护性和可处置性）。这些参数包含在生产商主要考虑的设计注意事项中。另外，与设计无关的参数是设计的外部因素（例如，每加仑燃油成本、利率、人工费率和每磅材料成本），必须对其进行估算和预测，以便在设计评估中使用。这些取决于无人飞行器的生产和运行环境。

目标陈述是对需求陈述的简短、概括和理想化的回应。这些目标是对性能的量化期望，这些期望确定了客户最感兴趣的设计的性能特征。形式功能的限制称为约束，它们限制了我们的设计自由。

1.10 系统工程方法

由于高昂的成本和与之相关的开发风险，复杂的无人飞行器系统也常应用系统工程方法进行设计。已经有许多文章对无人飞行器概念设计过程进行了描述，并且该系统的跨学科性质是显而易见的。成功的构型设计者需要对设计和系统工程方法有很好的理解。有竞争力的构型设计经理必须对理解系统工程和将其应用于无人飞行器系统所需的概念、方法、模型和工具有一个清晰的认知。

无人飞行器构型设计从需求定义开始，要经历功能分析和分配、设计综合和评估以及最终的验证。优化后的无人飞行器要最大限度地减少不良副作用，需要应用面向生命周期的综合"系统"方法。在此过程中必须考虑运营和保障需求。

无人飞行器子系统的设计对其构型设计和运行起着至关重要的作用。这些子系统将具有空气动力学外形的结构塑造成生动逼真的可无人驾驶的飞行器。这些子系统包括飞行控制子系统，动力传动子系统，燃料子系统，以及结构、推进、空气动力学组件和起落架（Landing Gear，LG）。在概念设计或初步设计的早期阶段，必须先定义这些子系统，并将其影响纳入布局设计、重量分析、性能计算和成本效益分析中。

无人飞行器是由一组相互关联的组件组成的系统，这些组件互相协作实现某些共同的目标或目的。主要目标包括以低成本实现安全飞行。每个系统都由组件或子系统组成，并且子系统都可以分解为更小的组件。例如，在航空运输系统中，无人飞行器、终端、地面保障设备和控制装置都是子系统。无人飞行器的生命周期如图 1-6 所示。

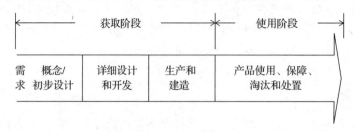

图 1-6　无人飞行器生命周期

无人飞行器必须具有产品竞争力，否则生产商和设计者可能无法在世界市场上生存。全球无人飞行器生产商都希望产品具有竞争力。因此，系统工程面临的挑战是如何使产品和系统经济高效地达到任务目标。由于竞争日益激烈，无人飞行器生产商正在寻求在市场上获得可持续竞争优势的途径。

在无人飞行器设计和开发的早期阶段，设计者必须对利用率结果保持敏感。他们还需要尽早在设计过程中进行全生命周期工程。应用系统工程的基础是理解图 1-6 中所示的系统生命周期过程。它必须包含制造过程的生命周期、维护和保障过程的生命周期以及淘汰和处置过程的生命周期。

在概念设计过程中，首先需要关注对特定新型无人飞行器的需求。正是这种认识启动了无人飞行器概念设计过程，以满足这些需求。然后，在无人飞行器概念设计中，应同时考虑其生产和保障需求。这就产生了一个并行的生命周期，从而形成制造能力。

传统的无人飞行器构型设计试图通过减小最大起飞重量（MTOW）来提高性能并降低运行成本。然而，从无人飞行器用户的角度来看，这种方法并不能保证无人飞行器项目的最优性。多学科设计优化（MDO）是无人飞行器构型设计过程中的重要环节。它首先讨论设计参数、约束条件、目标函数和准则，然后讨论无人飞行器构型分类。接着，评估各设计方案与设计要求之间的关系。随后，引入系统工程原理。最后，将系统工程方法应用于无人飞行器构型设计的优化，提出一种新的构型设计优化方法。

与仅满足一组性能或稳定性要求的设计相比，系统生命周期背景下的无人飞行器设计有许多不同。关注生命周期的设计可同时满足客户需求和生命周期要求。无人飞行器设计不仅应将需求转化为无人飞行器/系统构型，还应确保无人飞行器与相关物理和功能需求兼容。此外，还应考虑以安全性、可生产性、可负担性、可靠性、可维护性、可用性、可保障性、服务能力、可处置性等表示的运行结果，以及对性能、稳定性、控制和有效性的要求。

在此过程中，一项重要的技术活动是评估。评估在系统工程中必须要有，并且必须随着系统设计活动的进行定期进行。但是，在没有客户需求和特定系统设计标准指导的情况下，不应进行系统评估。在充分认识设计准则的情况下，进行评估是持续改进设计的保证。系统设计和开发过程必须经历多个阶段。

其中最重要的是识别与客户相关的需求，并根据该需求确定系统的功能。随后进行可行性分析，以发现潜在的技术解决方案，确定系统需求，设计和开发系统组件，构建原型或工程模型，并通过测试和评估验证系统设计。系统（如无人飞行器）设计过程包括四个主要阶段：概念设计、初步设计、详细设计以及测试和评估。图 1-7 总结了无人飞行器设计的四个阶段。1.10 节至 1.13 节介绍了这些设计阶段的细节。

在概念设计阶段，无人飞行器的设计将在没有精确计算的情况下进行。换句话说，几乎所有参数都是根据决策和选择确定的。初步设计阶段倾向于采用计算程序的结果。顾名思义，在初步设计阶段确定的参数不是最终参数，以后将进行更改。此外，在这一阶段，参数至关重要，并且将直接影响整个详细设计阶段。因此，必须格外小心，以确保初步设计阶段结果的准确性。在详细设计阶段，将计算并最终确定包括几何结构在内的所有组件（例如机翼、机身、尾翼、起落架和发动机）的技术参数。

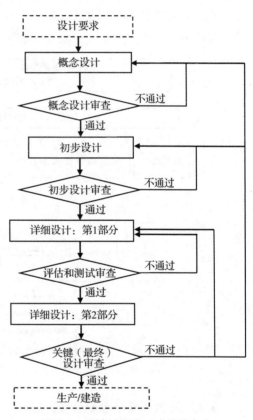

图 1-7 设计过程和正式设计审查

1.11 无人飞行器概念设计

在整个概念设计阶段（从需求分析开始），主要目标之一是开发和定义系统的具体设计要求。这些活动的结果被合并、集成并包含在系统规格书中。该规格书构成最高"技术要求"文件，从一开始就为系统设计提供总体指导。概念设计是无人飞行器系统设计和开发过程中的第一个也是最重要的阶段。这是早期的高等生命周期活动，有可能建立、提出或以其他方式确定所需无人飞行器系统的功能、形式、成本和开发进度。问题的确定和相关需求的定义为概念级的设计提供了一个有效且适当的起点。

为首选系统构型（最终将响应已确定的客户需求）的设计和开发选择前进路径是概念设计的主要职责。建立这种早期基础并对一系列技术进行初步规划和评估，是实施系统工程至关重要的第一步。从整体视角来看，系统工程应该从一开始就主导系统需求的定义，并从整体生命周期的综合视角来解决这些需求。

顾名思义，无人飞行器概念设计阶段进行的是概念级无人飞行器设计。在此阶段，将总体设计要求输入到一个流程中，以生成令人满意的构型。这个设计阶段的主要工具是"选择"。尽管涉及各种各样的评估和分析，但并没有大量计算。过去的设计经验对此阶段的成功与否起着至关重要的作用。因此，概念设计小组的成员必须是公司最有经验的工程师。图 1-8 说明了无人飞行器概念设计阶段的主要活动。这一阶段的基本输出是构型，用代表无人飞行器构型的近似三视图来表示。

21
～
22

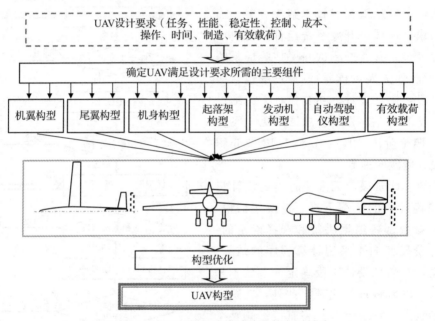

图 1-8   无人飞行器概念设计阶段的主要活动

无人飞行器由几个主要组件构成，主要包括机翼、水平尾翼、垂直尾翼、机身、发动机、起落架、操纵面、有效载荷和自动驾驶仪。为了确定每个无人飞行器组件的构型，设计者必须完全了解每个组件的功能。每个无人飞行器组件与其他组件都有相互作用关系，并且会干扰其他组件的功能。假定以上组件是飞行器的基本组件。当然，无人飞行器中还有其他非主要部件的组件。它们的功能将在后面的章节中进行介绍。表 1-6 简要概述了无人飞行器的主要组件及其功能，给出了每个无人飞行器组件的次要作用和主要影响范围，还具体说明了每个组件会影响的设计要求。

表 1-6   无人飞行器主要组件及其功能

序号	组件	主要功能	主要影响范围
1	机身	有效载荷容纳空间	无人飞行器性能、纵向稳定性、横向稳定性、成本
2	机翼	产生升力	无人飞行器性能、横向稳定性

（续）

序号	组件	主要功能	主要影响范围
3	水平尾翼	纵向稳定性	纵向配平和控制
4	垂直尾翼	航向稳定性	航向配平和控制、隐形
5	发动机	产生推力	无人飞行器性能、隐形、成本、控制
6	起落架	方便起降	无人飞行器性能、隐形、成本
7	操纵面	控制	机动性、成本
8	自动驾驶仪	控制、制导和导航	机动性、稳定性、成本、飞行安全
9	地面站	从地面控制和引导无人飞行器	自主程度、飞行安全
10	发射和回收系统	发射和回收无人飞行器	推进、结构、发射器、回收系统

表 1-7 概述了无人飞行器主要组件的构型方案，列出了机翼、水平尾翼、垂直尾翼、机身、发动机、起落架、操纵面以及自动控制系统或自动驾驶仪的各种备选方案。自动驾驶仪通常在制导、导航和控制三个方面发挥作用。对于每个组件，无人飞行器设计者必须选择一个最能满足设计要求的备选方案。选择过程中需要进行权衡分析，对所有组件的优点和缺点进行比较。

表 1-7 无人飞行器主要组件的构型方案

序号	组件	备选构型
1	机身	● 几何形状：放样、横截面 ● 内部布置 ● 容纳什么（例如，有效载荷、燃油、发动机和起落架）
2	机翼	● 类型：后掠、锥形、上反 ● 位置：下单翼、中单翼、上单翼、伞翼 ● 增升装置：襟翼、缝、缝翼 ● 附件：悬臂式、刚性支柱支撑
3	水平尾翼	● 类型：传统型、T 形、H 形、V 形、倒 V 形 ● 安装方式：固定、移动、可调 ● 位置：尾翼、鸭翼、三翼面布局
4	垂直尾翼	单垂尾、双垂尾、三垂尾、V 形
5	发动机	● 类型：涡轮风扇发动机、涡轮喷气发动机、涡轮螺旋桨发动机、活塞式螺旋桨发动机、火箭发动机 ● 位置：机身下方、机翼下方、机身旁边 ● 发动机数量
6	起落架	● 类型：固定式、伸缩式、部分伸缩式 ● 位置：前三点式、后三点式、多点式
7	操纵面	独立尾翼与全动尾翼、可逆与不可逆、常规与非常规（例如，升降副翼、方向升降舵）
8	自动驾驶仪	● 无人飞行器：线性模型、非线性模型 ● 控制器：PID、增益调度、最优、QFT、鲁棒、自适应、智能 ● 制导子系统：比例导引法、视线法、指令制导、三点法、前置量法、路径点 ● 导航子系统：惯性导航（捷联式、平台式）、GPS
9	发射和回收系统	HTOL（水平起降）、地面发射器、撞网回收、机腹着陆

为了简化概念设计过程，表 1-8 给出了无人飞行器主要组件与设计要求之间的关系。该表的第三列阐明了受设计要求影响最大的无人飞行器组件或主要设计参数。通常，每个设计要求都会影响多个组件，但是我们只考虑受影响最大的组件。例如，有效载荷要求、航程和续航时间将影响最大起飞重量（MTOW）、发动机选择、机身设计和飞行成本。有效载荷重量的影响与有效载荷体积的影响是不同的。因此，为了达到优化的目的，设计者

23 ～ 24

必须准确地知道有效载荷的重量和体积。如果有效载荷可以分成较小的几部分，那么有效载荷的设计约束就更容易处理。此外，其他性能参数（如最大速度、失速速度、爬升率、起飞滑跑距离、升限）也会影响机翼面积和发动机功率（或推力）。

表1-8　无人飞行器主要组件与设计要求之间的关系

序号	设计要求	受影响最大的无人飞行器组件或主要设计参数
1	有效载荷（重量）要求	最大起飞重量
	有效载荷（体积）要求	机身
2	性能要求（航程和续航时间）	最大起飞重量
3	性能要求（最大速度、爬升率、起飞滑跑距离、失速速度、升限和转弯性能）	发动机、起落架和机翼
4	稳定性要求	水平尾翼和垂直尾翼
5	可控性要求	操纵面（升降舵、副翼、方向舵）、自动驾驶仪
6	自主性要求	重心、自动驾驶仪、地面站
7	适航要求	最低标准、自动驾驶仪
8	成本要求	材料、发动机、重量……
9	时间要求	构型优化
10	轨迹要求	自动驾驶仪

　　为了选择最佳无人飞行器构型，必须进行权衡分析（见图1-9）。随着无人飞行器设计的进行，可能会进行许多不同的取舍，必须就评估和选择合适的组件、子系统、可实现的自动化程度、现成的商用零件、各种维护和保障策略等做出决策。在设计周期的后期，可能会有替代的工程材料、替代的制造工艺、替代的工厂维护计划、替代的后勤保障结构以及替代的材料淘汰、回收和处置方法。

　　无人飞行器设计者必须首先定义问题陈述，确定评估备选构型所依据的设计标准或措施，获取评估过程中必要的输入数据，评估每个候选方案，进行敏感性分析以确定潜在的风险范围，最终推荐一种首选构型。只有分析和评估工作的深入程度会根据组件的性质有所不同。

　　权衡分析涉及综合，即构建和组合组件以创建无人飞行器系统构型。综合就是设计。最初，综合用于初步概念的开发以及无人飞行器各组件之间关系的建立。后来，当进行了足够多的功能定义和分解时，综合被用来在较低的层面上进一步定义"如何做"。综合包括创建可以代表无人飞行器最终采用的形式的构型（尽管在设计过程的早期阶段不应假设最终构型）。

　　多学科设计优化（MDO）是权衡研究中最有效的技术之一。学术界、工业界和政府的研究人员在不断推动多学科设计优化发展及其在实际工业问题中的应用。多学科设计优化是一个工程领域，它使用优化方法来解决包含多个学科的设计问题。多学科设计优化允许设计者同时考虑所有相关学科，因为可以利用学科之间的相互作用并行处理问题，并行处理的最优解优于按顺序优化每个学科而找到的解。但是，同时考虑所有学科会显著增加设计问题的复杂性。

　　参考文献[8]的第3章介绍了各种固定翼构型方案，以及飞行器概念设计技术。本书2.10节给出了最流行的旋翼构型（即四旋翼飞行器）的特点。

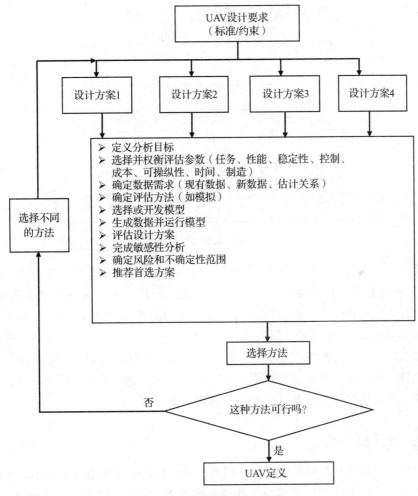

图 1-9 权衡分析流程

1.12 无人飞行器初步设计

在初步设计阶段，要确定无人飞行器的四个基本参数：最大起飞重量(W_{TO})、机翼参考面积(S)、发动机推力(T)或发动机功率(P)，以及自动驾驶仪初步计算数据。因此，四个主要的无人飞行器参数 W_{TO}、S、T(或 P)和自动驾驶仪数据就是初步设计阶段的输出。这四个参数将决定无人飞行器的尺寸、制造成本和计算的复杂性。如果在概念设计阶段选择了喷气发动机，则会在此阶段计算发动机推力。但是，如果在概念设计阶段选择了螺旋桨发动机，则会在此阶段计算发动机功率。在此阶段，还会估计一些其他不重要的无人飞行器参数，例如无人飞行器的零升阻力系数和最大升力系数。

图 1-10 概述了初步设计过程。初步设计阶段分为三个步骤：(a)估算无人飞行器的最大起飞重量；(b)确定机翼面积和发动机推力(或功率)；(c)初步计算自动驾驶仪参数。

在此设计阶段，采用了两种设计方法。第一种，使用基于统计的方法来确定无人飞行器的最大起飞重量，涉及的设计要求包括飞行任务、有效载荷重量、航程和续航时间。

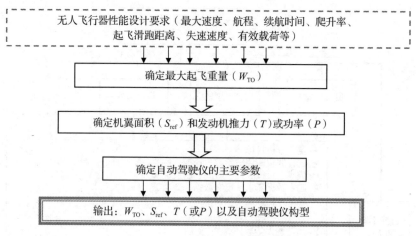

图 1-10　初步设计步骤

第二种，根据无人飞行器的性能（如失速速度、最大速度、航程、爬升率和起飞滑跑距离）要求来确定机翼面积和发动机推力（或发动机功率）。由于其图形性质和初始大小，该方法有时称为匹配图方法。匹配图方法的原理最初是在 NASA 的一份技术报告中提到的，后来在参考文献[8]中得到了发展。

一般来说，第一种方法并不精确（事实上，这是一种估计方法），可能会引入一些误差，而第二种方法非常精确，并且结果是可靠的。受本书篇幅限制，本节不再详细讨论这两种方法的细节。假定读者了解这些被许多机构使用过的方法。

1.13　无人飞行器详细设计

无人飞行器子系统和组件的设计对飞行的成功与否起着至关重要的作用。这些子系统将具有空气动力学外形的结构塑造成生动逼真的可无人驾驶的飞行器。这些子系统包括：机翼、尾翼、机身、飞行控制子系统、动力传动子系统、燃油子系统，以及结构、推进、起落架和自动驾驶仪。在概念设计或初步设计的早期阶段，必须对这些子系统进行初步定义，并将其影响纳入布局设计、重量分析、性能/稳定性计算和成本效益分析中。本节将介绍无人飞行器的详细设计阶段。

顾名思义，在详细设计阶段将确定无人飞行器所有主要组件（见图 1-8）的详细参数。该阶段建立在概念设计阶段和初步设计阶段的成果之上。回想一下，无人飞行器的构型已经在概念设计阶段确定，机翼面积、发动机推力和自动驾驶仪的主要参数已在初步设计阶段确定。机翼、水平尾翼、垂直尾翼、机身、起落架、发动机、子系统和自动驾驶仪的参数必须在这一阶段确定。与其他两个设计阶段相比，详细设计阶段包含大量的数学运算。如果无人飞行器设计的总时长是 1 年，那么其中有 10 个月将耗费在详细设计阶段。

此阶段本质上是一个迭代过程。通常，在详细设计阶段有四个设计反馈。图 1-11 说明了详细设计和设计反馈之间的关系。详细设计阶段的四个反馈是性能评估、稳定性分析、可控性分析和飞行仿真反馈。无人飞行器性能评估包括确定零升阻力系数。稳定性分析需要估计组件重量并确定无人飞行器重心（cg）。在可控性分析中，必须设计操纵面（如升降舵、副翼和方向舵）。自动驾驶仪设计完毕后，需要对无人飞行器进行模拟飞行，以确保飞行器能够成功飞行。

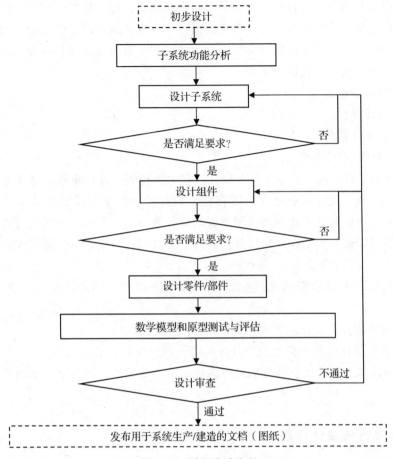

图 1-11　详细设计流程

　　顾名思义,每个反馈的执行都是为了比较输出和输入,然后修正设计以达到设计目标。如果不满足性能要求,则可能会更改发动机和机翼等几个组件的设计。如果不满足稳定性要求,则可以更改机翼、水平尾翼和垂直尾翼等组件的设计。如果可控性评估表明无人飞行器不符合可控性要求,则必须重新设计操纵面甚至发动机。如果稳定性要求和可控性要求都不满足,则必须移动几个组件来改变重心位置。

　　在某些情况下,这一缺陷可能导致无人飞行器构型发生重大变化,这意味着设计者需要返回概念设计阶段并从头开始进行修正。若无人飞行器在模拟飞行中偏离飞行轨迹,则需要改变自动驾驶仪的设计。

29

1.14　设计审查、评估和反馈

　　在每个主要设计阶段(概念、初步和详细),都应进行评估以审查设计并确保在进入下一阶段之前该设计是可以接受的。在整个系统开发过程中,会在特定时间进行一系列正式的设计审查。设计过程中的一项重要技术活动是评估。评估是系统工程中必须有的,并且必须随着系统设计活动的进行定期进行。在充分认识设计标准的情况下,进行评估是持续改进设计的保证。评估过程包括非正式的日常项目协调和数据审查,以及正式的设计审查。

无论进行何种审查，其目的都是评估当初设想的设计构型是否（以及在多大程度上）符合最初确定的定量和定性要求。设计审查根据技术规格要求对提出的系统设计进行正式检查。原则上，这些正式评审的具体类型、标题和时间安排因设计项目而异。建议对设计项目进行以下四个主要的正式设计审查：

1）概念设计审查。

2）初步设计审查。

3）评估和测试审查。

4）关键（最终）设计审查。

图 1-7 显示了每个设计审查在整个设计过程中的位置。设计审查通常安排在每个主要设计阶段之前。概念设计审查通常安排在概念设计阶段结束与项目初步设计阶段开始之际，目的是从系统的角度正式地考虑所提议的设计是否符合逻辑。初步设计审查通常安排在初步设计阶段结束与详细设计阶段开始之际。关键（最终）设计审查通常安排在详细设计阶段完成与生产阶段开始之际。

评估和测试审查通常安排在详细设计阶段的中间和生产阶段之前，主要完成两项任务：

1）发现并解决任何设计问题和子系统/组件标准。

2）为了政府认证或客户验收，对系统功能进行验证和记录。

评估和测试审查的适用范围可从现有系统的单个新子系统测试变化到新系统的完整开发和认证。

1.15　无人飞行器设计步骤

在无人飞行器设计过程中，有些参数（如重量）必须最小化，有些参数（如航程、续航时间、最大速度和升限）必须在约束条件下最大化，还有些参数必须进行评估以确保它们是可接受的。优化过程必须通过系统工程方法完成。某些情况下，在概念设计过程中，无人飞行器的设计可能会对无人飞行器的任务造成轻微或很大的改变。分析结果与影响因素之间的牢固关系是明确的、可追溯的。在无人飞行器设计中，主要参数几乎完全来自运营和性能要求。

系统工程原理与分析驱动的无人飞行器设计过程相结合意味着可以实现更高水平的综合载具，确定此设计过程所促进的需求/功能/物理接口以及技术交互。前面已经介绍了概念设计阶段、初步设计阶段和详细设计阶段的细节。

以下是建议的无人飞行系统主要设计步骤，它将上述三个设计阶段归纳为具体步骤：

1）从客户订单和问题陈述中得出无人飞行器设计技术要求、目标和规格。

2）设计计划和管理计划（如甘特图和检查表）。

3）进行可行性研究。

4）进行风险分析。

5）功能分析和分配。

6）设计小组分组。

7）无人飞行器构型设计。

8）无人飞行器最大起飞重量的首次估算。

9）无人飞行器零升阻力系数（C_{D_0}）。

10）计算机翼参考面积（S）。

11）计算发动机推力（T）或发动机功率（P）。

12）机翼设计。

13）机身设计。

14）水平尾翼设计。

15）垂直尾翼设计。

16）起落架设计。

17）推进系统设计。

18）通信系统设计。

19）有效载荷选择和设计。

20）无人飞行器组件重量的首次估算。

21）无人飞行器最大起飞重量的第二次估算。

22）无人飞行器重心限制的首次计算。

23）重新布置组件，以满足稳定性和可控性要求。

24）水平尾翼和垂直尾翼的重新设计。

25）操纵面设计。

26）自动驾驶仪设计。

27）发射和回收系统设计。

28）地面控制站设计。

29）计算 C_{D_0}。

30）重新选择发动机。

31）计算无人飞行器组件（例如机翼、机身、发动机和尾翼）之间的干扰。

32）合并设计变更。

33）无人飞行器组件的首次修改。

34）无人飞行器性能的首次计算。

35）无人飞行器的第二次修改，以满足性能要求。

36）第一次稳定性和控制分析。

37）无人飞行器的第三次修改，以满足稳定性和控制要求。

38）制造无人飞行器模型。

39）风洞测试。

40）无人飞行器的第四次修改，考虑空气动力学因素。

41）无人飞行器结构设计。

42）设计地面站。

43）设计发射和回收系统。

44）无人飞行器组件重量的计算。

45）无人飞行器重心限制的第二次计算。

46) 无人飞行器的第五次修改，考虑重量和重心因素。

47) 第二次性能、稳定性和控制分析与设计审查。

48) 无人飞行器的第六次修改。

49) 无人飞行器系统(例如，电气、机械、液压、气压和动力传动)设计。

50) 制造无人飞行器原型机。

51) 飞行测试。

52) 无人飞行器的第七次修改，考虑飞行测试结果。

53) 权衡研究。

54) 优化。

55) 认证、验证或客户验收测试。

56) 第八次修改，以满足认证要求。

显然，根据无人飞行器任务、设计小组成员、过去的设计经验、设计设施和制造技术，有些步骤可以去掉。可以看出，设计过程实际上是一个迭代过程，并且需要进行几次修改才能满足所有设计要求。

简答题

1. 当前用于无人驾驶飞行器的五种表达方式分别是什么？

2. 无人飞行器的主要设计要求是什么？

3. 描述空军第 II 梯队无人飞行器的特点。

4. 描述微型无人飞行器的特点。

5. 可行性研究的主要目的是什么？

6. 迷你型无人飞行器的尺寸范围是多少？

7. MALE 和 HALE 代表什么？

8. 高空长航时无人飞行器的飞行高度是多少？

9. 中空长航时无人飞行器的续航距离是多少？

10. "全球鹰"的翼展和最大起飞重量是多少？

11. "捕食者"(RQ-1A)的巡航速度和续航时间是多少？

12. 1999 年 3 月 29 日"全球鹰"第二阶段飞行测试的主要挫折是什么？背后的原因是什么？

13. 描述无人飞行器设计中系统工程方法的基本原理。

14. 四个主要的正式设计审查是什么？

15. 按组件分组的无人飞行器主要设计小组有哪些？

16. 描述概念设计阶段。

17. 描述初步设计的主要输出。

18. 描述详细设计阶段。

19. 描述权衡分析过程。

20. 从系统工程的角度来看，主要的设计阶段有哪些？

21. 描述墨菲定律。

22. 简要介绍"全球鹰"的特点。

23. 简要介绍 RQ-1A"捕食者"的特点。

24. 简要介绍 MQ-9"捕食者"B"收割者"的特点。

25. 简要介绍 RQ-5A"猎人"的特点。

26. 简要介绍 RQ-7"影子 200"的特点。

27. 简要介绍 RQ-170"哨兵"的特点。

28. 简要介绍 RQ-2A"先锋"的特点。

29. 简要介绍 X-45A UCAV 的特点。 33

30. "捕食者"A 的发动机功率是多少？

31. "全球鹰"的机翼面积是多少？

32. 雅马哈 RMAX 的最大起飞重量是多少？

33. "扫描鹰"的最大速度是多少？

34. "收割者"的航程是多少？

35. X-45A 的最大速度是多少？

36. RQ-5A"猎人"的续航时间是多少？

37. X-45C UCAV 的翼展是多少？ 34

第 2 章　初 步 设 计

教学目标

经过本章的学习，读者将能够：

1）进行无人飞行器初步设计。

2）针对携带给定有效载荷的无人飞行器，估计其最大起飞重量。

3）针对给定飞行任务的固定翼无人飞行器，确定其机翼面积和发动机推力/功率。

4）进行四旋翼飞行器的概念设计。

5）讨论现代无人飞行器的重量特性。

6）确定电动无人飞行器的电池特性。

2.1　引言

对于固定翼无人飞行器，初步设计分两步进行：

1）估算最大起飞重量。

2）确定机翼面积和发动机推力/功率。

对于旋翼无人飞行器（包括四旋翼飞行器），初步设计也分两步进行：

1）估算最大起飞重量。

2）确定发动机推力/功率。

固定翼和旋翼无人飞行器最大起飞重量的估算都基于相同的方法。然而，旋翼无人飞行器（如四旋翼飞行器）没有机翼，因此只给出发动机功率/推力的计算方法。本节将这些方法作为初步设计阶段的一部分进行介绍。

2.2　最大起飞重量估算

本节的目的是介绍完整设计和建造无人飞行器前获得其最大起飞重量（或全部重量）的初步估算方法。飞行器的重量分为几个部分。有些部分可根据统计数据确定，有些则需要根据性能表达式计算。2.3 节至 2.8 节将介绍估算无人飞行器最大起飞重量的方法。

2.3　重量组成

最大起飞重量（W_{TO}）分为四个部分：

1）有效载荷重量（W_{PL}）。

2）自动驾驶仪重量（W_A）。

3）如果是燃油无人飞行器，考虑燃油重量（W_F）；如果是电动无人飞行器，则考虑电池重量(W_B)。

4）空重(W_E)。

$$W_{TO} = W_{PL} + W_A + W_F + W_E \tag{2.1}$$

此方程式可改写[8]为以下形式：

$$W_{TO} = \frac{W_{PL} + W_A}{1 - \left(\dfrac{W_F}{W_{TO}}\right) - \left(\dfrac{W_E}{W_{TO}}\right)} \tag{2.2a}$$

$$W_{TO} = \frac{W_{PL} + W_A}{1 - \left(\dfrac{W_B}{W_{TO}}\right) - \left(\dfrac{W_E}{W_{TO}}\right)} \tag{2.2b}$$

式（2.2a）用于燃油无人飞行器，式（2.2b）用于电动无人飞行器。为了得到 W_{TO}，需要确定 W_{PL}、W_A、W_F/W_{TO}（或 W_B/W_{TO}）和 W_E/W_{TO} 四个变量。前三个参数——有效载荷重量、自动驾驶仪重量和燃油系数（或电池重量系数）可相当准确地得到，但最后一个参数（即空重系数）是根据统计数据估计的。

2.4 有效载荷重量

有效载荷（有用的载荷）重量是最初要求和设计的无人飞行器净载重量。有效载荷包括传感器（如相机和雷达）、贮存物、军事装备和其他预期在内的载荷。第 12 章提供了各类有效载荷的重量及其他技术特性。表 2-1 介绍了几种大型和小型固定翼与旋翼无人飞行器的有效载重比（W_{PL}/W_{TO}）及其他特征参数。值得强调的是，有效载重比一般在 0.08（如"杀人蜂"）到 0.33（如雅马哈 RMAX）之间。

表 2-1　几种无人飞行器的有效载重比

序号	名字	续航时间	航程	起飞重量或质量	有效载荷重量或质量	W_{PL}/W_{TO}
1	RQ-4 "全球鹰"	32 h	22 800 km	32 250 lb	3000 lb	0.093
2	RQ-11B "大乌鸦"	90 min	10 km	4.2 lb	6.5 oz	0.097
3	"扫描鹰"	23 h	100 km	48.5 lb	13 lb	0.27
4	RQ-7B "影子"	7 h	110 km	375 lb	100 lb	0.27
5	MQ-1C "灰鹰"	30 h	3750 km	3600 lb	800 lb	0.22
6	A-160 "蜂鸟"	24 h	4023 km	6500 lb	1000 lb	0.15
7	MQ-8 "火力侦察兵"	8 h	203 km	3150 lb	500 lb	0.16
8	"黑鹰50"	4 h	260 km	77 lb	22 lb	0.28
9	"银狐"	12 h	32 km	28 lb	4 lb	0.14
10	"杀人蜂"	18 h	100 km	250 lb	20 lb	0.08
11	诺斯罗普·格鲁曼 "火鸟"	40 h	11 200 km	5000 lb	1240 lb	0.25
12	RQ-5 "猎人"	21 h	125 km	885 kg	90 kg	0.102
13	雅马哈 RMAX	1 h	90 km	94 kg	31 kg	0.33
14	"捕食者" B "天空卫士"	30 h	11 000 km	4500 kg	340 kg 内部有效载荷＋1360 kg 外部有效载荷	0.38

有效载荷重量是已知量，因为它是由设计者选择的，或是由客户给定的。最初的 RQ-7A"影子"飞行器，翼展为 3.89 m，最大有效载荷重量为 25.3 kg。表 2-2 给出了若干现有无人飞行器有效载荷的重量。

表 2-2　几种无人飞行器有效载荷的重量

序号	有效载荷类型	种类/品牌	质量或重量	备注
1	光学相机	TL300MN FPV	15 g	尺寸：21 mm×26 mm×30 mm
2	光学相机	DJI Zenmuse X5	530 g	带平衡框架，用于四旋翼飞行器
3	摄像机	CC-1XHRM	0.29 kg	Sony
4	雷达	Garmin GSX 70	12.7 lb(5.76 kg)	用于 NASA 的"全球鹰"
5	雷达	Lincoln Lab	175 lb	无人飞行器应用研究
6	诱饵	ALE-50	4.5 kg	ECM 中使用
7	ECM 系统	IDECM	73.4 kg	ITT 电子系统
8	雷达告警接收机	AN/ALR-67	45 kg	Raytheon
9	激光测距仪	XP SSXP	2.5 kg	SureShot
10	激光测距仪	BOD 63M-LA01-S115	0.26 kg	Balluaf

2.5　自动驾驶仪重量

无人飞行器重量的另一个组成部分来自自动驾驶仪，它负责执行飞行操作并为子系统和有效载荷提供服务。如果无人飞行器由地面控制站的操作人员控制，则还需要一个由接收器、发射器和数据链组成的通信系统。在重量组成方面，我们不考虑自动驾驶仪的通信系统。自动驾驶仪的重量是与无人飞行器任务有关的函数。

图 2-1 展示了一种商用飞行控制器 F4(V3) Omnibus，其尺寸为 30.5 mm× 30.5 mm。这种低成本的轻量级自动驾驶仪适用于小型无人飞行器。

对于常规航拍任务(对于小型四旋翼飞行器来说)，自动驾驶仪的重量很轻(低至 50 g)，由用于导航和控制系统的紧凑型元件组成。然而，对于执行复杂长航程任务的大型中空长航时无人飞行器，自动驾驶仪需要有许多元件，重量很大(高达 50 lb)。

如果选择商用现货(COTS)自动驾驶仪，其重量将为已知值。但是，

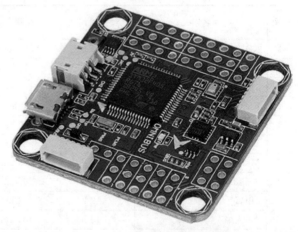

图 2-1　F4(V3) Omnibus 飞行控制器
（尺寸：30.5 mm×30.5 mm）

如果设计者想定制自动驾驶仪，重量将在设计完成后确定。在这种情况下，可采用与之类似的无人飞行器自动驾驶仪的重量统计值。表 2-3 给出了几种商用自动驾驶仪和惯性导航系统(INS)的质量或重量。

表2-3 几种商用自动驾驶仪和惯性导航系统(INS)的质量或重量

序号	型号	类别	质量或重量	备注
1	APM 2.8 ArduPilot	自动驾驶仪	70 g	包括三轴陀螺仪、加速度计和磁强计、5 Hz的GPS模块、高度计、减震板支架。尺寸：70.5 mm×45 mm×13.5 mm
2	Omnibus F4+(Plus)		24.2 g	包括飞行控制器(F4+OSD+SDCARD+VTX+BUZZER)，尺寸：30.5 mm×30.5 mm
3	F4 (V3) Omnibus		20 g	带 BEC&OSD& 黑匣子 (DSHOT1200/30.5 mm×30.5 mm)
4	MicroPilot MP21283X		28 g	集成了三轴陀螺仪/加速度计、GPS、气压高度计、压力空速传感器(4 cm×10 cm)
5	Kearfott KN-4072	INS	11 lb	"全球鹰"中使用
6	Kearfott KN-4073		8 lb	"火力侦察兵"中使用
7	LN-100G		21.6 lb	诺斯罗普·格鲁曼
8	RCCT GS-111		1.7 lb	

2.6 燃油重量

无人飞行器可能会安装燃油发动机(如活塞式发动机)，也可能会安装电动机。因此，可以分别计算以下两项：

1) 安装燃油发动机的无人飞行器的燃油重量。

2) 安装电动机的无人飞行器的电池重量。

对于安装燃油发动机的无人飞行器，着陆时的重量比起飞时的重量小得多。然而，对于安装电动机的无人飞行器，除非有效载荷(如贮存物)在飞行过程中减少，否则飞行器重量通常不会改变。对于安装燃油发动机的无人飞行器，本节提供了燃油重量计算方法。

完成飞行所需的燃油总重取决于要执行的任务、飞行器的空气动力学特性和发动机的燃油消耗率。任务描述必须是已知的，这通常会提供给设计者。

确定燃油总重的第一步是确定飞行任务段。对于遥控无人飞行器，典型的飞行任务剖面如图2-2所示。飞行操作包括起飞(滑行)、爬升、巡航、盘旋(如空中摄影和摄像)、巡航返回、下降和着陆。每个任务段都有编号，例如，1表示起飞开始，2表示起飞结束。最消耗燃油/能量的三个任务段是：巡航、盘旋和巡航返回。

在每个飞行任务段，都会以同样的方式为飞行器的重量编号。因此，W_1表示起飞开始时的飞行器重量(即最大起飞重量)，W_2表示起飞结束(也是爬升段的开始)时的飞行器重量，W_8是飞行结束(即着陆)时的飞行器重量。

因此，对于任意任务段i，燃油系数表示为W_{i+1}/W_i。例如，图2-2所示飞行任务中的W_4/W_3是巡航段的燃油系数。在每个任务段中，燃油的消耗都会使飞行器重量减小。

这是估算飞行所需燃油的重量和燃油系数的基础。飞行结束时(即着陆时)的飞行器重量(W_L)与飞行开始时(即起飞时)的飞行器重量之差等于燃油重量：

$$W_{TO} - W_L = W_F \tag{2.3}$$

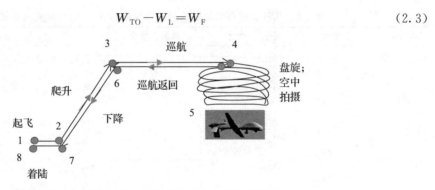

图 2-2   遥控无人飞行器的典型飞行任务剖面图

因此，在常规飞行任务中，飞行结束时的飞行器重量与飞行开始时的飞行器重量之比为：

$$\frac{W_L}{W_{TO}} = \frac{W_{TO} - W_F}{W_{TO}} \tag{2.4}$$

对于图 2-2 中有七个任务段的任务而言，燃油系数如下：

$$\frac{W_L}{W_{TO}} = 1 - \frac{W_8}{W_1} \tag{2.5}$$

式中，$\dfrac{W_8}{W_1}$ 可以写为：

$$\frac{W_8}{W_1} = \frac{W_2}{W_1}\frac{W_3}{W_2}\frac{W_4}{W_3}\frac{W_5}{W_4}\frac{W_6}{W_5}\frac{W_7}{W_6}\frac{W_8}{W_7} \tag{2.6}$$

为了飞行安全，飞行器一般都会携带燃油储备。出于安全考虑，所需额外燃油约占飞行器总重的 5%，可由下式表示：

$$\frac{W_F}{W_{TO}} = 1.05\left(1 - \frac{W_8}{W_1}\right) \tag{2.7}$$

因此，为了得到总的燃油系数，必须先确定所有任务段的燃油系数。一般主要有七个任务段，即起飞、爬升、巡航、盘旋、巡航返回、下降和着陆，可分为两组。

首先，在某些任务段中，燃烧的燃油重量几乎为零，与最大起飞重量相比可忽略不计。这些任务段包括起飞（含滑行）、爬升、下降和着陆（含进近）。这些任务段的燃油系数根据统计数据进行估算。表 2-4 给出了典型的起飞、爬升、下降和着陆段燃油系数平均值。

表 2-4   典型任务段的燃油系数

序号	任务段	W_{i+1}/W_i
1	起飞[①]	0.98
2	爬升	0.97
3	下降	0.99
4	着陆[②]	0.997

①含滑行段。
②含进近段。

其次，在某些任务段中，燃烧的燃油重量相当大。这些任务段包括巡航、盘旋和巡航返回，它们的燃油系数应通过数学计算确定。巡航段的燃油系数由 Breguet 航程方程确定[9]。

$$R_{max} = \frac{V_{(L/D)_{max}}}{C}\left(\frac{L}{D}\right)_{max}\ln\left(\frac{W_i}{W_{i+1}}\right) \quad \text{（带喷气发动机的 UAV）} \tag{2.8}$$

$$R_{\max}=\frac{\eta_{\mathrm{P}}(L/D)_{\max}}{C}\ln\left(\frac{W_i}{W_{i+1}}\right)\quad（带螺旋桨发动机的 UAV）\tag{2.9}$$

由此，巡航段的燃油系数如下：

$$\frac{W_{i+1}}{W_i}=\mathrm{e}^{\frac{-RC}{0.886V(L/D)_{\max}}}\quad（带喷气发动机的 UAV）\tag{2.10}$$

$$\frac{W_{i+1}}{W_i}=\mathrm{e}^{\frac{-RC}{\eta_{\mathrm{P}}(L/D)_{\max}}}\quad（带螺旋桨发动机的 UAV）\tag{2.11}$$

其中，V 为巡航速度，燃油消耗率 C 和最大升阻比 $(L/D)_{\max}$ 的典型值可根据参考文献[8]获得。对图 2-2 所示的飞行任务，i 等于 3 和 5。因此，两个巡航段的燃油系数 $\frac{W_4}{W_3}$ 和 $\frac{W_6}{W_5}$ 可由这两个方程确定。

同样，盘旋段的燃油系数采用 Breguet 航时方程确定[8]。

$$E_{\max}=\frac{(L/D)_{\max}}{C}\ln\left(\frac{W_i}{W_{i+1}}\right)\quad（带喷气发动机的 UAV）\tag{2.12}$$

$$E_{\max}=\frac{(L/D)_{E_{\max}}\eta_{\mathrm{P}}}{CV_{E_{\max}}}\ln\left(\frac{W_i}{W_{i+1}}\right)\quad（带螺旋桨发动机的 UAV）\tag{2.13}$$

因此，航时燃油系数为：

$$\frac{W_{i+1}}{W_i}=\mathrm{e}^{\frac{-EC}{(L/D)_{\max}}}\quad（带喷气发动机的 UAV）\tag{2.14}$$

$$\frac{W_{i+1}}{W_i}=\mathrm{e}^{\frac{-ECV_{E_{\max}}}{0.866\eta_{\mathrm{P}}(L/D)_{\max}}}\quad（带螺旋桨发动机的 UAV）\tag{2.15}$$

飞行器以最小功率速度（即 $V_{P_{\min}}$）飞行时，恰巧对应螺旋桨飞行器[9]的久航速度（$V_{E_{\max}}$）。由于飞行器在初步设计阶段尚未完善，无法计算最小功率速度，因此，建议使用合理近似值。大多数螺旋桨飞行器的最小功率速度相较失速速度高 20%～40%，此时：

$$V_{E_{\max}}=V_{P_{\min}}=1.2V_s\sim1.4V_s\tag{2.16}$$

巡航段的巡航速度约为最大速度的 90%。如果没有给出巡航速度，可以考虑在初步设计阶段使用这一近似值。

2.7　电池重量

电力推进系统包括电动机、电池和螺旋桨。对于安装电动机的无人飞行器，需要一组电池来提供电能。电池重量取决于无人飞行器任务（包括巡航和续航）、飞行器空气动力学特性和电动有效载荷能耗。3.7 节提供了电动机的特性及应用。表 3-5 提供了某些充电电池的技术参数（包括能量密度）。能量密度[10]可以定义为：

$$能量密度=\frac{电池输出功率\times耗能时长}{电池质量}\tag{2.17}$$

或者

$$E_{\mathrm{D}}=\frac{Pt}{m_{\mathrm{B}}}\tag{2.18}$$

所以，电池质量（m_B）为：

$$m_B = \frac{Pt}{E_D} \tag{2.19}$$

因此，可通过下式确定多数飞行任务段的电池重量：

$$W_B = \sum_{i=1}^{n} \frac{Ptg}{E_D} \tag{2.20}$$

其中，P 表示电池输出功率（单位为 W），t 表示飞行时间（单位为 h），E_D 表示能量密度（单位为 W·h/kg），g 表示重力常数（即 9.81 m/s^2）。各数字代表不同的飞行任务段（例如，任务段 1 代表起飞，任务段 2 代表爬升，任务段 3 代表巡航等）。设计师应该了解由客户给定的续航时间（即盘旋段的时间）。巡航段的时间是航程（R）和巡航速度（V_C）的函数：

$$t_C = \frac{R}{V_C} \tag{2.21}$$

航程可假定为起点到任务目标位置距离的两倍，这是因为无人飞行器要在任务完成后返回到操作人员所在位置。其他飞行任务段（即起飞、爬升、下降、进近和着陆）不需要电池提供大量电能。表 2-5 提供了这些任务段的典型耗电比例。

表 2-5　非巡航段的典型耗电比例

序号	任务段	ΔP/%
1	起飞①	2
2	爬升	1
3	下降	0.05
4	着陆②	0.05

① 含滑行段。
② 含进近段。

运动物体的功率可定义为作用力乘以速度。此外，在一定航程或航时内，作用力是由发动机提供的（即推力）。在匀速水平飞行（巡航或盘旋段）时，发动机推力等于无人飞行器阻力。

$$P = TV = DV \quad \text{（带喷气发动机的 UAV）} \tag{2.22a}$$

$$P = \frac{TV}{\eta_P} = \frac{DV}{\eta_P} \quad \text{（带螺旋桨发动机的 UAV）} \tag{2.22b}$$

其中，η_P 是螺旋桨效率。无人飞行器的阻力（D）是空速（V）、机翼面积（S）、空气密度（ρ）及阻力系数（C_D）的函数：

$$D = \frac{1}{2} \rho V^2 S C_D \tag{2.23}$$

因此，配备喷气发动机的无人飞行器所需功率为：

$$P_{jet} = \frac{1}{2} \rho V^3 S C_D \tag{2.24}$$

配备螺旋桨发动机的无人飞行器所需功率为：

$$P_{prop} = \frac{1}{2\eta_P} \rho V^3 S C_D \tag{2.25}$$

对于配备喷气发动机的无人飞行器，盘旋速度最好等于最小阻力速度。对于螺旋桨驱动的无人飞行器，盘旋速度最好等于最小功率速度。对于喷气式无人飞行器和螺旋桨驱动式无人飞行器，盘旋任务段的推荐速度通常比失速速度（V_s）快 20%～40%。

$$V_{E_{max}} = V_{P_{min}} = 1.2 V_s \sim 1.4 V_s \tag{2.26}$$

此外，该任务段的极曲线为：

$$C_{D-\min P} = C_{D_0} + K \left(\frac{1}{1.3}\right)^2 C_{L_{\max}}^2 \tag{2.27}$$

使用典型值（见表 2-6）计算参数 C_{D_0}、K、$C_{L_{\max}}$ 和 η_P 估计巡航/盘旋飞行所需的功率。

44

表 2-6　固定翼无人飞行器若干参数的典型值

序号	参数	典型值	名称
1	C_{D_0}	0.02～0.03	零升阻力系数——伸缩起落架
2	C_{D_0}	0.03～0.045	零升阻力系数——固定起落架
3	AR	5～20	展弦比（AR）
4	C_{L_C}	0.2～0.5	巡航升力系数
5	$C_{L_{\max}}$	1.2～1.6	最大升力系数
6	e	0.6～0.9	奥斯瓦德翼展效率因子
7	η_P	0.6～0.8	螺旋桨效率
8	$(C_L/C_D)_{\max}$	6～10	最大升阻比——固定起落架
9	$(C_L/C_D)_{\max}$	8～16	最大升阻比——伸缩起落架

为了得到机翼面积（S）的表达式，参考水平巡航飞行，其中升力等于无人飞行器重力，可得机翼面积：

$$S = \frac{2W}{\rho V_C^2 C_{L_C}} \tag{2.28}$$

将此表达式代入式（2.25）可得：

$$P_{\mathrm{prop}} = \frac{1}{2\eta_P} \rho V^3 \frac{2W}{\rho V^2 C_L} C_D \tag{2.29}$$

该式可简化为：

$$P_{\mathrm{prop}} = \frac{WV}{\eta_P} \frac{C_D}{C_L} \tag{2.30}$$

对于螺旋桨发动机，可合理地假设大约 5% 的电池能量消耗在非巡航任务段（例如起飞和爬升）。将式（2.30）的 P 和式（2.21）的 t 代入式（2.20），可得如下表达式：

$$W_B = 1.05 \left(\frac{WV}{\eta_P} \frac{C_D}{C_L} \frac{R}{V} \frac{g}{E_D}\right) \tag{2.31}$$

由此得出：

$$W_B = 1.05 \left(\frac{W}{\eta_P} \frac{R}{C_L/C_D} \frac{g}{E_D}\right) \tag{2.32}$$

因此，电池重量系数为：

$$\frac{W_B}{W} = 1.05 \left(\frac{g}{\eta_P E_D} \frac{R}{C_L/C_D}\right) \tag{2.33}$$

45

对配备电动螺旋桨的固定翼无人飞行器，式（2.33）给出了电池重量系数的计算方式。表 3-5 提供了某些充电电池的能量密度[11]。表 2-6 给出了无人飞行器 η_P 和 C_L/C_D 的典型取值。注意，巡航时的升阻比（C_L/C_D）为最大升阻比（C_L/C_D）$_{\max}$ 的 80%～90%。

例 2.1 质量为 1 kg 的小型固定翼遥控（RC）无人飞行器配备一组为电动机供电的 Li-Po（锂聚合物）电池。如果电池的能量只在盘旋任务中消耗（为电动机供能），最大续航时间为 20 min，请确定电池组的质量。假设电动机产生 2 N 推力，螺旋桨效率为 0.7，无人飞行器以 20 m/s 的速度飞行。

解 由于只考虑飞行中的盘旋段，式（2.20）可简化为：

$$W_B = \frac{Ptg}{E_D}$$

方程两边同时除以 g，得到：

$$m_B = \frac{Pt}{E_D}$$

电动机产生的功率如下：

$$P = TV/\eta = 2 \times 20/0.7 \approx 57.1 \text{ W}$$

由表 3-5 知，锂聚合物电池的能量密度为 $100 \sim 265$ W·h/kg。假设电池具有最大能量密度（即 265 W·h/kg），因此有：

$$m_B = \frac{Pt}{E_D} = \frac{57.1 \times \dfrac{20}{60}}{265} \approx 0.072 \text{ kg} = 72 \text{ g}$$

由于 1 h=60 min，所以代入 20/60。电池质量约占无人飞行器质量的 7%。

例 2.2 处于初步设计阶段的固定翼遥控飞行器需要配备电动机和螺旋桨（锂离子电池），请确定其电池重量系数。要求无人飞行器能够飞行 10 km 并返回。

解 由表 3-5 知，锂离子电池的能量密度为 $100 \sim 250$ W·h/kg。假设电池的能量密度为 150 W·h/kg，即 150×3600 W·s/kg。根据表 2-6，选 C_L/C_D 为 8，螺旋桨效率为 0.6。由于总航程为 2×10 km=20 km=$2 \times 10\,000$ m，因此有：

$$\frac{W_B}{W} = 1.05 \left(\frac{g}{\eta_P E_D} \frac{R}{C_L/C_D} \right) = 1.05 \times \left(\frac{9.81}{0.6 \times 150 \times 3600} \frac{10\,000 \times 2}{8} \right) = 0.079 = 7.9\%$$

综上，电池的重量将占遥控飞行器总重量的 7.9%。

2.8 空载重量

确定最大起飞重量的式（2.1）的最后一项是空重，空重系数为 $\dfrac{W_E}{W_{TO}}$。空重主要包括结构/机身、发动机、起落架和系统的重量。在初步设计阶段，飞行器仅在概念层面进行了设计，没有几何结构或尺寸参数。因此，不能通过分析来计算空重系数。唯一的方法是利用已有的历史数据和统计数据。

关于飞行器，唯一已知的信息是根据任务设计的构型和飞行器类型。根据这些数据，作者建立了一系列确定空重系数的经验方程。这些方程是根据公开资源中发布的数据得到的。一般而言，空重系数从 0.5 到 0.9 不等。空重系数可通过以下经验线性方程进行数学建模：

$$\frac{W_E}{W_{TO}} = aW_{TO} + b \tag{2.34}$$

其中，a 和 b 见表 2-7。注意，式(2.34)是英制单位下的拟合曲线。因此，最大起飞重量和空重的单位是 lb。

表 2-7 经验方程式(2.34)中的系数 a 和 b 的取值

序号	无人飞行器类型	a	b
1	小型遥控式	-0.00296	0.87
2	HALE	1.07×10^{-5}	0.126
3	MALE	5.1×10^{-6}	0.42
4	四旋翼飞行器	-4.6×10^{-5}	0.68

小型无人飞行器"大角星"T-20(见图 6-38)的质量为 84 kg，能够携带内部和外部有效载荷(如 EO/IR 相机)，其空重为 50 kg。中空长航时"收割者"无人飞行器的起飞总质量为 4750 kg，有效载荷为 1700 kg，燃油为 1360 kg，其空重为 2223 kg。

例 2.3 用于航拍任务的小型遥控飞行器正处于初步设计阶段。选用 Sony CC-1XHRM 相机。选择自动驾驶仪 APM 2.8 ArduPilot 和配备锂离子电池的电动机。期望的总航程是 20 km。估算无人飞行器最大起飞重量。

解 根据表 12-2，这台相机的重量是 10.2 oz $^\ominus$，相当于质量为 0.289 kg(即 W_{PL} = 0.638 lb)。由表 2-3 可得，APM 2.8 ArduPilot 的质量为 70 g(即 W_A = 0.154 lb)。由表 2-7 可得，a 和 b 的值分别为 -0.00296 和 0.87。由表 3-5 可得，锂离子电池的能量密度为 $100 \sim 250$ W·h/kg。假设电池的能量密度为 150 W·h/kg。

因为无人飞行器的类型和航程与例 2.2 中的无人飞行器相似，可得

$$\frac{W_B}{W_{TO}} = 0.079$$

将 a 和 b 的值代入式(2.34)中，可得：

$$\frac{W_E}{W_{TO}} = -0.00296W_{TO} + 0.87$$

将 W_B、W_{PL} 和 W_A 以及表达式 $\dfrac{W_E}{W_{TO}}$ 的值都代入式(2.2b)，可得：

$$W_{TO} = \frac{W_{PL} + W_A}{1 - \left(\dfrac{W_B}{W_{TO}}\right) - \left(\dfrac{W_E}{W_{TO}}\right)} = \frac{0.638 + 0.154}{1 - 0.079 - (-0.00296W_{TO} + 0.087)}$$

这一表达式可简化为：

$$W_{TO} = \frac{0.79}{0.00296W_{TO} + 0.051}$$

$\ominus$　1 oz = 28.3495 g。——编辑注

47

解这一非线性代数方程，得到 W_{TO} 为 9.85 lb。因此，该无人飞行器的最大起飞重量为 9.85 lb。

由美国陆军和 DARPA 赞助，林肯实验室开发了用于无人飞行器的近全天候广域监视雷达，表 2-8 给出了雷达和通信系统中各部件的重量[12]。据观察，这一有效载荷系统的总重量为 175 lb。

表 2-8   无人飞行器雷达及辅助设备重量细分

序号	系统	部件	重量/lb
1	雷达	发射器	21
2		接收器和激振器	10
3		处理器	55
4		天线系统	14
5		电缆和连接器	10
		小计	110
6	辅助设备	惯性导航系统(INS)(包括散热器)	17
7		数据链	12
8		高度计和 GPS 接收器	9
9		支撑结构	25
10		冷却用风扇	2
		小计	65
		合计	175

2.9   机翼和发动机尺寸

飞行器初步设计阶段的第二个关键步骤是确定机翼参考面积(S_{ref})、发动机推力(T)或发动机功率(P)。与初步设计阶段第一步不同的是，第一步以统计数据为主要参考，这一步完全取决于对飞行器的性能要求，并采用了飞行力学理论。这项技术被称为"匹配图"——最初由 NASA 开发，后来逐渐得到扩展[8]。

机翼和发动机对于巡航飞行至关重要。无人飞行器的四个主要作用力(升力 L、阻力 D、重力 W 及推力 T)处于平衡状态。在巡航飞行中，升力等于无人飞行器重力(W)，发动机推力(T)等于无人飞行器阻力(D)：

$$L = W \tag{2.35}$$
$$D = T \tag{2.36}$$

这两个方程忽略了攻角和发动机安装角对推力分量的影响。式(2.35)和式(2.36)表明，重力由升力平衡，阻力由发动机推力平衡。重力是无人飞行器质量的函数：

$$W = mg \tag{2.37}$$

本阶段用于确定飞行器尺寸的性能参数有：失速速度(V_s)、最大速度(V_{max})、最大爬升率(ROC_{max})、起飞滑跑距离(S_{TO})，以及升限(h_c)。为完成初步设计，这些值应提供给设计师。例如，MQ-1"捕食者"的最大速度和失速速度分别为 117 kn 和 54 kn。此外，

RQ-4"全球鹰"的航程、续航时间和实用升限分别为 22 779 km、32 h 以上和 60 000 ft。

匹配图法分六步进行:

1) 为每种性能参数推导一个方程(W/P 或 T/W 作为 W/S 的函数)。

2) 根据所有导出的方程在一个图中绘制曲线。

3) 找到由坐标轴和曲线包围的可接受域。

4) 确定设计点(即最佳选择)。

5) 由设计点可得两个值,即对应的机翼载荷$(W/S)_d$ 和功率载荷$(W/P)_d$。

6) 飞行器的最大起飞重量(W_{TO})先前已经确定,根据这两个数值计算机翼面积和发动机推力/功率。

螺旋桨驱动式固定翼无人飞行器的典型图解法如图 2-3 所示,喷气式固定翼无人飞行器的典型图解法如图 2-4 所示。

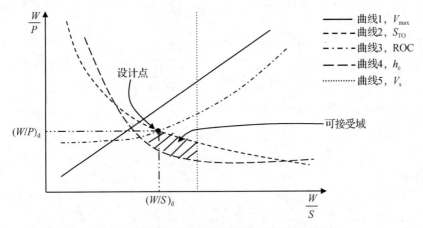

图 2-3 螺旋桨驱动式固定翼无人飞行器匹配图

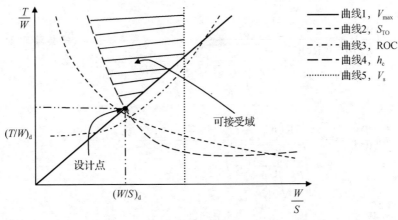

图 2-4 喷气式固定翼无人飞行器匹配图

以下是各个性能参数的方程。相应的细节和推导,可参阅文献[8]。

● 失速速度

$$\left(\frac{W}{S}\right)_{V_s} = \frac{1}{2}\rho V_s^2 C_{L_{max}} \tag{2.38}$$

- 最大速度

$$\left(\frac{T_{\mathrm{SL}}}{W}\right)_{V_{\max}} = \rho_0 V_{\max}^2 C_{D_0} \frac{1}{2\left(\frac{W}{S}\right)} + \frac{2K}{\rho\sigma V_{\max}^2}\left(\frac{W}{S}\right) \quad \text{(喷气式飞行器)} \tag{2.39}$$

$$\left(\frac{W}{P_{\mathrm{SL}}}\right)_{V_{\max}} = \frac{\eta_{\mathrm{P}}}{\dfrac{1}{2}\rho_0 V_{\max}^3 C_{D_0} \dfrac{1}{\left(\frac{W}{S}\right)} + \dfrac{2K}{\rho\sigma V_{\max}}\left(\frac{W}{S}\right)} \quad \text{(螺旋桨驱动式飞行器)} \tag{2.40}$$

- 起飞滑跑距离

$$\left(\frac{T}{W}\right)_{S_{\mathrm{TO}}} = \frac{\mu - \left(\mu + \dfrac{C_{D_G}}{C_{L_R}}\right)\left[\exp\left(0.6\rho g C_{D_G} S_{\mathrm{TO}} \dfrac{1}{W/S}\right)\right]}{1 - \exp\left(0.6\rho g C_{D_G} S_{\mathrm{TO}} \dfrac{1}{W/S}\right)} \quad \text{(喷气式飞行器)} \tag{2.41}$$

$$\left(\frac{W}{P}\right)_{S_{\mathrm{TO}}} = \frac{1 - \exp\left(0.6\rho g C_{D_G} S_{\mathrm{TO}} \dfrac{1}{W/S}\right)}{\mu - \left(\mu + \dfrac{C_{D_G}}{C_{L_R}}\right)\left[\exp\left(0.6\rho g C_{D_G} S_{\mathrm{TO}} \dfrac{1}{W/S}\right)\right]} \frac{\eta_{\mathrm{P}}}{V_{\mathrm{TO}}} \quad \text{(螺旋桨驱动式飞行器)}$$

$$\tag{2.42}$$

其中

$$C_{D_G} = (C_{D_{\mathrm{TO}}} - \mu C_{L_{\mathrm{TO}}})$$

- 爬升率

$$\left(\frac{T}{W}\right)_{\mathrm{ROC}} = \frac{\mathrm{ROC}}{\sqrt{\dfrac{2}{\rho}\sqrt{\dfrac{C_{D_0}}{K}}\left(\frac{W}{S}\right)}} + \frac{1}{(L/D)_{\max}} \quad \text{(喷气式飞行器)} \tag{2.43}$$

$$\left(\frac{W}{P}\right)_{\mathrm{ROC}} = \frac{1}{\dfrac{\mathrm{ROC}}{\eta_{\mathrm{P}}} + \sqrt{\dfrac{2}{\rho}\sqrt{\dfrac{3C_{D_0}}{K}}\left(\frac{W}{S}\right)}\left(\dfrac{1.155}{(L/D)_{\max}\eta_{\mathrm{P}}}\right)} \quad \text{(螺旋桨驱动式飞行器)}$$

$$\tag{2.44}$$

- 升限

$$\left(\frac{T}{W}\right)_{\mathrm{C}} = \frac{\mathrm{ROC_C}}{\sqrt{\dfrac{2}{\rho_{\mathrm{C}}}\sqrt{\dfrac{C_{D_0}}{K}}\left(\frac{W}{S}\right)}} + \frac{1}{\sigma_{\mathrm{C}}(L/D)_{\max}} \quad \text{(喷气式飞行器)} \tag{2.45}$$

$$\left(\frac{W}{P_{\mathrm{SL}}}\right)_{\mathrm{C}} = \frac{\sigma_{\mathrm{C}}}{\dfrac{\mathrm{ROC_C}}{\eta_{\mathrm{P}}} + \sqrt{\dfrac{2}{\rho_{\mathrm{C}}}\sqrt{\dfrac{3C_{D_0}}{K}}\left(\frac{W}{S}\right)}\left(\dfrac{1.155}{(L/D)_{\max}\eta_{\mathrm{P}}}\right)} \quad \text{(螺旋桨驱动式飞行器)}$$

$$\tag{2.46}$$

在绝对升限(h_{AC})下，爬升率为零（$\mathrm{ROC_{AC}} = 0$）。因此，推力/功率负载对应的表达式为：

$$\left(\frac{T}{W}\right)_{\mathrm{AC}} = \frac{1}{\sigma_{\mathrm{AC}}(L/D)_{\mathrm{max}}} \quad \text{（喷气式飞行器）} \tag{2.47}$$

$$\left(\frac{W}{P_{\mathrm{SL}}}\right)_{\mathrm{AC}} = \frac{\sigma_{\mathrm{AC}}}{\sqrt{\dfrac{2}{\rho_{\mathrm{AC}}\sqrt{\dfrac{3C_{D_0}}{K}}}\left(\dfrac{W}{S}\right)}\left(\dfrac{1.155}{(L/D)_{\mathrm{max}}\eta_{\mathrm{P}}}\right)} \quad \text{（螺旋桨驱动式飞行器）} \tag{2.48}$$

在式（2.38）至式（2.48）中，新参数有机翼诱导阻力系数 K，螺旋桨效率 η_{P}，无人飞行器在地面上的阻力系数 $C_{D_{\mathrm{G}}}$，跑道摩擦系数 μ，空气密度比 σ，最大升阻比 $(L/D)_{\mathrm{max}}$。

从匹配图中选择设计点，并从中提取两个坐标对应的数字。对于螺旋桨驱动式无人飞行器，输出为 $\left(\dfrac{W}{S}\right)_{\mathrm{d}}$ 和 $\left(\dfrac{W}{P}\right)_{\mathrm{d}}$；对于喷气式无人飞行器，输出为 $\left(\dfrac{W}{S}\right)_{\mathrm{d}}$ 和 $\left(\dfrac{T}{W}\right)_{\mathrm{d}}$。机翼面积和发动机功率/推力可通过下式计算：

$$S = W_{\mathrm{TO}} / \left(\frac{W}{S}\right)_{\mathrm{d}} \tag{2.49}$$

$$P = W_{\mathrm{TO}} / \left(\frac{W}{P}\right)_{\mathrm{d}} \tag{2.50}$$

$$T = \left(\frac{T}{W}\right)_{\mathrm{d}} W_{\mathrm{TO}} \tag{2.51}$$

由此，机翼面积和发动机功率/推力将很容易计算。

2.10 四旋翼飞行器构型

在过去几年中，四旋翼无人飞行器的普及率与日俱增。对许多类型的任务而言，配备四个电动机的四旋翼飞行器构型是小型无人飞行器的最佳选择。四旋翼飞行器之所以备受欢迎，主要是因为它具有独特的优点。四旋翼飞行器受欢迎的主要原因有五个，即：尺寸小，便携；成本低；安全；能够快速捕捉实时事件；悬停能力强。本节介绍四旋翼飞行器构型的技术特点和优缺点。

四旋翼飞行器已被证明能够从不同角度捕捉重要信息，例如，拍摄电影或拍摄体育赛事。它们有潜力在不久的将来改变新闻业。四旋翼飞行器的价格从 40 美元到 10 000 美元不等，具体取决于预期用途、电池电量和所连接的相机。随着传感器和控制系统越来越先进，成本越来越低，四旋翼飞行器的普及程度也越来越高。

通过螺旋桨转速进行简单控制，按比例缩小/放大的潜力以及低成本是这类构型的三个优点。四旋翼飞行器通常配备固定桨距的螺旋桨，因而直接通过飞行控制指令改变各电动机的转速来实现整体控制，进而产生旋转扭矩差来控制飞行轨迹。发动机螺旋桨负责产生升力和推力，因此发动机产生的力的垂直分量是升力，水平分量是推力。

直升机和四旋翼飞行器有许多相同之处，也有许多不同之处。传统直升机有主旋翼、变速箱、桨毂机构和尾桨。然而，除了旋转的电动机和螺旋桨外，四旋翼飞行器没有其他运动部件。四旋翼飞行器不容易产生振动，而且重心位置更灵活。由于旋翼的尺寸较小，所以在室内飞行时更安全。

四旋翼飞行器的电动机安装在机架上，进行横向/航向/纵向运动的唯一方法是使整个机体倾斜。与传统直升机不同，四旋翼飞行器没有尾桨来控制偏航运动。四旋翼飞行器有四个电动机——每个电动机控制一个螺旋桨的转动（见图2-5），其中两个顺时针旋转，另外两个逆时针旋转。如果顺时针方向旋转的电动机和逆时针方向旋转的电机旋转速度不同，将会产生绕轴的转矩。相邻电动机之间成90°角。所有的电动机都会产生向上的推力，其合力等于升力。当四旋翼飞行器倾斜时，合力的水平分量将推动飞行器在水平方向上运动。

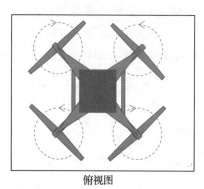
俯视图

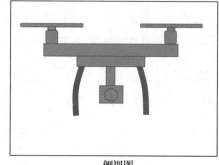
侧视图

图 2-5　四旋翼飞行器构型

53

四旋翼飞行器可将有效载荷（如相机）置于主体下方，用于执行航空摄影和摄像等任务。由于四个电动机没有护盖，因此飞行器在空气动力学上不是最优的，同时由于起落架是固定的，四旋翼飞行器会受到更大的阻力。因此，与其他构型相比，这类构型的最大空速较小。表2-9给出了四旋翼飞行器的技术特性和构型规格。

表 2-9　典型四旋翼飞行器的技术特性和规格

序号	特性	规格
1	发动机数量	4
2	发动机类型	电动
3	发动机构型	所有都以 x 形朝上布置
4	螺旋桨旋转方向	两个顺时针，两个逆时针
5	起降	垂直
6	悬停	是
7	起落架	固定—橇形
8	速度	低
9	阻力	高

商用和民用小型无人飞行器领域的全球领先者[13]是 DJI，占四旋翼飞行器市场份额的72%。DJI的四旋翼飞行器产品（包括飞行平台、飞行控制器、直升机配件、机载和手持平衡框架以及地面站）已应用于全球的音乐、电视和电影行业。DJI的四旋翼飞行器涵盖从价值5000美元的好莱坞水准的 Matrice 600 Pro 到价值400美元的掌上 Spark。

图2-6展示了DJI"精灵"4 Pro四旋翼飞行器。这一四旋翼飞行器的质量为1380 g，具有自主起飞和自主返航的能力。最大速度为45 mile/h，飞行时间28 min。"精灵"4 Pro采用钛/镁合金结构，增加了机架强度，减轻了重量。它配有一个1 in [⊖]、2000万像素互补金属氧化物半导体（CMOS）传感器相机，能够以60帧/s的速度拍摄4K视频，连拍模式时速度为14帧/s。"精灵"4 Pro具有5个方向的避障功能以及三种智能自主飞行模式（即定位、运动和姿态）。三组双目视觉传感器构成了一个6相机导航系统，该系统能

⊖　1 in＝0.0254 m。——编辑注

够不间断地计算飞行器与物体之间的相对速度和距离。

图 2-6　DJI "精灵" 4 Pro 四旋翼飞行器

本书其他章节中给出了四旋翼飞行器的多个设计要点。例如，5.7 节给出了包括电动机推力公式在内的四旋翼飞行器动力学模型。此外，4.8 节还专门介绍了四旋翼飞行器的空气动力学设计。

例 2.4　机翼和发动机尺寸

问题描述：在单电动机极小型固定翼飞行器（UAV）的初步设计阶段，最大起飞重量确定为 2 lb，飞行器的 C_{D_0} 确定为 0.03。机场位于海拔 5000 ft 的城市。采用匹配图方法，确定飞行器的机翼面积（S）和发动机功率（P），使其同时具备以下性能：

a）最大速度：在 5000 ft 的海拔达到 25 kn 真空速（KTAS）。

b）失速速度：大于或等于 12 kn 等效空速（KEAS）。

c）爬升率：海平面处大于或等于 150 ft/min。

d）起飞滑跑距离：小于或等于 80 ft（在干燥的混凝土跑道上，$\mu = 0.04$）。

e）绝对升限：大于或等于 10 000 ft。

f）航程：2 km。

g）续航时间：30 min。

无人飞行器无襟翼，起落架固定。可自行假设此飞行器可能会用到的其他任意参数。

解　首先，必须注意的是，航程和续航时间要求对发动机功率或机翼面积没有任何影响，因此我们在本设计阶段忽略它们。海拔 5000 ft 处的空气密度为 0.002 048 slug/ft³，10 000 ft 处的空气密度为 0.001 755 slug/ft³。我们通过推导五个方程来构建匹配图。

1）失速速度

失速速度要求大于 12 kn。基于失速速度要求的机翼尺寸由式（2.38）表示。根据表 2-6，飞行器最大升力系数取 1.5。

$$\left(\frac{W}{S}\right)_{V_s} = \frac{1}{2}\rho V_s^2 C_{L_{\max}} = \frac{1}{2} \times 0.002\,378 \times (12 \times 1.688)^2 \times 1.5 \approx 0.732\,\text{lb/ft}^2 \quad \text{(E-1)}$$

其中，1 kn 等于 1.688 ft/s。

2) 最大速度

在 5000 ft 处，要求最大速度大于 25 kn。对于螺旋桨驱动式飞行器，基于最大速度要求的发动机和机翼尺寸由式(2.40)表示。

$$\left(\frac{W}{P_{\mathrm{SL}}}\right)_{V_{\max}} = \frac{\eta_{\mathrm{P}}}{\dfrac{1}{2}\rho_0 V_{\max}^3 C_{D_0} \dfrac{1}{\left(\dfrac{W}{S}\right)} + \dfrac{2K}{\rho\sigma V_{\max}}\left(\dfrac{W}{S}\right)}$$

根据表 2-6，选择机翼展弦比(AR)为 7，奥斯瓦尔德翼展效率因子为 0.85。因此根据式(4.4)，有：

$$K = \frac{1}{\pi e \mathrm{AR}} = \frac{1}{3.14 \times 0.85 \times 7} \approx 0.053$$

5000 ft 处的空气相对密度(σ)为 0.002 048/0.002 378，即 0.861。代入可得：

$$\left(\frac{W}{P_{\mathrm{SL}}}\right)_{V_{\max}} = \frac{0.7 \times 550}{0.5 \times 0.002\,378 \times (25 \times 1.688)^3 \times 0.03\,\dfrac{1}{\left(\dfrac{W}{S}\right)} + \dfrac{2 \times 0.053}{0.002\,048 \times 0.861 \times (25 \times 1.688)}\left(\dfrac{W}{S}\right)}$$

$$(\mathrm{E\text{-}2})$$

其中，整项乘以 550 可将 lb/(lb·ft·s^{-1})转换为 lb/hp。假设螺旋桨是变桨距的，那么螺旋桨效率为 0.7。

3) 起飞滑跑距离

在海拔 5000 ft 时，要求起飞滑跑距离不大于 80 ft。对于螺旋桨驱动式飞行器，基于起飞滑跑距离要求的发动机和机翼尺寸由式(2.42)表示。3000 ft 处的空气密度是 0.002 175 slug/ft^3。

$$\left(\frac{W}{P}\right)_{S_{\mathrm{TO}}} = \frac{1 - \exp\left(0.6\rho g C_{D_{\mathrm{G}}} S_{\mathrm{TO}}\,\dfrac{1}{W/S}\right)}{\mu - \left(\mu + \dfrac{C_{D_{\mathrm{G}}}}{C_{L_{\mathrm{R}}}}\right)\left[\exp\left(0.6\rho g C_{D_{\mathrm{G}}} S_{\mathrm{TO}}\,\dfrac{1}{W/S}\right)\right]}\,\frac{\eta_{\mathrm{P}}}{V_{\mathrm{TO}}}$$

假设起飞速度为：

$$V_{\mathrm{TO}} = 1.1V_{\mathrm{s}} = 1.1 \times 12 = 13.2 \text{ kn}$$

起飞升力和阻力系数为：

$$C_{L_{\mathrm{TO}}} = C_{L_{\mathrm{C}}} + \Delta C_{L_{\mathrm{flapTO}}} = 0.3 + 0 = 0.3$$

其中假定飞行器升力系数 $C_{L_{\mathrm{C}}}$(见表 2-6)为 0.3。由于无人飞行器没有襟翼，因此 $\Delta C_{L_{\mathrm{flapTO}}}$ 为 0。起落架是固定的，由文献[8]可知：

$$C_{D_{0_{\mathrm{LG}}}} = 0, \quad C_{D_{0_{\mathrm{HLD\_TO}}}} = 0$$

$$C_{D_{0_{\mathrm{TO}}}} = C_{D_0} + C_{D_{0_{\mathrm{LG}}}} + C_{D_{0_{\mathrm{HLD\_TO}}}} = 0.03 + 0 + 0 = 0.03$$

$$C_{D_{\mathrm{TO}}} = C_{D_{0_{\mathrm{TO}}}} + K C_{L_{\mathrm{TO}}}^2 = 0.03 + 0.053 \times (0.3)^2 \approx 0.035$$

变量 $C_{D_{\mathrm{G}}}$ 为：

$$C_{D_{\mathrm{G}}} = C_{D_{\mathrm{TO}}} - \mu C_{L_{\mathrm{TO}}} = 0.035 - 0.04 \times 0.3 = 0.023$$

起飞旋转升力系数为:

$$C_{L_R} = \frac{C_{L_{max}}}{(1.1)^2} = \frac{C_{L_{max}}}{1.21} = \frac{1.5}{1.21} \approx 1.24$$

代入可得:

$$\left(\frac{W}{P}\right)_{S_{TO}} = \frac{\left[1 - \exp\left(0.6 \times 0.002\,048 \times 32.2 \times 0.023 \times 80 \frac{1}{W/S}\right)\right]}{0.04 - \left(0.04 + \frac{0.023}{1.24}\right)\left[\exp\left(0.6 \times 0.002\,048 \times 32.2 \times 0.023 \times 80 \frac{1}{W/S}\right)\right]}$$
$$\left(\frac{0.7}{13.2 \times 1.688}\right) \times 550 \tag{E-3}$$

同样,整项乘以 550 可将 $\mathrm{lb/(lb \cdot ft \cdot s^{-1})}$ 转换为 $\mathrm{lb/hp}$。

4) 爬升率

要求海平面处爬升率大于 150 ft/min(或者 2.5 ft/s)。

最大升阻比为:

$$\left(\frac{C_L}{C_D}\right)_{max} = \frac{1}{2\sqrt{0.053 \times 0.03}} = 12.48$$

对于螺旋桨驱动式飞行器,基于爬升率要求的发动机和机翼尺寸由式(2.44)表示:

$$\left(\frac{W}{P}\right)_{ROC} = \frac{1}{\dfrac{ROC}{\eta_P} + \sqrt{\dfrac{2}{\rho\sqrt{\dfrac{3C_{D_0}}{K}}}\left(\dfrac{W}{S}\right)}\left(\dfrac{1.155}{(L/D)_{max}\eta_P}\right)}$$

代入可得:

$$\left(\frac{W}{P}\right)_{ROC} = \frac{1 \times 550}{\dfrac{150}{60 \times 0.7} + \sqrt{\dfrac{2}{0.002\,378\sqrt{\dfrac{3 \times 0.03}{0.053}}}\left(\dfrac{W}{S}\right)}\left(\dfrac{1.155}{12.48 \times 0.7}\right)} \tag{E-4}$$

同样,整项乘以 550 可将 $\mathrm{lb/(lb \cdot ft \cdot s^{-1})}$ 转换为 $\mathrm{lb/hp}$。

5) 绝对升限

绝对升限要求大于 10 000 ft。对于螺旋桨驱动式飞行器,基于实用升限要求的发动机和机翼尺寸由式(2.48)表示。在绝对升限下,要求爬升率等于 0。海拔 10 000 ft 时,空气密度为 0.001 755 $\mathrm{slug/ft^3}$,所以相对空气密度为 0.738。代入可得:

$$\left(\frac{W}{P_{SL}}\right)_{AC} = \frac{\sigma_{AC}}{\sqrt{\dfrac{2}{\rho_{AC}\sqrt{\dfrac{3C_{D_0}}{K}}}\left(\dfrac{W}{S}\right)}\left(\dfrac{1.155}{(L/D)_{max}\eta_P}\right)}$$

$$= \frac{0.738 \times 550}{\sqrt{\dfrac{2}{0.001\,755\sqrt{\dfrac{3 \times 0.03}{0.053}}}\left(\dfrac{W}{S}\right)}\left(\dfrac{1.155}{12.48 \times 0.7}\right)} \tag{E-5}$$

同样，整项乘以 550 可将 lb/(lb · ft · s^{-1})转换为 lb/hp。

6) 构造匹配图

现在，我们得到式(E-1)、式(E-2)、式(E-3)，式(E-4)和式(E-5)五个方程。其中，功率载荷可定义为机翼载荷的函数。我们根据这些方程将曲线全部绘制在一个图中，可得图 2-7。在这个例子中，W/S 的单位为 lb/ft，W/P 的单位为 lb/hp。

现在，我们需要识别可接受域。各曲线下方的区域能够满足各性能要求。换言之，各曲线上方的区域不满足性能要求。对于失速速度，曲线左侧的区域满足失速速度要求(见图 2-7)。因此最大速度、起飞滑跑距离和失速速度曲线之间的区域为目标区域。

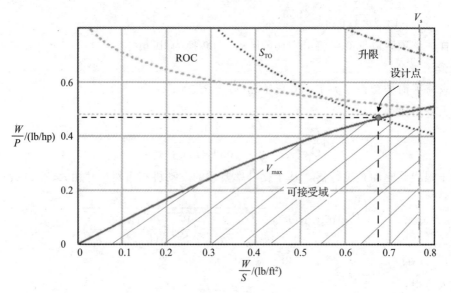

图 2-7   例 2.4 中的匹配图

在目标区域中，我们关注的是运行成本最低的最小发动机(功率最低)。因此，该区域的最高点为设计点。机翼载荷和功率载荷可从图 2-7 中获得：

$$\left(\frac{W}{S}\right)_{d} = 0.465$$

$$\left(\frac{W}{P}\right)_{d} = 0.676$$

随后，机翼面积和发动机功率可通过式(2.49)和式(2.50)计算：

$$S = W_{TO} \Big/ \left(\frac{W}{S}\right)_{d} = \frac{2 \text{ lb}}{0.676 \dfrac{\text{lb}}{\text{ft}^2}} \approx 2.96 \text{ ft}^2 = 0.275 \text{ m}^2$$

$$P = W_{TO} \Big/ \left(\frac{W}{P}\right)_{d} = \frac{2 \text{ lb}}{0.465 \dfrac{\text{lb}}{\text{hp}}} \approx 4.3 \text{ hp} = 3.21 \text{ kW}$$

因此，机翼面积和发动机功率为：

$$S = 2.96 \text{ ft}^2, \quad P = 4.3 \text{ hp}$$

简答题

1. 在初步设计阶段可确定固定翼飞行器的哪些参数？

2. 在初步设计阶段可确定四旋翼飞行器的哪些参数？

3. 典型的发动机螺旋桨效率(η_P)是多少？

4. 简要介绍四旋翼飞行器的技术特点。

5. 四旋翼飞行器的缺点是什么？

6. 对于配备电动机的四旋翼飞行器，确定最大起飞重量的四个要素是什么？

7. 对于配备活塞式发动机的固定翼无人飞行器，确定最大起飞重量的四个要素是什么？

8. 四旋翼飞行器执行航拍任务时的典型有效载荷是什么？

9. "捕食者" B "天空卫士" 无人飞行器的有效载荷重量系数是多少？

10. "黑鹰 50" 无人飞行器的有效载荷重量系数是多少？

11. A-160 "蜂鸟" 无人飞行器的有效载荷重量系数是多少？

12. RQ-7B "影子" 无人飞行器的有效载荷重量系数是多少？

13. TL300MN FPV 光学相机的重量是多少？

14. DJI Zenmuse X5 光学相机的重量是多少？

15. NASA "全球鹰" 使用的 Garmin GSX 70 雷达的重量是多少？

16. ECM 使用的 ALE-50 诱饵的重量是多少？

17. AN/ALR-67 雷达告警接收机的重量是多少？

18. BOD 63M-LA01-S115 激光测距仪的重量是多少？

19. APM 2.8 ArduPilot 的重量是多少？

20. 针对远距离航拍任务，为无人飞行器规划典型飞行任务。

21. 配备活塞式发动机的无人飞行器在爬升段耗油量的百分比是多少？

22. 配备电动机的无人飞行器在爬升段电池能量消耗的百分比是多少？

23. 大多数螺旋桨驱动式飞行器的最小功率速度与失速速度之间的关系是什么？

24. 巡航段的巡航速度与最大速度之间的典型关系是什么？

25. 定义电池的能量密度。

26. 无人飞行器的 AR 典型值是多少？

27. 固定起落架的无人飞行器零升阻力系数的典型值是多少？

28. 可伸缩起落架的无人飞行器最大升阻比的典型值是多少？

29. 在非巡航任务段（例如起飞和爬升），螺旋桨驱动式电动机消耗的电池能量百分比是多少？

30. 无人飞行器空重是如何建模的？

31. 描述匹配图方法。

32. 哪些性能要求用于初步确定无人飞行器机翼和发动机的尺寸？

33. 为螺旋桨驱动式飞行器绘制典型的匹配图。

34. 为喷气式飞行器绘制典型的匹配图。

35. 列出四旋翼飞行器流行的五个主要原因。

60

36. 绘制典型四旋翼飞行器的俯视图。

37. 为什么四旋翼飞行器的阻力比固定翼无人飞行器高？

38. DJI"精灵"4 Pro 四旋翼飞行器的总质量是多少？

练习题

1. 配备螺旋桨驱动式电动机（带锂离子电池）的固定翼无人飞行器正处于初步设计阶段。要求确定其电池重量系数。无人飞行器需要飞行 8 km 的距离并返回。假设 C_L/C_D 为 9，螺旋桨效率为 0.7。

2. 配备螺旋桨驱动式电动机（带锂离子电池）的固定翼遥控无人飞行器正处于初步设计阶段。要求确定其电池重量系数。无人飞行器需要飞行 4 km 的距离并返回。假设 C_L/C_D 为 7，螺旋桨效率为 0.65。

3. 质量为 2 kg 的小型固定翼遥控无人飞行器配备拥有一组 Li-Po（锂聚合物）电池的电动机。如果电池的能量只用于一次盘旋任务（为电动机供能），且最大续航时间为 30 min，确定电池组的质量。假设电动机产生 5 N 的推力，螺旋桨效率为 0.73，无人飞行器以 35 m/s 的速度飞行。

4. 质量为 3 kg 的小型固定翼遥控无人飞行器配备拥有一组 Li-Po（锂聚合物）电池的电动机。如果电池的能量只用于一次盘旋任务（为电动机供能），最大续航时间为 40 min，确定电池组的质量。假设电动机产生 6 N 的推力，螺旋桨效率为 0.77，无人飞行器以 40 m/s 的速度飞行。

5. 用于航拍任务的小型遥控无人飞行器正处于初步设计阶段。选择 Sony CC-1XHRM 相机、APM 2.8 ArduPilot 自动驾驶仪和单台锂聚合物电池电动机。总期望航程是 15 km，估算无人飞行器最大起飞重量。假设巡航 C_L/C_D 为 9，螺旋桨效率为 0.72。

6. 用于航拍任务的小型遥控无人飞行器正处于初步设计阶段。选择 Foxeer 16：9 RCX09-459-NTSC 相机（重量见表 12-2）、Omnibus F4＋（Plus）自动驾驶仪单元和单台锂聚合物电池电动机。总期望航程是 3 km，估算无人飞行器最大起飞重量。假设巡航 C_L/C_D 为 7，螺旋桨效率为 0.68。

7. 用于监视任务的中空长航时无人飞行器正处于初步设计阶段。选择总重量为 1500 lb 的监视传感器系统、有效载荷重量为 30 lb 的自动驾驶仪和单台活塞式发动机。总期望航程为 1000 km，假设典型的飞行任务剖面没有盘旋任务，$(C_L/C_D)_{max}$ 为 12，螺旋桨效率为 0.81，比油耗为 0.5 lb/(h·hp)。估算无人飞行器最大起飞重量。

8. 用于航拍任务的四旋翼飞行器正处于初步设计阶段。选择 Foxeer 16：9 RCX09-459-NTSC 相机（重量见表 12-2）、APM 2.8 ArduPilot 自动驾驶仪和锂聚合物电池。总期望航程为 5 km，估算无人飞行器最大起飞重量。假设 C_L/C_D 为 2，螺旋桨效率为 0.6。

9. 用于航拍任务的四旋翼飞行器正处于初步设计阶段。选择带平衡框架的 DJI Zenmuse X5 相机（重量见表 12-2）、APM 2.8 ArduPilot 自动驾驶仪和锂聚合物电池。总期望航程为 4 km，估算无人飞行器最大起飞重量。假设 C_L/C_D 为 4，螺旋桨效率为 0.64。

10. 在固定翼遥控飞行器的初步设计阶段，最大起飞重量确定为 3 lb。航拍的目标区域位于距操作员 300 ft 的地方。利用匹配图方法确定机翼面积（S）和发动机功率（P），使飞行器具备以下性能：

a）最大速度：在 500 ft 高度为 30kn KTAS。

b）失速速度：小于 10 kn KEAS。

c）爬升率：在海平面上大于 500 ft/min。

d）起飞滑跑距离：小于 50 ft（在干燥的混凝土跑道上）。

e）绝对升限：大于 5000 ft。

f）续航时间：20 min。

无人飞行器配备活塞式螺旋桨发动机，飞行器的 C_{D_0} 定为 0.03，其他特性如下：$K = 0.03$，$\eta_P = 0.7$，$C_{D_G} = 0.06$，$C_{L_{TO}} = C_{L_G} = 0.8$，$\mu = 0.04$。

11. 在中空长航时无人飞行器的初步设计阶段，最大起飞重量确定为 2000 lb。航拍的目标区域位于距操作员 400 km 的地方。利用匹配图方法确定机翼面积（S）和发动机功率（P），使飞行器具备以下性能：

a）最大速度：在 12000 ft 高度为 120 kn KTAS。

b）失速速度：小于 50 kn KEAS。

c）爬升率：在海平面上大于 1200 ft/min。

d）起飞滑跑距离：小于 1000 ft（在干燥的混凝土跑道上）。

e）实用升限：大于 12 000 ft。

f）续航时间：20 h。

无人飞行器配备涡轮螺旋桨发动机，飞行器的 C_{D_0} 定为 0.025，其他特性如下：$K = 0.04$，$\eta_P = 0.75$，$C_{D_G} = 0.05$，$C_{L_{TO}} = C_{L_G} = 0.7$，$\mu = 0.05$。

12. 在小型固定翼无人飞行器的初步设计阶段，最大起飞重量确定为 20 lb。航拍的目标区域位于距操作员 1000 ft 的地方。利用匹配图方法确定机翼面积（S）和发动机功率（P），使飞行器具备以下性能：

a）最大速度：在 1000 ft 高度为 50 kn KTAS。

b）失速速度：小于 20 kn KEAS。

c）爬升率：在海平面上大于 700 ft/min。

d）起飞滑跑距离：小于 100 ft（在干燥的混凝土跑道上）。

e）实用升限：大于 3000 ft。

f）续航时间：45 min。

无人飞行器配备活塞式螺旋桨发动机，C_{D_0} 定义为 0.035，其他特性如下：$K = 0.06$，$\eta_P = 0.6$，$C_{D_G} = 0.04$，$C_{L_{TO}} = C_{L_G} = 0.9$，$\mu = 0.044$。

第3章 设计规程

教学目标

经过本章的学习，读者将能够：

1）论述无人飞行系统主要组件的功能。

2）论述无人飞行器主要组件的功能。

3）评估无人飞行器结构设计。

4）评估无人飞行器推进系统设计。

5）评估无人飞行器机械和动力传动设计。

6）开发设计无人飞行器电气系统。

7）评估无人飞行器操纵面设计。

8）评估子系统/组件可能的故障模式。

9）提供组件安装指南。

3.1 引言

如第1章所述，无人飞行器设计项目有三个主要的设计阶段：概念设计、初步设计及详细设计。第1章简要回顾了概念设计技术。第2章全面介绍了初步设计技术。第3～13章将介绍无人飞行系统组件的详细设计技术。

此外，在无人飞行器设计中，可以同时进行几个设计项目，例如：

1）气动特性设计。

2）结构设计。

3）推进系统设计。

4）动力传动系统设计。

5）机械系统设计。

6）操纵面设计。

7）地面控制站。

8）发射和回收系统。

本章将简要介绍前六个项目，其他两个项目分别在第11章和第10章中介绍。由于本书的篇幅有限，因此仅介绍基本原理。有兴趣的读者可以参考其他参考文献（如参考文献[8]）了解更多细节。

表3-1列出了无人飞行器的主要组件及其主要功能。机翼的主要功能是产生升力，保持飞行器飞行。机身的主要功能是容纳有效载荷，包括摄像机、传感器以及其他有用的载荷通信系统。水平尾翼的主要功能是产生空气动力，使飞行器纵向配平或保持纵向稳定

性。同样，垂直尾翼的主要功能是产生空气动力，使飞行器航向配平或保持航向稳定性。发动机是飞行器推进系统中产生动力推力的主要组件。起落架的主要功能是方便起飞和着陆操作。每个组件的主要功能是其详细设计的驱动力。

表 3-1 无人飞行器的主要组件及其主要功能

序号	组件	主要功能	主要的影响范围
1	机身	容纳(有效载荷、系统)	无人飞行器性能、纵向稳定性、横向稳定性、成本、稳定性
2	机翼	产生升力	无人飞行器性能、横向稳定性
3	水平/垂直尾翼	保持纵向/航向稳定性	纵向/航向配平和控制、隐形
4	有效载荷	感知、测量、释放/投放贮存物	无人飞行器重量、阻力、性能、功耗
5	发动机	产生推力/动力	无人飞行器性能、隐形、成本、控制
6	起落架	方便起飞和着陆	无人飞行器性能、隐形、成本
7	操纵面	产生滚转、俯仰和偏航力矩	机动性、成本
8	自动驾驶仪	控制、制导(导引)和导航	机动性、稳定性、成本、飞行安全
9	机械系统	动力传动	无人飞行器重量、功耗
10	回收系统	回收/着陆	无人飞行器重量、纵向配平控制
11	发射/TO 系统	提供起飞环境	纵向配平和控制
12	地面系统	并行控制、指挥、接收数据	成本、通信系统
13	通信系统	与地面站通信	无人飞行器重量、可探测性、感知和规避系统

此外，由于四旋翼飞行器在航空领域的普及性和独特性，这类无人飞行器将在第 2 章和第 5 章中单独介绍。本书介绍了四旋翼飞行器的技术特点、优势及应用，同时在第 13 章中讨论了作为地面控制站子系统的通信系统的设计。

3.2 气动特性设计

无人飞行器组件(如机翼和尾翼)的主要气动功能是产生足够的升力(L)。它们还有另外两个气动特性，即产生阻力(D)和机头向下俯仰力矩(M)。

升力和阻力取决于以下因素：

1) 飞行器构型。

2) 飞行器攻角。

3) 飞行器几何形状(例如机翼投影面积 S)。

4) 空速(V)。

5) 空气密度(ρ)。

6) 气流的雷诺数。

7) 空气黏度。

$$L = \frac{1}{2}\rho V^2 S C_L \tag{3.1}$$

$$D = \frac{1}{2}\rho V^2 S C_D \tag{3.2}$$

其中，C_L 和 C_D 分别为升力系数和阻力系数。

当无人飞行器设计师希望最大限度地增大升力时，其他两个量（阻力和俯仰力矩）必须最小化。实际上，机翼被认为是一个升力面，升力由上下表面之间的压力差产生。空气动力学教科书是一个很好的参考资料，你可以从中查阅有关数学方法来计算机翼上的压力分布并确定流动变量。

在气动特性设计过程中，必须确定几个参数。对于机翼来说，它们是：

1）机翼参考（投影）面积。

2）机翼数量。

3）相对机身的垂直位置（上、中或下）。

4）相对机身的水平位置。

5）横截面（或翼型）。

6）展弦比（AR）。

7）梢根比（λ）。

8）梢弦（C_t）。

9）根弦（C_r）。

10）平均气动弦（MAC，C）。

11）翼展（b）。

12）扭转角（或冲蚀）（α_t）。

13）后掠角（Λ）。

14）上反角（Γ）。

15）倾角（i_w）（或安装角 α_{set}）。

16）增升装置，例如襟翼。

第 4 章将介绍机翼空气动力学设计方法。

空气动力学方法是机翼设计过程中的必要工具之一，它可以计算机翼升力、机翼阻力和机翼俯仰力矩。随着空气动力学科的发展，有各种技术和工具可以完成这项耗时的工作。在过去的几十年里，已经开发出基于空气动力学和数值方法的各种工具和软件。市面上可以买到基于 Navier-Stokes 方程、涡格法、薄翼型理论和环流的计算流体力学（CFD）软件。这类软件包既昂贵又耗时，在机翼设计的早期阶段似乎没有必要应用。

机翼是三维组件，翼型是二维截面。由于翼型截面的原因，翼型和机翼的另外两个输出是阻力和俯仰力矩。机翼可能具有恒定或非恒定横截面。确定机翼翼型截面的方法有两种：翼型设计和翼型选择。翼型的设计是一个复杂且耗时的过程，需要研究生水平的空气动力学专业基础知识。由于翼型需要在风洞中进行测试验证，因此也很昂贵。

选择翼型也是整个机翼设计的一部分。要选择机翼的翼型，首先要明确飞行要求。例如，亚音速飞行的设计要求与超音速飞行的设计目标大不相同。另外，在跨音速区域飞行需要一种特殊的翼型来满足阻力发散马赫数的要求。设计人员还必须考虑其他要求，如适航性、结构、可制造性和成本要求。有关空气动力学的基础知识，请参考文献[14-15]。无人飞行器的气动设计将在第 4 章讨论。

3.3   结构设计

常规固定翼无人飞行器由五个主要单元组成：机身、机翼、水平尾翼、垂直尾翼和操纵面。起落架也是该结构的一部分，将在 3.5 节中进行介绍。发动机吊架、发动机进气口（用于超音速无人飞行器）、整流罩（和整流片）和起落架舱门也被认为是飞行器结构的一部分。该结构的主要功能是：

1）保持无人飞行器的气动外形。

2）携带载荷。

机身结构组件由多种材料制成。最早的飞行器主要是木制的。随后是钢管和最常见的材料——航空铝。许多新设计的无人飞行器都采用先进的轻型复合材料，例如环氧树脂/玻璃、蜂窝材料和碳纤维。

机身的结构组件主要包括桁条、桁梁（纵梁）、舱壁和蒙皮。机翼/尾翼的结构组件有翼梁、翼肋，加强筋和蒙皮。机身/机翼/尾翼蒙皮可由多种材料制成，从浸渍织物到胶合板、铝或复合材料。在蒙皮下面且附着在结构组件上的是许多支持机身功能的组件。整个机身及其组件通过铆钉、螺栓、螺钉和其他紧固件连接在一起。此外，还采用了焊接、黏合剂和特殊的黏合技术。

最常见的无人飞行器结构是半硬壳（单壳）结构，这意味着蒙皮受到压力/压强。结构组件旨在承受飞行载荷或处理应力而不发生故障。在设计结构时，每平方英寸的机翼和机身都必须考虑其材料的物理特性。必须对结构的每个部分进行规划，以承受施加在它上面的载荷。

结构设计人员将确定飞行载荷，计算应力并设计结构，以使无人飞行器组件能够有效地实现其空气动力学功能。实现此目标的同时要考虑最小结构重量。结构分析中最常用的方法是有限元法（Finite Element Method，FEM）。NASTRAN 是最早且最著名的计算机软件之一，它是由美国国家航空航天局（NASA）在 20 世纪 60 年代中期开发的。应力分析是确定安全系数的基本计算方法。结构组件主要承受五个应力[16]：拉伸、压缩、扭转、剪切、弯曲。单个结构组件经常受到各种应力的联合作用。

机身通常由框架组件、舱壁和隔框组成。蒙皮可由称为桁梁的纵向构件进行加强。机翼/尾翼通常采用全悬臂设计。一般来说，机翼结构是基于以下三种基本设计之一：单梁、多梁和箱形梁。翼梁是机翼的主要结构组件，它们与机身的桁梁相对应。翼梁（见图 3-1）与飞行器的横向轴线平行，从机身到机翼顶端，通常通过横梁或桁架连接到机身上。一般来说，机翼有两个翼梁。一个翼梁通常位于最大厚度处，另一个翼梁距机翼后缘（在襟翼/操纵面前方）约三分之二。主翼梁负责在各个位置保护机翼的最大厚度。翼肋连接到主翼梁（见图 3-1），并密集分布。翼肋的几何形状与每个位置的翼型截面形状完全相同。

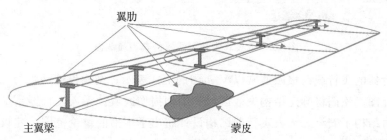

图 3-1　主翼梁和翼肋

69

蜂窝结构的翼板通常用于复合材料机翼。短舱(即吊舱)是流线型外壳,主要用于容纳发动机及其组件。发动机底座也在短舱中。这些是固定发动机的总成。在轻型无人飞行器中,它们通常由铬/钼钢管构造,在大型无人飞行器中,它们通常由锻造的铬/镍/钼组件构成。整流罩是一种可拆卸的面板,主要遮盖那些必须定期检查的区域,例如发动机及其配件区。在机身设计中,必须考虑极限载荷、气动载荷(压力分布)、重量载荷(如燃料和发动机)、重量分布、阵风载荷、载荷系数、推进载荷、着陆载荷(如制动器)和气动弹性效应。

隐形是一些军用无人飞行器的设计要求之一。在隐形的概念中,使脉冲到接收器的反射最小的三种基本方法如下:

1) 使用雷达半透明材料(如凯夫拉或玻璃复合材料)制造无人飞行器的适当区域,如装有雷达扫描仪的雷达罩。

2) 用 RAM(雷达吸波材料)覆盖飞行器的外表面。

3) 从外部对飞行器进行整形,使雷达脉冲在远离发射机的航向上反射。用于探测飞行器的声波(即噪声)波长(特征)范围是 2 cm～16 m。

建议使用蜂窝材料、Kevlar(凯夫拉)或玻璃复合材料等雷达半透明材料(见图 3-2)制造无人飞行器的适当区域(如用于容纳雷达扫描仪和卫星通信雷达抛物面天线的雷达天线罩)。在俯视雷达、仰视卫星通信或前视导引头中,雷达天线罩应允许无线电波通过飞行器蒙皮,且不发生任何变形。

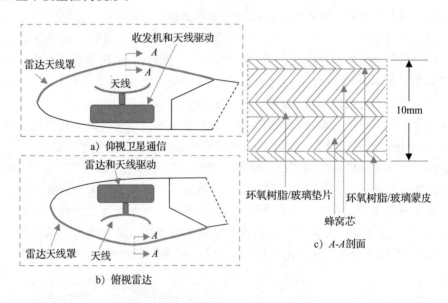

a) 仰视卫星通信

b) 俯视雷达

c) A-A剖面

图 3-2　低失真雷达天线罩的典型横截面

无人飞行器的飞行载荷极限通常以 V-n 图的形式表示。结构设计师将与飞行动力学小组合作构建此图。该图将确定结构失效区域和结构损伤区域。无人飞行器不应飞出飞行包线,因为这对结构不安全。无人飞行器结构设计超出了本书的讨论范围,建议感兴趣的读者参阅参考文献[16]。

3.4　推进系统设计

所有比空气重的飞行器(无人飞行器)都需要推进系统才能持续飞行。如果没有合适的航空发动机或动力装置,比空气重的飞行器只能进行短时间的滑翔。动力装置对飞行器的作用是产生推进力或推力,是对飞行器性能影响最大的装置。推进系统的次要功能是为其他子系统(如液压系统、电气系统、压力系统、空调系统和航空电子系统)提供动力/能量。这些子系统依靠发动机的动力运转。由于电动机在小型无人飞行器(尤其是四旋翼飞行器)中的普及,3.4.2节将对其进行具体说明。

3.4.1　通用设计指南

在明确设计要求和约束条件并确定优先级后,推进系统设计人员将开始选择发动机类型。市场上可用于飞行操作的发动机类型有很多,包括:电动机(电池)、太阳能发动机、活塞式螺旋桨发动机、涡轮喷气发动机、涡轮风扇发动机、涡轮螺旋桨发动机、涡轮轴发动机、冲压喷气发动机以及火箭发动机。

喷气式发动机(如涡轮喷气发动机、涡轮风扇发动机)直接产生推力,而螺旋桨驱动式发动机(如电动机、太阳能发动机、活塞式螺旋桨和涡轮螺旋桨发动机)使用螺旋桨将发动机动力转换为推力。在巡航飞行中,推力(T)与发动机功率(P)有关:

$$T = \frac{P\eta_{\mathrm{P}}}{V} \tag{3.3}$$

其中,η_{P} 表示螺旋桨效率,V 为水平飞行的空速。

例 3.1　一架配备活塞式发动机的小型无人飞行器在海平面上以 50 kn 的速度巡航。螺旋桨效率为 0.7,机翼面积为 2 m^2,阻力系数为 0.04。这次飞行中发动机功率应该是多少?

解　$D = \dfrac{1}{2}\rho V^2 S C_{\mathrm{D}} = \dfrac{1}{2} \times 1.225 \times (50 \times 0.514)^2 \times 2 \times 0.04 \approx 32.4 \text{ N}$

$T = D = 32.4 \text{ N}$

$T = \dfrac{P\eta_{\mathrm{P}}}{V} \Rightarrow P = \dfrac{TV}{\eta_{\mathrm{P}}} = \dfrac{32.4 \times 50 \times 0.514}{0.7} \approx 1190 \text{ W} = 1.19 \text{ kW}$

螺旋桨是一种将发动机动力转换为发动机推力的装置。控制机翼性能的空气动力学方程和原理通常适用于螺旋桨。因此,螺旋桨可以称为旋翼。它以阻力为代价产生升力(即推力)。因此,螺旋桨的效率永远无法达到100%。在巡航飞行时和最佳扭转角(最佳螺旋桨桨距)情况下,螺旋桨效率(η_{P})可能为 75%~85%。用于确定叶片翼型截面和扭转角等参数的螺旋桨设计不在本书的讨论范围内。

无人飞行器发动机设计的一个重要问题是发动机消耗的燃油类型。对燃油有各种要求,例如密度、沸点和凝固点。飞行器在高空飞行时,燃油的两个问题是蒸发和冻结。忽略这两个重大问题可能会导致任务失败。

一般来说，飞行器设计人员的工作包括以下几项：

1）选择发动机类型。

2）选择发动机数量。

3）确定发动机位置。

4）选择发动机的制造商。

5a）确定螺旋桨尺寸（如果是螺旋桨驱动式发动机的话）。

5b）设计进气口（如果是喷气式发动机的话）。

6）设计发动机安装方式。

7）迭代和优化。

5a）和 5b）项是飞行器设计人员的设计活动，必须与发动机设计团队一起进行。要强调的是，飞行器设计人员对这两个推进系统参数有最终决定权。MQ-1A "捕食者" A（见图 8-5）配备活塞式发动机，最高速度为 80 kn，而 MQ-9B "捕食者" B 配备涡轮螺旋桨发动机，最大速度为 260 kn。

一般来说，活塞式发动机螺旋桨驱动的无人飞行器很难被红外（IR）传感器探测到，因为它们的发动机运行温度远低于涡轮发动机。表 3-2 列出了一些现役无人飞行器的推进系统。

表 3-2　现役无人飞行器的推进系统

序号	无人飞行器	发动机类型	发动机	推力或功率
1	"全球鹰"	涡轮风扇	Rolls-Royce AE 3007H	34 kN
2	"复仇者"	涡轮风扇	Pratt & Whitney PW500	17.7 kN
3	MQ-1A "捕食者" A	活塞式	Rotax 914	115 hp
4	MQ-9 "收割者"	涡轮螺旋桨	Honeywell TPE333-10	900 hp
5	RQ-7A "影子 200"	活塞式	UEL AR 741	28.3 kW
6	诺斯罗普·格鲁曼 "火鸟"	活塞式	Lycoming TO-540	260 kW
7	DJI Mavic 2 Pro 四旋翼飞行器	电动	4820 mA·h，15.2 V	4×73 W
8	AeroVironment RQ-11 "大乌鸦"	电动	Aveox brushless 27/26/7	250 W
9	"大角星" T-20	活塞式	Avgas 110 LL	7.5 kW
10	Aurora "英仙座" B	活塞式	Rotax 94	73 kW

"全球鹰" 配备了 AE 3007H 劳斯莱斯涡轮风扇发动机。发动机安装在机身后部的顶面上，发动机排气管位于 V 形尾翼之间。RQ-7A "影子 200" 的燃油容量为 40 L。它的推进式旋转发动机驱动着一个双叶螺旋桨。

MQ-5B "猎人" 由诺斯罗普·格鲁曼公司开发的两台重型柴油发动机提供动力。一台发动机安装在机身前端（牵引功能），一台发动机安装在机身后部（推进功能）。由于使用了两个发动机，它的升限超过 20 000 ft，续航时间为 15 h。

作者在参考文献[8]的第 8 章中介绍了飞行器的推进系统设计，因此本书不再赘述。建议参阅参考文献[8，18，19]来研究推进系统的设计细节。

3.4.2　电动机

随着电池技术的进步，全电动或混合电动推进系统变得越来越高效，越来越有吸引力。在如何设计具有全电动或混合电动推进系统的无人飞行器方面，应特别注意利弊和"操作方法"的内容。

电动推进系统包括电动机、电池和螺旋桨。因此，在电动无人飞行器中，动力装置是由电池供电的电动机。电动机将电能转换成机械能。大多数模型或无线电控制的小型飞行器(翼展小于 2 m)以及所有四旋翼飞行器都使用电动推进系统。典型电动飞行器的其他特点是速度低(小于 30 kn)、航程短(小于 50 km)、续航时间短(少于 1 h)、成本低(从几百美元到几千美元不等)、体积小、重心恒定、噪音小。

电池或电池组可能提供的最大可行功率通常小于 100 马力[⊖]，持续时间不到 1 h。电动机的主要优点是它不需要燃料和机械发动机，无振动、几乎无声，而且成本低。然而，它的主要缺点是电能存储有限。但是，如果利用太阳能电池，航程和续航时间将会大大增加。

模型飞行器主要使用两种不同类型的电动机：有刷电动机和无刷电动机。此外，电动机可分为两类：直流(DC)电动机和交流(AC)电动机。配备电推进系统的飞行器通常采用直流电动机。

电池供电的电动机在远程(或无线电)控制的飞行器中非常流行。典型的电动机功率与飞行器质量之比为 100～200 W/kg。遥控飞行器使用的电动机的典型电压为 10～12 V。最大电动机功率取决于为电动机提供电能的电池功率。电动机运行时的电压通常比单电池提供的电压高，因此通常会将两个电池串联起来增加电压。例如，如果电动机需要 12 V 的电压才能运行，则可以串联连接 6 节 2 V 的电池。随着电池数量的增加，可提供给电动机的最大功率也将增加。

电动机的功率等于它消耗的电流(I)乘以终端电压(V)[20]。

$$P = IV \tag{3.4}$$

当电压的单位是伏(V)，电流的单位是安(A)时，功率的单位是瓦(W)。此外，功率是能量相对于时间的变化(消耗)率。

$$P = \frac{dE}{dt} \tag{3.5}$$

其中，时间(t)的单位是秒(s)。因此，电池提供给电动机的能量为

$$E = \int_0^E IV dt \tag{3.6}$$

其中，积分上限 E 为飞行操作的持续时间(即续航时间)。当电流和电压恒定时(例如在巡航飞行中)，该方程可简化为

$$E = IVt \tag{3.7}$$

其中，能量单位是焦耳(J)。对于给定的电池，总能量是固定的。另外，对于给定的电动机，电压通常是固定的。因此，电池提供能量的持续时间取决于电动机消耗的功率。这意味着，电动机消耗的电流是可以调节的。

所需的电动机功率随着飞行条件和飞行操作的变化而变化。例如，起飞所需的电动机功率比巡航飞行所需的电动机功率高得多。由于电动机的电压通常是恒定的，因此通常会

⊖ 1[米制]马力=735.499 W，1 hp=745.7 W(英马力)。——编辑注

改变电流。另外，机械功率等于转矩乘以转速($P=T\omega$)。因此，可以粗略地得出结论：直流电动机将电流转换成转矩，将电压转换成转速(r/min)。此外，电动机扭矩取决于转子转动惯量。

例 3.2　确定 4200 mA·h 11.1 V 锂聚合物电池提供的总能量，以及可提供给电动机的最大功率。

解　根据对电池的描述，11.1 V 时的最大电流为 4.2 A(即 4200 mA)，可持续 1 h(即 3600 s)。因此：

总能量 $E=IVt=4.2\times11.1\times3600=167\,832$ J ≈167.8 kJ

最大功率 $P_{max}=IV=4.2\times11.1\approx46.6$ W

3.5　起落架设计

另一个需要设计的飞行器主要组件是起落架。起落架是将飞行器支撑在地面上，并有助于滑行、起飞和着陆的组件。实际上，起落架的设计往往与其他组件(如机翼、尾翼和机身)和飞行器结构设计存在若干冲突。通常，需要确定的起落架参数如下：

1) 类型[例如前起落架(三点式)、后起落架、两轮]。

2) 固定(有整流罩或无整流罩)、可伸缩、部分可伸缩。

3) 高度。

4) 轴距。

5) 轮距。

6) 主起落架与飞行器重心之间的距离。

7) 支柱直径。

8) 轮胎尺寸(直径、宽度)。

9) 起落架舱(如果缩回的话)。

10) 在每个支柱上的负载。

起落架通常包括机轮[⊖]，但有些飞行器配备了滑橇或水上浮子。如果是垂直起降飞行器(例如直升机)，则可以用滑橇代替机轮。起落架分为两部分：

1) 主轮。

2) 辅助轮。

主轮是离飞行器重心最近的轮。

起落架的主要功能如下：

1) 使飞行器在地面上以及在装卸和滑行过程中保持稳定。

2) 允许飞行器在滑行过程中自由移动和机动。

3) 当飞行器处于地面时，在机翼和机身等其他组件之间提供安全距离，防止因与地面接触造成任何损坏。

　⊖　术语"机轮"通常指整个轮毂/制动器/轮胎的总成。

4）在着陆过程中吸收着陆冲击。

5）允许飞行器以最小的摩擦力加速和旋转，从而利于起飞。

为使起落架有效工作，需满足以下设计要求：

1）离地间隙要求。

2）转向要求。

3）起飞旋转要求。

4）防翻转要求。

5）防倾倒要求。

6）触地要求。

7）着陆要求。

8）静态和动态载荷要求。

9）飞行器结构完整性。

10）地面横向稳定性。

11）成本低。

12）重量轻。

13）可维护性。

14）可制造性。

通常，起落架有九种构型：单主起落架、两轮、后起落架、三点式前起落架、四轮、多转向架、可释放的轨道、滑橇、水上降落装置。为了选择最佳的起落架构型，设计人员必须使用对比表进行权衡研究。

起落架另一个需要设计的点是起飞后如何处理。通常，有四种选择：

1）起飞后起落架释放。

2）起落架挂在飞行器下面（即固定起落架）。

3）起落架完全缩回飞行器内部（如机翼或机身内部）。

4）起落架部分缩回飞行器内部。

为了制定设计要求，设计人员应根据数值要求给出几个方程式和关系式，并同时进行求解。

起落架的设计受有效载荷（例如摄像机、雷达和天线）位置的影响。例如，当尾翼（例如垂直尾翼）在机身下方（例如 MQ-9 "捕食者"）时，起落架高度会更长。垂直尾翼可以向下移，以使卫星雷达可以轻松地看到卫星并通过发送信号和接收信号与之通信。这种选择需要的起落架比正常情况下的更长。

在这种情况下，即使在起飞操作中不需要旋转，起飞旋转也可能会受到影响。因此，升空是在没有旋转的情况下发生的（升空时是不旋转的）（当升力大于无人飞行器的重力，机翼具有巡航攻角时，无人飞行器将起飞升空）。

表 3-3 列出了一些现役无人飞行器的起落架特点。"全球鹰"的起落架由加拿大 Heroux 公司提供。前起落架是 F-5 设计的衍生产品，其高度可调节，可适应跑道特征。起落架在 4000 ft 的高度自动缩回。

表 3-3   无人飞行器的起落架特点

序号	无人飞行器	类型	固定/可伸缩
1	"全球鹰"	三点式	可伸缩
2	通用原子"复仇者"	三点式	可伸缩
3	MQ-1"捕食者"	三点式	固定
4	RQ-7"影子200"	三点式	固定
5	诺斯罗普·格鲁曼"火鸟"	三点式	可伸缩
6	MQ-5B"猎人"	三点式	与整流罩固连
7	DJI Mavic Pro 四旋翼飞行器	四腿滑橇	固定
8	雅马哈 RMAX	滑橇	固定

载人飞行器与无人飞行器的起落架设计过程有很多相似之处。作者在文献[8]的第9章中介绍了飞行器的起落架设计，因此本书中不再赘述。建议读者学习文献[8]以了解起落架设计的详细信息。

3.6　机械和动力传动系统设计

动力系统是影响无人飞行器操纵面设计的子系统之一。操纵无人飞行器所需的动力包括驱动操纵面偏转的动力，它通常通过液压或电驱动实现。无人飞行器有多种动力系统，各有优缺点。它们是：机电、气动、液压及电静液。本节将简要讨论这些系统的优缺点，以及它们对操纵面设计的影响。可以使用电传飞行(FBW)控制系统或光传飞行控制系统发送命令来驱动操纵面。图 3-3 展示了地面发射器上的英西图(InSitu)公司"扫描鹰"无人飞行器。它由气动动力发射，最大起飞重量(MTOW)为 48.5 lb，机翼面积为 14.7 ft^2，活塞式发动机的最大功率为 1.5 hp。

图 3-3　地面发射器上的英西图(InSitu)公司"扫描鹰"无人飞行器

飞行器的飞行控制系统已经发生了许多变化。最初，飞行控制系统是纯机械的，由于它易于维护，因此非常适合小型、低速、低性能的飞行器。但是，现代高性能飞行器需要更大的操纵面力。因此，在 20 世纪，液压助力系统被添加到机械控制中。这种改进保持了飞行员与操纵面之间的直接机械联系。

随着飞行器变得更大、更快、更重,且性能也有所提高,它们变得越来越难以控制,因为飞行员无法提供直接操纵操纵面所需的动力。因此,执行机构必须提供移动操纵面的所有力。为了使飞行器在所有飞行配置下均可飞行,在液压助力机械调节器系统中增加了增稳系统(Stability Augmentation System,SAS)。运动传感器用于检测飞行器的扰动并向 SAS 计算机提供电信号,然后由 SAS 计算机计算出所需的适当伺服执行机构力。

飞行控制系统发展的新阶段是使用 FBW 控制系统。在这种设计中,自动驾驶仪的所有指令都通过电线传输到操纵面执行机构。因此,从操纵杆到伺服执行机构的所有机械连杆都可以从无人飞行器上拆除。FBW 系统具有减轻重量、提高生存能力和减少维护工作的优点。

最初,飞行控制计算机是模拟信号计算机(例如早期的 F-16 飞行器计算机),但是现在这些已经被数字计算机取代。此外,控制器由一台数字计算机组成,该计算机从传感器(位置和速率陀螺仪)和加速度计接收飞行员指令和信号,并将指令发送到执行机构。现在,这被称为数字飞行控制系统(Digital Flight Control System,DFCS)。对于 21 世纪的航空航天器来说,已经基本上取消了液压系统的使用,取而代之的是集成了数字计算机的全电动系统。

机械飞行控制系统是常用于各种飞行器的基本的组件。然而,当前更多应用于空气动力不大的小型无人飞行器的则是机电系统。纯机械飞行控制系统使用一组机械零件(例如控制杆、电缆和滑轮)将指令动作从执行机构传递到操纵面。机电一体化(电气/电子和机械系统的组合)系统由于重量轻、尺寸小等优点而越来越受人们青睐。

机械飞行控制系统的复杂性和重量随着飞行器的尺寸和性能的提升而显著增加。液压动力可以克服其中许多限制。液压飞行控制系统包括两部分:机械回路和液压回路。控制指令使机械回路打开液压回路中对应的伺服阀。液压回路驱动执行机构,使操纵面移动。然而,液压系统可能需要较长的液压管路,这可能需要一些冗余空间。这些管路可能会产生泄漏。电静液执行机构使用局部液压油箱和泵,避免使用较长液压管路。用电线和连杆代替机械或液压连杆机构可以减轻重量,提高可靠性。

电子 FBW 系统可以更加灵活地响应不断变化的空气动力学条件。相对来说,全电动系统需要的维护较少,而机械和液压系统则需要经常进行润滑、张力调节、泄漏检查、液体更换等维护操作。数字飞行控制系统能够将"多模式"飞行控制律与不同模式结合在一起,优化每种模式以提高特定飞行阶段的机动性和可控性。此外,在操作人员和飞行器之间放置这种控制电路可以提供各种安全系统。例如,控制系统可以防止失速,限制可能使结构承受过大应力的操纵。

光传飞行控制系统有时被用来代替 FBW 系统,因为它们可以以更高的速度传输数据,并且几乎不受电磁干扰(Electromagnetic Interference,EMI)的影响。简单来看,FBW 系统的电缆会被光纤电缆取代。

3.7 电气系统

3.7.1 基础知识

像"全球鹰"这样的大型无人飞行器,它的各种系统需要使用大量电力。无人飞行器飞行需要多种电气系统(例如飞行控制系统、发动机控制系统、通信和导航系统、摄像机和传感器)的协作。在大型无人飞行器中,可能需要高达 100 kW 的电功率。此外,在大型无人飞行器的地面控制站中,电力需求很高,因此需要单独的大型卡车来承载大型发电机,以产生其所需的电能。

实际上,所有的无人飞行器(从微型到大型)都包含某种形式的电气系统。大型无人飞行器具有复杂的电气系统,可以为所有电气设备提供电能。通常,大型无人飞行器配备发电机,小型无人飞行器则使用电池。即使是大型无人飞行器也需要电池来提供辅助电源,因为在交流发电机(或发电机)发生故障的情况下,电池电路可用来提供电源。

林肯实验室(Lincoln Laboratory)开发了一种用于无人飞行器的近全天候广域监视雷达,该雷达由美国陆军和国防部高级研究计划局(DARPA)赞助。表 3-4 列出了雷达和通信系统中各个组件的功率需求明细[12]。据观察,这个有效载荷系统消耗约 1400 W 的基础功率,所需功率由无人飞行器电气系统产生。无人飞行器的五个主要动力来源是主发动机、电池、辅助动力装置(APU)、太阳能电池和发电机。

表 3-4　无人飞行器雷达和辅助设备消耗功率

序号	系统	组件	功率/W
1	雷达	发射机	355
2		接收机和激励器	95
3		处理器	400
4		天线系统	75
5		电缆和连接器	25
		小计	950
6	辅助设备	惯性导航系统(含散热器)	50
7		数据链	185
8		高度计和全球定位系统(GPS)接收器	20
9		支撑结构	N/A
10		散热(冷却)风扇	150
		小计	405
	合计		1355

"全球鹰"中使用的 Kwearfott KN-4072 INS 单元功率为 35 W,而 RCCT Micro INS 功率为 3.5 W。相比之下,质量为 0.44 lb 的 Freewave F 系列通信系统消耗 30 W 的功率,而 L-3 Mini TDCL 收发机大约需要 60 W 的功率。"全球鹰"通信系统的 UHF RX/TX 发射机/接收机需要 150 W 的功率。"全球鹰"通信系统的高压电源(High Voltage Power Supply,HVPS)产生 1800 W 的功率。

在使用吸气式发动机的无人飞行器中,只有一个电气系统,它由发动机驱动的交流发电机或发电机供电。飞行器电池用作应急电源或用来启动发动机。电能通常通过一个或多个公共点(电力母线或母线)进行分配。

军用无人飞行器装有传感器、天线、处理器、摄像机、遥测系统、无线电、雷达、导航系统、干扰机、散热风扇和电源。它们需要交错排列的电线、电缆、线束和连接器,这占了飞行器重量的很大一部分,并对作战成本和任务表现都产生了重大影响。为最大限度减轻飞行器的重量，应优化电气系统的互连（例如，使用直径较小的电线）。在接线模块中，建议将配线放置在模块机架的一侧，以便另一侧可以自由使用，并可以临时连接。

3.7.2 安全建议

必须保护电路免受系统中可能发生的故障（断路和短路）的影响。断路（开路）是电路断开时发生的电气故障。短路是当一个或多个电路建立不必要的连接时发生的电气故障。最危险的短路发生在正极线直接与负极线或地线连接时，我们通常将这称为接地短路。

保护电气系统免受故障影响的方法有两种：机械方法和电力方法。通过正确的安装以及增加保护盖和屏蔽层，可以从机械层面保护电线和电气元件免受磨损和过度磨损。断路器和保险丝可以对电线进行电气保护，即在发生短路时，断路器和保险丝通过断开电路或自身熔断保护电气元件。

大型无人飞行器都使用外部电源电路，该电路可将电力从地面电源连接到无人飞行器。外部电源通常用于启动发动机或在无人飞行器上进行维护活动。外部电源系统允许运行各种电气系统，不需要机载电池放电。

大型无人飞行器通常采用专门用于电子设备的单独配电总线（通常称为航空电子总线）。由于现代航空电子设备都使用敏感电路板，因此将所有航空电子设备与主电源断开连接（使用单独的电源开关）以保护其电路是非常必要的。

最常用的两种导体（用于电线）是铜和铝。铜具有较好的导电性和更好的延展性，具有相对较高的抗张强度，并且易于焊接。铜比铝更贵、更重。虽然铝的导电率只有铜的 60%左右，但铝的使用也非常广泛。

在温度低于−50 ℃的高海拔（例如 30 000 ft 以上）地区，温度敏感的电子元件（如晶体振荡器、电池、电容器以及 A/D 和 D/A 转换器等半导体器件）可能无法正常工作。解决方案是将电气单元加热到正常工作温度。

3.7.3 接线图

大部分无人飞行器的服务手册和详细信息中都应包含电气接线原理图，例如电线尺寸和用于特定应用的终端类型。此外，接线图通常通过部件号和序列号（包括在生产运行期间进行的任何更改）识别系统中的每个组件。在排除电气故障时，使用接线图是十分必要的。

在实物电路图中，使用组件的图形/图片代替常规的电气符号。实物电路图有助于维护人员直观地了解系统运行情况。

参考文献[21]实现了仪表化雅马哈 RMAX 无人直升机（见图 1-1）的有效载荷集成。配电系统采用了具有 12 V 直流输出的机载发电机。它包括使用外部电源的热插拔连接。每个组件都有专用的断路器，用于提高安全性。图 3-4 展示了接线图，其中包括电源接线、RS-232 的典型构型、以太网、多条串行线、电源调节、空气冷却和 EMI 屏蔽。模块的外部接线包括：RS-232 串行、以太网和 12V 直流电源。

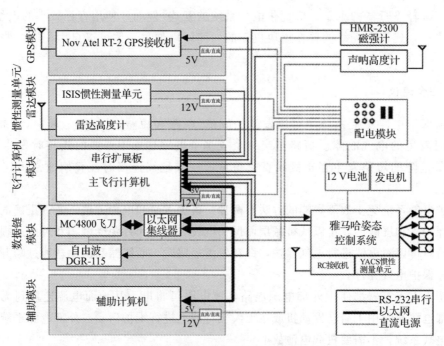

图 3-4   仪表化雅马哈 RMAX 无人直升机接线图

3.7.4   电线的绝缘和屏蔽

出于安全和有效性的考虑，电线和电气设备必须都是绝缘的，强烈建议对其进行屏蔽。绝缘材料的两个基本属性是绝缘电阻和介电强度。绝缘电阻是指（绝缘材料表面的抗漏电能力）通过绝缘材料表面的泄漏电流对应的电阻。介电强度是绝缘体承受电势差的能力，通常以绝缘体因静电应力而导致绝缘失效的电压来表示。目前，绝缘材料由乙烯-四氟乙烯共聚物、特氟隆/聚酰亚胺/特氟隆和 PTFE/聚酰亚胺/PTFE 制成。

随着大型无人飞行器上敏感电子设备（例如发射机和接收机）数量的增加，对敏感电路进行适当的屏蔽变得非常重要。屏蔽是在电线上覆盖一层金属以消除电磁干扰的过程。当电磁波在电线或组件中感应高频电压时会引起电磁干扰，感应电压会导致系统不准确甚至故障。建议使用覆盖率为 85％ 以上的屏蔽。在适当情况下，应使用同轴、双轴、三轴甚至四轴电缆，并将其屏蔽层接地。请注意，同轴电缆和三轴电缆容易遭受某些类型的损坏。

3.7.5   电池

电池基本上有两种类型：一次性电池和可充电电池（即二次电池）。一次性电池只能使用一次，使用后丢弃，不能像可充电电池那样再次充电并重复利用。与一次性电池不同，可充电电池是一种可以充电、放电并多次充电的电池。可充电电池有许多不同的形状和尺寸。

当需要长期存放时，一次性电池很实用，且更具成本效益。可充电电池通常比一次电池的性价比高，它们较高的初始成本和充电系统的购买成本可以分摊到许多使用周期中。

铅酸电池是最早的可充电电池。尽管重量能量密度很低，体积能量密度也很低，但它能够提供高浪涌电流，这意味着铅酸电池具有相对较大的功率重量系数。与新技术相比，铅酸电池价格低廉，因此非常受欢迎并得到了广泛的使用。大多数铅酸电池都用于汽车行业，用于汽车启动。

单个锂离子电池充电过程可分为两个阶段：恒定电流和恒定电压阶段。由于锂离子电池可以采用多种正负极材料，因此能量密度和电压会相应变化。

大型无人飞行器电池通常根据极板所用的材料来识别。最常见的电池类型有：铅酸电池、镍镉电池、锂离子电池、锂聚合物电池、镍氢电池和碱性电池。铅酸电池也称为液态或湿电池，是干充电的。镍镉电池由一个金属盒（通常是不锈钢、涂塑钢、涂漆钢或钛材质）组成，其中包含多个独立的电池。这些电池串联起来可获得更高的电压。

装有镍镉电池的飞行器通常具有故障保护系统，用来监控电池的状态。电池充电器配备有监控电池状态的系统。必须监控以下状态：

1) 过热状态。

2) 低温状态（低于−40°F）。

3) 电池不平衡。

4) 断路。

5) 短路。

如果电池充电器发现故障，它将关闭并向电气负载管理系统（Electrical Load Management System，ELMS）发送故障信号。重量为 2 lb 的 DJI Mavic 2 Pro 四旋翼飞行器需要 3 个锂聚合物电池。

表 3-5 提供了一些可充电电池的包括能量密度在内的技术参数[22]。松下 NCR 高能量密度锂离子电池，质量为 46 g，长度为 65.3 mm，直径为 18.5 mm，在 3.6 V 电压下的额定容量为 2700 mA·h。该电池的重量能量密度为 214 W·h/kg，体积能量密度为 577 W·h/L。有趣的是，在 iPhone 中，电池通常可以提供 3.7 V 的电压、3 A 的电流，持续 1 h。常规的电能消耗（即电流）远小于 3 A。因此，电池的放电时间将超过 1 h。例如，毒液 7.2 V 5000 mA·h 六芯镍氢电池可以在 7.2 V 的电压、5 A 的电流下，提供 1 h 的电能。此外，一块 22.2 V 3200 mA·h 6S 30C Smart 锂聚合物电池可以在 22.2 V 的电压、3.2 A 的电流下，提供 1 h 的电能。

在为无人飞行器选择电池时，有许多有影响力的标准，如成本、能量密度、寿命、安全、重量、尺寸、充放电效率、自放电率、循环耐久性、标称电压及比能量。

表 3-5　几种可充电电池的技术参数

序号	电池类型	能量密度 $E_D/(W \cdot h/kg)$	比功率（功率密度）	简称（缩写）	标称电压/V
1	锂离子电池	100~250	300~900 kJ/kg	Li-ion	3.6~3.8
2	锂聚合物电池	100~265	360~950 kJ/kg	Li-Po	
3	镍镉电池	40~60	150 W/kg	Ni-Cd	1.2
4	铅酸电池	30~42	180 W/kg		2.1
5	镍氢电池	60~120	250~1000 W/kg	Ni-MH	1.2
6	碱性电池	160 W·h/L		L	1.5

3.7.6　发电机

大型无人飞行器采用低功率交流电气系统为某些仪器(如卫星雷达和发射机)供电。交流发电机(由 APU 供电)通常会产生 400 Hz 115 V 的三相交流电。也可以使用一种称为逆变器的设备将直流电转换为交流电,从而提供交流电。许多逆变器都提供多个电压输出。大型无人飞行器的逆变器上常见的两个电压是 26 V 交流电和 115 V 交流电。无论何时使用交流电,都必须使用独立于直流电系统的配电电路。如果交流发电机发生故障,无人飞行器电池将继续提供直流电,使安全着陆所需的重要系统保持运行。"影子 200"的机载电气系统由 GEC/Plessey 28 V 2 kW 直流发电机供电。

84

3.8　操纵面设计

安全飞行的两个主要前提条件是稳定性和可控性。可控性要求会影响操纵面的设计,并产生各种设计约束。飞行稳定性是指飞行器在受到干扰时,抵抗任何输入并返回原始配平状态的性质。当沿三个轴的所有力的总和,以及围绕三个轴的所有力矩的总和为零时,称飞行器处于配平或平衡状态,在这种情况下,飞行器具有恒定的线速度或恒定的角速度。控制是将飞行器飞行状态从初始配平点更改为最终或新配平点的过程。这主要由自动驾驶仪通过移动操纵面/发动机节气门(油门)来执行。期望的变化基本上是指从初始配平点移动到最终配平点所花费的时间(例如,俯仰速率和滚转速率)。

机动性是可控性的一个分支,对战斗机和导弹意义重大。控制系统的设计应具有足够的冗余度,以实现比某些期望水平高两个数量级的可靠性。飞行器的可控性取决于包括操纵面在内的许多因素。

一般来说,操纵面可大致分为两类:常规和非常规操纵面。常规操纵面也可分为两大类:主操纵面和辅助操纵面。主操纵面(见图 3-5)负责飞行路线的控制,在常规飞行器上,主操纵面通常由副翼、升降舵和方向舵控制。

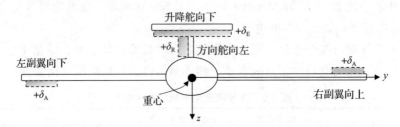

图 3-5　操纵面正向偏转的约定(后视图)

副翼、升降舵和方向舵的主操纵面分别用于横向控制、纵向控制和航向控制。但是,它们也极大地有助于飞行器的横向配平、纵向配平和航向配平。在大多数飞行器构型中,横向和航向运动是耦合的。因此,副翼也会影响航向运动,方向舵也会影响横向运动。常规的主操纵面与襟翼类似,但它们的应用是不同的。当操纵面偏转时,其相关升力面(机翼、水平尾翼或垂直尾翼)的弯曲度会发生变化。因此,控制装置的偏转会改变空气动力,合成力矩将影响飞行器的运动。

85

为了分析飞行器的控制，必须先定义一个坐标系。有四个坐标系：地面坐标系、机体坐标系、风轴坐标系、稳定轴坐标系。为达到控制的目的，我们采用机体坐标系，其中三个正交轴遵循右手法则。x 轴沿机身（机体）中心线穿过飞行器重心，y 轴垂直于 x 轴向右（从俯视图看）；z 轴垂直于 xy 平面（即向下）。图 3-5 展示了我们定义的飞行器的三个坐标轴正向。正滚转定义为从飞行员座位上看（巡航时，右翼向下，左翼向上）绕 x 轴顺时针旋转。类似地，正俯仰定义为从飞行员座位（机头朝上）绕 y 轴的顺时针旋转。正偏航定义为从飞行员座位（机头向右）绕 z 轴的顺时针旋转。图 3-6 展示了常规操纵面。这些约定很重要，本书中的设计方法也遵循这些约定。图 3-7 描述了坐标轴和正向旋转约定。

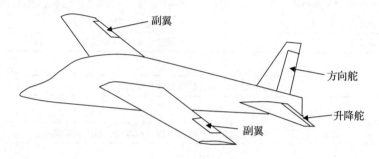

图 3-6　主操纵面

飞行器能够执行各种机动操作和动作，这些动作大致可以分为三类：纵向运动、横向运动和航向运动。

图 3-8 展示了操纵面设计流程。一般来说，设计过程从权衡研究开始，在稳定性和可控性要求之间建立明确的界限，并以优化设计结束。在权衡研究中，要检查飞行品质的两个极限，并画出稳定性和可控性之间的

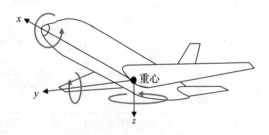

图 3-7　坐标轴和正向旋转的约定

边界线。例如，战斗机可以牺牲稳定性来获得更高的可控性和机动性。然后，可以采用自动飞行控制系统来提高飞行器的稳定性。对于民用客机而言，安全是最高目标，因此，稳定性明显优于可控性。

操纵面设计的第一步是选择操纵面构型。飞行操纵面设计的基本思想是确定它们的位置，使其主要起到力矩发生器的作用。它们提供三种旋转运动（滚转、俯仰和偏航）。常规构型包括升降舵、副翼和方向舵。这种经典构型的变化会导致操纵面的布置发生一些变化。表 3-6 列出了几种操纵面构型。某些类型的操纵面与特定的飞行器构型有关，所以对于一些特定的飞行器构型必须选择它们。表 3-6 还列出了一些飞行器示例。

表 3-6　操纵面构型选项

序号	操纵面构型	飞行器构型
1	常规（副翼、升降舵、方向舵）	常规（例如 RQ-11 "大乌鸦"）
2	全动水平尾翼、方向舵、副翼	水平尾翼与升降舵组合
3	全动垂直尾翼、升降舵、副翼	垂直尾翼与方向舵组合

(续)

序号	操纵面构型	飞行器构型
4	襟副翼、升降舵、方向舵	襟翼与副翼组合
5	尾部升降副翼、方向舵	全动水平尾翼(升降舵)与副翼组合
6	升降副翼、方向舵(或同等组件)	副翼与升降舵组合(如"扫描鹰")
7	方向升降舵、副翼	V形尾翼(如"全球鹰""捕食者"和"影子")
8	阻力方向舵、升降舵、副翼	无垂直尾翼(如X-45无人战斗飞行器,RQ-170"哨兵")
9	鸭舵、副翼	升降舵作为鸭翼的一部分,加上副翼
10	四操纵面	交叉(+或×)尾翼构型(例如大多数导弹)
11	副翼、升降舵(或同等组件)、分体式方向舵	无垂直尾翼,分为顶部和底部的类似副翼的表面
12	扰流板、升降舵、方向舵	扰流板与副翼组合
13	推力矢量控制	增强或无操纵面(如四旋翼飞行器)

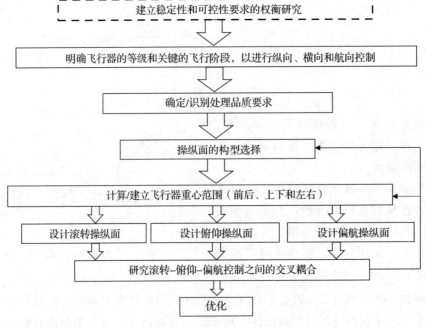

图 3-8　操纵面设计流程

　　操纵面构型的选择取决于飞行器构型(例如机翼、尾翼和发动机)、成本、性能、可控性、动力传动和操作要求。一些飞行器构型设计最终的结果是具有特定类型的操纵面,例如,在飞行器概念设计阶段选择了V形尾翼构型时,方向升降舵是控制偏航力矩和俯仰力矩的最佳选择。再比如,当设计人员决定采用没有尾翼的三角翼时,升降副翼是一种控制俯仰速率和滚转速率的好选择。

　　操纵面构型最终根据权衡研究的结果确定,以最佳方式平衡并满足所有设计要求。一般来说,非常规操纵面的设计更具挑战性,制造起来更加复杂,也更难分析。但是,当在具有挑战性的设计环境中需要更高的控制能力时,非常规操纵面将更有效。

　　根据性能要求,无人飞行器需要多个操纵面,如升降舵、副翼、方向舵、襟副翼、方向升降舵和升降副翼。操纵面的数量和类型取决于几个因素,例如无人飞行器的任务、成本和可控性要求。在本书中，我们聚焦于三个操纵面(即升降舵、副翼和方向舵)的常规构型。延伸出的三个有用的参数是 C_l(滚转)、C_m(俯仰)和 C_n(偏航)。可以包括数据需求，这些数据需求可以用于根据操纵面偏转最小化特定的目标。其他特定于约束控制分配技术的数据需求包括控制最小和最大位置限制以及执行机构速率限制。

该数据也可能取决于其他变量。例如，许多控制律在软件中实现了由施加到可用的表面偏转上的动压等变量决定的约束。例如，由于铰链力矩和其他空气动力学因素通常随飞行条件的变化而变化，因此可能需要改变指令控制执行机构速率，以在整个飞行包线内保持恒定的飞行器旋转速率。

推力矢量的使用是飞行控制执行机构的创新。其中一种飞行控制设计是 F-15 主动式飞行器，它使用推力矢量产生俯仰、滚转和偏航控制力矩。此类飞行器还有其他示例。由英国皇家空军、英国皇家海军和美国海军陆战队成员驾驶的"鹞式"战斗机是最早使用推力矢量的飞行器之一。

美国国家航空航天局(NASA)的研究人员基于改进型 F-18 的高 α(攻角)研究飞行器(High Alpha Research Vehicle，HARV)，在极高攻角下研究了推力矢量控制。F-16 多轴推力矢量(Multi-Axis Thrust Vectoring，MATV)研究计划为理解推力矢量设计要求和灵活性优势做出了重要贡献。X-31 研究飞行器也证明了推力矢量的优势。F-22 和 F-35 是使用推力矢量进行控制的飞行器的最新示例。图 3-9 展示了具有常规操纵面的飞行控制系统。

87
～
88

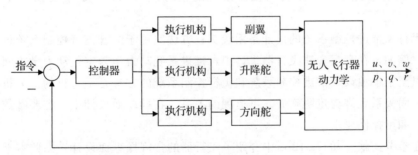

图 3-9　具有常规操纵面的飞行控制系统

飞行操纵面设计的基本思想是确定它们的位置，使它们主要起到力矩发生器的作用，以提供三种旋转运动(滚转、俯仰和偏航)。这种经典构型的变化会导致操纵面的布置发生一些变化。

在已知(或估计)上述三个轴中每一个面的控制效果后，经典的三控制/三自由度系统可定义为一个代数问题，包含三个方程(指令力矩)和三个未知数(所需的控制偏转角度)。假定数学方程组是一致的，则对于任何期望的控制矢量生成的力矩，都存在一个唯一的控制配置。要应用此方法，需要以下候选无人飞行器的有关信息：

1) 无人飞行器的构型和主要组件的布局。

2) 质量属性：重心移动、重量和惯性变化。

3) 极限性能目标：最大马赫数随海拔高度的变化，最大载荷系数以及最大和最小推力极限。

4) 操纵性和可控性要求。

5）动力传动类型。

6）其他系统工程要求（例如，预算限制、可维护性要求、生产要求和可靠性要求）。

操纵面的设计标准是通过系统操作要求定义确定的，而系统操作要求又是从无人飞行器任务演变而来的。操纵面可能会对自动飞行控制系统施加限制（例如，饱和）。尽管设计的操纵面可能满足可控性要求，但也必须考虑某些系统工程因素，包括结构因素（疲劳、颤振和气动弹性）、可制造性、操纵面偏转能力、总成本（制造成本和运营成本）、控制输入饱和、可维护性、可靠性和可生产性。

有些参数必须最小化，有些参数必须最大化，而其他参数必须进行评估，以确保它们在可接受范围内。在某些情况下，操纵面的设计可能会在概念设计过程中对无人飞行器构型造成轻微甚至相当大的影响。

综合飞行控制是指通过考虑子系统相互作用、不确定性甚至所有控制执行机构的故障，来实现或改善整体系统性能的控制和优化技术。飞行控制集成任务专门解决飞行控制系统与其他飞行器功能或结构系统之间相互影响的问题。例如，传统的操纵面在低速时会失去控制效果，并且在失速后的飞行状态下也无效。推力矢量控制是为了扩展现代军用飞行器的飞行包线而发展起来的。

系统工程原理与分析驱动的设计过程的集成表明，可以实现更高层级的集成控制，从而确定需求/功能/物理接口以及设计过程所促进的互补技术交互。其目的是评估概念设计选择和建模不确定性对控制系统配置的影响，而不是精确预测控制力矩的绝对值。

综合飞行和推进控制系统的设计是系统工程方法应用于综合飞行控制系统设计的一个特定领域。例如，在高超音速飞行器设计中，推进系统动力学与空气动力学之间的耦合非常重要，以至于单独设计推进控制系统和飞行控制系统的方法是不可行的。分析与影响参数之间的牢固关系允许构建明确的、可追溯的关系。在操纵面设计中，主要参数几乎完全来自操纵性和可控性要求。

作者在参考文献[8]的第 12 章中介绍了飞行器的常规操纵面设计，因此本书不再重复这些内容。建议大家学习参考文献[8]，了解常规操纵面设计的全部细节。

3.9 安全分析

无人飞行器总设计师的基本职责是确保设计是安全的，并且所有主要系统/组件不发生故障。必须有一个步骤来进行安全工程分析，可以在设计过程开始之前，也可以在设计过程中，甚至可以在每个主要设计阶段之后。所有部门的设计人员都应研究并制定安全特性清单。但是，更有效的是建立"安全分析部门"。在这种情况下，"安全工程师"有权要求重新设计，前提是相关成本合理。

安全分析部门主要：

1）确定并列出无人飞行器和系统级安全等级要求。

2）确定设计是否能满足安全要求和目标。

3）推导子系统（如机翼等组件）设计的安全要求。危险性评估是一项需要协作、涉及多学科的工作，需要大量的领域知识和洞察力。

美国联邦航空管理局(FAA)出版了一本手册[23]，帮助发射和再入飞行器的操作人员进行飞行安全分析。但是，此参考文献提供的建议也适用于无人飞行器设计过程。本节将简要介绍与安全分析有关的两个主题：

1) 从过去的设计项目中吸取经验教训(从失败或成功中吸取经验)。

2) 子系统和组件可能的故障模式。

参考文献[24]提供了民用机载系统和设备安全评估过程的指南和方法。感兴趣的读者可参阅参考文献[23-24]进一步了解该主题。

3.9.1　设计方面的经验教训

现役传统飞行器在设计失误和错误方面，从业界吸取了很多宝贵的经验教训。无人飞行器和无人飞行系统的失败与成功经验非常宝贵，它们在教导年轻设计人员方面发挥着重要作用。设计过程的一个重要特征是吸取过去的经验教训，改进下一代飞行器。

根据墨菲定律，任何可能出错的事情都会在错误的时间和地点出错。一项关于其他飞行器历史设计经验的研究证实了这一定律[25-26]。墨菲定律将让无人飞行器设计人员对实际过程中可能遇到的挑战以及其他飞行器历史设计经验有更进一步的认识。"全球鹰"和"捕食者"等成功的无人飞行器的失败—成功(无论是坠机还是事故)经历都给无人飞行器设计人员提供了宝贵的经验。

这里将介绍一些当前无人飞行器的经验教训。有兴趣的读者可以研究，并查阅相关参考文献，例如参考文献[27-29]。

"全球鹰"(见图 1-2)第二阶段飞行试验期间的主要挫折是 1999 年 3 月 29 日在该计划第 18 架次飞行过程中 2 号飞行器被毁。2 号飞行器及其有效载荷的损失约为 4500 万美元。更重要的是，这个项目失去了唯一的集成传感器套件。

坠机事故的发生是因为内利斯空军基地和 EAFB 飞行试验场之间缺乏适当的频率协调。本质上，内利斯工作人员正在测试系统，为"全球鹰"的首次计划的 D 和 E 演习做准备，他们并没有意识到"全球鹰"正在飞越 EAFB 范围内的"中国湖"海军航空武器站。因此，与 RQ-4A 相比，诺斯罗普·格鲁曼 RQ-4B "全球鹰"的设计进行了许多修改。例如，RQ-4B 的有效载荷增加了 50%，翼展(130.9 ft)更大，机身(47.6 ft)更长，新的发电机可提供 150%的电力输出。

2011 年 8 月 15 日，一架美国空军 C-130 货运飞行器在前往阿富汗的沙拉纳 FOB 时与 RQ-7 "影子"相撞[30]。货机紧急迫降，两台发动机和一个机翼受损，而 RQ-7 被毁。碰撞导致 C-130 停飞了几个月进行维修，而 RQ-7 残骸却一直没有找到(从未恢复)。

2015 年 7 月，在一次飞行作战中，一架没有装备武器的"灰鹰"因通信故障在伊拉克坠毁。1999 年 12 月，一个软件问题导致"全球鹰"偏离了爱德华兹的主跑道。前起落架倒塌，对传感器套件造成了 530 万美元的损失。任务计划系统和飞行器之间协调的软件代码出错，命令飞行器以 155 kn 的速度滑行。

2014 年 4 月 3 日，一架参加印第安敦堡峡谷(Fort Indiantown Gap)训练演习的"影子200"在宾夕法尼亚州一所小学附近坠毁，随后被民用车辆撞毁。2017 年 2 月 2 日，从美国亚利桑那州华楚卡堡附近机场起飞的"影子200"失踪。经过长时间(9 天)的搜寻，在丹佛以西的山区发现了残骸。本书中还给出了许多其他经验教训。

"捕食者"的体积小，整体结构强度不足，这决定了 RQ-1 只能携带一枚重量不到 175 lb 的导弹，这使得它只能搭载"地狱火"导弹。最初，有人担心用这种轻型无人飞行器发射直升机载反坦克导弹[27]。问题是，发射导弹影响"捕食者"的正常飞行吗？是否会折损机翼或者击落垂直稳定器？为此，操作人员进行了一次试验，将捕食者拴在混凝土垫上并发射导弹，结果是"捕食者"上并没有零件掉下来。

设计师们从"英仙座"B（见图 3-10）中吸取了很多经验教训，这架飞行器是在 NASA 的 ERAST（Environmental Research Aircraft and Sensor Technology）项目下作为设计性能试验台开发的远程驾驶飞行器。"英仙座"B 长约 25 ft，翼展 71.5 ft，高 12 ft，由 Rotax 914 活塞式发动机提供动力。在 1993—1994 年间，制造了两架"英仙座"A，并进行了 21 次飞行。尽管其中一架"英仙座"A 在一次飞行中因垂直陀螺仪故障而坠毁，但另一架完成了测试项目。"英仙座"B 于 1994 年首次飞行，并于 1996 年进行了两次飞行，后来在一次飞行中因螺旋桨轴故障在干涸的湖床上硬着陆而损坏。之后，设计师们对它进行了一系列的改进，包括在机翼上增加外部燃料舱，将燃料容量增加了一倍以上，达到 100 gal ⊖，并将原始的 58.5 ft 翼展扩展到 71.5 ft，以增强高空性能。

图 3-10   美国国家航空航天局（NASA）"英仙座"B

通过提高涡轮增压器的输出功率，发动机功率提高了 20％以上。通过改进燃油控制系统和采用稀薄燃油-空气混合物，降低了燃油消耗，且不会影响动力。这架飞行器于 1999 年 10 月 1 日再次坠毁，中度损坏，万幸的是在坠机区域未造成财产损失、火灾或人员伤亡。在军事限制空域飞行的所有远程驾驶飞行器都需要一个飞行终止系统，该系统包括根据指令部署的降落伞系统，以及一个 C 波段雷达信标和一个 C 模式应答机，以辅助定位。

表 3-7 列出了几种有人驾驶飞行器和无人飞行器的事故率和可靠性。当前典型无人飞行器的事故率大约是通用动力公司 F-16"战隼"的 50 倍。自动驾驶仪问题是大量故障/事故的罪魁祸首。在自动驾驶模式下，操作人员告诉系统任务的目标是什么（而不是怎么做），且飞行中任务目标很可能动态变化，因此，需要以最少的操作重新规划实现。

⊖   1 gal（美）＝3.785 412 L。——编辑注

表 3-7　几种有人驾驶飞行器和无人飞行器的事故率和可靠性

序号	飞行器	事故发生率(每 10 万小时)	可靠性/%
1	通用航空(例如塞斯纳 172)	1.22	N/A
2	AV-8B "鹞" Ⅱ	10.7	N/A
3	洛克希德 U-2 "龙夫人"	3	96.1
4	通用动力 F-16 "战隼"	3.5	96.6
5	麦克唐纳·道格拉斯 F/A-18 "大黄蜂"	3.2	N/A
6	波音 747	0.013	98.7
7	波音 777	0.013	99.2
8	通用原子 RQ-1 "捕食者"	32	89
9	诺斯罗普·格鲁曼 RQ-4 "全球鹰"	160	—

3.9.2　子系统和组件可能的故障模式

安全分析部门负责对拟定设计进行系统检查，以检查故障如何导致功能危害，以及如何满足安全要求。安全分析部门识别的每种故障情况都应以定性或定量的方式解决。建议在无人飞行器开发之初进行故障评估，主要目标是"通过可能性和严重程度来识别与系统相关的故障条件并对其进行分类"。将计算出的危害风险与可接受的阈值进行比较，确定是不是可接受的设计或是否需要重新设计。

可能性表示故障或事故是有可能发生的，即使在一段时间内或在大量操作期间很少发生。可靠性预测基于子系统/设备在特定时间段内在规定的参数范围内的运行情况。因此，当无人飞行器的运行参数或设备环境超过设计极限时，预测的有效性将失效。即使在设备可靠性很高的情况下，人为错误(在遥控飞行器中)也可能产生破坏性影响。

在识别和评估故障时，必须考虑以下环境约束和运行条件：跌落、冲击、振动、极端温度、低压、雨水、结冰、湿度、鸟击、噪音、火、静电放电、闪电和电磁环境影响。

识别可能的故障模式/条件对于建立安全目标来说至关重要。在这方面，我们必须考虑可能会出现什么问题，是否危及无人飞行器坠毁地点附近的操作员或其他人的安全。可能的故障模式有多种，主要包括：

1) 无人飞行器控制失效。

2) 导航系统故障。

3) 推进系统故障。

4) 通信系统故障。

5) 发射失败。

6) 回收失败。

7) 结构失效。

8) 目标识别失败。

9) 电力断供。

10) 稳定性故障。

11) 有效载荷(如摄像机)操作故障。

12) 软件 bug。

在每种情况下，都必须分析故障情况，确定根本原因，然后在以后做好事故预测矫正，这种方法将大大提高零故障设计的可能性。

大多数严重故障都会导致飞行器坠毁，无人飞行器可能会与另一架飞行器相撞，或者意外降落到人员密集区域。例如，如果纵向稳定性不足，无人飞行器很可能在起飞后不久就失速坠毁。此外，控制失效可能有许多原因，包括：

1）发动机故障。

2）与地面站操作人员通信中断。

3）航空电子设备硬件故障。

4）电气系统断开。

5）操纵面不移动（被外部障碍物堵塞或阻碍、伺服电动机故障或机械联动装置损坏）。

自动驾驶仪故障是无人飞行器中很可能发生的故障，这会导致失控，从而导致无人飞行器坠毁。安全飞行需要控制系统在整个飞行操作过程中对无人飞行器保持足够的权限。自动驾驶仪故障的两个常见的外部原因是与地面操作人员失去联系以及电力断供。这种故障的内部原因可能来自自动驾驶仪中的元件，包括陀螺仪、加速度计和计算机硬件。如果这三个元件受到很大的震动（主要来自内燃机），则可能会失效。有效的解决方案是将多个隔振支架安装到发动机上，并将自动驾驶仪的敏感元件悬挂在专用的、经过调谐的防振系统上。

在故障仅由一个元件引起的情况下，有一定冗余度的计划是一种简单（并非最佳）的解决方案。例如，所有电线都可以由平行的电线代替。此外，双发动机无人飞行器出现发动机故障的概率也较小。为了提高通信的鲁棒性，建议安装两个接收机/发射机，如果一个发生故障，第二个可以继续处理接收/发送的信号。"捕食者"B配备了双冗余飞行操纵面以及三冗余航空电子设备和飞行控制装置。

为防止结构失效，无人飞行器必须在建议的飞行包线内飞行。操作员的任何操作（例如改变滚转角/俯仰角）都应使载荷系数小于最大允许值。例如，如果最大允许载荷系数为2，则转弯的滚转角不得超过60°。为了防止操作员跟丢飞行器，无人飞行器必须用非白色（由于云）和非蓝色（由于蓝天）涂漆。

在飞行测试中将尽可能确定最可能出现的意外故障。例如，动力不足的无人飞行器将需要比预期更长的跑道，最大速度更低、续航时间更短且爬升率更低。大多数潜在的结构问题会在最初的几次飞行测试后出现。如果无人飞行器结构（例如机翼）通过了飞行测试，但在随后的飞行中又故障了，则主要原因应该是操作人员操作不当（即超出了飞行包线）。

从现有数据中可以明显得出一个结论，即对于大多数被检测的系统来说，电气和机械可靠性与人为错误在事故中的作用相同。根据报告中的数据，至少部分归因于飞行器故障的事故从33%（"全球鹰"）到67%（"影子"）不等[31]。

现役无人飞行器机电可靠性只能通过增加飞行器成本来提高[32]。但是，如果可以在设计过程早期就引入上述建议，那么减少导致事故的人为错误并不一定会增加成本。在所分析的系统中，21%（"影子"）至67%（"捕食者"）的事故存在人为因素问题。

3.10 安装指南

本节提供有关全球定位系统(GPS)/罗盘、惯性测量单元(IMU)和电动机的安装指南。这些要点并非直接的设计经验教训。但是，它们会影响无人飞行器设计方法，以及设计小组成员之间的沟通。制定安装指南可以防止飞行失控、操作人员受伤以及设备损坏。

3.10.1 GPS 和罗盘

由于 GPS 或罗盘对电磁干扰很敏感，因此应将其安装在远离电子设备和电源的地方。此外，GPS 对振动干扰十分敏感，因此应将 GPS 支架放置在距离转子较远的位置。如果不确定 GPS/罗盘模块附近的材料是否具有磁性，可以使用指南针或磁铁进行检查。插入一条特殊的指示线(例如，指向前方的航向箭头)，方便安装 GPS/罗盘。

3.10.2 惯性测量单元

在四旋翼飞行器中，IMU 最好放置在飞行器重心附近，那里的振动相对较弱。通常使用双面泡沫/支架胶带固定安装。IMU 的两侧应与飞行器严格平行。安装 IMU 时，应使 IMU 上标记箭头的面朝向天空，并直接指向前、后、左或右。

95

3.10.3 电动机

在无人飞行器中，电动机的顺序至关重要，因为每个电动机的旋转方向应使它们的扭矩在初始时为零。主控制器、伺服机构、电子调速器和电动机之间的错误连接会导致危险事故的发生。主控制器的安装位置应使电线延伸尽可能短。安装主控制器时，所有端口都应非常接近，方便布线和软件配置。为产生推力，螺旋桨应具有正攻角。螺旋桨安装错误会导致推力方向不正确，使得无人飞行器不能遵从操作人员的指令。

简答题

1. 无人飞行器设计中的哪些设计项目可以并行处理？
2. 在空气动力学设计过程中，必须确定哪些参数？
3. 机翼翼型的选择标准是什么？
4. 机身的主要功能是什么？
5. 机身的主要结构组件是什么？
6. 机翼的主要结构组件是什么？
7. 机翼结构的三大设计要素是什么？
8. 自动驾驶仪的主要功能是什么？
9. 在设计用于机翼的增升装置时，必须确定哪些参数？
10. 波音-英西图"扫描鹰"的 MTOW、发动机功率、机翼面积是多少？
11. 在隐形概念中，使脉冲到接收器的反射最小的三种基本方法是什么？
12. 用于探测飞行器的声波(即噪声)波长(特征)范围是多少？
13. 至少列出三个 RQ-4A 和 RQ-4B 的主要区别。

14. 飞行器在高空飞行时，燃油的两个问题是什么？

96

15. 在设计过程中需要确定哪些起落架参数？

16. 无人飞行器推进系统的典型发动机类型是什么？

17. 结构组件通常承受的五个主要应力是什么？

18. 典型的螺旋桨效率(η_p)是多少？

19. 起落架的九种构型是什么？

20. 列出典型的机械/动力传动系统选项。

21. 什么是常规操纵面？

22. 列出四种非常规操纵面。

23. FEM 和 CFD 分别代表什么？

24. 什么是短舱？

25. "全球鹰"和"捕食者"的主操纵面是什么？

26. 简要描述四旋翼飞行器的技术特征。

27. 四旋翼飞行器有哪些缺点？

28. 什么是墨菲定律？

29. 电动机应安装在什么位置？

30. GPS 应安装在什么位置？

31. IMU 应安装在什么位置？

32. 为什么雷达天线罩的设计和制造应使其失真低？

33. 从 NASA "英仙座"计划中可以学到什么经验教训？

34. 1999 年 3 月 29 日，在该计划的第 18 架次飞行过程中，"全球鹰"为何坠毁？

设计题

1. 假设你是具有以下功能的无人飞行器推进系统设计组的首席工程师。设计一种四旋翼无人飞行器，满足其有效载荷质量为 100 g，并且需要在 500 ft 以下飞行 30 min 进行空中拍摄。理想的巡航空速为 25 kn。分析任务要求，并对推进系统进行概念设计。请提供以下信息：(a) 发动机型号；(b) 估计的设计功率/推力；(c) 估计的燃油重量或电池特性；(d) 发动机位置。针对设计给出分析过程。

97

2. 假设你是具有以下功能的无人飞行器推进系统设计组的首席工程师。设计一种小型固定翼无人飞行器，满足其有效载荷质量为 500 g，并且需要在 5000 ft 以下飞行 90 min 进行空中拍摄。理想的巡航空速为 50 kn。分析任务要求，并对推进系统进行概念设计。请提供以下信息：(a) 发动机型号；(b) 估计的设计功率/推力；(c) 估计的燃油重量或电池特性；(d) 发动机数量；(e) 发动机位置。针对设计给出分析过程。

3. 假设你是具有以下功能的无人飞行器推进系统设计组的首席工程师。设计一种固定翼无人飞行器，满足其有效载荷质量为 200 kg，并且需要在 20 000 ft 飞行 5 h 跟踪地面移动目标。理想的巡航空速为 160 kn。分析任务要求，并对推进系统进行概念设计。请提供以下信息：(a) 发动机型号；(b) 估计的功率/推力；(c) 估计的燃油重量或电池特性；(d) 发动机数量；(e) 发动机位置。针对设计给出分析过程。

4. 假设你是具有以下功能的无人飞行器推进系统设计组的首席工程师。设计一种固定翼无人飞行器，满足其有效载荷质量为 1100 kg，并且需要在 60 000 ft 飞行 30 h 跟踪地面移动目标。理想的巡航空速为 300 kn。分析任务要求，并对推进系统进行概念设计。请提供以下信息：(a) 发动机型号；(b) 估计的发动机功率/推力；(c) 估计的燃油重量或电池特性；(d) 发动机数量；(e) 发动机位置。针对设计给出分析过程。

5. 假设你是具有以下功能的无人飞行器起落架设计组的首席工程师。设计一种四旋翼无人飞行器，满足其有效载荷质量为 100 g，并且需要在 500 ft 以下飞行 30 min 进行空中拍摄。理想的巡航空速为 25 kn。分析任务要求，并对起落架进行概念设计。请提供以下信息：(a) 起落架类型；(b) 固定或可伸缩；(c) 设计草图。针对设计给出分析过程。

6. 假设你是具有以下功能的无人飞行器起落架设计组的首席工程师。设计一种固定翼无人飞行器，满足其有效载荷质量为 500 g，并且需要在 5000 ft 以下飞行 90 min 进行空中拍摄。理想的巡航空速为 50 kn。分析任务要求，并对起落架进行概念设计。请提供以下信息：(a) 起落架类型；(b) 固定或可伸缩；(c) 设计草图。针对设计给出分析过程。

7. 假设你是具有以下功能的无人飞行器起落架设计组的首席工程师。设计一种固定翼无人飞行器，满足其有效载荷质量为 200 kg，并且需要在 20 000 ft 飞行 5 h 跟踪地面移动目标。理想的巡航空速为 160 kn。分析任务要求，并对起落架进行概念设计。请提供以下信息：(a) 起落架类型；(b) 固定或可伸缩；(c) 设计草图。针对设计给出分析过程。

98

8. 假设你是具有以下功能的无人飞行器起落架设计组的首席工程师。设计一种固定翼无人飞行器，满足其有效载荷质量为 1100 kg，并且需要在 60 000 ft 飞行 30 h 跟踪地面移动目标。理想的巡航空速为 300 kn。分析任务要求，并对起落架进行概念设计。请提供以下信息：(a) 起落架类型；(b) 固定或可伸缩；(c) 设计草图。针对设计给出分析过程。

练习题

1. 一架配备活塞式发动机的大型无人飞行器在 10 000 ft 的高度巡航，速度为 150 kn。螺旋桨效率为 0.73，机翼面积为 25 m²，阻力系数为 0.036。这架飞行器的发动机应产生多大功率？

2. 一架配备电动机的小型无人飞行器在海平面巡航，速度为 50 kn。螺旋桨效率为 0.6，机翼面积为 1.5 m²，阻力系数为 0.045。这架飞行器的电动机应产生多大功率？

3. 确定 3000 mA·h 10 V 的锂聚合物电池提供的总能量，以及可提供给电动机的最大功率。

4. 确定 8000 mA·h 6 V 的锂离子电池提供的总能量，以及可提供给电动机的最大功率。

5. 确定 10 000 mA·h 6 V 的镍镉电池提供的总能量，以及可提供给电动机的最大功率。

6. 确定 2000 mA·h 6 V 的碱性电池提供的总能量，以及可提供给电动机的最大功率。

7. 一架小型无人飞行器的机翼部分使用 NACA 63-215 翼型。根部和梢部的翼弦分别为 0.8 m 和 0.6 m。确定机翼在根部和梢部的最大厚度。

8. 一架小型无人飞行器的机翼部分使用了 NACA 23 012 翼型。根部和梢部的翼弦分别为 1.2 m 和 0.8 m。确定机翼在根部和梢部的最大厚度。

9. 一架配备电动机的迷你无人飞行器在海平面以 20 kn 的速度巡航。机翼面积为 0.22 m²，螺旋桨效率为 0.72，无人飞行器阻力系数为 0.042。无人飞行器的电池提供 12 V 的电压，确定电动机消耗的电流。

10. 一架配备电动机的小型无人飞行器在 5000 ft 的高度以 25 kn 的速度巡航。机翼面积为 0.54 m²，螺旋桨效率为 0.74，无人飞行器阻力系数为 0.038。无人飞行器的电池提供 24 V 的电压，确定电动机消耗的电流。

11. 一架配备电动机的小型无人飞行器在 5000 ft 的高度以 22 kn 的速度巡航。机翼面积为 0.62 m²，螺旋桨效率为 0.65，无人飞行器阻力系数为 0.035。电能由 Venom 7.2 V 5000 mA·h 的六芯镍氢电池提供。这次飞行将持续多长时间？

12. 一架配备电动机的小型无人飞行器在海平面以 25 kn 的速度巡航。机翼面积为 1.2 m²，螺旋桨效率为 0.68，无人飞行器阻力系数为 0.041。电能由 22.2 V 3200 mA·h 6S 30C Smart 锂聚合物电池提供。这次飞行将持续多长时间？

第 4 章　空气动力学设计

教学目标

经过本章的学习，读者将能够：

1）进行机翼空气动力学设计。

2）进行水平尾翼空气动力学设计。

3）进行垂直尾翼空气动力学设计。

4）进行机身空气动力学设计。

5）为容纳天线提供空气动力学设计指导。

4.1　引言

空气动力学是一门研究空气与相对运动物体（如无人飞行器）间的行为（即动力学）的科学。无人飞行器有许多以空气动力学输出（如升力）为特征的组件，其中两个是机翼和尾翼。机翼/尾翼被称为升力面，其升力由上下表面间的压差产生。与之相对，副翼、方向舵和升降舵等表面被称为操纵面。升力面通常是固定的，而操纵面几乎都能移动。升力面和操纵面都是其空气动力学特性的函数。

从功能上来说，机身基本不会被认为是空气动力学组件。然而，在产生阻力方面，它却起着非常大的作用，同时还会产生一点升力。机翼和尾翼的主要空气动力学功能是产生足够的升力（L），但是，还伴随着另外两个不想要的产物，即阻力（D）和机头向下的俯仰力矩（M）。本章将介绍与流动空气直接接触的无人飞行器组件的空气动力学设计。空气动力学设计的主要目标是优化无人飞行器外形，使升力最大化，并最小化阻力和俯仰力矩。

表 4-1 给出了无人飞行器空气动力学组件及其主要空气动力学影响。对于每个空气动力学组件，设计者都应努力最大化升力、最小化阻力。本章将介绍四个无人飞行器组件（即机翼、水平尾翼、垂直尾翼和机身）的空气动力学设计。对于计算机翼压力分布和确定流场参数的数学方法，空气动力学教科书（如参考文献[14，33，34]）是很好的参考资料。在空气动力学设计过程中，必须确定翼型截面、机翼展弦比等参数。无人飞行器的空气动力学特性将影响其性能、稳定性、控制和结构设计。

表 4-1　无人飞行器空气动力学组件及其功能

序号	组件	主要功能	主要影响
1	机翼	产生升力	升力
2	水平尾翼	纵向稳定性、纵向配平	水平尾翼升力
3	垂直尾翼	航向稳定性、航向配平	垂直尾翼升力、侧向力
4	机身	携带有效载荷	阻力

4.2 空气动力学基础

空气动力学是一门应用科学，研究空气流动的行为（即动力学）；当空气与物体（如无人飞行器）有相对速度时即涉及空气动力学。要进行无人飞行器的空气动力学设计，必须能够计算和分析飞行器的空气动力学输出。在空气动力学设计过程中，空气动力学理论是必不可少的工具之一，可用来计算气动力和力矩（如升力、阻力和俯仰力矩）。物体（如机翼）在气流中的气动力可根据物体周围的压力分布来计算。

升力面（如机翼和尾翼）的气动升力和阻力是关于下列因素的函数：翼面攻角、几何形状（如投影面积 S）、翼型截面、空速（V）、空气密度（ρ）和气流的雷诺数。升力和阻力可由下式确定：

$$L = \frac{1}{2}\rho V^2 S C_L \tag{4.1}$$

$$D = \frac{1}{2}\rho V^2 S C_D \tag{4.2}$$

其中，C_L 和 C_D 分别是升力系数和阻力系数。阻力系数是包括无人飞行器构型在内的几个参数的函数。阻力系数随升力系数变化的数学表达式为：

$$C_D = C_{D_0} + K C_L^2 \tag{4.3}$$

这个方程有时也被称为飞行器的"极曲线"。变量 K 称为诱导阻力修正系数：

$$K = \frac{1}{\pi e \text{AR}} \tag{4.4}$$

其中，e 是奥斯瓦尔德翼展效率因子，AR 是机翼展弦比。变量 AR 会在本章后面介绍。

构型设计良好的固定翼无人飞行器的零升阻力系数（C_{D_0}）为 $0.015\sim0.025$。然而，对于四旋翼飞行器（即旋翼构型），总阻力系数（C_D）可视为一个参数，且式（4.3）不再适用。对于四旋翼飞行器，C_D 一般为 $0.2\sim0.4$。计算无人飞行器组件 C_{D_0} 的方法不在本书讨论范围内，感兴趣的读者可参阅相关文献，如参考文献[9]。

升力常定义为与相对风向垂直的气动力分量（见图 4-1）。阻力常定义为与相对风向平行的气动力分量。

气动中心（ac）常被选为升力中心，位于四分之一弦长附近。机翼三维升力系数（C_L）与机翼二维升力系数（c_l）直接相关。变量 c_l 又是上下表面压力系数差的函数。在小攻角（小于 5°）的情况下，二维升力系数可由下式计算：

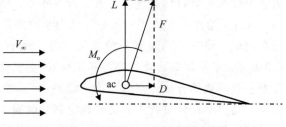

图 4-1　升力、阻力和俯仰力矩

$$c_l = \frac{1}{c}\int_0^c (C_{p_1} - C_{p_u})\,\mathrm{d}x \tag{4.5}$$

其中，C_{p_1} 和 C_{p_u} 分别是下表面和上表面的压力系数，c 是翼弦。可看出，升力是由机翼/尾翼上下表面之间的压差产生的。文献[14，15]等给出了确定升力面（如机翼）周围压力分布的方法。在失速角以下，升力系数通常随攻角呈线性变化。无人飞行器常以小于失速角的攻角飞行。

随着空气动力学学科的发展，有多种技术和工具可以来完成这项耗时的工作。在过去的几十年里，许多基于空气动力学和数值方法的工具和软件已经被开发出来。市面上已经有基于 Navier-Stokes 方程、涡格法和薄翼型理论的 CFD 软件。这类软件包的应用成本低、耗时短，能够加快机翼/尾翼的设计过程。如图 1-5 所示，由若干空气动力学工程师组成的设计小组将专门负责这类设计活动。空气动力学的基本原理，请参阅参考文献[14，33]。

4.3　机翼设计

本节主要涉及机翼的空气动力学设计，介绍设计流程、机翼参数、翼型选择过程和设计方法。在机翼空气动力学设计过程中，必须确定以下参数：机翼参考（或投影）面积、机翼数量、相对机身的垂直位置（上、中、下）、相对机身的水平位置、横截面（或翼型）、展弦比（AR）、梢根比（λ）、梢弦（C_t）、根弦（C_r）、平均气动弦（MAC 或 $\overline{C}$）、翼展（b）、扭转角（α_t）、后掠角（Λ）、机翼上反角（Γ）、倾角（i_w）或安装角（α_{set}）、增升装置（如襟翼）参数及副翼参数。

作者在参考文献[8]的第 5 章介绍了飞行器的机翼设计，因此本节没有直接重复这些内容。建议读者阅读这一参考文献，了解机翼设计的细节。机翼的基本设计要求包括升力、气动效率、飞行器性能、稳定性、可生产性、操作要求、成本和飞行安全。

4.3.1　机翼设计流程

图 4-2 给出了机翼设计流程。由图可以看出，机翼设计是一个迭代过程，这意味着选择/计算通常要重复多次。机翼设计者的目标应该是最大限度地提高升力，同时尽量减少阻力和俯仰力矩。在实践中，一些机翼参数（如机翼位置、展弦比和翼型截面）是选定的，其他参数（如机翼面积、机翼翼展和平均气动弦）则通过计算得到。

4.3.2　翼型选择和设计

机翼空气动力学设计的关键任务之一是确定机翼的横截面（即翼型）。机翼是三维部件，而翼型是二维截面。由截面可得翼型（或者说机翼）的另外两个输出，即阻力和俯仰力矩。机翼截面可以是恒定的，也可以是非恒定的。确定翼型截面的方法有两种：翼型设计和翼型选择。翼型设计是一个

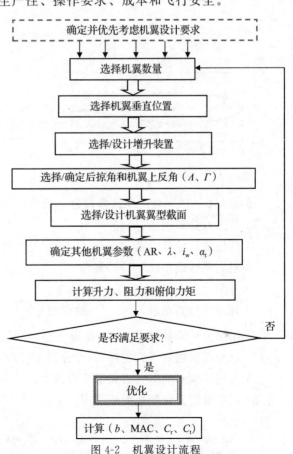

图 4-2　机翼设计流程

复杂又耗时的过程，需要研究生水平的空气动力学基础知识。由于翼型的验证测试需要在风洞中进行，所以成本也很高。

如果还没准备好设计自己的翼型，推荐从前人设计和公布的翼型中选择合适的翼型。三个可靠的翼型资源是 NASA ⊖、NACA ⊖ 和 Eppler。Eppler 翼型（命名以字母 "E" 开头，后面是三个数字）的空气动力学特性已在参考文献[35]中公开。NACA 翼型的细节[36]已在 Abbott 和 Von Donehoff 出版的书中公开[37]。此外，参考文献[38]提供了低速翼型的数据概要。20 世纪 50 年代，NASA 的前身 NACA 对翼型进行了分类，并使用 4～5 位数字编码对其进行了编目。图 4-3 展示了 6 系列 NACA 63_3-218 翼型，其厚弦比为 18％。

翼型选择是整个机翼设计中的一部分。机翼翼型的选择从明确飞行要求开始。例如，亚音速飞行的设计要求与超音速飞行的设计要求截然不同。此外，适合跨音速飞行的特殊翼型还需要满足阻力发散马赫数要求。设计师还必须考虑其他要求，如适航性、结构、可制造性和成本。

选择最佳翼型时，通常会使用一些图表来表示翼型在流场中的表现。各个翼型图表的绘制需要使用空气动力学理论或进行风洞试验。对于层流翼型（如 6 系列 NACA 翼型），图 4-4 展示了阻力系数与升力系数的典型关系。这个曲线图十分重要，可用于确定机翼翼型截面。

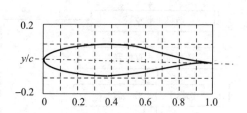

图 4-3　6 系列 NACA 63_3-218 翼型

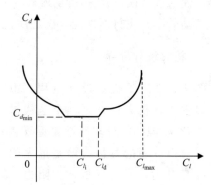

图 4-4　层流翼型的 C_l 与 C_d 的典型变化

通常，可通过下列标准选择符合一定设计要求的翼型：

1）升力系数最大（$C_{l_{max}}$）的翼型。

2）理想或设计升力系数恰当（C_{l_i} 或 C_{l_d}）的翼型。

3）阻力系数最小（$C_{d_{min}}$）的翼型。

4）升阻比最大[$(C_l/C_d)_{max}$]的翼型。

5）升力曲线斜率最大（$C_{l_{a_{max}}}$）的翼型。

6）俯仰力矩系数最小（C_m）（接近于零）的翼型。

7）过失速区的恰当失速品质（变化必须平缓、不尖锐）。

8）翼型结构必须牢固。翼型不应该太薄，内部不能有太多的翼梁。

9）翼型必须是可制造的横截面。

⊖　美国国家航空航天局（National Administration for Aeronautics and Astronautics）。
⊖　美国国家航空咨询委员会（National Advisory Committee for Aeronautics）。

10）必须考虑成本要求。

11）必须考虑其他设计要求。例如，如果指定油箱放在机翼内侧，那么翼型必须为油箱留出足够的空间。

12）如果机翼有多个翼型，必须考虑机翼上两个翼型如何结合。

NACA 4 位数和 5 位数编号的翼型效率不是很高，6 系列翼型是 NACA 翼型中最好的（且更受欢迎）。4 位数和 5 位数编号的翼型（如 2412 和 23015）在设计中仅使用了抛物线和直线。它们不满足主要空气动力学设计要求，如层流和不发生流动分离。6 系列翼型的设计能够保持大部分弦上的层流，与 4 位数和 5 位数编号的翼型相比，6 系列翼型具有较低的 $C_{d_{min}}$。6 系列 NACA 翼型主要由 5 个数字命名，并以 6 开头（例如，63-209）。

中速"MS(1)"和低速"LS(1)"系列是比较推荐的两组 NASA 翼型，与 NACA 的 4 位数、5 位数以及 6 系列类似，也有很多型号可供选择。两种典型的 NASA 翼型命名是 MS(1)-xxyy 和 LS(1)-xxyy，其中 xx 是设计升力系数，yy 是厚弦比。NASA 的 LS 和 MS 翼型在风洞测试中表现良好。

例如，最初为 AGM-154 联合远程武器（Joint Standoff Weapon，JSOW）弹翼（展弦比为 11）选择的是 MS(1)-0313 翼型。JSOW 质量为 500 kg，长度为 4.1 m，是美国海军和空军合资生产的一种标准中程精确制导武器。然而，为了增加 2% 的厚度，该翼型最终被 MS(1)-0315 取代。选择更大厚度（增加 13%）的翼型能够解决机翼的颤振问题。此外，该翼型具有较大的失速角。

另一个广受欢迎、可用于小型飞行器的 NASA 翼型是 LS(1)-0313。除了 MDD 外，该翼型比 MS 系列更好一些。对于尾翼和操纵面（例如升降舵），建议采用对称截面的 LS(1)-0010 和 LS(1)-0013。这两个翼型是最初 NASA 的通用航空翼型和超临界翼型的混合体。它们在后部有一个小的"偏转"，这给它们带来了较大的 $C_{l_{max}}$，后缘没有汇聚到一个点上（实际上是平的），以获得压力梯度。它们有约 40% 的层流和非常光滑的表面，同时不发生层流分离。

雷诺数（Re）对翼型和机翼空气动力学性能有很大影响。这在无人飞行器行业中越来越重要，因为大部分数据都表明无人飞行器运行在远低于 300 万雷诺数的情况下。一般而言，Eppler 翼型适用于非常低的雷诺数，Wortman 翼型适用于滑翔机式雷诺数，NASA 低速翼型［如 LS(1)-0413］和中速翼型［如 MS(1)-0313］适用于"中等"雷诺数。通过计算设计出的翼型在实际使用之前都应经过风洞测试。

假设翼型数据库（如 NACA 或 Eppler）可用，且机翼设计师计划从中选择最佳翼型，建议通过如下步骤进行机翼翼型的选择：

1）确定巡航飞行中的飞行器平均重量（W_{avg}）。

2）计算飞行器理想巡航升力系数（C_{L_C}）。

3）计算机翼巡航升力系数（$C_{L_{C_w}}$）。

4）计算机翼翼型理想升力系数（C_{l_i}）。

5）计算飞行器最大升力系数（$C_{L_{max}}$）。

6）计算机翼最大升力系数（$C_{L_{max_w}}$）。

7）计算机翼翼型总最大升力系数（$C_{l_{max_{gross}}}$）。

8）选择/设计增升装置（类型、几何形状和最大偏转角度）。

9）确定增升装置（High Lift Device，HLD）对机翼最大升力系数的贡献（$\Delta C_{l_{HLD}}$）。

10）计算机翼翼型"净"最大升力系数（$C_{l_{max}}$）。

11）选择能够提供所需 C_{l_i}（步骤 4）和 $C_{l_{max}}$（步骤 10）的翼型。这是非常重要的一步。

12）在几个符合要求的方案中，选择最佳翼型。

4.3.3　机翼设计方法

本节简要介绍确定机翼参数的方法、建议或者指南。

1. 机翼垂直位置

在机翼设计的早期阶段可以确定的机翼参数之一是机翼相对机身中心线的垂直位置。这一机翼参数将直接影响包括尾翼和起落架在内的其他组件的设计。原则上，机翼的垂直位置有四种方案，它们分别对应上单翼（例如"扫描鹰"）、中单翼、下单翼（例如"全球鹰"和"捕食者"）和伞翼。

上单翼的优势是使飞行器横向上更稳定，并且会比中单翼和下单翼产生更多的升力。对于从发射器起飞的无人飞行器，建议采用上单翼构型。此外，机身下部的空气动力学外形也更加平滑。上单翼的劣势是如果起落架安装在机翼上，则起落架的长度会增加。这将增加起落架的重量，且需要在机翼内部给伸缩机构留出更多空间。这将进一步增加机翼结构的重量。这四种方案的完整比较参见其他参考文献，如参考文献[8]。

2. 机翼倾角

机翼倾角（i_w）是机身中心线和机翼根弦的夹角，有时也被称为机翼安装角（α_{set}）。机身中心线位于对称平面上，通常与机舱地面平行。在巡航飞行中，机翼必须能够产生所需的升力系数。该设计要求与翼型理想升力系数所匹配的翼型攻角是对应的。因此，一旦确定了机翼理想升力系数（根据飞行器巡航速度计算），参考 C_l-α 图即可得到机翼的安装角。大多数飞行器机翼安装角的典型数值在 1°~4° 之间。

3. 展弦比

展弦比（AR）定义为机翼翼展 b 和机翼平均气动弦（MAC 或 $\overline{C}$）之间的比值。

$$AR = \frac{b}{\overline{C}} \tag{4.6}$$

平直翼的平均气动弦、根弦、梢弦、翼展和气动中心如图 4-5 所示。矩形翼或锥形翼的投影面积可定义为翼展乘以平均气动弦：

$$S = b\overline{C} \tag{4.7}$$

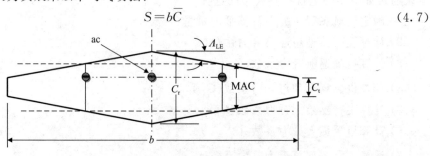

图 4-5　平直翼的平均气动弦、根弦、梢弦、翼展和气动中心

机翼展弦比会对飞行器特性产生若干影响。从空气动力学角度分析，随着 AR 的增加，三维机翼的空气动力学特性（如 C_{L_α}、α_0、α_s、$C_{L_{max}}$、$C_{D_{min}}$）更加接近二维翼型的空气动力学特性（如 C_{l_α}、α_0、α_s、$C_{l_{max}}$、$C_{d_{min}}$）。随着 AR 的增加，飞行器的最大升阻比增加，机翼结构也会更重。此外，随着 AR 的增加，翼梢涡对水平尾翼的影响减小。

短机翼的建造成本比长机翼的更低。随着 AR 的增加，飞行器绕 x 轴的转动惯量将增加，这意味着滚转需要更长的时间。换言之，这将降低飞行器在滚转时的机动性。随着展弦比的增加，机翼绕 y 轴刚度减小。

对于某些设计要求，低展弦比机翼是有利的，但对于另一些设计要求而言，则需要高展弦比机翼。通过对飞行器性能、稳定性、操纵性、可制造性和成本的深入调查和大量计算，可以确定 AR 的准确值。无人飞行器的典型展弦比为 6～25。"全球鹰"的展弦比为 25。

4. 梢根比

梢根比定义为梢弦（C_t）与根弦（C_r）的比值。

$$\lambda = \frac{C_t}{C_r} \tag{4.8}$$

一般来说，梢根比在 0 和 1 之间。与梢根比有关的三种主要平面形状为矩形、梯形和三角形。

通常，矩形机翼的空气动力学效率很低，但具有性能好、成本低和制造方便等优点。矩形机翼翼梢处的下洗角比翼根处的更大。因此，翼梢处的有效攻角比翼根处的更小。所以翼梢的失速时间往往比翼根更晚。翼展方向的升力分布与椭圆形相差甚远，非常需要最小化诱导阻力。因此，减小梢根比的目的是减小诱导阻力。

机翼锥度将改变机翼升力分布，理想情况下应是椭圆形分布。机翼锥度将增加机翼制造成本，因为翼肋将会是不同形状的。锥度会减小机翼重量，因为每个翼剖面（左和右）的重心都将向机身中心线移动。机翼锥度将减小机翼绕 x 轴（纵向）的转动惯量。因此，这将改善飞行器的横向控制性能。

对于恒定锥度和恒定后掠角的（梯形）投影平面，可通过下式确定平均气动弦[39]：

$$\overline{C} = \frac{2}{3} C_r \left(\frac{1 + \lambda + \lambda^2}{1 + \lambda} \right) \tag{4.9}$$

例 4.1 假设锥形机翼的 AR＝6，λ＝0.5，S＝2 m²，确定梢弦、根弦、平均气动弦和机翼翼展。

解

$$AR = \frac{b}{\overline{C}}$$

$$S = b\overline{C}$$

将 AR 等式的分子和分母同时乘以 b 后，利用 S 等式可得：

$$AR = \frac{b}{\overline{C}} \frac{b}{b} = \frac{b^2}{S} \Rightarrow b = \sqrt{S \, AR} = \sqrt{2 \times 6} = 3.46 \text{ m}$$

$$AR = \frac{b}{\overline{C}} \Rightarrow \overline{C} = \frac{b}{AR} = \frac{3.46}{6} \approx 0.577 \text{ m}$$

$$\overline{C} = \frac{2}{3} C_r \left(\frac{1+\lambda+\lambda^2}{1+\lambda} \right) \Rightarrow C_r = \frac{\frac{3}{2}\overline{C}}{\frac{1+\lambda+\lambda^2}{1+\lambda}} = \frac{\frac{3}{2} \times 0.577}{\frac{1+0.5+0.5^2}{1+0.5}} \Rightarrow C_r = 0.742 \text{ m}$$

$$\lambda = \frac{C_t}{C_r} \Rightarrow C_t = C_r \lambda = 0.742 \times 0.5 = 0.371 \text{ m}$$

5. 后掠角

机翼前缘与飞行器横轴之间的夹角称为前缘后掠角(Λ_{LE})。一般情况下,机翼后掠是为了实现以下四个设计目标:

- 在跨音速、超音速和高超音速条件下,通过延迟压缩效应来改善机翼的空气动力学特性(升力、阻力、俯仰力矩)。
- 调整飞行器重心。
- 提高横向静稳定性。
- 调整纵向和航向稳定性。

后掠既有优点又有缺点,只能通过折中的办法来决定。如果飞行器在不同飞行条件下需要有不同的后掠角,理想的选择是采用可变后掠翼,其可在飞行过程中向后转动,然后再返回到原始位置。在某些情况下,单一后掠角不能满足所有设计要求。例如,超高后掠角机翼满足高速巡航的要求,但在低亚音速下,飞行器的操纵性和横向稳定性都不理想。其中一种解决方法是将机翼分为内侧和外侧两个平面,每个平面具有不同的后掠角。

6. 扭转角

如果翼梢的安装角比翼根的安装角小,则称机翼有负扭转(α_t)或外洗。这表明机翼攻角沿翼展减小。许多现代飞行器的机翼沿翼展方向有不同的翼型,使其具有不同的零升力攻角,这就是气动扭转。当翼梢和翼根的安装角不同时,扭转称为**几何扭转**。如果翼梢翼型和翼根翼型不同,扭转则称为**气动扭转**。两类扭转都有各自的优缺点,设计人员必须选择满足设计要求的那类。在机翼设计过程中,采用扭转主要有两个目的:

1) 避免翼梢先于翼根失速。

2) 将升力分布调整为椭圆形。

几何扭转的典型扭转角为 $-4° \sim -1°$(即负扭转)。必须确定扭转角的精确值,以使翼梢失速晚于翼根失速,并且升力分布为椭圆形。

7. 机翼上反角

从飞行器前方观察时,机翼弦线平面与 xy 平面之间的夹角称为机翼上反角(Γ)。机翼的弦线平面是一个假想平面,通过连接翼展上的所有弦线而产生,如果翼梢高于 xy 平面,则称为正上反角(简称上反角);如果翼梢低于 xy 平面,则称为负上反角(或下反角)。机翼上反角既有优点,也有缺点。采用机翼上反角的主要原因是为了提高飞行器的横向稳定性。机翼上反角的典型取值为 $-15° \sim +10°$ 之间。在机翼设计中,必须小心地确定机翼参数,以满足稳定性和操纵性要求。

8. 增升装置

增升装置(HLD)的两个主要目标是最大化有效载荷重量和最小化失速速度(V_s)。

111

HLD 主要应用在起飞和着陆过程，在此过程中，飞行器速度略高于失速速度。由于起降过程的空速远小于巡航速度，因此机翼必须提供更大的升力系数。在翼型层面，HLD 偏转会引起以下翼型特性的变化：升力系数(C_l)增加，最大升力系数($C_{l_{max}}$)增加，零升力攻角(α_0)改变，失速角(α_s)改变，俯仰力矩系数改变，阻力系数增加，升力曲线斜率增加。

在设计机翼 HLD 时，必须确定下列参数：HLD 沿翼展的位置、HLD 类型、HLD 弦长(C_f)、HLD 翼展(b_f)、HLD 最大偏角(向下)(δ_{max})。两组主要的 HLD 是前缘增升装置(LEHLD)和后缘增升装置(TEHLD，即襟翼)。后缘增升装置有六种基本类型：简单襟翼、分裂襟翼、单缝襟翼、双缝襟翼、三缝襟翼及富勒襟翼。

当首要考虑因素是成本时，选择最便宜的 HLD，即简单襟翼。如果首要考虑因素是性能，则选择满足性能要求的 HLD。如果一个 HLD(如单缝襟翼)不满足性能要求，则可以添加另一个 HLD(如前缘襟翼)来满足设计要求。

112

4.3.4　机翼设计步骤

机翼设计的基本要求包括升力、气动效率、飞行器性能、稳定性、可生产性、操作要求、成本和飞行安全。机翼设计过程建议按如下步骤进行：

1) 选择机翼数量。

2) 选择机翼垂直位置。

3) 选择机翼构型(例如，平直翼、后掠翼、梯形翼、三角翼)。

4) 计算巡航时飞行器的平均重量。

5) 计算飞行器所需的巡航升力系数(和平均重量)。

6) 计算飞行器所需的起飞升力系数。

7) 选择 HLD 类型及其在机翼上的位置。

8) 确定 HLD 几何结构(翼展、弦长和最大偏转)。

9) 选择/设计翼型。

10) 确定机翼倾角或安装角(i_w)。

11) 选择后掠角(Λ)和机翼上反角(Γ)。

12) 选择其他机翼参数，如展弦比(AR)、梢根比(λ)和机翼扭转角(α_t)。

13) 计算巡航时的升力分布(无襟翼或襟翼收起)。

14) 核对巡航时的升力分布是否为椭圆形，否则，返回步骤 13 并更改一些参数。

15) 计算巡航时的机翼升力系数(C_{L_w})。

16) 巡航时的机翼升力系数(C_{L_w})必须等于所需巡航升力系数(步骤 5)。若不相等，返回步骤 10 并更改机翼安装角。

17) 计算起飞时的机翼升力系数。

18) 起飞时的机翼升力系数必须等于起飞升力系数(步骤 6)。若不相等，首先需要更改襟翼偏转角(δ_f)和几何结构(C_f，b_f)以校正机翼升力系数，否则，返回步骤 7 并选择另一个 HLD。

19) 计算机翼阻力(D_w)。

20) 改变机翼参数，使机翼阻力和机翼俯仰力矩最小。

21) 绘制带尺寸的最终设计图。

4.4　尾翼设计

4.4.1　设计流程

飞行器尾翼通常包括水平尾翼和垂直尾翼两个部分，并具有两个主要功能：配平（纵向和航向）和稳定性（纵向和航向）。由于两个常规操纵面（即升降舵和方向舵）是尾翼的一部分，因此将"控制（纵向和航向）"作为尾翼的第三个功能是适当的。

多数参数是通过技术方法计算确定的，少数参数是通过工程选择方法确定的。图 4-6

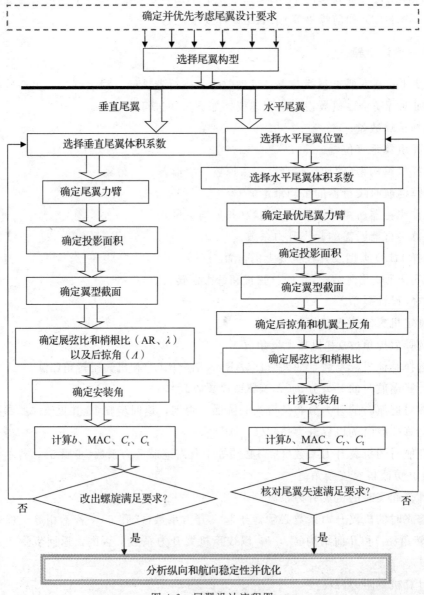

图 4-6　尾翼设计流程图

展示了尾翼设计流程图。飞行器设计是一个迭代过程，因此这个流程将重复多次直至获得最佳的飞行器构型。垂直尾翼和水平尾翼的设计基本可以同时进行。但是，垂直尾翼设计中有一个步骤（即改出螺旋）是研究水平尾翼对垂直尾翼的影响。每个步骤将在后面的章节中详细介绍。

113
~
114

4.4.2　尾翼构型

本节中的"尾翼"是指由水平尾翼和垂直尾翼构成的组合。尾翼设计的第一步是选择尾翼构型。尾翼构型需要通过选择确定，而不是通过数学计算得到。为了选择尾翼构型，必须基于设计要求对各种构型进行逻辑推理和评估。

选择尾翼构型时，必须考虑和满足的主要设计要求有：纵向配平、航向配平、横向配平、纵向稳定性、航向稳定性、横向稳定性、可制造性和可控性、操纵品质、隐形（仅针对某些特定的军用无人飞行器）、操作要求、适航性、成本、竞争力、尺寸限制。

通常，可采用如下尾翼构型（它们能够以某种方式满足设计要求）：（a）机尾水平尾翼和机尾单垂直尾翼；（b）机尾水平尾翼和机尾双垂直尾翼；（c）鸭翼和机尾垂直尾翼；（d）鸭翼和机尾双垂直尾翼；（e）三翼；（f）无水平尾翼（带单垂直尾翼的三角翼）；（g）无尾翼（也可称为"飞翼"）。

第一类构型有若干个子构型，接下来我们将对其开展更详细的研究。在前三类构型中，垂直尾翼安装在机身尾部，但在第四类构型中，两个垂直尾翼安装在翼梢。机尾尾翼构型有：常规尾翼、T形尾翼、十字形尾翼、H形尾翼、三尾翼、V形尾翼、倒V形尾翼、改进V形尾翼、Y形尾翼、双垂直尾翼、尾撑式尾翼、倒尾撑式尾翼、双T形尾翼、U形尾翼。例如，"全球鹰"（图1-2）是V形尾翼，MQ-9"收割者"（见图5-11）是Y形尾翼，"扫描鹰"（见图3-3）是位于翼梢的垂直尾翼，"大角星"T-20无人飞行器是T形尾翼（见图6-38）。

一种新型无人飞行器尾翼构型是将垂直尾翼置于机身下方（如MQ-9"收割者"）。垂直尾翼下移的主要原因是为了让卫星天线（位于机身内部）能够直接看到卫星，并通过发送和接收信号与卫星进行通信。当卫星在天线视线范围内时，卫星天线将具有更高的效率。

在这种情况下，无人飞行器起飞时的拉起操作可能会受到影响。因此，在升空过程中不进行拉起操作（当升力大于无人飞行器重量且机翼具有巡航攻角时，无人飞行器将升空）。

水平尾翼设计的关键之一是水平尾翼位置的选择。方案有：（a）机尾水平尾翼（有时称为后水平尾翼）；（b）前安定面或鸭翼（有时称为前水平尾翼）。机尾水平尾翼和鸭翼都能很好地满足尾翼设计要求。然而，这两种方案会对飞行特性产生不同的影响。

鸭翼能够100%避免严重失速。与机尾水平尾翼相比，鸭翼的效率更高。与传统的机尾水平尾翼构型相比，鸭翼构型的飞行器往往具有更小的静稳定裕度。通常情况下，鸭翼会产生正升力，而传统的尾翼会产生负升力。一般来说，鸭翼的空气动力学特性和稳定性分析方法比常规水平尾翼构型飞行器的要复杂得多。鸭翼能更高效地满足纵向配平要求，而传统的水平尾翼在满足纵向控制要求时效率更高。

115

"全球鹰"使用了V形尾翼，以便将发动机安装在机身上方，防止发动机排出的热气流影响下方的红外传感器，同时在不影响气动效率的情况下从侧面进行防护。V 形尾翼会降低机动性，但这对无人飞行器来说并不重要，因为无人飞行器在侦察任务中的飞行路线大多是水平的直线。

鸭翼和传统水平尾翼构型的优缺点多样且复杂，如果不考虑具体的设计要求，很难说哪种构型更优越。必须采用系统工程方法择优选择尾翼构型。参考文献[8]给出了各个尾翼构型的完整描述及优缺点，感兴趣的读者可参阅这一参考文献了解更多信息。

4.4.3　水平尾翼设计方法

通常，根据配平要求对尾翼进行设计后，还要根据稳定性和控制要求进行修改。在早期阶段，水平尾翼的设计并没有考虑升降舵。设计水平尾翼的标准是满足巡航飞行的纵向配平要求。这是因为飞行器大部分飞行任务时间都用于巡航飞行。载人飞行器和无人飞行器的尾翼设计流程有许多相似之处。参考文献[8]的第 6 章介绍了飞行器尾翼的详细设计流程。本节将讨论主要差异。

选择完尾翼构型后，设计流程中还需要确定的尾翼参数主要有：水平尾翼相对机身的水平位置（机尾尾翼或鸭翼）、投影面积（S_h）、尾翼力臂（l_h）、翼型、展弦比（AR_h）、梢根比（λ_h）、梢弦（C_{hr}）、根弦（C_{hr}）、平均气动弦（MAC_h 或 $\overline{C}_h$）、翼展（b_h）、后掠角（Λ_h）、机翼上反角（Γ_h）、尾翼安装方式及安装角（i_h）。尾翼设计流程建议按如下步骤进行：

1）选择尾翼构型。

2）选择水平尾翼位置（机尾尾翼或鸭翼）。

3）选择水平尾翼体积系数 $\overline{V}_h$。

4）计算最佳尾翼力臂（l_{opt}），以最小化飞行器阻力和重量。

5）计算水平尾翼投影面积 S_h。

6）计算机翼-机身空气动力学俯仰力矩系数。

7）计算巡航升力系数（C_{L_c}）。

8）根据配平方程计算巡航时水平尾翼的期望升力系数。

9）选择水平尾翼翼型。

10）选择水平尾翼后掠角和机翼上反角。

11）选择水平尾翼展弦比和梢根比。

12）确定水平尾翼升力曲线斜率 $C_{L_{a_h}}$。

13）计算巡航时的水平尾翼攻角。

14）确定尾翼的下洗角。

15）计算水平尾翼安装角 i_h。

16）计算尾翼翼展、根弦、梢弦和平均气动弦。

17）计算巡航时水平尾翼产生的升力系数。

18）如果水平尾翼的升力系数（步骤 17）不等于期望的水平尾翼升力系数（步骤 8），调整水平尾翼安装角。

19）核对水平尾翼失速速度。

20）计算水平尾翼对纵向静稳定性导数（C_{m_α}）的贡献。

21) 优化水平尾翼。

22) 绘制带尺寸的最终设计图。

4.4.4　水平尾翼投影面积和尾翼力臂

水平尾翼投影面积(S_h)和尾翼力臂(l_h)这两个参数相互关联，所以需要同时确定。当式(4.10)为零时，可满足无人飞行器纵向配平要求：

$$C_{m_{owf}} + C_L(h - h_o) - \overline{V}_h C_{L_h} = 0 \tag{4.10}$$

该方程为水平尾翼的设计提供了关键工具。水平尾翼设计中一个重要的无量纲参数是 $\overline{V}_h$，即**水平尾翼体积系数**。该参数涉及两个重要的尾翼变量：尾翼投影面积(S_h)和尾翼力臂(l_h)。

$$\overline{V}_h = \frac{l_h S_h}{\overline{C} S} \tag{4.11}$$

$\overline{V}_h$ 的典型取值为 0.4~1.2。变量 h_o 表示无量纲机翼-机身气动中心 $\left(\dfrac{X_{ac_{wf}}}{\overline{C}}\right)$ 的位置。对于大多数飞行器构型，h_o 的典型取值为 0.25。参数 h 表示无量纲飞行器重心的位置 $\left(\dfrac{X_{cg}}{\overline{C}}\right)$。$h$ 的取值必须在设计水平尾翼前获得。

h 的典型取值为 0.1~0.3。变量 $C_{m_{owf}}$ 是机翼-机身俯仰力矩系数，典型取值为 −0.06。参数 C_L 是由升力方程[即式(4.1)]确定的飞行器巡航升力系数。

无人飞行器纵向静稳定性通过纵向稳定性导数 C_{m_α} 或飞行器中性点位置进行检验。对于机尾尾翼固定的无人飞行器，飞行器纵向静稳定性导数由下式确定[40]：

$$C_{m_\alpha} = C_{L_{\alpha_{wf}}}(h - h_o) - C_{L_{\alpha_h}} \eta_h \frac{S_h}{S}\left(\frac{l_h}{\overline{C}} - h\right)\left(1 - \frac{d\varepsilon}{d\alpha}\right) = 0 \tag{4.12}$$

当导数 C_{m_α} 为负(即中性点位于飞行器重心后面)时，可称无人飞行器是纵向静稳定的。在水平尾翼的设计中，也应该用这个方程加以检验。如果发现无人飞行器是纵向静不稳定的，应该重新设计尾翼。满足纵向配平[式(4.10)]和纵向静稳定性[式(4.12)]要求的重要参数是尾翼力臂(l_h)，它是指尾翼气动中心与无人飞行器重心之间的距离。

尾翼力臂的数值直接影响尾翼面积，尾翼面积是产生尾翼升力的主要因素。当尾翼力臂增大时，尾翼面积必须减小，而当尾翼力臂减小时，尾翼面积必须增大。只要给定尾翼面积，小力臂和大力臂都能满足纵向配平要求。为了找到最佳的尾翼力臂，需要推导尾翼几何结构和其他常规设计要求(如小重量和小阻力)之间的关系。

4.4.5　水平尾翼翼型

翼型选择流程的基础知识见 4.3 节。应当将尾翼的两个典型特性纳入尾翼翼型选择的依据之中。基本上，尾翼翼型的升力曲线斜率($C_{L_{\alpha_t}}$)必须尽可能大，同时应该具有相当宽的可用攻角。由于飞行器重心在巡航飞行过程中会移动，因此翼型必须在某些特定时候产生正升力($+L_h$)，在其他时候产生负升力($-L_h$)。这一要求使得尾翼需要在正攻角和负攻角下具有相似的性能。因为这个原因，对称翼型是水平尾翼的理想选择。图 4-7 显示了对称翼型 NACA 0009 的结构。在 5 位数和 6 系列翼型中，第三个数字为零表示对称翼型。

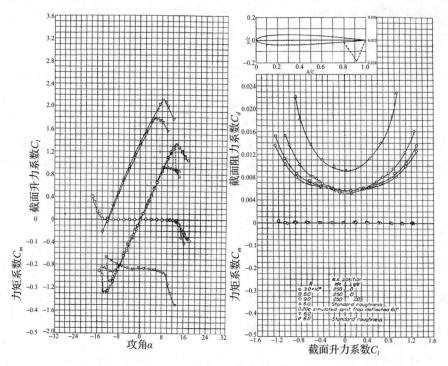

图 4-7 NACA 0009 翼型截面 C_l-α，C_m-α，C_d-C_l 图[36]

此外，另一个对尾翼的要求是水平尾翼必须无压缩效应。为了使尾翼不受压缩效应影响，尾翼升力系数应小于机翼升力系数。为确保这一要求，尾翼的流量马赫数必须小于机翼的流量马赫数。可以选择比机翼翼型截面更薄的水平尾翼翼型截面（比如大约为 MAC 的 2%）来实现上述要求。

4.4.6 水平尾翼安装角

当采用固定尾翼构型时，必须确定水平尾翼安装角（即尾翼倾角）i_h。尾翼安装角（i_h）的主要要求是能够在巡航飞行时抵消重心处的俯仰力矩。纵向配平要求尾翼产生的升力能够抵消飞行器其他所有的俯仰力矩。当没有操纵面（即升降舵）偏转时，尾翼倾角需要满足配平设计要求。

通过式（4.10）计算所需的尾翼升力系数，然后使用尾翼翼型的 C_L-α 图确定尾翼安装角。

$$C_{L_{\alpha_h}} = \frac{C_{L_h}}{\alpha_h} \Rightarrow \alpha_h = \frac{C_{L_h}}{C_{L_{\alpha_h}}} \tag{4.13}$$

这是安装角的初始值，它将在后续设计阶段进行修改，其典型取值为 $-1°$。由于水平尾翼位置存在气流下洗，尾翼的有效攻角定义如下：

$$\alpha_h = \alpha_f + i_h - \varepsilon \tag{4.14}$$

其中，α_f 为机身攻角，ε 为尾翼处的下洗角。机身攻角定义为机身中线与飞行轨迹（V_∞）之间的夹角。空气动力学手册（如参考文献[14, 33]）提供了确定下洗角的方法。

4.4.7　其他水平尾翼参数

其他尾翼参数(如展弦比、梢根比、后掠角和机翼上反角)的确定与机翼的相似。在确定纵向稳定性、成本、效率和安全性等设计要求时,计算这些尾翼参数的最终值。

4.5　垂直尾翼设计

4.5.1　参数

传统飞行器的第三个升力面是垂直尾翼,有时称为垂直安定面或垂尾。垂直尾翼通常有两个主要功能,即保持航向稳定性和航向配平。此外,垂直尾翼是维持航向稳定的主要组件,而方向舵的主要功能是进行航向控制。在垂直尾翼的设计中,必须确定以下参数:投影面积(S_v)、尾翼力臂(l_v)、翼型、展弦比(AR_v)、梢根比(λ_v)、梢弦(C_{vt})、根弦(C_{vr})、平均气动弦(MAC$_v$ 或 $\overline{C}_v$)、翼展(b_v)、后掠角(Λ_v)、机翼上反角(Γ_v)、安装角(i_v)、垂直尾翼位置。一些垂直尾翼的几何参数如图 4-8 所示。

119

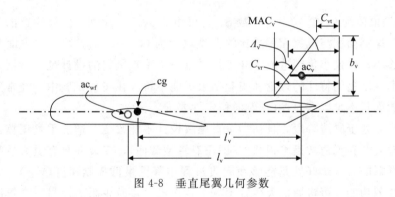

图 4-8　垂直尾翼几何参数

4.5.2　垂直尾翼位置

为了保持航向稳定性,垂直尾翼只能位于飞行器重心后方。三种位置可选方案是机身后部、翼梢和尾撑。如果选择了单水平尾翼,垂直尾翼的两个可能位置是后段机身的顶部和底部。垂直尾翼不能位于机身前部(即飞行器重心前方),否则会使飞行器航向不稳定。另外两个可选位置,即翼梢和尾撑,适用于某些特殊用途的垂直尾翼。

4.5.3　垂直尾翼力臂

在垂直尾翼设计的早期阶段,如果还未设计其他飞行器组件,则令垂直尾翼力臂(l_v)等于水平尾翼力臂(l_h)。这一假设意味着垂直尾翼与水平尾翼距离机翼的距离相同。设计后期,将在设计其他组件时对该假设进行修改,并对飞行器的航向稳定性、横向稳定性、操纵性和配平进行分析。对于垂直尾翼有效性,其能够实现螺旋改出的实验规律如下:在尾旋的情况下,至少要有 50% 的垂直尾翼投影面积处于水平尾迹区之外。检查航向稳定性、配平和控制性能时将确定垂直尾翼力臂的精确数值。

4.5.4 投影面积

垂直尾翼面积必须足够大，才能满足航向稳定性、控制性能和配平要求。航向稳定性的两个最有效的参数是 C_{n_β} 和 C_{n_r}。航向静稳定性导数（C_{n_β}）的主要贡献者是垂直尾翼[40]：

$$C_{n_\beta} \approx C_{n_{\beta_v}} = K_f C_{L_{a_v}} \left(1 - \frac{\mathrm{d}\sigma}{\mathrm{d}\beta}\right)\eta_v \frac{l_v S_v}{bS} \tag{4.15}$$

其中，$C_{L_{a_v}}$ 表示垂直尾翼升力曲线斜率，$\dfrac{\mathrm{d}\sigma}{\mathrm{d}\beta}$ 表示垂直尾翼侧洗梯度，η_v 表示垂直尾翼处的动压比。参数 K_f 代表机身对飞行器 C_{n_β} 的影响程度，并且高度依赖于机身的形状和侧投影面积。机身对航向静稳定性的影响趋于负值。传统飞行器的典型 K_f 值为 $0.65\sim$ 0.85。对于航向静稳定的飞行器，C_{n_β} 为正数。C_{n_β} 值越高，意味着飞行器的航向静稳定性越高。C_{n_β} 的典型取值为 $0.2\sim0.4\ \mathrm{rad}^{-1}$。参数 S_v 可由式（4.15）计算。

式（4.15）中的一个重要参数是垂直尾翼体积系数（$\overline{V}_v$）

$$\overline{V}_v = \frac{l_v S_v}{bS} \tag{4.16}$$

$\overline{V}_v$ 的典型取值为 $0.05\sim0.1$。参数 S_v 也可由式（4.16）计算。值得注意的是，传统无人飞行器垂直尾翼面积与机翼面积之比的典型取值为 $0.1\sim0.15$。垂直尾翼面积的另一标准是必须足够小，以最小化制造成本和飞行器重量。垂直尾翼的设计是飞行器设计的难点之一，因为垂直尾翼的特性的理论和实验结果可能不符。在飞行试验中，经常发现有飞行器的垂直尾翼面积不足以满足横向-航向稳定性要求。

如果飞行器处于制造阶段，且初始垂直尾翼设计不能改变，增加垂直尾翼面积的一个方法是采用脊翼。脊翼通常是平板状的（即没有翼型截面），安装在具有更大后掠角的垂直尾翼前方。脊翼的另一个好处是能够在起飞过程中降低最低控制速度（V_{mc}）。此外，它还具备隐藏天线的功能，可将通信天线置于翼下，以进一步减少阻力。另一个解决垂直尾翼面积过小的方法是采用腹翼。

4.5.5 安装角

垂直尾翼安装角定义为垂直尾翼弦线与飞行器 xz 平面之间的夹角（从俯视图上观察飞行器）。垂直尾翼负责提供垂直尾翼升力系数（C_{L_v}）。xz 平面的对称性是飞行器设计的基本目标之一。因此，如果设计出的发动机、机翼、水平尾翼和机身相对于 xz 平面对称，那么垂直尾翼不需要产生升力来维持正常飞行条件下的航向配平。由此，垂直尾翼安装角在初始条件下必须等于零。

然而，在装备单发螺旋桨（或奇数个螺旋桨发动机）的飞行器中，螺旋桨和发动机轴绕 x 轴旋转会干扰横向配平。为了消除这个滚转力矩，垂直尾翼需要产生一个升力和一个力矩。大多数单发螺旋桨飞行器的垂直尾翼的安装角为 $1°\sim2°$，以防止飞行器在螺旋桨旋转的反作用下发生滚转。

4.5.6 其他垂直尾翼参数

其他垂直尾翼参数（如翼型截面、展弦比、梢根比、后掠角、机翼上反角）与水平尾翼的基本相似。在检查航向稳定性、效率、成本和安全性等设计要求时，确定这些垂直尾翼参数的最终值。

4.5.7　垂直尾翼设计方法

垂直尾翼设计要求有：航向配平、航向控制、航向稳定性、可制造性、操纵品质、隐形（仅针对某些特定的军用无人飞行器）、操作要求、适航性、成本、竞争力、升限。对于常规构型的无人飞行器，垂直尾翼设计流程建议按如下步骤进行：

1）选择垂直尾翼构型（如常规尾翼、双垂直尾翼、位于后掠翼尖的垂直尾翼、V 形尾翼）。

2）选择垂直尾翼体积系数 $\overline{V}_v$。

3）确定/选择垂直尾翼力臂（l_v）。

4）计算垂直尾翼投影面积 S_v。

5）选择垂直尾翼翼型截面。

6）选择垂直尾翼展弦比（AR_v）。

7）选择垂直尾翼梢根比（λ_v）。

8）确定垂直尾翼安装角。

9）确定垂直尾翼后掠角。

10）确定垂直尾翼上反角。

11）计算垂直尾翼翼展（b_v）、根弦（C_{vr}）、梢弦（C_{vt}）和平均气动弦（MAC_v）。

12）检查改出螺旋。

13）通过改变 l_v 来调整垂直尾翼相对水平尾翼的位置，以满足改出螺旋要求。

14）分析航向配平。

15）分析航向稳定性。

16）调整参数以满足设计要求。

17）优化垂直尾翼。

18）绘制带尺寸的最终设计图。

垂直尾翼设计是一个迭代过程。在设计飞行器其他组件（如机身和机翼）时，需要对飞行器的纵向-航向动稳定性进行分析，并根据分析结果调整尾翼设计。

122

4.6　机身设计

对无人飞行器空气动力学有较大影响的第三个组件是机身。机身的主要功能是容纳有效载荷及自动驾驶仪。本节将介绍机身的空气动力学设计。

4.6.1　机身设计基础

由于无人飞行器不载人，也就没有驾驶舱和机舱，因此在机身设计中不考虑有关载人的因素。此外，无人飞行器通常不需要增压机舱。但是，某些航空电子设备和有效载荷在低气压下可能无法有效工作，所以有时是需要增压机舱的。例如，"全球鹰"机身由铝制成，包含增压的有效载荷和航空电子设备舱，以容纳这些会产生热量的航空电子设备。对流和热传导这两种冷却方法需要增压机舱。辐射换热可在真空（或低气压）下工作，但对高发热传感器的冷却不起作用。

根据定义，有效载荷是飞行器拟携带的有用载荷。对于非军用无人飞行器，有效载荷主要包括自动驾驶仪、测量设备、传感器和通信设备等。对于军用无人飞行器，飞行器上会有火箭、导弹和炸弹等物品。燃料不计算在有效载荷中。

此外，为了减少飞行器阻力，可能会将一些主要组件和系统（如起落架、发动机、燃料系统和传动系统）封闭在机身中。

建议在机身设计过程中考虑一些预期目标。预期目标包括小重量、小阻力、对升力产生积极影响、外部对称性和在雷电等环境威胁下的安全性。机身阻力通常占飞行器零升阻力（C_{D_0}）的 $30\%\sim50\%$。此外，机身的空气动力学设计可以提供高达 20% 的总升力。值得注意的是，在基本构型中，最多只有 5% 的飞行器升力是由机身提供的。

必须在设计过程中确定的两大机身参数是机身长度（L_f）和最大直径（D_f）。机身构型及这两个参数由某些设计要求决定。

4.6.2　机身内部布局

机身的空气动力学设计与飞行器构型和其内部布局密切相关。在确定有效载荷和设计要求后，机身设计的第一步就是确定机身构型和内部布局。这一步非常重要，因为这会影响所有机身参数。机身构型设计是机身层面的概念设计，不涉及细节计算。事实上，机身的构型设计需要高超的技术和长期的经验。机身构型又与内部布局有关。为了明确每个内部组件的位置，必须首先确定应该包含哪些组件。

常规无人飞行器机身包含以下几部分：自动驾驶仪、载物舱、机头部分、后部、油箱、通信系统、雷达、内部系统（即电气、机械和液压系统）和发动机。每个部分都需要单独设计，因为每个部分都有不同的设计要求。然而，在设计阶段，这些部分相对彼此的位置是需要确定的。

机身的体积和外部形状由机身内部布局确定。一般来说，内部布局以及如何分配组件在机身内的位置有七条基本规则：

1）保持机身尽可能小而紧凑。

2）从俯视图上观察，尽可能维持对称布局。

3）必须有足够的空间来容纳所有设备/装置。

4）燃油等可用负载必须靠近飞行器重心。

5）卫星天线必须放置在机身上/下部，以使通信卫星和地面站在天线视线范围内，从而使通信系统能够在不受干扰的情况下进行通信。

6）布局必须使飞行器重心靠近机翼-机身的气动中心。

7）如有必要，设备可以放置/安装在机身外。最好的例子是相机（用于摄影和拍摄视频），它最好位于机身机头下方，以便能 $360°$ 拍摄目标区域。

图 4-9 所示为两种典型的无人飞行器（低速长航时民用无人飞行器和高速战斗无人飞行器）机身侧视图及内部布局。机身的体积和外部形状是由机身内部布局决定的。对机身形状影响较大的三个重要组件有最大组件、发动机（如果在机身内部的话）及雷达天线。最大

组件(如发动机)决定了机身的最大直径。例如，"全球鹰"的卫星通信天线直径为 48 in ⊖。为获得较好的通信效率，天线会影响机身相邻部分的曲率。在某些情况下，构型可能看起来很理想，但实际上却是不可行的。当对机身整体进行设计时，每个部分的几何结构和尺寸都将被最终确定。

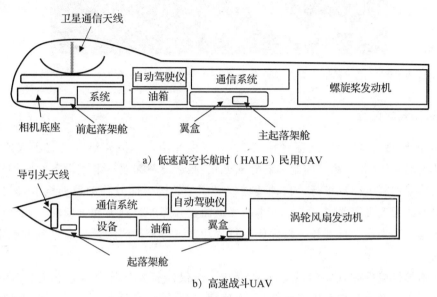

a) 低速高空长航时（HALE）民用UAV

b) 高速战斗UAV

图 4-9　HALE 无人飞行器和高速战斗无人飞行器的内部布局(侧视图)

124

飞行器的空气动力学特性与机身横截面及机头形状有关。最终的结果将是经过权衡得到的最优设计。

- 油箱　飞行器必须通过内部油箱携带自用燃油。在飞行器概念设计阶段，需要确定最佳的燃油储存空间。油箱最常规的两个位置是机翼和机身。燃油可分别储存在几个小油箱中。如果油箱在机身内部，应计算所需的燃油体积，才能为油箱预留相应的空间。所需燃油体积是通过燃油质量(m_f)除以燃油密度得到的。燃油质量取决于飞行器任务(包括航程和航时)。进行特定航程/航时飞行的燃油质量由 Breguet 航程方程[9]给出。

- 翼盒　无人飞行器结构设计师倾向于让主翼梁穿过机身，以保持飞行器结构完整。这是因为当机翼安装在机身上时，机翼升力会产生很大的弯曲力矩。在机身上承载这一力矩的方法是结构设计考虑的关键因素。机翼横穿结构的设计必须使弯曲应力最小化。

  对于机身设计师而言，这一要求是通过将机身体积的一部分分配给翼梁(即翼盒)来实现的。翼盒是一个结构部件，是翼根之间的一段机身。这一部分是飞行器最坚固的结构区域，承受着最大的弯曲力矩和应力。

X-45A(见图 4-10)中心机身与一个后掠的 lambda 翼组合在一起，带有一个小喷口。武器舱门在机身下方，还容纳了几乎所有的通信设备、自动驾驶仪和涡轮风扇发动机。

⊖　1 in＝0.0254 m。——编辑注

图 4-10　X-45A UCAV(来源于 NASA 德莱顿飞行研究中心 Jim Ross)

125

4.6.3　自动驾驶仪舱

自动驾驶仪的详细设计流程将在第 5~9 章中介绍，本节介绍自动驾驶仪舱的设计。自动驾驶仪的主体(如导航、控制和制导部分)、测量设备和航空电子设备共同构成了自动驾驶仪。为了控制飞行器飞行，自动驾驶仪必须偏转操纵面并移动发动机节气门(油门)。在传统构型的无人飞行器中，三个基本的操纵面是升降舵、副翼和方向舵。此外，自动驾驶仪需要测量和观察飞行参数，以确保飞行成功。飞行变量的测量是通过各种航空电子仪器完成的。

自动驾驶仪舱内必须安装的基本飞行和导航仪器有大气静温表、航向/方向指示器、空速指示器、高度表、爬升率指示器(垂直速度)、陀螺转向速率指示器、倾斜和俯仰指示器、GPS、加速度计、电位器、下滑道指示器、应答机、磁强计、发动机仪表(转速、燃油、废气温度和涡轮入口温度)、指南针、气象雷达和无线电。由于需要与自由大气接触，一些测量装置(如皮托管等)位于舱外。然而，它们的输出将通过各种连接装置(如电线/管道/软管)进入自动驾驶仪舱。另外还有一些设备，如接口、模数转换器、数模转换器和冷却系统，自动驾驶仪依靠这些设备才可以正常工作。第 5~9 章完整介绍了自动驾驶仪。

自动驾驶仪的详细设计涉及各种部件、组件和仪器的集成。对于小型遥控飞行器，自动驾驶仪的尺寸可以小到 30 mm×50 mm×30 mm。然而，对于性能优良的大型无人飞行器，其自动控制功能和处理操作都有所增加，这将导致传感器的尺寸、类型和数量增加，以及机载计算机的集成，以应对日益增长的需求。对这类完全自主的无人飞行器，自动驾驶仪的尺寸可以大到 20 cm×40 cm×30 cm。

4.6.4　最优长径比

机身设计的两个主要外部参数是机身长度(L_f)和最大直径(D_f)。这两个机身参数会影响机身体积、浸湿面积和重量。机身最优长径比(或长细比)可根据若干设计要求确定。用于确定机身长径比的设计目标有：

1) 具有最小的零升阻力。

2) 具有最小的浸湿面积。

3) 具有最轻的机身。

4) 提供最大的内部容积。

5) 具有最小的转动惯量。

6) 对飞行器稳定性的贡献最大。

7) 制造成本最低。

第 1 和第 2 个目标是涉及飞行器性能的要求。第 3 个目标是重量要求，第 4 个目标是操作要求。第 5 个目标是可控性要求，第 6 个目标是稳定性要求。最后一个目标是降低机身的制造成本。根据飞行器任务和设计优先级的不同，上述某些目标会显得更为重要。例如，短机身重量小、阻力大，更适合重量最小化；长机身重量大、阻力小，更适合性能优化。这是一个成本与性能无法同时得到满足的难题。

针对第 2~6 个目标，设计师应制定一个公式，以便用数学表达式的形式描述有关机身长度和直径的要求。然后，对有关机身长度或直径的方程求导。当导数为零时，方程的解为最佳机身长度和直径。为了同时进行优化，可利用多学科优化设计方法（Multidisciplinary Design Optimization，MDO）[41]进行全局优化。

表 4-2 展示了一些无人飞行器的机身几何结构参数（包括直径和长度）。对于圆柱形机身，使机身最轻的最佳长径比（L/D）是 1[8]。最小浸湿面积也是如此。在这两种情况下，机身正面面积大、阻力大。鉴于飞行器性能的重要性，不建议机身长径比为 1。对于大多数低速无人飞行器，建议机身长径比取 5~10。

表 4-2　一些无人飞行器的机身几何结构参数

序号	无人飞行器	类型	发动机	起飞质量/kg	b/m	L/m	D_{max}/m
1	诺斯罗普·格鲁曼 RQ-4 "全球鹰"	监控	涡轮风扇	14 628	39.9	14.5	2.32
2	通用原子 MQ-1 "捕食者"	监控	活塞	1020	14.8	8.22	1.13
3	"收割者"	监控	涡轮螺旋桨	4760	20	11	1.5
4	洛克希德·马丁 RQ-170 "哨兵"	隐形侦察	涡轮风扇	—	19.99	4.5	—
5	NASA "英仙座" B	试验平台	活塞	816	21.8	7.6	0.75
6	航空环境 RQ-11 "大乌鸦"	航拍	电动	1.9	1.37	0.915	0.11

4.6.5　机身空气动力学

在机身外形设计中，有几个指引设计方向的目标，包括空气动力学考虑因素、雷达可探测性（或隐形与否）和操作要求。机身外形的空气动力学考虑因素包括小阻力、低俯仰力矩、零滚转力矩、低偏航力矩，有时还包括产生尽可能多的升力。零滚转力矩要求机身在 xz 平面上具有对称性。因此，从俯视图上看，机身必须对称。

为达到小阻力的要求，机身设计师需要选择截面形状（类似翼型）。从侧面看必须是流线型。因此，可以在机头处加一个半圆，在机身后部加一个圆锥体（或半圆锥体）。为避免机身产生偏航力矩，机身俯视方向建议采用对称翼型。

使机身产生升力的最终解决方案是翼身融合方案（如 X-45 和 X-47）。虽然机翼与机身融合得很平滑，但仍可看出飞行器外形是由独特的机翼和机身结构组成的。该方案使整个飞行器都能够产生升力，并能够降低无人飞行器的重量、浸湿面积和阻力。参考文献[42]讨论了亚音速运输飞行器翼身融合的设计方法。在超音速条件下，机身边缘的斜激波是产生大量升力的原因之一。

从结构角度出发，对于细长的增压机身来说，最有效（最好）的形状是带有半球形端盖的圆柱体（圆形截面）。因此，机身的外部形状是关于 xz 平面对称的，可用下式表示[43]：

$$Y = Z^{0.5}(1-Z)^{0.5} Z \varepsilon [0, 1] \tag{4.17}$$

参考文献[43]提供了用于机身横截面几何优化的代码，其目标函数是基于几何结构给出的。

当现有无人飞行器需要容纳更大的新的有效载荷时，机身必须重新设计和加长。"复仇者"ER 使用了改进的机身设计（完成于 2012 年），机身延长了 4 ft（延长至 13.4 m，即 44 ft）来容纳更大的有效载荷和更多的燃料。

4.6.6　放样

在完成所有机身内部设计（例如，确定其几何结构）并对内部区域进行分配之后，应该对机身外部形状进行设计，即放样。放样是确定飞行器外部几何结构的过程，在这里，指的是确定无人飞行器机身。在机身设计中进行放样可提高无人飞行器的整体气动性能。

放样的目标是尽量减少机身阻力，同时让机身产生一定的升力。在放样过程中，最好沿机身长度设计横截面，尽可能地减少尖锐的边缘。外形变化较大的位置主要分布在机翼-机身、尾翼-机身和挂架-机身连接处。为获得最优设计，经过放样的机身应当尽可能平滑。

放样的另一个目标是为用于发送/接收信号的通信系统（如卫星通信天线）提供最佳的环境。例如，"全球鹰"机身前部上方独特的部分（凸起）容纳了一个 48 in 的宽带卫星通信天线。

机身也有助于飞行器的控制和稳定性（如横向稳定性和改出螺旋特性）。飞行器各部分（如机身）产生的阻尼可以抵消机翼在螺旋过程中产生的偏航力矩。因此，让机身提供较大的偏航阻尼是防止螺旋的有效手段。机身绕螺旋轴旋转产生的气动偏航力矩很大程度上取决于机身形状及其横截面。因此，飞行器设计师可以通过仔细设计机身以及合理分配飞行器重量来降低方向舵上的螺旋恢复载荷。此外，机身的侧面对无人飞行器的横向稳定性有很大影响。

为避免大面积的边界层分离导致机身阻力增加，后部机身的长度常为圆柱形截面直径的 2～3 倍。当机翼与机身相连时，需要以圆角相接以避免气流分离和湍流。精确的外形可以通过风洞试验来确定。

为获得类似翼型的外形，后部机身应逐渐变窄至直径为 0。如果后部机身中布置有发动机，则机身直径应从中间部分的直径减小至发动机直径。如果后部机身不容纳发动机，机身直径应从最大直径减小至几乎为 0。注意，不能使后部机身倾斜角度过大，否则会发生气流分离现象。对于亚音速飞行器，锥角不应大于 20°。为便于制造，部分飞行器的后部机身可能是圆锥形的。从圆柱体到圆锥体的过渡应足够平滑，曲率半径应足够大。如果后部机身空间足够且飞行器重心限制允许，部分燃油或系统也可储存在其中。

影响后部机身设计的另一个要求是起降时的离地间隙要求。在拉起机头的过程中，必须确保尾翼不与地面发生碰撞。避免撞击事故的主要解决方法通常是增加起落架高度。另一常见的解决办法是将后部机身切一个向上弯曲的角度（或锥角）。

4.6.7 机身设计步骤

机身设计要求通常有舱位要求、操作和任务要求、适航性要求、碰撞安全性要求、空气动力学要求、飞行器稳定性要求、重量小要求、浸湿面积小要求、侧面面积小要求、对称性要求、结构完整性和强度要求、可维护性要求、可制造性要求、成本低、使用寿命长、雷达可探测性要求、可制造性要求。与载人飞行器不同，无人飞行器没有座位、踏板、挡风玻璃、卫生间、洗手间、饮料、餐食、行李、空调和增压。这些差异大大降低了无人飞行器机身设计的挑战性。

机身设计从确定机身设计要求开始，整个过程以优化结束。与飞行器其他组件一样，没有可以满足所有机身设计要求的绝佳设计方案。每个可行方案都会有一系列的优缺点，必须根据系统工程方法来决定。

值得强调的是，在设计机身时，可以满足所有客户和适航性要求的解决方案是不存在的。一些机身设计能够满足设计要求，但每种设计都有其独特的优缺点。无人飞行器机身设计流程建议按如下步骤进行：

129

1）明确并列出机身设计要求。

2）明确机身需要容纳的有效载荷。

3）明确通信系统组件及其几何结构、操作要求。

4）明确机身要容纳的最大有效载荷和组件，并获得其尺寸。

5）确定自动驾驶仪舱的尺寸。

6）确定增压舱（有的话）的尺寸。

7）选择机身构型和内部布局。

8）设计机身布局（内部），给出侧视图、前视图和俯视图。

9）确定所需的飞行测量仪器。

10）确定机身最优长径比。

11）设计通信系统舱。

12）设计有效载荷舱。

13）确定其他组件（如燃料、电池、起落架）所需的体积。

14）核对其他组件的可用机身空间是否足够。

15）计算机身最大直径。

16）设计机身的机头部分。

17）设计机身后部。

18）确定向上弯曲的角度。

19）计算机身总长。

20）进行放样。

21）核对机身设计是否满足设计要求。

22）如果有不满足设计要求之处，返回到相关的设计步骤并重新计算相应参数。

23）优化机身。

24）绘制带尺寸的最终设计图。

作者在参考文献[8]中给出了飞行器机身空气动力学设计方法，本文不再重复。建议读者通过参考文献[8]了解空气动力学设计的细节。

4.7 天线

从传输数据到通过 GPS 网络协助定位，现代飞行器的天线具有多种功能。天线有两类：固定天线和机械操作天线。通常，固定天线的尺寸比移动天线小。13.5 节将介绍各种天线的技术特性。

4.7.1 固定天线

固定天线——如甚高频（Very High Frequency，VHF）无线电天线——是单极天线，建议用类似垂直尾翼的外壳覆盖。这一举措将提高无人飞行器的航向稳定性。固定天线的空气动力学外壳将减小无人飞行器的阻力，从而提高无人飞行器的飞行性能。

"全球鹰"的机身有五根以上的天线。为了保持无人飞行器的对称性（从空气动力学和重心的角度），所有天线最好安装在 xz 平面。

4.7.2 雷达抛物面天线

无人飞行器装备的另一类装置是通信设备（如雷达等）。雷达是一种利用电磁波来确定移动目标和固定目标距离、高度、方向或速度的目标探测系统。一些无人飞行器会用气象雷达来确定降水位置，计算其运动情况，估计其类型（雨、雪、冰雹等），并预测其位置和强度。现代气象雷达大多是多普勒雷达，除了能探测到降水强度外，还能探测到雨滴的运动。

雷达抛物面天线能发射无线电波或微波脉冲，这些脉冲会被传播路径上的任一物体反射。物体把电波能量的一小部分反射回天线中。现代飞行器使用了包括气象雷达在内的各种类型的雷达。大多数现代大型无人飞行器机身的机头都装有雷达天线，可以将气象系统的数据传送到自动驾驶仪和地面站。

飞行器上有几个位置可以放置雷达天线。天线的位置应视野开阔，能够发射和接收雷达信号。最佳位置之一是机头（如"全球鹰"和"捕食者"）。为获得最佳视野，建议将垂直尾翼放置在不会遮挡雷达视线的位置。

建议在设计无人飞行器机身时就考虑容纳雷达扫描装置和卫星通信天线，以便为雷达/天线提供最佳视野。在俯视雷达、仰视卫星通信天线或前视导引头中，雷达天线罩（见图 4-11）应允许无线电波通过蒙皮而不发生任何变形和衰减。

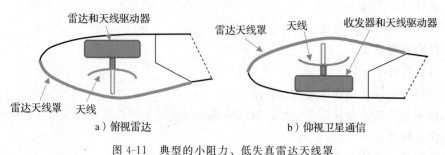

a) 俯视雷达   b) 仰视卫星通信

图 4-11 典型的小阻力、低失真雷达天线罩

雷达天线罩是一种结构上防风雨的外壳，能保护雷达天线，但雷达波可以穿透。雷达天线罩保护天线不受环境（如风、雨、冰和沙）的影响，并将天线电子设备隐藏在公众视线之外。因此，在机身设计中，雷达抛物面天线可考虑安装在机头。

4.7.3　卫星通信天线

用于安装雷达抛物面天线的材料均适用于卫星通信天线（图 4-11b）。因此，这里不再重复。在整个飞行过程中，卫星应在卫星通信天线的直视范围内，因此雷达天线罩的曲率必须能够提供最大信号效率。

建议在设计雷达天线罩时就考虑其能够覆盖的卫星通信天线，以使其能够为雷达提供最佳视野。天线罩应允许通信信号穿透外壳而不发生任何变形和衰减。诺斯罗普·格鲁曼"火鸟"的 30 in 卫星通信天线位于机身中心。图 13-6 将展示 NASA "牵牛星"无人飞行器位于机身中部的卫星通信天线。

4.7.4　天线设计/安装

天线设计/安装的一些技巧值得一提。天线可封闭在接收器外壳内并与接收器直接连接，也可单独安装并通过电缆连接到接收器（如卫星天线）。

除了采用全向天线的无人飞行器，为了在各种机动时保持地面控制站（GCS）/卫星在无人飞行器视线（Line-of-Sight，LOS）范围内，可将天线安装在转台上。单极天线不应安装在电路附近，以免受到干扰。如果安装在无人飞行器外部，天线的效率将会更高，但会产生更大的阻力。单极天线应沿机身中心线（即 x 轴）安装，以减小阻力。无人飞行器的抛物面天线应有外壳覆盖，以减小阻力。图 13-6 将展示 NASA "牵牛星"无人飞行器的卫星天线（在机身内部）。

4.8　四旋翼飞行器空气动力学设计

在过去几年中，四旋翼飞行器的普及率迅速增加。2.10 节展示了四旋翼飞行器的构型，包括技术特性和四旋翼飞行器构型的优缺点。此外，5.7 节将给出包括电动机推力方程在内的四旋翼飞行器动力学模型。本节专门研究四旋翼飞行器的空气动力学设计。

四旋翼飞行器没有固定的机翼和尾翼，所以传统方法对于四旋翼飞行器的机翼/尾翼设计来说均不适用。然而，小阻力、高气动效率的总体要求仍然适用。

在四旋翼飞行器的机体设计中，必须同时考虑成本要求和最小阻力要求。设计优良的外形可使机体阻力降低 50% 以上。此外，设计优良的机身将减少气流对螺旋桨的干扰。如果将电池组放置在机体内，那么机体必须留出足够的空间。

对于四旋翼飞行器（即旋翼构型）来说，式（4.3）不适用，因为参数 K 和 C_L 主要是根据机翼定义的。因此，我们将总阻力系数（C_D）作为一个参数。对于这个参数，参考面积 [式（4.2）中的 S] 通常是整个无人飞行器的正面投影（即横截面）面积。对四旋翼飞行器来讲，C_D 的典型数值为 0.2～0.4。表 12-9 给出了多种对称外形在低速下的阻力系数值，表中的阻力系数根据正面投影面积计算。

在实际安装和操作有效载荷以及无线电天线时，应尽可能降低无人飞行器的阻力。当载荷和机身相连时，需要通过一些圆弧（如圆角）过渡，避免气流分离和湍流。应用适当的设计方法（如放样）对连接处进行设计，减少机体阻力。最终的外形可由风洞试验确定。

参考文献［44］的研究为四旋翼飞行器的空气动力学设计提供了良好的参考。它提供了处理直升机和其他旋翼垂直起降飞行器（如倾转旋翼机和自转旋翼机）空气动力学原理的新方法，也给出了先进的直升机空气动力学分析方法。

4.9　空气动力学设计指南

空气动力学设计的主要目标是优化无人飞行器外形，使升力最大，阻力和俯仰力矩最小。图4-12给出了无人飞行器空气动力学设计流程图。在实际安装和操作有效载荷以及无线电天线时，应尽可能降低无人飞行器的阻力。

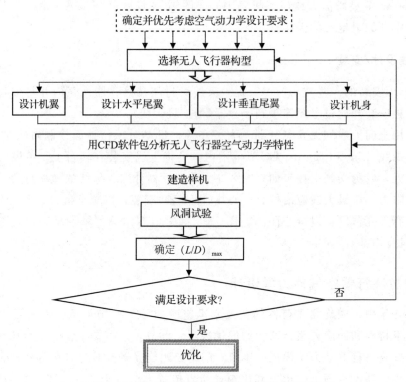

图4-12　无人飞行器空气动力学设计流程图

在固定翼无人飞行器和四旋翼飞行器的空气动力学设计中，必须同时考虑成本要求和最小阻力要求，设计优良的外形可使无人飞行器的阻力降低50%。

首先，要明确并列出空气动力学设计要求。接着，设计师要分别设计每个组件（机翼、机身、尾翼、主体）。当确定每个组件的规格时，需要运用系统工程方法评估整个飞行器的气动效率。利用Fluent和SimScale等CFD软件包，对飞行器的气动效率进行全面的分析。

从理论上确定飞行器的常规空气动力学特性后，就可以制作无人飞行器的样机和模型来进行风洞试验。通过各种风洞试验，计算（实际测量）无人飞行器升力系数、阻力系数$(L/D)_{max}$和气动力的真实值。最后，核对是否满足设计要求。如果不满足，则需要修正设计。这一过程将持续到满足空气动力学设计要求为止。

简答题

1. 机翼的主要功能是什么？

2. 水平尾翼的主要功能是什么？

3. 垂直尾翼的主要功能是什么？

4. 机身的主要功能是什么？

5. 两种主要气动力是什么？

6. 气动中心(ac)相对于弦的典型位置在哪里？

7. 列出 3 个可靠的翼型资源。

8. 在机翼的详细设计中必须确定哪些参数？给出至少 10 个参数的名称。

9. 在水平尾翼的详细设计中必须确定哪些参数？给出至少 10 个参数的名称。

10. 在垂直尾翼的详细设计中必须确定哪些参数？给出至少 10 个参数的名称。

11. 在机身的详细设计中必须确定哪些参数？给出至少 5 个参数的名称。 134

12. AGM-154 JSOW 的机翼最初选择了什么翼型？

13. 水平尾翼体积系数的意义及其典型值？

14. 列出选择机翼翼型的标准。给出至少 5 项。

15. 列出选择水平尾翼翼型的标准。给出至少 2 项。

16. 四旋翼飞行器 C_D 的典型值是多少？

17. 什么是雷达天线罩？

18. 给出至少 2 个计算流体力学(CFD)软件包的名称。

19. 描述机翼的空气动力学设计过程。

20. 描述无人飞行器的空气动力学设计过程。

21. 描述水平尾翼的空气动力学设计过程。

22. 描述垂直尾翼的空气动力学设计过程。

23. 描述垂直机身的空气动力学设计过程。

24. 什么是极曲线？

25. 四旋翼飞行器 C_D 的典型值是多少？

26. 开发计算流体力学(CFD)软件包时通常使用哪些理论？

27. 确定机翼翼型的两种方法分别是什么？

28. NACA 代表什么？

29. NASA 代表什么？

30. NACA 63_3-218 翼型的厚弦比是多少？

31. 描述 6 系列 NACA 翼型的特点。

32. 给出一个下单翼无人飞行器的名称。

33. 定义机翼安装角。

34. 定义机翼展弦比。

35. 定义尾翼梢根比。

36. 定义机翼后掠角。 135

37. 定义机翼扭转角。

38. 定义机翼几何扭转。

39. 定义机翼气动扭转。

40. 定义机翼上反角。

41. 绘制机翼俯视图，并标出机翼气动中心。

42. 偏转机翼上的增升装置(HLD)会有何效果？

43. 给出至少 5 个增升装置的名称。

44. 给出至少 5 个机尾尾翼构型的名称。

45. 与机尾尾翼相比，鸭翼的优势是什么？

46. 选择尾翼翼型的 2 个重要要求是什么？

47. 讨论内部布局的基本规则，并在机身内部分配物品的位置。

48. 绘制高空长航时(HALE)无人飞行器的机身侧视图，显示其内部布局。

49. 绘制高速战斗无人飞行器的机身侧视图，显示其内部布局。

50. 确定机身长径比的设计目标是什么？

51. 什么是放样？

练习题

1. 大型无人飞行器的锥形机翼的特征为 AR＝25，$\lambda＝0.3$，$S＝69$ m^2，确定梢弦、根弦、平均气动弦和机翼翼展。

2. 大型无人飞行器的锥形机翼的特征为 AR＝19，$\lambda＝0.3$，$S＝11.5$ m^2，确定梢弦、根弦、平均气动弦和机翼翼展。

3. 小型无人飞行器的锥形水平尾翼的特征为 AR＝5，$\lambda＝0.9$，$S＝0.8$ m^2，确定梢弦、根弦、平均气动弦和水平尾翼翼展。

4. 无人飞行器的锥形垂直尾翼的特征为 AR＝1.4，$\lambda＝0.4$，$S＝0.2$ m^2，确定梢弦、根弦、平均气动弦和垂直尾翼翼展。

5. 确定 NACA 0009 翼型(收起襟翼)的 C_{l_i}、$C_{d_{min}}$、C_m、$(C_l/C_d)_{max}$、α_0、α_s、$C_{l_{max}}$、a_0、$(t/c)_{max}$。需要在翼型图(见图 4-7)上指出所有参数的位置。

6. 小型螺旋桨驱动式无人飞行器的特征为 $m_{TO}＝0.6$ kg，$S＝0.22$ m^2，$V_c＝41$ km/h(高度 500 ft)，$V_s＝20$ km/h(海平面)，请为其机翼选择 NACA 翼型。

7. 螺旋桨驱动中空长航时(MALE)无人飞行器的特征为 $m_{TO}＝1000$ kg，$S＝12$ m^2，$V_c＝325$ km/h(高度 1500 ft)，$V_s＝112$ km/h(海平面)，请为其机翼选择 NACA 翼型。

8. 没有配备增升装置的螺旋桨驱动高空长航时(HALE)无人飞行器的特征为 $m_{TO}＝15\,000$ kg，$S＝130$ m^2，$V_c＝600$ km/h(高度 50 000 ft)，$V_s＝70$ kn(海平面)，请为其机翼选择 NACA 翼型。

9. 一位设计师在设计过程中为无人飞行器机翼选择了 NACA 63$_2$-215 翼型。确定建议的机翼安装角。

10. 确定并绘制小型无人飞行器的升力分布图，其机翼特性为 $S＝1.3$ m^2，AR＝6，$\lambda＝0.7$，$i_w＝3°$，$\alpha_t＝-1°$，翼型为 NACA 63-209。可将单翼分成 12 个部分考虑。如果

飞行器以 30 kn 的速度在 1000 ft 的高度飞行，会产生多大的升力？

11. 为小型无人飞行器设计机翼，使 $S=2$ m²，$m=5$ kg，$V_c=40$ kn（高度 5000 ft），$V_s=$ 22 kn（海平面）。无人飞行器为下单翼，无襟翼。确定翼型、展弦比、梢根比、梢弦、根弦、MAC、翼展、扭转角、后掠角、上反角、安装角和起飞时的机翼攻角。绘制巡航时的升力分布图，并绘制包含尺寸的机翼草图。

12. 中空长航时（MALE）无人飞行器的水平尾翼攻角为 −1.5°。尾翼的其他特性为 $S_h=12$ m²，$AR_h=4$，$\lambda_h=0.7$，翼型为 NACA 64-208，$\eta_h=0.96$。如果飞行器以 120 kn 的速度在 20 000 ft 的高度飞行，确定尾翼产生的升力。假设尾翼没有扭转。

13. 为单活塞发动机无人飞行器设计机尾水平尾翼。质量为 1000 kg 的飞行器以 140 kn 的速度在 22 000 ft 的高度巡航。飞行器重心位于 19% MAC 处，机翼-机身气动中心位于 24% MAC 处。$S=15$ m²，$AR=8$，$S_h=3$ m²，$l=3.5$ m，$C_{m_{owf}}=-0.06$，$\eta_h=1$。确定为保持纵向配平而必须具备的水平尾翼升力系数。 137

14. 机翼面积为 30 m²，机翼展弦比为 15 的侦察无人飞行器参数 $C_{L_{a_v}}=4.51$ rad⁻¹，$\dfrac{d\sigma}{d\beta}=$ 0.3，$\eta_v=0.96$，$K_f=0.7$，$l_v=15$ m。无人飞行器的 C_{n_β} 为 0.3 rad⁻¹，并要求具有航向静稳定性。确定能够满足此要求的垂直尾翼面积。

15. 机翼面积为 10 m²，机翼展弦比为 7 的侦察无人飞行器参数 $C_{L_{a_v}}=5.21$ rad⁻¹，$\dfrac{d\sigma}{d\beta}=$ 0.4，$\eta_v=0.94$，$K_f=0.82$，$l_v=6$ m。无人飞行器的 C_{n_β} 为 0.3 rad⁻¹，并要求具有航向静稳定性。确定能够满足此要求的垂直尾翼面积。

16. 商用固定翼小型无人飞行器的起飞质量为 5 kg，机翼面积为 2 m²，机翼展弦比为 12，参数 $C_{L_{a_h}}=C_{L_{a_{wf}}}=4.91$ rad⁻¹，$C_{m_{owf}}=-0.07$，$h=0.22$，$h_0=0.25$，$\dfrac{d\varepsilon}{d\alpha}=0.4$，$\eta_h=$ 0.96，$l=1.5$ m。要求无人飞行器保持纵向静态稳定，C_{m_α} 为 −1.4 rad⁻¹。飞行器以 30 kn 的速度在 2000 m 高度巡航。确定满足此要求的水平尾翼面积。然后，计算巡航飞行的水平尾翼升力系数。

17. 小型固定翼无人飞行器的起飞质量为 1200 kg，机翼面积为 14 m²，机翼展弦比为 9，参数 $C_{L_{a_h}}=C_{L_{a_{wf}}}=4.61$ rad⁻¹，$C_{m_{owf}}=-0.05$，$h=0.18$，$h_0=0.24$，$\dfrac{d\varepsilon}{d\alpha}=0.3$，$\eta_h=$ 0.94，$l=5$ m。要求无人飞行器保持纵向静态稳定，C_{m_α} 为 −2.6 rad⁻¹。飞行器以 120 kn 的速度在 7000 m 高度巡航。确定满足此要求的水平尾翼面积。然后，计算巡航飞行的水平尾翼升力系数。

18. 为固定翼监视无人飞行器设计机翼，使 $S=20$ m²，$m=2200$ kg，$V_c=150$ kn（高度 20 000 ft），$V_s=65$ kn（海平面）。无人飞行器为下单翼，配备简单襟翼。确定翼型、展弦比、梢根比、梢弦、根弦、MAC、翼展、扭转角、后掠角、上反角、安装角、增升装置类型、襟翼翼展、襟翼弦长、襟翼偏转角和起飞时的机翼攻角。绘制巡航时的升力分布图，并绘制包含尺寸的机翼草图。 138

19. 为微型固定翼无人飞行器设计机翼，使 $S=1.2$ m²，$m=2$ kg，$V_c=35$ kn（高度 500 ft），$V_s=15$ kn（海平面）。无人飞行器为上单翼，配备分裂襟翼。确定翼型、展弦

比、梢根比、梢弦、根弦、MAC、翼展、扭转角、后掠角、上反角、安装角、增升装
置类型、襟翼翼展、襟翼弦长、襟翼偏转角和起飞时的机翼攻角。绘制巡航时的升力
分布图，并绘制包含尺寸的机翼草图。

20. 为小型固定翼无人飞行器设计水平尾翼，使 $m_{TO} = 1200$ kg，$D_{f_{max}} = 0.8$ m，$V_c = 130$ kn(高度 20 000 ft)，$\alpha_f = 1.5°$(巡航时)。机翼参考面积为 12 m^2，且 AR=8，$\lambda = 0.6$，$i_w = 2.4°$，$\alpha_t = -1.3°$，$\Lambda_{LE} = 37°$，$\Gamma = 3°$，翼型为 NACA65$_2$-415。该飞行器为下单翼和常规机尾尾翼构型，机翼-机身组合的气动中心位于 MAC 的 22% 处。在巡航飞行条件下，飞行器重心位于机身长度的 42% 处。假设飞行器重心位于机翼-机身气动中心前 12 cm 处。

确定以下尾翼参数：翼型、S_h、C_{ht}、C_{hr}、b_h、i_h、AR$_h$、λ_h、Λ_h、Γ_h。最后，绘制飞行器俯视图，给出机身、机翼和水平尾翼设计(带尺寸)。

21. 为微型固定翼无人飞行器设计水平尾翼，使 $m_{TO} = 1.4$ kg，$D_{f_{max}} = 0.15$ m，$V_c = 15$ kn(高度 2000 ft)，$\alpha_f = 1.5°$(巡航时)。机翼参考面积为 0.12 m^2，且 AR=5，$\lambda = 0.1$，$i_w = 2°$，$\alpha_t = -1°$，$\Lambda_{LE} = 10°$，$\Gamma = 5°$，翼型为 NACA 63$_2$-215。该飞行器为下单翼和常规机尾尾翼构型，机翼-机身组合的气动中心位于 MAC 的 24% 处。在巡航飞行条件下，飞行器重心位于机身长度的 40% 处。假设飞行器重心位于机翼-机身气动中心前 4 cm 处。

确定以下尾翼参数：翼型、S_h、C_{ht}、C_{hr}、b_h、i_h、AR$_h$、λ_h、Λ_h、Γ_h。最后，绘制飞行器俯视图，给出机身、机翼和水平尾翼设计(带尺寸)。

22. 为第 20 题中的无人飞行器设计垂直尾翼，以满足航向静稳定性的要求。

23. 为第 21 题中的无人飞行器设计垂直尾翼，以满足航向静稳定性的要求。

第 5 章　自动驾驶仪设计基础

教学目标

经过本章的学习，读者将能够：

1）建立固定翼无人飞行器非线性动力学模型。

2）建立固定翼无人飞行器线性动力学模型。

3）建立四旋翼飞行器动力学模型。

4）阐述自动驾驶仪类别。

5）用数值方法求解非线性微分方程。

6）评估无人飞行器的飞行品质。

7）熟悉当前的自动驾驶仪设计方法。

8）评估自动驾驶仪的主要子系统。

5.1　引言

与载人飞行器相比，无人飞行器中最重要的子系统是自动驾驶仪，因为遥控飞行器（Remotely Piloted Vehicle，RPV）/无人飞行器中没有操作人员。自动驾驶仪是无人飞行器中必不可少的子系统。由于无人飞行器中没有飞行员，自动驾驶仪作为一种机电设备，必须能够实现所有类型的控制功能，包括自动起飞、向目的地飞行、执行任务操作（例如，监视侦察）和自动着陆。自动驾驶仪主要负责：稳定无人飞行器、跟踪指令、引导无人飞行器及导航。

不过，自动驾驶仪却是大量无人飞行器飞行操作事故的罪魁祸首[45]。无人飞行器的操控和稳定功能本质上取决于不同的无人飞行器构型和所要求的特性。

典型的无人飞行器自动驾驶仪设计问题可以概括为"设计并评估自动驾驶仪，使无人飞行器可以**自主/远程控制**飞行以完成既定任务"。设计该控制系统时必须考虑到无人飞行器模型的不确定性、大气中的干扰以及测量设备中的噪声。因此，无人飞行器设计人员必须熟知配平、控制和稳定性等基础知识。

一些制造商（例如 ArduPilot）提供了完整的"成品"自动驾驶仪，或者至少是为个别应用定制的自动驾驶仪。无论哪种情况，无人飞行器设计师都必须在做出决定之前评估产品的质量，例如准确性、可靠性、寿命、功耗、环境特征和重量。在典型的自动驾驶仪中，三个关键的规律分别控制着三个子系统：

- 控制系统→控制律。
- 制导系统→制导律。
- 导航系统→导航律。

　　自动驾驶仪是软件和硬件的综合体,具有控制、制导和导航三个基本功能。在自动驾驶仪的设计过程中,需要选择/设计上述三个规律。此外,自动驾驶仪还需负责稳定欠阻尼或不稳定模态,准确跟踪制导系统产生的指令。

　　自动驾驶仪的设计从分析飞行器的性能和稳定性开始。在综合自动驾驶仪的设计中,应该充分考虑稳定性上的不足或性能上的弱点,并加以改进。对飞行器稳定性进行分析就需要对飞行器动力学模型进行数学描述和数值分析。参考文献[46]介绍了用于小型固定翼无人飞行器的自动驾驶技术。本章主要介绍自动驾驶仪设计的基本原理,包括动力学建模、自动驾驶仪分类和设计仿真。

5.1.1　自动驾驶仪和操作人员

　　一个有人-无人驾驶飞行器编队至少包括两个成员,即一名飞行员和一个自动驾驶仪。人工驾驶和自动驾驶之间存在各种技术差异,因此,要实现飞行员和自动驾驶仪间的高效配合就必须充分考虑这些差异。受限于力量、体型、耐力等,飞行员可能会存在准确性差、稳定性差、耐力差、会生病等短板。此外,人类[47]并不能安全地存储高质量的密钥,并且在执行密码操作时具有准确性低、输入速度慢等缺点。相对而言,人类占用的体积大、费用高、管理复杂,而且会产生污染环境的垃圾。虽然这些人为因素制约着编队协议设计,但人类的适应能力很强,可以处理很多计算机处理不了的突发问题,因此我们必须围绕人类的局限性来设计编队协议。

　　表 5-1 比较了飞行员与自动驾驶仪及航空电子设备之间的技术。飞行员有弱点(例如,耐力不足),但也有很多优势(例如,生存能力强)。同样,自动驾驶仪有不足(例如,没有语言交流能力),但也有很多优点(例如,可配备红外/雷达传感器)。设计者必须设计一个编队框架,让这两个参与者在编队中实现优缺点互补。高效的编队能够使双方在各自范围内运作,同时发挥出单独一方无法实现的作用。在确定编队类别和评估任务效率时,必须考虑每个编队成员的弱点和优势。

143

　　本章将介绍自动驾驶仪的主要部分,并对动力学建模、无人飞行器动力学、力和力矩、传递函数、状态空间及线性化等基础内容进行回顾。此外,还将介绍自动驾驶仪的分类。

表 5-1　飞行员与自动驾驶仪及航空电子设备的技术特点比较

序号	属性	飞行员	自动驾驶仪及航空电子设备
1	数学运算	飞行员在飞行中进行计算的能力有限	自动驾驶仪的计算机每秒可以执行数百万次计算
2	压力限制	0.75~1 个大气压	航空电子设备可以在任何压力环境(包括真空)下工作
3	温度限制	50~120 ℃	−20~180 ℃
4	加速度	$g \sim 9g$	$0 \sim 50g$
5	方向	直立(在座位上)	没有限制(直立、向上、向下或横向)
6	可升级性	飞行员不能升级	自动驾驶仪和航空电子设备每隔几年就会进行一次重大升级
7	生存能力	飞行员能够对突发情况做出反应,并幸存下来	自动驾驶仪只能按程序执行,在未定义的飞行条件下将会坠毁

（续）

序号	属性	飞行员	自动驾驶仪及航空电子设备
8	视觉性能	眼睛只能看到可见光波段(400～700 nm)	通过使用光学/红外传感器和雷达可以不分昼夜地工作
9	识别/探测	只能识别短距离内的物体	几乎不能识别物体，可以探测到远距离的一些物体
10	续航	8～12 h，需要休息	可以工作数月，甚至数年
11	通信	说、听、看，输入命令，不能探测无线电和雷达信号	没有语言交流(声音传感器)能力，使用无线电
12	遇到危险时	远离危险	不在乎是否危险

5.1.2　自动驾驶仪的主要子系统

自动驾驶仪的主要功能是，准确跟踪指令系统(与制导系统并行工作)发出的指令，引导无人飞行器跟随轨迹，稳定欠阻尼或不稳定模态，以及确定无人飞行器坐标(即导航)。因此，自动驾驶仪组成部分有指令子系统、控制子系统、制导子系统、导航子系统。为了满足无人飞行器设计要求，必须同时设计这四个子系统中的硬件(即物理设备)和软件(代码)。必须设计和制造所有必需的硬件设备，同时，需要编写、编译所有代码并上传到微控制器中。

在传统的自动驾驶仪中，三个关键的规律分别控制着三个子系统：控制系统依靠控制律，制导系统依靠制导律，导航系统依靠导航律。在设计自动驾驶仪时，需要设计/开发上述三个规律。其中，控制律的设计是设计过程的核心。控制系统、制导系统和导航系统之间的关系如图 5-1 所示，图中并未描述指令系统(将在稍后进行介绍)。

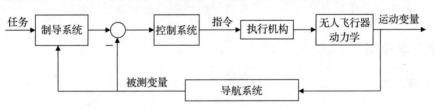

图 5-1　自动驾驶仪的控制系统、制导系统和导航系统

无人飞行器动力学将在 5.3 节中介绍。第 6～8 章将分别讨论控制子系统、制导子系统和导航子系统的设计。微控制器的设计和开发将在第 9 章中进行介绍。

5.1.3　自动驾驶仪设计或选择

为无人飞行器配套自动驾驶仪基本上有两种方法：

1) 设计一个自动驾驶仪。

2) 选择一个自动驾驶仪。

自动驾驶仪设计是一个复杂且费时的过程，需要设计者掌握飞行动力学与控制方面的研究生水平的专业知识。自动驾驶仪需要在各种环境下进行测试，因此非常费钱、费时、费力。硬件在环(Hardware-In-the-Loop，HIL)仿真是一种测试自动驾驶仪控制/制导算法性能的有效方法。一些大型无人飞行器制造商——如诺斯罗普·格鲁曼公司(RQ-4 "全球鹰"的设计者和制造商)和通用原子公司(MQ-1"捕食者"的设计者和制造商),拥有足够的专家和预算来设计自己的自动驾驶仪。随着高性能微处理器、微控制器、微机电系统(Micro-Electro-Mechanical System,MEMS)的出现,设计自动驾驶仪不再像 20 年前那么难,设计成本也显著减少。

然而,遥控模型爱好者、无人飞行器业余爱好者、实验性自制无人飞行器制造商、小型无人飞行器公司,以及参加竞赛的大学生群体都没有能力自行设计自动驾驶仪。因此,他们会在市场上现有的商用自动驾驶仪中选择一款最合适的,直接购买使用。通常,商用自动驾驶仪是不可重新配置的,这也就意味着无法更改其板载软件(包括制导算法)。

ArduPilot 是一款开源的无人飞行器自动驾驶仪软件套件,最初由爱好者开发,用来控制模型飞行器,后来逐渐发展成功能齐全、稳定可靠的自动驾驶仪。ArduPilot 软件套件包括导航软件和地面站控制软件(包括任务规划器)。

145

如果时间充裕、预算和人力资源充足,读者可以自行设计一个自动驾驶仪。如果没有,读者只需要关注无人飞行器的空气动力学和结构设计,并购买商用自动驾驶仪来安装使用。但请记住一点,自动驾驶仪设计本身是一个子设计项目,需要恰当地整合到无人飞行器的设计过程中。如果还没做好准备自行设计自动驾驶仪,建议从已有的自动驾驶仪中选择合适的,比如 DJI 和 Arduino。

介于自动驾驶仪设计和自动驾驶仪选择之间的一种方法是定制。为了减少开发成本和时间,我们可以利用全球定位系统(GPS)等已有成果定制自动驾驶仪。为此,你可以使用 Arduino 等开源软件。开放式体系结构的一个重要特征是可以在飞行和实时遥控过程中重新编程。GPS 系统越来越多地被用在无人飞行器导航中。航空中使用的 GPS 接收器有配套数据库,其中收录了指定路径点、无线电导航辅助设备和机场信息。

5.2 动力学建模

5.2.1 建模方法

自动驾驶仪的设计需要包括无人飞行器动力学模型在内的各种数学方程和技术信息。自动驾驶仪分析和设计的第一步是用数学语言描述飞行器动力学特性。用数学语言定量描述物理系统的过程称为动力学建模。有很多种数学描述方法,其中最常用的方法是微分方程法。

用数学语言描述动力学系统特性和组件的过程称为动力学建模。飞行器的动力学行为(例如,无人飞行器动力学)基于牛顿第二定律:当力作用于物体,该物体的加速度大小与力的大小成正比,与物体的质量成反比,加速度方向与力的方向相同。

一旦通过一组数学方程描述了物理系统(例如,无人飞行器),就可以推导这些方程来获得恰当的数学形式。主要有两种建立动力学系统模型的方法,即传递函数法和状态空间表示法。第一种方法是在 s 域(频域)中进行描述,第二种是在时域中进行描述。动力学系统也可以用框图表示。无人飞行器是一个动力学系统,它的动力学方程可以用以上任意一种形式建模。利用无人飞行器动力学模型,我们可以设计出满足设计要求的自动飞行控制系统(Automatic Flight Control System,AFCS)。

自动飞行控制系统是一个闭环系统，它的基本特征是通过反馈环路来提供良好的性能。如果测量出的系统输出不与输入进行比较，则称环路是开的。通常，我们需要向系统施加特定的输入，并使系统的其他部分以所需的方式进行响应。检测实际响应与理想响应之间的误差，并反馈给输入以进行修正，从而减小误差。最简单的线性闭环系统包含一个负反馈回路、一个输入端变量和一个输出端变量。图 5-2 展示了一个基础的单输入单输出（Single-Input-Single-Output，SISO）闭环系统，其中 K、$G(s)$ 和 $H(s)$ 分别代表控制器、被控对象和测量装置。一般来说，输入和输出都随时间变化，控制系统可以是机械、气动、液压或电气系统，也可以是上述系统或其他系统的任意组合。

146

目前，已经使用传统的设计方法为无人飞行器设计了各种有效的自动飞行控制系统。通常来讲，设计自动飞行控制系统既烧钱又费时。本章将介绍无人飞行器动力学建模，并为无人飞行器设计者提供设计过程中要用到的数学工具。

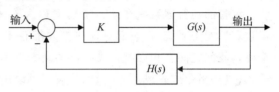

图 5-2　基础闭环系统

控制系统设计过程中需要无人飞行器的数学模型作为设计的基础。无人飞行器的基本建模过程包括：动力学建模、空气动力学建模、发动机建模和结构建模。无人飞行器可以被看作非线性系统，它的动力学和运动学方程也是非线性的。非线性耦合运动方程是最完整的动力学模型表述，但非线性问题很难处理，因此我们需要对无人飞行器的动力学模型进行线性化和解耦操作。在建模过程中，通常使用平面地球矢量运动方程，将其扩展便可得到用于无人飞行器控制设计和仿真的标准 6 自由度方程。参考文献[48]给出了一组无人飞行器的非线性耦合运动方程。其他无人飞行器动力学模型有线性解耦运动方程、混合坐标、线性耦合运动方程以及非线性解耦运动方程。

根据动压、飞行器几何形状和无量纲气动系数，我们定义了无人飞行器的气动力和气动力矩（空气动力学模型）。这里提到的气动系数通常假设为与状态变量和控制输入有关的线性函数。作为控制系统设计及飞行仿真的一部分，这些力和力矩被用在运动方程（动力学模型）中。

推进模型是基于无人飞行器推进系统（例如，螺旋桨发动机或喷气式发动机）建立的。当配备喷气式发动机时，根据节气门调定（δ_T）对发动机推力（T）进行建模。当配备螺旋桨发动机时，发动机功率取决于所需的发动机推力、飞行器速度和螺旋桨效率。在文献中可以找到若干种控制系统设计方法。控制系统类型的选择取决于多种因素，包括系统的特性和设计要求等，但所有控制系统的核心都是控制器。控制系统和控制系统设计方法概览如图 6-3 所示。一些教科书和论文中提到了控制器设计的相关知识，比如参考文献[49，50]就提出了几种控制器设计方法。

147

真实的无人飞行器运动是非线性的，具有不确定性。同样需要注意的是，所有测量设备（包括陀螺仪和加速度计）都有一些必须过滤的噪声。此外，大气是一个动态系统，也会在飞行器飞行过程中产生许多干扰。最后，由于燃料有费用限制，执行机构有动力学限制，因此在控制系统设计中必须要考虑进行优化。为了选择最佳的控制器技术，必须对所有候选控制器的优缺点进行权衡研究。综合考虑，只有少数设计方法（如鲁棒非线性控制）

才能满足所有的安全、成本和性能要求。

绝大多数控制律都被设计用在线性时不变系统中，然而，几乎所有动力学系统都是非线性的。不过，只要响应的数值差异极小（或在某种实际意义上是可接受的），使用线性时不变模型有助于控制系统设计。这是因为响应的属性可以直接与模型参数相关联。

建模、控制系统设计或仿真中的一个小误差都可能导致飞行中出现重大问题，甚至可能导致坠机。如果参数变化相对于状态变化是缓慢的，则可以基于一组时不变动力学模型进行控制设计。快速变化的参数往往无法与状态分量相区分，在这种情况下，应将参数纳入增广状态向量中进行估计。因此，无人飞行器领域是广泛应用建模和仿真技术的典型例子。

完整的飞行器系统和动力学模型包含不同的子系统模型（例如，空气动力学、结构、推进和控制子系统），它们对任何输入都有相互关联的响应。这些子系统还与其他子系统交互，彼此之间互相影响。飞行器的动力学模型是飞行器仿真的核心。飞行器系统对任何输入（包括指令或阵风等干扰）的响应都可以用常微分方程（即运动方程）进行建模。但处理非线性、全耦合的运动方程需要较大的工作量，并不是一项容易的工作。

飞行器动力学的建模方法有很多种，动力学模型也有多种形式（见图 5-3），包括非线性全耦合方程、非线性半耦合方程、非线性解耦方程、非线性组合方程、线性耦合方程、线性解耦方程、线性时变方程。

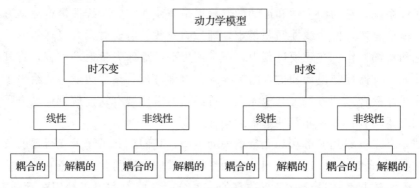

图 5-3   动力学模型的类别

一般情况下，如果要开发计算机仿真软件来评估（有人或无人驾驶）飞行器的性能（包括它的控制系统），我们必须使用非线性全耦合模型。如果是为了设计控制系统，可以从上述模型中选择一个。这些模型在精度、准确性、复杂性和可信度方面的表现不尽相同，各有优缺点。使用飞行仿真工具不仅降低了风险，还可以对飞行器系统进行飞行测试，加快总体计划进度。

5.2.2 基本模型

根据牛顿第二定律，线性动量（mV）和角动量（$I\omega$）的时间导数分别等于外力（F）和力矩（M）。

$$\sum F = \frac{\mathrm{d}}{\mathrm{d}t}(mV_{\mathrm{T}}) \tag{5.1}$$

$$\sum M = \frac{\mathrm{d}}{\mathrm{d}t}(I\omega) \tag{5.2}$$

其中，m、V_T、I 和 ω 分别是无人飞行器的质量、总空速、转动惯量、角速度。如图 5-4 所示，飞行器有 3 个轴（x、y、z），因此有 6 个自由度，分别是 3 个沿轴的线性位移和 3 个绕轴的角位移，因而就有 3 种线速度（U、V、W）和 3 种角速度（P、Q、R）。三种角速度分别代表 x 轴的滚转速率（P）、y 轴的俯仰速率（Q）和 z 轴的偏航速率（R）。

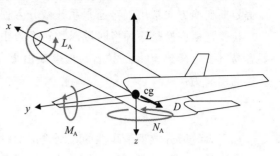

图 5-4　气动轴、力和力矩

因此，有三组力和三个气动力矩，三组力包括气动力（F_A）、重力（G）和推力（F_T）。气动力 D、Y 和 L 分别为阻力、侧向力和升力，L_A、M_A、N_A 为气动力矩（见图 5-4）。气动力和气动力矩将在下一节中介绍。将力、力矩和速度代入式（5.1）和式（5.2）中，可得以下六阶非线性微分方程[40]。

148 ~ 149

力方程：

$$m(\dot{U}-VR+WQ)=mg_x+F_{A_x}+F_{T_x} \tag{5.3}$$

$$m(\dot{V}+UR-WP)=mg_y+F_{A_y}+F_{T_y} \tag{5.4}$$

$$m(\dot{W}-UQ+VP)=mg_z+F_{A_z}+F_{T_z} \tag{5.5}$$

力矩方程：

$$\dot{P}I_{xx}-\dot{R}I_{xz}-PQI_{xz}+(I_{zz}-I_{yy})RQ=L_\mathrm{A}+L_\mathrm{T} \tag{5.6}$$

$$\dot{Q}I_{yy}+(I_{xx}-I_{zz})PR+I_{xz}(P^2-R^2)=M_\mathrm{A}+M_\mathrm{T} \tag{5.7}$$

$$\dot{R}I_{zz}-\dot{P}I_{xz}+(I_{yy}-I_{xx})PQ+I_{xz}QR=N_\mathrm{A}+N_\mathrm{T} \tag{5.8}$$

方程式（5.3）~方程式（5.5）描述的是沿 x、y 和 z 轴的线性运动，组成运动方程中的力方程。方程式（5.6）~方程式（5.8）描述的是绕 x、y 和 z 轴的角运动，构成运动方程中的力矩方程。

常见的无人飞行器是关于 xz 平面对称的，因此，惯性叉积（I_{xz}）可以假定为零。此外，推力力矩（L_T、M_T、N_T）也可以忽略不计。在这两个假设的基础上，我们可以将力矩方程简化为以下形式：

$$\dot{P}=\frac{I_{yy}-I_{zz}}{I_{xx}}QR+\frac{L_\mathrm{A}}{I_{xx}} \tag{5.6a}$$

$$\dot{Q}=\frac{I_{zz}-I_{xx}}{I_{yy}}RP+\frac{M_\mathrm{A}}{I_{yy}} \tag{5.7a}$$

$$\dot{R}=\frac{I_{xx}-I_{yy}}{I_{zz}}PQ+\frac{N_\mathrm{A}}{I_{zz}} \tag{5.8a}$$

上述力矩方程也被称为欧拉方程。5.5 节将针对各种实际应用重新推导并简化上述六个方程。

5.2.3　传递函数

传递函数是一种常见的控制系统数学模型。控制系统本质上是动态的，其数学模型通常是微分方程。如果将这些方程线性化，则可利用拉普拉斯变换得到传递函数和控制律。拉普拉斯变换方法常用于普通常系数微分方程的求解。

150 拉普拉斯变换是一种将时域函数转换为频域函数的工具。在频域中解决相关问题通常要容易得多。函数 $f(t)$ 的拉普拉斯变换由 $F(s)$ 表示，$F(s)$ 是复变量 s 的函数。拉普拉斯变换的定义为：

$$L\{f(t)\} = F(s) = \int_0^\infty f(t)\,\mathrm{e}^{-st}\,\mathrm{d}t \tag{5.9}$$

如果系统微分方程是线性的，则输出变量的拉普拉斯变换与输入变量的拉普拉斯变换之比称为传递函数。通常，传递函数的格式是含 s 的两个多项式的比值：

$$F(s) = \frac{b_1 s^m + b_2 s^{m-1} + \cdots + b_{m+1}}{s^n + a_1 s^{n-1} + \cdots + a_n} \tag{5.10}$$

此外，当分子的根（即零点 z）和分母的根（即极点 p）已知时，传递函数 $F(s)$ 可以用极点和零点来表征：

$$F(s) = K\,\frac{(s-z_1)\cdots(s-z_i)\cdots(s-z_m)}{(s-p_1)\cdots(s-p_i)\cdots(s-p_n)} \tag{5.11}$$

极点和零点可以是实数，也可以是共轭复数，更多信息可参考微积分教科书，例如文献[51]。任意高阶传递函数都可以分解为若干一阶和二阶传递函数相乘的形式。一阶传递函数为：

$$F(s) = \frac{k}{as+b} \tag{5.12}$$

常见的二阶系统为：

$$F(s) = \frac{N(s)}{as^2 + bs + c} \tag{5.13}$$

其中，$N(s)$ 代表分子，它表示的是一阶多项式。纯二阶动力学系统的标准形式是阻尼比（ξ）和固有频率（ω_n）的函数：

$$F(s) = \frac{k}{s^2 + 2\xi\omega_n s + \omega_n^2} \tag{5.14}$$

为了满足控制系统设计要求，需要选择合适的阻尼比和固有频率。传递函数的分母被称为特征多项式（特征方程），它表征了动力学系统的稳定性。

当特征方程的所有极点都有负实部时，无人飞行器系统是稳定的。如果特征方程极点的实部为零，则无人飞行器系统是临界稳定的。当特征方程的极点中有正实部时，无人飞151 行器系统是不稳定的。

纵向传递函数（对升降舵输入的响应）为 $\dfrac{u(s)}{\delta_E(s)}$、$\dfrac{\alpha(s)}{\delta_E(s)}$、$\dfrac{\theta(s)}{\delta_E(s)}$、$\dfrac{q(s)}{\delta_E(s)}$。同样，横向传递函数（对副翼输入的响应）为 $\dfrac{\psi(s)}{\delta_A(s)}$、$\dfrac{\beta(s)}{\delta_A(s)}$、$\dfrac{p(s)}{\delta_A(s)}$、$\dfrac{r(s)}{\delta_A(s)}$、$\dfrac{\phi(s)}{\delta_A(s)}$。航向传递函数（对方向舵输入的响应）是 $\dfrac{\psi(s)}{\delta_R(s)}$、$\dfrac{\beta(s)}{\delta_R(s)}$、$\dfrac{p(s)}{\delta_R(s)}$、$\dfrac{r(s)}{\delta_R(s)}$、$\dfrac{\phi(s)}{\delta_R(s)}$。这些传递函数都是四阶的，每一个表示两到三种振荡模式。

5.2.4　状态空间表示

通常，状态空间被定义为 n 维空间，其坐标轴由状态向量的分量表示。以矩阵运算为基础的时域数学模型称为状态空间模型。状态空间是现代控制理论中的一种数学工具，它可以表示任意多输入多输出（Multi-Input-Multi-Output，MIMO）系统。相比之下，属于经典控制理论时代的传递函数只能表示单输入单输出（SISO）系统。

利用矩阵的基本性质，介绍状态的相关概念以及状态方程的编写和求解方法。系统的状态是一个包含 n 个状态变量 $x_1(t)$，$x_2(t)$，$\cdots$，$x_n(t)$，m 个输入 $u_1(t)$，$u_2(t)$，$\cdots$，$u_m(t)$ 和 p 个输出 $y_1(t)$，$y_2(t)$，$\cdots$，$y_p(t)$ 的数学结构。状态空间模型一般包含 n 个一阶线性微分方程，以及 p 个线性代数方程：

$$\dot{x} = Ax + Bu$$
$$y = Cx + Du$$

（5.15）

其中，$A_{n\times n}$、$B_{n\times m}$、$C_{p\times n}$ 和 $D_{p\times m}$ 是状态矩阵。系统的状态方程由 n 个一阶微分方程组成，其中 n 是独立状态的个数。构建矩阵时，需要考虑代数和矩阵运算规则。

当矩阵 A 的所有特征值都有负实部时，无人飞行器是稳定的。如果矩阵 A 有至少一个特征值的实部为零，则无人飞行器是临界稳定的。当矩阵 A 有至少一个特征值的实部为正时，无人飞行器是不稳定的。

具有两个输入（u_1，u_2）、三个状态（x_1，x_2，x_3）和一个输出（y）的动力学系统具有以下状态空间形式：

$$\begin{bmatrix} \dot{x}_1 \\ \dot{x}_2 \\ \dot{x}_3 \end{bmatrix} = \begin{bmatrix} a_{11} & a_{12} & a_{13} \\ a_{21} & a_{22} & a_{23} \\ a_{31} & a_{32} & a_{33} \end{bmatrix} \begin{bmatrix} x_1 \\ x_2 \\ x_3 \end{bmatrix} + \begin{bmatrix} b_{11} & b_{12} \\ b_{21} & b_{22} \\ b_{31} & b_{32} \end{bmatrix} \begin{bmatrix} u_1 \\ u_2 \end{bmatrix}$$

$$y = \begin{bmatrix} c_1 & c_2 & c_3 \end{bmatrix} \begin{bmatrix} x_1 \\ x_2 \\ x_3 \end{bmatrix} + \begin{bmatrix} d_{11} & d_{12} \\ d_{21} & d_{22} \end{bmatrix} \begin{bmatrix} u_1 \\ u_2 \end{bmatrix}$$

（5.16）

无人飞行器的动力学模型可以通过状态空间模型表示，其中，输入变量（u）为升降舵偏转角（δ_E）、副翼偏转角（δ_A）、方向舵偏转角（δ_R）以及发动机节气门调定（δ_T）等变量。此外，输出变量通常是运动变量，例如线速度（u，v，w）、角速度（p，q，r）以及攻角（α）、俯仰角（θ）等。因此，需要控制的典型输出变量（y）为 α、β、θ、γ、ϕ、ψ、P、Q、R、U、V、W、x、y、h、M、n_x、n_y、n_z。由于飞行器动力学模型的阶数不同，纵向动力学和横向-航向动力学模型的状态空间表示矩阵 A 是 4×4 的。5.5.5 节给出了无人飞行器线性纵向运动的典型状态空间模型。

5.3　气动力和气动力矩

5.3.1　力和力矩方程

当气流绕过物体（例如无人飞行器）时，会产生气动力和气动力矩。气动力（D、Y 和 L）

152

和气动力矩(L_A、M_A 和 N_A)都是空速、空气密度、机翼面积和无人飞行器构型的函数：

$$D = \bar{q}SC_D \tag{5.17}$$

$$Y = \bar{q}SC_Y \tag{5.18}$$

$$L = \bar{q}SC_L \tag{5.19}$$

$$L_A = \bar{q}SC_l b \tag{5.20}$$

$$M_A = \bar{q}SC_m C \tag{5.21}$$

$$N_A = \bar{q}SC_n b \tag{5.22}$$

其中，S 是机翼参考面积，C 是机翼平均气动弦，b 是翼展，$\bar{q}$ 是动压。

$$\bar{q} = \frac{1}{2}\rho V^2 \tag{5.23}$$

将力和力矩表示为状态变量和控制变量的线性化函数，由这些线性化函数和非线性运动学可以构造出非线性逆。参数 C_D、C_Y、C_L、C_l、C_m 和 C_n 分别为阻力系数、侧向力系数、升力系数、滚转力矩系数、俯仰力矩系数和偏航力矩系数。

对于没有固定机翼的四旋翼飞行器，升力是发动机推力的垂直分量：

$$L = 4T\cos\alpha \tag{5.24}$$

四旋翼飞行器阻力的计算方式与固定翼飞行器阻力的计算方式类似。但是，S 表示飞行器的正面面积，C_D 的计算方式将有所不同，具体计算方法见 12.9.3 节。

5.3.2　稳定性和控制导数

阻力、侧向力、升力、滚转力矩、俯仰力矩和偏航力矩系数都是空气密度、空速、几何形状和构型（系数）的函数。气动力和气动力矩系数是根据一组新变量（称为稳定性和控制导数）建模的：

$$C_D = C_{D_0} + C_{D_\alpha}\alpha + C_{D_q}Q\frac{C}{2U_1} + C_{D_{\dot{\alpha}}}\dot{\alpha}\frac{C}{2U_1} + C_{D_u}\frac{u}{U_1} + C_{D_{\delta_E}}\delta_E \tag{5.25}$$

$$C_Y = C_{Y_\beta}\beta + C_{Y_p}P\frac{b}{2U_1} + C_{Y_r}R\frac{b}{2U_1} + C_{Y_{\delta_A}}\delta_A + C_{Y_{\delta_R}}\delta_R \tag{5.26}$$

$$C_L = C_{L_0} + C_{L_\alpha}\alpha + C_{L_q}Q\frac{C}{2U_1} + C_{L_{\dot{\alpha}}}\dot{\alpha}\frac{C}{2U_1} + C_{L_u}\frac{u}{U_1} + C_{L_{\delta_E}}\delta_E \tag{5.27}$$

$$C_l = C_{l_\beta}\beta + C_{l_p}P\frac{b}{2U_1} + C_{l_r}R\frac{b}{2U_1} + C_{l_{\delta_A}}\delta_A + C_{l_{\delta_R}}\delta_R \tag{5.28}$$

$$C_m = C_{m_0} + C_{m_\alpha}\alpha + C_{m_q}Q\frac{C}{2U_1} + C_{m_{\dot{\alpha}}}\dot{\alpha}\frac{C}{2U_1} + C_{m_u}\frac{u}{U_1} + C_{m_{\delta_E}}\delta_E \tag{5.29}$$

$$C_n = C_{n_\beta}\beta + C_{n_p}P\frac{b}{2U_1} + C_{n_r}R\frac{b}{2U_1} + C_{n_{\delta_A}}\delta_A + C_{n_{\delta_R}}\delta_R \tag{5.30}$$

通过这些方程，可以在设计和仿真过程中确定气动力和气动力矩系数。因此，必须事先确定所有稳定性和控制导数，为此，可以使用 DATCOM[52] 软件。

5.3.3　无量纲稳定性和控制导数

式(5.25)～式(5.30)中，C_{L_α}、C_{D_u}、C_{n_β}、C_{l_p} 等参数称为无量纲稳定性导数。此外，

$C_{m_{\delta_E}}$、$C_{n_{\delta_A}}$ 和 $C_{l_{\delta_R}}$　等参数称为无量纲控制导数。每个导数都是气动力或气动力矩系数相对于运动变量或控制变量的偏导数。所有无量纲稳定性和控制导数都具有相同的单位 $[\text{rad}^{-1}$ 或 $(°)^{-1}]$。

例如，

$$C_{L_q} = \frac{\partial C_L}{\partial q} \tag{5.31}$$

$$C_{Y_\beta} = \frac{\partial C_Y}{\partial \beta} \tag{5.32}$$

设计操纵面时广泛使用的一组变量是控制导数。控制导数是气动力和气动力矩（或它们的系数）相对于操纵面（例如升降舵）偏转角的变化率。控制导数表示当操纵面偏转角有微小变化时作用在飞行器上的气动力或气动力矩的变化程度。控制导数越大，对应的操纵面效率就越高。$C_{l_{\delta_A}}$、$C_{m_{\delta_E}}$、$C_{n_{\delta_R}}$ 是三个非常重要的无量纲控制导数。导数 $C_{l_{\delta_A}}$ 是滚转力矩系数相对于副翼偏转角变化的变化率[式(5.33)]。导数 $C_{m_{\delta_E}}$ 是俯仰力矩系数相对于升降舵偏转角变化的变化率[式(5.34)]。导数 $C_{n_{\delta_R}}$ 是偏航力矩系数相对于方向舵偏转角变化的变化率[式(5.35)]。

$$C_{l_{\delta_A}} = \frac{\partial C_l}{\partial \delta_A} \tag{5.33}$$

$$C_{m_{\delta_E}} = \frac{\partial C_m}{\partial \delta_E} \tag{5.34}$$

$$C_{n_{\delta_R}} = \frac{\partial C_n}{\partial \delta_R} \tag{5.35}$$

飞行器的主要组件（如机翼、尾翼和起落架）设计完成后，可以用控制导数来表达并解释控制功率要求。例如，为战斗机设计一个方向舵，使其满足 $C_{n_{\delta_R}} < -0.4 \text{ rad}^{-1}$ 的要求；为运输飞行器设计一个升降舵，使其满足 $C_{m_{\delta_E}} < -2 \text{ rad}^{-1}$ 的要求。如何准确地确定无人飞行器导数是飞行动力学工程师面临的一项具有挑战性的任务。风洞试验是计算稳定性和控制导数的有效手段。文献[52]给出了所有无量纲稳定性和控制导数（大约 33 个纵向或横向-航向导数）。

5.3.4　有量纲稳定性和控制导数

另一种扩展气动力和气动力矩的方法是使用有量纲稳定性和控制导数。例如，x 和 z 方向的气动力和气动力矩（即阻力、升力和俯仰力矩）可展开为：

$$X = X_\alpha \alpha + X_u u + X_q q + X_{\dot{\alpha}} \dot{\alpha} + X_{\delta_E} \delta_E \tag{5.36}$$

$$Z = Z_\alpha \alpha + Z_{\dot{\alpha}} \dot{\alpha} + Z_u u + Z_q q + Z_{\delta_E} \delta_E \tag{5.37}$$

$$M = M_\alpha \alpha + M_{\dot{\alpha}} \dot{\alpha} + M_u u + M_q q + M_{\delta_E} \delta_E \tag{5.38}$$

因此，X_u、Z_u、M_u、X_α、Z_α、M_α、X_{δ_E}、M_{δ_E}、Z_{δ_E}、$Z_{\dot{\alpha}}$、$M_{\dot{\alpha}}$、Z_q、M_q 是重要的有量纲纵向稳定性和控制导数。下面给出几个有量纲导数的定义：

$$Z_q = \frac{\partial Z / \partial q}{m} = \frac{-\bar{q} S \bar{C} C_{L_q}}{2mU_1} \tag{5.39}$$

$$M_a = \frac{\partial M / \partial \alpha}{I_{yy}} \tag{5.40}$$

$$N_r = \frac{\partial N / \partial r}{I_{zz}} = \frac{-\overline{q} S b^2 C_{n_r}}{2 I_{xx} U_1} \tag{5.41}$$

$$L_\beta = \frac{\partial L / \partial \beta}{I_{xx}} \tag{5.42}$$

有量纲导数的相关计算请参阅参考文献[40，53]。

5.3.5 耦合稳定性导数

在非线性运动微分方程中，状态耦合出现在式(5.3)至式(5.8)左侧，但力的耦合出现在上述公式右侧。观察运动方程，很容易发现状态变量间的耦合。耦合力常用稳定性导数表示。此外，还有很多表示横向运动和纵向运动间相互作用的耦合导数。解耦的基础是假设任何滚转或偏航运动都不会产生俯仰运动，同样俯仰运动也不会产生滚转或偏航运动。

在飞行动力学相关文献中，常常被忽视的一点是力的耦合(参考文献[40，54])。在20多个耦合导数中，有两个导数最能反映横向运动对纵向运动的影响，它们是侧滑耦合导数(C_{D_β})和滚转角耦合导数(C_{L_ϕ})。与这两个导数相比，其他导数都可以忽略不计。纵向、横向和航向运动之间主要有三种类型的相互作用(除了横向和航向运动之间的相互作用)：

- 单纯的纵向运动对横向-航向运动没有直接影响。
- 航向运动对纵向运动的主要影响是导致轴向力(主要是阻力)增加，从而降低飞行器的纵向速度。因此，主要的导数是 C_{D_β}。
- 横向运动对纵向运动的主要影响是导致法向力(即升力)减小。因此，主要的导数是 C_{L_ϕ}。基于这些耦合导数，受横向分量影响的法向力和轴向力表示如下：

$$X = X_a \alpha + X_u u + X_q q + X_{\dot{a}} \dot{\alpha} + X_{\delta_E} \delta_E + X_\beta \beta \tag{5.43}$$

$$Z = Z_a \alpha + Z_{\dot{a}} \dot{\alpha} + Z_u u + Z_q q + Z_{\delta_E} \delta_E + Z_\phi \phi \tag{5.44}$$

参考文献[55]给出了这两个耦合导数的完整推导过程。主要的两个有量纲耦合导数为：

$$X_\beta = [\text{sign}(\beta)] q_1 S_{vt} \frac{2}{\pi} \tag{5.45}$$

$$Z_\phi = 0.1 mg [\text{sign}(\phi)] \tag{5.46}$$

其中，$\text{sign}(x)$ 是符号函数。在半耦合运动方程中，式(5.58)和式(5.59)中的最后一项可忽略不计。

如果忽略横向-航向运动对纵向变量的影响，可以得到两组独立的方程(见5.5.5节)。

5.4 动力学模型的简化

无人飞行器动力学模型以牛顿第二定律为基础。使用全耦合非线性运动方程非常耗时，也非常复杂。这也是为什么设计师倾向于使用一些技巧来降低方程的复杂程度，从而使设计和仿真过程变得简单。

线性化和解耦是两种基础的简化方法，它们可以单独应用，也可以同时应用。对动力学模型进行线性化的方法有泰勒级数法、直接法、反馈线性化。解耦的基础是假设任何滚转或偏航运动都不会产生俯仰运动，俯仰运动也不会产生滚转或偏航运动，换言之，纵向运动与横向-航向运动无关。

在不同的情况下，设计者会面临不同的应用限制。例如，线性化的运动方程仅在展开点或奇点附近有效。换句话说，只有当受扰运动非常接近稳态运动（平衡条件）时，线性化运动方程才是有效的。当纵向运动和横向-航向运动之间的相互作用可以忽略时，解耦才是有效的。

5.4.1　线性化

现实中，无人飞行器动力学是非线性的。然而，处理非线性系统并不是一件容易的事。消除或处理非线性的一种途径是通过线性化方法将其线性化，考虑平衡点附近的微小偏差，将非线性模型转化为线性模型。因此，线性化就是消除或忽略非线性。

线性化方法可以消除系统模型中的非线性部分。有两种常见的线性化方法：雅可比线性化（泰勒级数）、反馈线性化（也称为动态逆）。雅可比线性化实际上忽略了模型的非线性，而反馈线性化则有效地抑制了模型的非线性。然而，为了用泰勒级数推导出线性方程组，需要用包含稳定性和控制导数的项来代替非线性气动系数。

反馈线性化有两种方法，其中之一是输入输出线性化，该方法仅限于零动态稳定的系统。在这种方法中，输入输出映射被线性化，而状态方程可能仅被部分线性化。另一种反馈线性化方法是状态空间线性化、输入状态线性化或全状态线性化，在这种方法中，状态方程被完全线性化。本节介绍将非线性方程线性化的数学方法。

所有非线性方程仅在平衡点（配平点）处线性化。线性化方程也仅在平衡点附近有效，这里所说的配平点是没有加速度（即速度不变）的点。线性化将改善控制系统的品质。

存在配平点的几个飞行操作是匀速巡航、匀速爬升、匀速转弯。起飞和着陆不具备平衡条件，因为空速不是恒定的。线性系统满足叠加性和齐次性。线性方程的一般形式是 $y = mx$，其中 m 被称为斜率，是一个常数。

线性项是因变量及其导数中的一阶项。线性方程是由线性项的和组成的方程。在平衡点处实现线性化的方法有两种：泰勒级数法和直接代换法。

1. 泰勒级数法

针对单变量函数，$F(X)$ 可以用以下无穷级数表示：

$$F(X) = F(X_0) + \frac{\mathrm{d}F}{\mathrm{d}X}\bigg|_{X=X_0}(X-X_0) + \frac{\mathrm{d}^2 F}{\mathrm{d}X^2}\bigg|_{X=X_0}\frac{(X-X_0)^2}{2!} + \cdots \tag{5.47}$$

采用泰勒级数展开进行线性化，忽略高阶项，将得到以下线性函数：

$$F(X) = \frac{\mathrm{d}F}{\mathrm{d}X}\bigg|_{X=X_0} X \tag{5.48}$$

基本上，单变量非线性方程（代数方程或微分方程）在线性化后等于其展开点处的斜率 m 乘以变量 x，即 $F(x) = mx$。同样，有两个独立变量（比如 x 和 y）的方程建模如下：

$$F(X, Y) = \frac{\mathrm{d}F}{\mathrm{d}X}\bigg|_{\substack{X=X_0 \\ Y=Y_0}} X + \frac{\mathrm{d}F}{\mathrm{d}Y}\bigg|_{\substack{X=X_0 \\ Y=Y_0}} Y \tag{5.49a}$$

157

这种方法可以推广到无人飞行器非线性动力学模型[具有六个独立变量(u，v，w，p，q，r)]。

2. 直接代换法

直接代换法的基础是小扰动理论[14]。在直接代换法中，首先将所有自变量(如 X)代换为两项(初始配平值 X_0 和一个小扰动 x)。

$$X = X_0 + x \tag{5.49b}$$

然后，利用数学运算将非线性方程展开。最后，假设 x 很小，这意味着只保留线性项(例如 mx)，其他项[例如 x^n、$\log(x)$会被删除。但是，有两个例外，即在使用小扰动理论时，对于角度变量 x，$\sin(x)$ 将被替换为 x，$\cos(x)$ 将被替换为 1。

$$\cos(x) = 1 \tag{5.49c}$$

$$\sin(x) = x \tag{5.49d}$$

相关证明参见参考文献[56]。

例 5.1 采用直接代换法将下列一阶非线性微分方程[x 方向的力方程，即式(5.3)]线性化。

$$m(\dot{U} - VR + WQ) = -mg\sin(\theta) + F_{A_x} + F_{T_x}$$

解 解决方法分为三步：

1) 代换：

$$m[(\dot{U}_1 + \dot{u}) - (V_1 + v)(R_1 + r) + (W_1 + w)(Q_1 + q)] =$$
$$-mg\sin(\Theta_1 + \theta) + (F_{A_{X1}} + f_{A_X}) + (F_{T_{X1}} + f_{T_X})$$

2) 展开：

$$LHS = m[\dot{U}_1 - V_1R_1 + W_1Q_1 + \dot{u} - V_1r - R_1v - vr + Q_1w + W_1q + wq]$$
$$RHS = -mg[\sin\Theta_1\cos\theta + \sin\theta\cos\Theta_1] + F_{A_{X1}} + f_{A_X} + F_{T_{X1}} + f_{T_X}$$

3) 删除非线性项(例如 vr)。此外，将 $\sin(\theta)$ 替换为 θ，将 $\cos(\theta)$ 替换为 1。线性化后的方程为：

$$m(\dot{u} - V_1r - R_1v + Q_1w + W_1q) = -mg\cos\Theta_1\theta + f_{A_X} + f_{T_X}$$

5.4.2 解耦

另一种简化非线性方程的方法是忽略不同参数间的耦合。人们普遍认为，横向-航向运动和纵向运动之间存在着微妙的耦合。很多情况下都会将这两个运动解耦以简化分析任务。本节将介绍耦合的根本原因，同时也介绍解耦方法及其优点。

横向和航向状态变量之间存在很强的耦合关系。任何侧向力矩(L)都可能产生航向运动(y)。任何航向力矩(N)都可能产生横向运动(ϕ)。其原因是侧向力臂和航向力臂同时存在。换句话说，任何副翼偏转(δ_A)或方向舵偏转(δ_R)都将改变状态变量 β、ϕ、ψ、P、R。

（1）**航向运动对横向运动的影响**　在传统构型的飞行器中，垂直尾翼位于机身顶部。因此，垂直尾翼的气动中心（$\mathrm{ac_V}$）在飞行器重心（cg）上方（见图 5-5）。所以，旨在产生偏航运动的侧向力具有产生滚转（横向）运动的副作用。

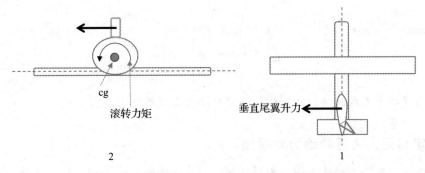

图 5-5　航向运动对横向运动的影响

（2）**横向运动对航向运动的影响**　假设飞行器将要滚转（见图 5-6），自动驾驶仪移动操纵杆使副翼偏转以产生滚转运动。任何滚转运动都会产生侧滑角（β），而侧滑角又会产生侧向力（Y），侧向力又会产生偏航运动。此外，当两个副翼偏转相同角度时，左右翼的阻力大小将会变得不同，这也会产生一个滚转力矩。

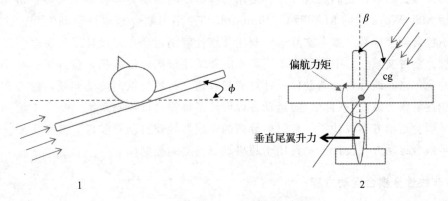

图 5-6　横向运动对航向运动的影响

（3）**横向运动对纵向运动的影响**　当无人飞行器进行滚转或偏航运动时，会对其纵向运动产生许多影响。例如，当无人飞行器滚转（改变滚转角 ϕ）时，飞行器阻力会增加，这将导致空速 V（纵向变量）降低。此外，如果不利用发动机推力来补偿降低的空速，飞行器的海拔高度 h（纵向变量）将开始下降。另一种情况是航向角（ϕ）变化对阻力的影响，这也将导致空速 V 降低。进行任何滚转或偏航运动时，都需要增加发动机推力才能保持空速（与巡航飞行相比）。

考虑横向-航向运动对纵向运动的影响，飞行器动力学的耦合基本上有两种类型：状态向量耦合和力的耦合。5.5 节将详细讨论这两种情况。

当纵向运动与横向运动解耦时，可得如下独立的纵向状态方程［式（5.50）］和横向-航向状态方程［式（5.51）］。

$$\begin{bmatrix} \dot{u} \\ \dot{\alpha} \\ \dot{\theta} \end{bmatrix} = \boldsymbol{A}_{\text{lon}} \begin{bmatrix} u \\ \alpha \\ \theta \end{bmatrix} + \boldsymbol{B}_{\text{lon}} \begin{bmatrix} \delta_{\text{E}} \\ \delta_{\text{T}} \end{bmatrix} \tag{5.50}$$

$$\begin{bmatrix} \dot{\beta} \\ \dot{\phi} \\ \dot{\psi} \end{bmatrix} = \boldsymbol{A}_{\text{lat-Dir}} \begin{bmatrix} \beta \\ \phi \\ \psi \end{bmatrix} + \boldsymbol{A}_{\text{lat-Dir}} \begin{bmatrix} \delta_{\text{A}} \\ \delta_{\text{R}} \end{bmatrix} \tag{5.51}$$

对于上述两个方程的 $\boldsymbol{A}$、$\boldsymbol{B}$ 矩阵,建议参阅参考文献[40,53,54]。

5.5 固定翼无人飞行器动力学模型

原始的飞行器动力学模型由一组耦合的一阶非线性常微分方程组成,这些方程可以准确地描述飞行器的动力学特性。根据数值解和设计标准(包括成本、简洁性、效率等)的不同,飞行器的运动方程可以分为五种不同形式:非线性全耦合、非线性半耦合、非线性解耦、线性耦合及线性解耦。第一种形式是运动方程最基本的形式,其他形式的方程均由其简化(通过线性化和解耦)而来。本节将介绍这些不同形式的运动方程。

查阅大量文献后,我们发现设计师使用过各种不同的动力学模型。大多数仿真软件产品,包括 MathWork[57] 的 MATLAB/Simulink 都使用半耦合非线性运动方程。这些软件包大都不包含耦合导数。参考文献[58]利用非线性解耦运动方程设计了一种全包络导弹自动驾驶仪。参考文献[59]中使用了不同版本的非线性解耦运动方程,设计了一种用于空对空导弹的全包络非线性自动驾驶仪。针对高超音速飞行器的纵向运动问题,参考文献[60]采用非线性解耦的纵向(三自由度)运动方程设计了鲁棒飞行控制系统。参考文献[61]利用非线性半耦合运动方程设计了一种时标分离的非线性导弹自动驾驶仪。参考文献[62]使用非线性半耦合运动方程设计了一种用于超机动飞行器的控制律。

5.5.1 非线性全耦合运动方程

标准的非线性全耦合运动方程包含三个力和三个力矩(状态空间模型)[52]:

$$\dot{U} = RV - WQ - g\sin\theta + \frac{1}{m}(-D + T\cos\alpha) \tag{5.52}$$

$$\dot{V} = -UR + WP + g\sin\phi\cos\theta + \frac{1}{m}(Y + T\cos\alpha\sin\beta) \tag{5.53}$$

$$\dot{W} = UQ - VP + g\cos\phi\cos\theta + \frac{1}{m}(-L - T\sin\alpha) \tag{5.54}$$

$$\dot{P} = (c_1 R + c_2 P)Q + c_3(L_A + L_T) + c_4(N_A + N_T) \tag{5.55}$$

$$\dot{Q} = c_5 PR + c_6(P^2 - R^2) + c_7 M_A \tag{5.56}$$

$$\dot{R} = (c_8 P - c_2 R)Q + c_4(L_A + L_T) + c_9(N_A + N_T) \tag{5.57}$$

式中,参数 c_i 为无人飞行器转动惯量的函数,可由文献[54]中的公式计算。参数 U、V、W 是线速度分量,P、Q、R 是对应的角速度。气动力 D、Y、L 分别是阻力、侧向力、升力，L_A、M_A、N_A 是气动力矩。变量 α、β、ϕ、θ 代表攻角、侧滑角、滚转角和俯仰角。无人飞行器运动分为纵向、横向和航向运动。

5.5.2 非线性半耦合运动方程

非线性半耦合运动方程与非线性全耦合运动方程类似，但有一点不同[式(5.48)～式(5.53)]。式(5.43)和式(5.44)中的法向气动力(Z 或 F_z)和轴向气动力(X 或 F_x)不包含最后一项(耦合导数)：

$$X = X_\alpha \alpha + X_u u + X_q q + X_{\dot\alpha} \dot\alpha + X_{\delta_E} \delta_E \tag{5.58}$$

$$Z = Z_\alpha \alpha + Z_{\dot\alpha} \dot\alpha + Z_u u + Z_q q + Z_{\delta_E} \delta_E \tag{5.59}$$

因此，在这个模型中，运动是耦合的，但力是不耦合的。

5.5.3 非线性解耦运动方程

仅将解耦方法(不进行线性化)应用于式(5.3)～式(5.8)时，运动方程仍然是非线性的，解耦过程如下所示。

1. 纵向

假设质量不变，滚转速率为零，滚转角为零，无侧滑、偏航速率为零，则非线性纵向运动方程可简化为两个力方程和一个力矩方程。

$$\dot{U} = -WQ - g\sin\theta + \frac{1}{m}(-D + T\cos\alpha) \tag{5.60}$$

$$\dot{W} = UQ + g\cos\theta + \frac{1}{m}(-L - T\sin\alpha) \tag{5.61}$$

$$\dot{Q} = \frac{M}{I_Y} \tag{5.62}$$

2. 横向-航向

假设俯仰速率为零，俯仰姿态恒定，空速恒定，高度恒定，则非线性横向-航向运动方程可简化为一个力方程和两个力矩方程。

$$\dot{V} = g\sin\phi\cos\theta_1 + W_1 P - U_1 R + \frac{1}{m}(Y + T\cos\alpha_1 \sin\beta) \tag{5.63}$$

$$\dot{P} = c_3(L_A + L_T) + c_4(N_A + N_T) \tag{5.64}$$

$$\dot{R} = c_4(L_A + L_T) + c_9(N_A + N_T) \tag{5.65}$$

参考文献[54]介绍了 c_3、c_4、c_9 三个参数。

5.5.4 线性耦合运动方程

仅将线性化方法(不解耦)应用于式(5.3)～式(5.8)，可得到线性耦合方程。线性耦合运动方程有两种形式：微分方程和状态空间表示。

1. 基本微分方程

微分方程形式的线性耦合运动方程可分为两组：三个力方程和三个力矩方程。

力方程：

$$m(\dot{u}-V_1 r+R_1 v+W_1 q+Q_1 w)=-mg\cos\Theta_1\theta+f_{A_X}+f_{T_X} \qquad (5.66)$$

$$m(\dot{v}+U_1 r+R_1 u-W_1 p-P_1 w)=-mg(\sin f_1\sin\Theta_1\theta+\cos f_1\cos\Theta_1\phi)+f_{A_Y}+f_{T_Y}$$
$$(5.67)$$

$$m(\dot{w}-U_1 q-Q_1 u+V_1 p+P_1 v)=-mg(\cos f_1\sin\Theta_1\theta-\sin f_1\cos\Theta_1\phi)+f_{A_Z}+f_{T_Z}$$
$$(5.68)$$

力矩方程：

$$I_{xx}\dot{p}-I_{xz}\dot{r}-I_{xz}(P_1 q+Q_1 p)+(I_{zz}-I_{yy})(R_1 q-Q_1 r)=l_A+l_T \qquad (5.69)$$

$$I_{yy}\dot{q}+(I_{xx}-I_{zz})(P_1 r+R_1 p)+I_{xz}(2P_1 p-2R_1 r)=m_A+m_T \qquad (5.70)$$

$$I_{zz}\dot{r}-I_{xz}\dot{p}+(I_{yy}-I_{xx})(P_1 q+Q_1 p)+I_{xz}(Q_1 r+R_1 q)=n_A+n_T \qquad (5.71)$$

其中，下标 1 代表初始平衡点。有关其详细信息，感兴趣的读者可以参阅参考文献[40]。

2. 状态空间表示

合并稳定性和控制导数，并将线性耦合运动方程[式(5.66)～式(5.71)]转换为状态空间模型，可得如下线性化方程：

$$E\dot{x}=A^* x+B^* u$$
$$y=Cx+Du \qquad (5.72)$$

其中

$$
A^*=\begin{bmatrix}
X_u & X_a & -g\cos\gamma & 0 & X_\beta & 0 & 0 & 0 \\
Z_u & Z_a & -g\sin\gamma & Z_q+V_T & 0 & Z_\phi & 0 & 0 \\
0 & 0 & 0 & 1 & 0 & 0 & 0 & 0 \\
M_u & M_a & 0 & M_q & 0 & 0 & 0 & 0 \\
0 & 0 & 0 & 0 & Y_\beta & g\cos\theta_0 & Y_p & Y_r-V_T \\
0 & 0 & 0 & 0 & 0 & 0 & \dfrac{\cos\gamma_0}{\cos\theta_0} & \dfrac{\sin\gamma_0}{\cos\theta_0} \\
0 & 0 & 0 & 0 & \mu L_\beta+\sigma N_\beta & 0 & \mu L_p+\sigma N_p & \mu L_r+\sigma N_r \\
0 & 0 & 0 & 0 & \mu N_\beta+\sigma L_\beta & 0 & \mu N_p+\sigma L_p & \mu N_r+\sigma L_r
\end{bmatrix}
$$

$$
B^*=\begin{bmatrix}
X_{\delta_T}\cos\alpha & X_{\delta_E} & 0 & 0 \\
X_{\delta_T}\sin\alpha & Z_{\delta_E} & 0 & 0 \\
0 & 0 & 0 & 0 \\
M_{\delta_T} & M_{\delta_E} & 0 & 0 \\
0 & 0 & Y_{\delta_A} & Y_{\delta_R} \\
0 & 0 & 0 & 0 \\
0 & 0 & \mu L_{\delta_A}+\sigma N_{\delta_A} & \mu L_{\delta_R}+\sigma N_{\delta_R} \\
0 & 0 & \mu N_{\delta_A}+\sigma L_{\delta_A} & \mu N_{\delta_R}+\sigma L_{\delta_R}
\end{bmatrix}
$$

$$E = \begin{bmatrix} 1 & 0 & 0 & 0 & 0 & 0 & 0 & 0 \\ 0 & V_T - Z_{\dot{\alpha}} & 0 & 0 & 0 & 0 & 0 & 0 \\ 0 & 0 & 1 & 0 & 0 & 0 & 0 & 0 \\ 0 & -M_{\dot{\alpha}} & 0 & 1 & 0 & 0 & 0 & 0 \\ 0 & 0 & 0 & 0 & V_T & 0 & 0 & 0 \\ 0 & 0 & 0 & 0 & 0 & 1 & 0 & 0 \\ 0 & 0 & 0 & 0 & 0 & 0 & 1 & 0 \\ 0 & 0 & 0 & 0 & 0 & 0 & 0 & 1 \end{bmatrix} \tag{5.73}$$

8 个状态变量和 4 个控制变量分别是 $x = [V_T, \alpha, \theta, Q, \beta, \phi, P, R]^T$，$u = [\delta_T, \delta_E, \delta_A, \delta_R]^T$。有关详细信息，感兴趣的读者可以参考文献[55]。

5.5.5　线性解耦运动方程

解耦的基础是假设纵向运动独立于横向-航向运动。当将解耦(无耦合效应)和线性化方法同时应用于式(5.3)~式(5.8)时，状态空间方程[53]被分为两组，每组有 4 个状态、2 个输入、4 个输出。

这种形式的运动方程只有在初始配平点(展开点)附近才是可靠的，其有效性与到展开点的距离有关。飞行条件距离展开点越远，计算结果的正确性就越低。线性解耦运动方程为：

$$\dot{x} = Ax + Bu$$
$$y = Cx + Du \tag{5.74}$$

式中，A、B、C、D 矩阵如下所示[53]。

(1) 纵向状态空间模型

$$\begin{bmatrix} \dot{u} \\ \dot{w} \\ \dot{q} \\ \dot{\theta} \end{bmatrix} = \begin{bmatrix} X_u & X_w & 0 & -g \\ Z_u & Z_w & u_0 & 0 \\ M'_u & M'_w & M'_q & 0 \\ 0 & 0 & 1 & 0 \end{bmatrix} \begin{bmatrix} u \\ w \\ q \\ \theta \end{bmatrix} + \begin{bmatrix} X_{\delta_E} \\ Z_{\delta_E} \\ M'_{\delta_E} \\ 0 \end{bmatrix} \delta_E \tag{5.75}$$

(2) 横向-航向状态空间模型

$$\begin{bmatrix} \dot{\beta} \\ \dot{p} \\ \dot{r} \\ \dot{\phi} \end{bmatrix} = \begin{bmatrix} \dfrac{Y_\beta}{u_0} & \dfrac{Y_p}{u_0} & -1 + \dfrac{Y_r}{u_0} & \dfrac{g\cos\theta}{u_0} \\ L_\beta & L_p & L_r & 0 \\ N_\beta & N_p & N_r & 0 \\ 0 & 1 & 0 & 0 \end{bmatrix} \begin{bmatrix} \beta \\ p \\ r \\ \phi \end{bmatrix} + \begin{bmatrix} 0 & \dfrac{Y_{\delta_A}}{u_0} \\ L_{\delta_A} & L_{\delta_R} \\ N_{\delta_A} & N_{\delta_R} \\ 0 & 0 \end{bmatrix} \begin{bmatrix} \delta_A \\ \delta_R \end{bmatrix} \tag{5.76a}$$

换言之，纵向运动是独立于横向-航向运动的。在纵向[式(5.75)]和横向[式(5.76a)]模型中，C 为 4×4 的单位矩阵，D 为 4×2 的矩阵(其中所有元素均为零)。但是，可以将这两个模型变形并组合为一个模型。

$$E\dot{x} = A^* x + B^* u$$
$$y = Cx + Du \tag{5.76b}$$

其中

$$
A^* = \begin{bmatrix}
X_u & X_\alpha & -g\cos\gamma & 0 & 0 & 0 & 0 & 0 \\
Z_u & Z_\alpha & -g\sin\gamma & Z_q+V_T & 0 & 0 & 0 & 0 \\
0 & 0 & 0 & 1 & 0 & 0 & 0 & 0 \\
M_u & M_\alpha & 0 & M_q & 0 & 0 & 0 & 0 \\
0 & 0 & 0 & 0 & Y_\beta & g\cos\theta_0 & Y_p & Y_r-V_T \\
0 & 0 & 0 & 0 & 0 & 0 & \dfrac{\cos\gamma_0}{\cos\theta_0} & \dfrac{\sin\gamma_0}{\cos\theta_0} \\
0 & 0 & 0 & 0 & \mu L_\beta+\sigma N_\beta & 0 & \mu L_p+\sigma N_p & \mu L_r+\sigma N_r \\
0 & 0 & 0 & 0 & \mu N_\beta+\sigma L_\beta & 0 & \mu N_p+\sigma L_p & \mu N_r+\sigma L_r
\end{bmatrix}
$$

$$
B^* = \begin{bmatrix}
X_{\delta_T}\cos\alpha & X_{\delta_E} & 0 & 0 \\
X_{\delta_T}\sin\alpha & Z_{\delta_E} & 0 & 0 \\
0 & 0 & 0 & 0 \\
M_{\delta_T} & M_{\delta_E} & 0 & 0 \\
0 & 0 & Y_{\delta_A} & Y_{\delta_R} \\
0 & 0 & 0 & 0 \\
0 & 0 & \mu L_{\delta_A}+\sigma N_{\delta_A} & \mu L_{\delta_R}+\sigma N_{\delta_R} \\
0 & 0 & \mu N_{\delta_A}+\sigma L_{\delta_A} & \mu N_{\delta_R}+\sigma L_{\delta_R}
\end{bmatrix}
$$

$$
E = \begin{bmatrix}
1 & 0 & 0 & 0 & 0 & 0 & 0 & 0 \\
0 & V_T-Z_{\dot\alpha} & 0 & 0 & 0 & 0 & 0 & 0 \\
0 & 0 & 1 & 0 & 0 & 0 & 0 & 0 \\
0 & -M_{\dot\alpha} & 0 & 1 & 0 & 0 & 0 & 0 \\
0 & 0 & 0 & 0 & V_T & 0 & 0 & 0 \\
0 & 0 & 0 & 0 & 0 & 1 & 0 & 0 \\
0 & 0 & 0 & 0 & 0 & 0 & 1 & 0 \\
0 & 0 & 0 & 0 & 0 & 0 & 0 & 1
\end{bmatrix}
\tag{5.77}
$$

因此，状态变量为 $x = [V_T, \alpha, \theta, Q, \beta, \phi, P, R]^T$，控制变量为 $u = [\delta_T, \delta_E, \delta_A, \delta_R]^T$。有量纲稳定性导数（如 M_q、$M_{\dot\alpha}$）和有量纲控制导数（如 M_{δ_E}）的计算见参考文献[40, 53, 54]。

通过求解状态空间方程，可以推导出各种纵向、横向和航向传递函数。例如，使用克拉默法则（Cramer's rule），俯仰速率（q）到升降舵偏转角（δ_E）的传递函数为

$$
\frac{q(s)}{\delta_E(s)} = \frac{\begin{vmatrix}
(s-X_u-X_{T_u}) & -X_\alpha & X_{\delta_E} \\
-Z_u & \{s(U_1-Z_{\dot\alpha})-Z_\alpha\} & Z_{\delta_E} \\
-(M_u+M_{T_u}) & -(M_{\dot\alpha}s+M_\alpha+M_{T_\alpha}) & M_{\delta_E}
\end{vmatrix}}{\begin{vmatrix}
(s-X_u-X_{T_u}) & -X_\alpha & g\cos\Theta_1 \\
-Z_u & \{s(U_1-Z_{\dot\alpha})-Z_\alpha\} & \{-(Z_q+U_1)s+g\sin\Theta_1\} \\
-(M_u+M_{T_u}) & -(M_{\dot\alpha}s+M_\alpha+M_{T_\alpha}) & (s^2-M_qs)
\end{vmatrix}}
$$

这些传递函数用于模拟飞行，分析无人飞行器稳定性，以及表征飞行模态（例如长周期纵向摆动）。

5.5.6　重新表述的（非线性半耦合）运动方程

除了被重新表述以适应某些特殊应用（例如，二自由度控制器）外，这些方程与非线性方程基本相同。z 方向的速度（即 w）与攻角（α）之间存在某种关系，y 方向的速度（v）与侧滑角（β）之间也存在某种关系，如下所示：

$$\sin(\alpha) = \frac{w}{U_0} \tag{5.78}$$

$$\tan(\beta) = \frac{v}{U_0} \tag{5.79}$$

其中，U_0 为初始配平空速。假设飞行器飞行的各个角度为小角度，应用线性化方法（小扰动理论）可将两个方程简化为：

$$\alpha = \frac{w}{U_0} \tag{5.80}$$

$$\beta = \frac{v}{U_0} \tag{5.81}$$

对方程两边微分，得到：

$$\dot{w} = \dot{\alpha} U_0 \tag{5.82}$$

$$\dot{v} = \dot{\beta} U_0 \tag{5.83}$$

利用这两个微分方程，将 $\dot{w}$ 替换为 $\dot{\alpha} U_0$，将 $\dot{v}$ 替换为 $\dot{\beta} U_0$。这两种替换有不同的实现形式。这里举一个例子。通过在无人飞行器平移动力学和旋转动力学之间应用时标分离，将无人飞行器的原始动力学模型重新构造为两个低阶系统。慢变量（主要被控变量）是前向速度、爬升角、滚转角、侧滑角（U、γ、ϕ、β）。快变量（次要被控变量）是三个角速度加上攻角（α、Q、P、R）。四个控制量是节气门、升降舵、副翼和方向舵（δ_T、δ_E、δ_A、δ_R）。

慢动力学：

$$\dot{U} = \frac{1}{m}(-D + Y\sin\beta - mg\sin\gamma + T\cos\beta\cos\alpha) \tag{5.84}$$

$$\dot{\gamma} = \frac{1}{mV}(L\cos\phi - mg\cos\gamma - Y\sin\phi\cos\beta) + \frac{T}{mV}(\sin\phi\sin\beta\cos\alpha + \cos\phi\sin\alpha) \tag{5.85}$$

$$\dot{\phi} = P + \tan\theta(Q\sin\phi + R\cos\phi) \tag{5.86}$$

$$\dot{\beta} = P\sin\alpha - R\cos\alpha + \frac{1}{mV}(mg\cos\gamma\sin\phi + Y\cos\beta - T\sin\beta\cos\alpha) \tag{5.87}$$

快动力学：

$$\dot{P} = (c_1 R + c_2 P)Q + c_3 \overline{L} + c_4 N \tag{5.88}$$

$$\dot{Q} = c_5 PR - c_6(P^2 - R^2) + c_7 M \tag{5.89}$$

$$\dot{R} = (c_8 P - c_2 R)Q + c_4 \overline{L} + c_9 N \tag{5.90}$$

$$\dot{\alpha}=Q-\tan\beta(P\cos\alpha+R\sin\alpha)+\frac{1}{mV\cos\beta}(-L+mg\cos\gamma\cos\phi-T\sin\alpha) \qquad (5.91)$$

6.2.4 节将介绍慢动力学和快动力学的概念和应用。

5.5.7　无动力滑翔运动方程

若将无动力无人飞行器视为质点，则其在垂直面上的滑翔运动方程如下所示：

$$\dot{V}=-\frac{D}{m}-g\sin\gamma \qquad (5.92)$$

$$\dot{\gamma}=\frac{L}{mV}-\frac{g}{V}\cos\gamma \qquad (5.93)$$

$$\dot{h}=V\sin\gamma \qquad (5.94)$$

$$\dot{x}=V\cos\gamma \qquad (5.95)$$

5.6　动力学模型近似

在六自由度运动中，三个平面内存在各种横向、航向和纵向运动，这些运动常常是相互耦合的。如果要将这些运动解耦，就必须假设各个运动之间互不影响。本节将介绍若干独立运动(纯俯仰运动、纯滚转运动、纯偏航运动和纵向振荡模态)的动力学模型近似。

5.6.1　纯俯仰运动的近似

在纯俯仰运动中，俯仰力矩之和(M)作用于飞行器重心，这将改变俯仰角(θ)。纯俯仰运动中的变量包括攻角(α)、俯仰角(θ)、攻角变化率和俯仰角变化率。基于假设"α 和 θ 的变化是相同的"，可以得到以下关于纵向运动的近似控制微分方程：

$$\ddot{\alpha}-(M_q+M_{\dot{\alpha}})\dot{\alpha}-M_\alpha\alpha=M_{\delta_E}\delta_E \qquad (5.96)$$

其中，M_q 和 $M_{\dot{\alpha}}$ 是 2 个有量纲纵向稳定性导数，M_{δ_E} 是有量纲纵向控制导数。

5.6.2　纯滚转运动的近似

滚转角到副翼偏转角的传递函数可近似为二阶系统模型：

$$\frac{\phi(s)}{\delta_A(s)}=\frac{L_{d_{\delta_A}}}{s^2-sL_p} \qquad (5.97)$$

其中，L_p 和 $L_{d_{\delta_A}}$ 分别是有量纲滚转阻尼和滚转控制导数。L_p 通常是负的，且分母中有一个自由的 s，所以这个运动是临界稳定的。

5.6.3　纯偏航运动的近似

可以从荷兰滚运动(Dutch roll motion)的近似中导出近似的偏航力矩方程[53]：

$$\ddot{\psi}-N_r\dot{\psi}+N_\beta\psi=N_{\delta_R}\delta_R \qquad (5.98)$$

其中，N_r 和 N_β 是 2 个有量纲偏航稳定性导数，N_{δ_R} 是有量纲偏航控制导数。

对上面的微分方程进行拉普拉斯变换，很容易得到以下传递函数：

$$\frac{\psi(s)}{\delta_{\mathrm{R}}(s)} = \frac{N_{\delta_{\mathrm{R}}}}{s^2 - sN_r + N_\beta} \tag{5.99}$$

169

5.6.4　纵向振荡模态的近似

在纵向运动中，主要有两种振荡运动模态：长周期模态和短周期模态。

1. 长周期模态

长周期模态（沉浮模态）是指势能和动能在高度和空速间缓慢转换。其 s 域特征方程[53]为

$$s^2 - sX_u - \frac{gX_u}{U_0} = 0 \tag{5.100}$$

其中，X_u 是有量纲纵向稳定性导数。

2. 短周期模态

假设空速不变，就可以得到纵向运动短周期模态的近似。该模态的近似特征方程为：

$$s^2 - s\left(M_q + M_{\dot{\alpha}} + \frac{Z_\alpha}{U_0}\right) + M_q \frac{Z_\alpha}{U_0} - M_\alpha = 0 \tag{5.101}$$

利用这两个近似特征方程，就可以设计出控制纵向运动的反馈系统。

5.7　四旋翼（旋翼）飞行器动力学模型

近年来，四旋翼无人飞行器广受欢迎。四旋翼无人飞行器具有与传统直升机相似的飞行特性，即可实现很大速度范围内的静止、垂直和横向飞行，而且机械结构要简单得多。四旋翼飞行器的小直径螺旋桨由电动机驱动，在室内环境中操作更安全。此外，四旋翼飞行器还具有足够的有效载荷携带能力和飞行续航时间，可以执行各种任务。

本节将对四旋翼构型的技术特点和优缺点进行介绍。本书其他章节还介绍了有关四旋翼飞行器设计方面的知识。例如，2.10 节介绍了四旋翼构型的技术特点以及优缺点，4.8 节给出了四旋翼飞行器的空气动力学设计。

5.7.1　四个电动机的总推力

无刷直流电动机是四旋翼飞行器中使用的标准电动机，其所需电力由电池提供。

每个螺旋桨产生的推力（F）大小与螺旋桨转速（ω）的平方成正比：

$$F = k_1 \omega^2 \tag{5.102}$$

170

其中，k_1 是比例常数。当 ω 以 rad/s 为单位，F 以 N 为单位时，小型四旋翼飞行器的 k_1 为 10^{-6} $\mathrm{N/(rad \cdot s^{-1})^2}$。这四个类似的电动机将采用如下数学模型：

$$F_1 = k_1 \omega_1^2 \tag{5.103}$$

$$F_2 = k_1 \omega_2^2 \tag{5.104}$$

$$F_3 = k_1 \omega_3^2 \tag{5.105}$$

$$F_4 = k_1 \omega_4^2 \tag{5.106}$$

对于非悬停飞行状态，四个电动机的转速将不尽相同，这是为了给预定的机动飞行操作提供期望的力矩。值得注意的是，与固定翼飞行器不同，四旋翼飞行器没有常规的操纵

面(如升降舵、方向舵和副翼)。因此,四旋翼飞行器进行旋转运动依靠的是外部扭矩,而不是气动力矩(例如,滚转、俯仰和偏航力矩)。为了在推力计算中考虑旋转方向,建议采用以下力学模型:

$$\boldsymbol{F}_i = k_1 |\boldsymbol{\omega}_i| \boldsymbol{\omega}_i \tag{5.107}$$

这个公式保证了不论是逆时针(正)旋转还是顺时针(负)旋转,电动机转矩的方向都是正确的。下标 i(见图5-7)代表电动机编号(即 $i=1,2,3,4$)。为了确保合力向上,在对所有推力求和时,要把另一个负号加到两个负值前。

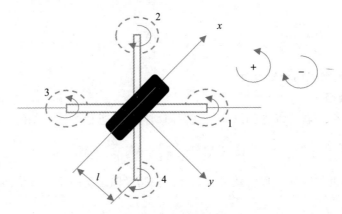

图5-7   各电动机的螺旋桨旋转方向(俯视图)

$$\boldsymbol{F} = \boldsymbol{F}_1 + \boldsymbol{F}_2 + \boldsymbol{F}_3 + \boldsymbol{F}_4 = k_1(|\boldsymbol{\omega}_1|\boldsymbol{\omega}_1 - |\boldsymbol{\omega}_2|\boldsymbol{\omega}_2 + |\boldsymbol{\omega}_3|\boldsymbol{\omega}_3 - |\boldsymbol{\omega}_4|\boldsymbol{\omega}_4) \tag{5.108}$$

式(5.108)仅对水平飞行有效,即不考虑俯仰角(θ)和滚转角。在这样的构型中,合力的 x 轴和 z 轴分量(见图5-8)为:

$$F_z = F \cdot \cos\theta \tag{5.109}$$

$$F_x = F \cdot \sin\theta \tag{5.110}$$

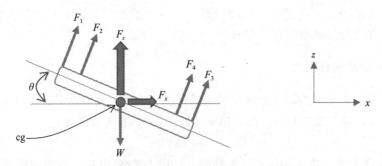

图5-8   升力和推力(带俯仰角的侧视图),风轴坐标系

例5.2   一架 0.5 kg 的小型四旋翼飞行器有四个电动机,系数 k_1 为 10^{-6} N/(rad·s^{-1})^2。
1)如果所有电动机都以 8000 r/min 的转速转动,确定四个电动机产生的合力。
2)四旋翼飞行器的俯仰角为 10°。确定 z 轴和 x 轴方向的分力。
解
1)合力

$$F = k_1(|\boldsymbol{\omega}_1|\boldsymbol{\omega}_1 - |\boldsymbol{\omega}_2|\boldsymbol{\omega}_2 + |\boldsymbol{\omega}_3|\boldsymbol{\omega}_3 - |\boldsymbol{\omega}_4|\boldsymbol{\omega}_4)$$

$$F = 10^{-6} \times [8000 \times 8000 - |-8000| \times (-8000) + 8000 \times 8000 - |-8000| \times (-8000)] \times 0.105^2$$

$$F = 10^{-6} \times 4 \times 8000^2 \times 0.105^2 = 2.822 \text{ N}$$

注意，0.105 是为了把转速的单位转换为 rad/s。

2）力的分解

$$F_z = F\cos\theta = 2.822 \times \cos 10° \approx 2.78 \text{ N}$$

$$F_x = F\sin\theta = 2.822 \times \sin 10° \approx 0.489 \text{ N}$$

图 5-9 给出了实验室中测量的电动机推力相对于转速的变化。这种电动机常用于迷你无人飞行器，如 AscTec "蜂鸟"。该试验推力（单位为 N）曲线可以用电动机转速（单位为 r/min）平方的函数来拟合。

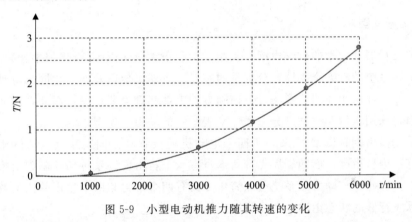

图 5-9 小型电动机推力随其转速的变化

图 5-10 给出了实验室中测量的电动机扭矩相对于转速的变化。该试验扭矩（单位为 N·m）曲线也可以用电动机转速（单位为 r/min）平方的函数来拟合。

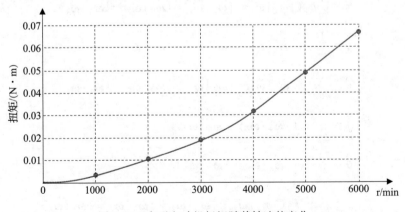

图 5-10 小型电动机扭矩随其转速的变化

电动机的旋转会在四旋翼飞行器的机架上产生一个扭矩，该扭矩的方向始终与螺旋桨的旋转方向相反。如果螺旋桨逆时针旋转，则作用在四旋翼飞行器机架上的扭矩为顺时针。为了抵消这种扭矩，应该让其中两个螺旋桨沿顺时针旋转，另外两个沿逆时针旋转。

此时，螺旋桨的攻角应该使所有螺旋桨都产生向上的力。在该模型中，假设产生的内部扭矩 T 的大小与转速的平方成正比：

$$T_i = -k_2 \omega_i^2 \tag{5.111}$$

其中，k_2 为比例常数，负号表示内部扭矩方向与螺旋桨的旋转方向相反。为了考虑电动机扭矩的方向，将 ω^2 写成 $|\boldsymbol{\omega}|\boldsymbol{\omega}$。每个电动机的推力都会产生一个绕四旋翼飞行器重心的外部扭矩，它由推力 F 和电动机中心与四旋翼飞行器重心间距离 l 相乘得到。

$$T_{x,y} = F \cdot l \tag{5.112}$$

将上述方法应用于外部扭矩表达式中，我们可以得到第一个电动机的扭矩表达式：

$$\boldsymbol{T}_{x,y} = -k_1 |\boldsymbol{\omega}_1|\boldsymbol{\omega}_1 l \tag{5.113}$$

其他几个电动机的扭矩方程与上式格式相同。通常，四个电动机到四旋翼飞行器中心的距离相等，所以四个电动机的距离 l 的值相同。

5.7.2 动力学模型

四旋翼飞行器动力学的数学模型是利用动量和角动量守恒（即刚体的牛顿第二定律）推导出来的。该系统共有五个刚体，分别是四旋翼飞行器机架以及四个相同的电动机。每个电动机产生的内部扭矩在四旋翼飞行器控制方程中都起着重要作用，因此，对于四旋翼飞行器，我们将采用六阶非线性微分方程组来表示它的动力学模型。

我们采用拉格朗日模型[63]来表示四个电动机的位置和方向。每个电动机相对于飞行器机架只有一个自由度，而四旋翼飞行器本身有六个自由度。系统的控制力由推力和电动机扭矩组成。因此，该动力学系统可以简化为具有四个外力和四个扭矩的四旋翼飞行器机架。四旋翼飞行器的状态由这些力和力矩决定。

实际上，存在三个相互正交的单位向量[64]，分别表示刚体的前后方向、左右方向和上下方向，即机体的框架。

$$\ddot{x} = \frac{1}{m} k_1 (|\boldsymbol{\omega}_1|\boldsymbol{\omega}_1 - |\boldsymbol{\omega}_2|\boldsymbol{\omega}_2 + |\boldsymbol{\omega}_3|\boldsymbol{\omega}_3 - |\boldsymbol{\omega}_4|\boldsymbol{\omega}_4)_x \tag{5.114}$$

$$\ddot{y} = \frac{1}{m} k_1 (|\boldsymbol{\omega}_1|\boldsymbol{\omega}_1 - |\boldsymbol{\omega}_2|\boldsymbol{\omega}_2 + |\boldsymbol{\omega}_3|\boldsymbol{\omega}_3 - |\boldsymbol{\omega}_4|\boldsymbol{\omega}_4)_y \tag{5.115}$$

$$\ddot{z} = \frac{1}{m} k_1 (|\boldsymbol{\omega}_1|\boldsymbol{\omega}_1 - |\boldsymbol{\omega}_2|\boldsymbol{\omega}_2 + |\boldsymbol{\omega}_3|\boldsymbol{\omega}_3 - |\boldsymbol{\omega}_4|\boldsymbol{\omega}_4)_z \tag{5.116}$$

$$\ddot{\phi} = \frac{1}{I_{xx}} k_1 (|\boldsymbol{\omega}_4|\boldsymbol{\omega}_4 - |\boldsymbol{\omega}_2|\boldsymbol{\omega}_2) l \tag{5.117}$$

$$\ddot{\theta} = \frac{1}{I_{yy}} k_1 (|\boldsymbol{\omega}_3|\boldsymbol{\omega}_3 - |\boldsymbol{\omega}_1|\boldsymbol{\omega}_1) l \tag{5.118}$$

$$\ddot{\psi} = -\frac{1}{I_{zz}} k_2 (|\boldsymbol{\omega}_1|\boldsymbol{\omega}_1 + |\boldsymbol{\omega}_2|\boldsymbol{\omega}_2 + |\boldsymbol{\omega}_3|\boldsymbol{\omega}_3 + |\boldsymbol{\omega}_4|\boldsymbol{\omega}_4) l \tag{5.119}$$

其中，ϕ、θ、ψ 分别是机架围绕 x、y 和 z 轴旋转的角度。式(5.114)~式(5.119)可以通过数值积分的方法求解。然而，需要知道四旋翼飞行器机架的姿态，才能确定各轴分力大小。为了构建机架姿态关于时间的函数，我们首先要求解式(5.117)~式(5.119)。

电动机的响应类似一阶动力学系统，它是时间常数为 τ 的指数函数。典型的电动机时间常数为 1～3 秒。因此，电动机的动力学模型如下所示：

$$推力 = \frac{F_{额定}}{\tau s + 1} \tag{5.120}$$

其中，$F_{额定}$ 是螺旋桨以期望速度旋转时产生的额定力。

5.7.3　简化动力学模型

四旋翼无人飞行器[65]在机体坐标系下的简化六自由度动力学方程如下所示：

$$\ddot{x} = \frac{F_{\mathrm{T}}}{m}(\sin\phi\sin\phi + \cos\phi\sin\theta\cos\phi) \tag{5.121}$$

$$\ddot{y} = \frac{F_{\mathrm{T}}}{m}(-\cos\phi\sin\phi + \sin\phi\sin\theta\cos\phi) \tag{5.122}$$

$$\ddot{z} = -g + \frac{F_{\mathrm{T}}}{m}(\cos\theta\cos\phi) \tag{5.123}$$

$$\dot{p} = \frac{I_{yy} - I_{zz}}{I_{xx}}qr - \frac{J_{TP}}{I_{xx}}q\Omega + \frac{\tau_\phi}{I_{xx}} \tag{5.124}$$

$$\dot{q} = \frac{I_{zz} - I_{xx}}{I_{yy}}pr + \frac{J_{TP}}{I_{yy}}p\Omega + \frac{\tau_\theta}{I_{yy}} \tag{5.125}$$

$$\dot{r} = \frac{I_{xx} - I_{yy}}{I_{zz}}pq + \frac{\tau_\psi}{I_{zz}} \tag{5.126}$$

其中，F_{T} 是(四个电动机的)总推力，m 是四旋翼飞行器的质量，τ_θ 是俯仰力矩，τ_ϕ 是滚转力矩，τ_ψ 是偏航力矩，J_{TP} 是转子转动惯量。此外，Ω 表示螺旋桨总转速：

$$\Omega = \omega_2 + \omega_4 - \omega_1 - \omega_3 \tag{5.127}$$

其中，$\omega_i(i=1,2,3,4)$ 是每个螺旋桨的转速。机身框架与风轴间的姿态角速度关系可以写成：

$$\begin{bmatrix} \dot{\phi} \\ \dot{\theta} \\ \dot{\psi} \end{bmatrix} = \begin{bmatrix} 1 & \sin\phi\tan\theta & \cos\phi\tan\theta \\ 0 & \cos\phi & -\sin\phi \\ 0 & \sin\phi/\cos\theta & \cos\phi/\cos\theta \end{bmatrix} \begin{bmatrix} p \\ q \\ r \end{bmatrix} \tag{5.128}$$

该方程实现了角速度在机身轴和风轴间转换。

175

5.8　自动驾驶仪分类

自动飞行控制系统的基本功能是控制飞行变量，以保证无人飞行器按预定轨迹飞行。在无人飞行器中，由于没有飞行员参与，自动驾驶仪就成了一种必须能够完成所有控制功能(包括自动起飞、向目标飞行和自动着陆)的设备。

一般来说，自动驾驶仪有五项功能：增稳功能、保持功能、导航功能、指令增强功能和综合功能。飞行器有三个轴(见图 5-4)，所以增稳系统(SAS)也有三个，即滚转阻尼器、偏航阻尼器和俯仰阻尼器。

飞行器的横向运动和航向运动通常是耦合的。因此，保持功能基本分为两类：纵向保持功能和横向-航向保持功能。在纵向平面内主要有三个功能：俯仰姿态保持、高度保持和控制轮转向模式。在横向-航向模式下，有三种保持功能：滚转角保持、航向角保持以及恒定速度和高度下的转弯速率模式。

同样，导航功能也基本分为两类：纵向导航功能和横向-航向导航功能。在纵向平面内主要有四种模式：自动闪光模式、下滑道保持、地形跟踪和自动着陆。在横向-航向模式下，主要有三种保持模式：航向信标、甚高频全向信标（Very High Frequency Omni-Directional Range，VOR）保持，以及跟踪一系列的路径点。

在指令增强方面，有三种基本系统：指令跟踪系统、指令生成器跟踪器和法向加速度CAS（Command Augmentation System，指令增强系统）。表5-2总结了自动驾驶仪的典型类别。

表5-2   自动驾驶仪典型类别

序号	增稳系统（SAS）	保持功能		导航功能		指令增强系统（CAS）
		纵向	横向-航向	纵向	横向-航向	
1	滚转阻尼器	俯仰姿态保持（θ）	滚转角保持（ϕ），翼平	自动闪光模式	航向信标	指令跟踪： 1）俯仰速率CAS 2）滚转速率CAS
2	偏航阻尼器	高度保持（h）	航向角保持（ψ）	下滑道保持	VOR保持	指令生成器跟踪器[①]（模型追踪）
3	俯仰阻尼器	控制轮转向模式	恒定速度和高度下的转弯速率模式	地形跟踪	跟踪一系列的路径点	法向加速度CAS（n_z）
4	—	速度/马赫数保持	—	自动着陆	—	—

①时变轨迹。

下面几节将介绍前四项功能，即增稳功能、保持功能、导航功能、指令增强功能。在第五项（即综合功能）中，各种功能被组合在一起以执行复杂任务。例如，通用原子MQ-9B"收割者"（"捕食者"B的可认证版本，见图5-11）的自动驾驶仪已应用在整个任务的情报、监视和侦察（Intelligence，Surveillance，Reconnaissance，ISR）阶段。2017年5月25日，这架无人飞行器测试出最大续航时间为48.2 h。9.8节将介绍一些开源的商用自动驾驶仪。

图5-11   通用原子MQ-9B"收割者"（资料来源：Leslie Pratt）

5.8.1   增稳系统

对于不太稳定的无人飞行器,自动驾驶仪必须具备增稳能力。顾名思义,增稳系统是为了增强开环系统的稳定性。它可以提高飞行器的稳定性,甚至可以将原本不稳定的飞行器变得稳定。增稳系统也可以与手动控制(地面系统或操作员指令)同时使用。增稳系统主要有三类,即滚转阻尼器、偏航阻尼器和俯仰阻尼器。

随着飞行包线不断扩大(例如图 6-10),我们需要在飞行包线的某些部分上增强无人飞行器动力学稳定性。由于无人飞行器动力学剧烈变化,在某个飞行条件下稳定且具有良好阻尼特性的动力学模型可能会在另一种飞行条件下变得不稳定,或变得阻尼不足。在这种情况下,自动驾驶仪既是自动控制系统,又负责增强飞行器稳定性。

176
～
177

本节将介绍自动驾驶仪用于增强稳定性的例子:偏航阻尼器。偏航阻尼器通过阻尼偏航振荡(即荷兰滚)来增强无人飞行器的航向稳定性。偏航阻尼器反馈的目的是利用方向舵产生偏航力矩,以抵消荷兰滚模态产生的偏航速率。多数大型无人飞行器在进行高空巡航飞行时都会出现这种模态,因为高空湍流强烈,阵风冲击机头,几乎连续不断地将机头向左右两边推。自动驾驶模式将使航向保持在预期方向。

图 5-12 给出了偏航阻尼器的框图。期望的偏航速率是零($\dot{\psi}=0$),因此偏航阻尼器会抵消掉所有不需要的偏航速率。同时,速率陀螺仪会测量偏航速率,以便为系统提供反馈。控制器将产生一个控制信号,该信号通过执行机构(即方向舵伺服机构)实现。偏航阻尼器的控制器可以简单到只有一个增益 K。当无人飞行器准备转弯并具有滚转角(ϕ_1)时,偏航阻尼器将尝试以恒定的滚转角转弯。这是因为计算出的偏航速率是滚转角的函数:

$$R_1 = \dot{\psi}_1 \cos\theta \cos\phi_1 \tag{5.129}$$

其中,下标 1 代表稳态值。针对这种情况的一种解决方案是使用时间常数约为 4 秒的 washout 滤波器。这将在速率陀螺仪的响应中产生滞后效果。有关此增稳系统的更多细节,请参见 6.5 节。

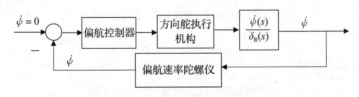

图 5-12   偏航阻尼器的框图

5.8.2   保持功能

飞行器的横向运动和航向运动通常是耦合的。因此,保持功能基本分为两类:纵向保持功能和横向保持功能。在纵向平面内主要有三个功能:俯仰姿态保持、高度保持和控制轮转向模式。在横向-航向模式下,有三种保持功能:滚转角保持、航向角保持以及恒定速度和高度下的转弯速率模式。

纵向保持功能是长时间巡航飞行的有效控制方法。由于燃料在飞行过程不断被消耗,飞行开始时和飞行结束时飞行器的重量差异很大（通常相差 20% 左右）。但是，对于"全球鹰"之类的长航时无人飞行器而言，无人飞行器的重量变化高达 50%。

在任意重量和高度下，直线水平飞行时的升力必须等于飞行器重力：

$$W = L = \frac{1}{2}\rho V^2 S C_L \tag{5.130}$$

式（5.130）有四个独立参数：无人飞行器重量（W）、空速（V）、海拔或相应的空气密度（ρ）、攻角（α）或与其相关的升力系数（C_L）。

由于燃料在飞行过程中被消耗，飞行器的重量不断减小。为了保持水平飞行，必须减小升力。在众多解决方案中，只有三种较为实用且经过验证。在每种情况下，都会有两个飞行参数在整个巡航过程中保持不变。在巡航过程中持续减小升力的三种做法（见图 5-13）是：

- 降低飞行速度（恒定高度、恒定升力系数）。
- 增加高度（恒定空速、恒定升力系数）。
- 减小攻角（恒定高度、恒定空速）。

在第一种做法中，必须以与飞行器重量降低速率相同的速率降低。在第二种做法中，必须降低空气密度，即必须增加飞行高度。第三种做法是减小飞行器的攻角，即降低升力系数。就自动驾驶仪的操作而言，第一种做法是通过发动机节气门实现的，第三种做法是通过操纵杆实现的。第二种做法不需要自动驾驶仪采取任何操作，飞行高度将逐渐增加（爬升）。

根据安全法规和实际考虑，第二种做法是大多数飞行器倾向的选择。通常，无人飞行器必须在联邦航空条例的管辖范围内飞行，可行的飞行方案主要是以恒定高度、恒定空速飞行。

就自动驾驶仪的模式而言，第一种和第二种飞行操作是通过俯仰姿态保持模式实现的。第二种和第三种飞行操作是通过高度保持模式实现的。

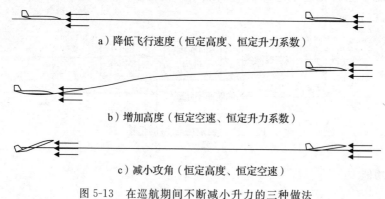

a）降低飞行速度（恒定高度、恒定升力系数）

b）增加高度（恒定空速、恒定升力系数）

c）减小攻角（恒定高度、恒定空速）

图 5-13   在巡航期间不断减小升力的三种做法

5.8.3   导航功能

导航功能基本分为两类：纵向导航功能和横向-航向导航功能。在纵向平面内主要有四种模式：自动闪光模式、下滑道保持、地形跟踪和自动着陆。在横向-航向模式下，主要有三种保持模式：航向信标、甚高频全向信标（VOR）保持以及跟踪一系列的路径点。

顺便提一句，VOR 是一种用于飞行器的无线电导航系统。VOR 地面站发出 VHF 无线电信号和数据，从而使机载接收器能够获取从地面站到飞行器的磁方位。这条位置连线被称为"径向"。然后，飞行员利用这些信息来确定它们的位置，并将飞行器导航到目的地。第 8 章除了介绍导航系统设计外，还将详细地介绍导航功能。

5.8.4 指令增强系统

一些自动驾驶仪可以提高飞行器的稳定性（SAS），另一些［例如指令增强系统（CAS）］可以增强对控制输入的响应。慢模态（例如，纵向运动中的长周期摆动，横向运动中的螺旋运动）可以由地面控制站中的飞行员控制。但是，由于飞行员无法持续关注、控制这些模态，因此需要一种自动控制系统来提供"飞行员辅助"。参考文献[54]介绍了自动飞行控制系统的设计流程，并给出了一些详细的示例。

在指令增强方面，有三种基本系统：指令跟踪系统、指令生成器跟踪器和法向加速度 CAS。指令跟踪系统主要分为两种模式：俯仰速率跟踪和滚转速率跟踪。指令生成器跟踪器被称为模型跟踪系统，因为它会产生时变的轨迹。

图 5-14 展示了根据 NASA ERAST 计划开发的用于高层大气科学任务的通用原子 AL-TUS II 遥控飞行器。ALTUS II 是 MQ-1 "捕食者"无人飞行器的民用衍生型号，专为科研任务设计。该无人飞行器翼展为 16.5 m，展弦比为 24，机翼面积为 12.2 m²，配备 Rotax-912 活塞式发动机。它的最大速度为 100 kn，续航时间为 24 h，实用升限为 65 000 ft。

图 5-14　NASA ALTUS II

5.9　飞行仿真：数值方法

在自动驾驶仪（包括飞行控制律）的设计、开发和验证过程中，无人飞行器的飞行仿真是一个重要的方法。一般来说，有两种方法进行飞行仿真，即通过地面模拟设备（见图 5-15）和通过计算机软件。硬件在环（HIL）仿真属于第一种方法，它是一种实时仿真。本节将简要介绍这两种方法。

如果仅用软件来模拟飞行，就需要建立飞行器的动力学模型。如果采用非线性微分方程作为动力学的基础，则数值方法是最可行、有效的方法。在模拟飞行器系统时，必须对飞行器动力学的几个重要组成部分进行建模，模型包括空气动力学、推进系统、结构、动力学，以及其他机械、电气和液压子系统，也包括大气飞行环境。可以根据应用来决定将每个子系统建模到哪个级别。

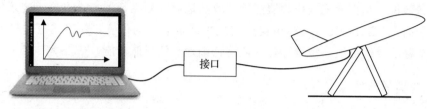

图 5-15　地面模拟设备

5.9.1　数值积分

无人飞行器动力学模型是仿真软件包中最关键的组件，它表示为一组非线性常微分方程（Ordinary Differential Equation，ODE）。非线性常微分方程［例如运动方程式（5.3）～式（5.8）］没有封闭形式的解。但是，可以通过多种数值方法对它们进行积分。常用的一种方法（即近似解）是龙格-库塔（Runge-Kutta）法[56]，它是一系列的隐式和显式迭代方法，其中包括众所周知的欧拉法。这一方法也称为数值积分，由德国数学家 C. Runge 和 M. Kutta 于 1900 年左右提出。

考虑以下 ODE 初值问题：

$$\frac{\mathrm{d}x}{\mathrm{d}t} = f(x, t), \ x(t_0) = x_0 \tag{5.131}$$

求离散解最简单的龙格-库塔法是欧拉积分法：

$$x_\mathrm{E}(t_0 + T) \approx x(t_0) + Tf(x(t_0), t_0) \tag{5.132}$$

其中，T 为步长，下标 E 代表欧拉法。到目前为止，最常用的是经典四阶龙格-库塔公式[56]，该公式每步需要进行四次估计。最流行的龙格-库塔方法是四阶龙格-库塔法。每一步要计算四次导数：一次在初始点，两次在试验中点，一次在试验终点。通过这些导数计算出最终的函数值。

5.9.2　MATLAB 和 Simulink

MATLAB 是一个多功能的数值计算环境。MathWorks 开发的编程语言可以进行矩阵运算，绘制计算结果，实现算法，还可以与使用其他语言（如 C 和 Python）编写的程序进行交互。可以使用 MATLAB 软件包对非线性 ODE 进行数值分析。为了用数值方法求解非线性耦合一阶微分方程（Differential Equation，DE）系统，必须在 MATLAB 中生成两个文件：一个用于介绍微分方程（作为函数），另一个用于求解它们（通过 ODE45）。下面将对这两个文件进行解释。例 5.3 说明了如何应用该方法。文献［66］介绍了如何在 MATLAB 中应用龙格-库塔公式等数值方法。

（1）ode45

该命令用于求解非刚性微分方程。格式为：

```
[Tout, Yout] = ode45(ODE_FUN, Tspan, Yo) with TSPAN
= [To T_final]
```

它将初始条件为 Yo 的微分方程组 $y' = f(t, y)$ 在时间 To 到 T_final 上进行积分。ODE_FUN 是一个函数句柄。对于标量 T 和向量 Y，ODE_FUN(T,Y) 返回与 $f(t, y)$ 对应的列向量。结果数组 Yout 中的每一行对应于列向量 Tout 中返回的时间。为了获得特定时间 To，T1，…，T_final（全部增加或全部减少）的解，可以使用 TSPAN = [To T1 … T_final]。

（2）function

此命令添加一个新函数。如果用其他现有函数表示新函数，则可以将新函数添加到 MATLAB 的词汇表中。组成新函数的命令必须和函数放在同一个文件中，该文件的名称将定义新函数的名称，文件扩展名为".m"。在文件顶部，必须有一行给出新函数的语法定义。例如，名为 stat.m 的文件包含：

```
function [mean, stdev] = stat(x)
n = length(x);
mean = sum(x) / n;
stdev = sqrt(sum((x - mean).^2)/n);
```

该文件定义了一个名为 stat 的新函数，该函数可以计算向量的均值和标准差。函数体中的变量都是局部变量。

例 5.3　初始条件为 $y_1(0) = 1$，$y_2(0) = 4$ 和 $y_3(0) = -5$，在 [0 15] 秒内求解下列非线性耦合一阶微分方程组，然后绘制结果。

$$\dot{y}_1 = 3\sin y_2$$

$$\dot{y}_2 = 0.2 - \cos^2 y_1$$

$$\dot{y}_3 = y_1 y_2 - y_3$$

解　求解该非线性耦合微分方程组需要一个 m 文件和一个函数。函数文件定义微分方程，m 文件通过 ODE45 命令求解上述方程。m 文件调用函数文件并读取函数文件内的 DE。

m 文件（任意名称）：

```
clear all
clc
[t,y] = ode45('f1',[0 15],[1; 4 ; -5]);
plot(t,y(:,1),'-',t,y(:,2),'.', t,y(:,3),'+');
xlabel ('Time (sec)');
ylabel ('y_1, y_2, y_3')
grid
legend ('y_1', 'y_2', 'y_3')
```

函数文件（必须命名为 f1）：

```
function func = f1(t,y)
y1 = 3*sin(y(2));
y2 = 0.2-cos(y(1))^2;
y3 = y(1)*y(2)-y(3)
func = [y1 ; y2 ; y3];
```

注意，函数文件的名称(f1)必须再使用两次。仿真结果如图 5-16 所示。

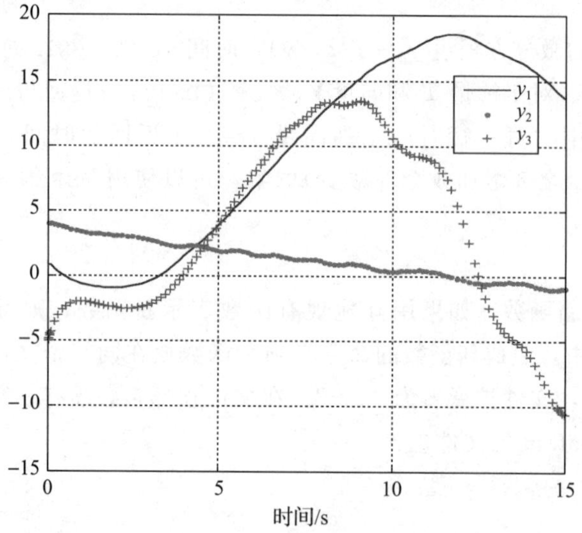

图 5-16　仿真结果

5.9.3　硬件在环仿真

在硬件在环仿真中，使用实时计算机模拟无人飞行器模型，并采用真实的控制器对其进行控制。硬件中还包含一个接口，该接口用于无人飞行器的虚拟控制输入。使用地面测试设备时，可以评估控制系统的有效性及其对飞行器稳定性的影响。控制器硬件内烧录有控制程序。实时处理器(即硬件)中包含无人飞行器虚拟模型的相关代码。在这种情况下，液压伺服执行机构安装在模拟飞行器的底部，由计算机驱动以产生所需的运动。

可靠的、高保真度的飞行员在环或硬件在环(HIL)仿真需要更复杂的动力学模型。最小化执行时间的目标必须与仿真的精度和准确性进行权衡。专用仿真语言的使用、低成本的大规模计算能力以及仿真方法的进步，使仿真成为飞行操作研究和无人飞行器系统分析中使用最广泛的工具之一。

5.10　无人飞行器飞行品质

5.10.1　基本原理

在设计无人飞行器自动驾驶仪时，设计者必须考虑飞行品质要求的相关规范和标准。在过去的 20 年里，用于制定无人飞行器平台系统飞行品质规范的指南有 MIL-F-8785、MIL-HDBK-1797、MILHDBK-516 和 ADS-33-PRF。现行的无人飞行器飞行品质标准和规范是有缺陷的，严重依赖载人飞行器的标准和规范，因为它们没有考虑到传感器和有效载荷的要求。

载人飞行器的飞行或操纵品质规范(如杆力)并不能直接适用于无人飞行器和自动驾驶仪设计。对于由地面站操作员遥控的无人飞行器来说，其稳定性(例如长周期、短周期、荷兰滚、滚转收敛和螺旋模态)和可控性会受到各种要求的影响。此外，考虑到飞行器和传感器/有效载荷子系统间的权衡问题，在制定飞行品质规范时必须为飞行器设计提供灵活性和指导。

此外，必须特别关注自动驾驶仪的介入和分离方式，以免产生危险的暂态运动。在自动驾驶仪设计中，需要考虑的另一个重要方面是自动驾驶仪从一种模式切换到另一种模式的过程。载人飞行器和无人飞行器飞行品质的差异主要与它们的主/辅飞行控制系统、数据链时延、系统故障状态和飞行显示要求有关。飞行器的飞行品质与其操纵面密切相关，主要表现在面积大小、力臂长度和偏转角度上。

与载人民用飞行器不同，遥控无人飞行器容易受到通信系统时延的影响，这可能对系统的操纵品质产生不利影响。通过分析、模拟和飞行试验可以验证无人飞行器是否符合要求。本节讨论了无人飞行器操纵品质的建议标准。

185

5.10.2　分级、分类和可接受等级

现行的无人飞行器飞行品质标准和规范存在缺陷，且严重依赖载人飞行器的标准。针对无人飞行器的任务和有效载荷要求，需要制定新的标准和准则。美国海军航空系统司令部[67]已经启动了一个为无人飞行器制定飞行品质标准和准则的项目，对现有载人飞行器飞行品质规范进行修改，取消对杆力梯度和飞行员舒适性的要求。但是，飞行器最基本的稳定性和控制要求将保持不变。

MIL-F-8785C 和 MIL-STD-1797B 中的最高等级要求是飞行器在作战包线中具有 1 级飞行品质，在服务包线中具有 2 级飞行品质。在其较低等级要求中，也详细规定了 1 级、2 级或 3 级飞行品质。1 级、2 级或 3 级飞行品质的具体性能通常随飞行器种类和飞行阶段而变化。

根据尺寸、机动性和任务种类，通常将载人飞行器划分为四级。第一级是小型轻型飞行器，第二级是中等重量的低/中机动性飞行器，第三级是大型和重型飞行器(如大型运输飞行器)，第四级是高机动性飞行器(如战斗机等)。

但是，对于无人飞行器来说，应该分级为：Ⅰ级微型无人飞行器，Ⅱ级迷你型无人飞行器，Ⅲ级小型无人飞行器，Ⅳ级中型无人飞行器，Ⅴ级重型无人飞行器，Ⅵ级无人战斗飞行器。这种分级主要针对固定翼无人飞行器，还需要专门为四旋翼飞行器定义一个新级别(即第七级)。

飞行阶段可分为 A、B、C 三类。A 类包括需要进行精确、快速机动的飞行阶段，比如战斗或地形跟踪。B 类包括非终端飞行阶段，不需要精确机动，比如巡航和盘旋。C 类主要包括终端飞行阶段，比如起飞和着陆。上述类别划分同样适用于无人飞行器。

无人飞行器飞行品质规范必须涵盖现有类别中没有的飞行器。无人飞行器的分级必须考虑各种要求，这些要求将根据机体和有效载荷的可扩展性、任务目标性能、对人员或财产的潜在损害以及空域整合而有所不同。另外，无人飞行器比载人飞行器损毁率更高。

所以，我们应该针对无人飞行器的飞行模式制定一套新规范。飞行模式主要有视线内遥控、通过显示器遥控、单一模式自动驾驶仪(如高度保持模式)以及完全自主控制四种。由于自主程度不同，每种飞行模式都应该有各自的飞行品质规范。

5.10.3 强度限制

我们应该考虑到机械/电动伺服器限制等要求。操纵面通过电动、机械伺服器或执行机构进行偏转，因此取消了对杆力梯度的要求。参考文献[47，68]在简介、原理、基础知识以及各种人为因素(包括人力限制)方面提供了非常详细实用的数据。此外，MIL-STD-1472G[69]为军事系统、设备、设施的设计和开发建立了通用的人机工程学标准。

5.11 自动驾驶仪设计流程

在前几节中，我们介绍了自动驾驶仪的主要子系统。此外，还讨论了动力学建模的两种方法(传递函数和状态空间模型)。本节将简要介绍自动驾驶仪的设计流程。

自动驾驶仪的主要设计要求包括：制造技术要求、精度要求、稳定性要求、结构刚度要求、载荷系数要求、飞行品质要求、机动性要求、可靠性要求、成本要求、无人飞行器构型要求、可维护性要求、重量要求、通信系统要求、空气动力学要求、处理器要求以及轨迹的复杂性要求。

根据现有的通用航空器操纵品质要求，结合以往经验，建议在设计过程中考虑以下要求：

(1) 一般要求

- 整个系统的稳定性(最低要求)。
- 输出(或状态跟踪)性能。
- 响应的准确性。
- 最小化某一性能指标(满足前3点之后再进行)。

(2) 具体设计要求(考虑不确定性)

- 阶跃响应特性要求：典型的阶跃响应特性要求包括超调<5%，稳态误差<1%，上升时间<1 s，最小化交叉耦合。
- 鲁棒性要求：自动驾驶仪在重量、重心和动力学模型不确定性方面必须是鲁棒的；自动驾驶仪应当抵消由测量误差、传感器误差和环境变化引起的干扰。

图 5-17 给出了自动驾驶仪的一般设计流程。从设计要求开始，设计便具有迭代性质。控制系统、制导系统和导航系统这三个主要部分是并行设计的。在设计这些系统时，必须充分考虑三种规律(即控制律、制导律和导航律)。此外，这三个系统都需要设计或选择相应的设备。

第 6 章、第 7 章和第 8 章将分别介绍控制子系统、制导子系统和导航子系统的详细设计过程。在设计过程的任一阶段，都要及时检查输出是否符合设计要求，并获得相应反馈。该过程将不断重复，直到满足设计要求。自动驾驶仪设计的一个重要步骤是将控制系统、导航系统和制导系统集成在一个单元中。这一阶段将面临各种设计挑战，必须认真对待。

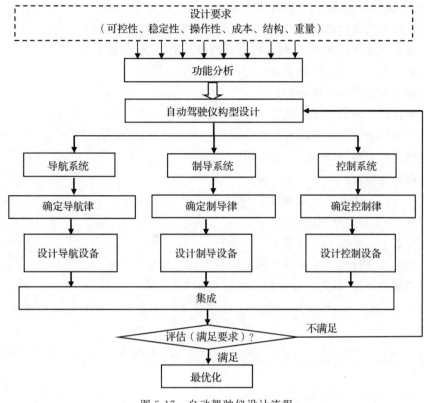

图 5-17　自动驾驶仪设计流程

简答题

1. 列出自动驾驶仪的主要子系统。

2. 至少从三个方面比较自动驾驶仪和飞行员的区别。

3. 控制系统的主要功能是什么？

4. 制导系统的主要功能是什么？

5. 导航系统的主要功能是什么？

6. 给出拉普拉斯变换的定义。

7. 给出传递函数的定义。

8. 传递函数的极点和零点分别是什么？

9. 什么是动力学建模？

10. 简化非线性耦合动力学模型的两种方法是什么？

11. 线性化方法的名称是什么？

12. 描述状态空间模型。

13. 控制导数是什么？

14. 稳定性导数是什么？

15. 主要的气动力有哪些？

16. 主要的气动力矩有哪些？

17. 列出无人飞行器的各种动力学模型。

18. 写出固定翼无人飞行器纵向模态的线性动力学模型(状态空间)。

19. 写出固定翼无人飞行器横向-航向模态的线性动力学模型(状态空间)。

20. 写出四旋翼无人飞行器的动力学模型(微分方程)。

21. 描述自动驾驶仪的设计流程。

22. 自动驾驶仪的主要设计要求是什么?

23. 无人飞行器的动力学模型由哪些部分组成?

24. 描述数值积分龙格-库塔法。

25. 描述人在回路仿真。

26. 参照式(5.42),确定有量纲导数 L_β 的单位。

27. 无量纲导数 C_{n_β} 的单位是什么?

28. 稳定性导数 C_{m_q} 的单位是什么?

29. 画出一架无人飞行器,并在图中标出所有气动力和气动力矩。

189 30. 将纵向运动与横向-航向运动解耦的输出是什么?

31. 根据图 5-9,在 5000 r/min 时,AscTec "蜂鸟" 无人飞行器的电动机产生的推力是多少?

32. 根据图 5-10,在 6000 r/min 时,AscTec "蜂鸟" 无人飞行器的电动机产生的扭矩是多少?

33. 列出自动驾驶仪的三个 SAS。

34. 列出自动驾驶仪的四种纵向保持功能。

35. 列出自动驾驶仪的三种横向-航向保持功能。

36. 列出自动驾驶仪的四种纵向导航功能。

37. 列出自动驾驶仪的三个 CAS。

38. 在巡航飞行过程中,有哪三种可能导致升力持续下降的情况?

39. 当无人飞行器测量装置已经测量/计算出三个空速分量(u、v 和 w),如何确定无人飞行器攻角(α)?

40. 当无人飞行器测量装置已经测量/计算出三个空速分量(u、v 和 w),如何确定无人飞行器侧滑角(β)?

练习题

1. 使用泰勒级数对非线性方程 $F(x)=10x^2+3x-12$ 进行线性化,展开点为 $x=3$。

2. 使用泰勒级数对非线性方程 $F(x,y)=10yx^2+3xy^4+60x-30y+20$ 进行线性化,展开点为 $x=5$,$y=2$。

3. 无人飞行器纵向动力学模型在状态空间模型中有如下矩阵 A,这架无人飞行器是纵向稳定的吗?

$$A = \begin{bmatrix} 3 & -4 & 9.8 \\ 2 & 24 & -3.1 \\ 9 & 1.8 & 0 \end{bmatrix}$$

4. 无人飞行器的空速-升降舵偏转角传递函数为 $\dfrac{u(s)}{\delta_E(s)} = \dfrac{s^2+3s+4}{125s^4+308s^3+354s^2+30s+29}$，这架无人飞行器是纵向稳定的吗？

5. 无人飞行器的滚转角-副翼偏转角传递函数为 $\dfrac{\phi(s)}{\delta_A(s)} = \dfrac{150s^2+35s+130}{870s^4+630s^3+790s^2+440s+6}$，这架无人飞行器是横向-航向稳定的吗？

6. 某动力学系统传递函数为 $F(s) = \dfrac{3}{s^2+2s+10}$，计算该系统的阻尼比和固有频率。

7. 某动力学系统传递函数为 $F(s) = \dfrac{12}{s^2+7s+4}$，计算该系统的阻尼比和固有频率。

8. 无人飞行器的有量纲导数 $N_{\delta_R} = -2.5\ \mathrm{s}^{-2}$，$N_r = -0.4\ \mathrm{s}^{-1}$，$N_\beta = 3.5\ \mathrm{s}^{-2}$，求航向角到方向舵偏转角的近似传递函数。

9. 无人飞行器的有量纲导数 $M_q = -6\ \mathrm{s}^{-1}$，$M_{\dot{\alpha}} = -3.2\ \mathrm{s}^{-1}$，$M_\alpha = -6\ \mathrm{s}^{-2}$，$M_{\delta_E} = -42\ \mathrm{s}^{-2}$。

   1) 确定控制微分方程的近似攻角；

   2) 推导攻角-升降舵偏转角传递函数。

10. 无人飞行器以 150 kn 的空速巡航。如果空速的垂直分量为 8 kn，确定无人飞行器的攻角。

11. 无人飞行器以 60 kn 的空速着陆。如果从右侧吹来 5 kn 的侧风，确定无人飞行器的侧滑角。

12. 初始条件为 $y_1(0)=2$，$y_2(0)=6$，$y_3(0)=-3$，在 $[0\quad 2]$ 秒内求解以下非线性耦合一阶微分方程组，然后绘制结果。

    $$\dot{y}_1 = 2\cos y_2$$
    $$\dot{y}_2 = 1.4y_3 - \sin^2 y_2$$
    $$\dot{y}_3 = y_1 y_2 - 2y_3$$

13. 初始条件为 $y_1(0)=3$，$y_2(0)=1$，$y_3(0)=4$，在 $[0\quad 10]$ 秒内求解以下非线性耦合一阶微分方程组，然后绘制结果。

    $$\dot{y}_1 = -3\cos y_2$$
    $$\dot{y}_2 = 2.8 + \sin^3 y_1$$
    $$\dot{y}_3 = y_1 y_3 + 4y_2$$

14. 采用直接代换法线性化一阶非线性微分方程 $m(\dot{V}+UR-WP) = mg_y + F_{A_y} + F_{T_y}$ [即 y 方向的力方程，见式(5.4)]。

15. 采用直接代换法线性化一阶非线性微分方程 $m(\dot{W}-UQ+VP) = mg_z + F_{A_z} + F_{T_z}$ [即 z 方向的力方程，见式(5.5)]。

16. 一个质量为 2 kg 的小型四旋翼飞行器有四个电动机，其中系数 k_1 为 $2\times10^{-6}\ \mathrm{N/(rad\cdot s^{-1})^2}$。

    1) 如果所有电动机都以 10 000 r/min 的转速转动，确定四个电动机产生的合力。

    2) 如果四旋翼飞行器的俯仰角为 15°，确定 z 方向和 x 方向的分力。

191

17. 一个质量为 5 kg 的小型四旋翼飞行器有四个电动机，其中系数 k_1 为 1.5×10^{-6} N/(rad·s^{-1})^2。

　　1) 如果所有电动机都以 12 000 r/min 的转速转动，确定四个电动机产生的合力。

　　2) 如果四旋翼飞行器的俯仰角为 20°，确定 z 方向和 x 方向的分力。

18. 一架小型无人飞行器的起飞质量为 1200 kg，机翼面积为 15 m^2，机翼平均气动弦长 1.6 m，它在 5000 ft 高度以 130 kn 的速度巡航。若无量纲稳定性导数 C_{L_q} 为 4.2 rad^{-1}，计算有量纲稳定性导数 Z_q。

19. 一架迷你型无人飞行器的起飞质量为 2 kg，机翼面积为 0.8 m^2，机翼平均气动弦长 0.3 m，它在 2000 ft 高度以 30 kn 的速度巡航。若无量纲稳定性导数 C_{n_r} 为 -0.12 rad^{-1}，计算有量纲稳定性导数 N_r。

20. 一架大型无人飞行器的有量纲滚转稳定性和控制导数 $L_{\delta_A} = 1.4$ s^{-2}，$L_p = -0.43$ s^{-1}，推导滚转角到副翼的近似传递函数。然后，绘制无人飞行器滚转角对 20° 副翼输入（持续 3 s）的响应。

21. 一架小型无人飞行器的有量纲滚转稳定性和控制导数 $L_{\delta_A} = 63$ s^{-2}，$L_p = -14$ s^{-1}，推导滚转角到副翼的近似传递函数。然后，绘制无人飞行器滚转角对 $-5°$ 副翼输入（持续 1.5 s）的响应。

22. 带有螺旋桨的无人飞行器电动机能够产生 12 N 的额定推力。将电动机建模为一阶系统，该系统的时间常数为 0.3 s。绘制电动机 3 s 内推力的曲线。

23. 考虑 18 题中的无人飞行器。假设一股向上的阵风击中了无人飞行器的机头，产生了一个 20 (°)/s 的俯仰速率。作为对这种扰动的响应，无人飞行器会产生什么样的垂直力？它的方向是？

24. 考虑 19 题中的无人飞行器。假设一股阵风击中了无人飞行器的垂直尾翼，产生了一个 30 (°)/s 的偏航速率。作为对这种扰动的响应，无人飞行器会产生什么样的偏航力矩？它的方向是？这种行为是否表明无人飞行器是航向稳定的？

第6章 控制系统设计

教学目标

经过本章的学习，读者将能够：

1）用微分方程对控制系统进行数学建模。

2）用泰勒级数法将非线性系统线性化。

3）列出控制系统组件。

4）用拉普拉斯变换法推导线性系统的传递函数。

5）根据框图推导系统传递函数。

6）导出控制系统的状态空间表示。

7）将系统的状态空间表示转换为传递函数，或将传递函数转换为状态空间表示。

8）评估控制系统性能。

9）用根轨迹法设计控制系统补偿网络。

10）用频率响应法确定系统对正弦输入的稳态响应。

11）用各种设计方法为控制系统设计控制器。

12）进行无人飞行器控制系统设计。

13）讨论各种类型的自主性。

14）制定飞行控制要求。

15）根据给定的控制要求设计自动驾驶仪的各种模式。

16）根据给定的控制要求选择适当的伺服器和执行机构。

6.1 引言

控制系统是自动驾驶仪的主要子系统之一（参见图 5-1）。控制系统负责控制飞行器的运动方向或速度矢量方向。控制系统的作用是将无人飞行器保持在任务所需的预定航线或航向上。控制系统根据机载传感器提供的飞行器状态信息来驱动操纵面执行机构（即伺服器）。

即便是在阵风和恶劣气象条件下，无人飞行器也必须保持指定的航向和高度，以便安全抵达目的地。此外，即便气候恶劣，也必须尽可能平稳地飞行，以降低载荷系数。无人飞行器有六个自由度，这让问题变得相当复杂。因此，无人飞行器的控制比船舶的控制更加困难，因为船舶的运动仅限于水面。

一个成功的控制系统设计师不仅需要对空气动力学和飞行动力学有很好的理解，还需要对系统工程方法有很好的理解。所有无人飞行器都必须满足可控性要求，才能被认证用于商业或军事领域。许多军用无人飞行器，如无人战斗飞行器（UCAV）还有额外的机动性要求。无人飞行器满足这些要求的能力通常受到可用控制通道数量的限制。因此，对于设计师来说，在概念设计的早期阶段评估候选概念的控制通道数量是非常必要的。

详细设计中的一项必要活动是给出控制系统组件的功能描述，在此基础上确定系统完成任务所需要的资源。最终，可以使用设备、软件、设施、数据或它们的组合来实现这些功能。控制系统设计必须满足客户或标准所要求的可控性要求。无人飞行器的标准尚未最终确定，但可参考军用规范（军用标准 MIL-STD-1797 或无人飞行器认证指南）或 FAR 的 23 部[70] 或 25 部[71]。随着计算机技术的进步，以及非线性系统中新数学理论的引入，鲁棒控制、非线性控制等先进控制系统设计方法的应用越来越多。

6.2 控制系统基础

基本上，无人飞行器控制系统必须是闭环的，并采用负反馈。本节将介绍控制系统的基础知识、控制概念、基本定义、主要组成部分和一般设计方法。

6.2.1 组成部分、概念和定义

闭环控制系统通常有四个基本组成部分（见图 6-1），即被控对象、控制器、执行机构（或伺服器）和测量装置。带有负反馈的控制系统框图通常可以简化为图 6-1 和图 6-2 所示的形式，其中标明了反馈系统使用的标准符号（参见参考文献[49，50]）。在这个反馈控制系统中，输出 Y 是被控变量。使用负反馈的原因之一是为了调节被控对象的输出，也就是保持输出恒定在一个"设定点"，就像飞行器中的"高度保持"自动驾驶模式一样。

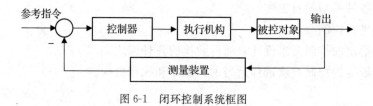

图 6-1 闭环控制系统框图

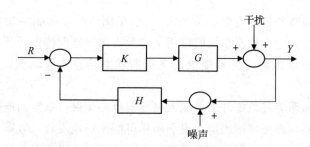

图 6-2 包含干扰和噪声的控制系统框图

系统的输出由反馈元件（测量装置，H）测量，产生初始反馈信号，然后与参考输入进行比较。参考输入（R）和反馈信号之间的差值（即误差）是控制器（K）的输入。控制器根据控制律向执行机构发出信号。

控制器信号通过执行机构(如机械作动筒)施加到被控对象(G)上。误差信号定义为理想(或期望)的系统输出减去实际系统输出。输出的理想值确定了被控对象的预期性能。干扰是不希望出现的信号(如阵风),它会影响被控变量。系统中的许多地方都会引入干扰。噪声也是不希望出现的信号(如发动机振动),它会影响变量的测量。可以利用滤波器来消除测量设备中的噪声。对于图 6-2 中给出的框图,输入-输出传递函数[50]为:

$$\frac{Y(s)}{R(s)}=\frac{KG}{1+KGH} \tag{6.1}$$

就无人飞行器而言,反馈控制系统中的飞行控制器用于控制飞行器的运动。由自动驾驶仪设定的参考飞行路线和水平位置(高度)是两个典型的系统输入信号。最终的被控变量是无人飞行器的实际航线和位置。控制系统的输出(即被控变量)是航向。

控制器是根据控制律设计的。一些典型的控制律有线性、非线性、最优、自适应、鲁棒。动力学系统的总结和不同的控制系统设计方法如图 6-3 所示。实现控制律的方法主要有两种:模拟控制和数字控制。

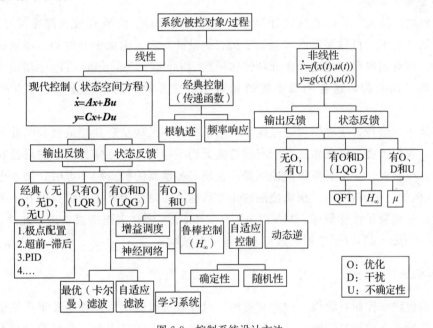

图 6-3 控制系统设计方法

飞行器的实际行为是非线性的,并且具有不确定性。无人飞行器基本上是一个非线性系统。它的动力学和运动学方程是非线性的。本节将介绍一些常见的非线性系统现象。随后,将它们应用到无人飞行器自动驾驶仪的设计中。至少包含一个非线性分量的系统称为非线性系统。非线性基本上有两种类型,即连续的和不连续的(硬)。硬非线性包括:库仑摩擦、饱和、死区、齿隙、磁滞。在另一种分类中,非线性可以是固有的(自然的),也可以是有意的(人为的)。

还需要注意的是,所有测量设备(包括陀螺仪和加速度计)都有一些必须过滤的噪声。众所周知,大气是一个动态系统,会在飞行器的整个飞行过程中产生许多干扰。最后,由于燃料是昂贵且有限的,并且执行机构具有动力学限制,因此在设计控制系统时需要进

198

行优化。事实证明，只有少数设计方法（如鲁棒非线性控制）才能满足所有的安全性、成本和性能要求。然而，出于成本和复杂性考虑，许多无人飞行器设计师采用了更传统的控制结构。两种传统的控制器设计工具/方法是根轨迹法和频域法。感兴趣的读者可以参考文献[49，50]了解更多细节。

6.2.2 根轨迹法

根轨迹法是控制系统设计中一个非常有效的图形化工具。在传递函数中，闭环极点是系统特征方程的根。在状态空间表示中，这相当于状态矩阵（即 A）的特征值。根轨迹是闭环极点随反馈增益（图 6-2 中的 K）或补偿器参数的曲线变化。

通过根轨迹法，设计者可以预测更改增益值对闭环极点位置的影响或对添加极点或零点情况的影响。回想一下，所有控制器/补偿器都是由若干极点和零点组成的。根轨迹法的一个明确应用是让增益的可接受值可视化，当所有极点都在左半平面上时，意味着系统是稳定的。

通过根轨迹法进行控制系统设计就是确定控制器增益，使所有极点都在目标区域内，满足所有设计要求。目标区域的构造基于所有的设计要求，例如上升时间、稳定时间、最大超调量、固有频率和阻尼比。在开环传递函数（Transfer Function，TF）上增加极点的作用是将根轨迹向右拉，这会降低系统的相对稳定性及响应的收敛速度。零点的作用则相反。

在实践中，这种方法表明仅通过简单的增益控制器无法实现期望的性能。此外，在某些情况下，我们可能会发现系统在所有增益值下均不稳定。这意味着简单的增益控制不是解决方案，应该设计一个更高级的控制器。在确定补偿器的极点和零点时，需要进行一系列的计算（例如，超前补偿）。根轨迹法的主要目标之一是使闭环主导极点处在 s 平面中的所需位置，从而满足性能指标。MATLAB 有"rlocus"命令来构造根轨迹。此外，MATLAB 命令"sisotool"可创建根轨迹以及系统的时域响应。

6.2.3 频域法

频率响应法在控制系统设计中非常有用。设计者可以确定最佳补偿器来产生所需的闭环响应。特别是在处理高频噪声时，频率响应法比其他方法更方便。频域设计基本上有两种方法，一种是极坐标法，另一种是伯德图法。一般来说，第二种方法更简单，本节将简要介绍这种方法。

复数（$s = \sigma \pm j\omega$）有两部分：实部和虚部。当在 s 平面上表示此数字时，可以用幅值（M）和相位（ϕ）表示。用 $j\omega$ 代替 s，并绘制所得复数的幅值和相位与频率 ω 的关系，从而获得传递函数的图形表示。例如，对于传递函数

$$G(s) = \frac{\text{Num}(s)}{\text{Den}(s)} = \frac{k(s+z_1)(s+z_2)\cdots(s+z_m)}{(s+p_1)(s+p_2)\cdots(s+p_m)} \tag{6.2}$$

我们可以得到

$$G(j\omega) = \frac{\text{Num}(j\omega)}{\text{Den}(j\omega)} = M(\omega)\angle\phi(\omega) \tag{6.3}$$

其中，M 是输出和输入正弦波的振幅比，而 ϕ 是输入正弦波和输出正弦波间的相移。在式(6.2)中，参数 k 被称为"直流增益"，等价于频率为零($s=0$ 时的传递函数增益)。

200

这种图形表示称为**伯德图**。因此，伯德图有两部分，分别是 M 和 ϕ 与 ω 的关系。在伯德图中，输入变量是频率的函数，而不是时间的函数(通常是正弦函数)。通常将当前的幅值单位转换为 dB，并将频率转换为对数格式。

虽然伯德图最初是为电气系统开发的，但它在航空系统中也有很多应用。从伯德图中可以推断出大量信息，其中一些信息可用于控制系统设计。伯德图中的重要参数有相位裕度、增益裕度、相位交叉频率、带宽、截止频率、转折频率、谐振峰值和谐振频率。在 MATLAB 中，"bode"命令可用于绘制系统的频率响应。此外，MATLAB 命令"siso-tool"可用于创建伯德图以及系统的根轨迹和时域响应。

例 6.1 考虑如下系统：

$$G(s)=\frac{4s+7}{s^2+2s+10}$$

绘制该传递函数的伯德图。

解 绘制伯德图的 MATLAB 代码如下：

```
n=[4 7]
d=[1 2 10]
bode(n,d)
grid
```

图 6-4 展示了伯德图。

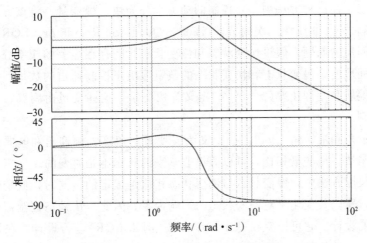

图 6-4 例 6.1 中系统的伯德图

基于伯德图进行控制系统设计的一种通用方法是，首先调整开环增益来满足对稳态精度的要求，然后绘制无补偿开环系统(仅调整开环增益)的幅值和相位曲线。如果不满足设计规范(例如增益裕度和相位裕度)，则应添加合适的补偿器。开环增益和补偿器通过一系列计算确定。

6.2.4　控制器结构和控制结构

通常，控制系统补偿有六种基本的结构，即串联或级联补偿（见图 6-1）、反馈补偿、状态反馈控制（见图 6-5）、串联反馈补偿（二自由度）（见图 6-6）、具有串联补偿的前馈补偿（二自由度）以及前馈补偿（二自由度）。每种结构都有适用的特定环境，并且具有独特的特性，包括成本、复杂性、性能和有效性。

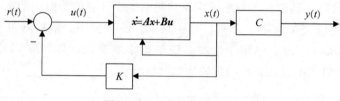

图 6-5　状态反馈控制结构

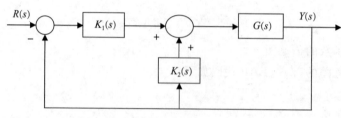

图 6-6　串联反馈补偿（二自由度）

例如，二自由度控制器的一种应用是**时标分离**。它将飞行（状态）变量分为两组：慢变状态和快变状态。在这种方法中，要控制的动力学分为快、慢变量。将该方法应用于飞行器时，利用控制技术［如线性二次调节器（Linear Quadratic Regulator，LQR）］将问题转化为两个不同时间尺度问题。假设快变状态和慢变状态之间存在显著的频率分离，基于此来估计这两个时间尺度。慢变状态和快变状态的数量取决于控制通道的数量。如果有三个操纵面，滚转、偏航和俯仰速率（p，q，r）定义为快变量，这些变量由副翼、升降舵和方向舵三个输入控制。

攻角、侧滑角和滚转角（α，β，ϕ）定义为慢变量。速度、俯仰角和航向角被定义为非常慢的变量。与快、慢变量相比，可以假设非常慢的状态不是时变的。

在双时间尺度方法中，慢变状态与快变状态相比是恒定的。同时，假定快变状态是可以快速跟踪的，所以其变化率对慢变状态的影响为零。因此，快动态控制器的设计独立于慢动态控制器的设计。它可以直接基于控制方法（例如 LQR）进行设计。在设计完快变状态控制器之后，单独执行控制器设计过程，以 p、q 和 r 的命令作为输入，设计 α、β 和 ϕ 的慢变状态控制器。

如果无人飞行器有四个控制输入，则每个时间尺度应选择四个变量。慢变量或主要被控变量为攻角、爬升角、滚转角和侧滑角（α，γ，ϕ，β）。快变量或次要被控变量是三个角速度加上前进速度（V，Q，P，R）。由于预定轨迹中的一个指令变量是前进速度（V），因此相应的 α 方程实际上被 V 方程代替。

外部控制回路涉及平移动力学。作为位置或速度指令的响应，它产生 δ 指令以及姿态基准信号，以便内部回路进行跟踪。内部控制回路涉及旋转动力学，并通过改变 δ_T，δ_E，δ_A 和 δ_R 指令来跟踪姿态基准。图 6-7 展示了具有四个控制输入的时间尺度飞行控制系统的结构。

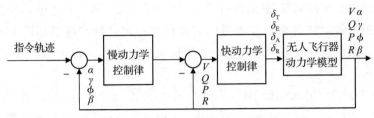

图 6-7 时间尺度飞行控制系统结构

6.3 伺服器和执行机构

6.3.1 专有名词

无人飞行器飞行控制中的另一个重要组成部分是执行机构，它负责偏转（推拉）操纵面（如升降舵）。在设计过程中，各设计项目都会使用一些相关的专有名词，因而在此进行简要介绍。伺服器是一个旋转/线性执行机构，可以精确控制角度/直线位置、速度和加速度。"伺服器"主要出现在电气工程（也称伺服电机）以及无线电/遥控飞行器模型爱好者社群中。伺服系统中经常会使用光学编码器，用于检测位置并控制驱动装置和雷达等传感器的运动。

当电动机与位置反馈传感器结合使用时，会使用"伺服电机"这一专有名词。

伺服机构是一个反馈控制系统，其中被控变量是（机械的）位置、速度、扭矩、频率等。它由电动机、机械连杆（见图 6-8）和微控制器组成。执行机构是一种机械/液压装置，用于将机械运动（通常为旋转运动）转换为直线运动。"执行机构"主要出现在航空航天工程领域。

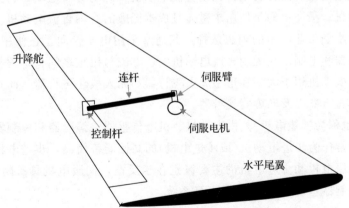

图 6-8 升降舵伺服机构示意图

从微控制器/自动驾驶仪接收到令操纵面偏转的信号后，执行机构将执行此命令。执行机构的动力源是电动、机械、液压或气动装置。迷你型到中小型无人飞行器（以及四旋翼飞行器）经常会使用电动机。然而，对于大型和重型无人飞行器（如"全球鹰"），液压执行机构更为有效。对于液压/气动动力，伺服器是液压/气动缸（或阀），而不是电动机。表 6-1 给出了液压执行机构和伺服电机的一些特点比较。

小型伺服器有两种类型：模拟伺服器（频率为 50 Hz）和数字伺服器（频率为 100 Hz）。数字伺服器看起来和模拟伺服器（电动机、齿轮和电位器）一样，但会有一个微处理器。数字伺服器比模拟伺服器快得多，且模拟伺服器存在超调。数字伺服器成本更高、精度更高、速度更快，因而会消耗更多的电能。小型伺服器可输出各种大小的扭矩（因而会有各种尺寸和重量）。

例如，HS-322HD Delux 伺服器（HiTEC 公司）可产生 30 N·cm 的扭矩，电压为 4.8 V，质量为 43 g，尺寸为 40 mm×20 mm×37 mm，工作速度为 0.19 s 内转 60°（即 52.6 r/min）。此外，Volz Servo 的执行机构 DA 30-HT 具有无刷电动机和非接触式无磨损位置传感器，额定扭矩为 18 N·m，使用 24～32 V 供电。DA 30-HT 质量为 670 g，尺寸为 132 mm×67 mm×30 mm，可使用标准 PWM（脉宽调制）输入。

6.3.2　电动机

另一种用于偏转无人飞行器操纵面（作为执行机构）的机电设备是电动机。电动机是一种利用电能产生机械旋转运动的机电设备[72]。它可以由电池等直流电（DC）或交流电（AC）供电。电动机可按其电源、内部结构和用途分类。电动机的两个主要组成部分是转子绕组和磁铁。精心设计的电动机可以将 90% 以上的输入能量转化为有用功率。

伺服电机由电动机和传感器组成，传感器用来测量位置/速度以产生反馈信号（可能有微处理器/微控制器）。它需要利用控制器和测量设备（例如编码器或电位器）来构成闭环控制系统。控制输入是一个代表输出轴指令位置的（模拟或数字）信号。最简单的伺服电机使用电位器进行位置检测，电动机使用砰-砰控制。更精确的伺服电机使用光学旋转编码器来测量输出轴的角速度，以便更好地控制电机的速度。

一般来说，电动机有四种类型：无刷直流电动机、有刷直流电动机、无刷交流电动机和感应交流电动机。最简单的是使用永磁体且成本低廉的有刷直流电动机。无刷直流电动机是同步的，是小型工业应用的理想选择，其通常采用电子换向。它使用电子换向系统，而不是机械换向器和电刷。在无刷直流电动机中，电流与扭矩之间、电压与转速之间具有线性关系。交流电动机用于大型和重型无人飞行器和无人战斗飞行器，而直流电动机用于微型到小型无人飞行器以及四旋翼飞行器。

伺服电机（也称为智能电机）是由电动机、机电传感器、编码器和控制器组成的一个整体。伺服电机通常作为步进电动机（或步进电机）的高性能替代品，步进电机具有一定的位置控制能力。伺服电机和步进电机的主要区别在于反馈，伺服电机具有闭环控制系统（因为有编码器和控制器），而步进电机是开环系统。

6.3.3　液压执行机构

用于偏转操纵面的另一种执行机构是液压执行机构（即作动筒）。液压执行机构是一种将液压动力转换为有用机械运动（通常是直线运动）的液缸。这种执行机构利用液体压力作为机械力来移动控制元件等物体。它由两个基本机械装置组成：控制装置（可变节气门、闸门或阀门)和执行装置(例如执行机构的活塞)。在液压执行机构中,来自压力管路的工质(即油)通过恒定的节气门进入控制系统,并被输送到可变节气门和执行机构腔室。

输入的电信号通过机电转换器控制闸门滑块的位置。此滑块的位移改变了用于通过压力流体的作动开口的横截面比。同时,执行机构腔室中的压力发生变化,从而导致滑阀副位移。表 6-1 给出了液压执行机构和电动机的一些特点比较。

表 6-1　两种伺服系统的特点

序号	特点	电动机	液压执行机构
1	能源	电力	液压
2	运动	旋转	直线
3	典型物理形态		
4	无人飞行器类型	四旋翼飞行器、微型无人飞行器、迷你型无人飞行器、小型无人飞行器	大型无人飞行器、重型无人飞行器、无人战斗飞行器
5	输出	力矩	力
6	性能	力矩范围:0.1~100 N·m	力范围:10~1 000 N
7	总重量	较轻	较重
8	媒介	电线	管子/管道
9	信号	电	油
10	维护	劳动密集度较高	劳动密集度较低

与其他类型的功率放大器(如机电或气动放大器)相比,液压执行机构具有单位功率金属重量低的优点,对输出功率来讲,通常不超过 50 g/kW。液压执行机构的功率放大倍率非常高(约 100 000)。具有负载反馈的液压执行机构大大提高了液压控制系统的动态特性和效率。

其他可选择的线性执行机构是机电和气动执行机构。与液压执行机构相比,这两种执行机构各有优缺点。线性执行机构的设计不在本文的讨论范围,感兴趣的读者可以参照参考文献[73-74]。例如,液压执行机构的可靠性比气动执行机构高,而且气动执行机构的成本更高。

6.3.4　延迟

我们可以使用传递函数或状态空间模型来表示执行机构由物理限制引起的延迟(即滞后)。飞行器操纵面的常规执行机构(如副翼舵机)采用一阶传递函数(滞后)G_A 建模:

$$G_A(s) = \frac{K}{s+K} \tag{6.4}$$

其中,K 代表执行机构时间常数(τ)的倒数。

$$\tau = \frac{1}{K} \tag{6.5}$$

无人飞行器操纵面执行机构时间常数的典型值为 0.02~0.1 s,因此 K 通常在 10~50

之间（$10<K<50$）。时间常数定义为元件响应达到稳态值的 63% 所需的时间（即延迟）。时间常数越小，执行机构越快（越理想）。电动机（在大多数四旋翼飞行器上使用）的动态特性也可以用一阶模型来表示。

根据状态空间表示法，表示延迟的传递函数［式（6.4）］可转换为

$$\dot{x} = -Kx + Ku$$
$$y = x \tag{6.6}$$

这两种模型均可用于控制系统的设计和仿真。

6.3.5　饱和

所有操纵面都有最大偏转极限（约 $\pm 30°$）。为了防止操纵面（如副翼）超过预定极限，设置了物理止动块（**限位器**）。例如，副翼止动块是铆接在副翼铰链支架上的一块铝条。MAT-LAB/Simulink 中用饱和度模块对其进行建模。因此，用限位器和一阶系统［式（6.4）］对操纵面及其执行机构进行建模（见图 6-9）。因此，我们需要限制进入执行机构的信号。

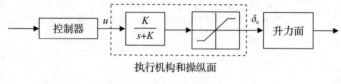

图 6-9　操纵面执行机构方案

6.4　飞行控制要求

主要有三种飞行控制要求：纵向控制要求、横向/滚转控制要求以及航向控制要求。本节将介绍这些要求。飞行控制系统必须满足这些要求。对飞行器模态的描述和分析表明，自动飞行控制系统（AFCS）可分为不同的类别。一类主要涉及转动自由度，而有些类别则涉及平移自由度。

6.4.1　纵向控制要求

飞行器必须是纵向可控的，并且在飞行包线内必须是操纵灵活的。在常规构型的飞行器中，纵向控制主要通过偏转升降舵（δ_E）和调节发动机节气门（δ_T）来实现。飞行器纵向可控性有两类要求，即执行机构需提供的力（在线性执行机构中）和扭矩（在伺服电机中）以及飞行器对操纵面偏转的响应。为了使升降舵偏转，执行机构必须施加一个力并保持住（对于配备有拉杆控制系统的飞行器而言）。在配备无拉杆控制系统的飞行器中，执行机构的力通过拉环和弹簧等装置进行放大。

飞行器在纵向控制中的响应通常用俯仰速率（q）表示。然而，前进速度和攻角也会发生变化。对俯仰控制来说，低速飞行是最关键的飞行状态。起飞和着陆是两种速度很慢的飞行操作。从安全角度考虑，起飞控制比着陆控制困难得多。起飞操作通常分为三个部分：地面部分、转弯或平移以及爬升。起飞过程中的纵向控制主要应用于转弯部分，即飞行器绕主起落架旋转使机头抬起。

操纵面的设计必须使飞行器在飞行包线内的任何地方都具有可接受的飞行品质，并且必须要在允许的重心范围和飞行器重量范围内。飞行包线定义了速度、高度和载荷系数的边界，飞行器必须能在该边界内运行才能完成期望的任务。大型飞行器的典型飞行包线如图 6-10 所示。

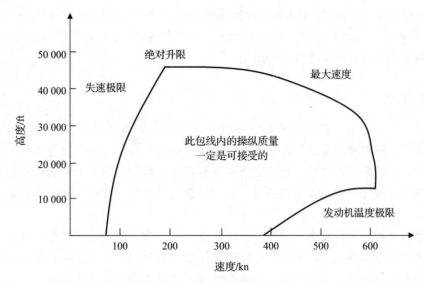

图 6-10　大型飞行器的典型飞行包线

6.4.2　横向控制要求

横向或滚转控制要求决定了飞行器对副翼偏转的响应，因此，在副翼设计中要考虑这些要求。通常，根据滚转指令中的阶跃函数在给定时间内实现的滚转角变化来指定滚转功率。因此，飞行器必须在指定时间内表现出最小滚转角，以响应副翼偏转。参考文献[75，76]的表中详述了不同飞行器类别和不同飞行阶段所需的滚转角和时间。

[208]

参考文献[76]的表中给出了Ⅰ～Ⅳ级飞行器的滚转性能，该性能以给定时间(t)内的滚转角变化($\Delta\phi$)表示。"1.3 s 内 60°"表示副翼完全偏转后，从初始滚转角（比如 0°）运动至与其相差 60°的滚转角所需的最长时间为 1.3 s。也可以解释为滚转角从 -30°到 +30°所需的最长时间为 1.3 s。对于Ⅳ级飞行器，1 级水准应该是不使用偏航控制。对于其他飞行器和其他等级，允许使用偏航控制来减小侧滑（侧滑会降低滚转速率）。不允许使用这种偏航控制引发增加滚转速率的侧滑。

6.4.3　航向控制要求

通常，在传统构型的飞行器中，所有空速下都仅通过气动力控制（如方向舵）来维持航向控制。在许多情况下，必须在指定的限制和约束下实现航向控制。本节将介绍最重要的部分。航向控制特性应能使飞行员平衡偏航力矩，并控制偏航和侧滑。偏航控制踏板的灵敏度应足够高，以满足航向控制的要求，并且无须用力踩踏板就可以实现令人满意的协调；但灵敏度又不能太高，目的是使偶尔不适当的控制输入不会严重降低飞行品质。

在多发动机飞行器中，在高于 $1.4V_s$ 的速度下由于某些关键因素导致推力不对称损失，而其他发动机产生正常的额定推力，飞行器无须使用偏航控制踏板就可以保持航向平衡，进行稳定的直线飞行。配平设定应为故障前无坡度直线飞行所需的设定。当飞行器在对称功率/推力的情况下进行航向配平后，螺旋桨飞行器随速度的配平变化应确保其在配平速度的±30％或±100 kn 当量空速的速度范围内保持无坡度直线飞行，以偏航控制装置（即方向舵）的较小值为准（除非受到飞行包线边界的限制）。如果一台发动机不工作（推力不对称），则在整个飞行包线内，偏航控制装置（如方向舵）应不大于执行机构的最大力，且无须重新配平就可以保持直线飞行轨迹。

6.5　控制模式

安全飞行的两个主要前提条件是稳定性和可控性。控制系统不仅能够控制无人飞行器，有时还可以提供或增强稳定性。飞行稳定性是指飞行器在受到干扰时抵抗所有输入并返回原始配平状态的固有趋势。当沿三个轴的所有力之和以及绕三个轴的所有力矩之和为零时，就称飞行器处于配平或平衡状态。在这种情况下，飞行器将具有恒定的线速度和恒定的角速度。

控制是将飞行器飞行状态从初始配平点改变为最终或新配平点的过程。这主要是由自动驾驶仪通过调整操纵面/发动机节气门来进行的。变量（例如，俯仰速率 q 和滚转速率 p）期望的变化通常用从初始配平点移动到最终配平点所花费的时间来表示。

6.5.1　耦合控制模式

飞行器能够进行各种动作和运动，其控制大致可分为三大类：纵向控制、横向控制和航向控制。在大多数飞行器中，纵向控制不会影响横向和航向控制。然而，横向和航向控制通常是耦合的，任意横向运动通常都会引起航向运动，并且任意航向运动通常都会诱发横向运动。这些运动的定义如下：

- **纵向控制**：xz 平面中的任意旋转运动控制都称为纵向控制（例如，绕 y 轴的俯仰、俯冲、爬升、巡航、拉起和下降）。升力、阻力和俯仰力矩的任何变化都会对这种运动产生重大影响。俯仰控制被认为是纵向控制。纵向控制的两个主要输入是升降舵偏转（δ_E）和发动机节气门调定（δ_T）。
- **横向控制**：绕 x 轴的旋转运动控制称为横向控制（例如，绕 x 轴的滚转）。机翼升力分布和滚转力矩的任意变化都会对这种运动产生重大影响。滚转控制被认为是横向控制。横向控制的主要输入是副翼偏转（δ_A）。然而，方向舵偏转（δ_R）也会对这种运动产生间接影响。
- **航向控制**：绕 z 轴的旋转运动控制和沿 y 轴的所有运动控制都称为航向控制（例如，绕 z 轴的偏航、侧滑和斜滑）。侧向力和偏航力矩的任意变化都会对这种控制产生重大影响。偏航控制被认为是航向控制。水平转弯同时包含横向和航向运动。航向控制的主要输入是方向舵偏转（δ_R）。然而，副翼偏转（δ_A）也会对这种运动产生间接影响。

在常规构型的无人飞行器中，有三个主要的操纵面，即升降舵、方向舵和副翼，它们用于控制无人飞行器的三维姿态（见表 6-2）。在常规构型的无人飞行器中，纵向控制（在 xz 平面内）是通过纵向操纵面或升降舵来执行的。航向控制（在 xy 平面内）通过航向操纵面或方向舵执行。横向运动(滚转运动)的控制通过副翼执行。因此，控制系统和操纵面之间存在着直接关系。这三种控制运动的图解如图 6-11 所示。无人飞行器有六个自由度(即沿 x、y 和 z 的三个直线运动以及绕 x、y 和 z 的三个角运动)。因此，在实际的飞行中通常有六个输出，例如三个线速度(u、v、w)和三个角速度(p、q、r)。210

表 6-2　自动驾驶仪内环

序号	环路	指令变量	操纵面	约束
1	法向加速度指令	n_z	升降舵	$-30° \leqslant \delta_E \leqslant +30°$ $-2 \leqslant n_z \leqslant +5$
2	滚转角指令	ϕ	副翼	$-30° \leqslant \delta_A \leqslant +30°$ $-2 \leqslant n_z \leqslant +5$
3	转弯协调仪	横向加速度(n_y)	方向舵	$-30° \leqslant \delta_R \leqslant +30°$ $n_y = 0$

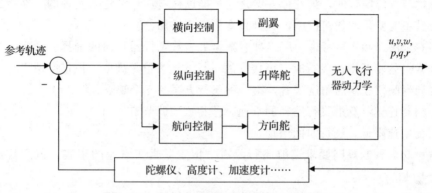

图 6-11　具有常规操纵面的飞行控制系统

　　飞行操纵面设计的基本思想是定位操纵面，使其成为力矩发生器。它们能提供三种类型的旋转运动(滚转、俯仰和偏航)。这种典型结构的变化导致这些操纵面的布置发生了一些变化。表 3-6 给出了几种操纵面构型。

　　有多种测量设备可以测量飞行变量，如空速、俯仰角、航向角、滚转角、线加速度(法向、横向和纵向)、角速率(俯仰速率、滚转速率和偏航速率)、高度和位置。测量设备记录所测量的飞行数据，并将其存储在数据存储元件中。用户可以方便地读取这些数据(实时或离线)。如果具有可用的遥测数据系统接口，地面站的用户则可以实时访问数据。典型的测量设备(传感器)有陀螺仪、速率陀螺仪、皮托管、高度计、磁强计、罗盘、加速度计以及全球定位系统(GPS)。第 12 章将介绍这些仪器的功能。

　　采用航向陀螺仪作为误差测量装置。必须使用两个陀螺仪来测量飞行器的航向和姿态(水平位置)。陀螺仪中因转子与外壳间发生角位移而出现的误差通过各种方法(包括使用电位器等传感器)转换成电压。控制系统需要通过速度反馈来提高无人飞行器的稳定性。换句话说，除了主反馈(即飞行器的位置反馈)，还有另一个与飞行器绕垂直轴旋转角速率211成比例的信号反馈，以获得稳定的响应。速率陀螺仪就可以提供这个信号。

6.5.2　巡航控制

　　无人飞行器巡航控制被认为是最简单的控制，尽管它有若干种选择。在升力公式

[式(3.1)]中，涉及的独立参数为无人飞行器重量(W)、空速(V)、高度或其相应的空气密度(ρ)、攻角或相关升力系数(C_L)。由于飞行中会消耗燃料，因此飞行器的重量在飞行过程中会不断减小。为了保持水平飞行，必须减小升力。在许多可能的解决方案中，只有三种比较切合实际，我们将对其进行评估。在每种情况下，都有两个飞行参数将在整个巡航过程中保持不变。巡航期间持续减小升力的三种方案如下：

- 降低飞行速度(恒定高度、恒定升力系数)。
- 增加高度(恒定空速，恒定升力系数)。
- 减小攻角(恒定高度、恒定空速)。

对于每种飞行方案，都会设计一个单独的控制器。在第一种方案中，必须以与飞行器重量降低速率相同的速率降低。在第二种方案中，必须降低空气密度，即必须增加飞行高度。第三种方案是减小飞行器攻角，即降低升力系数。就自动驾驶仪的操作而言，第一种方案是通过节气门实现的，第三种方案是通过操纵杆/轭架/滑轮来实现的。在第二种方案中，飞行员不需要采取任何措施，飞行高度将逐渐增加(爬升)。

根据安全法规和实际考虑，第二种方案是大多数飞行器倾向的选择。通常，在联邦航空条例(FAR)管辖范围内飞行时，可接受的飞行方案为恒定高度、恒定空速飞行。

从自动驾驶仪控制的角度来看，第一种飞行方案有三个缺点：

- 它需要连续计算沿飞行路径的空速，并相应地调节节气门。
- 因为空速降低，飞行时间增加。
- 空中交通管制规则要求巡航飞行具有"恒定"真实空速的事实，恒定目前意味着 ± 10 kn。

好消息是，自动驾驶仪已解决了部分问题并进行了连续计算。

第二种飞行方案通常被称为巡航-爬升飞行。在该方案中，空气密度将随着飞行器重量的减少而自动降低。不需要自动驾驶仪干预。因此，巡航-爬升飞行不需要飞行员进行任何计算或操作。在配备自动驾驶仪的飞行器上，巡航控制将由自动驾驶仪实现。建立所需巡航空速后，飞行员只需接通自动驾驶仪上的马赫数保持模式(或恒定空速模式)，随着燃料燃烧，飞行器将以所需的航迹角缓慢爬升。

高度控制系统框图如图 6-12 所示。高度保持自动驾驶仪的目的是在指定的飞行阶段(例如巡航阶段)将高度保持在所需的高度。为了保持恒定的巡航高度，使用升降舵或节气门就足够了。一种选择是保持节气门不变(发动机推力)。使用升降舵来改变攻角以应对无人飞行器的重量变化。俯仰控制器可以使用简单的 PID(Proportional-Integral-Derivative，比例-积分-微分)，也可以使用更复杂的 PID。测量装置是高度计(GPS、皮托管或雷达高度计)。无论哪种情况，无人飞行器都将通过纵向控制系统保持高度恒定。

图 6-12　高度控制系统框图

6.5.3 俯仰姿态保持

巡航控制的另一种方法是俯仰姿态保持（见图 6-13），当飞行器处于无坡度飞行时经常使用这种方法。这种自动驾驶仪保持功能也适用于爬升飞行，以保持爬升角恒定。被控变量为俯仰角（θ），即爬升角（γ）和攻角（α）之和。俯仰姿态是纵向摆动（长周期）模态所涉及的状态变量之一。控制系统的测量装置是姿态陀螺仪。注意，控制器不会使爬升角保持恒定，因为攻角会因燃油消耗和飞行器重量减轻而随时间变化。

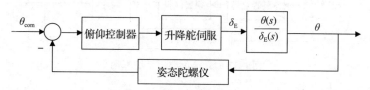

图 6-13 俯仰姿态控制系统框图

如果发动机推力增加，攻角将减小，飞行器将会爬升。随着飞行器重量的减小，攻角也会减小，从而导致飞行器逐渐爬升。

如果预设值是爬升角，它将随着空气密度的逐渐降低而逐渐变平。因此，需要增加攻角。俯仰姿态保持通常用作其他自动驾驶模式（如高度保持和自动着陆）的内环。俯仰控制器将确保零稳态误差和期望的瞬态响应。

姿态陀螺仪提供的误差信号与惯性空间中预设方位的偏差成比例。可以增加内环俯仰速率（q）反馈作为第二反馈，以提供良好的短周期阻尼。俯仰速率由速率陀螺仪测量。第 11 章将讨论姿态陀螺仪和速率陀螺仪的特点。因此，另一个更有效的俯仰角控制方法是引入两个反馈（见图 6-14），这就需要两个传感器。在这种控制系统中，俯仰角是用常规姿态（即垂直）陀螺仪测量的，而俯仰速率（Q）是用速率陀螺仪测量的。该方法增加了纵向稳定性，可以让飞行更稳定。两个独立的控制器（K_1 和 K_2）分别改变俯仰运动的固有频率和阻尼比。

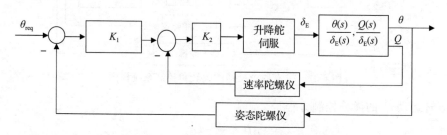

图 6-14 具有两个反馈的俯仰角控制系统框图

6.5.4 机翼水平调整器

根据定义，机翼水平意为零滚转角（$\phi = 0°$）。有许多力会破坏机翼水平状态，例如结构的不对称性、发动机扭矩、大气湍流和燃油晃动。在阵风条件下飞行时，总有一侧的机翼（左侧或右侧）会下降。即使在最平顺的空气中，机翼最终也会倾斜。因此，如果没有自动驾驶仪的干预，飞行器总是倾向于滚转。这意味着没有飞行器是天生具有滚转稳定性

213

的，但它们可能具有横向稳定性。最早的自动驾驶模式（20 世纪 30 年代）是使用机翼水平调整器减轻飞行员在长距离巡航飞行中控制滚转角的负担。

我们需要一种通过滚转控制保持机翼水平的方法（见图 6-15）。实现这一目标的主要操纵面是副翼。如果没有反馈回路，机翼水平调整器不会被激活，因此需要一个测量装置（如姿态陀螺仪）来检测滚转角。为了使滚转角为零（假设 ϕ 最初不为零），我们需要获得非零的滚转速率。为了得到滚转速率，我们需要得到滚转加速度。

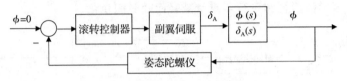

图 6-15　滚转角控制系统框图

除了自动驾驶仪的伺服指令外，还有一个限制副翼摆动和过度控制的附加指令。现代自动驾驶仪系统集成了这种伺服位置反馈回路，以限制特定条件下的控制偏转。例 6-2 将展示最优控制在机翼水平调整器中的应用。

滚转角到副翼偏转角的近似传递函数可建模为二阶系统：

$$\frac{\phi(s)}{\delta_A(s)} = \frac{L_{\delta_A}}{s^2 - sL_p} \tag{6.7}$$

其中，L_p 和 L_{δ_A} 分别是有量纲滚转阻尼（稳定性）和滚转控制导数。

另一个更有效的控制滚转角的方法是引入两个反馈（见图 6-16），这需要两个传感器。在这种控制系统中，滚转角由常规姿态陀螺仪测量，滚转速率（P）由速率陀螺仪测量。这种方法增加了航向稳定性，可以让飞行更稳定。两个独立的控制器（K_1 和 K_2）分别改变滚转运动的固有频率和阻尼比。

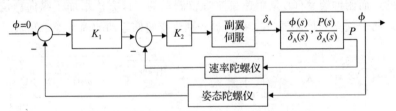

图 6-16　具有两个反馈的滚转角控制系统框图

纯滚转运动[53]的微分控制方程是

$$\frac{-1}{L_p}\frac{dP}{dt} + P = \frac{L_{\delta_A}}{L_p}\delta_A \tag{6.8}$$

应用拉普拉斯变换并推导传递函数将得到：

$$\frac{-1}{L_p}sP + P = \frac{L_{\delta_A}}{L_p}\delta_A \tag{6.9}$$

$$\frac{P(s)}{\delta_A(s)} = \frac{\dfrac{L_{\delta_A}}{L_p}}{\dfrac{-1}{L_p}s + 1} = \frac{-L_{\delta_A}}{s - L_p} \tag{6.10}$$

　　回想一下，对于固定翼无人飞行器，阻尼导数 L_p 为负，因此滚转速率与方向舵偏转角之间形成一个稳定的系统。该传递函数以及滚转角传递函数，将用于滚转角控制系统的开发。

6.5.5　偏航阻尼器

　　偏航阻尼器是一种航向控制系统，它使用方向舵进一步衰减超出自然航向稳定性范围的偏航干扰。该偏航控制系统可用于增强无人飞行器的航向稳定性。因此，当偏航受到轻微阻尼时，更有利于垂直尾翼的设计。实际上，与没有偏航阻尼器的无人飞行器相比，带有偏航阻尼器的无人飞行器只需要更小的垂直尾翼。

　　该系统可确保飞行器在整个飞行过程中保持良好的飞行品质。因此，无人飞行器设计师将在不影响航向飞行品质的情况下，改善航向稳定性。这种阻尼器的执行机构是方向舵（见图 6-17），测量装置是偏航速率陀螺仪。偏航角（ψ）的所有扰动都将被抑制，因此偏航角和偏航速率都将归零。

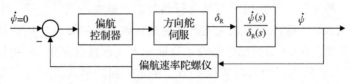

图 6-17　偏航阻尼器（控制系统）框图

　　许多飞行器都配备偏航速率阻尼器，从而在荷兰滚中提供足够的阻尼。如果无人飞行器需要执行对精确性有要求的任务（例如拍照），偏航阻尼器将有助于执行任务。

　　偏航力矩的近似公式[53]为：

$$\ddot{\psi} - N_r \dot{\psi} + N_\beta \psi = N_{\delta_R} \delta_R \tag{6.11}$$

其中，N_r 和 N_β 是有量纲偏航稳定性导数，N_{δ_R} 是有量纲偏航控制导数。应用拉普拉斯变换，该微分方程很容易转化为传递函数：

$$\frac{\psi(s)}{\delta_R(s)} = \frac{N_{\delta_R}}{s^2 - s N_r + N_\beta} \tag{6.12}$$

将该传递函数与二阶系统的标准形式[即式（5.14）]进行比较，可以得出以下结论：

$$s^2 - s N_r + N_\beta = s^2 + 2\xi\omega_n s + \omega_n^2 \tag{6.13}$$

等式两边所有对应项相等，因此：

$$-N_r = 2\xi\omega_n \tag{6.14}$$

$$N_\beta = \omega_n^2 \tag{6.15}$$

即

$$\omega_n = \sqrt{N_\beta} \tag{6.16}$$

$$\xi = \frac{-N_r}{2\omega_n} = \frac{-N_r}{2\sqrt{N_\beta}} \tag{6.17}$$

　　低阻尼比会导致欠阻尼和较大的超调量，自动驾驶仪将很难控制 xy 平面上的飞行方向。合理的设计目标是提供 $0.35 < \xi < 1$ 的阻尼比，固有频率为 $0.1 < \omega_n < 1\,\mathrm{rad/s}$。这两个设计目标可应用于式（6.16）和式（6.17）中来设计反馈控制系统，使方向舵偏转与偏航速率

成正比：

$$\delta_R = -k\dot{\psi} \tag{6.18}$$

将操纵面偏转角表达式代入式(6.11)得出：

$$\ddot{\psi} - N_r\dot{\psi} + N_\beta\psi = N_{\delta_R}(-k\dot{\psi}) \tag{6.19}$$

通过重新排列，可以得到：

$$\ddot{\psi} - (N_r - kN_{\delta_R})\dot{\psi} + N_\beta\psi = 0 \tag{6.20}$$

选取合适的系数 k 就可以满足偏航阻尼的要求。

6.5.6 自动着陆

自动着陆的方法有很多。自动着陆使用两个组件：航向信标和下滑道信标发射机。自动着陆的关键流程由自动驾驶仪的航向信标保持模式控制，该模式采用航向指挥系统和水平导引系统。

航向信标是一种导航仪器，用于引导飞行器对准跑道中心线。它是一个发射机，在跑道的另一端有一个水平天线阵列，无人飞行器通过接收机天线接收广播的信号。航向信标保持模式中，参考航向角(ψ_{ref})的创建结合了当前无人飞行器航向角(ψ)和航向信标误差角(λ)。参考指令由截获的波束和航向信标动力学决定。保持模式将一直创建指令，直到航向信标误差角为零。为了追踪所需的路径和坡度，无人飞行器将使用全部操纵面(副翼、升降舵和方向舵)。航向信标保持模式的框图中有许多子系统，图 6-18 给出了自动着陆系统的主要框图。

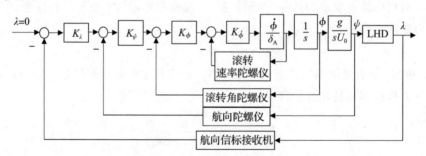

图 6-18 航向信标保持模式框图

航向信标误差角 λ 由无人飞行器距预定路径(俯视图)的距离(d)和斜距(R)确定：

$$\lambda = 57.3\frac{d}{R} \tag{6.21}$$

s 域中的距离 d 由其变化率的积分确定：

$$d(s) = \frac{1}{s}\dot{d}(s) \tag{6.22}$$

其中

$$\dot{d} = U_0\sin(\psi - \psi_{ref}) \approx U_0(\psi - \psi_{ref}) \tag{6.23}$$

因此

$$\dot{d}(s) = U_0(\psi(s) - \psi_{ref}(s)) \tag{6.24}$$

该方程可用于推导航向信标保持动力学 LHD(即传递函数)。控制系统设计师的任务

是确定增益 K_λ、K_ψ、K_ϕ 和 $K_{\dot\phi}$ 的值，以满足自动着陆要求。

6.5.7 转弯协调仪

转弯会使航向角(ψ)发生变化，完成这个动作通常需要同时进行滚转和偏航运动(例如倾斜转弯)。在极少数情况下(例如某些导弹)，转弯[77]只涉及偏航运动(侧滑转弯)。最理想的水平转弯类型是协调的水平转弯。它具有半径恒定、无横向载荷系数以及对机械仪表更友好等优点。如果无人飞行器正在监视地面目标，协调转弯能够保障其成功执行任务。

每架现代飞行器都有转弯协调仪，它有一个由速率陀螺仪(指示偏航速率)和加速度计(测定向心加速度)组成的仪器。在协调转弯中，转弯半径(R)保持恒定。这种转弯是在空气动力学侧向力为零时完成的。因此，协调转弯的特点是不侧滑、飞行高度不变。因此，飞行器以恒定半径和恒定空速(V)的圆轨迹飞行。因而，升力(L)的水平分量等于离心力，垂直分量等于其重力。

$$L\sin\phi = m\frac{V^2}{R} \qquad (6.25)$$

$$L\cos\phi = W \qquad (6.26)$$

其中，ϕ 是滚转角。转弯协调仪是一种横向自动驾驶仪，可将机身横向载荷系数 n_y 提供给指令载荷系数 n_{yc}(通常为零)。转弯协调仪有多种构型，大多数包括一个内环(偏航速率阻尼器)和一个外环。如果加速度计位置与无人飞行器重心位置不同，则外环使用加速度计进行反馈，并具有力臂反馈功能。

升力与飞行器重力(W)之比称为载荷系数(n)：

$$n = \frac{L}{W} \qquad (6.27)$$

协调转弯中转弯半径、滚转角和空速之间的关系为

$$R = \frac{V^2}{g\tan\phi} \qquad (6.28)$$

当转弯协调仪中的传感器提醒飞行计算机飞行器正在转弯时，计算机向滚转伺服系统(电动机或液压作动筒)发送指令。然后，通过缆绳(如果是机械系统的话)控制一条副翼缆绳。当滚转伺服系统在转弯处轻柔地施加副翼动作时，飞行计算机会监控进程，最终在转弯协调仪发出机翼再次水平的信号时取消指令。此循环每秒连续多次运行。

表 6-2 给出了自动驾驶仪转弯协调仪模式的内环。在协调转弯中，同时使用了三个操纵面(在传统构型的固定翼无人飞行器中)。升降舵偏转以保持所需的攻角，从而补偿升力。副翼偏转以形成滚转角。方向舵的主要作用是将常规转弯转换为协调转弯。在倾斜转弯($\phi>0$)中，由于攻角增加，法向载荷系数(n_z)将大于1。法向载荷系数与飞行器滚转角之间的关系[9]为

$$n_z = \frac{1}{\cos\phi} \qquad (6.29)$$

因此，随着滚转角的增加，载荷系数也会增加。

为了改善无人飞行器在所有轴上的阻尼，应设计内环增强和控制模式。转弯协调仪通常用于满足指令载荷系数和指令滚转角(框图类似于机翼水平调整器)。外环应设计为能进

行高度保持和垂直航迹角保持。此外，如果涉及制导系统，制导回路的设计应能提供仰角和方位角上的比例导引。对于非 UCAV，横向加速度（a_y）应为零，由横向加速度计测量。建议将横向加速度计安装在飞行器重心处，以便为转弯协调仪提供更轻松的设计环境。

219

图 6-19 展示了自动驾驶仪的转弯协调仪模式的框图。它有三个反馈（横向加速度、偏航速率和偏航加速度），以及两个传感器（横向加速度计和偏航速率陀螺仪）。第二个回路中的参数 C 代表加速度计的力臂。如果加速度计位于飞行器重心处，则 C 为零。可采用各种类型的控制器来满足控制要求，最简单的是拥有两个增益的控制器。当导出所有传递函数后，设计问题陈述就是确定两个增益 K_1 和 K_2 来满足转弯协调要求。

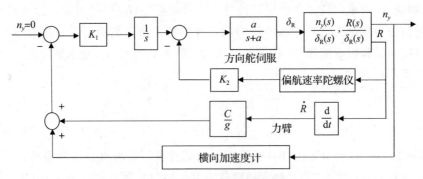

图 6-19　转弯协调仪模式的框图

载荷系数在 y 和 z 方向上的分量可以表示为飞行变量的函数[40]。法向载荷系数与攻角角速率（$\dot{\alpha}$）的关系为

$$n_z = \frac{V_T}{g}(Q - \dot{\alpha}) \tag{6.30}$$

其中，V_T 是总空速。横向荷载系数（n_y）是偏航速率（R）的函数：

$$n_y = \frac{Y}{mg} = \frac{V_T}{g}(\dot{\beta} + R) \tag{6.31}$$

偏航速率-方向舵偏转角的传递函数[40]为

$$\frac{R(s)}{\delta_R(s)} = \frac{V_T N_{\delta_R} s + (N_\beta Y_{\delta_R} - Y_\beta N_{\delta_R})}{V_T s^2 + s(V_T N_r - Y_\beta) + (Y_\beta N_r + V_T N_\beta - Y_r N_\beta)} \tag{6.32}$$

使用式（6.26），可获得横向加速度-方向舵偏转角的传递函数：

$$\frac{n_y(s)}{\delta_R(s)} = \frac{V_T}{g} \frac{Y_{\delta_R} s^2 + s(Y_r N_{\delta_R} - Y_{\delta_R} N_r) + (Y_{\delta_R} N_\beta - N_{\delta_R} Y_\beta)}{V_T N_{\delta_R} s + (N_\beta Y_{\delta_R} - N_{\delta_R} Y_\beta)} \tag{6.33}$$

220

请注意，n_y 为零的结果便是协调转弯。

例 6.2　对于重量为 2200 lb、机翼面积为 120 ft^2、空速为 839 ft/s 的 UCAV，偏航速率-方向舵偏转角和横向加速度-方向舵偏转角的传递函数分别为

$$\frac{R(s)}{\delta_R(s)} = \frac{-14.5(s + 0.11)}{s^2 + 0.245s + 14.5}$$

$$\frac{n_y(s)}{\delta_R(s)} = \frac{-0.14(s^2 - 0.01s - 20.9)}{s + 0.11}$$

假设加速度计安装在无人飞行器重心处，且方向舵执行机构的时间常数为 0.025 s。设计转弯协调仪，使阻尼比和固有频率满足以下要求：

$$0.5 \leqslant \xi \leqslant 1$$
$$5 \leqslant \omega_n \leqslant 15 \text{ rad/s}$$

解　由于加速度计安装在无人飞行器的重心处，因此力臂（C）为零。由于时间常数为 0.025 s，方向舵执行机构的传递函数[使用式(6.4)]变为

$$G_R(s) = \frac{40}{s+40}$$

使用图 6-19 中给出的转弯协调仪框图，可得到如图 6-20 所示的结果。

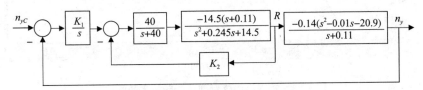

图 6-20　转弯协调仪的结果框图 1

现在，通过确定控制器的两个增益 K_1 和 K_2 来进行控制系统设计。根据经验，K_2 选择为 0.4。通过组合传递函数并简化框图，该框图可进一步简化为图 6-21 所示的框图。

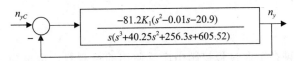

图 6-21　转弯协调仪的结果框图 2

该框图的根轨迹如图 6-22 所示。利用 MATLAB 中的 sisotool 工具箱，我们可以改变增益 K_1，观察主导极点的阻尼比和固有频率。选择增益 K_1 为 0.25，产生如下特性：

$$\xi = 0.532$$
$$\omega_n = 13.2 \text{ rad/s}$$

图 6-22　转弯协调仪的根轨迹

本设计可以用MATLAB进行仿真，以观察控制系统的性能。图6-23给出了转弯协调仪对副翼阶跃输入的响应。注意，横向加速度恢复为零。

虽然达到了设计要求，但存在稳态误差。如果采用PID等控制器，则可以使稳态误差为零。

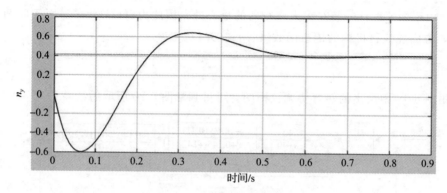

图 6-23　转弯协调仪对副翼阶跃输入的响应

6.6　控制器设计

6.6.1　PID 控制器

PID控制器是一种在工业过程控制中广泛使用的控制器，也称为三参数控制器。该控制器对误差信号进行三种运算，即按比例（P）放大、积分（I）和微分（D）。因此，时域控制信号 $u(t)$ 为

$$u(t) = K_P(e(t)) + K_I \int e(t) \mathrm{d}t + K_D \frac{\mathrm{d}e(t)}{\mathrm{d}t} \tag{6.34}$$

因此，控制器有三项：比例、积分和微分项。在 s 域中，该控制器的传递函数为

$$G_c(s) = K_P + \frac{K_I}{s} + K_D s \tag{6.35}$$

通过采用正确的PID增益值，可以纠正各种性能缺陷。这种控制器效率高、成本低、使用方便。因此，它甚至被用于飞行器自动驾驶仪。参考文献[49,50]提供了一种确定PID增益的方法。

例 6.3　控制系统由图 6-24 的框图表示，其中 $G(s) = \dfrac{s+10}{2s^2+2s+9}$，$H(s) = \dfrac{10}{s+11}$。

设计一个 PID 控制器 $C(s)$，使单位阶跃响应满足以下性能标准：

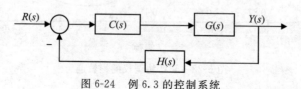

图 6-24　例 6.3 的控制系统

1）稳态误差小于 10％。

2）最大超调量小于 20％。

3）稳定时间少于 3 s。

4）上升时间少于 1 s。

解 通过 MATLAB 创建一个 Simulink 模型（见图 6-25）。PID 增益设定为 $K_P=5$，$K_I=0.1$，$K_D=1$。仿真结果（见图 6-26）表明，已满足四个设计要求。

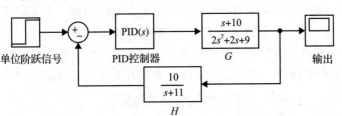

图 6-25 闭环系统的 Simulink 模型

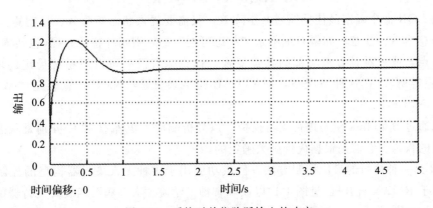

时间偏移：0

图 6-26 系统对单位阶跃输入的响应

6.6.2 最优控制：LQR

最优控制[78]的基础是针对某些特定性能准则或性能指标（J）进行优化。这种方法没有考虑干扰、噪声或不确定性。用状态变量表示的控制系统的性能如下：

$$J = \int_0^{t_f} g(x, u, t)\mathrm{d}t \tag{6.36}$$

我们感兴趣的是使系统的误差最小化，任何偏离平衡点的偏差都被视为误差。为此，定义了误差平方性能指标。对于具有一个状态变量 x_1 的系统，有：

$$J = \int_0^{t_f} [x_1(t)]^2 \mathrm{d}t \tag{6.37}$$

我们定义了一种动力学系统状态空间优化方法。LQR 是一种最优控制器。LQR 问题的定义如下。所关注的系统具有以下形式：

$$\dot{x} = Ax + Bu$$
$$y = Cx + Du, \quad x(0) = x_0 \tag{6.38}$$

给定**加权矩阵 Q 和 R**，设计任务是找到最优控制信号 $u(t)$，使二次代价函数

$$J = \frac{1}{2}\int_0^{\infty}(\boldsymbol{x}^{\mathrm{T}}\boldsymbol{Q}\boldsymbol{x} + \boldsymbol{u}^{\mathrm{T}}\boldsymbol{R}\boldsymbol{u})\mathrm{d}t \qquad (6.39)$$

最小。这个问题的解是：

$$\boldsymbol{u} = -\boldsymbol{K}\boldsymbol{x} \qquad (6.40)$$

其中

$$\boldsymbol{K} = \boldsymbol{R}^{-1}\boldsymbol{B}^{\mathrm{T}}\boldsymbol{P} \qquad (6.41)$$

$\boldsymbol{P}$ 是代数 Riccati 方程（Algebraic Riccati Equation，ARE）的唯一半正定解：

$$\boldsymbol{P}\boldsymbol{A} + \boldsymbol{A}^{\mathrm{T}}\boldsymbol{P} + \boldsymbol{Q} - \boldsymbol{P}\boldsymbol{B}\boldsymbol{R}^{-1}\boldsymbol{B}^{\mathrm{T}}\boldsymbol{P} = 0 \qquad (6.42)$$

基于此方法，利用 MATLAB 程序计算 LQR 增益，并设计了控制系统。在选择 $\boldsymbol{Q}$ 和 $\boldsymbol{R}$ 时需要运用工程判断技巧。建议在确定设计参数时采用整定方法。例如，$\boldsymbol{Q}$ 和 $\boldsymbol{R}$ 必须满足可检测性［即($\sqrt{\boldsymbol{Q}}$，$\boldsymbol{A}$)必须是可检测的］和能观性要求。

在 MATLAB 中，命令格式为：

$$\boldsymbol{K} = \mathrm{LQR}(\boldsymbol{A}，\boldsymbol{B}，\boldsymbol{Q}，\boldsymbol{R})$$

利用 LQR 命令确定最佳反馈增益矩阵 $\boldsymbol{K}$，只需要提供状态矩阵 $\boldsymbol{A}$、控制矩阵 $\boldsymbol{B}$ 以及加权矩阵 $\boldsymbol{Q}$ 和 $\boldsymbol{R}$。注意，如果系统不是"状态可控"的，则闭环特性方程（包括 $\boldsymbol{K}$）将会有一个正极点，或一对具有正实部的共轭复根。这意味着没有可以使系统稳定的增益（$\boldsymbol{K}$）（即没有稳定解）。在这种情况下，MATLAB 的结果将是"NaN"，意思是"不是数字"（Not a Number）。

可以通过 Simulink 模型进行飞行模拟，以分析响应。矩阵 $\boldsymbol{Q}$ 和 $\boldsymbol{R}$ 分别是状态变量和输入变量的权重。它们是根据代价函数确定的。

LQR 是一种流行的最优控制方法，已成功应用于多种无人飞行器构型的控制。LQR 已成功用于 RMAX 直升机（见图 1-1）以及麻省理工学院"大乌鸦"四旋翼飞行器的精确定位和位置控制[79]。

---

225 **例 6.4**　考虑具有两个状态变量、一个输入和一个输出的动力学系统。状态空间模型为

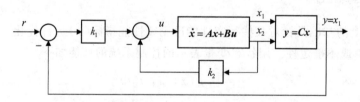

图 6-27　双状态变量模型的二次最优调节器系统

$$\boldsymbol{A} = \begin{bmatrix} a_{11} & a_{12} \\ a_{21} & a_{22} \end{bmatrix}，\quad \boldsymbol{B} = \begin{bmatrix} b_1 \\ b_2 \end{bmatrix}，\quad \boldsymbol{C} = \begin{bmatrix} 1 & 0 \end{bmatrix}，\quad \boldsymbol{D} = 0$$

我们知道状态变量和输出变量分别为

$$\boldsymbol{x} = \begin{bmatrix} x_1 \\ x_2 \end{bmatrix}，\quad y = x_1$$

控制信号 u（见图 6-27）为

$$u=k_1(r-x_1)-k_2x_2=k_1r-(k_1x_1+k_2x_2)$$

对于零参考输入（即 $r=0$）：

$$u=-k_1x_1-k_2x_2=-\boldsymbol{K}x$$

确定状态反馈增益矩阵 $\boldsymbol{K}$，其中

$$\boldsymbol{K}=\begin{bmatrix}k_1 & k_2\end{bmatrix}$$

将两个反馈合并到原始被控对象中，得到调整后的状态空间表示：

$$\dot{x}=\boldsymbol{A}x+\boldsymbol{B}u=\boldsymbol{A}x+\boldsymbol{B}(-\boldsymbol{K}x+k_1r)=(\boldsymbol{A}-\boldsymbol{B}\boldsymbol{K})x+\boldsymbol{B}k_1r$$

因此，调整后的状态空间模型矩阵为

$$\boldsymbol{A}_1=\boldsymbol{A}-\boldsymbol{B}*\boldsymbol{K}$$
$$\boldsymbol{B}_1=\boldsymbol{B}*\boldsymbol{K}(1)$$
$$\boldsymbol{C}_1=\boldsymbol{C}$$
$$\boldsymbol{D}_1=\boldsymbol{D}$$

可以在仿真中使用新的状态空间模型（例如，$\text{step}[\boldsymbol{A}_1,\ \boldsymbol{B}_1,\ \boldsymbol{C}_1,\ \boldsymbol{D}_1]$），以确定系统的行为。例 6.5 演示了 LQR 在机翼水平调整器自动驾驶模式下的应用。

例 6.5 固定翼无人飞行器的质量为 1300 kg，机翼面积为 17 m^2，其活塞式发动机可提供 250 hp 的功率。在 120 kn 的巡航速度下，飞行器的有量纲稳定性和控制滚转导数分别为 $L_p=-13\ \text{s}^{-1}$，$L_{\delta_A}=75\ \text{s}^{-2}$。设计一个控制系统，在巡航时保持机翼水平。

[226]

解 $\dfrac{\phi(s)}{\delta_A(s)}=\dfrac{L_{\delta_A}}{s^2-sL_p}=\dfrac{75}{s^2-s(-13)}=\dfrac{75}{s^2+13s}$

使用 MATLAB 代码：

```
N=75
D=[1 13 0]
[A,B,C,D]=tf2ss(N,D)
```

将该传递函数转换为状态空间模型，输出为：

$$\boldsymbol{A}=\begin{bmatrix}-13 & 0\\ 1 & 0\end{bmatrix},\quad \boldsymbol{B}=\begin{bmatrix}1\\ 0\end{bmatrix},\quad \boldsymbol{C}=\begin{bmatrix}0 & 75\end{bmatrix},\quad \boldsymbol{D}=0$$

为了获得快速响应，与 q_{22} 和 R 相比，q_{11} 必须足够大。因此，我们暂时选择：

$$q_{11}=10,\quad q_{22}=10,\quad R=1$$

以下程序表示 MATLAB 代码中的输出选择：

```
Q = [10 0
     0 10]
R = 1
K = LQR(A,B,Q,R)
```

从而得出以下解决方案（即增益）：

$$\boldsymbol{K}=\begin{bmatrix}0.6134 & 3.1623\end{bmatrix}$$

现在，我们将使用由上述 MATLAB 代码确定的最优增益，研究所设计系统的阶跃响应特性。有两种仿真方法，即 MATLAB 代码（基于调整后的状态空间表示）和 Simulink 模

型。这里介绍第一种方法。

MATLAB 代码

将两个反馈合并到原始被控对象中，得到调整后的状态空间表示：

$$\dot{x} = Ax + Bu = Ax + B(-Kx + k_2 r/75) = (A - BK)x + Bk_2 r/75$$

图 6-28 给出了该模型的二次最优调节器。修改后的状态空间模型矩阵如下：

```
A1 = A-B * K
B1 = B*K(2)/C(2)
C1 = C
D1 = D
```

使用修改后的状态空间模型模拟闭环系统的 MATLAB 代码如下：

```
[y,x,t] = impulse(A1,B1,C1,D1)
Plot(t,y)
```

产生的输出响应（即 y）如图 6-29 所示。因为是机翼水平调整器，所以会施加脉冲输入来查看机翼是否会回到其原始的水平状态。

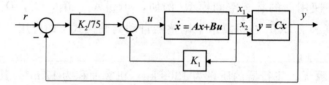

图 6-28 机翼水平调整器二次最优调节器系统

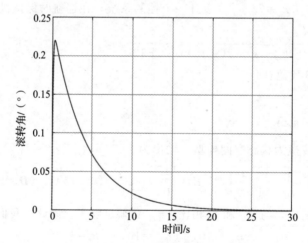

图 6-29 机翼滚转角对脉冲输入的响应

该响应可以证明输出的变化是最小化的，并且是收敛的。注意，如果选择一组新的加权函数，将生成稍微不同的输出。下面是完整的 MATLAB 代码，其中包含更多详细信息。

```
clc
clear all
Num=75
Den=[1 13 0]
[A,B,C,D]=tf2ss(Num,Den)
Q = [10 0
     0 10]
```

```
R = 1
K = lqr(A,B,Q,R)
A1 = A - B*K
B1 = B*K(2)/C(2)
C1 = C
D1 = D
t = 0:0.01:30;
[y,x,t] = impulse(A1,B1,C1,D1,1,t);
plot(t,y)
grid
ylabel('Bank angle (deg)')
xlabel('Time (sec)')
```

6.6.3　增益调度

对于时变动力学模型，增益调度是一种有效的控制律，增益应作为时间的函数进行调度。一些关于无人飞行器的例子如下：

- 当燃料快速燃烧时，飞行器的重量和重心都会随时间变化。
- 当飞行马赫数发生较大变化时，空气动力学模型会随时间变化。
- 当飞行高度发生变化时，发动机的功率/推力会随时间发生显著变化。
- 当空速、高度和重心发生变化时，稳定性和控制导数随时间变化。

对于每种情况，可以采用 PID、LQR 或任何适当的方法确定一个唯一的增益。根据时间、高度或马赫数等参数将增益制成表格（见表 6-3）。为了实现这一目标，在理想飞行包线内的几种平衡状态下对非线性飞行器微分方程进行线性化，以获得各种线性模型（每个配平点对应一个）。

表 6-3　长途飞行增益调度

配平点	巡航飞行状态	PID 增益	UAV 质量/kg，X_{cg}/C
1	$V = 120$ kn	0.1, 1.2, 0.01	1200, 0.26
2	$V = 120$ kn	0.1, 1.4, 0.02	1100, 0.23
3	$V = 120$ kn	0.15, 1.7, 0.015	1000, 0.18
4	$V = 150$ kn	0.2, 0.8, 0.015	1200, 0.26
5	$V = 150$ kn	0.2, 1.1, 0.01	1100, 0.23
6	$V = 150$ kn	0.25, 1.4, 0.03	1000, 0.18
...			

如果使用状态空间表示，则将得到唯一的 **A**、**B**、**C** 和 **D** 矩阵。例如，如果将 LQR 用于控制器设计，会确定每组 **A**、**B**、**C** 和 **D** 矩阵的最佳增益。增益表中某个点的最优增益可以作为下一个点的算法初始稳定增益。增益调度策略已在雅马哈 RMAX 直升机和 STARMAC 四旋翼飞行器上使用[79]，并成功地进行了后空翻机动演示。

229

例 6.6　考虑例 6.2 中的无人飞行器，假设其处于巡航飞行中。飞行器以 1300 kg 的质量开始飞行（恒定空速、恒定高度），但以 1100 kg 的质量结束飞行。由于质量的减少（变化），重心将从 MAC 的 25% 处变化至 20% 处。质量和重心的变化将改变动力学模型，表 6-4 给出了两个滚转导数（稳定性导数和控制导数）变化的示例。利用基于最优控制方法的增益调度技术，确定并列出每种飞行状态下的增益。

解 这个问题的解决方案通常类似于例6.2中问题的解决方案。唯一的区别是两个滚转导数的变化，它改变了无人飞行器在各种飞行状态下的传递函数和状态空间模型。因此，在例6.2中使用的MATLAB程序在这里执行了10次。每次都为两个有量纲滚转导数(L_p和L_{δ_A})选取一组新值，以确定表6-4中每个飞行状态下的最优增益(k_1和k_2)，结果见表6-5。

表6-4　每个飞行状态下的两个滚转导数值

飞行状态	质量/kg	海拔/ft	空速/kn	L_p	L_{δ_A}
1	1300	10 000	120	-13	75
2	1280	10 000	120	-12.7	73
3	1260	10 000	120	-12.3	71
4	1240	10 000	120	-12	69
5	1220	10 000	120	-11.7	67
6	1200	10 000	120	-11.3	65
7	1180	10 000	120	-11	63
8	1160	10 000	120	-10.7	61
9	1140	10 000	120	-10.3	59
10	1120	10 000	120	-10	57

表6-5　每种飞行状态下计算的两个最优增益

飞行状态	无人飞行器质量/kg	k_1	k_2
1	1300	0.6134	3.1623
2	1280	0.6272	3.1623
3	1260	0.6466	3.1623
4	1240	0.6619	3.1623
5	1220	0.6780	3.1623
6	1200	0.7006	3.1623
7	1180	0.7186	3.1623
8	1160	0.7374	3.1623
9	1140	0.7641	3.1623
10	1120	0.7854	3.1623

值得注意的是，k_2的值没有变化，且k_1的值变化不大(约28%)。实际上，每个飞行状态下的增益都计划从这个表中选取。回想一下，稳定性和控制滚转导数L_p和L_{δ_A}是x轴转动惯量(I_{xx})的函数[40]，而转动惯量又是质量的函数。

$$L_p = \frac{QSb^2 C_{l_p}}{2U_0 I_{xx}} \tag{6.43}$$

$$L_{\delta_A} = \frac{QSb C_{l_{\delta_A}}}{I_{xx}} \tag{6.44}$$

其中，C_{l_p}是无量纲滚转稳定性导数，$C_{l_{\delta_A}}$是无量纲滚转控制导数。如果巡航飞行时间是5 h(300 min)，则每一组增益都将应用30 min。

6.6.4　鲁棒控制

鲁棒控制方法属于基于模型的设计方法，可以处理参数不确定性和未建模动力学。线性鲁棒控制技术（简称 H_∞）可应用于任意线性系统，既可以采用雅可比行列式，也可以进行反馈线性化控制。在这种方法中，考虑干扰、噪声和不确定性 ΔG（见图 6-30）。此外，还采用优化方法来最小化误差传递函数的无穷范数。考虑一个由状态空间方程描述的系统：

$$\dot{x} = Ax + B_1 w + B_2 u$$
$$z = C_1 x + D_{12} u \qquad (6.45)$$
$$y = C_2 x + D_{21} w$$

我们的目标是设计反馈控制 $u = K(s)y$，使得对于给定的正数 γ，有 $\| T_{zw}(s) \|_\infty < \gamma$。注意，$\gamma$ 是非结构不确定性（实际上是 $\bar{\sigma}[\Delta G_\infty] = \dfrac{1}{\gamma}$）最大奇异值的函数。控制器（解决方案）的传递函数（参考文献[80]）为

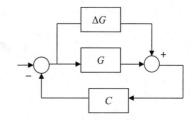

图 6-30　具有加性和乘性干扰的闭环系统

$$K(s) = -F(sI - \hat{A})^{-1} ZL \qquad (6.46)$$

其中

$$\hat{A} = A + \frac{1}{\gamma^2} B_1 \hat{B}_1^\mathrm{T} X + B_2 F + ZLC_2 \qquad (6.47)$$

并且

$$F = -B_2^\mathrm{T} X, \quad L = -YC_2^\mathrm{T}, \quad Z = \left(I - \frac{1}{\gamma^2} YX\right)^{-1} \qquad (6.48)$$

其中，X 和 Y 是代数 Riccati 方程组的解。从干扰 w 到输出 z 的闭环传递函数矩阵 $T_{zw}(s)$ 由下式给出：

$$T_{zw}(s) = G_{11} + G_{12} K(I - G_{22} K)^{-1} G_{21} \qquad (6.49)$$

其中

$$G(s) = \begin{bmatrix} 0 & D_{12} \\ D_{21} & 0 \end{bmatrix} + \begin{bmatrix} C_1 \\ C_2 \end{bmatrix} (sI - A)^{-1} (B_1, \ B_2) = \begin{bmatrix} G_{11} & G_{12} \\ G_{21} & G_{22} \end{bmatrix} \qquad (6.50)$$

鲁棒控制器可以处理不确定性、干扰和噪声。应用于雅马哈 R-50 直升机[79]上的控制结构是基于级联结构（使用了 H_∞ 回路成形法）的。该控制器在一系列机动过程中表现出良好的跟踪性能。其内部的多输入多输出（MIMO）回路稳定了直升机的姿态，四个独立的单输入单输出（SISO）控制器负责轨迹跟踪。

6.6.5　数字控制

在自动飞行控制系统的早期历史中，包括控制器在内的飞行控制的各个方面都是模拟的。借助快速、灵活、轻便且廉价的微处理器，控制律可以以数字形式实现。随着 20 世纪 70 年代计算机和微处理器的引入，现代飞行器开始使用数字控制。数字控制是控制理论的一个分支，它采用计算机/微控制器作为控制器。在数字控制中，计算机负责控制算

法的分析和实现。数字控制系统也可将微控制器用于专用集成电路。由于数字设备只接受数字信号，因此需要用采样器(一种开关)来采集连续信号的样本。样本的形式为 0 和 1。

通常，数字控制系统由三个主要部分组成：模数转换(A/D)，用于将机器的模拟输入转换为数字格式；数模转换(D/A)，用于将数字输出转换为可作为设备输入的形式；数字控制器，即计算机、微控制器或可编程逻辑控制器。数字控制器是用计算机中的软件代码实现的。

数字控制系统的示意图如图 6-31 所示，其中 z 是 Z 变换变量。

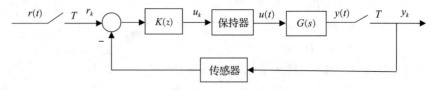

图 6-31   数字控制系统的示意图

保持器是一个 D/A 转换器，将离散的控制信号采样($K(z)$)转换成连续时间控制信号。采样周期为 T 的采样器是一个 A/D 转换器，它采集 $G(s)$ 输出的样本 $y_k = y(kT)$。在数字控制中，传递函数在 z 域中(即离散)。在离散(数字)系统中，用 z 变换代替拉普拉斯变换。变量 s 和变量 z 之间的关系为：

$$z = e^{sT} \tag{6.51}$$

其中，T 是采样率(例如 $0.01\,s$)。指数函数的近似值为

$$e^{sT} \approx \frac{1 + sT/2}{1 - sT/2} \tag{6.52}$$

这称为双线性变换或 Tustin 变换。进行反变换将得到：

$$s = \frac{2}{T}\frac{z-1}{z+1} \tag{6.53}$$

在数字控制中，通过这种变换方法可以获得每个传递函数(被控对象、传感器和控制器)的近似离散等效。采样率(平均样本数 T)越高，近似值越精确。文献[81]介绍了数字控制系统的分析和设计。推荐使用 MATLAB $^\ominus$ 等软件包对数字控制系统进行仿真。第 9 章将介绍微控制器的特点和应用。

6.7 自主

典型的航程包括以下几个阶段：地面滑行(包括地面防撞)、起飞、爬升、巡航、转弯和机动、下降、着陆、目的地的地面操作以及这些环节的所有紧急情况处理。自主是针对不同飞行阶段和不同级别定义的。此外，本节还将介绍一些高等级的自主，如检测和避障、故障监测和自动恢复。

6.7.1 分类

通常，无人飞行器有四种驾驶方式：远程控制、自动驾驶仪辅助控制(即自动控制)、

$\ominus$ http://www.mathworks.com。

半自主控制及完全自主控制。在完全自主控制下，是机载计算机在控制，不受人工控制。最小自动驾驶仪系统包括姿态传感器和机载处理器。参考文献[79]根据制导-导航-控制（Guidance-Navigation-Control，GNC）能力，将自主划分为 11 个级别（从 0 到 10）：0 为远程控制，1 为自动飞行控制，2 为外部系统独立导航，3 为故障/事件自适应，4 为实时障碍/事件检测和轨迹规划，5 为实时协同导航与轨迹规划，6 为动态任务规划，7 为实时协同任务规划，8 为态势感知与认知，9 为群体认知和群体决策，10 为完全自主控制。

由于飞行器动力学的非线性和不确定性，许多先进的控制技术（如神经网络、模糊逻辑、滑模控制、鲁棒控制、学习系统等）被应用于自动驾驶仪系统中，以保证飞行任务的顺利进行。如今，无线通信和微机电系统的技术进步使得使用廉价的小型自动驾驶仪成为可能。我们首先要区分这几种模式。以下提供了每种模式的定义：

- 在远程控制模式下，操作员从地面站控制无人飞行器，基于输入做出决定，并给出命令。

234

- 在自动化或自主系统中，为了响应来自一个或多个传感器的反馈，无人飞行器被编程为按照一组预先定义的规则提供输出。了解它的运行规则就意味着所有输出都是可预测的。现代自动驾驶仪可以使飞行器在程序设定的飞行路线上飞行，几乎所有的任务都不需要人为介入，操作员除了监视它的操作之外，不需要进行任何操作。
- 目前，无人飞行器领域对自主的定义尚无共识。在本书中，"自主"是指智能体在不需要人为干预的情况下独立执行任务的能力。自主应该包括某种人工智能，因为决策是由自动驾驶仪做出的。自主飞行器能够理解更高层次的意图和方向。基于这种理解和对环境的感知，飞行器能够采取适当的行动来实现期望的状态/轨迹，它能够从许多备选方案中决定行动方针，而无须依靠人类的监督和控制，尽管人类可能仍然在监视。尽管自主无人飞行器的整体活动是可预测的，但单个动作可能无法预测。自主无人飞行器能够监测和评估其状态（例如高度、空速）与构型（例如襟翼偏转），并指挥和控制机载设备。

自主的核心部分是指挥、控制、导航和制导。较高级别的自主可减少操作员的工作量，它包括感知（检测）和避障、故障监测、智能飞行规划和重构（按递增顺序）。自主行为[79]包括观察、定方位、决定和行动。航空业的目标是，最终实现自主无人飞行器在所有飞行阶段都能在无人工干预的情况下运行。这一目标需要制导系统、导航系统、控制系统、传感器、航空电子设备、通信系统、基础设施和软件、微处理器等技术的进步。

6.7.2　感知和避障

在飞行安全方面，避障是联邦航空管理局（FAA）首要考虑的问题。无人飞行器被视为未来航空运输中关键的潜在空域用户，因此需要在安全措施方面进行更多的研究。在民用空域广泛使用无人飞行器的主要限制之一是感知（检测）和避障问题。在有人驾驶民用航空器中，"看和避"[⊖]是有人驾驶飞行器避免碰撞的主要机制。显然，这对于广泛使用的无人

⊖　目前，交通警报和防撞系统（Traffic alert and Collision Avoidance System，TCAS）是主要的协同避障系统，并且为多数空域用户使用[82]。

飞行器来说是不切实际的，所以它们必须达到与有人驾驶飞行器相等的安全性/可靠性。目前，在检测和避障领域有大量的研究项目正在进行。根据联邦航空管理局（FAA）的规定，与人类等效的感知和避障系统必须能够可靠地探测并避开 270°×30°视场下 3 英里半径范围内的入侵飞行器。

主动解决方案包括使用机器视觉、GPS/雷达来检测碰撞威胁，并进行精确控制以避免碰撞。然而，目前的技术还没有达到如此可靠的水平[83]。此外，较高的计算要求是另一个障碍。无人飞行器的一个主要设计问题是任何黑匣子都会带来额外的重量，一些小型无人飞行器的重量限制可能会限制无人飞行器的功能或协同系统的引入。

6.7.3　自动回收

实现自动控制的另一个挑战是自动回收。在这里，回收既可以是常规的自动着陆，也可以是通过某种方式（如回收网）回收。由于没有飞行员进行控制，因此回收失败的可能性很高。无人飞行器必须有许多故障保护措施，以防任何组件发生故障。另一个失败原因是通信故障或链路丢失。如果无人飞行器和地面站之间的指挥和控制链路被完全切断，无人飞行器应切换到预编程模式，在一段时间内尝试重新建立通信或独立完成任务。对于一些研究机构和无人飞行器企业，这是另一个很大的研究领域。

6.7.4　故障监测

计划外的无人飞行器维护会给大型无人飞行器运营单位带来很多问题和成本，因为备件并不是总能随时随地买到，有时还需要在全球范围内运送。此外，如果飞行任务不得不取消或推迟，无人飞行器会产生大量的成本。因此，减少计划外维护次数对无人飞行器运营商而言是一个重要的成本因素。为了实现这一目标，并确保无人飞行器系统的完整性，必须在飞行中不断进行故障监测。故障监测可确保未发现的系统故障不会导致机上系统的灾难性故障（该故障最终可能会导致地面人员伤亡）。

故障预测是状态（即健康状况）监测和状态预测的结合，用于预测何时会发生故障。故障监测的目标是：减少计划外维修次数，实现先进的故障预测，实现状态监测，获得更好地安排维护计划的能力，预防故障。如果发生系统故障，无人飞行器必须能够以安全防故障的方式重新配置自己并重新规划其飞行路径。预测性的无人飞行器健康监测能够预测故障，以便提前计划维修。

6.7.5　智能飞行规划

智能无人飞行器系统必须具备规划和重新规划飞行路线的能力，以应对不理想的情况。这需要先进的传感器以及可以执行飞行规划算法的高性能计算环境。智能飞行规划要求软件和硬件性能有很大的提升。飞行规划过程需要了解无人飞行器周围的环境，包括空域、地形、其他交通参与者、天气、禁飞区障碍和最近的机场。在考虑当地环境的情况下，无人飞行器必须规划出执行任务的最佳路线，以便尽量减少飞行时间和燃料消耗。智能规划将检测任何靠近的飞行器以避免碰撞。

为了以可承受的成本发挥无人飞行系统的全部潜力，必须努力钻研技术，开发和发展战术、技术和程序，以改善无人飞行系统与有人驾驶飞行器的组合。无人飞行器在有人驾驶飞行器的团队中的功能本质上取决于不同的无人飞行器配置及其特性。为此，必须确定进一步发展的关键挑战，以履行不断扩大的无人飞行器在支持航空安全目标方面的作用。此外，还需要开发新技术，制定新的法规。

6.8　有人–无人飞行器协同

6.8.1　协同的需求

在无人飞行器控制系统设计中，一个非常具有挑战性的课题是有人–无人飞行器协同。当今的飞行器包括多种多样的有人驾驶和无人驾驶系统。无人飞行器是与有人驾驶飞行器配合执行复杂/危险任务的首选。统计数字呈指数级增长。无人飞行器系统受联邦航空管理局（FAA）监管，以确保飞行安全以及地面人员和财产的安全。未经授权和不安全使用小型遥控飞行器的事故数量急剧上升。飞行员上报的与疑似无人飞行器有关的报告从 2014 年的 238 次增加到 2015 年 8 月的 780 次。有人–无人协同的主要目标之一是提供灵活的飞行操作。将无人飞行器系统与有人驾驶系统结合将为双方带来益处。

为了以可承受的成本充分发挥无人系统的潜力，必须努力改进战术、技术和程序，以改善无人系统与有人飞行器的协同。无人飞行器在有人驾驶飞行器编队中的功能本质上取决于不同的无人飞行器构型及特性。为此，必须确定进一步发展的关键问题，以发挥无人飞行器在促进航空安全方面的作用。此外，还需要开发新技术，制定新的规章制度。

在协同飞行的案例中，系统总体设计人员应该设计一个平台，以便让人参与到环路中，并最大限度地提高成功执行关键功能的概率。需要开发一个框架来分析"人为错误"或系统错误的根本原因。高效的协同将创造一个环境，使双方在各自的范围内运作，达成一方无法单独完成的目标。

6.8.2　协同问题表述

表述有人–无人协同问题的基本要求是对无人飞行器飞行动力学、人工决策过程以及人与自动驾驶仪之间的通信进行数学建模。图 6-32 展示了协同飞行操作的功能框图。原则上，有两个独立的决策者，即无人飞行器的自动驾驶仪和有人驾驶飞行器的驾驶员。此外，应有两个独立的轨迹和两个反馈。协同规则为有人和无人驾驶飞行器创建命令。有一组输入（任务参数）和两个输出（即轨迹）。两个轨迹都反馈到同一点，以便与任务输入进行比较。任何差异都会使协同规则模块生成一个误差信号。协同规则将产生两个信号：一个给有人驾驶飞行器的驾驶员，另一个给无人飞行器的自动驾驶仪。

图 6-32 包含了有关动力学行为的信息，但不包含任何关于实际协同架构的信息。参考文献[54]提供了飞行器/无人飞行器的数学模型（动力学模型）和自动驾驶仪。飞行员决策过程的数学模型见 6.8.3 节。此外，6.8.5 节将介绍协同规则。总的来说，协同有三种类型，每一种都有各自的规则：无人飞行器领飞，有人驾驶飞行器跟随；有人驾驶飞行器领飞，无人飞行器跟随；混合领飞–跟随。

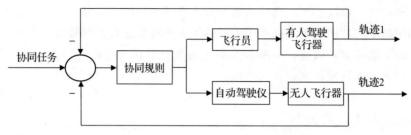

图 6-32 协同飞行操作的功能框图

每种协同方案都有各自的优缺点，适用于特定的应用和飞行任务。例如，第一类协同（即无人飞行器领飞，有人驾驶飞行器跟随）适合进行对人有一定危害的飞行任务，例如，观察火山和监视敌区中的目标并执行军事任务。在这样的任务中，无人飞行器领飞，有人驾驶飞行器会紧随其后。如果出现危险，无人飞行器将首先面对和处理。这一类协同可以保证有人驾驶飞行器上飞行员的安全。图 6-33 给出了第一类方案中每个团队成员执行的功能。

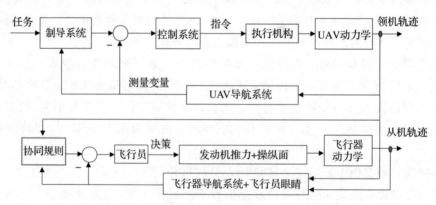

图 6-33 无人飞行器领飞、有人驾驶飞行器跟随协同框图

无人飞行器飞行参数由无人飞行器的航空电子设备和有人驾驶飞行器的测量设备共同测量。因此，有人驾驶飞行器有两个反馈：一个来自无人飞行器，一个来自自己。无人飞行器将作为领机飞行，有人驾驶飞行器则根据协同规则进行制导和控制。飞行员的决策过程与协同规则有重叠，因为他使用眼睛作为导航工具。

第二类协同适用于无人飞行器作为预备队且对飞行员没有危害的飞行任务。这一类别的协同规则基于许多已经开发的技术和制导律。一种简单有效的制导律是视线法[84]。

在第二类协同（见图 6-34）中，有人驾驶飞行器的飞行参数由无人飞行器的航空电子设备和有人驾驶飞行器的测量设备以及飞行员的眼睛进行测量。因此，无人飞行器有两个反馈：一个来自有人驾驶飞行器，另一个来自自己。有人驾驶飞行器（人类飞行员）将作为领机完成任务轨迹，而无人飞行器将根据协同规则进行制导和控制。飞行员的决策过程可以独立于协同规则，因为他扮演着领导者的角色。

第三类协同是最具挑战性的一种，需要在人类飞行员和自动驾驶仪之间开发新的通信系统。参考文献[85]中介绍了人类交流的理论、概念和挑战。控制系统、制导系统和导航系统的数学公式在许多书籍和论文中都有介绍，包括参考文献[54]中。本书主要介绍如何制定有人驾驶飞行器和无人飞行器之间的通信系统以及协同规则。

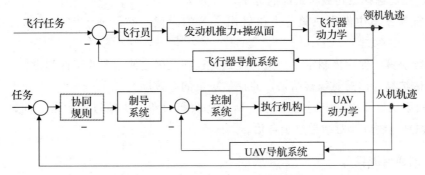

图 6-34 有人驾驶飞行器领飞、无人飞行器跟随的协同框图

6.8.3 决策过程

在有人-无人协同中,无人飞行器自动驾驶仪将根据预先编程好的控制律和制导律工作。但是,有人驾驶飞行器的驾驶员在任何情况下都应该在进行具体操作前决策。决策是协同中飞行员的一项重要技能,尤其是当有人驾驶飞行器是从机时。遵循合理的程序,同时了解常见的危险,有助于确保最佳决策和安全飞行。决策过程的基本步骤如图 6-35 所示。

238 ~ 239

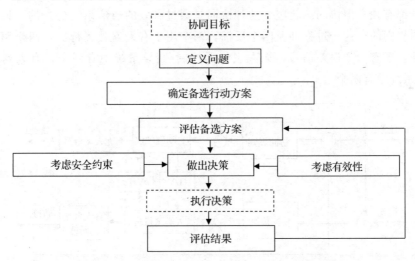

图 6-35 作为无人飞行器从机的飞行员的决策过程

1)**定义问题**。做出正确决策的第一步是识别协同问题并决定解决它。确定为什么那个决策会带来安全和成功的飞行。

2)**收集数据**。第二步是收集飞行数据信息,以便飞行员根据实际飞行数据做出飞行器操纵决策。这需要做出价值判断,确定哪些信息与决策相关,以及在哪里可以找到这些信息。

3)**确定备选行动方案**。一旦飞行员对问题有了清楚的理解,就可以确定各种解决方案了。做出决策时,你可能有很多不同的选择,因此设法拿出一系列方案是很重要的。这有助于你确定哪个行动方案是实现目标的最佳方法。

4)**权衡凭据**。现在,飞行员需要评估各种备选方案的可行性和可接受性。飞行员应该权衡利弊，然后选择成功概率最高的方案。

5) **在备选方案中做出决策**。当该做出决策的时候，确保你了解你所选行动方案的风险。

6) **执行决策**。你应该制定一个执行计划。这涉及确定使用哪些组件和设备。

7) **评估结果**。你需要观察结果，并评估决策的有效性。

在控制系统设计阶段应制定图 6-35 所示的决策过程。决策过程的常见问题有信息不足、错误识别问题以及对结果过于自信。

6.8.4 协同通信流程

6.8.1 节考虑了三种有人-无人飞行器协同的可能方案。在三种方案中，必须有一个可用的通信系统，并在整个飞行任务中都能正常工作。有人-无人飞行器协同的一个重要方面是无人飞行器自动驾驶仪和有人驾驶飞行器驾驶员之间的通信。本节将探讨第三类协同方案(即混合领飞-跟随)的通信过程，考虑只有两名成员的基本编队情况：只包含一架无人飞行器和一架有人驾驶飞行器。

图 6-36 的框图展示了混合领飞-跟随方案中由两名成员(一架有人驾驶飞行器和一架无人飞行器)组成的编队的通信过程。两名编队成员的任务相同(例如，与某个目标交战)，但每名成员都有独立但协同的轨迹。这种协同是通过有效的通信系统建立的，该通信系统是基于协同规则的。这个过程涉及四个反馈，两个用于有人驾驶飞行器，两个用于无人飞行器。此外，还有四个误差信号，无人飞行器控制/制导系统中有两个，有人驾驶飞行器控制/制导系统中有两个。

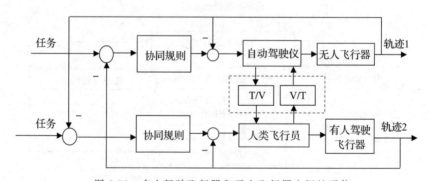

图 6-36 有人驾驶飞行器和无人飞行器之间的通信

正如预期的那样，人类飞行员通过对话(产生语音信号)与无人飞行器通信，但是无人飞行器会创建书面文本与有人驾驶飞行器进行通信。有人驾驶飞行器上的语音转文本(Voice-to-Text，V/T)转换器会把飞行员的声音转换成文本，发射机将此文本以无线电波的形式发送给无人飞行器。然后，无人飞行器接收机将接收该信号，自动驾驶仪处理并利用该信号来控制无人飞行器。这种信号的处理器将集成在微控制器中。

同时，当无人飞行器产生信号并发送给有人驾驶飞行器时，信号将通过无人飞行器发射机传送给有人驾驶飞行器。当有人驾驶飞行器接收到此类信号时，它将处理该信号并创建文本。最后，有人驾驶飞行器的文本转语音(Text-to-Voice，T/V)转换器会将无人飞行器信号转换为语音。当飞行员听到声音时，将根据协同规则和所需任务对信号进行处理/

决策/做出反应。V/T 和 T/V 的必要技术早已开发并得到实践。参考文献[86]中讨论了语音实时转文本的挑战和机遇。

无人飞行器必须有许多故障安全保护措施，以防任何组件发生故障。故障的一个原因是通信故障或链路丢失。如果无人飞行器和有人驾驶飞行器之间的链路被完全切断，无人飞行器应切换到预编程模式，在一段固定时间内尝试重新建立通信或独立完成任务。

6.8.5　协同规则

为了制定协同规则，必须从技术上确定双方的设计要求。根据操纵品质[76]以及适航标准[70-71]，设计过程中用到的典型设计要求有：协同系统整体的稳定性、输出（或状态跟踪）性能、从命令到响应的准确性、超调量、稳态误差、上升时间、稳定时间。此外，该规则必须在飞行器类型、通信元件和任务方面保持鲁棒性。

即使目前有了先进而复杂的计算机和软件包，有些任务仍然依赖于人类知识，而这些知识目前很难被计算机推理或处理。例如，在识别人群中的面孔或在具有相似物体的环境中发现目标方面，人类要比计算机表现得好很多。因此，协同规则必须考虑到人为因素以及所有编队成员的弱点和优势。

对有效的协同规则而言，有一些基本原则，本节将介绍其中的一部分。作为最重要的原则，与无人飞行器的适航性相比，有人驾驶飞行器（实际上是人类飞行员）的安全具有更高的优先级。因此，避免碰撞以及观察与检测是成功协同的两个主要考虑因素。此外，当领机离开从机的视线范围时，从机必须绕飞以检测领机。在无人飞行器作为领机、有人驾驶飞行器作为从机的协同中，协同规则可能规定人类飞行员不跟随无人飞行器。

可以利用状态空间法对 n 架无人飞行器和 m 架有人驾驶飞行器编队进行建模。如果使用线性模型，编队的状态空间表示为

$$\dot{x} = Ax + Bu$$
$$y = Cx + Du \tag{6.54}$$

其中，x、y 和 u 表示状态、输出和输入变量。另外，A、B、C 和 D 表示状态、输入、输出和传递矩阵。当编队由一架无人飞行器和一架有人驾驶飞行器组成时，将有两个输入和两个输出。因此，四个矩阵都是 2×2 的。

$$\begin{bmatrix} \dot{x}_1 \\ \dot{x}_2 \end{bmatrix} = \begin{bmatrix} a_{11} & a_{12} \\ a_{21} & a_{22} \end{bmatrix} \begin{bmatrix} x_1 \\ x_2 \end{bmatrix} + \begin{bmatrix} b_{11} & b_{12} \\ b_{21} & b_{22} \end{bmatrix} \begin{bmatrix} u_1 \\ u_2 \end{bmatrix}$$
$$\begin{bmatrix} y_1 \\ y_2 \end{bmatrix} = \begin{bmatrix} c_{11} & c_{12} \\ c_{21} & c_{22} \end{bmatrix} \begin{bmatrix} x_1 \\ x_2 \end{bmatrix} + \begin{bmatrix} d_{11} & d_{12} \\ d_{21} & d_{22} \end{bmatrix} \begin{bmatrix} u_1 \\ u_2 \end{bmatrix} \tag{6.55}$$

输出 y_1 代表无人飞行器的飞行轨迹，输出 y_2 代表有人驾驶飞行器的飞行轨迹。使用状态和输出反馈，参考线性控制信号为

$$u = -K(x, y) \Rightarrow \begin{bmatrix} u_1 \\ u_2 \end{bmatrix} = \begin{bmatrix} k_{11} & k_{12} \\ k_{21} & k_{22} \end{bmatrix} \begin{bmatrix} x_1 & y_1 \\ x_2 & y_2 \end{bmatrix} \tag{6.56}$$

为了优化编队的性能，可以使用最优控制律来最小化性能指标 J：

$$J = \int_0^\infty (\dot{x}Qx + \dot{u}Ru + \dot{y}Sy)\,\mathrm{d}t \tag{6.57}$$

242

其中，Q、R 和 S 分别是状态、输入和输出变量的对称加权函数。在确定加权函数的元素时，优先考虑有人驾驶飞行器的性能和安全性。将式(6.55)代入式(6.54)将产生一个优化问题。采用诸如求解代数 Riccati 方程之类的优化方法求解优化问题，这将产生控制信号。由于两架飞行器同时飞行，因此在每架飞行器内分别求解协同规则，这将产生两组结果（一组针对无人飞行器，一组针对有人驾驶飞行器）。无人飞行器的自动驾驶仪将遵循一个解决方案，人类飞行员将遵循另一个解决方案。协同规则将保证编队飞行的成功。

6.9 控制系统设计流程

本节将描述整个控制系统的设计流程。一般来说，控制系统的主要设计要求包括制造技术要求、精度要求、稳定性要求、结构刚度要求、载荷系数要求、飞行品质要求、机动性要求、可靠性要求、生命周期成本要求、无人飞行器构型要求、隐形要求、可维护性要求、通信系统要求、空气动力学要求、处理器要求、轨迹的复杂性要求、与制导系统的兼容性要求、与导航系统的兼容性要求以及重量要求。

在自动驾驶仪的四个子系统中，控制子系统的设计是最具挑战性的。制导和导航子系统向控制系统提供输入，以便无人飞行器成功地完成飞行任务。图 6-37 所示为控制系统设计流程的流程图。通常，设计过程始于权衡研究，以在稳定性和可控性要求之间建立清晰的界限，并以优化结束。

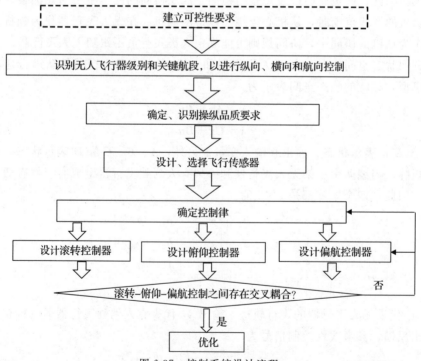

图 6-37　控制系统设计流程

在权衡研究中，需要研究飞行品质的两个极限，并画出稳定性和可控性之间的界限。例如，战斗无人飞行器可以牺牲稳定性来获得更高的可控性和机动性。那么，可以使用 AFCS 来增强稳定性。对于民用无人飞行器来说，安全是最高目标，因此，稳定性明显优先于可控性。

　　该权衡研究的结果将主要用于确定飞行器重心位置的允许范围。滚转控制、俯仰控制和偏航控制这三个通常是并行设计的。然后，研究三个控制之间可能存在的耦合，以确保每一个控制都不会对飞行器在其他区域的可控性产生负面影响。如果耦合分析显示有任何操纵面的效果令人不满意，必须重新设计控制系统以解决该问题。飞行控制系统的设计应具有足够的冗余度，以实现比期望水平高出两个数量级的可靠性。一般来说，控制系统的性能要求是响应快速、超调量小、零稳态误差、阻尼比低、上升时间短、稳定时间短。如果超调量较大，则会对结构施加较大的载荷系数（由于加速度增加）。

244

　　在稍微稳定的无人飞行器或完全不稳定的无人飞行器上，稳定性是对控制系统的另一个要求。这种额外必要的稳定性会使控制系统设计成为更具挑战性的问题。

　　考虑一架无人飞行器，在有侧风的情况下其航向由方向舵控制。在此系统中，所控制的航向是飞行器在静止空气中的飞行方向。自动驾驶仪通常会根据侧风修正航向，使实际航向与期望的航线一致。整个无人飞行器控制系统还包含另一个控制，可以控制副翼和升降舵以使飞行器保持水平飞行。因此，航向控制系统的设计同时涉及三个操纵面。

　　在 FAR 的 23 部[70]中，控制系统（即输电线路）需要冗余一个数量级。输电线路（即电线和管道）间不应相互靠近，不应靠近油箱，也不应靠近液压管路。在大多数波音飞行器上，有三条独立的液压管路。如果液压管路泄漏或发动机不工作，还有一个独立运行的备用液压系统。例如，运输机波音 747 有四个液压系统。这些设计考虑可以保证设计出高度安全和可靠的飞行器。

　　控制系统的主要元件是控制器。控制器设计中要达到的主要要求是系统稳定性、参考跟踪、干扰抑制、噪声衰减、减少控制能量、鲁棒稳定性以及鲁棒性能要求。并非所有的动力学模型都能完全满足所有的要求。

　　图 6-38 展示了一架质量为 84 kg、翼展为 5.3 m 的"大角星"T-20 无人飞行器，这是一种携带内部和外部有效载荷的全复合材料飞行器。它通过便携式弹射器发射，可以用舰载着陆系统回收，也可以在未改良的地面上机腹着陆。T-20 带有一个安装在可伸缩平衡框架上的数字稳定光电/红外（EO/IR）摄像头，其通过 C 波段视线（Line-Of-Sight, LOS）数据链实时将视频传输至地面控制站（GCS）。这种无人飞行器的最大速度为 139 km/h，航程为 89 km，续航时间为 24 h 以上，实用升限为 25 000 ft。

图 6-38　"大角星"T-20 无人飞行器

表 6-6 展示了系统的典型缺陷以及用于补偿的控制器/补偿器。当向系统输入单位阶跃信号时，会观察到系统的不足。控制器类型的选择取决于许多参数，包括设计要求、无人飞行器任务、成本和有效性。

表 6-6　系统的典型缺陷及适当的用于补偿的补偿器

序号	动力学系统的缺陷	必要的补偿器
1	稳态误差不为 0	比例积分 (PI) 控制器
2	超调量大；上升时间长，稳定时间长；带宽低	比例微分 (PD) 控制器
3	稳态误差不为零；超调量大；上升时间长	PID 控制器
4	响应慢	超前-滞后（相位超前）
5	响应快	滞后-超前（相位滞后）
6	阻尼比低（振荡过大）	速率反馈
7	对噪声和干扰敏感	Wash-out 滤波器
8	杂模	零极点对消
9	极点不在所需位置	极点配置
10	系统响应不是最佳的	二次最优调节器
11	系统的动力学模型包含不确定性	鲁棒控制

简答题

1. 控制系统设计的主要标准是什么？
2. 定义传递函数。
3. 动力学系统状态空间表示的典型格式是什么？
4. 定义时间常数。
5. 若具有一阶系统模型的执行机构的时间常数为 0.1 s，给出其传递函数。
6. 准确陈述四种控制律。
7. 准确陈述闭环系统的四种基本组成部分。
8. 准确陈述控制系统的三种非线性。
9. 两种常规控制器设计工具/方法是什么？
10. 写出常规操纵面执行机构的典型数学模型。
11. 无人飞行器执行机构时间常数的典型值是多少？
12. 定义纵向控制。
13. 定义横向控制。
14. 定义航向控制。
15. 描述飞行包线。
16. 准确陈述典型的无人飞行器测量设备（传感器）。
17. 准确陈述三种常规操纵面。
18. 描述 PID 控制器。
19. 描述最优控制。
20. 描述鲁棒控制。
21. 描述数字控制。

22. A/D 和 D/A 代表什么？

23. 列出自动驾驶仪类别/模式。

24. 偏航阻尼器的作用是什么？

25. 描述机翼水平调整器的作用。

26. 民用空域中引入无人飞行器的主要问题是什么？

27. 当控制系统对噪声和干扰敏感时，应该使用哪种类型的补偿器？

28. 对于单位阶跃响应稳态误差不为零的控制系统，应该使用哪种类型的补偿器？

29. 对于单位阶跃响应稳态误差不为零且具有较大超调量和较长上升时间的控制系统，应该使用哪种类型的补偿器？

30. 对于系统动力学模型包含不确定性的控制系统，应该使用哪种类型的补偿器？

31. 对于系统响应非最优的控制系统，应该使用哪种类型的补偿器？

32. 伺服电机的转矩范围是多少？

33. 伺服液压执行机构的力范围是多少？

34. 给出伺服电机的四种类型。

35. 讨论伺服电机的特性。

36. 在 Simulink 的操纵面模型中，为什么需要饱和度模块？

37. 为什么一个固定的物体可能有六个自由度？分别是什么？

38. 绘制具有常规操纵面的无人飞行器飞行控制系统的框图。

39. 绘制无人飞行器俯仰姿态控制系统框图。

40. 绘制无人飞行器偏航阻尼器框图。

41. 什么是航向信标？

42. 绘制无人飞行器滚转角控制系统框图。

43. 在巡航飞行中，常使用什么元件来改变空速？

44. 在巡航飞行中，常使用什么元件来改变攻角/俯仰角？

45. 在巡航飞行中，常使用什么元件来改变高度？

46. 解释如何实现协调转弯。

47. 升降舵的偏转范围是多少？

48. 方向舵的偏转范围是多少？

49. 副翼的偏转范围是多少？

50. 描述增益调度控制技术。

练习题

假设侦察无人飞行器的最大起飞质量为 1100 kg、机翼面积为 15 m^2、机翼展弦比为 7，据此回答问题 1～14。表 6-7 给出了海平面上 100 kn($\alpha = 2°$)空速时的无量纲纵向和横向-航向稳定性导数及控制导数。假设导数在整个飞行过程中保持恒定。其他无人飞行器参数为 $C_{D_0} = 0.024$，$K = 0.05$，$C_{L_0} = C_{m_0} = 0$，$I_{xx} = 1220$ kg·m^2，$I_{yy} = 1760$ kg·m^2，$I_{zz} = 2500$ kg·m^2。

此外，发动机推力(T)建模为 $T = 22\delta_T$，其中 T 的单位为 N，δ_T(节气门调定)为(°)。操纵面的最大偏转角和节气门调定分别为 ±30° 和 45°。

表 6-7 侦察无人飞行器的稳定性导数和控制导数

纵向导数	取值/rad^{-1}	纵向导数	取值/rad^{-1}	横向-航向导数	取值/rad^{-1}	横向-航向导数	取值/rad^{-1}
C_{L_α}	5.2	C_{D_u}	0.1	C_{l_β}	-0.08	C_{n_r}	-0.05
C_{m_α}	-1.9	C_{L_q}	8.4	C_{y_β}	-0.31	$C_{l_{\delta_A}}$	0.23
C_{D_α}	0.06	C_{m_q}	-14	C_{n_β}	0.04	$C_{y_{\delta_A}}$	0.0
$C_{L_{\dot\alpha}}$	1.6	C_{D_q}	0.0	C_{l_p}	-0.53	$C_{n_{\delta_A}}$	-0.03
$C_{m_{\dot\alpha}}$	-5.1	$C_{L_{\delta_E}}$	0.6	C_{y_p}	-0.08	$C_{l_{\delta_R}}$	0.009
$C_{D_{\dot\alpha}}$	0.0	$C_{m_{\delta_E}}$	-1.6	C_{n_p}	-0.06	$C_{y_{\delta_R}}$	0.18
C_{L_u}	0.012	$C_{D_{\delta_E}}$	0.01	C_{l_r}	0.16	$C_{n_{\delta_R}}$	-0.07
C_{m_u}	0.002			C_{y_r}	0.12		

1. 计算以下有量纲纵向稳定性导数和控制导数：X_u、Z_u、M_u、X_α、Z_α、M_α、X_{δ_E}、Z_{δ_E}、M_{δ_E}、$Z_{\dot\alpha}$、$M_{\dot\alpha}$、Z_q、M_q。

2. 确定飞行器纵向传递函数：$\dfrac{u(s)}{\delta_E(s)}$，$\dfrac{\alpha(s)}{\delta_E(s)}$，$\dfrac{\theta(s)}{\delta_E(s)}$。

3. 飞行器纵向动态稳定吗？为什么？

4. 升降舵偏转 $-2°$：

   1）绘制开环系统对该输入（持续 200 s）的响应（前进速度、攻角和俯仰角）。你可以用 MATLAB 进行仿真。

   2）攻角、俯仰角和飞行器速度的新稳态值是多少？

   3）这架飞行器还在巡航或爬升吗？

   4）确定每个响应（α、θ 和 u）的上升时间、稳定时间和最大超调量。

5. 计算飞行器纵向动力学的状态空间模型。

6. 确定矩阵 **A** 的特征值。飞行器纵向动态稳定吗？为什么？

7. 使用纵向状态空间模型，升降舵偏转 $-1°$：

   1）绘制开环系统对该输入（持续 300 s）的响应（前进速度、攻角和俯仰角）。你可以用 MATLAB 进行仿真。

   2）攻角、俯仰角和飞行器速度的新稳态值是多少？

   3）这架飞行器还在巡航或爬升吗？

8. 设计一个包括控制器的闭环控制系统，以跟踪图 6-39 所示的轨迹。给出 Simulink 模型，仿真结果应包括所要求的轨迹和实际飞行轨迹之间的比较。提示：同时使用升降舵和节气门。

图 6-39 所要求的轨迹

9. 计算飞行器的横向-航向状态空间模型(使用表 6-7 的数据)。

10. 确定矩阵 **A** 的横向-航向特征值。飞行器横向-航向动态稳定吗？为什么？

11. 副翼偏转－1°的同时方向舵偏转＋2°：

1) 绘制开环系统对此输入(持续 10 s)的响应(滚转角、侧滑角、航向角、滚转速率和偏航速率)。你可以使用 MATLAB 进行仿真。

2) 3 s 后滚转角、侧滑角、航向角是多少？

250

12. 对于给定的无人飞行器，设计一个包括控制器的闭环控制系统，以跟踪图 6-40 所示的轨迹。给出 Simulink 模型，仿真结果应包括所要求的轨迹和飞行轨迹之间的比较。

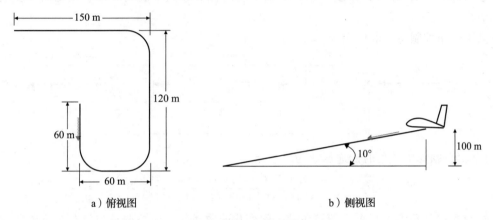

a) 俯视图　　　　　　　　　　　　　b) 侧视图

图 6-40　下降和着陆的轨迹

13. 确定具有 4 个输入、8 个状态变量和 5 个输出的飞行器完整纵向-横向-航向状态空间模型(使用表 6-7 数据)。输入变量为 $u = [\delta_T, \delta_E, \delta_A, \delta_R]^T$，状态变量为 $x = [V_T, \alpha, \theta, q, \beta, \phi, p, r]^T$。输出变量为前进速度、攻角、俯仰角、俯仰速率、侧滑角、滚转角、滚转速率和偏航速率。

14. 升降舵偏转－2°，副翼偏转 3°，方向舵偏转＋2°(仅持续 1 s)。绘制开环系统对这些输入(持续 10 s)的响应(前进速度、攻角、俯仰角、俯仰速率、侧滑角、滚转角、滚转速率、偏航速率和航向角)。你可以用 MATLAB 进行仿真。

15. 有一质量为 2000 lb，机翼面积为 120 ft^2，空速为 200 kn 的小型无人飞行器，其偏航速率-方向舵偏转角和横向加速度-方向舵偏转角的传递函数分别为

251

$$\frac{R(s)}{\delta_R(s)} = \frac{-10(s+0.15)}{s^2+0.3s+17}$$

$$\frac{n_y(s)}{\delta_R(s)} = \frac{-0.18(s^2-0.02s-23)}{s+0.07}$$

假设加速度计安装在无人飞行器的重心处，且方向舵执行机构的时间常数为 0.04 s。设计转弯协调仪，使阻尼比和固有频率满足以下要求：

$$0.5 \leqslant \xi \leqslant 0.8$$

$$0.4(\text{rad} \cdot \text{s}^{-1}) \leqslant \omega_n \leqslant 0.9(\text{rad} \cdot \text{s}^{-1})$$

16. 某滚转控制系统的部分框图为

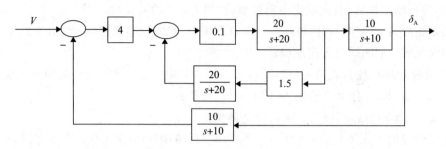

输入为电压值(12 V,持续 2 s)。对该系统进行仿真,绘制副翼偏转角随时间变化的曲线。

17. 某滚转角控制系统的框图为

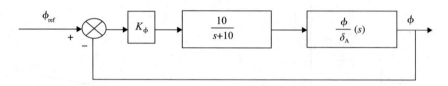

滚转角-副翼偏转角的传递函数为

252

$$\frac{\phi}{\delta_A}(s) = \frac{1.437((s-0.073)^2+(0.7214)^2)}{(s+0.7333)(s-0.0293)((s-0.0470)^2+(1.0402)^2)}$$

绘制 5° 滚转角参考指令下滚转角随时间变化的曲线。说明超调量和稳态误差是多少。

18. 某动力学系统的框图为

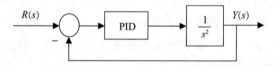

设计一个控制器(PID),使得其对参考输入的单位阶跃响应满足稳态误差为 0,最大超调量小于 20%,稳定时间小于 2 s,上升时间小于 0.5 s 的要求。

19. 某控制系统的框图为

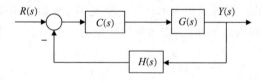

其中,$G(s) = \dfrac{s+10}{2s^2+2s+9}$,$H(s) = \dfrac{10}{s+11}$。

设计一个控制器[$C(s)$],使得其对参考输入的单位阶跃响应满足稳态误差小于 10%,最大超调量小于 20%,稳定时间小于 3 s,上升时间小于 1 s 的要求。

253

20. 将 19 题中的传递函数改为 $G(s) = \dfrac{12}{2s^2+3s+10}$,$H(s) = \dfrac{100}{s+100}$,重新设计控制器。

第7章　制导系统设计

教学目标

经过本章的学习，读者将能够：

1) 讨论无人飞行器的制导过程。

2) 进行无人飞行器制导系统设计。

3) 简述制导系统组成部分。

4) 根据给定任务要求设计制导系统。

5) 选择满足设计要求的制导律。

6) 为感知和避障系统提供指南。

7) 为编队飞行提供指南。

8) 进行运动规划与轨迹设计。

9) 为制导任务评估导引头特征。

10) 探讨当前各种制导方法与技术。

11) 评估无人飞行器机动性特征。

7.1　引言

制导的基本定义是引导飞行器沿路径驶向指定点的过程。换句话说，制导是指无人飞行器通过主动引导或被动引导到达目标的过程。引导无人飞行器使其沿规定的轨迹运动是自动驾驶仪的基本功能。制导系统根据指令信号（如路径点、高度以及空速等）确定要遵循的路径。制导系统可以看作无人飞行器的"驾驶员"，可以规划并做出决策，以完成指定的飞行任务。

值得注意的是，过去"制导"与"导航"是可以互换使用的。追溯到18、19世纪，在那个海洋勘探的旧时代，导航被定义为一项技术：追踪和控制载具进行空间移动。然而，随着制导学科的发展，导航、控制和制导之间已存在明显不同。导航是制导的前提，制导是控制的前提。

大多数无人飞行器会按照预设的固定轨迹飞行。然而，也有一些无人飞行器（比如军用无人飞行器），其任务是追踪移动的目标。不论在什么情况下，制导系统的主要功能都是生成轨迹。对于固定轨迹，导航系统既简单又直接，然而对于跟踪移动目标的情形，自动驾驶仪需要复杂的制导系统来生成轨迹并为控制系统生成指令。无人飞行器必须通过制导和控制系统产生操纵指令，随后生成操纵面偏转量，以便充分调整航向，使无人飞行器沿着选定的航线飞行。无人飞行器根据一定的制导律进行制导。

制导系统主要负责测量和控制飞行变量（包括飞行器攻角、攻角的变化率以及机体坐标系加速度)。得到这些信息后,用导航系统计算飞行器的位置,将其与预设的参考轨迹进行对比,再调整自动驾驶仪的指令使误差归零。制导系统通常会产生加速度指令。因此,制导系统通过向自动驾驶仪的控制系统发送正确的指令,对偏差进行必要的修正,使飞行器保持在预定航线上。一些重要的无人飞行器操作也需要制导系统,如无人飞行器编队飞行以及和有人驾驶飞行器的协同作战。

制导系统的一个重要应用是感知(检测)和避障。这是限制无人飞行器在民用空域内广泛使用的重要因素之一。在载人民用航空领域,"看和避"是有人驾驶飞行器避免碰撞的主要机制。无人飞行器必须达到与载人飞行器相同的安全水平,否则无法大规模使用无人飞行器。目前,学者对于无人飞行器的检测和避障问题进行了大量的研究。主动解决方案包括使用传感器(如雷达)来探测碰撞威胁,然而这需要大量的电力,而且传感器重量较大。被动解决方案包括使用机器视觉(如摄像机),这降低了对功率的要求,但是对计算要求很高。本章将从各方面对制导、制导系统组成部分、制导律进行阐述。此外,还将详细介绍三种常用的制导律。

7.2 基础知识

7.2.1 制导过程

制导是从指令子系统接受信息并从导航系统得到反馈从而生成轨迹的过程。制导系统最初由导弹工业发展而来。参考文献[87]回顾了短程战术导弹的制导律。在制导导弹中,制导系统只在飞行的自动寻的阶段(最后阶段)使用,用于打击目标。为实现全自动操作,无人飞行器需要有导航、制导和以制导系统为核心的控制系统。图 7-1 展示了控制系统、制导系统与导航系统之间的关系。基于制导律,制导系统会产生期望状态并发送到控制系统。制导系统的输出被发送到控制系统,控制系统通过执行机构驱动操纵面(如升降舵、副翼和方向舵)来执行这个指令。

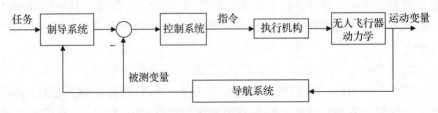

图 7-1 自动驾驶仪中的控制系统、制导系统和导航系统

"捕食者"A 无人飞行器最初设计为全手动飞行模式,因此它不需要制导系统。然而在后来的版本中,它添加了制导系统,以便当数据链丢失时可以自动返回基地。此外,"全球鹰"(见图 1-2)能够在全自动模式下飞行,因此它需要制导系统。

在多数情况下,无人飞行器都需要制导系统,例如:

- 无人飞行器的当前航向(ψ_0)并不能指引其到达理想位置(见图 7-2)。
- 无人飞行器寻找固定目标,并实现对其的测量(例如拍照)。
- 无人飞行器追踪移动的地面目标。

● 实现编队飞行，跟随无人飞行器追随领飞无人飞行器。

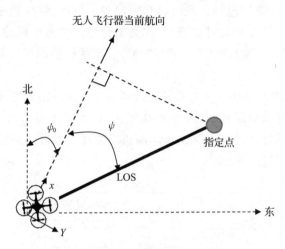

图 7-2　一种需要制导系统的情况

第一个案例中的一个子项目是"感知/检测和避障"能力，即无人飞行器与其他无人飞行器保持安全距离并避免与其他无人飞行器发生碰撞的能力。通用原子航空系统公司成功对 Due Regard 雷达原型机进行了飞行测试，Due Regard 雷达是一种空对空雷达系统，可使"捕食者"B 支持 GA-ASI 的整体空中感知和躲避功能。"勇士"（MQ-1"捕食者"的一个版本）的主要传感器是大型整流罩中的 SAR/GMTI（Synthetic Aperture Radar/Ground Moving Target Indicator，合成孔径雷达/地面移动目标指示器）。

7.2.2　制导系统组成部分

与有人驾驶飞行器相比，无人飞行器最重要的子系统是自动驾驶仪。自动驾驶仪是无人飞行器中至关重要且必不可少的子系统。自动驾驶仪的职责有：在阻尼或不稳定模式下保持飞行器稳定；精确跟踪制导系统生成的指令；引导无人飞行器按照轨迹运动；确定无人飞行器的坐标（即导航）。因此，自动驾驶仪包括指令子系统、控制子系统、制导子系统和导航子系统。这四个子系统必须同时考虑，才能满足无人飞行器的设计要求。

7.2.3　制导组件

制导子系统为控制系统生成指令（如生成合适的跟踪轨迹）。其主要有四个组成部分：制导测量装置（如雷达/导引头）、制导律、硬件（如处理器）以及软件/程序编程。第 8 章将要介绍的微处理器是制导系统硬件的一部分。

所需制导系统类型取决于其控制的无人飞行器类型和任务，从远程无人飞行器的复杂惯性制导系统到操作员可目视观察的无人飞行器（例如遥控飞行器）的简单系统（通过无线电链路发送制导指令），这些制导系统的复杂程度有所不同。在任何情况下，制导指令都是无人飞行器控制系统的输入。该指令可以是航向或姿态指令、俯仰或转弯速率指令，也可以是俯仰或偏航加速度指令等形式，具体取决于使用的制导方案的类型。

制导系统的硬件设备通常包括导引头、测量装置、发射器和处理器。导引头可以是主

258

动的、被动的或半主动的。制导律和制导系统均有几种类型，确保制导律与制导系统类型相匹配很重要。制导系统类型包括：视线（LOS）制导、导航制导（例如惯性导航、GPS）、寻的制导（例如雷达、红外线和电视）。制导律类型包括：碰撞法制导、比例导引法（PN）制导、恒定波束航线制导、追踪制导、三点法制导、最优控制制导、前置导引制导、超前角制导、预定程序制导。

图 7-3 所示为能够跟踪移动目标的无人飞行器制导系统的主要组成部分。制导系统的两个输入是 LOS 或到目标的距离（由导引头提供），以及无人飞行器的位置（来自导航系统）。制导系统的输出可以是转速指令或转动加速度指令，也可以是转弯（向左或向右）指令，还可以是俯仰（向上或向下）指令。

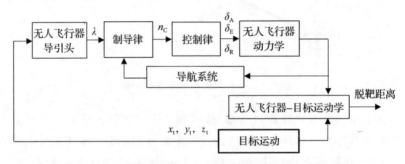

图 7-3　用于移动目标的无人飞行器制导系统的主要子系统

制导指令的形式可以是向心加速度（a_C）、无量纲加速度（n_C）以及角速度（ω_C）；制导指令会被发送到控制系统执行。无人飞行器与目标最近点的距离称为**脱靶距离**。在执行编队飞行任务时，要求无人飞行器具备感知和避障功能，各无人飞行器之间必须存在一定的脱靶距离。

编队飞行是无人飞行器的一项重要作业，其中制导系统必不可少。对于编队飞行任务而言，可采取一种简单有效的设计方法。这种方法的好处是制导和飞行控制设计过程是一体化的。随着无人飞行器数量的增加，制导律可能变得很复杂。表 7-1 展示了每个子系统接收和产生的状态与控制变量。

表 7-1　各子系统的飞行和控制变量

序号	子系统	输入	输出
1	指令子系统	X, Y, Z	V_t, γ, ϕ, R
2	导航子系统	U, V, W, P, Q, R, θ, ϕ, ψ	X, Y, H, V_t
3	制导子系统	UAV：x, y, z 目标：x_t, y_t, z_t	n_{Cx}, n_{Cy}, n_{Cz} 或 θ_C, ϕ_C, ψ_C
4	控制子系统	n_{Cx}, n_{Cy}, n_{Cz}（或 θ_C, ϕ_C, ψ_C）	δ_T, δ_E, δ_A, δ_R
5	无人飞行器动力学模型	δ_T, δ_E, δ_A, δ_R	α, γ, ϕ, β, V, Q, P, R

7.2.4　目标探测

制导操作的前提是感知。感知是一种利用传感器输入建立飞行器飞行环境模型，并将实体、事件和情况进行分类的能力。感知可以划分为各种功能，例如映射、对象识别以及障碍物和目标探测。目标探测的应用之一是避免碰撞。

目标探测系统主要包含三个部分：探测传感器、处理器和算法。传感器采集的数据将根据算法进行处理。目标有多种类别，其中两大类是固定目标和移动目标。此外，传感器也分为两类：有源传感器和无源传感器。

探测系统有三种工作模式：警报、待机、激活。在警报模式下，传感器启用，而计算功能禁用。在待机模式下，传送、接收、感知能力以及计算功能都被禁用，因此感知过程或传出通信过程都不会消耗能量。在激活模式下，传感器可以发送和接收信号，处理器可以进行计算。给定监测区域中的某个位置，在该位置，传感器从目标处获得的信号能量与目标所释放的能量成正比，与目标和传感器之间的几何距离成反比。

260

有多种理论可用来从众多物体中识别目标。例如，**博弈论**[88]具有复杂的决策过程，能够在执行动作和探测目标之前观察大量可能的情景。博弈论的一个应用是局部最小覆盖路径算法，它必须更新相邻节点，可以用更简单、更有效的方法在线考虑路径信息。博弈论的另一个应用是自主感知和避障，目前常规的民用无人飞行器还无法实现。小型无人飞行器对处于同一空域运行的其他飞行器构成了严重的碰撞威胁。小型无人飞行器经常在接近地面的地方(例如建筑物、塔楼和桥梁附近)工作。

目标探测系统对目标的探测分为两个阶段：检测/监视/观察以及目标识别。这两个阶段的简要说明如下

- 第一阶段是监视，其目的是搜索预定区域，寻找目标并识别目标。在第一阶段(监视阶段)，观察目标的行为和性能。通过将能量发射到介质中并等待反射的能量返回(在雷达探测范围中)来实现主动监视。通过接收目标发射的能量，可以被动地对目标进行观察。为了实现目标监视的目的，必须进行大面积的扫描和搜查。这个阶段的成功与否主要取决于摄像机的精度以及雷达的扫描范围。

  摄像机在绘制区域、走廊、建筑工地和城市地图方面越来越受欢迎。摄像机具有视角广、功率低、重量轻等特点，为探测一定半径范围内的其他飞行器提供了一种替代有源传感器(如雷达)的可行方案。无人飞行器也可以使用激光雷达对障碍物进行探测和规避，从而安全地在环境中飞行。目标探测传感器的性能可通过指标衡量，一个指标是能够可靠地探测目标的最大距离，另一个指标是在多目标群中区分单个目标的能力。

- 在第二阶段，必须识别出目标，然后对其进行分类。此外，需要对目标的行为进行分析，以确定目标的类别、种类、大小，最重要的是确定目标的身份。传感器必须对某一范围进行扫描，直到探测到目标。为了提高传感器的寿命并降低成本，需要选择一种探测算法，用最有效的方式来使用能源。就功率消耗而言，通信是目标探测中最消耗功率的操作。

探测算法的计算可以通过一些假设[89]进行简化，例如以下假设：

- 在探测到目标之前，目标出现在监控区域内任何位置的概率相同。
- 传感器可以通过均匀的概率分布随机部署在受监视区域。
- 探测周期是无穷小的。

识别过程涉及将所观察到的内容与无人飞行器的先验知识进行比较。目标属性可以分为若干组，例如飞行器、移动的汽车、人、固定物体和建筑物等。为了识别目标，必须为处理器定义数学（如数字）模型。如果目标在运动，则需要目标的动态模型。在文献中，各种目标识别技术已得到了发展验证。例如，参考文献[90]提出了一种多图像匹配方法来估计多个图像之间的语义对应关系。感兴趣的读者可以参阅参考文献[91]来研究**计算机视觉**的原理、算法和应用。雷达、摄像机和激光雷达等传感器常用于无人飞行器上，为状态估计和感知算法提供原始测量数据。基于测量数据，通常通过卡尔曼滤波器对目标的运动进行估计。

7.2.5　移动目标跟踪

无人飞行器的两个基本跟踪功能是跟踪参考指令/轨迹以及跟踪移动目标。跟踪指定轨迹只属于控制问题（见第 6 章），而跟踪移动目标涉及控制和制导系统。在第一种情况下，自动驾驶仪必须让输出量跟踪（即跟随）变化的指令，如让飞行器跟踪自动驾驶仪的俯仰速率指令或 n 次多项式输入。该指令可以是恒定的，也可以是时变的。实际的指令输入量可能会随着时间的变化而变化，因此跟踪误差可能会先增大后减小。7.7.4 节将介绍轨迹跟踪的基本原理和技术要点。

在跟踪问题中，飞行器需要跟随或追踪指令信号。通常我们感兴趣的不是调整状态使其接近零，而是如何跟踪非零的参考指令信号以保证精确的跟踪。在对精度有要求的跟踪任务中，自动驾驶仪的性能将受到瞄准装置（如摄像机/雷达）的功能和无人飞行器对湍流响应的影响。

完全自主的无人飞行器应能够跟踪时间参数的参考轨迹。然而，轨迹跟踪存在控制系统都无法克服的基本性能约束。此外，为满足时间规范，通常需要单独控制空速剖面。为了克服这一挑战，在路径跟踪问题中通常不施加时间约束，飞行器可以在不施加任何时间规范的情况下向某条路径收敛并沿着该路径行驶。飞行器将会更平滑地收敛到路径，且控制信号几乎不能饱和。这种方法还必须避免多飞行器协同任务中发生碰撞。同时，控制律应产生操纵面偏转量，以及发送到电动机的发动机节气门指令。

在飞行品质方面，B类的非终端飞行阶段通常是通过逐步机动完成的，不需要精确跟踪，但这一过程可能需要精确的飞行轨迹控制。然而，A类涉及的非终端飞行阶段需要机动、精确跟踪或精确的飞行轨迹控制。C类涉及的终端飞行阶段，通常采用逐步机动完成，并且通常需要精确的飞行轨迹控制。在精确的飞行轨迹控制和精确跟踪两种情况下都有制导系统的参与。例如，高性能无人飞行器精确跟踪移动目标时，无人飞行器可能需要以其极限性能进行机动飞行。另一个任务示例是在自动地形跟踪模式下，自动驾驶仪必须跟踪带宽相同的随机变化输入，并且其响应不能有明显的超调。

为了成功跟踪目标，必须知道并不断估计目标的位置及其与无人飞行器的相对速度。为了获取目标的轨迹信息，必须设计一种方法使传感器能够监测目标的性能。这些信息被用来预测目标的未来位置，以便无人飞行器能够准确地跟踪目标。

感知目标的存在（通过瞄准方法）是解决移动目标跟踪问题的重要一环。为了测量目标并精确定位目标的位置，需要进行一系列的测量来估计目标行为或目标相对于无人飞行器的运动。这是通过反复确定目标的距离、航向和高度实现的。导引头的特征和性能将在 7.11 节中讨论。

噪声滤波的概念对制导系统设计者很重要。例如，在跟踪移动目标的无人飞行器中，执行 PN 制导所需的 LOS 速率信号的导引头测量可能不准确，并且可能受噪声影响。此外，并不总是能够准确测量到跟踪目标的每个变量。在编写上传到微控制器的导航代码时，必须采用滤波方法。一种非常流行的方法是卡尔曼滤波法，这是一种数学方法，它用一系列受误差影响的观测时间的测量值产生未知变量的估计值。第 8 章将简要讨论卡尔曼滤波的基本原理。

7.3 制导律

在常规的自动驾驶仪中，控制律、制导律、导航律同时支配着三个子系统：控制律支配控制系统，制导律支配制导系统，导航律支配导航系统。在自动驾驶仪的设计中，需要确定并设计控制律、制导律和导航律。它们的确定是自动驾驶仪设计过程的核心。无人飞行器是按照一定的制导律进行制导的。制导系统为控制系统生成指令信号。制导指令通常在很短的时间内生成。实际上，可假设制导指令是连续生成的。制导律是产生制导信号的基础。

制导是无人飞行器主动引导或被动引导到指定目标的手段。完全自主的无人飞行器按照一定的制导律进行制导。制导律可分为经典制导律和现代制导律。现代制导律来源于最优控制理论、微分博弈论和奇异摄动理论。

有许多种类的制导律，本节将介绍三种有效且常用的制导律。无人飞行器的四个经典制导律是 PN 制导、追踪制导、路径点制导以及视线制导（即指令制导）。参考文献[79]综述了旋翼无人飞行器制导系统的进展。图 7-4 通过比较无人飞行器以另一飞行器为目标的飞行路径，给出了三种基本制导律的图解表示。

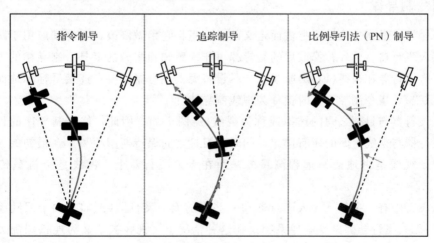

图 7-4 三种基本制导律的图解表示

经典制导律最初应用在导弹领域，已发展并使用了几十年，其设计思路相当简单。其中 PN 制导律是经典方法和现代方法之间的边界。这些制导律都有不同的变体，这里不作回顾。综述文献[92]中，"追踪制导"是指无人飞行器始终指向目标，而"PN制导"的概念是无人飞行器指向目标前方的一个点，使无人飞行器引导目标。根据定义，视线制导需要外部源（如地面控制站）以在目标和源之间建立视线，然后引导无人飞行器飞行。

制导律的选择决定硬件的选择，影响着总体成本。此外，制导律的类型会影响控制系统和导航系统。因此，需要从系统工程的角度来为给定任务选择最佳制导律。原则上，制导律将非制导导弹与制导无人飞行器区分开来。大多数制导导弹使用这些制导律或制导律的变体。这些制导律具有设备标准化、易机械化、需求信息少等优点。其缺点在于，面对机动和智能目标，准确性会受到影响。制导律的设计与分析是近七十年来的一个研究热点。

这里将对这四个制导律进行简要描述：

- 视线制导的基本原理是引导无人飞行器在视线航线上飞行，尽量使无人飞行器保持在连接目标和 GCS 的假想线（跟踪线）上。
- PN 制导要求无人飞行器以一定的角速率转弯，这个角速率与视线（LOS，连接目标和无人飞行器的假想线）角速率成比例。
- 追踪制导的基本思想是使无人飞行器始终指向目标。
- 在路径点制导中，无人飞行器沿着由一系列路径点定义的指定路径飞行。

对于之后的路径点而言，在有干扰的情况下，计算机会重新配置飞行路径。根据无人飞行器设定的任务的不同，可以实行不同的制导算法。大多数制导算法必须包含两个功能：路径规划功能以及轨迹的平滑和跟踪功能。

参考文献[84]对经典制导律进行了比较，为现代制导律提供了详细信息。在这四种制导律中，路径点制导是无人飞行器应用最多的一种。路径点制导律的优点在于易于实现机械化，且容易获取信息。例如，可以很容易地将数千个路径点编写在无人飞行器软件中。

7.4　指令制导律

指令制导律最初是为导弹拦截而定义的。这里将它稍做修改，并将其应用于跟踪移动目标的无人飞行器。此外，修改后的制导律可作为感知和避障的工具。制导律的基本原理是引导无人飞行器在视线（LOS）航线上，尽量将无人飞行器保持在连接目标和地面站的直线上（跟踪线）。指令制导律有时被称为视线制导律。

无人飞行器与目标之间的虚拟线称为视线（见图 7-5）。因此，修正制导律的目的是纠正无人飞行器与视线之间的所有偏差，同时和目标之间保持期望距离。在最初的导弹指令制导律中，视线是由地面站远程测量的，而在无人飞行器上，视线是由机载传感器测量的。

编队飞行中有一个领飞无人飞行器和一些跟随无人飞行器（例如有四个跟随无人飞行器），这些无人飞行器都需要制导系统。在这种情况下，视线被定义为连接跟随无人飞行器和领飞无人飞行器的直线。此外，领飞无人飞行器可以跟踪地面上的移动目标。根据指令制导律，在无人飞行器起飞后目标跟踪雷达迅速捕获目标，然后引导无人飞行器进入目标跟踪雷达波束。

制导指令需要获取跟踪线与无人飞行器之间的实际距离。如果连续使用视线制导律，最终将会拦截目标。视线制导律通常被寻的导弹用于打击目标。为了避免跟丢目标，无人飞行器可以采用视线制导律来接近目标。当无人飞行器距离目标足够近时，必须采用另一种制导律。编队飞行是视线制导律的一个应用，目的是实现感知和避障。这可以通过假设跟随无人飞行器的目标位于领飞无人飞行器后面或侧面并与其间隔一定的距离来实现。

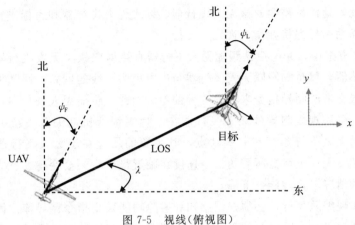

图 7-5　视线（俯视图）

当跟随无人飞行器和目标分别放在不同的角点时，将它们连成直角三角形可以很容易确定视线角(λ)。直角三角形的斜边是沿着视线方向的。视线角可以由图 7-5 的三角计算得到：

$$\lambda = \arctan\left(\frac{y_T - y_U}{x_T - x_U}\right) \tag{7.1}$$

其中，x_T 和 x_U 表示目标和无人飞行器到沿 x 轴方向的参考线的距离，y_T 和 y_U 表示目标和无人飞行器到沿 y 轴方向的参考线的距离。回想一下，视线角不是无人飞行器航向角和其他飞行器的航向角之间的差值。如果选择无人飞行器位置作为参考位置，则 y_U 和 x_U 都将为零。无人飞行器与目标之间的瞬时距离为：

$$D_{TU} = \sqrt{(y_T - y_U)^2 + (x_T - x_U)^2} \tag{7.2}$$

接近速度(V_C)是无人飞行器与目标之间距离的负变化率[93]：

$$V_C = \frac{-(V_{TUx}(x_T - x_U) + V_{TUy}(y_T - y_U))}{D_{TU}} \tag{7.3}$$

其中，V_{TUx} 和 V_{TUy} 是相对速度的分量：

$$V_{TUx} = \dot{x}_T - \dot{x}_U \tag{7.4}$$

$$V_{TUy} = \dot{y}_T - \dot{y}_U \tag{7.5}$$

瞬时视线角速率可以由式(7.1)的导数计算得到：

$$\dot{\lambda} = \frac{V_{TUy}(x_T - x_U) - V_{TUx}(y_T - y_U)}{D_{TU}^2} \tag{7.6}$$

在视线制导律中，垂直于视线的跟随无人飞行器速度(V_n)应等于该点的视线变化率。假定视线值可从机载视觉传感器（如雷达）处获得。

$$V_n = D_{TU}\dot{\lambda} \tag{7.7}$$

其中，$\dot{\lambda}$ 是视线角的变化率，D_{LF} 表示跟随无人飞行器与目标或领飞无人飞行器之间的距离。V_{Fn} 是跟随无人飞行器垂直于视线的速度。因此，制导指令垂直于视线(LOS)。

视线制导方案[94]可通过两种方式实现，即指令视线(CLOS)和驾束(Beam Rider，BR)制导方案。在指令视线制导方案中，有一个上行链路将制导信号从地面站传输到跟随无人飞行器上。因此，地面站需要对该无人飞行器、领飞无人飞行器和目标进行跟踪。跟随无人飞行器被地面站引导保持在指令视线上飞行。

在 BR 制导方案中，光电束从跟随无人飞行器直接射向领飞无人飞行器。跟随无人飞行器内部有传感器，可感知跟随无人飞行器与光电束中心线的偏差。跟随无人飞行器的自动驾驶仪会生成合适的制导指令来消除这种偏差。因此，跟随无人飞行器可以不断跟踪领飞无人飞行器。采用视线制导的无人飞行器在中速短程低机动编队飞行中具有良好的性能。然而这样的无人飞行器存在一些缺点，其主要的缺点在于无人飞行器有最大速度限制，所以接近领飞无人飞行器所需的指令速度在临近最后时刻会变得非常大。此外，在高速、机动目标的情况下，性能会下降。

为了成功实现编队飞行，必须根据感知和避障功能采用指令制导律。因此，无人飞行器将始终沿着视线飞行，同时与领飞无人飞行器或目标保持一定距离。指令制导律的输出是横滚、偏航或俯仰，而感知和避障的指令制导律是通过调节发动机节气门来调节距离的。

图 7-6 显示了制导系统的三个主要模块。视线(LOS)用于计算期望航向角(ψ)，运动控制器用于计算期望俯仰角(θ)，一阶低通滤波器用于计算空速。滤波器和平滑器的性能指标是无人飞行器动力学和机动性的函数。例如，平滑器是基于最大爬升速率和最大爬升角来确定爬升角(λ)的。由于无人飞行器攻角已知，因此可计算俯仰角：

$$\theta = \alpha + \gamma \tag{7.8}$$

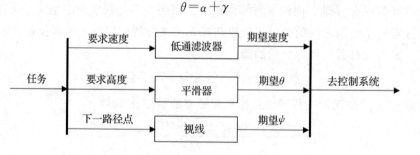

图 7-6　制导系统的三个主要模块

在控制系统中，通过发动机节气门控制空速，通过升降舵控制俯仰角，通过方向舵和副翼控制航向角。当指令(如空速、俯仰角)不能作为阶跃信号输入时，通常会使用平滑器。指令制导和控制系统的常用框图如图 7-7 所示。

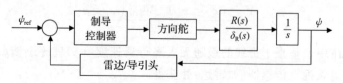

图 7-7　指令制导和控制系统的常用框图

例 7.1　一架无人飞行器以 60 m/s 的速度向东飞行，而目标飞行器以 40 m/s 的速度向北飞行。它们的距离如图 7-8 所示。无人飞行器制导系统受指令制导律的约束。无人飞行器需要移动到视线上并沿视线飞行。此时制导系统将产生什么指令？

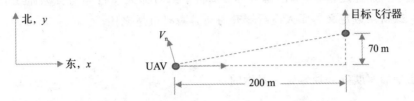

图 7-8　无人飞行器和目标飞行器的几何关系图

解　为简单起见，参考点选择为无人飞行器的位置。因此 $x_U=0$，$y_U=0$。另外，根据给定的几何形状，速度分量为

$$\dot{x}_T=0，\quad \dot{y}_U=0$$

因此，

$$V_{TUx}=\dot{x}_T-\dot{x}_U=0-60=-60 \text{ m/s}$$

$$V_{TUy}=\dot{y}_T-\dot{y}_U=40-0=40 \text{ m/s}$$

瞬时距离：

$$D_{TU}=\sqrt{(y_T-y_U)^2+(x_T-x_U)^2}=\sqrt{(70-0)^2+(200-0)^2}=211.9 \text{ m}$$

瞬时视线速率：

$$\dot{\lambda}=\frac{V_{TUy}(x_T-x_U)-V_{TUx}(y_T-y_U)}{D_{TU}^2}=\frac{40\times(200-0)-(-60)\times(70-0)}{211.9^2}$$

$$=0.272 \text{ rad/s}=15.51 \text{ (°)/s}$$

$$V_n=D_{TU}\dot{\lambda}=211.9\times0.272\approx57.6 \text{ m/s}$$

图 7-8 显示了指令法向速度的方向。该指令将通过副翼和方向舵放气（即转弯）来执行。

268

7.5　PN 制导律

比例导引法（Proportional Navigation，PN）是无人飞行器和现代导弹中应用最广泛的制导律（类似于比例控制）。PN 制导律最初是为寻的导弹拦截而定义的，这里稍做修改，应用于跟踪移动目标或领飞无人飞行器的无人飞行器。此外，修改后的制导律可作为一种工具，实现集群任务中无人飞行器的感知和避障功能。值得注意的是，PN 与导航无关，它只是一种用于引导飞行器的制导律。这种用词不当可追溯到早期的大航海时代，在那时该词的用法并不准确。

在 PN 制导律中，要求无人飞行器以一定的速率转弯，该速率与视线角速率成比例，且方向与之相同。

$$\omega_C=N'\dot{\lambda} \tag{7.9}$$

指令的法向加速度$(a_C)^{[93]}$为

$$a_C = N'V_C\dot{\lambda} \tag{7.10}$$

其中，V_C 是接近速度[式(7.3)]，N' 是设计者选择的无量纲增益（通常在 2～5 之间），称为有效导航率，加速度指令（单位为 m/s²）垂直于瞬时无人飞行器与目标连线的视线(λ)。回想一下，载荷系数定义为无人飞行器升力与其瞬时重量之比。

$$n = \frac{L}{W} \tag{7.11}$$

二维指令加速度(n_C)通常是无量纲的：

$$n_C = \frac{a_C}{g} \tag{7.12}$$

269　　　值得注意的是，这里的 n 不是载荷系数。这只是一个指令向心（即法向）加速度的无量纲值。通常将加速度除以重力常数（即 g），从而将加速度无量纲化。

PN 有两类，纯 PN 和真 PN。纯 PN 以无人飞行器的速度矢量作为参考，应用指令加速度，而真 PN 以视线作为参考应用指令加速度。在实际应用中，实现真 PN 要求的垂于 LOS 的加速度矢量很有挑战。

实际上，将指令加速度转换到无人飞行器机体轴（例如，y 轴）：

$$n_C = \frac{N'V_C\dot{\lambda}}{g\cos\lambda_L} \tag{7.13}$$

式中，λ_L 为超前角。如图 7-9 所示，速度大小为 V_U 的无人飞行器相对于视线以 λ_L 的角度飞行。理论上超前角是无人飞行器在正确的路径上朝向目标飞行的正确角度。换言之，如果无人飞行器在这条路径上，无人飞行器不需要加速度指令就能击中目标或到达路径点。接近速度 V_C 定义为无人飞行器到目标距离的负变化率($V_C = -\dot{R}_U$)。

如果视线在 xy 平面上，则 a_C 是沿机体 y 轴偏航的加速度（即 a_y）。如果视线在 xz 平面上，则 a_C 将是沿 z 轴俯仰的加速度（即 a_z）。在 xy 平面上制导系统输出量(n_C)可以通过式(5.81)和式(5.83)转换为控制系统的侧滑角(β)指令。

回想一下，对于任何转弯，向心加速度 a（在任何平面上）都与线速度（即无人飞行器空速）有关：

$$a = \frac{V^2}{R} \tag{7.14}$$

270　　　如图 7-9 所示，V_U 是无人飞行器的空速，R_{UT} 是无人飞行器与目标之间的距离。PN 常数 N 是指令转弯速率(ω_C)与视线角速率($\dot{\psi}_{LOS}$)之比。常数 N 总是大于 1，通常在 1～5 之间。如果 $N=1$，则无人飞行器以与视线相同的速度转弯，或者只跟踪目标。当 $N>1$ 时，无人飞行器将会转得比视线快，因此，无人飞行器将有一个相对于视线的超前角。目的是使无人飞行器的航向角与目标的航向角之间达到期望的差值。因此，N 直接决定目标机动性（最大偏航速率和最大俯仰速率）。

在跟踪目标时，视线的方向是由无人飞行器导引头确定的，垂直于视线的无人飞行器速度分量(V_{Fn})为：

$$V_{Fn} = V_F\sin[\psi_{ref} - (\psi_F - \psi_L)] \tag{7.15}$$

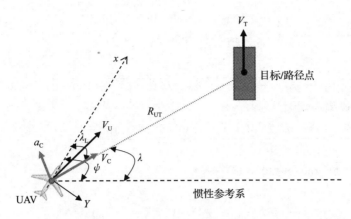

图 7-9　无人飞行器-目标

V_{Fn} 使视线正转。如果跟随无人飞行器速度的垂直分量与目标的速度相等且保持不变，则视线不会转动。当无人飞行器和目标的距离保持不变时，制导目的达到。因此在稳定的状态下，跟随无人飞行器的转弯速率为：

$$\omega_F = N\dot{\psi}_{LOS} \tag{7.16}$$

这个指令会输入控制系统中。这一制导系统（加上控制系统）的框图与图 7-7 的框图相同，区别在于制导控制器，这里制导控制器受 PN 制导律控制。值得注意的是，击中目标不是目的，跟随目标或领飞无人飞行器才是目的。视线角速率是通过测量无人飞行器导引头在跟踪目标时的旋转速率得到的。

实际上，为了达到要求的加速度，无人飞行器必须滚转（使用副翼和方向舵）。当无人飞行器滚转时，载荷系数随着最终极限允许值的增加而增大。所以，需通过滚转角来施加指令加速度（通过侧滑角使无人飞行器协调转弯）。因此，滚转性能的限制将影响制导律的应用。转弯控制方程和无人飞行器的机动性见 7.7.5 节。

例 7.2　一架无人飞行器以 40 m/s 的速度向东飞行，目标飞行器以 30 m/s 的速度向北飞行。它们的距离如图 7-10 所示。无人飞行器的制导系统采用 $N=2$ 的 PN 制导律进行控制。要求无人飞行器移动到视线上并沿着视线飞行。此时的制导系统会产生什么指令？

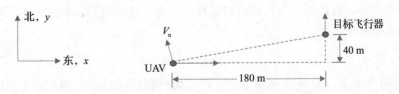

图 7-10　无人飞行器和目标飞行器的几何关系图

271

解　为简单起见，选定参考点为无人飞行器的位置。因此，$x_U=0$，$y_U=0$。此外，基于给定的几何图形，速度分量为

$$\dot{x}_T=0，\quad \dot{y}_U=0$$

因此，

$$V_{TUx} = \dot{x}_T - \dot{x}_U = 0 - 40 = -40 \text{ m/s}$$

$$V_{TUy} = \dot{y}_T - \dot{y}_U = 30 - 0 = 30 \text{ m/s}$$

瞬时距离为

$$D_{TU} = \sqrt{(y_T - y_U)^2 + (x_T - x_U)^2} = \sqrt{(40-0)^2 + (180-0)^2} = 184.4 \text{ m}$$

瞬时视线角速率:

$$\dot{\lambda} = \frac{V_{TUy}(x_T - x_U) - V_{TUx}(y_T - y_U)}{D_{TU}^2} = \frac{30 \times (180 - 0) - (-40) \times (40 - 0)}{184.4^2}$$

$$= 0.206 \text{ rad/s} = 11.8 \text{ (}^\circ\text{)/s}$$

接近速度:

$$V_C = \frac{-(V_{TUx}(x_T - x_U) + V_{TUy}(y_T - y_U))}{D_{TU}}$$

$$= \frac{-[40 \times (200 - 0) - (-60) \times (70 - 0)]}{184.4} = 47.7 \text{ m/s}$$

指令法向加速度:

$$a_C = N'V_C\dot{\lambda} = 2 \times 47.7 \times 0.206 = 19.7 \text{ m/s}^2$$

指令为

$$n_C = \frac{a_C}{g} = \frac{19.7}{9.81} = 2.004$$

二维命令加速度是 $2g$。

7.6 追踪制导律

追踪制导律的基本思想是保持无人飞行器(即追踪目标的无人飞行器)始终指向目标(地面目标或者领飞无人飞行器)。该方法的工作原理是使追踪飞行器与其追踪的移动目标之间的角位移误差降为零。只要出现非期望的角度偏差,就会产生指令来消除该偏差。将追踪无人飞行器的前向轴和无人飞行器与目标间形成的视线之间的夹角调整为零,可以保持无人飞行器的航向直接对准目标[93]。这是通过命令追踪无人飞行器以一定的转速做机动飞行来实现的,该转速与视线 LOS 转速相同。

当目标移动时,追踪无人飞行器同时也移动,使自身与目标保持在一条直线上。追踪制导算法的数学表达式为:

$$x_C = N\dot{\lambda} \tag{7.17}$$

其中,x_C 是输出指令,N 是比例增益,λ 是航向(例如视线)误差角,$\dot{\lambda}$ 是视线误差角速率。制导输出指令由控制系统转换成方向舵偏转从而对航向进行控制,或转换成升降舵偏转从而对俯仰进行控制。追踪无人飞行器通过将视线误差角消除为零,从而保持其航向始终指向目标。对快速移动的目标而言,追踪制导不起作用,因为无人飞行器追踪通常以能量消耗的尾追形式结束。

追踪制导律的最大优点是简单,只需测量视线误差角和误差角速率即可。然后会为拦截过程生成适当的操纵面指令。在追踪制导中,无人飞行器的纵轴、姿态(或无人飞行器的速度矢量)始终保持指向目标。值得注意的是，偏航速率也是攻角的函数，因为攻角通常不为零。前置追踪是追踪制导律的变形。顾名思义，前置追踪是指无人飞行器沿着某航线飞行，在该航线上无人飞行器追踪一个位于目标前方的领先点。

实现这一制导律也简单，基本思想是尽量保持无人飞行器与目标之间的视线角恒定。追踪制导是指只要无人飞行器时刻对准目标，在有足够动能的情况下，无人飞行器就会和目标相遇。

控制指令由当前误差的比例因子(N)来标定，并用于引导追踪无人飞行器沿视线方向飞行。在设计制导系统时，增益 N 是唯一需要预先定义的制导参数，它决定了放大的输入量。通过调整增益可以实现安全的转弯性能，同时可以使无人飞行器快速收敛到指定路径上。根据当前无人飞行器飞行参数选择增益值，通过增益调度来使无人飞行器收敛到路径上。N 的选择很大程度上取决于飞行器的机动性，这可能导致增益发生变化，从而在飞行包线内提供最佳转弯性能。例如，如果最大许用极限载荷系数是 2，飞行器的滚转角应被限制在 $\pm 60°$ 之内。因此，需要规定一个增益(N)表使飞行器在飞行包线内安全转弯。

图 7-11 显示了追踪制导无人飞行器对移动目标的跟踪轨迹。可以看出，无人飞行器(追踪无人飞行器)不断用视线将其飞行方向对准目标，以便对目标保持直接航向。因此，在进场时，视线误差角(λ)消为零。当目标移动时，视线角会改变，这意味着追踪无人飞行器应当相应地调整自身的航向。随着追踪无人飞行器与目标的间距的减小，追踪无人飞行器与目标将汇聚在目标位置。

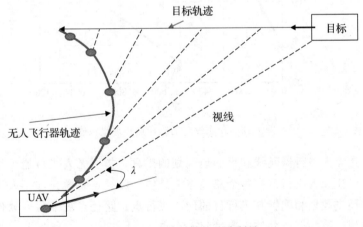

图 7-11　对移动目标的追踪制导

这一制导律还可进一步分类为纯追踪制导和偏离追踪制导。纯追踪制导使无人飞行器指向目标，而偏离追踪制导通过修正角使无人飞行器指向先于目标的一点。偏离追踪制导背后的思想是充分利用目标的方向信息。

7.7　路径点制导律

7.7.1　路径点

通常，路径点指航线上的中间点，是停止点或航向改变的点。路径点是在物理空间中标识某一点的一组坐标。路径点有两类：预先设定的路径点和预测的路径点（如合成的路径点）。当无人飞行器在航线上的位置是无人飞行器在特定时间范围内的位置的投影时，该路径点被认为是合成的。当目标在运动时，主要采用合成路径点。当无人飞行器到达设定好的路径点时，将会接受一组新的指令以移动到下一个路径点。

如前所述，关于导航与制导的不同，一些文献会采用"路径点导航"这一术语，但实际上其想表达的意思是"路径点制导"。为使控制系统控制飞行器，制导系统必须在三维空间——北-东-地（North-East-Down，NED）坐标系——中生成路径（例如，x 表示北，y 表示东，z 表示向下或者高度）。路径可以划分为两种，一种是水平运动，另一种是沿高度方向的垂直运动。

274

图 7-12 展示了五个指定路径点和一条二维理想轨迹。这条轨迹起点为无人飞行器的最初位置点（0，0），要求无人飞行器沿着路线经过路径点 WP_1（400，500）、WP_2（1000，500）、WP_3（1000，200）、WP_4（900，100），终点是 WP_5（500，－50）。

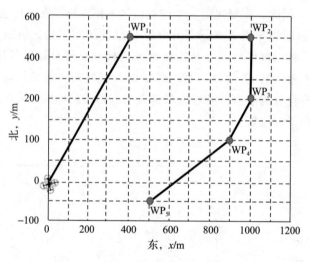

图 7-12   预先设定的路径点和理想轨迹

这一方法是无人飞行器航线和目的地规划的工具，指引无人飞行器飞行位置、高度以及速度，也可以让无人飞行器在每个路径点上悬停。路径点制导允许无人飞行器在远程控制导航软件中预先规划和配置其飞行目的地或飞行点。路径点被编写到软件中后，无人飞行器可以直接到达第一个点并依次通过每一个点。

成千上万的路径点可以很容易编写进无人飞行器软件中。在航空领域中，路径点是由一系列抽象的 GPS 点（x，y，z）组成的，这些抽象的 GPS 点构成了飞行器的航路（即空中高速路）。既可在起飞前提供路径点坐标，也可在起飞后提供路径点的坐标。用这种方法可以持续命令指令控制系统以选定的空速和高度在选定的航向上飞行。

即使飞行路线中航向角本身可能会发生快速变化，飞行器的轨迹也应该是平滑的。换言之，一旦完成机动飞行动作，无人飞行器就必须快速获得新的飞行航段。

7.7.2   路径点制导的类型

在路径点制导中，路径点引导无人飞行器沿着由一系列路径点确定的指定路线飞行。

无人飞行器的制导技术可以让无人飞行器跟随预先设定好的轨迹或重新设定的轨迹上的路径点飞行。如果大气对轨迹造成干扰，将根据算法重新规划飞行路径。根据无人飞行器设定的任务可以开发不同的制导算法。理想的算法必须具备两个功能：路径设计和轨迹平滑与追踪。这种制导技术的目的是通过发送航向指令来缩小理想飞行路径与无人飞行器航向之间的横向偏移量。当无人飞行器到达路径点，制导系统会发出一条新指令引导无人飞行器去下一个路径点。在 20 世纪 70 年代早期，CH-53A 直升机利用经典线性控制技术实现了自主路径点导航[79]。

对于指定路径点之间的航路，有两种路径点制导律：直接达到路径点（Direct-To-Waypoint，DTW）制导和追踪到达路径点（Track-To-Waypoint，TTW）制导。DTW 方法根据路径点和无人飞行器之间的角度差生成航向指令。

TTW 方法的目的是跟随路径点之间的轨迹。在这种制导方法中，控制系统的目标是通过发送航向指令来缩小理想飞行路径与无人飞行器航向之间的横向偏移量。实际上，TTW 方法在飞行路径上添加了一个额外的约束，飞行器不仅要到达路径点，而且必须按照该路径飞行到路径点才行。

TTW 和 DTW 这两种方法都不是最优的，因为在到达路径点后，航路之间的过渡会存在较大的偏差。在过渡过程中，飞行器通常会有较大的超调来修正其轨迹。尤其当飞行轨迹过渡角为锐角时，偏差会明显增大。

众多文献已开发了各种控制方法来减小飞行轨迹的偏差，包括运用模型预测控制和鲁棒控制等控制方法来预测飞行轨迹的变化，并在飞行器到达路径点之前采取控制措施。

7.7.3 水平轨迹分段

本节将介绍一种二维水平飞行的制导算法。众多文献已提出了各种可重构制导算法。例如，基于方向场理论的方法的应用是由文献[95]提出的。通常应考虑一组给定的路径点以及指定的北、东和高度坐标系。在二维水平飞行任务中，制导系统将会在北-东坐标系中生成航线。

路径点制导按顺序主要有三部分：接近路径点，在路径点上转弯，以及从当前转弯结束后的点开始直线飞行直到下一个转弯开始点。本节将解释制导顺序的三个主要部分（见图 7-13）。作为基本规则，当无人飞行器进入以路径点 WP_n 为圆心，半径等于规定的**接近距离**(b)的圆形区域（**接受圆**或**接近圆**）内时，假设无人飞行器已经到达某路径点。接近距离是根据无人飞行器动力学和结构确定的。

接近距离可定义为无人飞行器从当前的路径点开始转到下一个路径点之间的最小距离。当无人飞行器与当前路径点之间的距离小于接近距离时，无人飞行器已到达路径点，可以向下一个路径点移动。

- **第一段，接近路径点**：在第一阶段，无人飞行器沿理论上的直线航线向起始路径点飞行并准备在此路径点开始转弯。在图 7-13 中，这一阶段由 A 点前的虚线来标识。第一阶段指在指定空速下从路径点 WP_{n-1} 飞到路径点 WP_n。一旦无人飞行器进入该路径点的接近圆中，该阶段便结束。从这一刻起，无人飞行器开始在该路径点转向下一个路径点 WP_{n+1}。在该段末尾，无人飞行器将有一个航向角(ψ_1)。

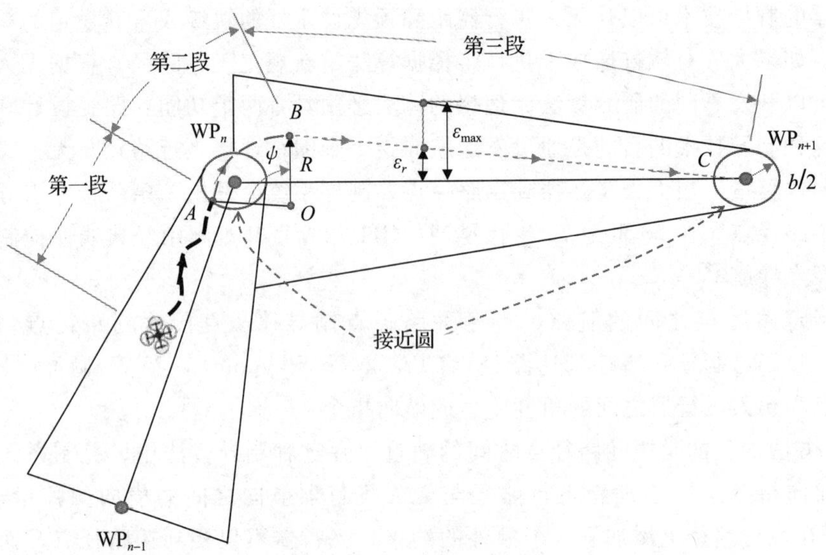

图 7-13　制导算法方案

- **第二段，在起始路径点转弯**：在这一阶段，无人飞行器首先在起始路径点转向下一个路径点 WP_{n+1} 所在的方向。根据无人飞行器机动性约束（如转弯速率、载荷系数、滚转角、空速和转弯半径）进行转弯。在图 7-13 中，这一段由点 A 和点 B 之间的曲线来标识。

  当无人飞行器与路径点 WP_n（点 A）之间的距离等于接近距离时，无人飞行器开始转弯，当无人飞行器的纵轴与当前路径点和下一个（最终）路径点（如 WP_{n+1}）之间的连线重合时，结束转弯。

  这种局部转弯有四个参数：空速（V）、转弯半径（R）、航向角的变化量（$\Delta\psi$）以及滚转角（ϕ）。转弯结束后，无人飞行器会有一个新的航向角（ψ_2），这是连接第二段终点（即点 B）到下一个（最终）路径点（WP_{n+1}）的一段的航向角。该航向角是新路径点的参考航向角（ψ_{ref}）。

- **第三段，直线飞向最终路径点**：第三段是直线飞行，在第二段转弯结束后开始，理想状态下当无人飞行器到达最终路径点时结束。实际上，当无人飞行器与路径点 WP_{n+1}（点 C）之间的距离等于接近距离（$b/2$）时，就可以认为第三段结束了。在图 7-13 中，这一段由点 B 与点 C 之间的直线来标识。

  这一段的距离可能很长，因此大气现象（如风、阵风、湍流）可能对飞行造成干扰。制导系统中应当有一种算法来纠正干扰，使无人飞行器保持在可接受的范围内。

7.7.4　路径点制导算法

本节将介绍二维水平飞行任务的路径点制导算法。对于三维轨迹，你仍可以使用本节介绍的基础知识，并将其应用到三维任务当中。制导系统能确定从路径点 1（或 WP_n）到路径点 2（或 WP_{n+1}）的轨迹。当无人飞行器不在路径点上时，制导系统会将无人飞行器当前位置到期望路径点间的航线定为理想航线。

有多种算法可用于跟踪路径。例如，文献[96]对多旋翼无人飞行器提出一种基于特殊正交群 SO(3)的方法，该方法允许对飞行器的速度剖面进行独立调整，以满足期望的时间规范。

算法应引导无人飞行器沿着由一系列路径点确定的指定轨迹飞行。路径点制导算法可以划分为三种不同层次的布局：路径规划、轨迹平滑以及路径点追踪。因此，制导系统、导航系统与控制系统一起工作才能保证飞行的成功。在路径跟踪问题上，设计者要为指定航线开发一个算法，使该航线满足给定的约束条件，例如使标准化误差收敛到零的邻域内。

航线可能很长，因此风、阵风和湍流等大气现象可能会对飞行造成干扰。制导系统中应当有一种算法来纠正干扰，使无人飞行器保持在可接受的范围内。

参考文献[97]应用方向场理论提出了一种可重构的制导算法。矢量场法是由飞行器与两个路径点连接线的垂直距离和飞行数据的查找表确定的。参考文献[98]对迷你型无人飞行器应用了基于路径点的制导算法，将 PID 控制器用于外层回路导航，自适应控制器用于内层回路变量。

1. 轨迹平滑器

当路径点被连起来时，原始的轨迹便生成了。然而，在大多数情况下，考虑到无人飞行器的限制和约束，这样的轨迹可能不太可行。空速、高度、转弯速率以及结构等因素限制了无人飞行器可达到的最大加速程度。过去的文献中已经提出了各种轨迹平滑技术，其中大多数旨在充分利用飞行器性能极限（如最大空速、最大载荷系数）来达到缩小飞行时间。

轨迹必须是光滑的，其有两个原因，即要考虑无人飞行器适航性和有效载荷的顺利使用（例如航空摄影）。一条设计好的光滑轨迹在理想情况下不会使无人飞行器的运动发生突然和显著的变化。例如，下面给出的 $m=2$ 的二维多项式适用于平面空间中最光滑的轨迹：

$$y = a + bx + cx^2 \tag{7.18}$$

或者：

$$x = a_1 + a_2 t + a_3 t^2 \tag{7.19}$$

$$y = b_1 + b_2 t + b_3 t^2 \tag{7.20}$$

其中，系数 a、b、c、a_1、a_2、a_3、b_1、b_2、b_3 均为常数。

轨迹平滑器应做更改，使指定轨迹在约束条件下具有运动学可行性。轨迹平滑器通常将路径点航线转化成时间标记的可行轨迹。该算法有一个局限性，即轨迹由许多时间标记曲线组成，这些曲线指定了无人飞行器在特定时间的理想位置。

跟踪无人飞行器的运动状态估计通常指基于离散时间序列的噪声观测结果来推断目标的潜在状态。时间可能是过去（即平滑）、现在（追踪）或将来（预测）。

2. 轨迹追踪

当路径点连接起来时，轨迹平滑器便会产生一条原始轨迹。与此同时，通过横向轨迹误差控制来监测无人飞行器相对于参考路线的位置。无人飞行器的实际位置以无人飞行器

的东向坐标 E_V 和北向坐标 N_V 表示。此外，连接两路径点之间的线段由起点 $P_1(E_1，N_1)$ 和终点 $P_2(E_2，N_2)$ 表示。**轨迹追踪器**（导航系统的一部分）结合控制系统，为操纵面开发可行的输入以稳定系统参数。当无人飞行器通过路径点后，横向轨迹误差控制可用在飞向下一个路径点的直线飞行中。

为使无人飞行器沿着这条直线飞行，需要让横向轨迹误差（ε）尽可能小（$\lim\limits_{t\to\infty}\varepsilon(t)=0$）。横向轨迹误差为

$$\varepsilon(t)=-[x(t)-x_1]\sin\varphi_c+[y(t)-y_1]\cos\varphi_c \tag{7.21}$$

在起始点为 P_1 的路径固定参考系中，φ_c 用于旋转北向轴。

$$\varphi_c=\arctan\left(\frac{y_2-y_1}{x_2-x_1}\right) \tag{7.22}$$

为确保两种情况下的横向轨迹误差均为 0，可使用各种制导原则（例如，基于闭环控制或基于前瞻式控制）。

然而，为避免持续校正轨迹（避免操纵面持续转动），在两个路径点之间定义一个**无校正区域**（见图 7-14）。这意味着只有当横向轨迹误差大于给定值时，才会对航向角进行一次校正。应用基于前瞻式控制的引导技术，横向轨迹误差为

$$\varepsilon_r=\frac{|E_V-mN_V-(E_1-mN_1)|}{\sqrt{m^2+1}} \tag{7.23}$$

其中

$$m=\frac{E_2-E_1}{N_2-N_1} \tag{7.24}$$

其中，E_V 和 N_V 是无人飞行器实际的东向和北向坐标，E_1、E_2、N_1 和 N_2 分别表示第一个和第二个路径点东向和北向的坐标。横向轨迹误差是由控制子系统来控制（消除）的。

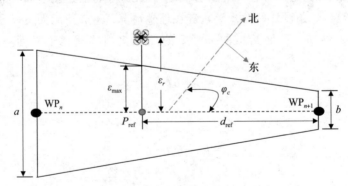

图 7-14　无校正区域、横向轨迹误差和参考距离

无校正区域定义为等腰梯形（见图 7-14），其对称轴为连接两个相邻路径点的直线。梯形上底（b）的长度等于路径点（包括第二个）周围的**接近圆**的直径。下底（a）需要综合考虑转弯半径、最大速度、滚转角和载荷系数而定。

可接受的最大横向轨迹误差（$\varepsilon_{\max}$）是一个变量，它沿着路径从 $a/2$ 减小到 $b/2$。

$$\varepsilon_{\max}=\frac{d_{\mathrm{ref}}\left(\dfrac{a}{2}-\dfrac{b}{2}\right)}{d_s}+\frac{b}{2} \tag{7.25}$$

280

其中，d_s 是两个相邻路径点之间的距离，参考距离 d_{ref} 可由下式计算得出：

$$d_{ref} = \sqrt{(N_{WP\_n+1} - N_{ref})^2 + (E_{WP\_n+1} - E_{ref})^2} \tag{7.26}$$

其中，N_{WP_n+1} 和 E_{WP_n+1} 分别是路径点 $n+1$ 的北向和东向坐标。此外，N_{ref} 和 E_{ref} 分别是参考点的北向和东向坐标：

$$N_{ref} = N_V - \varepsilon_r \psi_{ref} \tag{7.27}$$

$$E_{ref} = E_V - \varepsilon_r \psi_{ref} \tag{7.28}$$

之前已经定义过，ψ_{ref}（指参考航向角）是连接两个连续路径点线段的航向角。

当无人飞行器在直线飞行时，若其横向轨迹误差（ε_r）小于 ε_{max}，则不会对无人飞行器的航向角进行纠正。如果 ε_r 大于 ε_{max}，新的参考航向角就变成无人飞行器位置与下一路径点之间直线的航向角。在这种情况下，航向误差会反馈到控制系统，通过偏转方向舵来纠正航向角。

7.7.5　无人飞行器机动性评估

无人飞行器在路径点转弯且朝向下一个路径点飞行的机动飞行动作可以使飞行轨迹变得更平滑。转弯飞行有很多约束，包括最大转弯速率（ω_{max}）、最小转弯半径（R_{min}）、最大载荷系数（n_{max}）、最小空速和最大空速（V_{min}，V_{max}）以及最大滚转角（ϕ_{max}）。这些约束定义了无人飞行器的机动性，表明了无人飞行器转弯和机动的最佳性能。

以下方程[9]表明了转弯飞行性能参数之间的关系。在水平协调转弯中，转弯半径（R）、荷载系数（n）和空速（V）之间的关系如下：

$$R = \frac{V^2}{g\sqrt{n^2-1}} \tag{7.29}$$

此外，在水平协调转弯中，转弯速率（ω）、荷载系数（n）和空速（V）之间的关系可以表示为：

$$\omega = \frac{g\sqrt{n^2-1}}{V} \tag{7.30}$$

转一圈（即 360°转弯）所需的时间为

$$t_{circle} = \frac{2\pi R}{V} \tag{7.31}$$

水平转弯中允许的最小空速（V_{st}，转弯失速速度）取决于最大升力系数（$C_{L_{max}}$）和滚转角（ϕ）：

281

$$V_{st} = \sqrt{\frac{2mg}{\rho S C_{L_{max}} \cos\phi}} \tag{7.32}$$

转弯动作中允许的最大滚转角由最终载荷系数决定：

$$\phi_{max} = \cos^{-1}\left(\frac{1}{n_{max}}\right) \tag{7.33}$$

弯道速度（V^*）通常是转弯的最低空速，以减小转弯半径，使转弯速率最大，其表达式为

$$V^* = \left(\frac{2n_{max}W}{\rho S C_{L_{max}}}\right)^{\frac{1}{2}} \tag{7.34}$$

最小允许速度比失速速度大10％～20％。最大许用滚转角应该满足：不会产生高于允许值[见式(7.33)]的载荷系数；有效载荷(如摄像机)能够很好地工作，比如具有可接受的视角。

此外，转弯必须协调以保持转弯半径恒定。关于协调转弯的要求，可以参考文献[54]。轨迹平滑器必须将所有这些性能约束考虑在内，才能将一系列路径点转换为平滑的轨迹。

7.8 感知和避障

7.8.1 基础知识

防碰撞是FAA在航空安全方面关注的一个重点。要将无人飞行器系统完全整合到国家空管系统中，关键是要求遵守CFR，以便感知和避开其他飞行器。CFR在第14篇第91.113节(路权法则)提及了相关要求。基于这一规则，当规定给予另一架飞行器优先权时，飞行员应给该飞行器让路，除非有足够的空间，否则不得从该飞行器上方、下方或前方通过。

无人飞行器被视为未来航空运输的潜在重要空域用户，因此需要对其安全措施进行更多的研究。限制无人飞行器在民用空域广泛使用的主要因素之一是无人飞行器的感知和避障功能并不成熟。无人飞行器撞上建筑物，与直升机发生危险的近距离接触，窥视居民窗户，以及无人飞行器被故意击落等相关的报道很多。遥控飞行器与航线飞行器相撞的概率也在增加[100]。在阻止无人飞行器相关事故的发生与避免碰撞方面，制导系统起关键作用。

在机场附近和受管制的空域内使用无人飞行器会对航空安全构成严重威胁。在美国，无人飞行器通常被限制在距离地面500 ft范围内，并要求在操作员视线范围内飞行。无人飞行器还应当远离载人飞行器和机场。但在FAA的数千份无人飞行器安全事故报告中，许多都涉及非法飞行问题。

感知和避障系统的目的是探测和重新解决无人飞行器飞行中遇到的某些危险因素。无人飞行器的感知和避障系统必须提供两种服务：自我隔离服务和避免碰撞服务。通常，感知和避障系统要具备六种功能：探测入侵者或障碍物、跟踪、评估、计算、发出指令、执行。

跟踪功能将利用导航系统的输出来确定无人飞行器相对于危险物/障碍物的轨迹。此外，微控制器在这段时间内会主动对数据进行及时处理，计算位置，生成相应的指令。因此，在感知和避障系统中，导航系统、制导系统和控制系统同时工作。避让功能将在控制系统中介绍，感知技术将在7.8.2节介绍。

目前，在感知(检测)和避障方面正在进行多个研究项目[101]。主动的解决方案包括使用机器视觉、GPS/雷达检测碰撞威胁，以及对无人飞行器进行精确控制以避免碰撞。然而，目前的技术还没有达到如此可靠的水平[83]。此外，对计算能力要求很高是另一个障碍。无人飞行器面临的主要设计问题是，任何装置都会增加重量，对某些小型无人飞行器而言，重量限制可能会制约无人飞行器的功能或限制协同系统的加入。能否成功将无人飞行器系统完全整合到到国家空管系统[102]中取决于感知和避障系统。

基于视觉的感知和避障方法可以被划分为四类：无地图方法、即时定位与地图构建(Simultaneous Localization And Mapping，SLAM)、同步测绘和规划(Simultaneous Mapping And Planning，SMAP）以及安全着陆区域探测（Safe Landing Area Detection，SLAD）。

第一种方法可以应对不确定性，并且能够快速执行指令，提供了一个快速反应系统，可以防止最后时刻发生碰撞。第二种方法一般适用于小型四旋翼飞行器的室内操作。第三种方法会建立局部障碍地图，同时使用控制律规划无冲突轨迹。SLAD 方法则从距离传感器获取地图，并将其与一组着陆点约束相结合。该算法首先计算出安全着陆图，然后选择最佳着陆点。

在过去的 20 年里，各种算法在不同的环境和场景中得到了广泛的开发和测试，并在不同的指令速度下成功地进行了大量的避障飞行运动。例如，在 2006 年，一架配备激光雷达的雅马哈 RMAX 直升机（见图 1-1）成功演示了 SMAP 算法。无人飞行器以 2 m/s 的速度从 A 点飞向 B 点，同时避开了障碍物。飞行轨迹是在地面控制站处理器上实时生成的。

7.8.2　感知技术

制导系统应确定其他飞行器或障碍物相对于飞行器的位置。暂时迷航或缺少环境意识是造成碰撞的一个原因。感知和避障系统的传感器与处理器可能位于飞行器上，也可能位于飞行器之外，还可能两种情况兼有。危险（其他飞行器或障碍物）探测系统也称为监视系统，它主要以三种形式实现（见图 7-15）。第一种形式是在无人飞行器上安装传感器，第二种形式是应用地面传感。第三种形式是在无人飞行器上安装传感器（如相机），并在地面控制站配备人工操作员。当前可用技术包括普通相机、光电（Electro-Optic，EO）或红外相机、雷达、激光雷达和声学处理等。表 7-2 给出了典型机载障碍物探测传感器及其特性。

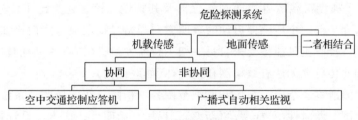

图 7-15　危险探测系统分类

表 7-2　典型机载障碍物探测传感器及其特性

序号	障碍物探测传感器	媒介	输出变量
1	多普勒雷达	无线电波	相对速度、距离、方位（方位角和仰角）
2	激光雷达	红外激光射线	相对速度、距离、方位（方位角和仰角）以及几何形状
3	相机	光线	身份
4	声波传感器	声波	方位（方位角和仰角）
5	微电子机械传感器（Micro Electro Mechanical Sensor，MEMS）	声波	方位（方位角和仰角）
6	激光雷达	脉冲激光	相对速度、距离、方位（方位角和仰角）以及几何形状
7	接收机	无线电波	相对距离、高度、方位（方位角和仰角）

传感系统包括一个或一组设备，能对特定的物理现象或刺激做出反应，并产生反映物

体某些特征信息的信号。地面传感可以通过两种方法实现，即通过雷达和地面站人工操作员实现。其他飞行器的机载传感采用两组技术：协同（被动）与非协同（主动）。协同技术是指等待接收另一架飞行器机载设备上的信号的技术。在非协同感知中，无人飞行器会配备传感器（如雷达），可以主动搜索并感知危险。在配备机载雷达的情况下，无人飞行器需要具备发射设备与接收设备。其他飞行器选择与无人飞行器协作是协同系统的有效性的前提。通常，将来自地球表面某一点或另一架飞行器的输入信号称为上行链路，将发送到某个区域的输出信号称为下行链路。

主要有两种协同感知技术：使用应答机（transponder）以及使用 GPS。对于第一种类型，无人飞行器携带一种叫应答机的装置来查看其他飞行器。**应答机**是一种通信设备，它能接收输入信号并自动做出响应。术语"应答机"（transponder）是"发射器"（transmitter）和"响应器"（responder）的缩写。应答机在一定的频率范围内接收输入的信号，然后以不同的频率传输信号。对于该系统，其他飞行器通过发送信号来证明自己的存在。目前，所有大型运输机都携带应答机，用来对地面二次雷达的询问做出响应，应用于空中交通管制、交通警报和防撞中。应答机通常以 1030 MHz 的频率接收地面监视雷达的询问信号，并以 1090 MHz 的频率做出应答。

第二种协同感知技术被称为广播式自动相关监视（Automatic Dependent Surveillance-Broadcast，ADS-B）系统。它使用 GPS 或备用导航源，能够自动播报自己飞行器的位置、速度和其他数据，并且不需要雷达询问。在美国，目前要求装备应答机的飞行器在 2020 年配备 ADS-B[103]。根据欧洲法规，从 2020 年 6 月起在该地区运营的所有飞行器都必须配备 ADS-B 系统。

表 7-2 给出了典型机载障碍物探测传感器及其特性。该表还给出了传感器感知危险/障碍物所用的媒介。前六个传感器启动时表明它们开始寻找危险。然而，如果飞行器与另一架飞行器协作，接收机只能接受来自另一架飞行器发射机（如应答机）的输入信号。如果没有应答机，则此传感器无法有效检测任何物体（如墙或树）。

传感器技术的成本、范围、视场和监视范围各不相同。在选择监视系统时，应评估以下几个因素：范围、及时性（采样率/更新率）、视场、简明性、成本、设计挑战、可靠性、准确性、尺寸、重量、技术水平、灵活性以及集成度。这些参数用于表征感知技术的性能，评估待选传感器的适用性。

危险探测传感器的一些技术参数代表其性能特征，表明其适用于特定的感知和避障系统。视场是扇形区域，传感器在此区域中进行搜索和测量。当物体在此区域之外时，传感器便无法探测到。范围是指到传感器的距离，在此范围内，目标探测的可接受概率是可预测的。准确性指测量值与真实值之间的差值。在传感器中，准确性描述测量数据的不确定性。传感器应能在一定的时间内保持物体轨迹，并预测物体未来的运动（即轨迹）。

精确的飞行任务通常对精度要求很高，否则会发生碰撞。例如，小鸟撞击大型无人飞行器的后果可能不严重，而大鸟撞击无人飞行器将会导致灾难发生。采样率或更新率是传感器进行连续测量并输出数据的时间间隔。如果没有在预期的时间间隔内检测到目标，那么在避免碰撞时将无法获得足够高的采样率。另一架飞行器或移动物体的轨迹可通过连续测量形成。

美国陆军精确自主着陆自适应控制实验项目已研究了未知环境下基于视觉的障碍物检测和自动着陆问题[104]。探测算法将一组着陆点约束（坡度、粗糙的、与障碍物的距离）应用到距离图中来寻找所有安全着陆区域，然后选择最佳着陆点。需要对监视系统的选择进行权衡研究，最终确定感知和避障系统的最佳传感器。

7.8.3　避免碰撞

防撞子系统应基于一组规定的准则。无人飞行器有多种选择来避免与物体或另一架飞行器相撞[105]。避撞技术的基本原则遵循路权法则[103]。当无人飞行器与其他飞行器相遇时，防撞过程必须使用优先协议来解决冲突（例如，当两架飞行器都选择做爬升机动时）。无人飞行器避撞的机动动作应符合机动性的限制，如最大许用载荷系数和最小转弯空速等限制条件。

为解决避撞问题，一开始必须确定要避免碰撞的物体的体积，预测碰撞发生的时间并确定危险物构成的威胁，从而采取相应的避撞机动动作。在进行避撞机动动作之前，需采取"自我分离"措施，这样会使机动动作更平缓且实现更快。如果物体在碰撞区域内，则需要在最后时刻进行攻击性机动动作。感知和避障系统需要把威胁性危险与非威胁性交通区分开，这一点很重要。

如果入侵飞行器在无人飞行器的避撞区域内，无人飞行器应对入侵飞行器机动动作的能力是一项挑战。参考文献[106]建议"防撞区域"设为高度为 ± 100 ft，半径为 500 ft 的截断圆柱区。无人飞行器周围圆柱形空域的水平和垂直间隔距离也称为安全区。

碰撞检测系统的功能是探测可能的碰撞并以规避机动的形式来提供解决方案。根据轨迹预测得到的飞行航线来检测碰撞。感知和避障系统对无人飞行器和其他飞行器的飞行航线进行检测，评估无人飞行器的安全区域是否会遭到其他飞行器的入侵。如果遭到入侵，则计算可能发生碰撞的位置和时间。

典型的避撞机动动作包括：左转、右转（见图 7-16）、爬升、下降、减速以及加速。这些机动动作可以分为三类：转弯、改变高度以及改变速度。选用合适的制导律（如 PN 制导律）可以解决避撞问题，制导律由无人飞行器自动驾驶仪控制系统执行。例如，参考文献[107]提出了一种基于 PN 制导律的最佳避撞方法，而参考文献[108]提出了一种在水平和垂直运动面上产生避撞轨迹的方法。能够提供最大成功概率或最小碰撞概率的方案将是最佳方案。

286

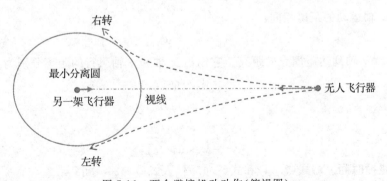

图 7-16　两个避撞机动动作（俯视图）

图 7-17 展示了一个碰撞几何图，其中一架无人飞行器地速为 V_u，另一架飞行器地速为 V_a。如果无人飞行器不改变其飞行轨迹和地速，它将在路径上的某点发生碰撞。为了成功避免碰撞，无人飞行器必须与另一架飞行器保持一定的距离，该距离应大于规定的脱靶距离。

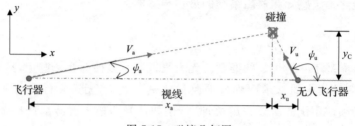

图 7-17 碰撞几何图

如果两架飞行器均被视为质点并分别以不同的恒定空速飞行，其下一位置的坐标为

$$x_{t+1} = x_t + V(t)\cos\psi(t)\cos\gamma(t)\Delta t \tag{7.35}$$

$$y_{t+1} = y_t + V(t)\sin\psi(t)\cos\gamma(t)\Delta t \tag{7.36}$$

$$h_{t+1} = h_t + V(t)\sin\gamma(t)\Delta t \tag{7.37}$$

其中，ψ 和 γ 分别是航向角和爬升角。两架飞行器的航向角必须有相同的参考线，比如均指向正东方向。式(7.35)~式(7.37)中忽略了风的影响，假设风速为零。

碰撞条件（对于二维情况）为无人飞行器（下标记为 u）和另一架飞行器（下标记为 a）到达碰撞点的时间（t_C）相等。

$$t_{xa} = t_{xu} = t_C \tag{7.38}$$

$$t_{ya} = t_{yu} = t_C \tag{7.39}$$

根据速度和距离与时间的关系，可以得到下面的等式：

$$\frac{x_a}{V_a\cos\psi_a} = \frac{-x_u}{V_u\cos\psi_u} \tag{7.40}$$

$$\frac{y_a}{V_a\sin\psi_a} = \frac{y_u}{V_u\sin\psi_u} \tag{7.41}$$

其中，ψ_u 和 ψ_a 分别是无人飞行器和另一架飞行器的航向角，V_a 和 V_u 分别是它们的地速。两者沿 x 轴行驶的距离之和等于它们之间的初始距离（D）。

$$D = x_a + x_u \tag{7.42}$$

它们沿 y 轴运动的距离相同：

$$y_C = y_a = y_u \tag{7.43}$$

其中，y_C 是沿 y 轴到达碰撞点的距离。它们沿 x 轴和 y 轴飞行的距离分别为

$$x_a = V_a\cos\psi_a t_C \tag{7.44}$$

$$x_u = V_u\cos\psi_u t_C \tag{7.45}$$

$$y_a = V_a\sin\psi_a t_C \tag{7.46}$$

$$y_u = V_u\sin\psi_u t_C \tag{7.47}$$

其中，t_C 是碰撞时间。将式(7.44)和式(7.45)代入式(7.42)，可得：

$$D = V_a\cos\psi_a t_C + V_u\cos\psi_u t_C \tag{7.48}$$

如果发生碰撞，则碰撞时间为

$$t_C = \frac{D}{V_a \cos\psi_a + V_u \cos\psi_u} \tag{7.49}$$

同理：

$$y_a = y_u \Rightarrow V_a \sin\psi_a t_C = V_u \sin\psi_u t_C \tag{7.50}$$

将时间(t_C)消除，可以得到：

$$V_a = \frac{V_u \sin\psi_u}{\sin\psi_a} \tag{7.51}$$

如果两个条件都成立，就会发生碰撞。无人飞行器必须利用其机动性能，用最小的成本避免碰撞。

例 7.3　一架飞行器以 150 kn 的速度向东北方向飞行，无人飞行器在相同的高度上以 32 kn 的速度向西北方向飞行。它们相对于正东方向的航向角分别为 10° 和 120°。两者之间的初始距离为 10 000 m。

1）它们之间是否会发生碰撞？

2）如果不会，请确定脱靶距离。

解　首先假设会发生碰撞，则碰撞时间为

$$t_C = \frac{D}{V_a\cos\psi_a + V_u\cos\psi_u} = \frac{10\ 000}{150 \times 0.514\cos10° + 32 \times 0.514\cos120°} = 147.6\ s$$

现在，我们检查式(7.50)中的两个条件：

$$y_a = V_a\sin\psi_a t_C = 150 \times 0.514\sin10° \times 147.6 = 1977.5\ m$$

$$y_u = V_u\sin\psi_u t_C = 32 \times 0.514\sin120° \times 147.6 = 2103.9\ m$$

在 147.6 s 后，两架飞行器沿 y 向的飞行距离不同。因此，它们不会发生碰撞。由于碰撞假设不成立，因此这些数据也不准确。它们的精确轨迹可以通过数值仿真来确定。下面是仿真两个飞行器的飞行的 MATLAB 代码。

```
clc
clear all
Va=150*0.514; % m/s
Vu=32*0.514;
psi_a=10/57.3; %
psi_u=120/57.3; %
D=10000; % m
dt = 0.01; % time sec
xa(1)=0;%
ya(1)=0;%
xu(1)=0;%
yu(1)=0;%
for i = 1:1:11900
    xa(i+1)=Va*cos(psi_a)*dt+xa(i);
    xu(i+1)=Vu*cos(psi_u)*dt+xu(i);
    ya(i+1)=Va*sin(psi_a)*dt+ya(i);
    yu(i+1)=Vu*sin(psi_u)*dt+yu(i);
end
plot(xa,ya,'rO-',D+xu,yu,'g*-'); grid
xlabel ('X (m)')
ylabel ('Y (m)')
legend('Aircraft','UAV')
```

图 7-18 给出了例 7.3 中的数值仿真结果。可以看到，无人飞行器在另一架飞行器前方飞过且没有发生碰撞。通过仿真，可以确定脱靶距离为 119 m。

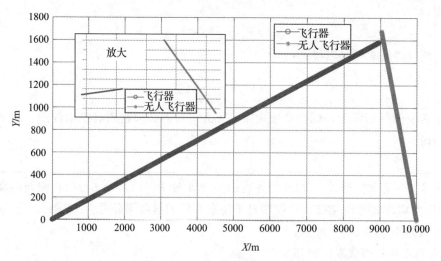

图 7-18　例 7.3 中飞行器的仿真结果

当冲突解决算法可行时，可以采用多种制导律来避免飞行器相撞，例如，可用 PN 常数小于 1（即 $N<1$）的 PN 制导律。在这种情况下，无人飞行器将比视线转得慢一些，因而始终落在目标（即另一架飞行器）后面。

另一个适用于避免碰撞（如在编队飞行中）的制导律是视线制导律。这一制导律假设跟随无人飞行器的目标始终在领飞无人飞行器的后面或侧面，且与领飞无人飞行器保持着理想的距离。在无 GPS 的环境中，视觉测距系统可以用于基于视觉的飞行控制与避障。

7.9　编队飞行

编队飞行是指多架飞行器的协调飞行。一些参考文献（如参考文献[109]）使用术语"集群"或"集群编队飞行"，其含义均相同。视觉表演展示是基于多无人飞行器平台最先进的技术之一。例如，在 2018 年韩国平昌举行的奥运会开幕式上，英特尔公司与乐团合作，用 1200 架流星四旋翼飞行器成功完成了创纪录的表演（首次以该方式飞行）。编队飞行可以由领飞无人飞行器引导飞行，甚至也可以没有领飞无人飞行器。

编队飞行起源于有人驾驶飞行，FAA 规定了编队飞行的最低法律要求。编队飞行有各种各样的形式，例如列队、标准编队转弯以及梯形编队转弯。为防止编队飞行中发生碰撞，飞行员应始终让所有飞行器均保持在视线范围内，并能从前方任意飞行器的后方和下方通过。编队飞行中最具挑战性的问题是如何确保避免发生碰撞。

在自然界中，成群的椋鸟编队飞行就是一个很好的例子，这是一种令人惊叹的自然现象。成百上千的椋鸟以旋转的不断变化的形式一起飞翔。当它们协同飞行时，这些椋鸟似乎是连在一起的。它们会爬升、下降、转弯并在某时刻改变方向。

随着科学技术的进步，无人飞行器也可以实现编队飞行。编队飞行的一个难点是如何让无人飞行器加入无人飞行器群中。合适的制导律加上精确的控制能够保证编队飞行的安全。为了保持队形和安全距离，在编队飞行中会有大量的领飞无人飞行器和大量的跟随无人飞行器。编队飞行没有特别的标准，但是，在每一种情况下，跟随无人飞行器必须与领飞无人飞行器保持横向距离、纵向距离和垂直距离。

以四架无人飞行器为例，我们要求它们在移动目标(见图 7-19)上空以极高的精度盘旋，以便收集情报并立即将信息传回地面站。在这种编队飞行系统中，第 i 架飞行器用自身和前一架飞行器($i-1$)的信息来跟踪指令的相对位置。当四架无人飞行器全部进入目标圈内时，每一架无人飞行器都既是领飞无人飞行器也是跟随无人飞行器。因为每一架无人飞行器都要与目标保持协同转弯，因此可以假设它为领飞无人飞行器。

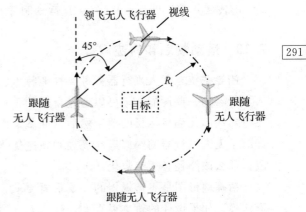

图 7-19 领飞-跟随无人飞行器几何图

此外，由于每一架无人飞行器都需要与领飞无人飞行器保持固定的空间距离，因此也可假设每一架无人飞行器为跟随无人飞行器。四架无人飞行器的综合制导控制系统均类似，其控制系统、制导系统与导航系统之间的关系如图 7-20 所示。

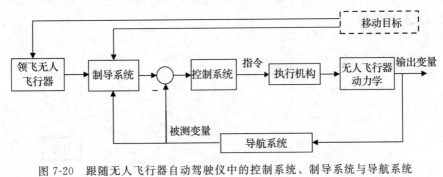

图 7-20 跟随无人飞行器自动驾驶仪中的控制系统、制导系统与导航系统

因为飞行路径为圆形，且有四架无人飞行器，视线或跟踪线必须与跟随无人飞行器的航向角成 45°角。当跟随无人飞行器绕目标转弯时，可通过调节发动机节气门使跟随无人飞行器与领飞无人飞行器之间保持一定的空间距离。当视线角(ψ_{LOS})超过 45°时，可以偏转发动机节气门来增加发动机推力，使无人飞行器加速。基于理想的圆形路径，通过观察可得出以下关系：

$$\psi_{\text{F}} - \psi_{\text{L}} = 90° \tag{7.52}$$

视线角为：

$$\psi_{\text{LOS}} = 45° \tag{7.53}$$

当视线与跟随无人飞行器航向角之间的夹角小于 45°时，可调节发动机节气门来减小发动机推力，使无人飞行器减速。一旦跟随无人飞行器到达目标周围的指挥圈并稳定下来，制导系统将开始工作，导引飞行器保持恒定的 45°视线角。当跟随无人飞行器的视线与指定的 LOS 不同时，制导系统将产生偏航速率(R)及改变空速的信息以用于控制系统：

$$R = k(\psi_{LOS} - \psi_{LOS_C}) \tag{7.54}$$

常数 k 是在制导律的设计过程中确定的。为此，需要了解方向舵偏转角(δ_R)与偏航速率(R)的传递函数，即 $R(s)/\delta_R(s)$。指令制导和控制系统的一般框图如图 7-7 所示。

7.10　运动规划和轨迹设计

制导系统在无人飞行器任务、性能特点、飞行计划和轨迹方面发挥着重要的作用。无人飞行器的一些性能缺陷可以通过合适的飞行计划得到部分补偿。运动规划是为引导无人飞行器从起飞到目标目的地，然后返回基地而制定的飞行计划。参考文献[110]的第 17 章介绍了无人飞行器的约束运动规划和轨迹优化。如果路径不是由指令路径点之间的直线组成，那么该路径必须参数化。

精确地形图是飞行规划的一项重要要求。地形应该是已知的，数字高程图可以用于地形建模。如果设计的轨迹很真实，那么对于数字地图来说，处理大量的数据(例如通过数据库插值以获得未知地理位置的高程)将会是一项严峻的挑战。一些数学方案(如样条曲线)也提供了快速平滑的插值方法。制导系统的性能通常会受插值方案类型的影响，因此必须准确地选择合适的插值方案。

在最小化成本函数的同时，必须使用可用资源生成一个最优方案。在设计制导系统和规划轨迹时，必须考虑到无人飞行器的性能以及物理和环境的约束。图 7-21 给出了一个典型的无人飞行器轨迹。

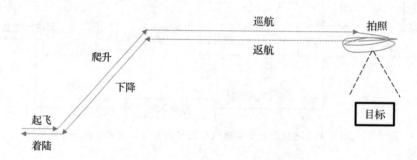

图 7-21　典型的无人飞行器轨迹

如果制导策略不依赖于预先计算好并保存的参考剖面，则必须具备实时轨迹规划系统。该系统将根据可用的无人飞行器、环境和轨迹数据执行新参考轨迹的机载计算。轨迹规划方案可以通过将一些航段拼接在一起来计算参考飞行剖面，这些航段是由一小部分几何参数定义的。

如果飞行环境中有风存在，轨迹规划算法应能够迅速生成新的参考剖面。一旦参考飞行剖面确定，制导算法就会生成跟踪参考轨迹的闭环指令。在最后确定如何生成飞行计划之前，应评估提出的轨迹几何形状的特征。在参考轨迹确定后，需要生成制导指令。

例如，对于无动力进近和着陆，三次多项式高度剖面[111]可以将下滑道定义为

$$h_{ref} = a_0 + a_1 x + a_2 x^2 + a_3 x^3 \tag{7.55}$$

其中，x 是地面轨迹距离，进近起始时 $x=0$。对于该剖面，高度对地面轨迹的导数为下滑角的正切值：

$$\frac{\mathrm{d}h_{\mathrm{ref}}}{\mathrm{d}x}=\tan\gamma_{\mathrm{ref}}=a_1+2a_2x+3a_3x^2 \tag{7.56}$$

三次多项式系数 a_0、a_1、a_2 和 a_3 可根据初始条件和地面轨迹距离利用式(7.55)和式(7.56)计算得出。

7.11 制导传感器：导引头

传感器是无人飞行器的一个重要组成部分。有些传感器是有效载荷的一部分，而有些传感器则是控制、导航、制导系统的必要部分。例如，测高雷达是一种用于导航的传感器，而相机是一种被配置为有效载荷的传感器。此外，某些雷达也用作通信设备。

有些雷达用于实现地面活动的可见度，而有些雷达则用于寻找目标。大型无人飞行器通常携带光学传感器(例如电视摄像机和前视红外线)，相比于雷达等有源设备，它们更不易被发现。在有利条件下，光学传感器可提供高质量的地面目标图像。但是，光学传感器的视场有限，且在不利的天气和战场烟雾灰尘条件下性能会严重下降。

对于需要探测和跟踪移动目标的无人飞行器来说，导引头是制导系统的一个重要部分。导引头通过跟踪目标来确定视线方向，导引头的输出是相对于惯性空间的视线角速率，可通过安装在导引头上的速率陀螺仪测量。视线角速率是通过测量无人飞行器导引头跟踪目标时的旋转速率得到的。

基本上，无人飞行器导引头(在导弹专业术语中被称为**寻的器**)的主要作用是：

294

- 提供目标位置与速度的持续测量结果。
- 用天线跟踪目标。
- 测量视线角速率。

导引头的天线有多种类型，最常用的有雷达、红外线(IR)、激光及 EO。无人飞行器的雷达系统可以探测并追踪移动目标，例如车辆、坦克、低空飞行的直升机。雷达导引头有三种：主动导引头(具备发射机和接收机)、被动导引头(只有接收机)以及半主动导引头(使用地面站发送来的信号)。机械化制导律的接近速度和视线角速率的获取方式与使用的导引头类型及其安装到无人飞行器的方式有关。

主动雷达导引头通过感知从目标表面反射的电磁能量来探测目标。反射辐射源是雷达发射机。发射机必须向目标发出电磁辐射，这一辐射必须到达目标，反射，再传回无人飞行器的接收天线。然后对其进行放大、解调和分析，从而确定目标的方向。这些信息可以使制导计算机引导无人飞行器朝目标飞行。

有效的导引头必须具备区分目标回波和背景(即地面或海面)反射的能力。导引头还应具有抵抗干扰的能力，并能够穿透恶劣的天气。图 7-22 给出了一架无人飞行器雷达、天线和制导系统的布局。配置两个导引头的 MQ-4C 无人飞行器如图 7-23 所示。雷达理论是一门涵盖电磁学和微波理论知识的学科。第 6 章讨论了现代控制理论在雷达跟踪中的应用。

另一种用于测量附近物体距离的传感器(属于感知和避障系统)是激光测距仪。基于已知标定参数和惯性测量单元(IMU)估计的姿态，将激光在全局坐标系中的端点进行投影。

根据投射的激光束，可测得二维图中无人飞行器的位置和航线。第12章将简要介绍这种传感器。制导传感器这一主题不在本书的讨论范围内，感兴趣的读者可以阅读参考文献[93，112，113]。

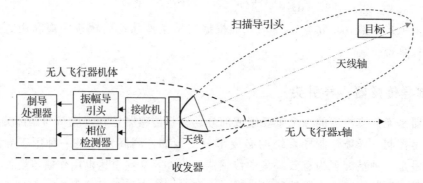

图 7-22　雷达、天线和制导系统的布局

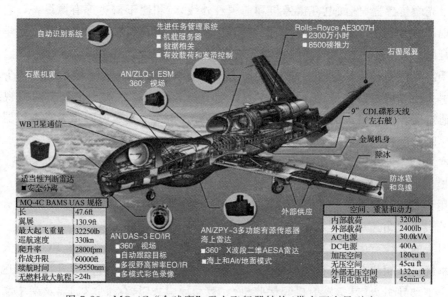

图 7-23　MQ-4C"全球鹰"无人飞行器结构（带有两个导引头）

MQ-1C"灰鹰"星光雷达有源电子扫描雷达安装在旋转的机械平衡框架上，视场为360°，尽管天线本身只具有110°的视场。

7.12　制导系统设计流程

前几节介绍了各种制导系统和制导律。在设计无人飞行器的制导系统时，必须选择制导系统、制导律、制导装置及传感器的类型，然后进行计算和分析。制导系统的设计与导航系统和控制系统的设计同步进行。

通常，制导系统的基本设计要求包括制造技术要求、精度要求、制导范围要求、天气要求、可靠性要求、生命周期成本要求、视场要求、隐形要求、可维修性要求、续航时间要求、通信系统要求、空气动力学要求、处理器要求、轨迹复杂度要求、与导航系统的兼容性要求、重量要求、目标尺寸要求、目标速度要求、与控制系统的兼容性要求以及考虑目标物理特征的要求。这些要求需要通过数字和技术特征来定义。例如，必须知道制导范围的要求值（如 1000 m）和视场的要求值（如 60°）。这些要求同样需要按照重要性进行排序。

图 7-24 给出了作为自动驾驶仪子系统的制导系统设计流程图。通常，设计过程从权衡研究开始，以便在制导设备成本和性能（即精度）要求之间建立清晰的界限，并以优化结束。

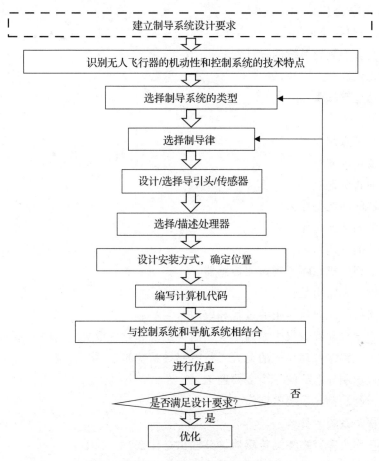

图 7-24　制导系统设计流程

选择制导系统、制导律和制导设备（如导引头）时要求互相兼容，否则集成和安装将十分困难。有效的制导系统应以最低成本满足设计要求。此外，制导系统的特点是其能够与控制系统和导航系统有效地结合在一起。

制导系统的设计应与控制系统和导航系统的设计同步进行。例如，在进近飞行中，导航输出（x、y 方向的位置）可作为制导系统的参考。此外，高度 h 作为控制系统的反馈值。因此，三个系统必须在相互交换指令或信号时高效地运行。

简答题

1. 定义制导系统。

2. 定义制导律。

3. 描述 PN 制导律。

4. 描述追踪制导律。

5. 描述视线(LOS)制导律。

6. 说出制导系统的主要组成部分。

7. 导引头的主要功能是什么？

8. 三个经典制导律是什么？

9. 使用最广泛的制导律是什么？

10. 哪些要求会影响制导系统的设计？

11. 绘图定义视线。

12. 导引头的功能有哪些？

13. 列出四种导引头。

14. 简洁描述路径点制导。

15. 什么是无校正区域？

16. 什么是横向轨迹误差？

17. 轨迹平滑器的功能是什么？

18. 轨迹追踪器的功能是什么？

19. 描述应答机的功能。

20. 列出几种典型的机载障碍物探测传感器。

21. 应答机的输入和输出是什么？

22. 描述无人飞行器航向角修正的过程和应用？

298 23. 用框图来表示自动驾驶仪中控制系统、制导系统和导航系统之间的关系。

24. 用框图来表示跟踪移动目标的无人飞行器制导系统的主要子系统。

25. 用框图来表示制导系统的三个主要通道。

26. 画出指令(视线)制导系统的框图。

27. 描述危险探测系统的种类。

28. 多普勒雷达作为障碍物探测传感器，其输出是什么？

29. 激光雷达作为障碍物探测传感器，其输出是什么？

30. 在选择监视系统时，应评估哪些因素？

31. 简要描述基于视觉的障碍物探测系统。

32. 简要描述防撞系统是如何工作的。

33. 简要描述碰撞探测系统是如何工作的。

34. 避免碰撞的典型机动动作是什么？

35. 画图演示飞行器之间的碰撞几何图形。

36. 两飞行器之间的碰撞条件是什么？在什么条件下会发生碰撞？

37. 什么是编队飞行？

38. 英特尔2018年创纪录的集群编队飞行是什么？

39. 用框图来表示跟随无人飞行器自动驾驶仪中控制系统、制导系统和导航系统之间的关系。

40. 运动规划指的是什么？

41. 描述轨迹规划算法。

42. 列出导引头最常用的天线。

43. 三种雷达导引头是什么？

44. 有源雷达是如何工作的？

45. 简要描述 MQ-1C "灰鹰" 雷达的特点。

46. 列出制导系统设计的主要准则。

299

47. 什么约束条件定义了无人飞行器的机动性，并表明了无人飞行器的最大转弯能力？

48. 感知和避障系统要求的五个功能是什么？

49. 基于视觉的感知和避障方法可以分为四类。它们是什么？

练习题

1. 一架飞行器以 120 kn 的速度向东北方向飞行，另一架无人飞行器在相同的高度上以 25 kn 的速度向西北方向飞行，它们的航向角相对正东方向分别为 12° 和 135°。二者之间的初始距离为 8000 m。

   1) 它们是否会相撞？

   2) 若不会，确定脱靶距离。

2. 一架飞行器以 120 kn 的速度向东北方向飞行，另一架无人飞行器在相同的高度上以 32 kn 的速度向西北方向飞行，它们的航向角相对正东方向分别为 12° 和 120°。二者之间的初始距离为 7000 m。

   1) 它们是否会相撞？

   2) 若不会，确定脱靶距离。

3. 一架飞行器以 150 kn 的速度向东北方向飞行，另一架无人飞行器在相同的高度上向西北方向飞行，它们的航向角相对正东方向分别为 10° 和 120°，并且发生了碰撞。

   1) 确定它们之间的初始距离以及无人飞行器的速度。

   2) 它们各飞了多长距离？

   3) 它们的飞行时间。

4. 一架飞行器以 145 kn 的速度向西北方向飞行，另一架无人飞行器在相同的高度上向东北方向飞行，它们的航向角相对正东方向分别为 12° 和 150°，并且发生了碰撞。

   1) 确定它们之间的初始距离以及无人飞行器的速度。

   2) 它们各飞了多长距离？

   3) 确定它们的飞行时间。

5. 一架无人飞行器以 30 m/s 的速度向东飞行，目标飞行器以 20 m/s 的速度向北飞行。它们的距离如图 7-25 所示。无人飞行器制导系统受指令制导律的控制，需要进入视线并沿视线飞行。此时制导系统将产生什么指令加速度？

300

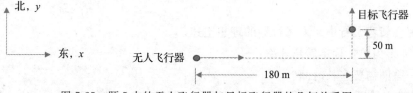

图 7-25　题 5 中的无人飞行器与目标飞行器的几何关系图

6. 一架无人飞行器以 40 m/s 的速度向西飞行，目标飞行器以 30 m/s 的速度向北飞行。它们的距离如图 7-26 所示。无人飞行器制导系统受指令制导律的控制，需要进入视线并沿视线飞行。此时制导系统将产生什么指令加速度？

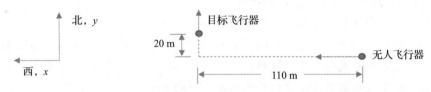

图 7-26 题 6 中的无人飞行器与目标飞行器的几何关系图

7. 题 5 中无人飞行器的制导系统受 $N'=2.4$ 的 PN 制导律控制，需要与其他飞行器进入视线并沿视线飞行。此时制导系统将产生什么样的指令加速度？

8. 题 6 中无人飞行器的制导系统受 $N'=3.1$ 的 PN 制导律支配，需要与其他飞行器进入视线并沿视线飞行。此时制导系统将产生什么样的指令加速度？

9. 考虑题 5 中无人飞行器和目标飞行器协同时，若执行制导指令，确定无人飞行器的转弯半径和转弯速率。

10. 考虑题 6 中无人飞行器和目标飞行器协同时，若执行制导指令，确定无人飞行器的转弯半径和转弯速率。

11. 考虑题 7 中无人飞行器和目标飞行器协同时，若执行制导指令，确定无人飞行器的转弯半径和转弯速率。

12. 考虑题 8 中无人飞行器和目标飞行器协同时，若执行制导指令，确定无人飞行器的转弯半径和转弯速率。

13. 无人飞行器的最大起飞质量为 1000 kg，机翼面积为 15 m^2，最大升力系数为 1.6。设计的无人飞行器结构可安全承载的最大载荷系数为 1.8。确定无人飞行器弯道速度和最大许用滚转角。

14. 无人飞行器的最大起飞质量为 3 kg，机翼面积为 1.6 m^2，最大升力系数为 1.4。设计的无人飞行器结构可安全承载的最大载荷系数为 1.4。确定无人飞行器弯道速度和最大许用滚转角。

15. 制导系统引导无人飞行器以 50 m 的半径绕地面移动目标转弯。最大许用滚转角为 45°。

 1) 确定在转弯飞行中无人飞行器的理想空速。

 2) 以(°)/s 为单位确定转弯速率。

 3) 转一整圈需要多长时间？

16. 制导系统引导无人飞行器以 100 m 的半径绕地面移动目标转弯。最大许用滚转角为 60°。

 1) 确定在转弯飞行中无人飞行器的理想空速。

 2) 以(°)/s 为单位确定转弯速率。

 3) 转一整圈需要多长时间？

17. 为进行航空拍摄，无人飞行器需要对地面上的移动目标进行跟踪。在某一特定时刻，超前角为 30°，接近速度为 25 m/s。要求视线角角速率为 15(°)/s。无人飞行器制导系统采用 N 为 2.2 的 PN 制导律。制导系统将会产生多大的指令加速度？

18. 为进行航空拍摄，无人飞行器需要对地面上的移动目标进行跟踪。在某一特定时刻，超前角为 40°，接近速度为 30 m/s。要求视线角角速率为 8(°)/s。无人飞行器制导系统采用 N 为 1.7 的 PN 制导律。制导系统将会产生多大的指令加速度？

19. 在编队飞行中，指派一架跟随无人飞行器(如第 6 章中练习题 1~14 所述)跟随一架有人驾驶飞行器(领飞飞行器)。领飞飞行器仅在 xz 平面上进行机动动作(即巡航，爬升，再次巡航，然后下降)，空速为 140 kn。无人飞行器最初飞行速度比领飞飞行器慢 20 kn，并在领飞飞行器后方 200 m 处。用 MATLAB 代码或 Simulink 模型给出无人飞行器制导子系统的仿真模型。无人飞行器的目的是执行制导律，使跟随无人飞行器始终在领飞飞行器后并保持一定的理想距离(100 m)，并与领飞飞行器保持相同的速度。

20. 在编队飞行中，指派一架跟随无人飞行器(如第 6 章中练习题 1~14 所述)跟随一架有人驾驶飞行器(领飞飞行器)。领飞飞行器仅在 xy 平面上进行机动动作[即巡航，水平转弯(180°)，巡航返回]，空速为 140 kn。无人飞行器最初飞行速度比领飞飞行器慢 20 kn，并在领飞飞行器后方 200 m 处。用 MATLAB 代码或 Simulink 模型给出无人飞行器制导子系统的仿真模型。无人飞行器的目的是执行制导律，使跟随无人飞行器始终在领飞飞行器后并保持一定的理想距离(100 m)，并与领飞飞行器保持相同的速度。

302
~
303

第 8 章　导航系统设计

教学目标

经过本章的学习，读者将能够：

1）管理无人飞行器导航系统设计项目。

2）进行无人飞行器惯性导航系统设计。

3）论述无人飞行器导航系统的分类。

4）明白各种无人飞行器导航系统的优缺点。

5）论述当前的导航技术。

6）阐述导航系统的组成。

7）为导航任务设计多种系统。

8）根据给定任务要求选择合适的导航传感器。

9）评估不同的导航传感器。

10）论述导航干扰及其解决方案。

11）进行导航计算。

12）阐述卡尔曼滤波技术。

8.1　引言

自动驾驶仪的三大主要子系统包括：控制系统、制导系统和导航系统。控制系统的设计见第 6 章。本章将介绍导航系统的设计。

一般来说，导航是一种确定移动物体位置、方向和速度的技术。更具体地说，导航是一个侧重于监测飞行器从一个地点到另一个地点的移动过程的研究领域（见图 8-1）。无人飞行器导航系统是一种确定飞行器在某个参考坐标系（例如海平面）中相对位置（即态势感知）的系统。态势感知的暂时丢失或缺乏是许多飞行事故的原因。

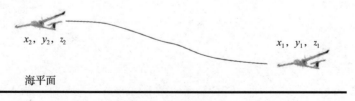

x_2, y_2, z_2 $\qquad\qquad\qquad$ x_1, y_1, z_1

海平面

图 8-1　由导航系统确定无人飞行器坐标

请注意，在某些参考资料中会出现术语"路径点导航"。路径点导航只是一种导引或跟踪飞行器的制导律，与导航无关。这种用词不当最初源自非航空工程师，他们利用该术语来描述路径点制导（即寻路）。路径点制导方法见 7.7 节。

本章将介绍导航系统的基本原理、分类及特点。此外，还将详细阐述两种最常见的导航系统：惯性导航系统和全球定位系统（GPS）。同时，将简要介绍坐标系、世界大地测量系统（World Geodetic System，WGS）、航空电子设备、陀螺仪、滤波器等相关主题。最后，将给出导航系统的设计思路。

8.2　导航系统分类

导航系统可以完全安装在无人飞行器上，也可以位于其他地方通过无线电或其他信号与无人飞行器通信，还可以采用上述两种方法的组合。导航通常使用诸如陀螺仪、加速度计、高度计和全球定位系统（GPS）等传感器来完成。

位置信息主要包括三个坐标：纬度、经度和海拔高度。地球上某个地方的纬度是其在赤道以南或以北的角距离。纬度通常用 $0°$（赤道）到 $90°$（南北极）的度数来表示。同样，地球上某个地方的经度是其在格林尼治子午线以东或以西的角距离。经度取值范围为 $0°$（格林尼治子午线）到 $180°$（向东或向西）。方向信息包含两个主要数据：航向数据和俯仰数据。

导航系统中涉及的计算是由导航系统的种类决定的。三大导航系统包括电子导航系统、惯性导航系统以及天文导航系统。电子导航系统可以由无线电系统、雷达以及卫星三种电子设备实现。因此，全球定位系统（GPS）是一种电子导航系统。

惯性导航被归类为一种航位推算（即积分）导航方法，该方法根据当前已知的位置来推算将来某个时间点的位置。天文导航系统是基于太阳、月亮以及其他恒星或天体来定位的。为了改善定位精度并提高容错能力，人们在导航信号调理、滤波和处理方面进行了大量的研究[114,115]。

标准的无人飞行器导航系统通常依赖全球定位系统（GPS）和惯性传感器——惯性导航系统（INS）。如果 GPS 信号由于某种原因变得不可用或者损坏，那么仅由 INS 提供的状态估计会随着时间漂移，几秒钟后就无法使用（尤其是对于使用低成本 INS 的小型无人飞行器）。当无人飞行器靠近障碍物时，多径反射也会使 GPS 信号变得不可靠。此外，GPS 信号（尤其是工作在民用频点下的 GPS）很容易受到干扰。通过选择合适的坐标系，对导航运动方程——式（8.1）～式（8.3）——积分即可得到导航位置信息。

表 8-1 对适用于无人飞行器的导航系统[79]和三个级别的导航功能进行了分类。第一级别根据它们的自主等级分类，第二级别根据使用的传感技术分类，第三级别根据使用的方法和算法分类。导航系统设计的复杂程度直接取决于所需导航功能的级别。混合方法是一种可以降低导航系统在空间中测量航向和平移（即状态估计）难度的方法。虽然视觉传感器不是确定航向的最佳选择，但其在测量位置方面非常出色。此外，加速度计和常规惯性测量单元（IMU）由于积分作用会产生持续增加的误差。将 IMU 和视觉传感器或 GPS 配对使用可精确测量空间中的六自由度运动。

307

表 8-1 适用于无人飞行器的导航系统分类

序号	级别 1	级别 2	级别 3
1	检测	—	—
2	状态估计	传统的 IMU/GPS 系统	—
		基于视觉的状态估计	视觉
			视觉里程表
			目标相对导航
			地形相对导航
			运动与结构的并行估计
			仿生光流导航
		采用距离传感器的状态估计	采用超声波和红外传感器的状态估计
			基于激光雷达的 SLAM
3	感知	基于视觉的感知	目标探测与跟踪
			不基于地图的方法
			基于地图的方法(SLAM、SMAP、SLAD)
			面向任务的感知
		基于激光雷达的感知	不基于地图的障碍物探测
			即时定位与地图构建(Simultaneous Localization And Mapping,SLAM)
			即时地图构建与规划(Simultaneous Mapping And Planning,SMAP)
			安全降落区域探测(Safe Landing Area Detection,SLAD)
4	态势感知	—	—

308

8.3 坐标系

使用非线性运动方程来计算大型无人飞行器在地球表面大范围内的精确位置时,需要对地球的形状、自转和重力进行精确建模。可靠的坐标系是成功的导航系统中必不可少的工具。

在介绍导航系统之前,我们需要对一些相关术语进行定义。无人飞行器的运动可以由三维矢量描述。坐标系是在参考系内建立的用于定位空间点的测量系统。参考系是指可用于确定距离和方向的刚体或一组刚性相关点。惯性系是指牛顿定律适用的参考系。

8.3.1 固定和移动参考系

一般而言,参考系分为两类:惯性系(与地球固连,其原点位于地球的质心处,不旋转,但随着地球平移)和机体系。惯性系的三个轴分别为北、东和下,也称为北东下(North,East,Down,NED)参考系。机体系与无人飞行器固连,随着无人飞行器平移和旋转。被划分为机体系的三种坐标系为机体固连坐标系、风轴坐标系和稳定轴坐标系。三个正交坐标轴分别为 x、y、z。图 3-7 定义了机体系和机体固连坐标系的坐标轴以及正方向。由于惯性导航系统采用了大地参考系,因此位置始终是相对地球上的某个固定点(例如地面系统)定义的。在短程无人飞行器导航中,我们可以粗略地假设地球是平的(忽略地球自转的影响)以方便导航计算。

图 8-2 中所示的 NASA "牵牛星" 无人飞行器在导航系统中同时采用了 GPS 和 INS 来提升导航精度。"牵牛星" 无人飞行器具有 26 m 的翼展，比现有的 MQ-9 系列长 6.1 m。"牵牛星" 无人飞行器通过增强航空电子设备以更好地在 FAA 控制的领空中飞行，并展示了地面控制站的 "超视距" 指挥和控制(C2)能力。

图 8-2　NASA "牵牛星" 无人飞行器

本地导航系统使用地理坐标系，其坐标轴分别与东、北和上(东北上，East-North-Up，ENU)或者北东下(NED)对齐，其中 "上" 或 "下" 表示沿着导航系统所在处的球体法线方向。

以地球为中心的与地球固连(Earth-Centered，Earth-Fixed，ECEF)的笛卡儿坐标系的原点位于地球中心，该坐标系随着地球旋转。X 轴和 Y 轴位于赤道平面内。Z 轴垂直于 XY 平面，向北为正。X 轴穿过本初子午线(经度为 $0°$ 的子午线)，并且在赤道位置的纬度为 $0°$。

纬度确定了点在地球表面上的南北位置，其角度值范围为从赤道处的 $0°$ 到南北极的 $90°$。北半球的纬度为正值。经度确定了点在地球表面上的东西位置，其角度值范围从本初子午线的 $0°$ 到对向子午线的 $180°$。经度是从位于赤道平面内且指向零经度子午线的 x 轴开始测量。本初子午线是任意的，最广泛使用的是英格兰境内的格林尼治子午线。大地测量高度是指沿着法线方向的球体上方的高度，而海拔则是高于平均海平面(Mean Sea Level，MSL)的高度。海拔通常由气压高度计测量，也可由陆地海拔高度和陆地之上高度相加得到。

导航计算中需要用到的球体的两个重要参数(曲率半径)为子午线半径和卯酉圈半径，详见 8.4.3 节。

8.3.2　世界大地测量系统

模拟无人飞行器绕地球的运动和导航需要一些有关地球引力及地球几何形状的知识，其中两个可用且公认的资源可以提供这些知识，它们分别为地理信息系统(Geographic Information System，GIS)和世界大地测量系统(World Geodetic System，WGS)。本节将介绍这两个系统，尤其是世界大地测量系统。

地理信息系统是一个收集、存储、管理、分析和显示地球表面位置相关数据的系统。地理信息系统植根于地理学，利用地理信息系统可以对许多不同类型的信息进行比较和对比。地理信息系统可用于生成自然结构(如山脉)的三维图像，还可以分析空间位置并使用地图和三维场景将信息分层可视化。位置可以用许多不用的方式进行标识，例如纬度和经度。借助这种独特的功能，地理信息系统可以更深入地洞察数据，例如洞察其模式、关系和状态。然而，地理信息系统只能处理平面地图的投影，无法处理地球的曲率信息，但对于无人飞行器导航，需要同时包含地球的曲面和平面视图。因此，地理信息系统不是一个适合无人飞行器导航系统和飞行仿真的平台。

世界大地测量系统最初由美国国家地理空间情报局（National Geospatial-Intelligence Agency）于 1984 年开发，因此称为 WGS 84。全球定位系统也使用世界大地测量系统作为其卫星星历的参考坐标系。

世界大地测量系统植根于大地测量学，大地测量学是一个涉及地球形状和面积的数学分支。与地理信息系统不同，世界大地测量系统整合了地球引力和曲率等特性。因此，我们可以使用世界大地测量系统来定义无人飞行器在地球上的精确位置和飞行参数。

WGS 84 也是一个以地球为中心且与地球固连的参考坐标系。该系统也是美国的标准系统，基于一组描述地球几何形状、重力和地磁场的常数。WGS 84 系统由参考椭球、正交坐标系、高度信息和大地水准面构成。

WGS 84 大地坐标是由参考椭球生成的。在三维世界大地测量系统中，地球的形状在数学上被建模为椭球体（即旋转的椭球体）。由于地球的极半径比赤道半径小大约 21 km，因此生成的椭圆必须绕其短轴旋转来生成扁球模型。

地球重力场的等势面与未受干扰的平均海平面（MSL）一致，并在地表下连续延伸，被称为**大地水准面**。根据全球范围内 $1° \times 1°$（纬度×经度）的网格，大地水准面与椭球的均方根偏差约为 30 m。为了表示实际地球与数学建模的地球的差异，采用了三种类型的高度，即标高（距地面的高度）、大地水准面高度（距海平面的高度）和大地高度（标高与大地水准面高度之间的差值）。

椭圆数学模型[116]采用了半长轴、半短轴、扁平率和偏心率四个定义参数及常量（见表 8-2）。用来定义完整 WGS 84 的另外两个参数为地球自转角速度和地心引力常数。在英制距离和国际单位制距离的转换中，1 n mile 等于 1852 m。另外，kn 是速度的单位，1 kn＝1 n mile/h。

表 8-2　WGS 84 定义参数

序号	参数	符号	值
1	半长轴（赤道半径）	a	6378.137 km
2	半短轴（极半径）	b	6356.752 km
3	扁平率	f	1/298.257 223 563
4	地球平均角速度	ω	$7.292\ 115 \times 10^{-5}$ rad/s
5	地心引力常数	GM	$3.986\ 004\ 418 \times 10^{14}$ m³/s²
6	偏心率	e	0.081 819 19

8.4　惯性导航系统

8.4.1　基础知识

惯性导航是最古老的导航技术，最初由海军导航员提出。该技术仍然适用于 GPS 信号不可用或者难以使用 GPS 的情况。惯性导航系统还可以用作 GPS 的并行（冗余）系统，以提高系统的可靠性。惯性导航是一种利用机载运动传感器（即惯性传感器）来计算移动物体（例如无人飞行器）位置的航位推算方法。航位推算根据当前已知位置推算未来某一时刻位置的方法。该方法涉及相对于惯性空间（机体系）的时间、运动方向、空速和地速的测量。

　　通过获得上一时刻及其位置以及此后的航向、平均速度和当前时间进行导航计算。因为距离等于速度乘以运动时间，所以速度乘以自上一位置之后的运动时间可以得到运动距离，再结合上一时刻的位置即可得到当前位置。经度和纬度可通过地速的东向和北向分量确定。一旦确定了初始的纬度和经度，系统就会从测量沿三个轴的加速度的传感器接收信号。因此，导航系统就会连续计算出当前的纬度和经度。 311

　　惯性导航已广泛应用于飞行器、导弹、航天器、潜艇及舰船的导航中。在 GPS 问世之前，惯性导航系统得到了广泛使用。即便如此，惯性导航系统目前仍广泛应用于潜艇，因为在水下 GPS 或其他固定源定位系统无法使用。惯性导航相对于其他导航系统的主要优点是一旦确定了起始位置便不再需要其外部信息，可以独立运行。此外，惯性导航不受恶劣天气的影响，也不会被探测到或者卡住无法运行。最大的缺点是，由于仅根据先前位置计算当前位置，因此其误差或偏差会随着时间的推移持续增长。因此，惯性导航系统必须经常通过其他导航设备或者技术进行校正。

　　惯性导航是一种独立的导航技术，其中的测量信息用来追踪物体相对于已知起点、方向和速度的位置和方向。惯性导航的两个主要测量设备是加速度计和陀螺仪。通过处理来自这些设备的信号，可以计算得到设备的位置和方向。微机械机电系统设备的最新进展使得制造小型和轻型惯性导航系统成为可能。例如，**惯性测量单元**（IMU）包含三个正交速率陀螺仪和三个正交加速度计，它们分别用来测量角速度和线加速度。为了实现上述功能，导航系统需要如下仪器：三个速度测量装置（对加速度计数据积分）、三个角度传感器（对速率陀螺仪数据积分）、时钟和处理器。

　　惯性测量单元本质上分为两类：稳定平台系统和捷联系统。在稳定平台系统中，惯性导航系统安装在与外部旋转运动隔离的平台上，因此输出的值是在全局参考系下测量的。在捷联系统中，惯性导航系统与无人飞行器刚性地捆绑在一起，因此输出的值是在机体系下测量的。稳定平台系统和捷联系统都是基于相同的原理。捷联系统降低了系统的机械复杂性，在物理结构上要比稳定平台系统小。这些优势都是以增加计算复杂性为代价的。随着计算成本的降低，捷联系统已经成为目前惯性测量单元的主要类型。上述两种系统中的加速度信号是一致的，因此通过积分会得到相同的速度。

　　为了得到物体的运动速度，需要对加速度计的信号进行积分。物体运动方向由速率陀螺仪信号积分得到。安装在稳定平台上的陀螺仪可以敏感地检测到平台的任意转动。陀螺仪测量得到的信号反馈到力矩电机中，驱动平衡框架转动以抵消这种转动，从而使稳定平台与初始参考系保持对齐。为了改善整体的噪声和漂移性能，陀螺仪和加速度计应具有相当高的增益。陀螺仪和加速度计的机械结构及工作原理见 8.9 节。有关惯性导航技术细节的更多信息，请参考文献[117]。 312

8.4.2　导航方程

　　无人飞行器在向前飞行的同时还会进行滚转、俯仰以及偏航运动。无人飞行器的飞行

速度有三个分量 U、V 和 W，三个姿态角分别为 ϕ、θ、ψ。用于积分以获得无人飞行器位置的导航方程为

$$\dot{x} = U\cos\theta\cos\psi + V(-\cos\phi\sin\psi + \sin\phi\sin\theta\cos\psi) +$$
$$W(\sin\phi\sin\psi + \cos\phi\sin\theta\cos\psi) \tag{8.1}$$

$$\dot{y} = U\cos\theta\sin\psi + V(\cos\phi\cos\psi + \sin\phi\sin\theta\sin\psi) +$$
$$W(-\sin\phi\cos\psi + \cos\phi\sin\theta\sin\psi) \tag{8.2}$$

$$\dot{h} = U\sin\theta - V\sin\phi\cos\theta - \cos\phi\cos\theta \tag{8.3}$$

式中，U、V 和 W 分别表示速度沿 x、y 和 z 轴的分量；θ、ψ 和 ϕ 分别表示俯仰角、航向角以及滚转角。对上式积分可以得到 x、y、h，即全局参考系下无人飞行器的位置。通过陀螺仪可以测量方向信息 θ、ψ 和 ϕ。此外，速度信息 U、V 和 W 通过对加速度计信号积分得到。图 8-3 给出了导航过程框图及其两个示例测量设备的功能。

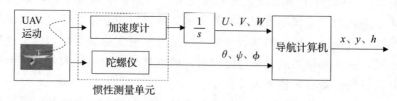

图 8-3   导航过程框图

导航计算机通过求解式(8.1)～式(8.3)来确定无人飞行器的坐标和位置。加速度计和陀螺仪的特性见 8.7 节。只要测量数据可靠，就可以通过非线性微分方程(8.1)～方程(8.3)对真实(三维)飞行器进行导航建模并计算得到准确结果。通过求解非线性微分方程(5.3)～方程(5.5)，可以得到三个速度分量 U、V 和 W。

导航方程的解通常采用数值方法得到，例如龙格库塔方法(详见 5.9 节)。下一节介绍将无人飞行器视为质点时的简单导航方程。

8.4.3   导航基础计算

使用先前确定的位置来计算飞行器当前位置的过程称为航位推算。该计算过程需要已知的或估计的速度以及运行时间。

在 8.4.2 节中，无人飞行器被视为能够绕自身旋转且具有三个姿态角的刚体。在本节中，假设无人飞行器为质点，即没有绕自身的旋转运动。该假设虽然会在计算中引入误差，但可以作为辅助计算来检查实际计算的准确性。

原则上，无人飞行器位置的计算依赖地速(V)和运行时间(t)。速度定义为位移对时间的导数。如果将无人飞行器假设为**质点**并且地速保持不变，那么线性运动后新的位置(x)可以简单地表示为

$$x = x_0 + Vt \tag{8.4}$$

然而，在线性加速运动后，新的位置(x)可以表示为

$$x = x_0 + V_0 t + \frac{1}{2}at^2 \tag{8.5}$$

其中 t 表示时间，V 表示地速，V_0 表示初始地速，a 表示线加速度。为求解上述方程，需

要确定以下参数：飞行器的航向、飞行器的地速以及在每个航向及速度下运行的时间。有了这些信息，操作人员就可以计算出飞行器的路线和距离，其中时间由时钟计时得到。

例 8.1　一架无人飞行器位于飞行基地以东 10 km 处，在海平面高度以 120 kn 的空速向东巡航。假设没有风，计算 20 min 后无人飞行器距离该飞行基地的距离。

解　$x = x_0 + Vt = 10\ 000 + (120 \times 0.5144) \times (20 \times 60) \approx 84\ 074$ m $= 84.074$ km

---

8.4.4　大地坐标计算

8.3.2 节介绍了世界大地测量系统，该系统是用于地球上飞行器导航计算的固定坐标系。在使用大地坐标的情况下，导航计算需要用到球体的两个重要参数：子午线半径和卯酉圈半径。这两个参数主要用于无人飞行器速度分量的计算。

子午线半径（R_M）是子午面中的曲率半径。从微积分课本中，我们可以轻松地找到如下方程来确定椭圆的曲率半径。根据大地纬度，子午线曲率半径为

$$R_M = \frac{a(1-e^2)}{(1-e^2\sin^2\Phi)^{3/2}} \tag{8.6}$$

式中，e 表示偏心率，a 表示半长轴（赤道半径），Φ 表示大地纬度。该式通过角度信息计算出了弧长。式中变量 a 和 e 的值在表 8-2 中已经给出。

卯酉圈半径（R_N）是垂直于子午面的平面的曲率半径，其值等于从球体表面沿法线方向到半短轴的距离：

$$R_N = \frac{a}{\sqrt{1-e^2\sin^2\Phi}} \tag{8.7}$$

在大地高度为 h 的点，其对应的地球速度在地理坐标系北向的分量可以表示为

$$V_N = (R_M + h)\dot{\Phi} \tag{8.8}$$

其中，$\dot{\Phi}$ 表示纬度率。

当卯酉圈半径的分量平行于赤道平面时，即可得到恒定纬度圆的半径。因此，地球速度在地理坐标系东向的分量可以表示为

$$V_E = (R_N + h)\cos(\Phi)\dot{l} \tag{8.9}$$

其中，$\dot{l}$ 表示地面经度率。

8.5　卡尔曼滤波

我们并非总是能够准确地测量要控制的每个变量，例如飞行器姿态、高度、速度和位置。由于降雨、地球表面反射或无线电干扰，环境中总是存在着噪声。此外，传感器的电路内也会产生噪声。因此，制导系统传感器必须能够在具有噪声（除了目标以外感应到的能量）的介质中探测到目标。为了提高测量数据的准确性以及自动驾驶仪的效率，必须消除系统中的噪声。

状态估计被定义为跟踪当前飞行器三维运动变量的过程。状态估计通过对原始传感器

测量数据进行处理来估计无人飞行器的状态变量，尤其是与其运动相关的变量，例如姿态、位置和速度。运动估计算法的设计是飞行控制的必要环节，也是自主飞行器设计过程中的关键步骤。根据传感知识可以将状态估计算法分为三大类：常规系统、基于视觉的系统以及依靠有源测距传感器的系统。

卡尔曼滤波（也称为线性二次估计）是一种可以利用与时间有关的且受高斯扰动或误差影响的序列观测数据来产生未知变量估计值的数学方法。定位是状态估计的特例，它是相对于某些地图或其他参考位置的位置估计。卡尔曼滤波器提供了一种从间接和噪声测量中提取缺失信息的方法。长期以来，卡尔曼滤波器一直被认为是许多跟踪和数据预测任务（例如使用雷达跟踪移动目标）的最佳解决方案。

这项技术最初是为分离信号和噪声而提出的，但后来被扩展到了动力学系统的状态估计中[118]。因此，卡尔曼滤波器也用于预测不受控制的动力学系统（例如移动目标）可能的未来走向。卡尔曼滤波在控制、跟踪、制导和导航等许多领域有着广泛的应用。

在跟踪应用中，当系统为线性系统且观测量受高斯扰动或误差影响时，卡尔曼滤波器是最优估计器。该滤波器的主要目的是根据观测序列提取状态向量的高斯分布规律。卡尔曼滤波器是所谓的线性二次问题的估计器，该问题指通过使用与状态量线性相关的测量数据来估计受白噪声干扰的线性动力学系统的瞬时"状态"。

卡尔曼滤波器的数学模型基于以下假设，即 k 时刻的真实状态是根据 $k-1$ 时刻的状态估计得到的，并且满足：

$$\boldsymbol{x}_k = \boldsymbol{F}_k \boldsymbol{x}_{k-1} + \boldsymbol{G}_k \boldsymbol{u}_k + v_k \quad k=0, 1, 2, \cdots \tag{8.10}$$

式中，$\boldsymbol{x}_k$ 为状态向量，$\boldsymbol{F}_k$ 为状态转移矩阵；$\boldsymbol{x}_{k-1}$ 为已知的上一时刻状态，$\boldsymbol{G}_k$ 为已知的控制输入矩阵；$\boldsymbol{u}_k$ 为控制向量，v_k 为均值为零的白噪声。卡尔曼估计器的计算可以从许多不同的角度来看。例如，当计算方差的最小值和似然估计的最大值时，它是线性二次问题的最小二乘解，也是线性变分问题的解。

卡尔曼滤波方法经历了几十年的发展和扩展。从有噪声的数据中构造最优估计器的第一种方法是最小二乘法。该方法最小化估计的测量误差欧几里得向量范数。本书不对卡尔曼滤波进行详细描述，参考文献[119]为许多跟踪/导航/控制应用提供了 MATLAB 代码。

非线性卡尔曼滤波器也称为扩展卡尔曼滤波器（Extended Kalman Filter，EKF），它可以对当前值的估计进行线性化。扩展卡尔曼滤波器是一种最为常用的根据传感器数据来估计无人飞行器运动变量的方法。通过对所有状态变量使用一个滤波器可以一步完成运动变量的估计。另外一种方法是采用两个串联的扩展卡尔曼滤波器，一个滤波器根据惯性测量单元的原始数据来估计姿态和航向（姿态和航向参考系统），另一个滤波器根据 GPS 原始数据来估计位置和速度。也可以采用第三个滤波器将高度计的测量数据与垂直加速度融合来改善高度的估计。

SBG IG-500N 是世界上最小的 GPS 增强姿态和航向参考系统之一。由于内置了扩展卡尔曼滤波器，IG-500N 可以提供精确的姿态以及位置测量。

参考文献[21]实现了装有仪表的雅马哈 RMAX（见图 1.1）无人直升机的系统集成和操作。该系统的四个主要组成部分是无人飞行器、模块化航空电子系统、基准软件（包括中间件、制导、导航、控制、通信和操作员接口组件）以及一套仿真工具。在主控飞行计算机上运行的基准导航系统是一个具有 17 个状态的扩展卡尔曼滤波器。这些状态包括无人飞行器的位置、速度、姿态、加速度计偏差、陀螺仪偏差以及地形高度误差。该系统能够为无人飞行器提供全部姿态信息，并且以 100 Hz 的频率进行更新。

8.6 全球定位系统

8.6.1 基础知识

全球定位系统(GPS)是归属美国政府的由美国国防部资助、控制和运营的天基导航系统[120]。GPS 的概念是基于时间和最初 24 颗卫星的已知位置建立的。全球有数百万的民用 GPS 用户(包括无人飞行器和遥控飞行器)。通过引入 GPS，高度测量成为一项简单的任务，并且更加准确。GPS 几乎不受大气条件的直接影响。无论飞行器是在国际标准大气(ISA)还是非国际标准大气条件下飞行，其高度都可以通过 GPS 精确测量。如果没有雷达高度计或者 GPS，测量的高度会出现误差。在计算飞行器性能时，必须考虑到这一点。当前，许多新飞行器都配备了 GPS 接收机。因此，这些飞行器的高度测量是准确的，而且我们不需要考虑大气密度变化的影响。

全球定位系统的空中部分由 GPS 卫星构成，并且从太空中发射无线电信号。标称 GPS 运行星座由 24 颗环绕地球且周期为 12 h 的卫星构成(见图 8-4)[117]。当有新发射的卫星替换旧卫星时，通常有超过 24 颗运行中的卫星。卫星轨道几乎每天重复一次相同的地面轨迹。55°倾角下 20 200 km 的轨道高度使卫星能够每 24 h 在任何点上重复相同的轨道。

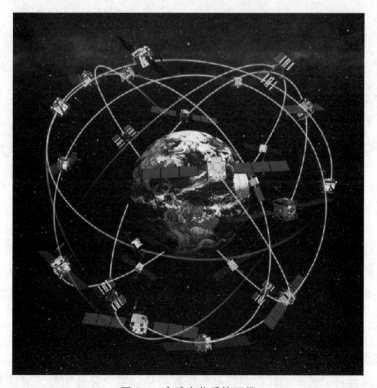

图 8-4 全球定位系统卫星

全球定位系统中有 6 个轨道平面，即每个轨道上等间距分布着四颗卫星，并且与赤道平面的夹角大约 55°。这种星座配置使用户在地球上任意一点都能看到 5～8 颗卫星。这使得在水平方向和垂直方向上的位置精度在几米之内，时间精度可达 200 ns。

全球定位系统能够提供经过特殊编码并且能够由 GPS 接收机处理的卫星信号，从而使接收机能够计算出位置（例如高度）、速度和时间。四颗 GPS 卫星信号即可计算三维空间中的位置以及接收机中时钟的时间偏移。XYZ 形式的位置信息在接收机中转换为地理坐标系中的经度、纬度以及椭球上方的高度。速度根据位置随时间的变化或者多普勒频率计算。GPS 卫星以相同的两个频率——1.575 42 GHz（L1 信号）和 1.2276 GHz（L2 信号）——向外广播。由于卫星信号被调制到相同的 L1 载波频率中，因此解调后须将信号分离。

无人飞行器的位置信息根据从接收到的 GPS 卫星信号中观测出的时间差计算。无人飞行器的定位至少需要四颗 GPS 卫星。虽然 GPS 在室外具有很高的精度（5～50 m），但在某些市区或者室内环境中会变得很复杂，因为它需要全球定位系统的许多卫星的视线（LOS）。

全球定位系统使无人飞行器的飞行范围得以扩大，从而实现了超远距离无人飞行器的运行。然而，在敌对行动中 GPS 信号的干扰是一个主要问题。此外，在某些时间段和某些区域，GPS 信号不可用或者很微弱。一种解决方案是将 GPS 与惯性导航系统进行融合。例如，通用原子公司的 RQ/MQ-1"捕食者"A（见图 8-5）配备了具有 GPS 辅助功能的惯性导航系统。

图 8-5　通用原子公司的 RQ/MQ-1"捕食者"A

"全球鹰"的主要导航系统包括一套惯性导航系统和一套全球定位系统。无人飞行器上配备了单片环形激光陀螺仪，该陀螺仪与嵌入式差分 GPS 接收机配合使用，从而增强导航性能，加快卫星的捕获速度。无人飞行器通过在任务计划中输入指定的路径点来飞行，并且可在飞行过程中对路径点进行更改。安装在 EO/IR 有效载荷舱内的诺斯罗普·格鲁曼公司的利顿 LN-100G 嵌入式 GPS/INS 可以为飞行器提供姿态、位置、速度以及加速度信息。

8.6.2　地球经度和纬度

虽然地球绕其地轴旋转，但是地图是根据经过地球两极的子午线绘制的。装有全球定位系统的无人飞行器会接收到经度和纬度的位置信息。本节将介绍基于经度和纬度的无人飞行器位置计算。

实际上地球是一个椭球体，但在海平面上可以假定地球为圆球体。因此，地球在海平面的横截面为一个圆。为方便计算，将圆分为 360°，每一度分为 60 分。每一分大约为一海里，每一海里为 1852 米或者 6076.1 英尺或者 1.1508 英里。因此，一度的圆弧为 1/360 圆，一分圆弧为 1/21 600 圆。

纬度是在赤道以北/以南测量的（以度为单位），如图 8-6 所示；经度是在本初子午线（从北向南穿过英格兰格林尼治的经线）以东或以西测量的（以度为单位）。赤道的纬度为 0°，北极的纬度为 −90°(90°N)，南极的纬度为 +90°(90°S)。世界的一半位于 0°～180°（东经），另一半位于 0°～−180°（西经）。

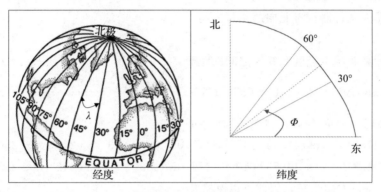

图 8-6　经度和纬度

由于纬度是平行的，因此每一纬度之间的距离几乎保持恒定。**纬度**决定了地球表面上一个点的南-北位置，而**经度**决定了点的东-西位置。然而，由于经度在赤道处相距最远并且在两极处汇聚到一点，因此随着向两极移动，每一经度之间的距离会减小。例如，波士顿市的纬度和经度分别为 42.3601° 和 −71.0589°。

相差一度的两纬度(Φ)之间的距离约为 111.3 km(69.16 mile)。每一纬度之间的距离的范围（由于地球的椭球形状）为从赤道处的 68.703 mile(110.567 km) 到两极的 69.401 mile(111.69 km)。

相差一度的经度(λ)间的弦长在赤道处为 69.16 mile(111.3 km)，向两极逐渐缩减到零。例如，北纬（或南纬）40°处，弦长为 53 mile(85 km)。

经度和纬度变化时对应的长度变化分别为

$$\Delta Y_{\text{lat}} = 2\pi R \left(\frac{\Delta \Phi}{360} \right) \tag{8.11}$$

$$\Delta X_{\text{lon}} = \Delta X_{\text{Equ}} \cos(\Phi)(\Delta \lambda) \tag{8.12}$$

式中，ΔX_{Equ} 表示在赤道处经度变化一度对应的距离：

$$\Delta X_{\text{Equ}} = 2\pi R \left(\frac{1}{360} \right) \tag{8.13}$$

因此，在赤道处经度变化一度的距离为

$$\Delta X_{\text{lon}} = 2\pi R \left(\frac{1}{360} \right) = \frac{2 \times 3.14 \times 6378.137 \times 1}{360} \approx 111.263 \text{ km} = 69.136 \text{ mile}$$

式中，R 表示赤道处的地球半径（根据表 8-2 可知为 6371 km 或者 3959 mile），Φ 表示纬度。例如，在纬度 30°处经度变化一度的距离为 96.4 km(即 111.3cos30°≈96.4)。由式(8.11)和式(8.12)可知，经度变化对应的距离变化(ΔX_{lon})是纬度(Φ)的函数，但是纬度变化对应的距离变化(ΔY_{lat})与经度(λ)无关。在式(8.11)和式(8.12)中，$\Delta\lambda$、Φ、$\Delta\Phi$ 都以度为单位。

例8.2 一架无人飞行器从纬度和经度分别为 40.730 610°和−73.935 242°(40°43′50.1960″N，73°56′6.8712″W)的纽约市飞到纬度和经度分别为 42.361 145°和−71.057 083°(42°21′40.1220″N，71°3′25.4988″W)的波士顿市。假设飞行高度为海平面高度。

1) 计算无人飞行器的飞行距离。

320

2) 计算无人飞行器相对北向的飞行方向。

解

1) 首先计算两城市经度和纬度之间的距离：

$$\Delta Y_{lat}=2\pi R(\Delta\Phi)=2\times3.14\times6378.137\times\frac{42.361\ 145°-40.730\ 610°}{360}=181.42\ km$$

$$\Delta X_{lon}=\Delta Y_{lat}\cos(\Phi)(\lambda_2-\lambda_1)=111.32\ km$$

$$\Delta X_{lon2}=111.319\times\cos(42.361\ 145°)\times(71.057\ 083°-73.935\ 242°)=-236.7\ km$$

$$\Delta X_{lon1}=111.319\times\cos(40.730\ 610°)\times(71.057\ 083°-73.935\ 242°)=-242.8\ km$$

负号表示飞行方向为东，因此可以忽略。

沿着纽约市所在纬度，纽约市与波士顿市所在经度之间的弦长为 242.8 km(见图 8-7)，但是沿着波士顿市所在的纬度，两城市所在经度之间的弦长为 236.7 km。为简化问题，在三角形模型中使用二者的平均值：

$$\Delta X_{avg}=\frac{242.8+236.7}{2}=239.75\ km$$

使用毕达哥拉斯方程，可以得到：

$$D=\sqrt{\Delta Y^2+\Delta X_{avg}^2}=\sqrt{181.42^2+239.75^2}=300.7\ km$$

因此，无人飞行器从纽约市到波士顿市的飞行距离为 300.7 km。

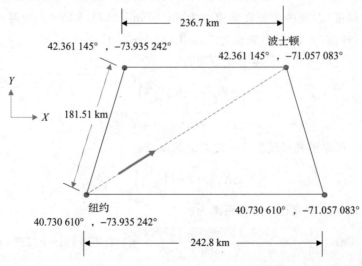

图 8-7 例 8.2 中无人飞行器飞行过程中经度和纬度变化示意图

2) 无人飞行器向北飞行了 181.42 km，向东飞行了 239.75 km。利用三角公式：

$$\psi = \arctan\left(\frac{\Delta X}{\Delta Y}\right) = \arctan\left(\frac{239.75}{181.42}\right) \approx 52.9°$$

因此，无人飞行器相对于北向的航向角为 52.9°。

8.6.3 地速和空速

GPS 测量得到的速度仅仅是地速（并不是空速）。空速只能通过皮托管测量。因此，为防止飞行器失速，推荐使用皮托管测得的数据而不是 GPS 测得的数据。GPS 的使用并没有消除在飞行器中使用皮托管的必要性。无人飞行器地面的轨迹由地速决定，而不是空速。

8.7 定位导航

定位导航是在不参考任何先前位置的情况下确定无人飞行器位置的方法。确定位置的基本方法有三种：航图测读、天文导航以及距离测量或指向可识别点。

8.7.1 航图测读

航图测读涉及将外界可见的东西与地图进行匹配。这是传统的地面定位方法，也是天气晴朗时通用航空的定位方法。相机是拍摄外部世界的必要设备。采用这种技术的现代无人飞行器使用雷达从空中获取地面的电子图像，然后通过计算机将其与以数字数据库形式存储的地图进行匹配。这些系统称为地形参考导航辅助系统。

8.7.2 天文导航

航海人员使用天文导航已经有数百年的历史。天文导航的基本原理是：如果测量得到了天体的高度（以视线与水平面之间的角度为测量值），那么观察者的位置一定位于地球表面的特定圆（称为圆位置）上，该圆以地球上的点为圆心，而这个点正好位于天体的正下方。如果记录下观测的时间，并且该天体是一颗恒星，那么这个圆就可以很容易地用天文图表找到。对两个或者更多天体进行测绘就会得到两个或者多个这样的圆，这些圆的交点就会给出无人飞行器的位置。这项技术已经被现代导航设备取代，但仍可用于 GPS 信号不可用的地区。

322

8.8 低可见度下的导航

在某些应用中，无人飞行器需要在低可见度的环境（例如有烟雾或者灰尘颗粒的环境）中执行任务。在这种情况下，由于测量过程中产生的噪声会严重干扰传感器，因此适用于常规环境的通用传感器（例如激光测距仪和相机）无法使用。机载传感技术则适合这种未知的环境。一种方法是利用激光扫描仪来估计无人飞行器的位置和运动信息，但这可能需要强大的非机载处理能力。许多文献（例如参考文献[121，122]）介绍了一些用于解决这种情况下飞行器导航问题的算法和技术。

8.9   惯性导航传感器

8.9.1   主要功能

导航系统需要许多测量设备(传感器)来测量各种飞行参数,包括速度、位置以及姿态。当所有的设备集成到一起时,称为惯性测量单元。其中一些重要的传感器有加速度计、陀螺仪、速率陀螺仪和磁强计。早期的惯性测量单元均采用机械结构,并且重量很大(几十公斤)。现代的惯性测量单元都是电子产品,重量只有几克。目前,典型的惯性测量单元在沿机体三个坐标轴方向的每个轴上都有一个加速度计、一个速率陀螺仪和一个磁强计。惯性测量单元是帮助无人飞行器成功飞行的航空电子设备的一部分。表 8-3 展示了一些导航传感器的主要功能。前两个传感器(即加速度计和陀螺仪)将在本节进行详细介绍。

表 8-3   一些导航传感器的主要功能

序号	名称	测量变量	备注
1	加速度计	线加速度	将线加速度转换为线速度
2	速率陀螺仪	角速度	角速度可以转换为角位移
3	磁强计	姿态	航向
4	磁强计	磁场	地磁北极
5	皮托管	高度、空速	利用空气压力
6	罗盘	地磁北极	测量相对于北向的航向角
7	高度计	高度	高度

通常将传感器分为两类:作为有效载荷的传感器和导航/制导系统所需的传感器。本章只介绍常规飞行必需的传感器(例如导航系统中使用的传感器)。有效载荷传感器将在第 12 章中介绍。

通常,陀螺仪在短期内是准确的,但由于漂移,其在长期内不可靠。然而,由于加速度计没有漂移,因此是长期准确的,所以加速度计可以用作陀螺仪测量的补充。通过融合陀螺仪和加速度计的数据,可以研制出六自由度(Degree Of Freedom,DOF)的传感器系统。

用于民用无人飞行器的基本导航传感器包括状态估计传感器,例如用于姿态估计的惯性测量单元(三个陀螺仪、三个加速度计和三个磁强计),用于位置和速度估计的导航系统以及用于提高高度测量精度的高度计(气压计、激光雷达、雷达)。当前大多数商用无人飞行器的自动驾驶仪都包含这些常规的导航传感器。

8.9.2   加速度计

加速度计是一种测量线加速度的设备。根据加速度计的输出信号得到的最终飞行变量是线速度。这种转换是通过对加速度积分实现的(通过模拟电路或数字电路)。对加速度信号进行二次积分会得到飞行器的位置信息(即 x、y 和 z)。这些积分过程会逐渐导致误差的持续增长。因此,加速度计本身无法提供精确的位置信息。一种解决方案是将加速度计和视觉传感器或磁强计相结合。表 8-4 给出了各种加速度计及其输出。

表 8-4 加速度计及其输出

序号	加速度计	轴系	加速度
1	沿 x 轴	纵向轴	n_x
2	沿 y 轴	侧向轴	n_y
3	沿 z 轴	法向轴	n_z

早期机械加速度计(见图 8-8)是纯机械结构的,其工作原理是牛顿第二定律。这种加速度计由质量块(称为验证质量)、悬挂弹簧、圆柱体、用于质量块运动的黏性阻尼器和测量其位移的方法组成。质量块只能在单一方向(即沿着圆柱体方向)运动。

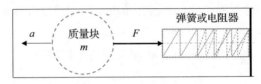

图 8-8 早期机械加速度计的组成

目前,采用激光、磁场、光束偏转、热量和温度、光学、频率、微机械压电陶瓷和电信号的加速度计有多种。在纯机械结构的加速度计中,无人飞行器的加速运动会在质量块加速度(a)的反方向上产生一个惯性力(F),它们的关系满足牛顿第二定律:

$$F = ma \tag{8.14}$$

当加速度计中移动质量块的质量(m)已知,并且惯性力(F)能够测到时,那么加速度等于力除以质量。施加到质量块上的力可以通过各种元件(例如机械弹簧)来测量。在这种情况下,弹簧的形变意味着作用力的产生。弹簧的形变量可以通过电阻器的电阻变化来测量,该电阻的变化可由电压变化来展示。本书不讨论非机械加速度计的理论。

加速度的值通常除以 g,以得到一个无量纲的值。因此,该无量纲值以重力加速度(即 g)为单位测量施加在飞行器上的加速度。最大加速度通常在垂直方向(即 z 轴)上,即法向加速度。加速度载荷必须由飞行器的结构(例如翼梁、翼肋、蒙皮和框架)来承载。

如今,市场上可以买到各种模拟和数字加速度计,它们能够测量的加速度高达 $250g$。而无人飞行器的最大加速度通常小于 $20g$。现代加速度计的大小约为几毫米,并且价格只有几美元。

在无人飞行器中,加速度计应该放置在靠近无人飞行器重心的位置(即与机体轴重合)。加速度计的输出将用作升降舵控制的反馈传感器,因此,可以控制高过载机动时 z 轴的 g 过载。加速度计是一种内部传感器,与攻角传感器(外部传感器)相比,它的噪声更小且更稳定。由于加速度计的输出中包含正比于攻角的分量,因此使用加速度计可以使不稳定的纵向短周期模态稳定。

为了方便,巡航控制通常会从加速度计的输出中减去 g。这种做法将在巡航飞行中使加速度计呈现出零输出的状态。这意味着自动驾驶仪可在不施加任何控制输入的情况下让飞行器保持水平飞行。如果在严格的操作(高负载系数)下,自动驾驶仪无法对控制装置施加作用力,则无人飞行器将返回 g 飞行状态。

验证质量的位置变化会导致测量误差。在高灵敏度的加速度计中,可以通过测量保持 d(即加速度计的读数)及其导数接近零时所需的力来消除这个误差。如果无人飞行器(即加速度计)在地球上做自由落体运动，那么加速度计的读数应为零。当加速度计位于地球表面时，通常会将其校准为 g，并使其轴线平行于铅垂线。建议将加速度计放置在振动相对较小的无人飞行器的重心附近。

在某一点处的法向加速度(n_z)是沿机体坐标轴 z 轴负方向的分量。无人飞行器的角运动(例如俯仰速率 q)也会改变远离刚体重心的某点的线加速度。例如，位于机体 z 轴方向且距离无人飞行器重心 x_R 处某点的稳态加速度计读数是公式($a'_z - g_z$)的函数：

$$a'_z = (a_z - \alpha_y x_R + x_R \omega_x \omega_z) \tag{8.15}$$

式中，ω_x、ω_z 为角速度，α_y 为角加速度，a_z 为平移加速度。

根据相对于 NED 坐标系的俯仰角和滚转角得出的加速度计输出(f_n)为

$$f_n = a_n + g\cos\theta\cos\phi \tag{8.16}$$

在水平飞行过程中，当攻角很小时，控制系统的反馈信号为

$$f_n - 1 \approx a_n \tag{8.17}$$

其中，a_n 以 g 为单位。在稳定的水平飞行过程中，法向加速度近似为零。因此，如果 α、β、θ 和 ϕ 均很小时，那么加速度计的测量值为过载系数的近似值。

8.9.3　陀螺仪

导航系统的另一个重要的测量设备是陀螺仪。陀螺仪由多组嵌套的轮系组成，每一组都会绕不同的轴旋转。陀螺仪是一种能够维持角动量的机械传感器，能够用来测量无人飞行器姿态(航向角、滚转角以及俯仰角)或速率的变化。转轮会抵抗其角动量矢量相对于惯性空间的任何变化。陀螺仪基于**陀螺效应**工作，陀螺效应指物体绕一个轴旋转时，会抗拒另一个轴上的运动(根据角动量守恒定律)。因此，当有外力作用在旋转轴上时，会在另一个轴上产生力的作用。导航陀螺仪利用该原理，借助平衡框架上安装的且能够保持恒定方向的飞轮来跟踪物体的方向。表 8-5 列出了两组陀螺仪：姿态陀螺仪和速率陀螺仪。

表 8-5　陀螺仪及其输出

序号	陀螺仪	轴系	测量变量	参考平面	符号
1		绕 x 轴	滚转角	yz 平面	ϕ
2	姿态陀螺仪	绕 y 轴	俯仰角	xz 平面	θ
3		绕 z 轴	航向角	xy 平面	ψ
4		绕 x 轴	滚转速率	yz 平面	p
5	速率陀螺仪	绕 y 轴	俯仰速率	xz 平面	q
6		绕 z 轴	偏航速率	xy 平面	r

顾名思义，姿态陀螺仪能够提供姿态参考(例如，滚转角和俯仰角)，因此可用于检测飞行器在 yz、xy 以及 xz 平面内与参考姿态的偏差。但是，速率陀螺仪能够测量相对于参考平面的姿态变化速率(例如，滚转速率、俯仰速率和偏航速率)。俯仰速率陀螺仪能够测量绕 y 轴旋转的惯性角速率(q)。滚转速率陀螺仪能够测量绕 x 轴的角速率(p)。偏航速率陀螺仪能够测量绕 z 轴的角速率(r)。

姿态/速率通常是通过电阻器的阻值变化来测量的，而电阻变化可以由电压来表示。

速率陀螺仪的输出是一个与输入轴相对于惯性空间角速率成正比的信号。速率陀螺仪的灵敏度使其无法检测平行于陀螺仪输入轴的地球转速分量。因此，陀螺仪有效地测量了外壳以及飞行器相对于地球的角速度。陀螺仪滤波器通常用于消除噪声以及结构模式振动。

陀螺仪是一种空间结构(见图 8-9)，由旋转的转子、固定框架和两个平衡框架(内环和外环)组成。转子在内环平衡框架内旋转，而内环平衡框架又可在外环平衡框架内自由旋转。在图 8-9 中，转子绕 z 轴旋转。当转子的平面绕其中一个轴(比如 x 轴)旋转，陀螺仪会沿另一个轴(y 轴)产生一个力。合力即为测量值，表明了姿态的变化。

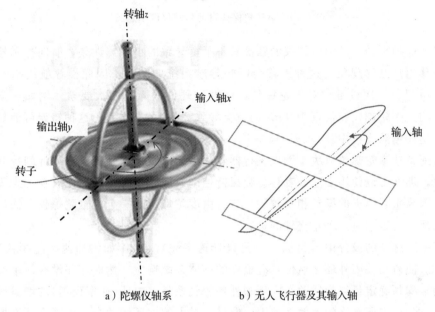

a) 陀螺仪轴系　　　　b) 无人飞行器及其输入轴

图 8-9　陀螺仪

陀螺仪是根据陀螺仪定律工作的，该定律可以从旋转形式的牛顿定律中推导得出。该定律指出，惯性空间内物体重心角动量(H)的变化率等于施加的力矩(即角动量守恒)。它可以用公式表述为

$$M_{\mathrm{app}} = \frac{\mathrm{d}}{\mathrm{d}t} H_I = I \frac{\mathrm{d}}{\mathrm{d}t} \omega \tag{8.18}$$

式中，I 表示转子的转动惯量，ω 表示角速率。由于式(8.18)中包含了向量相对于惯性空间的时间导数，因此必须考虑科里奥利方程：

$$\frac{\mathrm{d}}{\mathrm{d}t} H_I = \frac{\mathrm{d}}{\mathrm{d}t} H_E + \omega_{IE} \times H \tag{8.19}$$

其中，ω_{IE} 表示地球相对于惯性空间的角速度(0.072 921 15×10^{-3}rad/s)。陀螺仪可以安装在相对于地球运动的基座上。此外，陀螺仪的外壳可以安装在平台上，从而可以相对于基座旋转。最后，内环平衡框架可以相对于外壳旋转。应用旋转方程，并将有关项带入式(8.18)和式(8.19)中就得到了"陀螺定律"。

在现代无人飞行器中，为了阻尼通常会在每个轴上同时使用速率陀螺仪和姿态陀螺仪。例如，在许多情况下，为了控制滚转角，需要同时用到滚转速率反馈和滚转角反馈。图 8-10 展示了滚转角保持自动驾驶仪的示意图，同时包含了控制系统和导航系统。在导

航系统中，内环使用速率陀螺仪，外环使用姿态陀螺仪。两个反馈量（滚转速率 p 和滚转角 ϕ）能够实现精准控制。

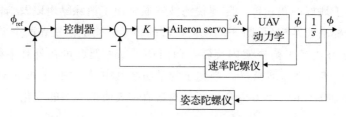

图 8-10 滚转角保持自动驾驶仪的示意图

由于地球的自转以及由陀螺仪的摩擦和不平衡导致的小积累误差，航向指示器会随着时间的推移出现漂移现象。这种漂移会影响导航系统的精度，因此推荐航向指示器每隔 $10\sim15$ min 进行一次校准。对于陀螺仪，精度和硬件故障是两大要素。例如，全量程为 $200(°)/s$ 的速率陀螺仪在仅仅 100 ms 内就会导致 $20°$ 的姿态误差。这种错误可能是毁灭性的，尤其是在编队飞行中。

是否配备速率陀螺仪取决于无人飞行器的动力学以及控制系统。如果计划控制飞行器的俯仰角，那么可以使用姿态或者马赫数保持控制系统。建议将陀螺仪放在无人飞行器重心附近，因为重心附近的振动相对较弱。三自由度陀螺仪是一个三轴陀螺仪，假设没有交叉耦合，那么可以测量三个正交轴的量。

在速率陀螺仪的设计中，目标之一是设计速率陀螺仪（例如俯仰速率陀螺仪）的增益（或灵敏度）使得在关闭外环之后仍具有最佳的整体系统响应。然而，并没有简单有效的方案来帮助工程师确定最终的增益。内环和外环的关系是：内环（速率反馈）的增益越大，外环（姿态反馈）稳定所允许的增益就越大。但是，过大的内环增益会导致固有频率增大，阻尼降低。此外，希望系统为 1 型系统以消除阶跃响应的稳态误差。通常会在快速响应（上升时间短）和低超调之间进行折中来选择最后的增益值。

传统的陀螺仪是由转轮组成的，但是微机电系统（MicroElectroMechanical System，MEMS）的发展导致新型陀螺仪中没有转轮。微机电系统陀螺仪测量作用在两个相同质量块上的力的变化，这两个质量块在相反方向上振动和移动。另一种先进的陀螺仪是片上光学陀螺仪[123]，这种陀螺仪没有运动器件，并因为使用了一种称为Sagnac效应的现象而具有更高的精度。这种陀螺仪（由加州理工学院研发）比一粒米的体积还小，大约是现在设备的 $1/500$。

8.9.4 空速传感器

全球定位系统是为无人飞行器提供地速的强有力工具，但它不能测量空速。原因是大气是一个动态系统，经常出现阵风。出于安全考虑，测量空速至关重要。一个简单的测量空速的工具是标准皮托静压管，只要安装位置恰当，既可以在任何气动力干扰之前作为组合器件的一部分来读取精确的静压，也可以在飞行器其他部位作为单独的静态通风口读取精确的静压。压力读数中的误差包括位置误差、安装误差和校准误差。

传统的皮托管在测量空速时存在误差，无法记录低于 15 m/s 的空速。此外，来自皮托管的波动读数会导致控制系统不稳定。因此,建议使用与 GPS 集成在一起且不需要环境静压的设备上的数据。

　　出于安全考虑以及 FAA 的规定,所有飞行器必须使用皮托管来测量速度。通过比较皮托管和静压之间的差来测量空速(见图 8-11),并通过机械连接在空速指示器上显示测量结果。静压口(管)只测量静压,由于开口垂直于气流,因此气流必须旋转 90°才能进入管道。相比之下,由于皮托管的孔朝向来流方向,因此可以测量动压。当皮托管具有降压口时,通常称为皮托静压管。

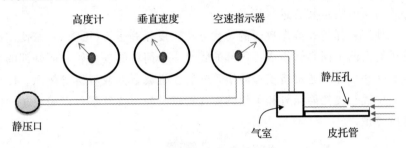

图 8-11　皮托静压管测量设备

　　通过使用皮托管和静压口,可以测量三种飞行器速度(即空速):指示空速、真实空速以及等效空速。在解释这三个术语的区别之前,我们先介绍皮托管的工作原理。

8.9.5　高度传感器

　　高度传感器或高度计是一种有源测量仪器,用于测量物体位于固定平面之上的高度。两种机载高度计为气压高度计(无油气压计)——通过测量大气压力来近似测量海平面以上的高度,以及无线电(雷达)高度计——根据无线电信号反射时间来测量绝对高度(高于陆地或水面的距离)。

1. 雷达高度计

　　用于测量高度(即高于地面或者海平面的高度)的电子传感器包括通过无线电脉冲、激光或声能从发射到返回的时间脉冲来测量距离的传感器。这些传感器的测量精度因频率和功率而异,而无线电高度计的测量精度和测量范围因天线配置而异。激光系统可能会造成眼睛的损伤,因此在选择和使用时必须采取预防措施。

　　雷达高度计使用电磁波测量飞行器(或者其他航天飞行器)相对地面的距离,通常用于恶劣天气下的着陆过程。这种高度计比气压高度计更准确,因此价格也高很多。雷达高度计是许多盲着陆系统和导航系统的必要组成部分,用于在山上指示地形净空,特殊类型的雷达高度计还可以用来快速确定地形剖面。

　　从 1973 年的天空实验室(Skylab)计划开始,雷达高度计已经在各种航天器中得到了应用,以测量大地水准面的形状以及海浪和潮汐的高度。这种高度计通过确定无线电波往返于目标所需的时间来测量高度。如果地球是一个完全平坦的水平面,那么反射信号来自最近点,表示真正的高度测量值。但是,地球并不平坦,并且散射回雷达的能量来自接收到发射信号的地表的各个部分。

2. 机械高度计

另一种高度传感器是基于压力的机械装置。该装置使用皮托管，精度不如电子传感器高。皮托管和静压孔位于飞行器上适当的位置，这些位置可以是机翼下方、机身和机头中间以及机身前部或中部旁边。由于选择局部静压与来流速度中静压相同的位置至关重要，因此静态攻丝的位置很重要。皮托管的安装位置也十分重要，因为需要选择一个局部空速与来流速度一致的点，并且对飞行器攻角和侧滑角的变化不敏感。通常会对皮托管和静压孔加热，从而避免在低温和高海拔时结冰。孔位置的不同通常会导致 2%～5% 的读数误差，因此必须对压差测量装置进行校准。

作为单独使用皮托管和静态攻丝的替代方法，皮托静压管(见图 8-12)使用起来更为方便。皮托静压管由两个同心管组成：内部的管是一个简单的皮托管，而外部的管在前端密封并且侧面有一些小孔。通过将皮托静压管安装在机翼下方或者机身侧面，使其远离飞行器周围气流的干扰。皮托静压管和单独的皮托管以及静态攻丝都可以完成相同的工作，实现精确的速度测量。

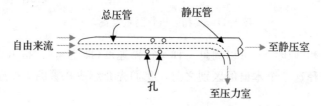

图 8-12　皮托静压管

对于不可压缩流(即当马赫数 $M<0.3$ 时)，静压(P_s)和动压(P_d)的总和保持恒定：

$$P_0 = P_s + P_d = P_s + \frac{1}{2}\rho V^2 \tag{8.20}$$

由于总压是通过皮托管测量的，因此可以根据式(8.20)计算出空速(假设空气密度已知)。但是，对于可压缩流(即当马赫数 $M>0.3$ 时，包括超音速)，由于伯努利方程不再成立，因此无法采用式(8.20)计算空速。在这种飞行条件下，总压[14]是马赫数和静压的函数：

$$P_0 = P_s \left[1 + \frac{\gamma-1}{2}M^2 \right]^{\gamma/(\gamma-1)} \tag{8.21}$$

式中，γ 表示比热比，为常数(对于海平面处的空气为 1.4)。因此，可以通过皮托管测量总速度，从而计算飞行马赫数。在超音速飞行中，由于皮托管前有一个正激波，因此需要更多的计算来确定空速。总压在正激波中下降。

8.9.6　压力传感器

压力传感器是一种可以测量大气压力的导航传感器。测量压力的目的有多个，例如确定海拔高度，为增压舱提供压力反馈，为油箱提供压力反馈。虽然无人飞行器中没有人需要呼吸，并且也没有在高海拔飞行时对海平面压力的要求，但是仍有传感器和有效载荷需要海平面压力才能正常运行。

压力测量装置多种多样，有基于模拟信号的，也有基于数字信号的。8.9.4 节介绍了皮托静压管压力传感器。本节将介绍几种其他压力传感器。电子压力传感器(即气压计)是一种基于压阻技术的高精度数字压力传感器。

一些结合了先进的微加工技术、薄膜金属化和双极半导体处理技术的新型压力传感器能够提供与施加的压力成比例的准确且高质量的模拟或数字输出信号。这些新型传感器的接口允许它们与微处理器进行简单系统集成。新一代传感器模块基于领先的微机电系统技术以及其他新技术,已经广泛应用了十多年。所采用的传感原理使得新型传感器的磁滞极低,压力和温度信号稳定性很高。

8.9.7 时钟/计时器

时钟是人类最古老的发明之一,是一种测量、记录和指示时间的仪器。在无人飞行器中,虽然不需要指示时间,但是必须为各种导航/制导/控制系统测量并重新编码时间。在处理式(8.4)和式(8.5)时,其中的可变时间(t)的值由时钟/计时器提供。

市场上有各种各样的时钟,有数字或模拟的,也有电子或石英的,还有原子的。在微控制器采用电子处理器的时代,数字时钟最为合适。大多数数字时钟采用电子装置。自从20世纪60年代数字时钟问世以来,模拟时钟的使用率已大大减小。但是,模拟时钟不易受到黑客和干扰信号的影响。

数字时钟记录时间的常用格式是从00到23的24小时制。在重置、更换电池或电源故障后,没有备用电池的数字时钟要么从00开始计时,要么保持在00。因此,无人飞行器的时钟必须配备备用电池。

装有全球定位系统的飞行器不再需要计时装置,因为时间可以由卫星上的设备提供。但是,对于带有惯性导航系统的无人飞行器,必须知道**航位推算**中所用到的时间。此外,对于配备天文导航系统的无人飞行器,给定任意时刻,任何天体都直接位于地球表面的一个点上。因此,如果时间已知,那么可根据当年的航海或航空年历表确定无人飞行器的位置。测量经度(而不是维度)需要精确的时间。

8.9.8 罗盘

对于自主飞行的无人飞行器,要想导航到达目的地,必须已知真北和磁北。8.10.6 节将讨论真北和磁北之间的偏差。罗盘是一种测量磁北方向的机械装置。但是,在航迹规划中,真北才是参考方向。真北方向是沿着地球表面指向北极的方向。罗盘偏差也可能是由局部磁效应引起的。

有趣的是,机场跑道的编号是基于磁北方向而不是真北方向的。磁航向用于指定跑道。跑道以01到36之间的数字命名,这个数字是跑道的磁方位角,以10°为单位。如果飞行器在14号跑道着陆,这意味着飞行器在降落时的磁航向为140°。如果无人飞行器预置在没有远程飞行员控制的情况下降落,那么必须配备罗盘或磁强计来确定磁北,以便调整其着陆航向。机场的跑道是按磁北编号的。

请务必注意,全球定位系统(GPS)无法测量航向。此外,没有合理的方法来显示真北方向。能够显示实际航向的GPS设备实际上使用了内部地磁罗盘。然而,配备差分罗盘的GPS是测量方位的另一种方法。当无人飞行器在飞行时,GPS会定期记录其位置。通

332

过比较过去和现在的位置，具有 GPS 功能的处理器可以计算出无人飞行器的航向，并用这个方向来指示现在的方位。

8.9.9　磁强计

磁强计最初是测量磁场强度和磁通密度的装置/传感器。磁强计是电子罗盘，可分为两种基本类型：标量型和矢量型。标量磁强计测量磁通量的标量值，而矢量磁强计测量磁场的强度和方向。罗盘是一种基本的磁强计，能够测量地磁场的方向。磁强计还可以检测到任何扭曲磁场的物体或异常现象。因此，磁强计也可以作为姿态陀螺仪的替代元件。

例如，霍尼韦尔的三轴 HMR-3000 磁强计能够为姿态参考系统提供航向（0°～360°）、俯仰（±40°）以及滚转（±40°）输出。该传感器的技术指标如下：精度<0.5°，分辨率<0.1°，更新速率为 20 Hz，工作电压为 5V DC，重量为 0.75 oz，电流为 35 mA，尺寸为 1.2 in×2.95 in PCB 板。

三轴陀螺仪、三轴加速度计和三轴磁强计都可以集成到一个芯片中作为惯性测量单元（例如，InvenSense MPU-9250）。最近，磁强计已经小型化到可以集成到集成电路中并作为小型罗盘的程度。微机电系统的磁场传感器是可以探测和测量磁场的小型微机电系统传感器。这些传感器大多数都通过监测电压变化（如电子设备）或通过光学测量机械位移来工作。

8.9.10　微机电系统惯性模块

惯性导航系统基本上需要三组传感器：陀螺仪、加速度计和磁强计。由这三组传感器组成的传感器组件通常称为"惯性测量单元"（IMU）。惯性测量单元通常包括三个正交速率陀螺仪和三个正交加速度计（分别测量角速度和线加速度），有时还包括磁强计。过去，惯性测量单元由全机械元件组成，相对来说又重又大。

但是，随着微型化和微控制器技术的发展，已经可以将多个传感器集成到一个小型的导航单元（单一芯片）中，并且还具有可接受的精度和可承受的价格。微机电系统是一组新型的低成本传感器，可用于压力/温度测量以及加速度/姿态测量等。这些传感器既有电子电路的高精度特性，又有卫星机械系统的高负载特性，同时还能保持微小尺寸。此外，传感器的 I^2C 接口允许与微处理器之间进行简单系统集成。

以下是一些轻量级传感器的示例：Xsens MTi-G（质量为 58 g）、SBG IG-500N（45 g）、Microstrain 3DMGX3-35（质量为 23 g）。例如，MTi-G ⊖（尺寸为 58 mm×58 mm×22 mm）是具有 GPS 辅助功能的基于微机电系统的姿态航向参考系统以及静压传感器。

MPU 60X0 是世界上第一款集成六轴运动跟踪设备，该设备将三轴陀螺仪、三轴加速度计和数字运动处理器（Digital Motion Processor，DMP）结合在一起，并且采用了 4 mm × 4 mm ×0.9 mm 的封装尺寸。此外，新一代的 InvenSense OIS 专用二轴陀螺仪经过专门设计，可以满足智能手机市场中相机的需求。它们的尺寸为 3 mm×3 mm，是当今市场上最小的二轴陀螺仪，厚度只有 0.75 mm，因此可以集成到最薄和最紧凑的模块中。

⊖　http://www.xsens.com。

　　InvenSense[⊖]是第一家提供运动接口解决方案的公司，该解决方案具有全套集成的传感器以及强大的 MotionFusion 固件算法。它首先于 2006 年在数码相机市场推出了全球首款双轴微机电系统陀螺仪，于 2009 年针对智能手机推出了全球首个集成三轴运动处理解决方案，于 2010 年推出了全球首款单芯片集成六轴运动跟踪设备，于 2012 年推出了全球第一个集成九轴运动跟踪设备，于 2014 年推出了全球首款具有片上 DMP 功能的集成七轴（三轴陀螺仪＋三轴加速度计＋压力传感器）单芯片平台解决方案。

　　另一个例子是 ISM330DLC(http://www. st. com)，它是一个六轴惯性测量单元(IMU)，包含一个三轴加速度计和一个三轴陀螺仪，用户可以自定义的量程分别高达±16g 和±2000 (°)/s。这是一款工业级的超低功耗微机电系统传感器，精度高、鲁棒性强且长期可用。

　　图 8-13 展示了 Adafruit 九自由度电路板，其中包含一个惯性测量单元和一个嵌入式温度传感器。该电路板尺寸为 33 mm ×20 mm × 2 mm，质量仅为 2.3 g，标价约为 40 美元。该电路板需要 2.4～3.6 V 的供电电压，并且同时配备了 SPI 和 I2C 串行接口。电路板的正中央是一个具有栅格阵列(Land Grid Array，LGA)封装的惯性模块，其中包含三轴数字线加速度计、三轴数字陀螺仪和三轴数字磁强计。

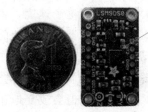

惯性测量单元

图 8-13　Adafruit 九自由度惯性测量单元(LSM9DS0)与硬币尺寸比较图

8.9.11　应答机

　　应答机是一种导航辅助设备，能够以发射编码识别信号的形式响应接收到的询问信号。应答机主要由发射器、接收器和信号发生器组成。它是无人飞行器中的自动收发器，通过产生射频信号来辨别自身与其他飞行器或地面控制站(GCS)。第 7 章介绍了有关应答机特性和操作的信息，因为它们也常用于制导系统。

8.10　导航中的干扰

　　大气很少是平静的，通常有风、阵风、风暴和湍流等。有许多自然现象会导致飞行器在飞行过程中改变方向或速度，甚至同时改变速度和方向，这些现象包括湍流、阵风、风、漂移(自旋稳定武器)和科里奥利效应等，因此在实际的轨迹程序涉及的计算中必须考虑上述自然因素。一般来说，陀螺仪的漂移可以通过高通滤波器消除，而噪声可以通过低通滤波器从加速度计中去除。

　　本节将简要介绍一些导航干扰因素，如风、阵风、湍流、漂移、噪声和科里奥利效应等，在设计导航系统时必须考虑这些因素。导航干扰对无人飞行器态势感知有负面影响，可能导致飞行任务失败，导航因素的处理和解决方式将直接影响无人飞行器的定位精度。

8.10.1　风

　　风是相对于地球表面水平流动的空气，它是大气中几乎永久存在的现象之一。风在飞

⊖　https://www.invensense.com。

行器导航中起着非常重要的作用，它影响飞行器性能的许多方面（如航程、起飞滑跑距离）。风是由以下几个因素控制的：压力梯度力、科里奥利力、摩擦力。盛行风是指在某一特定地区刮得最频繁的风，地球上不同的地区有不同的盛行风向，这取决于大气环流的性质和纬向带。低海拔处风速较低（约 50 km/h），高海拔处风速较高（高达 200 km/h）。

风根据作用可分为两部分：范围风、横风。范围风是作用于 xz 平面（主要沿 x 轴方向）的风的分量，它的作用是降低（逆风）或提高（顺风）地速，从而增加或减少航程。如果飞行器遇到逆风，它的地速会下降，但是它的空速不会改变；当飞行器遇到顺风，其地速增加，但空速仍然不变。

横风作用于垂直于空速的 xy 平面（沿 y 轴方向），使飞行器向左或向右偏转。横风会改变飞行方向，因此飞行员必须使用方向舵纠正飞行方向。每架飞行器都有其能承受的最大风速，如果风速超过这个速度，将不允许飞行器飞行。

虽然风会影响飞行器相对于地面的速度，即地速，但不会影响飞行器相对于空气的速度（空速）。整个飞行过程中都有风作用于飞行器，因此，航程和方位角的总偏差与飞行时间有关。就飞行器性能而言，风不会影响飞行的续航时间，但会改变航程，因此，风速不会影响气动力和力矩，但会改变地速、飞行器航向和航程。

当无人飞行器使用 GPS 导航时，将能够正确地确定其坐标，因此风效应可被控制系统自动修正。然而，对于具有惯性导航系统的无人飞行器，坐标必须通过机载设备进行校正。对于带有 GPS 的无人飞行器，风速可以通过比较空速的预期坐标和考虑风影响的真实坐标来确定，从而进行相应的补偿。

风速不会影响气动力和力矩，但会影响飞行器相对于地面的速度，即地速 V_G，不会影响飞行器相对于空气的速度。

$$\overrightarrow{V_G} = \overrightarrow{V_A} \pm \overrightarrow{V_w} \tag{8.22}$$

式中，V_A 为空速，V_w 为风速。由风引起的偏差可使用三角关系（见图 8-14）来确定：

$$\psi = \arctan\left(\frac{V_w}{V_A}\right) \tag{8.23}$$

ψ 表示航向偏差，式（8.22）是矢量形式，所以每个参数都有值和方向。如果无人飞行器遇到逆风，它的地速将会下降，即等于 $V_A - V_w$；如果无人飞行器遇到顺风，它的地速将会增加，即等于 $V_A + V_w$。

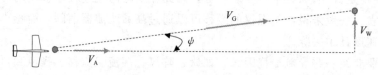

图 8-14   风对地速的影响

例 8.3   一架无人飞行器计划以 100 kn 的空速向东飞行 5 min 到达目的地，一股横风正以 10 kn 的速度从右边（南）吹来。

1) 如果无人飞行器不进行任何航向修正，脱靶距离是多少？

2) 确定无人飞行器需要获取的航向角以及无人飞行器新的空速，以抵消风造成的漂移。

解

1)

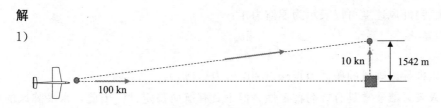

$$\Delta y = V_{\mathrm{w}} T = 10 \times 0.514 \times 5 \times 60 = 1542 \text{ m}$$

5 min 后，无人飞行器将在目的地以北 1542 m 处，脱靶距离为 1542 m。

2)

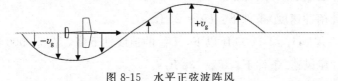

$$\phi = \arctan\left(\frac{10}{100}\right) = 5.71°$$

$$V_{\mathrm{new}} = \frac{V}{\cos\phi} = \frac{100}{\cos(5.71°)} = 100.5 \text{ kn}$$

为了在 5 min 内到达目的地，无人飞行器空速必须修正为 100.5 kn，航向角须改为 −5.71°。

8.10.2　阵风和扰动

另一种有影响的大气现象是扰动，大气中的扰动可以用阵风分量的时空变化来描述，对飞行器最显著的扰动类型之一就是阵风。在气象学中，阵风是指风速突然增加 4.6 m/s 或更高，且最高风速达到 8 m/s(约 18 mile/h)以上。它比暴风持续时间短，通常持续 20 s 或更短。对流层中的气团是不断运动的，该区域具有不稳定的阵风和湍流等特征，对流层从地球表面延伸到大约 11 km 的高度。军用说明书 MIL-F-8785C 和军用手册 MIL-HDBK-1797 中给出了阵风的数学表示。

障碍物周围的空气湍流会引起阵风，这经常发生在建筑物、不规则地面和山脉上，水面上通常不存在此现象。阵风的研究对飞行器的稳定性和控制非常有用，在恶劣天气条件下，阵风速度高，飞行器飞行极为不安全，因此必须推迟飞行或改变航线。

图 8-15 展示了一架经历水平正弦波阵风的无人飞行器，以及垂直阵风速度在飞行器 y 轴上的变化，该垂直阵风速度等效于在飞行器偏航上产生的速度 v_{g}，受正弦波阵风影响产生的等效偏航速度分布如图 8-15 所示。

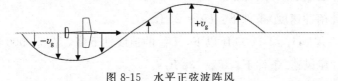

图 8-15　水平正弦波阵风

如果阵风场的波长与飞行器相比较大，那么阵风就会产生沿飞行器翼展方向的速度变化。速度在机身上的线性变化与在偏航机翼上产生的变化是一样的，水平阵风场中的梯度

表示的正弦(旋转)阵风速度可以表示为偏航力矩:

$$r_g = \frac{\mathrm{d}v_g}{\mathrm{d}x} \tag{8.24}$$

同理,可以推导出阵风的俯仰力矩(q_g)和滚转力矩(p_g)。

固定翼无人飞行器通常具有方向稳定性,但不具有航向稳定性。因此,水平阵风的部分影响被方向稳定特性抵消了,然而,航向角的稳定性却不是固定翼无人飞行器固有的,除非控制系统通过方向舵偏转进行修正。

经常用于评估飞行器性能的湍流模型有 Von Karman 模型和 Dryden 模型。这些模型的功率谱在参考文献[124]中被解析地定义,每个模型由三个速度谱组成,对应于与机身固定坐标系相关联的三个轴。频率变量在空间上被引用为"冻结"湍流场,这一概念已被证明能对正常的飞行器速度产生正确结果。空间参考谱的优点是湍流特性与飞行器速度无关,然而对于典型的动力学模拟,通常需要产生湍流速度作为时间的函数。理想条件下,可将单一的阵风或离散的阵风(见图 8-16)视为由一个个单位余弦脉冲组成:

$$V_g = \frac{1}{2}U_{de}\left(1 - \cos\frac{2\pi x}{2H}\right) \quad (y \text{ 方向}) \tag{8.25}$$

338

$$W_g = \frac{1}{2}U_{de}\left(1 - \cos\frac{2\pi x}{2H}\right) \quad (z \text{ 方向}) \tag{8.26}$$

式中,H 表示梯度距离 $12.5 \times \overline{C}$(次翼弦),U_{de} 表示等效阵风速度(单位为 ft/s)。

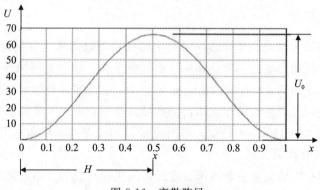

图 8-16　离散阵风

根据 FAR 23,等效阵风速度 U_{de} 的值是飞行器速度和高度的函数。对于从海平面到 20 000 ft 的高度,有:

- 在 V_B(设计粗风速)条件下:$U_{de} = 66$ ft/s。
- 在 V_C(设计巡航速度)条件下:$U_{de} = 50$ ft/s。
- 在 V_D(设计俯冲速度)条件下:$U_{de} = 25$ ft/s。

在高度 20 000 ft 以上、50 000 ft 以下,U_{de} 的值线性下降,在 50 000 ft 时:

- 在 V_B(设计粗风速)条件下:$U_{de} = 38$ ft/s。
- 在 V_C(设计巡航速度)条件下:$U_{de} = 25$ ft/s。
- 在 V_D(设计俯冲速度)条件下:$U_{de} = 12.5$ ft/s。

离散阵风通常被认为是向上的阵风或侧向的阵风,即阵风的方向垂直于飞行方向,因

此阵风会在 y 或 z 方向上突然改变飞行器的飞行速度。

8.10.3　测量噪声

根据定义，噪声指系统中不需要的信号，无论是自然的还是人为的。系统噪声的主要组成部分是宽带噪声、1/f 噪声和干扰噪声。宽带噪声包括热噪声、散射噪声和分配噪声；干扰噪声是可以通过适当的电路布局、屏蔽技术和接地技术等降低的人为噪声；1/f 噪声存在于所有的自然过程中，表示微小变化的累积效应。不同的测量设备有不同的噪声源，一般来说，通过低通滤波器可以消除加速度计的噪声。

噪声的频谱是白噪声频谱，这意味着至少在整个无线电频谱中所有的噪声频率都是均等的。为了获取感兴趣的信号，或为了获得系统在噪声条件下的状态，可考虑使用滤波器。基于参考文献[57]，合理的测量噪声的协方差为（对于法向加速度 n_z 和俯仰速率 q）：

$$R = \begin{bmatrix} \dfrac{1}{20} \\ \dfrac{1}{60} \end{bmatrix} \tag{8.27}$$

准确地测量想要控制的每个变量难度较大，图 8-17 展示的是一架小型无人飞行器在 50 m 高度飞行时的高度测量情况，由图可知，测量高度大约比真实飞行高度高 3～4 mm。螺旋桨的旋转是可能造成测量高度不精确的原因之一。

在编写上传到微控制器的导航代码时，必须使用滤波方法。卡尔曼滤波（第 5 节中曾简要介绍）是一种非常流行的方法，该方法需要用到一段时间内观察到的一系列有误差的测量值，并对未知变量进行估计。例如，图 8-17 中的高度值就是根据高度计测量的状态量，使用卡尔曼滤波正确估计的。

在无人飞行器进场飞行时，导航输出（位置 x 和 y）可作为制导系统的参考，高度 h 可作为控制系统的反馈值。

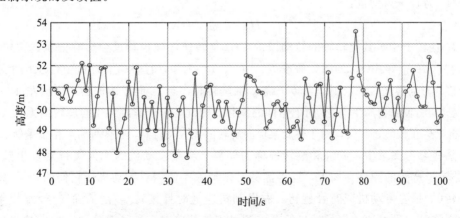

图 8-17　小型无人飞行器在 50 m 高度的高度测量

8.10.4　漂移

飞行器的漂移被定义为偏离原始预期轨迹的横向位移（即航向）。造成漂移的两个主要因素是风和转子/螺旋桨的旋转。

1. 由转子/螺旋桨旋转导致的漂移

飞行器经常配备螺旋桨(电动或活塞式发动机)或涡轮发动机,它们起着旋转转子的作用,这种旋转的转子可将陀螺力矩施加在其附着的物体上。在许多飞行器中,这些陀螺力矩被反向旋转的螺旋桨和向相反方向旋转的双轴涡轮发动机抵消了。造成漂移的主要原因则是旋转物体的陀螺特性,这种现象也称为**陀螺进动**。

飞行器的重心通常沿着飞行轨迹做曲线运动。首先,转子要保持它的轴线的原始方向在其轨迹线上,根据陀螺仪的定律,如果旋转物体的转轴方向改变了,就会产生一个力,而这个力的中心若不在无人飞行器的重心上,则会产生漂移。

这个力会在无人飞行器重心上施加一个瞬时力矩,因此会将无人飞行器推离其预定的轨道。因此,转子总是倾向于将其转轴保持在偏离轨迹的切线方向上。然而,无人飞行器通常是稳定的,所以它需要抵抗各种干扰,包括漂移。这种漂移效应实际上导致的问题是,飞行器会绕其飞行路径做振荡运动,总的影响则是会导致飞行器改变其原本的飞行路径,而控制系统要做的是必须纠正这个问题。漂移问题的计算方法不在本书研究范围,有兴趣的读者建议参考文献[54]等资料。

使用惯性导航系统进行导航计算(即航迹推算)会产生累积误差,从而导致误差较大,因为不是在任何情况下都能够获得准确的地速和航向角。随着时间的推移,航迹推算的精度会显著降低,因为每次的位置估计都是相对于前一次估计值得到的。导航计算中主要的误差来源是陀螺仪角度测量值的误差。

采用5.2.2节中给出的欧拉方程,通过以下公式可以得到由陀螺进动引起的漂移率[54]:

$$\dot{R} = \frac{I_{xx} - I_{yy}}{I_{zz}} PQ + Q\frac{H_r}{I_{zz}} \tag{8.28}$$

式中,H_r 为转子角动量:

$$H_r = I_r \omega_r \tag{8.29}$$

其中,I_r 是转子相对其旋转轴的转动惯量,ω_r 是转速,该角动量会影响偏航速率(机头向左或向右)。在推导式(8.28)时,假设 I_{xz}、I_{yz}、I_{xy} 为零,且忽略推力和气动力矩的变化。

漂移的方向遵循右手定则。当转子绕 x 轴旋转时,向上/向下俯仰会产生向左/向右的漂移;向左/向右偏航会产生向上/向下俯仰的漂移。因此,对于螺旋桨正向旋转的无人飞行器,正俯仰将产生正偏航;相反,对于螺旋桨负向旋转的无人飞行器,正俯仰将产生负偏航。

在某些参考文献中,俯仰和滚转统称为**倾斜**。当单发动机的无人飞行器发生倾斜时,螺旋桨/转子产生的漂移会加大,这种漂移必须消除。使用双发动机让它们的转子/螺旋桨反向旋转(如果左发动机顺时针旋转,右发动机应逆时针旋转),是消除转子/螺旋桨旋转造成的漂移的一种方法。当惯性导航系统测量不够精确时,为了消除预定原始轨迹的漂移影响,合成孔径雷达(SAR)可以有效地帮助无人飞行器进行导航。

例8.4 固定翼无人飞行器(重量100 lb)的单个电动发动机绕旋转轴旋转的螺旋桨和转子惯性矩的总和为 1 slug·ft²,从正面观察该无人飞行器为顺时针旋转,转速为 1200 r/min。

无人飞行器的滚转、俯仰和偏航惯性矩分别为 130、60 和 200 slug·ft²。如果无人飞行器的滚转速率为 50(°)/s，俯仰速率为 5(°)/s，请根据陀螺进动确定偏航角加速度。上述所有惯性量和速率都以机体固连坐标系为坐标系。

解 发动机螺旋桨和转子的角动量为

$$H_r = I_r \omega_r = 1 \times 1200 \times \frac{2\pi}{60} = -125.6 \text{ slug} \cdot \text{ft}^2/\text{s}$$

偏航角加速度为

$$\dot{R} = \frac{I_{xx} - I_{yy}}{I_{zz}} PQ + Q \frac{H_r}{I_{zz}} = \frac{130 - 60}{200} \times 50 \times 5 + 5 \times \frac{(-125.6)}{200} = -1.614 \ (°)/\text{s}^2$$

由于滚转和俯仰是正向的，螺旋桨负向旋转，因此会导致负偏航速率，因此飞行器机头会向左偏航。

2. 由风引起的漂移

飞行器偏离原始预定轨迹的另一个原因是横风，横风可能与飞行方向成直角(90°)，也可能成锐角(小于 90°)。在这两种情况下，风不会改变空速，但是会改变地速。空速用于计算气动力(如升力和阻力)和力矩(如偏航力矩)。导航计算中需要使用地速，如式(8.1)~式(8.5)。

8.10.1 节中介绍了横风在导航中的影响。将空速和风速作为两个矢量(见图 8-18)，能够很容易地计算出漂移角(即航向角偏差)。V_G 是飞行器移动的方向，V_∞ 是飞行器指向的方向，受横风影响，飞行器会产生一些漂移，偏航角是正北方向与目标方向之间的夹角。

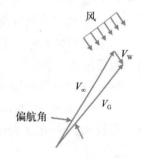

图 8-18 由风引起的漂移

利用 GPS 增强惯性导航系统，是消除惯性导航系统漂移的有效方法之一。例如通过 GPS 的增强，微型惯性导航系统 SBG IG-500N 可在很长一段时间内都能得到精确的无漂移姿态和位置。

8.10.5 科里奥利效应

受地球自转的影响，从飞行器到火箭，所有具有速度 V_A 的飞行体都会产生对应的运动学效应，即科里奥利效应。地球的角速度矢量从地球表面指向外部，无论速度矢量 V_A 的方向指向哪里，科里奥利力总是指向其右侧。在顺时针旋转的参考系中，科里奥利力作用在运动物体的左侧，这种力在北半球使物体向右转弯，在南半球使物体向左转弯。

科里奥利力是一种惯性力，作用于相对惯性参考系内旋转运动的物体，物体因科里奥利力而产生偏转的现象称为科里奥利效应。由于重力作用，大气层的旋转速度与地球表面相同，科里奥利力受地球角速度、纬度、飞行器速度和飞行器质量的直接影响。飞行物体在地球上的科里奥利加速度随转轴的距离(高度)而变化，在文献[125]中描述为：

$$a_C = 2\boldsymbol{\Omega} \times \boldsymbol{V} \tag{8.30}$$

其中 $\boldsymbol{\Omega}$ 是地球的旋转角速度，每 24 小时旋转 360°，即 7.292×10^{-5} rad/s；$\boldsymbol{V}$ 是无人飞行

342

器的地速；符号×表示两个向量的叉乘运算符。这表明地球旋转轴、无人飞行器速度方向和科里奥利力轴将形成一个正交轴。假设旋转轴沿 x 轴正向，飞行路径沿 y 轴正向，则科里奥利力沿 z 轴正向。无人飞行器的科里奥利力为

$$F_{c}=ma_{c} \qquad (8.31)$$

式中，m 为无人飞行器的质量。科里奥利力作用在无人飞行器的重心处，将改变无人飞行器的地速，而不是空速，这种影响对于短暂飞行的小型无人飞行器来说是可以忽略的。然而，对于长时间（如 40 h）飞行的大型无人飞行器（如"全球鹰"）来说，这种影响是显著的。例如，一架大型无人飞行器在北半球向北飞行时，必须将机头向左倾斜以进行补偿，否则将向右侧偏转。科里奥利效应在南半球的表现与此相反。

例 8.5　一架质量为 15 000 kg 的大型无人飞行器以 300 kn 的速度在北半球向北飞行，它的喷气发动机在这次飞行中能够产生 30 kN 的推力，且计划在低空巡航 5 h。

假设科里奥利力对无人飞行器运动的影响与发动机推力的影响相似。

1）确定作用于无人飞行器的科里奥利力情况。

2）计算科里奥利效应导致的航向角变化情况。

3）在没有风的情况下，如果不通过方向舵对飞行方向进行校正，则无人飞行器最终距目的地的距离是多少？

解　1）科里奥利加速度：

$$\boldsymbol{a}_{c}=2\boldsymbol{\Omega}\times\boldsymbol{V}=2\times7.292\times10^{-5}\times300\times0.5144\approx0.0225 \text{ m/s}^{2}$$

系数 0.5144 用于将速度单位 kn 转换为 m/s，科里奥利力为

$$F_{c}=ma_{c}=15\,000\times0.0225=337.5 \text{ N}$$

2）无人飞行器上有两种力：发动机推力和科里奥利力。这两种力将推动无人飞行器沿一个方向前进（见图 8-19），根据三角关系可得航向角变化：

$$\psi=\arctan\left(\frac{T}{F_{c}}\right)=\arctan\left(\frac{30\,000}{337.5}\right)=0.645^{\circ}$$

3）

$$X=Vt=300\times0.5144\times5\times60\times60\approx2778 \text{ km}$$

$$Y=X\tan\psi=2778\times\tan0.645^{\circ}=31.26 \text{ km}$$

无人飞行器原计划向北飞行 2778 km，然而由于科里奥利力的影响，它最终将到达目的地左侧 31.26 km 处，这种偏差必须使用方向舵进行校正。

图 8-19　科里奥利效应引起的漂移

8.10.6　磁偏

罗盘是一种测量磁北方向的机械装置，在轨迹设计中，真北方向才是参考方向。真北（也

称大地真北)是沿地球表面朝向地理北极的方向，局部磁场效应可能会造成罗盘指向偏差。

磁偏⊖（用度数表示）有时也称为磁差，指磁北与真北之间的夹角。当磁北在真北以东时，磁偏角为正；当磁北在真西时，磁偏角为负。磁偏角随时间和位置而变化，磁差地图可以从美国国家海洋和大气管理局（NOAA⊜）网站上下载。

因此使用罗盘确定方向指向时，要得到真北，首先要知道磁偏角，实际的真北方向取决于当地的纬度和经度。为了得到正确的飞行轨迹，必须消除磁偏，美国的磁偏角（见图 8-20）目前在 ±16° 之间变化。

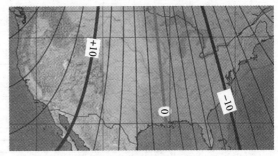

图 8-20　美国的磁偏角（https://www.ngdc.noaa.gov/geomag/WMM）

8.11　导航系统设计流程

8.4～8.10 节介绍了各种导航技术和设备。设计无人飞行器导航系统时，必须选择导航系统的类型、导航设备以及传感器，然后进行计算、仿真和分析。导航系统的设计是与制导系统和控制系统的设计并行的。

8.11.1　设计要求

一般来说，导航系统的主要设计要求有：制造技术要求、精度要求、误差范围要求、天气要求、可靠性要求、生命周期成本要求、无人飞行器构型要求、隐形要求、可维护性要求、续航时间要求、通信系统要求、空气动力学要求、处理器要求、轨迹复杂度要求、与制导系统的兼容性要求、系统大小和重量要求。这些要求经常会相互冲突，因此，在进行最终设计时需要进行权衡或采用多学科设计技术。

导航系统设计的复杂程度直接取决于所需的导航功能的类别和精度（见表 8-1）。

8.11.2　设计流程图

一般来说，设计过程从权衡研究开始，以确定导航设备成本和性能（即精度）之间的明确界限，并以优化结束。

设计师必须决定两件事：选择导航系统的类型以及选择导航传感器。在完成计算过程后，必须进行检查，以确保满足设计要求。设计过程中一个非常关键的部分是将导航系统与制导、控制系统（即自动驾驶仪）集成起来。即使选择或购买了完整的导航系统（例如GPS），也需要考虑集成过程，这包括频率、接口和电力需求匹配等。

图 8-21 展示了作为自动驾驶仪子系统的惯性导航系统的设计流程。设计师首先要做出选择，选择出坐标系、导航系统的类型以及导航传感器。然后，设计或选择三种基本导

⊖ 有些文献使用"磁偏"来表示磁偏角。
⊜ https://www.ngdc.noaa.gov/geomag/WMM/image.shtml。

航传感器：加速度计、陀螺仪以及磁强计，这三个基本导航传感器可以微型化，进而集成在一个微小单元/芯片中（MEMS 设备）。

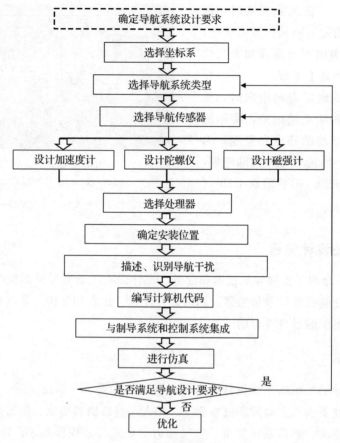

图 8-21　惯性导航系统设计流程

另一个重要的步骤是设计或选择导航处理器，该处理器可以是与自动驾驶仪相同的处理器。在对可能的导航干扰进行描述和识别之后，可以编写计算机代码并编译到处理器。

具有挑战性的步骤是导航系统与制导系统和控制系统的结合，首先应当评估系统（输入和输出）的兼容性和整个系统的有效性，通过模拟（全数值模拟或人在回路模拟）确定导航设计是否满足要求。导航传感器安装指南以及如何确定最佳安装位置可以参考第 1 章和第 12 章内容。

8.11.3　设计指南

在导航系统的设计过程中，必须对所有的设计要求进行审查，一般来说，最佳导航系统是精度和部署成本之间的权衡结果。原则上，导航系统的精度越高，部署成本就越高，所能提供的服务价值也就越高。

导航系统的设计应与制导系统和控制系统的设计同步进行。例如，在无人飞行器进场飞行中，导航系统的输出（位置 x 和 y）能作为制导系统的参考，高度 h 能作为控制系统的反馈值。因此，这三个系统彼此之间的命令/信号交换要能够有效地执行。

建议在正式的飞行测试之前，借助硬件（例如单片机）对导航系统性能进行检查。惯性导航系统是一种低成本系统，但提供的数据精度也较低，因此，需要参考其他的输入源，如 GPS。由于信号可能被阻断或干扰，飞行器可能飞行在 GPS 信号不可用的地区，军用惯性导航系统不能完全依靠 GPS 卫星来修正航向。为了降低成本并提高可靠性，有很多方法可以将 GPS 的数据输入基于惯性导航的系统，以实现不同程度的集成。在集成 GPS/INS 系统中，GPS 能够传递位置数据以减少惯性导航系统的误差。如果 GPS 不可用，则导航计算机将只依赖于 INS 系统本身。

346
～
347

在 GPS/INS 集成应用中，包含 15～24 个状态变量的卡尔曼滤波器是最优的，紧耦合的 GPS/INS 系统通常会使用上述卡尔曼滤波器。在典型的 GPS/INS 应用中，两组状态变量为 INS 误差模型（3 个位置误差状态、3 个速度误差状态、3 个平台倾斜角、3 个陀螺仪漂移率误差、3 个加速度计偏差）和 GPS 误差模型（3 个用户位置分量、3 个用户速度分量、1 个用户时钟偏差、1 个用户时钟偏差率）。如何选择状态变量取决于任务要求、计算负荷、精度和成本等因素。

在许多应用中，GPS/INS 集成是必要的，这种集成已被证明是一种非常有效的导航手段，主要是因为 INS 具有的短期精度和 GPS 具有的固定长期精度。GPS/INS 集成有两种情况：紧耦合 GPS/INS 和松耦合（模块化）GPS/INS。从全球的角度下，紧耦合能够执行最佳的信号处理，并允许各种误差和噪声作用于 GPS 和 INS 单元。

在设计用于 GPS 的卡尔曼滤波器时，需要在最优结果和计算成本之间进行权衡，减少状态数可以降低计算负载。例如，对于高速飞行的飞行器，具有 11 个状态（3 个加速度量、3 个速度量、3 个位置量和 2 个时钟状态量）的卡尔曼滤波器能够获得最佳的结果，对于低速飞行的情况，具有 8 个状态的卡尔曼滤波器已能够满足要求，高速无人飞行器的 INS 系统建模需用到 10 个状态量。

简答题

1. 导航系统的主要功能是什么？
2. 列出基于视觉的感知的三级分类。
3. 列出基于激光雷达的感知的三级分类。
4. 列出基于视觉的状态估计的三级分类。
5. 列出感知过程的二级分类。
6. 列出状态估计的二级分类。
7. 画出一架无人飞行器，并给出三个机体轴和它们的正方向。
8. 画图解释 ECEF 笛卡儿坐标系。
9. 导航计算需要用到的两个重要的椭球体参数是什么？
10. 简要描述 GIS。
11. 简述世界大地测量系统（WGS84）。
12. 简述采用了三种高度的实际地球与数学建模地球的差异。
13. 地球在半长轴上的赤道半径值是多少？

348

14. 地球偏心率是多少?

15. INS 需要哪些基本的传感器?

16. 惯性测量稳定平台系统是什么?

17. 画出表示导航过程中的信号流和输入/输出关系的框图。

18. 描述 WGS。

19. EKF 是什么?

20. 卡尔曼滤波器需要哪些状态信息?

21. SBG IG-500 N 是什么?

22. 简要描述系统集成及雅马哈 RMAX 无人飞行器的操作。

23. 画图表示地球的经度和纬度。

24. 定义经度和纬度。

25. 描述地速和空速之间的差异。

26. 简要描述天文导航。

27. 简要描述如何在能见度较低的情况下进行航行。

28. 画出滚转角保持的自动驾驶仪框图。

29. 简要讨论传统陀螺仪和微机电陀螺系统之间的区别。

30. 简述雷达高度计的作用。

31. 在无人飞行器上安装皮托静压管最合理的位置是哪里?

32. 什么是航迹推算?

349 33. 简要描述 MEMS 惯性模块。

34. 讨论 MPU-60X0 运动跟踪装置的技术特点。

35. 讨论 Adafruit 九自由度 IMU 的技术特点。

36. 惯性导航中的两个主要传感器是什么?

37. IMU 代表什么?

38. GPS 代表什么?

39. 说出三个基本的坐标系。

40. 加速度计的作用是什么?

41. 速率陀螺仪的作用是什么?

42. 磁强计的作用是什么?

43. 说出全球定位系统的卫星数目和结构。

44. 把加速度计的输出信号转换成线速度的过程是怎样的?

45. 导航方程的输入输出参数是什么?

46. 描述早期机械加速度计的组成和工作原理。

47. 描述陀螺仪的基本工作原理。

48. 姿态陀螺仪和速率陀螺仪的主要区别是什么?

49. 描述滚转角保持自动驾驶仪的功能。

50. 陀螺定律是什么?

51. 说出陀螺仪三个轴的名称。

52. 描述惯性导航系统的设计过程。
53. 列举导航系统集成过程包含的三个步骤。
54. 设计导航系统的主要要求有哪些？
55. 主要的导航干扰有哪些？
56. 简单比较一下逆风、顺风和横风。350
57. 速率陀螺仪测量的参数是什么？
58. 什么是阵风？
59. 什么是科里奥利效应？
60. 陀螺效应是什么？
61. 在北半球科里奥利力的方向是什么？
62. 定义陀螺漂移。
63. 飞行中产生漂移的原因是什么？
64. 如何从被测信号中去除噪声？
65. 如何把噪声定义为一种导航干扰？
66. 在安装陀螺仪时应该考虑哪些问题？
67. 在安装加速度计时应考虑哪些问题？
68. 描述卡尔曼滤波的基本原理。
69. 简要介绍理想化离散阵风。
70. 讨论转子/螺旋桨的旋转如何造成漂移。
71. 什么是陀螺进动？
72. 什么是磁偏？
73. 纽约市的磁偏的近似值是多少？
74. 描述基本的惯性导航系统设计过程。

练习题

1. 一架无人飞行器计划以 50 kn 的空速向西飞行 2 min 到达目的地，一股横风正以 7 kn 的速度从右侧（北）吹来。
   1) 如果无人飞行器不调整航向，脱靶距离是多少？
   2) 无人飞行器需要调整的航向角是多少？为抵消由风造成的漂移，新空速是多少？351
2. 一架无人飞行器计划以 150 kn 空速向北飞行 30 min 到达目的地，一股横风正以 7 kn 的速度从右侧（东）吹来。
   1) 如果无人飞行器不调整航向，脱靶距离是多少？
   2) 无人飞行器需要调整的航向角是多少？为抵消由风造成的漂移，新空速是多少？
3. 一架无人飞行器从费城（GPS 纬度和经度分别为 39.9526°和 −75.1652°）出发，目的地是纽约（纬度和经度分别为 40.730 610°和 −73.935 242°），假设在海平面高度飞行。
   1) 确定无人飞行器在本次飞行中飞行的距离。
   2) 确定无人飞行器相对于北向的飞行方向。
4. 一架无人飞行器从 GPS 经纬度为（34.0522°N，118.2437°W）的洛杉矶飞到经纬度为

(37.7749°N，122.4194°W)的旧金山，假设在海平面高度飞行。

1）确定无人飞行器在本次飞行中飞行的距离。

2）确定无人飞行器相对于北向的飞行方向。

5. 固定翼无人飞行器（质量为 2 kg）的单个电动机的螺旋桨和转子绕旋转轴旋转的惯性力矩合计为 0.06 kg·m²，从正面观察为逆时针旋转，转速为 500 r/min。无人飞行器的滚转、俯仰和偏航惯性力矩分别为 7、3 和 12 kg·m²。如果无人飞行器的滚转速率为 10(°)/s，俯仰速率为 3(°)/s，根据陀螺进动确定偏航角加速度（机体坐标系下）。

6. 固定翼无人飞行器（质量为 15 kg）的单个电动机的螺旋桨和转子绕旋转轴旋转的惯性力矩合计为 0.6 kg·m²，从正面观察为逆时针旋转，转速为 500 r/min。无人飞行器的滚转、俯仰和偏航惯性力矩分别为 30、10 和 50 kg·m²。如果无人飞行器的滚转速率为 15(°)/s，俯仰速率为 3(°)/s，根据陀螺进动确定偏航角加速度（机体坐标系下）。

7. 固定翼无人飞行器（重量为 40 lb）的单个电动机的螺旋桨和转子绕旋转轴旋转的惯性力矩合计为 0.4 slug·ft²，从正面观察为逆时针旋转，转速为 1100 r/min。无人飞行器的滚转、俯仰和偏航惯性力矩分别为 62、28 和 110 slug·ft²。如果无人飞行器的俯仰速率为 4(°)/s，根据陀螺进动确定偏航角加速度（机体坐标系下）。

8. 固定翼无人飞行器（重量为 10 000 lb）的单个电动机的螺旋桨和转子绕旋转轴旋转的惯性力矩合计为 120 slug·ft²，从正面观察为逆时针旋转，转速为 2000 r/min。无人飞行器的滚转、俯仰和偏航惯性力矩分别为 13 000、8200、23 000 slug·ft²。如果无人飞行器的俯仰速率为 3(°)/s，根据陀螺进动确定偏航角加速度（机体坐标系下）。

9. 一架无人飞行器正以 150 kn 的航速在海平面高度向东巡航，该无人飞行器位于飞行基地以东 12 km 处，假设无风，确定 30 min 后无人飞行器与该基地的距离。

10. 一架小型无人飞行器正以 30 kn 的航速在海平面高度向西巡航，该无人飞行器位于飞行基地以西 100 m 处，假设无风，确定 12 min 后无人飞行器与该基地的距离。

11. 一架"全球鹰"无人飞行器从纬度为 33.749°N、经度为 84.388°W 的亚特兰大飞到纬度为 37.8136°S、经度为 144.9631°E 的澳大利亚墨尔本，假设飞行高度为海拔 50 000 ft。

1）确定无人飞行器在本次飞行中飞行的距离。

2）确定无人飞行器相对北向的飞行方向。

3）如果空速是 320 kn，在飞行路径右侧 90°有一股风速为 60 kn 的风吹来，确定这种风造成的漂移。

4）这架无人飞行器在空中飞行了多长时间？抵消漂移的新的航向角为多少？

12. 一架无人飞行器从纬度为 42.361 145°、经度为 71.057 083° 的波士顿起飞，飞到纬度为 40.730 610°、经度为 73.935 242° 的纽约市，假设飞行高度为海拔 20 000 ft。

1）如果空速是 180 kn，在飞行路径左侧 90°有一股风速为 35 kn 的风吹来，确定这种风造成的漂移。

2) 这架无人飞行器在空中飞行了多长时间？抵消漂移的新的航向角为多少？

13. 一架质量为 20 000 kg 的大型无人飞行器以 320 kn 的速度在北半球向北飞行，其喷气发动机能够产生 40 kN 的推力，计划在低空巡航 7 h。

    1) 确定作用于无人飞行器的科里奥利力。

    2) 计算科里奥利效应导致的航向角变化。

    3) 假设无风且不用方向舵纠正飞行方向，无人飞行器将距离预定的目的地多远？

14. 一架质量为 10 000 kg 的大型无人飞行器以 220 kn 的速度在北半球向北飞行，其涡轮风扇发动机能够产生 18 kN 的推力，计划在低空巡航 2 h。

    1) 确定作用于无人飞行器的科里奥利力。

    2) 计算科里奥利效应导致的航向角变化。

    3) 假设无风且不用方向舵纠正飞行方向，无人飞行器将距离预定的目的地多远？

15. 基于式(8.1)～式(8.3)使用 MATLAB 编写导航系统仿真代码，假设飞行速度(U, V, W)和飞行角度(ϕ, θ, ψ)均已知，确定无人飞行器的瞬时位置(x, y, z)。 353

16. 基于式(8.1)～式(8.3)使用 MATLAB Simulink 搭建导航系统仿真模型，假设飞行速度(U, V, W)和飞行角度(ϕ, θ, ψ)均已知，确定无人飞行器的瞬时位置(x, y, z)。

17. 一架无人飞行器在皮托管测量的总压力为 90 kPa、静压为 85 kPa 的高度飞行，假设气流不可压缩，已知空气密度为 $1.1 \, \text{kg/m}^3$，那么无人飞行器的飞行速度是多少？

18. 一架无人飞行器在皮托管测量的总压力为 98 kPa、静压为 96 kPa 的高度飞行，假设气流不可压缩，已知空气密度为 $1.15 \, \text{kg/m}^3$，那么无人飞行器的飞行速度是多少？

19. 下图表示的是超音速气流撞击一架前缘角为 15°的无人飞行器机翼前缘，已知测得的机翼表面静压 P_2 为 1.8 MPa，在表面附近放置一个皮托管，测得的总压力 $P_0 = 10.152$ MPa，请计算飞行的马赫数 M_1（注意，皮托管前有一激波）。

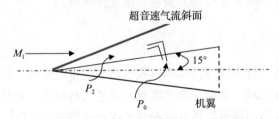

20. 基于式(8.1)～式(8.3)使用 MATLAB 编写导航代码，要求该代码能够通过输入加速度计和陀螺仪的输出数据，得到无人飞行器的位置、速度和姿态角信息。 354

第9章 微控制器

教学目标

经过本章的学习，读者将能够：

1）论述微控制器的基本原理。

2）阐述微控制器电路。

3）阐述微控制器分类和组件。

4）根据给定的要求进行微控制器布线。

5）对微控制器编程。

6）用 C 语言开发程序。

7）开发 Arduino 程序。

8）开发 MATLAB 程序，并通过 Arduino 开发板对设备进行控制。

9）解释高级编程语言。

10）使用 Arduino 开发板满足一系列控制要求。

11）使用开源商用自动驾驶仪执行飞行任务。

12）了解嵌入式系统。

13）开发微控制器设计/开发程序。

14）使用 Arduino Uno 开发板开发控制系统设计项目。

9.1 引言

自动驾驶仪是无人飞行器进行自动飞行控制活动的重要组件。自动驾驶仪的四大功能是制导、导航、控制及跟踪。自动驾驶仪能够：测量飞行参数，处理数据，做决策，创建指令。这些自动驾驶仪活动都可以通过微控制器实现，因此无人飞行器自动驾驶仪的核心就是微控制器。微控制器本质上是被编程为执行特定任务的集成电路（Integrated Circuit，IC）。与使用单独的微处理器、存储器和输入/输出设备的设计相比，微控制器尺寸更小，成本更低，更经济实惠，且可以对更多的设备和操作过程进行数字化控制。

目前使用的大多数微控制器都嵌在各类设备内部。微控制器常用于自动控制产品和设备，如汽车巡航控制、植入式医疗器械、遥控器、办公设备、电器、电动工具、玩具、自动开门转置、遥控飞行器。本章主要讨论微控制器在无人飞行器自动驾驶仪中的应用和设计。

微控制器必须对其控制的嵌入式系统中发生的事情做出实时响应。定制微控制器可包含数字逻辑块，该逻辑块可以进行个性化设置以提高处理能力。微控制器通常有低功耗要求（0.5~1 W），因为它们控制的许多设备都是靠电池供电的。微控制器是为嵌入式应用设计的，与个人计算机或其他通用计算机中使用的微处理器（也称为中央处理器，即CPU）相比，微控制器主要用作数据处理器。微控制器[126]可被认为是具有处理器、内存和外围设备的独立系统，并且可以用作嵌入式系统。将所有元件集成在一个芯片上既节省了空间，又降低了制造成本，还缩短了开发时间。

图9-1展示了无人飞行器中典型的微控制器连接（输入/输出）方式。它接收陀螺仪等设备发出的信号，然后向发动机等组件发送信号。微控制器设计公司/制造商/架构出售方/供应商主要有英特尔、微芯科技公司、ARM公司、美国德州仪器、ArduPilot（见图9-2）、东芝、飞利浦、Atmel公司、西门子、Pilot-in-Command(PIC)和摩托罗拉。

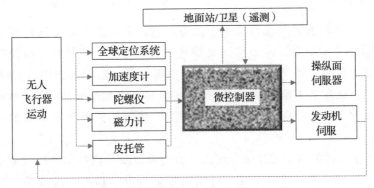

图9-1 微控制器连接（输入/输出）方式

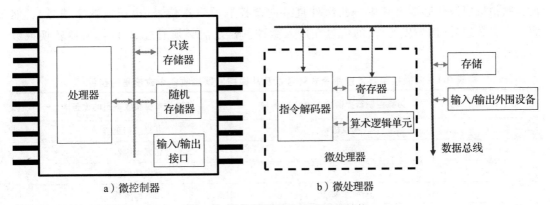

图9-2 微控制器和微处理器的结构

树莓派（Raspberry Pi）是Raspberry Pi基金会为促进学校计算机基础教学而开发的一系列小型单板计算机。这款最畅销的英国计算机就是基于微控制器设计的。微控制器的一个主要应用领域是**嵌入式系统**。在嵌入式系统中，控制单元被集成在系统内。这些单元通常用于实时系统，必须在指定时间内对控制事件做出反应。

本章将介绍微控制器的基本原理，以及如何设置微控制器来执行自动驾驶仪的各种功能。微控制器的复杂程度取决于无人飞行器的任务，以及飞行操作中要控制的设备。例如，当任务距离超出视线范围时，就需要使用先进的雷达和强大的CPU。随着无人飞行器航程和续航能力的提高，微控制器需要越来越多的辅助设备，复杂程度也越来越高。同时，本章还将详细介绍两个广受欢迎的微控制器，Atmel ATmega644P和Arduino。此外，还将简要介绍几种流行的成品自动驾驶仪，特别是ArduPilot、MicroPilot、DJI

WooKong 和 PX4 Pixhawk。

由于 Arduino 板的普及，本章将介绍用于读取 UAV 传感器数据和控制 UAV 有效载荷的 Arduino 程序。另外，还将介绍 MATLAB 专用支持包在 Arduino 硬件中的应用。因此，读者将学习如何使用 MATLAB 代码和 Simulink 模型来收集无人飞行器传感器数据，以及如何通过 Arduino 板控制无人飞行器的有效载荷。

9.2 基础知识

9.2.1 微控制器基础

微控制器是一种具有若干元件的电子设备，它让无人飞行器能够监视飞行状态，控制飞行操作，激活有效载荷。本节将简要描述微控制器的一般特性。微控制器的外围设备都集成在单个芯片中，所以整体的重量和成本都很低。微控制器中有 CPU，支持在线编程和在线调试，还配备了模数(A/D)转换器，也有一些微控制器配备了数模(D/A)转换器。为了存储程序、数据和操作参数，微控制器会使用各种类型的存储器，如 RAM [⊖]、ROM [⊖] 和闪存。

表 9-1 罗列了向微控制器发送命令或信号的组件以及从微控制器接收命令或信号的组件。一般来说，下列组件可以向无人飞行器微控制器发送信号：接收机、全球定位系统(GPS)、配备 A/D 转换器的皮托管、加速度计、姿态陀螺仪、速率陀螺仪、磁强计、罗盘、照相机以及传感器。其中一些组件直接向微控制器发送信号(电压或数字信号)。然而，大多数组件(例如皮托管)的信号在进入微控制器之前必须通过 A/D 转换器转换成数字信号。

表 9-1   向微控制器发送命令或信号以及从微控制器接收命令或信号的组件

序号	为微控制器提供输入的设备 →M	从微控制器接收输出的设备 M→
1	接收机	升降舵伺服器
2	GPS	副翼伺服器
3	皮托管	方向舵伺服器
4	加速度计	襟翼伺服器
5	姿态陀螺仪	发动机
6	速率陀螺仪	起落架
7	磁力计	显示屏
8	罗盘	发射机
9	相机	有效载荷
10	传感器	传感器

以下组件会从无人飞行器微控制器接收命令或信号：升降舵伺服器、副翼伺服器、方向舵伺服器、襟翼伺服器、发动机、起落架、显示屏、发射机、有效载荷以及传感器。这

⊖ Random Access Memory，随机存取存储器。

⊖ Read Only Memory，只读存储器。

些组件是微控制器和地面控制站(GCS)之间的中介。其中一些组件直接从微控制器接收信号(电压或数字信号)。然而，对于大多数组件(例如升降舵伺服器)，微控制器的信号必须通过 D/A 转换器转换成模拟信号。

接收机和发射机通常直接与地面控制站(GCS)通信，因此它们在微控制器和地面控制站(GCS)之间起着媒介作用。微控制器主要有四个组成部分(见图 9-2)：微处理器、ROM、RAM 以及 I/O。微处理器有三个组成部分：指令解码器、寄存器、算术逻辑单元(ALU)。内存和输入/输出设备在微处理器外部，通过数据总线进行通信。

为了实现系统互连，无人飞行器上安装了各种接口[127]和串行输入/输出接口，如串口、I2C(Inter-Integrated Circuit)——又称双线接口(Two-Wire Interface，TWI)、串行外围接口(Serial Peripheral Interface，SPI)和控制器局域网。多数微控制器会有外围设备，例如定时器、事件计数器、脉宽调制(Pulse Width Modulation，PWM)发生器和看门狗时钟发生器。除此之外，还有一些其他可能存在的元件，例如电源、通用串行总线(Universal Serial Bus，USB)接口、排针转接口、液晶显示器(Liquid Crystal Display，LCD)、按钮、电位器(Potentiometer，Pot)。微控制器的大小和成本与计算需求有关，例如速度、内存容量、I/O(输入/输出)接口数、功耗和定时器。当然，微控制器也是易于升级的。

微控制器[128]是单个 IC 的小型计算机，包含处理器核心、内存、可编程输入/输出设备、计算机代码。微控制器是一种低成本的小型片上计算机，通常用于运行专用代码。微控制器也被称为嵌入式控制器，因为微控制器和其辅助电路通常内置或嵌入在由它们控制的设备中。

在许多情况下，微控制器与无线遥测系统双向通信，无线遥测系统将数据传回地面站，这将使用户能够接收飞行器的实时数据，并在飞行中更新指令或任务参数。在无人飞行器飞行范围内，如果用户想用遥控器操作飞行控制器，则微控制器可以接收远程控制输入并将信号传递给伺服器和速度控制器。微控制器可以从位数、内存、指令集和体系结构等各个方面进行分类。图 9-3 给出了各种类型[129]的微控制器。术语 CISC(Complex Instruction Set Computer)表示复杂指令集计算机，而 RISC(Reduced Instruction Set Computer)表示精简指令集计算机。微控制器通常是 RISC。

图 9-3 微控制器类型

哈佛体系结构要求程序和数据存储到不同的存储器中，这些存储器通过单独的总线访问。因此，代码访问和数据访问互不冲突，这将大大提高系统性能。但是，哈佛体系结构也存在一个小缺点，即它需要更多的硬件，因为它需要两个总线和两个内存芯片或一个双端口存储器(一种允许同时进行两个独立访问的内存芯片)。

在冯·诺依曼体系结构中，程序和数据存储在一起，并通过同一总线访问。这意味着程序访问和数据访问可能会冲突(导致著名的冯·诺依曼瓶颈)，这样会产生延迟。

359

无人飞行器设计师至少有四种可选的微控制器位数(4、8、16 或 32)、两种可选的内存类型(嵌入式与外部类型)、两个可选的指令集(CICS 与 RICS),以及两种可选的内存体系结构(冯·诺依曼与哈佛)。最佳选择的主要标准是权衡成本与性能。最佳选择可以通过优化过程确定。在无人飞行器设计/开发团队中至少要有一名计算机工程师。本章涵盖了微控制器的基本原理。

9.2.2　微控制器与微处理器

微控制器(MCU)与微处理器(MPU)有许多异同点,都是为实时应用设计的,有许多共同特征,但也存在不少差异。有些形式的微处理器和微控制器看起来很像,并不能通过目测来区分它们。计算机需要用处理器/微处理器进行大量计算。相反,自动驾驶仪需要用微控制器进行各种实时计算/控制。在微处理器和微控制器中,算法必须在数字计算设备上运行。

微处理器只有处理能力(如英特尔的奔腾 IV,酷睿 2 和 i7)。微处理器芯片上没有 RAM、ROM 和其他外围设备。RAM、ROM 和 I/O 在微控制器中属于内部元件。微控制器包含一个或多个 CPU(处理器核心)以及内存和可编程输入/输出设备。微控制器是为嵌入式应用设计的,而微处理器主要用于个人计算机或笔记本计算机。

表 9-2 比较了微处理器和微控制器[126]。用于航空航天的微处理器的计算性能通常落后于地面计算机。微控制器是自动驾驶仪、惯性导航系统(Inertial Navigation System,INS)、载具管理系统(Vehicle Management System,VMS)、任务管理系统(Mission Management System,MMS)和机器人的重要组成部分。微处理器主要应用于台式计算机、笔记本计算机、记事板、iPad 和手机。一般来说,微处理器比微控制器更大、更贵。

表 9-2　微处理器与微控制器对比

序号	标准	微处理器	微控制器
1	成本	高	低
2	能耗	中到高	非常低到低
3	应用	台式计算机、笔记本计算机、记事板、iPad、手机	电器、数码相机、玩具、机器人
4	速度	非常快	慢到快
5	外部零件	多	少
6	制造商	英特尔、ARM 公司、AMD 公司、IBM、三星、摩托罗拉	美国德州仪器、微芯科技公司、富士通、Silicon Labs、英特尔
7	内存	否	是
8	存储	硬盘(128 GB~2 TB)	闪存(32 KB~2 MB)
9	典型形式		

微控制器用于嵌入式系统，这类系统通常没有键盘、屏幕、磁盘、打印机或其他可识别的 I/O 设备，也没有任何人机交互设备。微控制器不能直接访问外部地址或数据总线，因为它们将 RAM 和非易失性存储器与 CPU 集成在同一芯片上。

微控制器的数据表通常是其他设备的几倍，常常达到数百页之多，这部分归因于微控制器内部设备（称为外围设备）的数量，部分归因于特殊功能寄存器（Special Function Register，SFR）的所需列表。SFR 是内存映射中具有预定义任务的特定位置。内存映射是内存地址到该数据物理位置的链接，内存地址是用于确定所需信息在何处的值。

9.2.3 封装形式

根据应用、功能要求和输入/输出特性，微控制器会以各种形式制造/封装。总的来说，有三种封装形式：通孔类元件封装、贴片元件封装以及单芯片封装（Single Chip Package，SCP）。 |361|

在**通孔类元件封装**中，引线用于将元件插入孔［钻在印刷电路板（Printed Circuit Board，PCB）上］中，然后焊接到对面的焊盘上。与贴片元件封装技术相比，这种封装形式具有更大的机械结合力。大多数通孔封装形式为双联线封装（Dual In-line Package，DIP）或双联线引脚封装（Dual In-line Pin Package，DIPP），这种封装形式有一个规则的外壳和两排平行的电气引脚。引脚的数量从 4 个到 40 个不等。通常，通孔封装越大，越容易操作。它的设计可使其穿过板的一侧，然后焊接至另一侧。

在**贴片元件封装**技术（Surface Mount package Technology，SMT）中，元件直接安装在 PCB 表面。它有各种样式的短引脚、引线、平面触点［例如，四面扁平封装（Quad Flat Package，QFP）］或焊料球矩阵［例如，球阵列封装（Ball Grid Array，BAG）］。由于这种封装小于通孔封装，因此它们在机电传感器中得到了更广泛的应用。此外，贴片元件不需要在 PCB 上钻那么多孔。不过，这种封装技术有几个缺点：

- 制造过程要复杂得多。
- 不能直接在实验电路板上用。
- 封装元件的热循环可能会损坏焊点。 |362|

芯片级封装（Chip-Scale Package，CSP）是一种 IC 芯片，有倒装芯片、线键合芯片、球阵列芯片和引线芯片等多种形式。晶圆级 CSP 是一种特殊类型的 CSP。这种封装技术比其他两种更复杂，也更贵。

微控制器芯片引脚更少，所以可以放置在更小、更便宜的封装器内。许多嵌入式系统需要读取传感器的模拟信号数据，这就该 A/D 转换器发挥作用了。

微控制器通常包含几个或几十个通用输入/输出（General Purpose Input/Output，GPIO）引脚。GPIO 引脚可由软件配置为输入或输出状态。当 GPIO 引脚被配置为输入状态时，它们通常用于读取传感器信号或外部信号。当配置为输出状态时，GPIO 引脚可以通过外部电力电子设备间接地驱动外部设备，例如 LED 或电动机。

接口是影响封装的参数之一（由于某些 I/O 功能）。微控制器接口是一种连接外部设备的方式，这里的外部设备可以是其他微控制器、其他微处理器或与微控制器通信的外围设备。图 9-4 展示了微控制器封装的三种形式及其特性。

a）通孔类元件封装　　　　　b）贴片元件封装　　　　　c）芯片级封装

图 9-4　微控制器封装

9.2.4　模块/组件

图 9-5 展示了微控制器的基本布局[130]和典型的微控制器连接（输入/输出）模块。主要模块有处理器核心、静态随机存取存储器（SRAM）、EEPROM ⊖、定时器/计数器、数字I/O 接口模块、串行接口模块、模拟模块和中断模块。这些模块通常存在于微控制器中。典型的微控制器输入和输出设备包括开关、继电器、螺线管、发光二极管（LED）、小型或定制液晶显示器、射频器件，以及温度、湿度、光照等数据传感器。诸如皮托管、GPS、陀螺仪、磁强计、高度计、加速度计和速率陀螺仪等测量设备，可以通过接口和模块与微控制器通信。

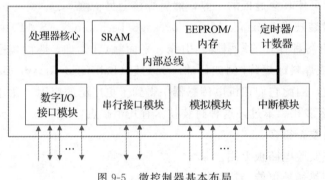

图 9-5　微控制器基本布局

本节将简要介绍微控制器的主要模块：

- **处理器核心**：处理器核心（CPU）是微控制器最主要的组成部分。它包含 ALU、控制单元和寄存器（堆栈指针、程序计数器、累加器寄存器、寄存器文件等）。在数字设备中，只使用 0 和 1 来表示数字和字母。
- **存储器**：存储器是存储信息的模块。存储器分为程序存储器和数据存储器。在较大的控制器中，直接存储器访问（Direct Memory Access，DMA）控制器负责处理外围设备和存储器间的数据传输。
- **定时器/计数器**：定时器/计数器常用于时间戳事件、测量间隔和计数事件。多数控制器至少有一个定时器/计数器。从简单的延迟周期测量到波形生成，定时器可用于各种任务。定时器最基本的用途就是计数器功能。定时器通常允许用户为外部事

⊖　Electrically Erasable Programmable Read Only Memory，即电擦除可编程只读存储器。

件加上时间戳，在一定数量的时钟周期后触发中断，甚至生成用于电动机控制的脉宽调制信号。许多控制器还包含 PWM 输出，可用于驱动电动机。此外，PWM 输出可以与外部滤波器一起实现简单的数模转换。定时器基本上就是计数器，在每次时钟跳动中要么增加，要么减少。

- **数字 I/O**：信号要么是数字的(0 和 1 的组合)，要么是模拟的(如电压或力)。微控制器通过将模拟值映射到逻辑 0 或逻辑 1 来实现数字化。模拟信号和数字信号的传输方式不同。并行数字 I/O 端口是微控制器的主要特征之一。微控制器的主要特点是能够直接监控硬件。因此，几乎所有微控制器都至少有 1～2 个数字 I/O 引脚，它们可以直接连接到硬件。根据控制器系列和控制器类型，I/O 引脚数量从 3 个到 90 个以上不等。I/O 引脚通常被分为 8 个引脚一组的端口，这些端口可以用单个字节访问。

- **模拟 I/O**：模拟 I/O 端口是传输模拟信号的途径。除了一些小型控制器外，大多数微控制器都集成了 A/D 转换器，不过转换器的通道数量和分辨率(8～12 位)会有所不同。模拟模块中通常会有模拟比较器。在某些情况下，微控制器还会包含 D/A 转换器。

- **中断模块**：在发生重要的外部或内部事件时，中断可用于停止正常程序流。结合睡眠模式，这将有助于节约能源。

- **接口**：控制器通常至少有一个串行接口，可用于下载程序并与用户通信。大多数控制器会提供多种不同的接口，串行接口也常用于与外围设备通信。许多微控制器还包含常见总线的集成总线控制器。较大的微控制器还会包含 USB 或以太网接口。

  　　所有接口的基本功能都是允许微控制器与其他模块(例如其他微控制器、外围设备或主机)通信。此类接口可以采取多种实现形式，但基本上可以根据各种属性对接口进行分类：它们可以是串行的或并行的，同步的或异步的，使用总线的或点对点通信的，全双工的或半双工的，既可以基于主从原则，也可以具有平等的通信关系。

- **看门狗定时器**：由于安全关键系统是微控制器的主要应用领域，因此防止程序和硬件出现错误是非常重要的。看门狗定时器有时也称为COP[⊖]，常用于监视软件执行情况。这个定时器的基本思想是，一旦启用，它就开始计数，当计数值达到零时，触发复位功能，从而初始化控制器并重新启动程序。为了避免控制器复位，必须在计数值达到零之前将看门狗用软件复位。看门狗定时器一般用于软件"崩溃"时重置控制器。

- **A/D 和 D/A 转换器**：由于处理器是用来解释和处理数字数据(即 1 和 0)的，因此它们无法处理设备发送给它的模拟信号。A/D 转换器会将输入的数据(例如模拟电压)转换为具有代表性的数字值(处理器可以识别的形式)。也有一些微控制器会包含 D/A 转换器，它可以使处理器输出模拟信号或电平。D/A 转换是一些 A/D 转换器的先决条件。微控制器通常没有或很少有模拟输出能力。因此，如果需要使用 D/A 转换器，那么多数得在外部安装。PIC[Peripheral Interface Controller，外国

⊖　Computer Operates Properly 的缩写，表示计算机正常运行。

364

接口控制器，又称可编程智能计算机(Programmable Intelligent Computer)]中的微控制器具有内置的 A/D 转换器。

- **调试器单元**：一些控制器配备了额外的硬件，允许从地面计算机远程调试芯片。因此，无须安装特殊的调试软件，它突出的优点就是错误的应用程序代码无法覆写调试器。

无人飞行器设计师可以选择各种模块。最佳选择的主要标准是权衡成本与性能。最优选择可以通过优化过程确定。

9.2.5　Atmel ATmega644P

本节将介绍 Atmel 生产的 AVR 系列微控制器 Atmel ATmega644P[131] 的特性。Atmel ATmega644P 是一种基于 AVR 增强 RISC 体系结构的低功耗 CMOS 8 位微控制器。通过在单个时钟周期内执行功能强大的指令，ATmega644P 在 1 MHz 下每秒可执行 100 万条指令。这使系统设计人员能够优化设备的功耗与处理速度。在激活模式下，25 ℃、1.8 V、1 MHz 时的运行电流为 0.4 mA，即功耗为 0.0072 W。在 I/O 和封装方面，它有 32 条可编程的 I/O 线、40 引脚的 PDIP(塑料双联线封装)、44 引线的 TQFP(薄塑封四面扁平封装)和 44 焊点的 VQFN/QFN $^{\ominus}$(超薄无引线四面扁平封装/无引线四面扁平封装)。2.7～5.5 V 时速度等级为 10 MHz。

该控制器具有非易失性存储器，具有 64 KB 可在线编程程序存储器、2 KB EEPROM 和 4 KB 内部 SRAM。外围设备包括两个具有比较模式和独立分频器的 8 位定时器/计数器，具有独立分频器、比较模式和捕获模式的 16 位定时器/计数器，具有独立振荡器的实时计数器，六个 PWM 通道以及 8 通道 10 位 A/D 转换器(A/D Converter，ADC)。

图 9-6 展示了 Atmel ATmega644P 引脚：VCC 表示数字电源电压，GND 表示接地，A 端口(7～0)为 A/D 转换器提供模拟输入，REF 是 A/D 转换器的模拟参考(AREF)引脚，B 端口(7～0)、C 端口(7～0)和 D 端口(7～0)是 8 位双向 I/O 端口，具有内部上拉电阻，每个位可单独设置。

ATmega644P 具有以下组件：64 KB 可在线编程存储器(具有边读边写功能)，2 KB EEPROM，4 KB SRAM，32 条通用 I/O 线，32 个通用工作寄存器，实时计数器，三个具有比较模式和 PWM 的灵活定时器/计数器，2 个串行可编程 USART，一个面向字节的两线式串行总线(I^2C)，一个具有可选差分输入(具有可编程增益)的 8 通道 10 位 ADC，一个具有内部振荡器的可编程看门狗定时器，以及一个 SPI 串口。空闲模式下，CPU 停止工作，SRAM、定时器/计数器、SPI 端口和中断系统继续工作。掉电模式会保存寄存器内容，但冻结振荡器，同时禁用芯片所有其他功能，直到下一次中断或硬件复位。

在省电模式下，异步定时器继续运行，允许用户在设备其余部分处于睡眠状态时维持定时器基准。在 ADC 降噪模式下，将停止运行 CPU 与除异步定时器和 ADC 以外的所有 I/O 模块，以最大限度地减少 ADC 转换期间的开关噪声。在待机模式下，晶体/谐振腔振荡器继续运行，而设备的其余部分处于睡眠状态，这样可以实现非常快速的启动，功耗也能降得很低。ADC 包含采样保持电路，且是一个 10 位逐次逼近 ADC。

$\ominus$　Quad-Flat No-leads 的缩写。

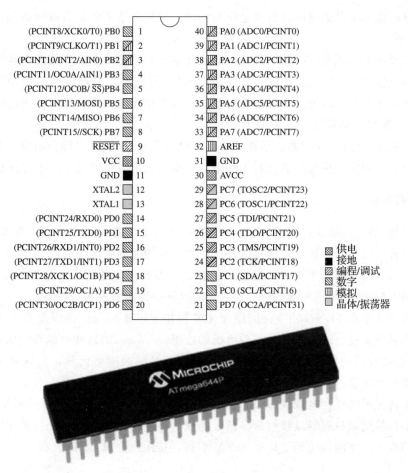

图 9-6　Atmel ATmega644P 引脚

该设备还支持 16 种差分电压输入组合。因此，它配备了 ADC 和 D/A 转换器。为了实现闭环控制系统，微控制器配备了模拟比较器（运算放大器），以比较正引脚 AIN0 和负引脚 AIN1 上的输入值。ATmega644P 微控制器的尺寸为 52.578 mm×13.970 mm×4.826 mm。

9.3　微控制器电路

9.3.1　微控制器电路板

许多微控制器都有定时器/计数器等外围设备，可以选择使用外部时钟信号（例如 ATmega644p 上的定时器）。本节将介绍几种外部设备，包括电动机、伺服器和各种传感器。这些设备连接到微控制器，用于向微控制器提供信号或由微控制器控制。

9.3.2　电动机

直流电动机是控制四旋翼飞行器运动的标准设备之一。它们负责产生推力，而推力可转化为升力。直流电动机的供电和控制方法有两种，即提供可变直流电压或连续脉冲序列。大多数直流电动机都可以由一定水平的电压供电，6～12 V 是遥控飞行器中的常用值。

微控制器应该能为电动机提供所需的电压和电流。常规电动机根据负载和所提供的电能确定转速/扭矩。

一般来说，电动机有两种驱动方式，即线性驱动和 PWM 驱动。线性电动机驱动器通过改变电动机输入电压来改变转速。相反，PWM 电动机驱动器通过改变电动机通电时间来控制转速，这种方式的优点是可以增加扭矩，因为在通电的那一段时间内电动机是全电压运行的。PWM 驱动器通常采用 H 桥。

选择完主要组件(微控制器、运算放大器和电动机)后，就可以将它们组合起来了。需要注意的是，除主要组件外还需要若干电阻，电阻的大小应根据几个点进行计算。

9.3.3　伺服电机

伺服电机(简称伺服器)是无人飞行器中的一种常见设备，主要用于实现操纵面偏转。伺服器是一种可以精确控制角位移或线位移、速度和加速度的电动机。伺服器具有内置的纠错反馈信号，可使其处于指定的速度或位置。大多数伺服器的运动范围有限(通常限制为在输出轴上旋转 $180°\sim360°$ 或更小)，它们的目标位置由输入信号控制。

尽管占空比不在 $0\%\sim100\%$，伺服器通常使用 PWM 信号。伺服电机并不依赖占空比，而是靠脉冲宽度(或持续时间)实现电机的控制。1.5 ms 的脉冲可以将伺服器移动到中立位(即其移动范围的中间位置)。虽然运动范围和时序因模型而异，但这种关系是线性的。伺服器至少每 20 ms 接收一次控制脉冲。

伺服器有三根电线：电源线(+)、接地线(—)及控制线。控制线(中间的那根线)通常是唯一需要连接到微控制器以接收命令信号的线。但是，在 Arduino Uno 板中，三根电线都会连接到板上，电源线接到 5 V 或 3.3 V 引脚，接地线接到 GND 引脚。

9.3.4　传感器

无人飞行器中有多种传感器，分别用于测量不同的数据，如温度、压力、高度、姿态、空速和位置。大多数传感器的输出是模拟信号，但有些传感器可以输出数字信号。从微控制器的角度来看，实际上只有四种类型：串行通信协议、模拟信号、一位数字信号(开/关)以及脉冲序列。例如，编码器可以处理正交计算，然后通过串行方式与微控制器通信。传感器产生的信号必须传输到微控制器进行处理。数据传输可以通过有线连接完成，也可以使用通信系统(通过发射机/接收机)通过无线电波完成。有关传感器的更多信息，请参阅第 12 章。

9.3.5　电位器

电位器是一种机电传感器[132]，主要元件是可变电阻器。它将线位移或角位移转换为电压(即电势)。当内部滑片在电阻表面上移动时，它的输出电阻会随之变化。电位器的中心滑片要连接到模拟输入引脚上。电位器(见图 9-13)有三条引线；中间那根用于命令信号，另外两根用于供电(+和—)。该传感器(电位器)的简要技术说明见第 11 章。

9.4 嵌入式系统

9.4.1 简介

微控制器在无人飞行器中的应用属于一个广泛的工程课题,即嵌入式系统。嵌入式系统是一种基于处理器的系统,它是为了实现某些功能而构建的,其设计并不像个人计算机(PC)那样由最终用户编程。机器人、现代汽车、电器、玩具和自动门等设备都配备了嵌入式系统。本节将简要介绍嵌入式系统的基本原理。

对于任意机电系统,能够提供更精准的控制是最重要的。轿车有 50 多个微控制器,分别控制各种功能的实现,如控制发动机管理系统、带电子防抱死功能的制动器、带牵引力控制和电控变速箱的传动系统、安全气囊系统、电动车窗和空调等。现代洗衣机也配有微控制器,其中包含不同的洗涤程序,为各种电动机和泵提供动力控制。

在上述情况下,嵌入式处理器控制发动机/电动机,并根据发动机/电动机的输入(如温度和加速度)更改参数和正时。

对于嵌入式系统,既要设计硬件,又要开发提供系统功能的软件。对于独立的微控制器,可见的部分是电路板以及电路板与外部设备的接线。软件会事先上传到片上存储器中,后续无法访问。有这一层保护,该系统会更加安全。

嵌入式系统主要包括:处理器、存储器、外围设备、软件及算法。微控制器可以认为是具有处理器、存储器和外围设备的独立系统,因此在许多情况下,只需要添加软件就能够在嵌入式系统中使用。

9.4.2 嵌入式处理器

不断发展的处理器为计算机体系结构提供了数据处理核心。嵌入式处理器的设计是将处理器与适当的软硬件外围设备相结合。在成本、处理能力和集成水平方面,有许多不同类型的处理器可用。在嵌入式系统中,处理器会被集成到系统中。所以,我们需要解决的问题是如何为嵌入式系统选择合适的处理器。

嵌入式处理器有四种基本的架构类型:8 位累加器、16/32 位 CISC、RISC 以及数字信号处理器(Digital Signal Processor,DSP)。虽然大多数原始设备(8 位处理器)不能再继续使用,但它们仍作为微控制器的一种类型存在。嵌入式处理器控制发动机/电动机,并根据发动机/电动机的输入(如温度和加速度)更改参数和正时。

微控制器的集成度是最高的,但它们的性能并不是最好的。但是,能够将整个系统的存储器、外围设备和处理器封装在一起是很有吸引力的,前提是其性能足够完成要求的工作。一般来说,与微处理器相比,微控制器的成本更低,性能也更低。另外,与微处理器相比,微控制器更易于集成到复杂系统中。

9.4.3 信号流

微控制器只能处理数字信号,要么发送控制信号,要么接收外部设备(例如传感器)的信号。然而,并非所有外部设备(例如电动机和机电执行机构)都使用数字信号。因此,这

369

些数字信号必须转换为模拟信号(例如电压和位置),模拟信号也必须转换为数字信号。实现这一目标的两个重要器件是 D/A 转换器和 A/D 转换器。

以所需频率对模拟信号采样,并由 A/D 转换器转换。采样频率由转换的速度决定。在每个周期中,使用 N 条指令处理一个新样本。图 9-7 展示了 D/A 转换器和 A/D 转换器的功能。

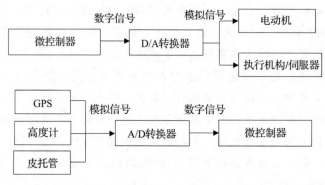

图 9-7   D/A 转换器和 A/D 转换器的功能

9.5   微控制器编程

9.5.1   软件开发

无人飞行器是一种软件密集型系统。充分理解飞行软件是无人飞行器项目成功的关键。许多无人飞行器开发项目都遇到过这样一种情况:即将完工的无人飞行器要等待软件完成才能开始飞行测试。过去由无人飞行器设计师开发的大部分软件现在都由供应商开发。无人飞行器软件(飞行控制软件、数据管理软件和地面控制站软件)正在成为一种商品。软件开发的范围被大大低估了,而且设计人员一般也不太了解。本节将介绍飞行软件的要求以及微控制器代码。无人飞行器项目需要开发若干软件,包括飞行仿真软件、地面控制站软件、MMS 软件以及微控制器软件。本节只介绍微控制器软件。

DroneDeploy 是一家领先的商用无人飞行器云软件平台公司,其提供的无人飞行器飞行软件可以使任意无人飞行器在任意设备上进行专业制图、三维建模、数据显示。DroneDeploy 于 2019 年 1 月宣布[一],其客户已在全球安全进行了 100 多万次自动无人飞行器飞行。

9.5.2   操作系统

为了便于执行和开发系统,需要着重考虑操作系统(Operating System,OS)的应用程序接口(Application Programming Interface,API)。飞行控制极为关键,需要系统提供非常可靠的实时执行能力。这里推荐使用便携式 OS 接口,一方面,它得到了广泛支持;另一方面,它允许应用程序移植,这些应用程序尝试在固定时间内重新建立通信,以执行完全自动化的操作或独立完成任务。

一   http://suasnews.com。

9.5.3 管理软件

无人飞行器管理系统（Unmanned aircraft Management System，UMS）负责管理飞行关键功能和无人飞行器操作功能。无人飞行器管理系统与指挥、控制和通信系统，各子系统以及自动驾驶仪相连。UMS 位于自动驾驶仪之前，常负责高等级的飞行路线管理。UMS 托管在一台或多台计算机上。MMS 负责管理任务关键功能，包括有效载荷控制、为下行链路选择数据反馈、数据存储、数据检索、数据融合以及有效载荷下行链路管理。将MMS 和 UMS 与其他飞行关键系统分离的体系结构通常是提高可靠性的理想选择。MMS也托管在一台或多台计算机上。

大型国防承包商可以选择专用的任务系统软件，该软件运行在 MMS 和地面控制站（GCS）上。VMS 的工作涉及子系统管理以及各种航空电子设备（由多个供应商提供）的集成。应急管理算法通常也运行于 VMS。

基于传感器数据估计无人飞行器状态的软件通常运行在采购的设备上。INS 包含惯性传感器和 GPS，所有卡尔曼滤波都在 INS 中进行。INS 通过数据总线将状态数据提供给数据使用者。许多自动驾驶仪都内置了 INS、空气数据传感器以及用于状态估计的滤波器。

地面有效载荷软件应具有以下功能：指挥有效载荷，处理有效载荷状态反馈，以及处理有效载荷收集的数据并生成可用的情报。地面有效载荷软件可运行在 MPO（Message Plus/Open）工作站、单独的任务管理处理器及其他系统上。

9.5.4 微控制器编程

微控制器程序必须能装进片上存储器中[40]，因为为系统提供外部可扩展存储器的成本很高。一般来说，微控制器的编程过程如下：

1）在集成开发环境（Integrated Development Environment，IDE）中为微控制器编写代码（即 PC 程序）。

2）调试代码。

3）将代码编译成可由微控制器执行的二进制代码。

4）用编程器（硬件）将代码从计算机传输（加载）到微控制器。

使用第三方软件可以节省非经常性工程成本，但无人飞行器设计师必须放弃某些控制权。这种由供应商提供的软件有时被称为固件。这样，无人飞行器总承包商就可以将注意力集中在 UMS 和 MMS 上。

飞行软件应当是可靠且可预测的。对一组输入做出可预测响应的软件被称为确定性软件。航空软件标准和认证方法有助于确保软件设计和软件测试方法的可靠性。许多政府合同要求软件开发商或总承包商获得相关认证。

飞行控制软件可以在自动驾驶仪（包含传感器）上运行，也可以在单独的处理器上运行。无人飞行器总承包商可以使用自己的控制律，尽管这项工作越来越多地由自动驾驶仪供应商完成。每个设备都必须能接收或提供数据。这种数据交换通常在实时操作系统（Real-Time Operating System，RTOS）上进行。

最常见的编程器是 ICSP（In-Circuit Serial Programmer，在线串行编程器），例如 8051

加载器。ISP 编程器有两个功能：将代码转换为二进制代码以及将代码从 PC 加载到微控制器。常见的数据总线类型有以太网、MIL-STD 1760、MIL-STD 1553，以及控制器区域网络（Controller Area Network，CAN）。图 9-8 展示了 ISP 输出与 40 线 PDIP 的连接方法。

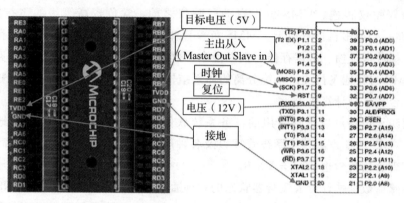

图 9-8　ISP 输出与 40 线 PDIP 的连接

9.5.5　软件集成

大多数有效载荷都需要与无人飞行器和地面站软件相连。有效载荷通常安装在无人飞行器上，是系统中不可分割的一部分，例如最常见的光电/红外（EO/IR）监视有效载荷。有效载荷工作站是地面控制站（GCS）的基础组成部分。多数无人飞行系统（UAS）被要求适配专用有效载荷，尽管这些载荷仅在一小部分任务中才会用到。无论是在空中还是在地面上，系统软件都需要针对专用有效载荷进行调整。

先进的无人飞行器配备独特的 MMS，它连接着有效载荷、数据存储设备以及有效载荷回传链路。鲁棒的任务管理架构与无人飞行器飞行关键系统是分开的。专用的片上硬件通常具有与其他设备（芯片）以数字格式（如 I^2C、SPI、USB 和以太网）通信的能力。无人飞行器软件接口通常有：有效载荷指挥与控制接口、接收无人飞行器状态数据接口、发送有效载荷状态信息接口和为存储设备或下行链路提供有效载荷输出数据流的接口。

数据总线是数据在航空电子系统中传输的媒介。数据总线通过电路将信息从数据生产者传输到数据使用者。数据会按重要性进行排序，使关键数据具有很高的通过概率。美国军用载人飞行器通常在航空电子设备和有效载荷系统中使用 1553 数据总线[127]。

9.5.6　高级编程语言

典型的高级编程语言有汇编语言、C/C++、Python 及 JavaScript。用机器语言编写的程序非常冗长。不过，用 C++ 等高级语言编写的程序代码都需要翻译成机器码，然后才能由处理器执行。翻译过程由名为汇编器的程序完成。

C 语言是一种命令式程序设计语言[133]，它使用语句来指定操作。最常见的语句是表达式语句，由要计算的表达式组成，后面跟着分号“；”。通过设计，C 语言提供了可有效映射到典型机器指令的结构。C 语言有一组固定的关键字，其中包括一整套控制命令，例如“for”“if/else”“while”。用户定义的名称与关键字没有区别。C 语言中没有“define”关键字，以类型名称开头的语句会被视为声明。也没有"function"关键字,函数由参数列表的括号指示。

C 语言中有大量的算术和逻辑运算符,如"＋"和"＝"。过程(不返回值的子程序)是函数的特例,具有无类型的返回类型"void"。"void main()"意味着函数 main()无返回值。I/O、字符串操作和数学函数等复杂功能通常交给库函数完成。注释可以出现在分隔符"/＊"和"＊/"之间,也可以出现在"//"之后,直到行尾。

基本的 C 语言源代码字符集包括小写字母、大写字母、十进制数字和图形字符。新的软件开发工具在减少错误的同时提高了开发效率。基于模型的设计方法可以先考虑需求和架构,而不是从一开始就使用代码。自动编码会根据上层设计生成软件代码。

9.5.7 编译器

"编译器"主要用于将源代码从高级编程语言转换为低级编程语言(例如汇编语言、机器码)。编译器和汇编器用于将高级语言代码和汇编语言代码转换为紧凑的机器码,以便存储在微控制器的存储器中。在不同设备中,程序存储器可能是只读存储器(只能在出厂时进行编程),也可能是闪存或可擦除只读存储器。可编程存储器还能减少部署新产品所需的准备时间。

9.5.8 调试

软件的测试和调试很重要,但也非常耗时,在整个开发周期中会占很大一部分时间。测试的目的是检查程序是否符合要求。如果检测到与规范存在差异,可能需要调试程序代码(如果原因是实现错误的话),但是如果存在设计缺陷,则可能需要重新设计软件。

9.6 C 语言编程

9.6.1 简介

C 语言是一种结构化的、与机器无关的高级语言。它让软件工程师在开发程序时无须关心硬件平台。用 C 语言编写的程序效率高、速度快。

9.6.2 C 语言程序的一般结构

C 语言程序使用 C 语言编辑器编写。源程序语句需要翻译(即编译)成计算机能执行的目标程序。进行编译时,翻译后的程序将存储在另一个扩展名为"obj"的文件中。C 语言程序的一般结构如下所示:

```
Include header file section
Global declaration section
Main()
{
Declaration part
Executable part
}
Used-defined functions
{
Statement
}
```

至于每一行代码的意义，感兴趣的读者可以参阅 C 语言书籍（如文献[133]）来了解。

9.6.3　示例代码：检测失效 LED

本节给出了检测失效 LED 的示例代码（用 C 语言编写）。这个程序将打开 AT-mega644P 40 号引脚上的 LED。为了更好地理解这段代码，我们对每一行都进行了解释。当然，要想理解这段代码还需要对 C 语言有基本的了解。

假设我们已经用电阻和 LED 设计了一个 LED 控制系统，现在在我们想知道 LED 是否正常工作。所需的反馈是 LED 是否正常工作。不能正常工作的 LED 可能是出现了短路或开路现象。我们希望微控制器能够区分正常工作的 LED 和失效的 LED。同时，我们要增大控制接口中的电阻，以防 LED 短路损坏微控制器。微控制器可以读取数字输入，LED 功能正常时数字输入为低(0)，LED 功能不正常时数字输入为高(1)。因此，微控制器将根据数字输入来判断 LED 是否正常工作。

```c
# include <avr/io.h>
# include <util / delay.h>
int main ( void ) {
unsigned int LEDstatus ;
DDRA = 0 xff;
PORTA = 0xfe;
_delay_us (1);
LEDstatus = PINB & 0x01;
return 0;
}
```

为了更好地理解这个程序的工作原理，下面将逐行进行解释。

```c
# include <avr/io.h>
```

这一行告诉编译器要包含的头文件(avr/io.h)。几乎每个程序都会有这一行代码，因为它包含定义大部分内存结构（例如所有寄存器的名称）的附加文件。大多数微控制器制造商或编译器都会包含这样一个头文件，用来定义微控制器中所有寄存器的名称。如果程序中不包含这样的文件，程序员就必须通过内存地址而不是名称来寻址寄存器。

```c
# include <util / delay.h>
```

这一行告诉编译器要包含延迟库，延迟库中包括两个函数，用来使微控制器空闲一段时间。

```c
int main ( void ) {
```

这一行是主函数。用 C 语言编写的程序都必须有一个主函数，它是程序开始执行的地方。这一行代码还指定程序没有输入(void)，但在完成时返回整数(int)。

```c
unsigned int LEDstatus;
```

这行代码会初始化变量，程序将在该变量中存储反馈信息。

```c
DDRA = 0xff;
```

这一行代码将寄存器 DDRA 的内容设置为十六进制(0x)值 ff，该值会将所有引脚设置为输出。虽然实际上只使用了其中一个引脚，但在这种情况下，将所有引脚设置为输出不会有任何问题。当多个寄存器具有相同用途时，实际的寄存器名称通常会将区分字符（本例中为 A)替换为通用字符,该字符将代表所有区分字符。对于数字区分符,通用字符通常是小写字母"n";对于字母区分符,则通常是小写字母"x"。因此,当提到 DDRx [⊖] 时,它指的是所有数据方向寄存器,而不是某个寄存器。当"x"前面是"0",后面是一串数字或字母 a～e 时,"x"表示不同的含义。在本例中,"0x"是一个指示符,代表后面的值为十六进制(即基数为 16)表示的。

```
PORTA = 0xfe;
```

这行代码会将数据寄存器中的所有位(除了位 0)都设置为高电平。由于电路使用的是低电平有效逻辑,而微控制器充当接收器,这样就打开了 LED。由于此处的默认值为 0,所以这一行可以省略。但是,如果包含这一行代码,将会关闭该端口中其他引脚上的 LED。

此外,任何能够给出相同值的语法都可以取代值"0xfe"。此语法用于十六进制,其他常见语法包括二进制(011111110)和十进制(254)。十六进制是最常用的,因为它很紧凑且易于转换到二进制(十六进制中的每个字符对应一个四位的块)。

376

```
_delay_us (1);
```

这行代码将调用延迟库中的函数,使微控制器空闲 1 μs。虽然不是必需的,但它能让系统在芯片检查反馈之前完全稳定下来。

```
LEDstatus = PINB & 0x01;
```

在 ATmega644P 中,每个 8 位端口都有三个寄存器:PINx、PORTx、DDRx。程序运行到此处时会读取端口 B 上的输入。这行代码还会对读取出的值进行按位"与"操作,并将其存储在先前初始化的 LED 状态变量中。按位"与"操作会对两个字节(PINB 和 0x01)中的每一位进行比较,并产生一个新值,当且仅当这两个输入字节对应的位都是 1 时,这个新值的对应结果位为 1。

在该程序中,此操作只会保存端口 B 引脚 0(ATmega644P 的 1 号引脚)的那一位数据,并忽略该端口的其他七位数据。

```
return 0;
```

最后一行代码为函数提供了一个整数返回值。返回语句还具有立即退出函数的作用。虽然本程序中不一定要有返回语句,但如果主函数的返回值类型不为"int",或者函数执行到末尾却没有遇到返回命令,许多编译器会报错或警告。

```
}
```

当返回语句告诉程序需要退出函数时,这个括号表示该函数的定义已经完成,括号下方的代码与该函数无关。

9.6.4　执行 C 语言程序

执行 C 语言程序有三个步骤:

1) 创建程序。应以 C 语言编写程序,然后保存文件,默认扩展名为 .c(例如,filename.c)。在这个阶段,我们需要使用 C 语言编辑器。

⊖　DDRx 代表数据方向寄存器,其中 x 可能是 A、B、C 或 D,具体取决于微控制器的类型。

2）编译程序。C 语言是一种高级语言，需要用编译器将源程序转换为可执行代码，才能由计算机运行。编译器将程序语句转换为目标程序。目标文件的文件名与源程序文件名相同，但扩展名为"obj"（例如，filename. obj）。这个阶段，我们需要使用 C 语言编译器。

3）执行程序。编译完成后，输入文件名（例如，filename）并按下＜Enter＞键，运行生成的可执行文件。在这个阶段，不需要软件。

总之，在执行 C 语言程序之前需要用到两个软件。

9.7 Arduino

9.7.1 Arduino 概述

Arduino 是一种开源硬件（例如微控制器）和软件[134,135]。它直接与传感器（例如陀螺仪和惯性测量单元）相连，处理的是原始数据。Arduino 拥有一系列硬件产品，包括开发板、模块（较小尺寸的经典开发板）、保护壳（可以插在电路板上提供额外功能的元件）和工具包。Arduino 硬件（如开发板）能够读取输入，并在处理后生成输出。

Arduino 越来越受欢迎，并且已经成为包括无人飞行器在内的数千个工业项目的"大脑"。Arduino 网站[136]提供了各种资源，包括 Arduino 软件包的代码和安装过程。通过 Arduino 软件，用户可以编写程序并将其上传到开发板。Arduino 板可以通过 USB 线连接到计算机。比较流行的 Arduino 板有 Uno、Due、Mega、Leonardo、Micro、Mini、MKR、Nano、Pro 和 Fio。

使用 Arduino 实现无人飞行器项目主要需要三个组件：Arduino 板、外部硬件（包括保护壳和手工电路）以及 Arduino IDE。Arduino 是开源硬件，所以我们可以找到很多可用于无人飞行器项目的"Arduino 兼容"设备。Arduino 板可以通过同一个 IDE 进行编程，因此仅需少量的更改甚至无须更改，就可以将任意一种现代 Arduino 板应用于某个项目。

Arduino 板有许多关键组件和功能。例如，Arduino Uno 板具有以下组件：Atmel 微控制器单元（通常为 ATMega328p）、USB 通信接口、电压调节器和电源连接、I/O 引脚、调试和电源指示灯、复位按钮以及 ICSP 连接器。Arduino 可以通过 DC 电源插座或 V_{in} 引脚接入 6～20 V 直流电。Arduino 内置 5 V 和 3.3 V 电压调节器。

图 9-9 展示了 Arduino 板与无人飞行器传感器、操纵面、电动机、电池以及通信系统之间的接线图。电动机是唯一由电池直接供能的组件。其他组件将通过 Arduino 板获得电能。开发板（即微控制器）在发送控制命令或接收测量信号的同时向其他组件提供电能。

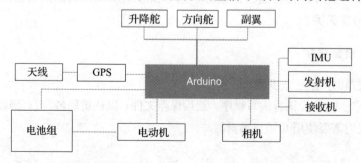

图 9-9 无人飞行器中的 Arduino 接线图

9.7.2 Arduino 编程

Arduino 同时提供了硬件（板）和软件，但是，我们必须通过 Arduino 软件进行编程，以实现设计目的。任何人都可以从 Arduino 网站 https://www.arduino.cc/en/Main/Software[136] 免费下载 Arduino 软件。你需要通过此软件编写 Arduino 代码并将其上传到 Arduino 开发板。此外，文献[134]中所有 Arduino 代码都可以从 http://www.wiley.com/go/exploringarduino 下载。

Arduino 开发环境包含文本编辑器、消息区域、文本控制台、带有常用功能按钮的工具栏和一系列菜单。图 9-10 展示了 Arduino 软件窗口的主菜单。使用 Arduino 软件编写代码时，不需要任何单独的编译器就可以直接将代码上传到 Arduino 板。实际上，我们可以用"verify"命令编译并检查代码。用 Arduino 编写的程序被称为 Sketch。在文件（File）、编辑（Edit）、草稿（Sketch）、工具（Tools）和帮助（Help）这五个菜单中可以找到其他命令。带箭头的工具栏按钮可以编译代码并将其上传到Arduino 板。

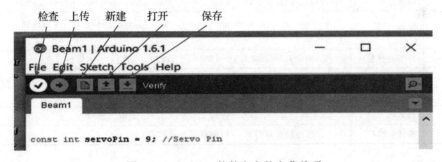

图 9-10　Arduino 软件和它的主菜单项

Sketch 是 Arduino 程序的代称，是上传到 Arduino 板上运行的代码单元。需要从 Arduino 库（即开放存储库）下载头文件（name.h）时，可以通过"Sketch"菜单添加。然后，在 Sketch 顶部为每个头文件插入一个 #include 语句。

Arduino 编程语言[137]使用户可以访问 A/D 转换器、输入/输出引脚、通信总线、串行接口等微控制器外围设备。Atmel 微控制器程序一般用 C 语言或汇编语言编写，并使用专用编程器通过 ICSP 接口编程。在 Arduino 板中，无须使用单独的编程器和外部硬件就可以通过 USB 接口轻松编程。这个功能主要通过 ad 引导加载程序实现。

Arduino 编程语言主要分为三个部分：结构、值（变量和常量）和函数。函数用于控制 Arduino 板以及执行计算。变量用于引入 Arduino 数据类型和常量。Arduino 程序的结构与 C 语言程序（如 9.6 节所述）非常类似。Arduino 的软件结构包括两个主要函数，即 setup() 和 loop()。setup() 函数在进程开始运行时调用，使用它可以完成变量初始化、引脚模式设定、库文件引入以及初始值设置。顾名思义，loop() 是连续循环，允许程序进行更改和响应。

表 9-3 和表 9-4 列出了 Arduino 编程中会用到的一些函数和语法。与许多编程平台类似，Arduino 编程环境可以通过库[136]进行扩展。库为 Sketch 提供了额外功能，例如，使用硬件或处理数据。任何 Arduino 代码都必须通过计算机和数据线上传到 Arduino 板中。

表 9-3　Arduino 编程中的函数

序号	函数组	举　　例
1	数字 I/O 接口	digitalRead()、digitalWrite()、pinMode()
2	模拟 I/O 接口	analogRead()、analogReference()、analogWrite()
3	时间	delay()、delayMicroseconds()、micros()、millis()
4	数学运算	abs()、constrain()、map()、max()、min()、pow()、sq.()、sqrt()
5	三角运算	cos()、sin()、tan()
6	字符运算	isAlpha()、isAscii()、isControl()、isDigit()、isGraph()、isPrintable()
7	位和字节	bit()、bitClear()、bitRead()、bitSet()、bitWrite()、highByte()、lowByte()
8	通信	serial、stream
9	USB	keyboard、Mouse

表 9-4　构成 Arduino 程序的元素

序号	语法组	举　　例
1	Sketch	loop()、setup()
2	控制结构	break、continue、do⋯while、else、for、goto、if⋯else、return、while
3	常规	♯define(定义)、♯include(包括)、/ * * /(块注释)、//(单行注释)、;(分号)、{}(花括号)
4	算术运算符	%(取余)、*(录)、+(加)、−(减)、/(除)、=(赋值运算符)
5	比较运算符	!=(不等于)、<(小于)、<=(小于或等于)、==(等于)、>(大于)、>=(大于或等于)
6	布尔运算符	!(逻辑"非")、&&(逻辑"与")、||(逻辑"或")
7	指针运算符	&(取地址运算符)、*(间接寻址运算符)

9.7.3　Arduino Uno 板

379
〜
380

Arduino Uno 微控制器是 Arduino 的旗舰型号，也是 Arduino 系列中最受欢迎的开发板。图 9-11 展示了其主要组件，每个组件都标有数字。输入和输出引脚分别在顶部和底部。28 个引脚的微控制器位于下部中心位置。本节将介绍 Arduino 板的主要组件和特点。

- **电源接口**：图 9-11 中的 1、2、7。只需将 USB 线连接到 USB 口(图中的 1)，就可以用笔记本计算机/计算机为 Arduino 板供电。另一种方法是通过电源线将接口(图中的 2)连接至电源。外部电源也可通过 Vin(图中的 7)引脚为 Arduino 板供电。

- **复位**：图 9-11 中的 3 和 10。Arduino Uno 板有两种复位方式，即使用板上的复位按钮或将外部复位按钮连接到有 RESET(图中的 3)标记的引脚。

- **电源输出引脚**：图 9-11 中的 4、5 和 6。Arduino 板可以为外部组件(例如电位器)提供电能。大多数与 Arduino 板配合使用的组件(例如伺服电机)都工作在 3.3 V 和 5 V 电压下。一个引脚(图中的 4)输出 3.3 V 电压，另一个引脚(图中的 5)输出 5 V 电压，还有一个接地引脚(图中的 6)。开发板上有多个 GND 引脚，任意一个都可以用来给组件接地。

- **模拟引脚**：图 9-11 中的 8。Uno 有六个模拟输入引脚，即 A0〜A5。外部模拟传感器(如温度计)通过这些引脚连接到开发板。模拟输入引脚可以读取传感器信号，并将其转换为微处理器能读取的数字值。

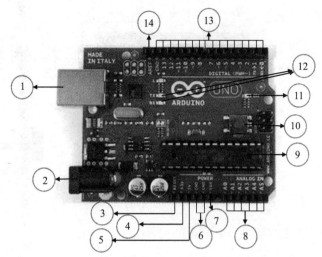

图 9-11 Arduino Uno 板组件

- **微控制器**：图 9-11 中的 9。每个 Arduino 板都有微控制器，通常由 Atmel 公司制造。

381

- **电源 LED 指示灯**：图 9-11 中的 11。Arduino 板电源接通时，LED 亮起。
- **TX 和 RX LED**：图 9-11 中的 12。发送串行数据时 TX LED 闪烁。接收信号时 RX LED 闪烁。
- **数字 I/O**：图 9-11 中的 13。Uno 有 14 个数字输入/输出（I/O）引脚。这些引脚可以配置为读取逻辑值（0 或 1）的输入引脚，也可以配置为驱动不同模块（如 LED 和继电器）的输出引脚。标有 "～" 的六个引脚可用于输出 PWM 信号。
- **AREF**：图 9-11 中的 14。AREF 表示模拟参考。它可以将外部参考电压（0～5 V）设置为模拟输入引脚的上限。

Arduino Uno 是非常可靠的开发板，价格也不贵（约 25 美元）。Arduino 中使用的编程语言是 C 语言，Arduino 网站上也有大量免费的库可供下载。

9.7.4 升降舵的开环控制

本节将介绍一个用 Arduino 板控制伺服电机位置的实验。本实验的一般应用是操作员通过遥控器操纵杆（这里是电位器）控制无人飞行器姿态（即俯仰角）。

在固定翼无人飞行器中，通常由伺服电机驱动操纵面（如升降舵）偏转。为了简化实验，我们用两根电线代替通信系统（发射机和接收机）。图 9-12 给出了升降舵开环（即无反馈）控制的框图。

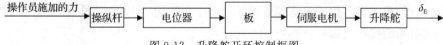

图 9-12 升降舵开环控制框图

该示例使用了 Arduino 伺服库[136]。为了实现功能，共需四个硬件：Arduino 板、伺服电机、电位器以及连接线。伺服电机和电位器（见图 9-13）都有三根线，红色线（电位器的在中间，伺服电机的在左侧或右侧）用于传输命令/测量信号，另外两根是电源线（正极和负极）。因此，电位器左/右接线，以及伺服电机中间的线是电源线（例如，5 V 电源）。

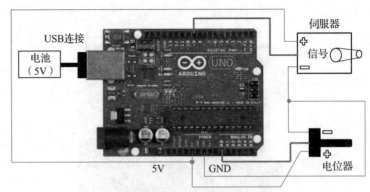

图 9-13　伺服控制系统的电路、接线和原理图

以下是需要编写并上传到 Arduino 板的代码：

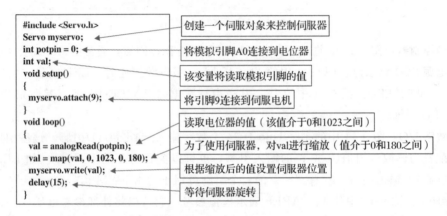

```
#include <Servo.h>                              创建一个伺服对象来控制伺服器
Servo myservo;
int potpin = 0;                                 将模拟引脚A0连接到电位器
int val;
                                                该变量将读取模拟引脚的值
void setup()
{
  myservo.attach(9);                            将引脚9连接到伺服电机
}
void loop()
{                                               读取电位器的值（该值介于0和1023之间）
  val = analogRead(potpin);
  val = map(val, 0, 1023, 0, 180);             为了使用伺服器，对val进行缩放（值介于0和180之间）
  myservo.write(val);                           根据缩放后的值设置伺服器位置
  delay(15);                                    等待伺服器旋转
}
```

利用 Arduino 软件，通过数据线将代码从计算机上传到 Arduino 板。代码中添加了一些注释，用来解释某些语法和命令的含义。代码上传完毕后，就可以断开开发板与计算机的连接，然后开始实验。

图 9-13 展示了伺服控制系统的电路、接线和原理图。伺服电机有三根线，分别为电源线、接地线和信号线。电源线（在中间，通常是红色的）连接到 Arduino 板的 5 V 引脚。接地线连接到开发板的接地引脚。信号线与开发板的引脚 9 相连。此外，应将电位器外侧的两根线分别接到电源（+5 V）和地，并将中间的线（信号线，通常为红色）连接到开发板的 0 号模拟输入引脚。

接完线后，按下开发板上的"开始"按钮开始实验。伺服电机开始旋转，然后停在预定角度（由电位器指示）。当我们旋转电位器时，伺服电机会相应地旋转。电位器类似于遥控器操纵杆。伺服电机类似于升降舵等操纵面。主要区别在于，发射机会将遥控器信号发送到无人飞行器的接收机。

9.7.5　Arduino 和 MATLAB

MATLAB（使用高级解释语言）为 Arduino 硬件提供了专用支持包。因此，无须编译就可以看到I/O命令的结果。MATLAB 内含数千个数学、工程及绘图函数，用户可以快速分析并可视化 Arduino 的数据。用户可以通过 MATLAB 与 Arduino 进行通信，并控制

Arduino 输入和输出。

通过 MATLAB 软件包，Arduino 开发板用户可以从 Arduino 板获取模拟/数字传感器的数据，驱动并控制相关设备（如伺服电机），编写脚本，开发可在 Arduino 上独立运行的算法，通过 USB 线或 Wi-Fi 与 Arduino 板通信。为了使用这些功能，你需要购买 Arduino 工程套件，下载并安装硬件支持包。

MATLAB 支持包同时为 MATLAB 代码和 Simulink 模型提供支持。用户应提前安装并配置 MATLAB 支持包。有了这些 MATLAB 插件，用户可以在 MATLAB 上编写代码，然后在 Arduino 板上编译、加载并运行。通过该支持包，用户可以读/写 Arduino 板的 I/O 引脚，还可以通过 I2C 或 SPI 等与外围设备通信。注意，MATLAB 软件包并不能完美支持 Arduino 板的所有硬件功能。MATLAB 支持包在 Arduino 板中的应用是一种硬件在环仿真（见 5.9.3 节）。

举一个简单的例子，以下 MATLAB 代码会使 Arduino Due 板上的 LED 每 2 秒闪烁一次。

```
ledPin = 'D13';
deltaT_blink = 2;
port = 'COM5';
board = 'Due'
a = arduino(port, board);
```

运行以上代码需要遵循以下步骤：（a）用 USB 线将 Arduino Due 板连接到计算机；（b）在计算机上运行 MATLAB；（c）为 Arduino 硬件安装 MATLAB 支持包；（d）编写上述 MATLAB 脚本；（e）运行代码。回想一下，Arduino Due 的 13 号数字引脚上已有自带的 LED（是开发板的一部分）。单击 MATLAB 中的"运行"（Run）按钮，计算机和 MATLAB 会与 Arduino Due 通信。然后，MATLAB 代码将在 Arduino Due 上编译、加载并运行。

除了 MATLAB 代码，Simulink 模型也可以通过 Arduino 板控制设备。建议读者自行了解 Simulink 模型开发，Simulink 会以类似的流程通过 Arduino 板控制设备。

9.8　开源商用自动驾驶仪

开源商用自动驾驶仪广泛应用于遥控飞行器中。市面上有许多开源自动驾驶仪，无人飞行器设计师可以从供应商处选择成品自动驾驶仪。本节将简要回顾几种流行的自动驾驶仪（即 ArduPilot、MicroPilot、DJI WooKong 和 PX4 Pixhawk）。

9.8.1　ArduPilot 自动驾驶仪

ArduPilot 是一种用于自主无人飞行器的自动驾驶仪硬件。它是一种开源无人飞行器平台[138]，能够控制自主多旋翼飞行器、固定翼飞行器、传统直升机、漫游车和天线跟踪器。ArduPilot 平台屡获殊荣，可用于自主稳定、基于路径点的导航，还可通过 Xbee 无线模块实现双向遥测。该系统使用的 IMU 由加速度计、陀螺仪和磁强计组成。如今的 ArduPilot 几乎完全用 C++编写，并且已经发展到可以在一系列硬件平台和操作系统上运行。

ArduPilot 项目⊖是一系列基于 Arduino 开源计算平台的开源自动驾驶仪。它包括一系

⊖　http://ardupilot.org.

列针对不同无人飞行器的电子产品和免费软件程序。该自动驾驶仪可以由用户设置，固件也可以通过应用程序加载。基于 Arduino 的嵌入式编程工具包具有完整的任务脚本。

ArduPilot 可以处理自主起飞、着陆以及特殊动作命令，例如摄像机控制。它具有双向遥测和在线飞行控制功能。其测量硬件包括三轴陀螺仪、三轴加速度计、三轴磁强计和气压高度计。此外，ArduPilot 内置硬件故障安全处理器，即使无线电控制丢失，飞行器也可以返回起飞点。目前可用的 ArduPilot 产品是 ArduPilot Mega(APM)。一个 ArduPilot 单元的成本为 $200\sim300$ 美元。ArduPilot APM 2.6(见图 9-14)有 8 个 RC 通道和 4 个串行端口，可以将遥控(RC)飞行器转换为完全

图 9-14 ArduPilot APM 2.6

自主的无人飞行器。它的控制系统采用 PID 控制律，操作者可以调整 PID 增益。

PID 参数主要针对初始飞行和设置操作期间的稳定模式进行调整。PID 增益有默认值，但对于每种不希望出现的行为都有建议值和误差补偿。例如，用于俯仰控制的 K_P 默认值[138] 为 4.5。每个功能的 PID 变量均可在任务规划器软件中修改。俯仰 PID 值从属于滚转 PID 值。制造商的建议是不断调整 PID 中 K_P 的值，直到滚转/俯仰控制以及自动调平顺利工作。

9.8.2 PX4 Pixhawk 自动驾驶仪

PX4 Pixhawk 是一款开源(开放式硬件)的专业自动驾驶仪，具有类似 Unix/Linux 的编程环境。PX4 是一种集开源飞行控制软件和开放式硬件于一体的控制器，适用于无人飞行器、地面车辆等多种运动平台。PX4 也可以根据具体需求进行定制。来自世界各地的行业专家和研究人员参与了该合作项目。它使开发人员能够创建具有灵活核心的自定义无人飞行器操作系统。PX4 起源于瑞士苏黎世联邦理工学院(ETH)计算机视觉与几何实验室和自主系统实验室的 PIXHAWK 项目。

Pixhawk(http://www.pixhawk.org)的设计源于 PX4 项目，并由 3D Robotics 制造。它采用了意法半导体(ST Microelectronics)和 NuttX RTOS 的先进处理器和传感器技术，其目标是以低成本和高可用性实现自主飞行器的高性能、灵活、可靠控制。

PX4 自动驾驶仪的微处理器配备带 FPU 的 32 位 STM32F427 Cortex M4 核心、168 MHz/256 KB RAM/2 MB 闪存，以及 32 位 STM32F103 故障安全协处理器。传感器包括 ST Micro L3GD20H 16 位陀螺仪、ST Micro LSM303D 14 位加速度计/磁强计和 MEAS MS5611 气压计。自动驾驶仪质量为 38 g，长度、宽度和厚度分别为 81.5 mm、50 mm 和 15.5 mm。

9.8.3 MicroPilot 自动驾驶仪

销售商用自动驾驶仪的 MicroPilot ⊖公司为微型、小型和大型无人飞行器制造商

⊖ www.micropilot.com。

（NASA、雷声公司和诺斯罗普·格鲁曼公司）以及大型国防和研究企业提供服务。它还提供一系列自动驾驶仪、软件、配件，以及定制的无人飞行器培训和集成服务。MicroPilot 生产用于无人飞行器的电路板、闭源自动驾驶仪、地面控制软件（HORIZON）、软件开发人员工具包（XTENDER）以及硬件在环仿真系统（trueHWIL）。它还销售用于遥测、罗盘、AGL 和 ADC 的数据链。

代表产品有单用途自动驾驶仪（MP2x28^{XP}）和 VTOL 自动驾驶仪（MP2128^{HELI}）。MicroPilot 的 MP2x28 于 2004 年推出，质量为 28 g（尺寸为 4 cm×10 cm），适用于迷你型/小型无人飞行器。

2010 年，MicroPilot 推出了一款用于旋翼和固定翼无人飞行器的三余度自动驾驶仪（MP2128^{3X}）。图 9-15 展示了 MicroPilot MP2128^{3X} 三余度无人飞行器自动驾驶仪，它具有冗余无线电调制解调器、冗余 RC 覆盖、集成无线电调制解调器和备用微处理器等功能。它将三轴陀螺仪/加速度计、GPS、气压高度计、空速传感器集成在同一块电路板上。它能在保持高度和空速的同时进行 GPS 路径点导航。每个陀螺仪都有独立的 24 位 A/D 转换器，采样率为 1 kHz，为姿态估计提供了最佳性能。

图 9-15　MicroPilot MP2128^{3X} 三余度无人飞行器自动驾驶仪

在其控制系统中，有可自定义的 PID 反馈回路。自动驾驶仪的导航系统能够存储 1000 个路径点，并且可以更改路径点的高度和空速。它能够以 50 Hz 的更新率驱动 8 路/16 路/24 路伺服器。其遥测系统能以 5 Hz 的遥测更新率、5 Hz 的数据日志更新率传输 100 个用户定义的字段。表 9-5 给出了这款自动驾驶仪的其他特点。

表 9-5　MicroPilot MP2128^{3X} 自动驾驶仪的特点

序号	参数	数值/特点
1	高度计	最大高度：12 000 m
2	传感器	● 三轴加速度计，量程 5g ● 三轴速率陀螺仪 ● 最大角速率：150(°)/s
3	供电电压	4.2～26 V
4	电流	192 mA(6.5 V 电压下)
5	尺寸	长 10 cm，宽 4 cm，高 1.5 cm
6	质量	28 g(包括 GPS 接收器、陀螺仪和所有传感器)
7	GPS	更新率：1 Hz

9.8.4　DJI WooKong 自动驾驶仪

WooKong-M 是一款具有自调平和高度保持功能的自动驾驶系统（http://www.dji.com），能够减轻 RC 多旋翼飞行器操作员的压力。该自动驾驶仪的质量为 118 g，控制器尺寸为 51.2 mm×38 mm×15.3 mm，IMU 尺寸为 41.4 mm×31.1 mm×27.8 mm，GPS 模块尺寸为 50 mm（直径）×50 mm。它配备了接收机、二轴平衡框架、三种自动驾驶模式。它有三个重要功能：自主返航功能、自动着陆功能及智能方向控制功能。

9.9 设计流程

前面已经介绍了微控制器的基本原理及其主要组件的功能。本节将介绍微控制器的设计和开发流程。微控制器的开发[139]一般从需求分析开始，并以测试和维护结束。图 9-16 给出了微控制器的设计、选择或开发流程图。整个过程有许多反馈，以便检查设计是否满足要求。迭代一直进行到满足设计要求为止。

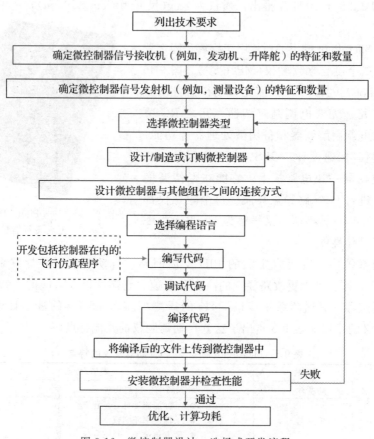

图 9-16   微控制器设计、选择或开发流程

应该注意的是，包括控制器在内的飞行仿真代码是并行开发的。所以，在编写微控制器代码前，必须进行控制器设计和飞行仿真。飞行控制器必须在飞行仿真中有令人满意的表现，才能将其加入微控制器代码。

9.10 项目设计

本节将以设计项目的形式演示微控制器在控制系统中的应用。设计目标是控制水平梁上的球，并将球保持在给定位置。在本项目中，我们选择使用 Arduino Uno 板。

9.10.1 问题陈述

水平板或水平梁上的球显然是临界稳定的。如果施加扰动，球会移动到新的位置，并且不会回到初始位置。这个示例项目的目标是设计、构建并实现一个闭环控制系统，将球保持在期望位置。控制要求是超调小于 15%、上升时间小于 2 s、稳定时间小于 5 s。目标是将球保持在距测距仪 20 cm 处。

9.10.2　设计与实现

为了实现这一目标，需要以下设备：水平梁平衡机构（见图 9-17）、球、Arduino Uno 板、计算机、USB 线及导线。使用的传感器是超声波测距仪（激光雷达），用来识别物体（即球）并测量球的距离。

图 9-17　水平梁平衡机构

针对该项目，编写了三段代码：Arduino 代码、用于绘图的 MATLAB 代码以及用于确定 PID 增益的 MATLAB 代码。开发 Arduino 代码是为了控制水平梁上的球，并将其保持在期望距离处（即不允许球碰到水平梁两端）。本节给出了这两段代码。使用 Arduino 软件和 USB 线将 Arduino 代码编译并上传到 Arduino Uno 板。MATLAB 代码用于实时绘制球的位置变化。Arduino Uno 板的接线如图 9-18 所示。

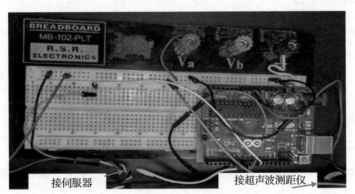

图 9-18　Arduino Uno 板接线图

在这个装置中，梁的一端（右）可以旋转。伺服器驱动另一端（左）上下移动。伺服器的指令来自微控制器。本实验使用的伺服器是 HS-7985MG 高扭矩数字伺服电机。该伺服电机通过导线连接到开发板的 9 号模拟引脚。

9.10.3 Arduino 代码

球-梁控制系统的 Arduino 代码如下:

```
#include<Servo.h>
#include<PID_v1.h>
const int servoPin = 9; //Servo Pin
float Kp = 5; //Initial Proportional Gain
float Kd = 3; //Intitial Derivative Gain
float Ki = 3; //Initial Integral Gain
double Setpoint, Input, Output, ServoOutput;
PID myPID(&Input, &Output, &Setpoint, Kp, Ki, Kd, DIRECT);
Servo myServo;
void setup()
{
Serial.begin(9600);
myServo.attach(servoPin);
Input = readPosition();
myPID.SetMode(AUTOMATIC);
myPID.SetOutputLimits(-85,85);
}
void loop()
{
Setpoint = 20;
Input = readPosition();
myPID.Compute();
ServoOutput=99+Output;
myServo.write(ServoOutput);
}
float readPosition() {
delay(50);
const int pingPin = 7; //Trig Pin Arduino 7
const int pingPin2 = 6; //Echo Pin Arduino 6
long duration, cm;
unsigned long now = millis();
pinMode(pingPin, OUTPUT);
digitalWrite(pingPin, LOW);
delayMicroseconds(2);
digitalWrite(pingPin, HIGH);
delayMicroseconds(5);
digitalWrite(pingPin, LOW);
pinMode(pingPin, INPUT);
duration = pulseIn(pingPin2, HIGH);
cm = duration /(24.5*2);
if(cm > 50)
{cm=49;}
Serial.println(cm);
return cm;
}
```

这里没有解释每行代码,只给出了纯代码。读者可以在本书的网站上查看代码解释。

9.10.4 程序

本项目实验步骤(分为四组)如下:

(1)开始

a) 用 USB 线将 Uno 板连接到计算机。

b) 打开计算机。

c) 打开 MATLAB 软件。

d) 打开 Arduino 软件。

（2）MATLAB 仿真

a) 编写 MATLAB 代码进行仿真。

b) 估计适当的 K_P、K_I 和 K_D 值。

c) 运行。

d) 观察阶跃响应。

e) 调整数值，直至得到所需响应。

（3）Arduino 程序

a) 编写 Arduino 代码。

b) 输入 MATLAB 仿真得到的 K_P、K_I 和 K_D。

c) 将水平梁上的 Arduino 板插入计算机。

d) 选择 Arduino Uno 作为开发板。

e) 选择与 Arduino 对应的 COM 端口（或将 Arduino 分配给某个 COM 端口）。

f) 编译（即验证）。

g) 上传 Arduino 代码（即打开）。

h) 按<Ctrl＋Shift＋M>打开串行监视器（在工具栏下方）。

i) 将球放在水平梁上，等球稳定。

（4）MATLAB 程序绘图

a) 编写 MATLAB 代码进行绘图。

b) 运行代码。

c) 绘制响应曲线或达到稳态时停止代码运行。

顺便说一句，步骤 4 也可以用 Excel 软件完成：

a) 拔掉 Arduino Uno 板（即关闭）。

b) 将串行数据（从窗口）复制到 Excel 中。

c) 绘制时间响应曲线。

9.10.5 用于实时绘图的 MATLAB 代码

编写 MATLAB 代码进行实时绘图，利用该 MATLAB 模块可以生成实时输出。该代码允许 MATLAB 软件与 Arduino Uno 板进行通信。注意，该 MATLAB 代码用于在 Arduino 代码运行时绘图。但是，也可以在拔掉 Arduino 后，使用 Excel 替代 MATLAB 进行绘图。用于实时绘图的 MATLAB 代码如下：

```
clear all
close all
clc
arduino=serial('COM3','BaudRate',9600); % create serial com-
munication object on port COM18
fopen(arduino); % initiate Arduino communication
CM(1)=0;
time(1)=0;
i=1;
tic;
```

```
while (toc<=100)
    CM(2)=fscanf(arduino,'%f');
    time(2)=toc;
    figure(1);
    grid on;
    axis([toc-10, toc+10, 0, 35])
    h(i)=plot(time,CM,'b','LineWidth',5);
    hold on
    CM(1)=CM(2);
    time(1)=time(2);
 if(i >= 300)
    delete(h(i-299));
    end
i=i+1;
end
fclose(arduino); % end communication with arduino
```

本节未提供评估/确定 PID 增益的 MATLAB 代码。确定这种临界稳定系统的 PID 增益的方法将留给读者研究。该 MATLAB 代码的实现需要借助球–梁机构的数学模型。第 6 章介绍了使用 PID 控制器设计控制系统的方法。

392

9.10.6　系统响应和结果

控制目标是将球保持在距测距仪 20 cm 处。图 9-19 展示了球在水平梁上位置的变化。该响应表明，超调量和上升时间满足要求，但稳定时间未达到要求。这种缺陷在预料之中，因为球–梁系统是临界稳定的，而不是完全稳定的。

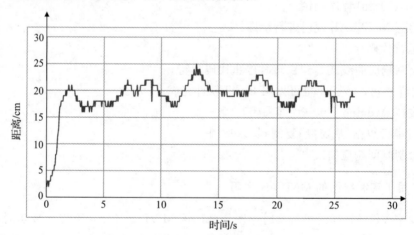

图 9-19　球在水平梁上位置的变化

简答题

1. 微控制器的主要功能是什么？
2. 无人飞行器自动驾驶仪中微控制器的主要功能是什么？
3. 哪些自动驾驶活动是通过微控制器执行的？
4. 说出微控制器和微处理器的三个区别。
5. 说出至少三个微控制器设计公司/制造商/架构出售方/供应商。
6. A/D 和 D/A 代表什么？

7. 简述微控制器特点。

8. 描述哈佛体系结构。

9. 说出至少五个微控制器主要模块。

10. 说出至少两种高级编程语言。

11. 编译器的功能是什么？

12. 飞行仿真软件与微控制器代码有什么区别？简单描述一下。

13. 说出至少三个无人飞行器开发软件。

14. 描述微控制器代码的开发流程。

15. 地面有效载荷软件有哪些功能？

16. 描述 ArduPilot 的特点。

17. 描述 MATLAB(m 文件)中的代码(计算机程序)是如何转换并传输到微控制器的，即编程的四个主要步骤。

18. 什么是 Arduino?

19. 描述 Arduino 的编程语言。

20. 描述 Arduino Uno 板的特性。

21. 电位器的三根线分别是什么？解释每一根的作用。

22. 伺服电机的三根线分别是什么？解释每一根的作用。

23. 绘制微控制器与传感器、伺服器、通信系统的典型连接示意图。

24. 列出至少四个从微控制器接收信号的组件/传感器。

25. 列出至少四个向微控制器发送信号的组件。

26. CPU 代表什么？

27. 说出两种模拟信号。

28. 简述 Atmel ATmega644P 微控制器的特点。

29. 简述作为伺服器的直流电动机的特点。

30. 说出两种直流电动机驱动器。

31. 伺服电机的功能是什么？

32. 伺服器的三根线分别有什么作用？

33. 电位器的作用是什么？

34. 列出至少三个开发大型 UAS 所需的软件。

35. 简述 UMS 的特点。

36. 简述 PX4 Pixhawk 自动驾驶仪的特点。

37. 简述 DJI WooKong 自动驾驶仪的特点。

38. 简述 MicroPilot MP2128 自动驾驶仪的特点。

39. 简述 Arduino 硬件的 MATLAB 专用支持包。

40. 简述使用 MATLAB 软件通过 Arduino 板控制设备的过程。

练习题

1. 根据以下转换公式用 C 语言编写一段代码，将给定的华氏温度转换为摄氏温度：

$$C = \frac{F - 32}{1.8}$$

2. 用 C 语言编写一段代码，将给定的摄氏温度转换为热力学温度。

3. 根据公式 $P = IV$ 用 C 语言编写一段代码，通过给定的传感器电压(V)和电流(I)确定其功率。

4. 用 C 语言编写一段代码，求解一元二次方程 $ax^2 + bx + c = 0$。

5. 用 C 语言编写一段代码，求解方程 $ax^3 + bx^2 + c = 0$。

6. 以下代码的输出是什么？

```
void main()
{
char *s="\12345s\n";
printf("%d",sizeof(s)):
}
```

7. 为 Arduino Uno 板编写代码，使伺服电机的轴来回扫过 $90°$。

8. 为 Arduino Uno 板编写代码，使伺服电机的轴来回扫过 $180°$。

9. 为 Arduino Uno 板编写代码，使伺服电机的轴来回扫过 $\pm30°$。这是一个副翼的模型。

10. 为 Arduino Uno 板编写代码，使左右两个伺服电机的轴来回扫过 $\pm30°$。这是两个副翼的模型。因此，请确保当一个副翼向上偏转时，另一个副翼向下偏转。

11. 当摄像头是唯一的传感器时，为 Arduino Uno 微控制器编写代码，以控制某扇门的关闭/打开。假设 PID 增益为 $K_P = 2$，$K_I = 3$，$K_D = 0.2$。当有人距门 2 m 以内时，激活执行机构。

12. 当测距仪是唯一的传感器时，为 Arduino Uno 微控制器编写代码，以控制某扇门的关闭/打开。假设 PID 增益为 $K_P = 24$，$K_I = 1.2$，$K_D = 0.05$。当有人距门 2 m 以内时，激活执行机构。

13. 编写一段 Arduino 代码，从测距仪接收信号并创建模拟输出(电压)。

14. 编写一段 Arduino 代码，从高度计接收信号并创建模拟输出(电压)。

15. 编写一段 Arduino 代码，使用测距仪测量无人飞行器到障碍物的距离。

16. 编写一段 Arduino 代码，使用速率陀螺仪测量无人飞行器姿态。

17. 编写一段 Arduino 代码，使用加速度计测量无人飞行器地速。

18. 编写一段 Arduino 代码，使用加速度计测量无人飞行器位移。

19. 编写一段 Arduino 代码，使用皮托管测量无人飞行器空速。

20. 编写一段 Arduino 代码，使用超声波传感器测量无人飞行器油箱中的燃油油位。

21. 编写 MATLAB 代码，使 Arduino Uno 上的 LED 每 1 秒闪烁一次。在此代码中，可以使用针对 Arduino 硬件的 MATLAB 支持包。

22. 编写 MATLAB 代码，使 Arduino Mega 上的 LED 每 0.4 秒闪烁一次。在此代码中，可以使用针对 Arduino 硬件的 MATLAB 支持包。

23. 编写 MATLAB 代码，使 LED(连接到 Arduino Uno)闪烁五次。在此代码中，可以使用针对 Arduino 硬件的 MATLAB 支持包。

24. 编写一段 Arduino 代码，使用温度计测量空气温度。

设计题

1. 使用 Arduino Uno 设计并构建控制系统，通过模拟电位器控制伺服器的位置。由指导老师提供设备。

2. 使用 Arduino Uno 设计并构建控制系统，通过数字电位器控制伺服器的位置。由指导老师提供设备。

3. 使用 Arduino Uno 设计并构建控制系统，从皮托管读取气压，将结果发送到计算机并绘制结果图。由指导老师提供设备。

4. 使用 Arduino Uno 设计并构建控制系统，根据皮托管（在风洞中）的输出计算空速，将结果发送到计算机并绘制结果图。由指导老师提供设备。

5. 使用 Arduino Uno 设计并构建控制系统，从温度计读取温度数据并保存。由指导老师提供设备。

6. 使用 Arduino Uno 设计并构建控制系统，从高度计读取高度数据，并保存到笔记本计算机中。由指导老师提供设备。

7. 使用 Arduino Uno 设计并构建控制系统，从模拟力传感器读取施加的力，并保存到笔记本计算机中。由指导老师提供设备。

397

8. 使用 Arduino Uno 设计并构建控制系统，从数字力传感器读取施加的力，并保存到笔记本计算机中。由指导老师提供设备。

9. 使用 Arduino Uno 设计并构建控制系统，控制一组 LED（串联），使其分别打开和关闭一秒钟。由指导老师提供设备。

10. 使用 Arduino Uno 设计并构建控制系统，控制两个 LED（并联），使其依次打开和关闭一秒钟。由指导老师提供设备。

398

第 10 章 发射和回收系统设计

教学目标

经过本章的学习，读者将能够：

1) 讨论当前发射和回收技术。
2) 管理发射系统设计项目。
3) 启动回收系统设计项目。
4) 启动无人飞行器发射器设计项目。
5) 阐述各种发射技术。
6) 阐述各种发射器类型。
7) 阐述各种发射器的组成。
8) 阐述各种回收技术。
9) 讨论发射的基本原理。
10) 讨论回收的基本原理。
11) 设计升降机构。
12) 评估发射和回收系统。
13) 讨论发射和回收系统的移动性。
14) 给出发射和回收系统选择流程。

10.1 引言

与其他机型类似，无人飞行器需要加速到一定的速度（通常略高于失速速度）才能在空中飞行。首先，所有无人飞行器都必须起飞或被发射后才能升空。此外，在飞行任务结束时，它们必须降落到机场或者被回收。发射是指无人飞行器从非飞行状态（静止或停在地面上）转换到飞行状态的过程。水平跑道起飞可被认为是一种传统的起飞方式。一个世纪以来，各种传统的和非传统的发射回收技术已用于载人飞行器。无人飞行器可选择的发射回收技术范围更大。这些技术的实现很大程度上是因为摆脱了飞行员身体的约束并大大降低了无人飞行器重量。

通常，无人飞行器有三种发射方法，即传统的水平起飞与着陆（Horizontal TakeOff and Landing，HTOL）、弹射或动力发射，以及垂直起降（Vertical TakeOff and Landing，VTOL）。第一种方法（即 HTOL）需要较长的跑道，且主要用于大中型无人飞行器。第二种方法是动力发射，主要用于小型无人飞行器，且需要发射装置。第三种方法（即 VTOL）适用于发动机推力大于飞行器重量的情况。所有的四旋翼飞行器和无人直升机均采用VTOL方法。传统起飞与着陆的基本原理与分析见文献[9]。

绝大多数大型固定翼无人飞行器采用传统的发射回收方法，即传统的水平起飞与着陆法。传统的发射和回收要求有一定长度的水平面(跑道)，并且要求无人飞行器与距离最近且最高的障碍物之间有一段更长的距离。在所有的无人飞行器发射和回收方法中，垂直起降法是一种精确、操作方便、温和的方式。垂直起降法更适合非常小的小型无人飞行器。

当涉及在军舰上起降时，集成无人飞行器的复杂性让起降更具挑战，因为技术要求通常更高，而且空间有限。除了无人飞行器与军舰集成的物理限制之外，还需要一个灵活、成本效益高、可操作范围广的解决方案。随着无人飞行器类型和尺寸的增加，需要开发一个能处理各种类型和尺寸无人飞行器的综合发射和回收系统。

当无人飞行器采用传统方式起降时，发射和回收系统的设计转变为起落架设计。例如 AAI RQ-7 "影子 200"、诺斯罗普·格鲁曼公司的 RQ-4 "全球鹰"，大型战术无人飞行器起落架的设计方法和载人飞行器起落架的设计没有什么不同。高空长航时无人飞行器 "全球鹰"(见图 1-2)起飞要求的速度很高(大约 100 kn)。它由一台推力略超 40 kN 的涡轮风扇发动机提供动力，并且要求地面滑跑距离超过 600 m。起落架的设计不在本书的讨论范围，其设计过程见参考文献[8]。

"全球鹰" 代表了水平起飞与着陆(HTOL)这一类型，它由额定推力略高于 40 kN 的涡轮风扇发动机提供动力，产生 0.3 m/s^2 的加速度，可实现约 600 m 的地面滑跑距离。"捕食者" B(见图 5-11)采用带有可变桨距螺旋桨的涡轮螺旋桨发动机，其地面滑跑距离约为 300 m。与 "猎人" 无人飞行器不同，"影子" 不需要外部飞行员，而是依靠发射器起飞，依靠自动着陆系统进行回收。

由于施加了惯性力，发射加速度在很大程度上会影响无人飞行器的结构和有效载荷的安装。所有机载设备(包括相机、导航传感器)必须能够承受惯性加速度。加速度低于 2 g 时，设备所需的加固和支撑可以忽略不计。为了承受超过 5g 的加速度，设备安装要求加固更强，成本和总重量也随之增加。

每一年，各高校和工业界都会研发新的发射和回收技术。最近，极光飞行科学公司[○]正在开发一种不依赖跑道的无人飞行器发射和回收系统，名叫 "侧臂"(SideArm)，它能够在陆地上和海面上进行操作。这使大型固定翼无人飞行器的发展进入了一个新阶段。"侧臂" 系统结合了旋翼飞行器的多功能性和固定翼飞行器的有效载荷携带和续航能力。这一装置可以在简陋的地方发射和回收飞行器，并可以在发射和回收的间隙重新布置。

典型的发射方式包括：轨道发射、火箭发射、空中发射、手动发射、张紧线发射(即弹射器发射)、枪发射、地面装置发射。目前采用的回收方式有：机腹滑行回收、撞网回收、缆绳辅助回收、降落伞回收。本章讨论微型到小型无人飞行器的发射问题，特别是引入了不需要跑道的想法。

401

10.2 发射技术

发射和回收操作可以通过各种方式进行，这里简单回顾当今最常用的相关技术。发射/回收一架固定翼无人飞行器的最简单、最经济的方式是在跑道上进行传统的起飞和着

○ 极光飞行科学公司(Aurora Flight Sciences)。

陆。动力装置移动发射器。发射装置的位置通常由电位器决定，电位器可将机械运动转换成电信号。

典型的发射方式包括：轨道发射、火箭发射、空中发射、手动发射、张紧线发射（即弹射器发射）、枪发射、地面装置发射。四种最常用的发射系统类型和当前可用的技术是：火箭助推发射系统、弹力绳、液压发射器、气动发射器。五种最常用的回收系统类型和当前支持的技术有：撞网回收系统、阻拦索回收、天钩回收、风向筒回收、滑翔伞回收。这些发射技术将在本节介绍。

10.2.1　火箭助推发射

火箭是一种小型的具有高推力的非进气式发动机，其燃料可以是固体，也可以是液体。如果燃料是固体，工作时间仅为几秒钟。在火箭助推发射或起飞时，火箭（通常带有固体燃料）首先被安装在无人飞行器上可重新加载的电机系统中。之后，无人飞行器被放在带有发射角度的坡道上。操作人员按下按钮点燃火箭开始发射。当发射火箭被点燃时，火箭开始帮无人飞行器加速，直到其巡航发动机开始工作。发射后，火箭被释放，因此在剩下的飞行操作中它不会增加无人飞行器的重量。因此，只有在发射操作中火箭才是无人飞行器的一部分。图 10-1 展示了火箭助推发射过程中的"先锋"无人飞行器。

图 10-1　火箭助推发射过程中的"先锋"无人飞行器

当火箭被释放时，通常会掉到水中或地面上，火箭便不能再次使用。然而，当掉落后，火箭可以被收集起来并检查，以便维修和重新使用。发射之后，无人飞行器将在空中飞行一段时间，但没有足够的空速去产生所需的气动侧向力和偏航力矩来控制无人飞行器航向。对于这种情况，在横风下操作时必须小心。通过将发射角度调整到最佳可以将该危险降到最低。

由于天气或环境因素而取消发射时，火箭必须从无人飞行器上卸下并安全存放。火箭是一种有爆破效果的部件，需要放在特殊的地方。此外，需要对火箭特别留意，要十分注重安全性。

这种发射技术只需要少量尺寸较小的部件，因此便于上船，不需要对船进行大规模改造。此外，船上还需要安装一个小装置。但是，如果甲板结构对火箭产生的火焰和推力敏感，这将是一个问题。当火箭被点燃时，会产生火焰、烟雾和爆炸声。若想要保持隐形特性，这三种副作用将造成不利的影响。

在这种发射过程中，由于火箭具有较高的线加速度，因此会向无人飞行器施加一个巨大的结构载荷。这个运动加速度可以用重力加速度(g)来表示。它们的比率可称为 g 载荷或载荷系数：

$$n = \frac{a}{g} \tag{10.1}$$

换句话说，无人飞行器载荷可以表示成由重力产生的标准加速度系数（$g = 9.81$ m/s^2 = 32.17 ft/s^2）。当载荷系数增加时，作用在飞行器结构（如机翼和机身）上的载荷也增加，因此，无人飞行器结构会变得更重。在无人飞行器的结构设计中要考虑到最大许用载荷系数。典型的载荷系数值在 1～5 之间。

火箭助推发射的主要优点包括：该系统为小型系统，需要的起飞距离几乎为零，初始成本低，可提前准备。这些特点使得该发射系统特别适合用在舰船上。火箭助推发射（有时指的是喷气助推起飞，即 JATO [⊖]）已经是一项成熟的技术，甚至已应用于大型螺旋桨运输机。在发射时，火箭推力相对稳定，因此可运用牛顿第二定律来确定最终速度。

10.2.2　弹力绳发射

无人飞行器发射的另一项技术是在弹射器发射系统中使用弹力绳。弹力绳是一种弹性很高的机械元件，它可以储存能量并在释放时提供能量。弹力绳将储存的能量转化为发射无人飞行器时的推力。该元件需要一些方法将载荷从绞车转移到弹力绳上。可使用螺纹塞或旋转钩进行载荷转移。弹力绳必须能安全承受两种应力：剪应力和法向拉应力。在设计具有可接受安全系数（约为 2～3）的绞车绳索连接系统时应将这一点考虑在内。

发射系统包括以下组成部分：以发射角度摆放的金属轨道、弹力绳、用来拉紧绳子的绞车以及释放装置。

由于系统设计很简单并且不需要很多装置和电子元件，因此其重量相对较轻，成本低，操作简便。该系统的噪声相对较小，无电子元件，轨道可以用低特性材料制造。弹力绳应该是噪声最小的发射技术，但通常仅支持发射尺寸较小的无人飞行器。

弹力绳的性能类似于机械弹簧，释放的能量等于施加的力乘以变形量的变化率。力(F)正比于绳长及其伸长量(x)：

$$F = 2kx \tag{10.2}$$

其中，k 是绳子的弹性系数，取决于绳子材料、密度和横截面积。由于绳子有两部分（在无人飞行器的左侧和右侧），所以乘以常数 2（见图 10-2）。当绳子的伸长量达到最大时，它施加的力最大；当伸长量减小时，力也会减小。绳子弹性系数是绳子材料和

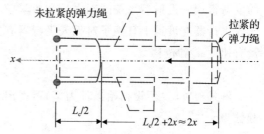

图 10-2　弹力绳发射装置俯视图

⊖　英文全称为 Jet Assisted TakeOff。

其直径的函数。

这里将介绍发射操作过程。发射之前，绞车将弹力绳拉紧使其达到能够提供需要的拉力的状态，然后用安全栓将绳子固定住。在开始发射时，释放安全栓。然后无人飞行器沿着坡道加速，直到滑过轨道并升空。绳子不是无人飞行器的组成部分，发射后它继续留在发射装置。如果绳子的拉力（绞车操作）超过操作员的力量极限，就需要发动机来转动绞车。与其他的发射技术相比，带有弹力绳的发射装置需要的发射坡道最长。无人飞行器通过弹力绳发射所能达到的最大空速很低，几乎不能达到 20 kn。因此，弹力绳发射通常仅限于轻型无人飞行器。

绳子刚释放时通常没有任何阻尼，因此，发射刚开始时可能产生"急促"的运动。如果无人飞行器或有效载荷不能承受这种加速度，这种特性可能会产生结构/性能问题。此外，由于发射过程中变形量减小，推力也逐渐减小。因此，加速度（初始时很高）也逐渐减小。

为了计算最终速度，运用牛顿第二定律的微分形式：

$$\sum F = m\,\frac{\mathrm{d}^2}{\mathrm{d}t^2}x \tag{10.3}$$

其中，m 是无人飞行器在发射装置上的质量。作用力有绳子拉力、无人飞行器重力、无人飞行器与坡道之间的摩擦力、升力及阻力。10.4 节将介绍该方程的推导过程，其中包括所有作用力。为了简化推导过程，这里只考虑弹力绳上的力与阻力。如果使用简写符号（如 $\frac{\mathrm{d}^2}{\mathrm{d}t^2}x = \ddot{x}$），则微分方程等效为

$$2kx - \mu mg\cos\theta = m\ddot{x} \tag{10.4}$$

其中，θ 为发射角，μ 是摩擦系数。该式可以被重新改写为

$$\ddot{x} - \frac{2k}{m}x = F_A \tag{10.5}$$

其中，F_A 是标准化输入，在这个动力学系统中 $F_A = -\mu g\sin\theta$。根据控制理论，这个二阶微分方程是无阻尼振荡运动（固有频率为 $\sqrt{\dfrac{2k}{m}}$）的标准数学模型。然而，由于无人飞行器的发射很快，发射后系统的动力学和数学模型将完全不同。因此，该微分方程的解只有当无人飞行器在坡道上且绳子对无人飞行器有推力时才有效。这个二阶线性微分方程的未知量有速度 $\dot{x}$ 和位移 x。

$$\dot{x} = V \tag{10.6}$$

解式（10.5）（假设初始条件为零）可得出无人飞行器沿坡道的速度。该发射系统的传递函数为

$$\frac{X(s)}{F_A(s)} = \frac{1}{s^2 + \dfrac{2k}{m}s} \tag{10.7}$$

绳子的伸长方向与速度方向相反。结果同样说明所需的绳子伸长量 x（即发射器长度）是理想最终速度（V）的函数。式（10.7）指出，为了使无人飞行器在分离点处获得更高的速度，必须增加绳子的伸长量（因此，需要增加坡道长度），或采用弹性系数（k）更高的绳子，

或减小无人飞行器的质量(m)。

线性二阶微分方程(10.5)的通解如下[140]：

$$x = c_1 e^{\lambda_1 t} + c_2 e^{\lambda_2 t} \tag{10.8}$$

其中，c_1、c_2、λ_1 和 λ_2 取决于初始条件和方程系数(包括 k)。然而，这是一种无阻尼的特殊情况。通过方程式(10.4)通解(假设初始条件为零)得到的无人飞行器沿坡道的位移[50]是时间(t)的函数：

$$x = \cos\left(\sqrt{\frac{2k}{m}}\, t\right) \tag{10.9}$$

该解只有当无人飞行器从发射器上分离时才有效，所以不涉及振荡。

图 10-3 展示了发射过程中无人飞行器位移、速度和加速度的标准化值，它们均为时间的函数。可以看出，这三个参数均与时间呈非线性关系。当加速度趋近于零时，位移和速度将达到最大值。

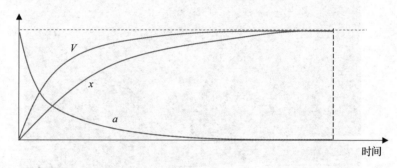

图 10-3　发射过程中无人飞行器位移、速度、加速度的标准化值

由于这些作用力本质上是非线性的，因此很难估计出最终速度。当注意到发射开始时的摩擦力比无人飞行器移动时的摩擦力大得多的时候，计算的难度就增加了。建议感兴趣的读者推导完整的非线性控制方程，并使用数值方法计算更精确的结果。

10.2.3　气动发射器发射

气动发射系统通常设计为弹射轨道发射器，通过压缩气体储存能量，使用的通常是空气，因为空气可压缩并且无成本。空气由压缩机加压，并储存在高压储罐中。发射是通过沿坡道的气缸/导管/管道向无人飞行器施加力来完成的。当压缩空气通过阀门离开储罐时，气体会推动一个支撑无人飞行器的轨道安装支架并使其加速运动。可以通过调节空气压力来调节所施加的力，从而支持不同质量的无人飞行器。

气动发射器的优点是可以完全掌控整个发射阶段。然而，该技术的缺点是通常需要一段时间来压缩空气并重新加注储罐。此外，还需要驱动(如使用电动机或活塞式发动机)压缩机来压缩空气。另外，气动发射器的初始成本高，重量大。优点是它是经过验证的，重复使用成本低，适用于不同的无人飞行器。如果在舰船的甲板上使用这种发射器，则可以通过接口使用舰船的压缩空气系统。

许多无人飞行器都使用气动发射器进行发射。"扫描鹰"无人飞行器是通过气动发射器发射的(见图 10-4)，该发射器是英西图(InSitu)公司的专利，称为"超级楔子"(Super

Wedge)发射器。此外，英西图公司的安装在拖车上的 Mark 4 发射器是由柴油(JP-5 或 JP-8 燃油)发动机和空气压缩机自行驱动的发射器，它与英西图公司的所有无人飞行器均兼容。该发射器的整备重量为 4200 lb，展开长度为 22 ft，需要两名操作员操作，用时大约几分钟。RQ-7"影子"无人飞行器同样是从拖车上安装的气动弹射器上发射的，其气动发射器可以在 12 m 内将 170 kg 的飞行器加速到 70 kn。

图 10-4   "扫描鹰"气动发射器

10.2.4   液压发射器发射

液压发射系统与气动发射系统很像，通过压缩液体储存能量，由于油的低成本和润滑特性，因此压缩液体通常为油。液压油通过液压泵进行压缩，然后储存在高压油箱中。在液压发射器中，采用两室油缸，两室之间由活塞/隔膜隔开，活塞/隔膜一侧是可压缩气体(如空气)，另一侧则是压缩后的油。发射时，迅速打开阀门，将油泵入缸内推动活塞。因此，气体在另一侧被压缩。图 10-5 展示了"影子 200"用液压发射器进行发射操作。

图 10-5   "影子 200"液压发射器

　　液压发射器的优点是能产生相对较高的发射速度，通过在起始阶段进行调节可避免过大的加速度。液压发射器比弹力绳发射器、气动发射器和火箭助推器要复杂得多。

　　因此，液压发射系统的优点是能够对整个发射过程进行控制，重复使用成本低，可适用于不同的无人飞行器，重复发射时可快速进行重置。相反，主要的三个缺点是前期成本高、甲板占地面积大、机构复杂。

　　该系统还可以向绞盘提供能量，绞盘一般连接到放置无人飞行器的轨道式支架上。这使得空气能够在气缸中膨胀，移动活塞把油推回去，带动液压马达。为达到这一目的，液压马达转动绞盘，使其拉动支架，从而使无人飞行器加速到发射速度。"影子200"可以在液压轨道发射器上弹射。

10.2.5　空中发射

　　除了地面载具发射，还有许多其他无人飞行器发射技术。其中一项发射技术是用另一架（有人或无人）飞行器来释放无人飞行器。空中发射是指将无人飞行器从主平台或母平台（即另一架飞行器）上以相对于地面的较高初始空速在高空释放。无人飞行器可以从主平台的内部舱室、机翼下、机身下或货舱门释放。

　　母机上有一个用于连接无人飞行器的装置。通常情况下，发射轨道与连接装置相连，无人飞行器承载于发射轨道之上。发射方法很大程度上取决于任务类型以及母机和无人飞行器的特点。通常，无人飞行器是从主平台上释放的。无人飞行器空中发射系统的设计非常有挑战性，涉及大量的计算，并且可能有危害母机安全的风险。这种技术只有在无人飞行器距离目标区域不远的情况下才使用。因此，飞行器携带无人飞行器接近目标区域时才会释放/发射无人飞行器。

408

10.2.6　手动发射

　　对于尺寸小的轻型无人飞行器而言，由操作者进行发射是一种既成本低又简单的发射方式。这种发射方式不依赖于跑道。非常小的无人飞行器可以采用手动发射，不需要借助任何发射设备。举过头顶进行手抛发射是发射小型无人飞行器最常见的形式。实际上，人成了发射设备。发射无人飞行器的人员能够为无人飞行器提供初始速度和航向，可以对初始飞行条件进行控制。

　　操作员手上必须有足够的力量来发射无人飞行器。在发射无人飞行器时，可能需要通过跑步来增加无人飞行器的初速度。在手动发射完后，无人飞行器将会使用发动机来维持在空中的飞行。手动发射将影响无人飞行器的构型，例如不需要起落架。小型无人飞行器 RQ-11B "大乌鸦"的手动发射如图 10-6 所示。

　　男性操作员单手可提供高达 100 N 的力。此外，手伸出的长度约为 $70\sim90$ cm。应用牛顿第二定律和动力学控制方程可以确定手动发射的无人飞行器的最大质量（m）。

$$F = ma \tag{10.10}$$

　　此外，操作员可以在发射过程中奔跑以提升初速度。当选择手动发射无人飞行器时，无须设计发射系统。但是，应当进行分析以确保操作员能够提供安全的初速度。

　　当已知加速度 a、初速度 V_1 和伸手的距离 x 时，可得到释放速度（V_2）：

$$V_2^2 - V_1^2 = 2ax \tag{10.11}$$

初速度通常为零。

图 10-6　手动发射 RQ-11B "大乌鸦"

例 10.1　有一架质量为 1.5 kg 的小型无人飞行器。安排一名手上最大力量为 90 N 的操作人员来发射这架无人飞行器。如果他手伸出的长度为 70 cm，确定释放的速度。

解　由牛顿第二定律可得线加速度：

$$F = ma \Rightarrow a = \frac{F}{m} = \frac{90}{1.5} = 60 \text{ m/s}^2$$

假设初速度 V_1 为零，释放速度满足：

$$V_2^2 - V_1^2 = 2ax \Rightarrow V_2 = \sqrt{2ax} = \sqrt{2 \times 60 \times 0.7} \Rightarrow V_2 = 9 \text{ m/s}$$

10.3　发射装置

10.3.1　组成部分

通常，无人飞行器在一条相对较长的跑道上通过自身推进系统加速。当没有这样的跑道时，必须采取措施（如使用发射设备）来协助起飞。无人飞行器可以从固定或移动的地面载具上发射。发射器可以使起飞无须借助常规的起落架。发射器是一种机械装置，在释放固定翼无人飞行器前将其加速到最小可控空速。地面载具为飞行速度提供加速度，此时释放无人飞行器。这种发射技术早于传统起落架起飞方式。对于没有垂直起飞能力的无人飞行器，必须要有一个发射器。

在设计发射器时，发射器长度、发射器重量、发射角度、要求的力和功率等参数都必须计算出来。此外，还需要确定发射器推力来源的类型（例如机械、弹力、气动、火箭）。发射器的主要组成部分有坡道/滑道、升降平台/机构、车轮、运载卡车、动力源和推力装置。

此外，如果无人飞行器配备了推杆螺旋桨发动机，还需要配备螺旋桨罩（组成部分7）。本节将简要介绍这些组成部分。图 10-7 展示了"影子"无人飞行器及其发射器。注意，襟翼已经偏转了。图 10-8 展示了"企鹅"C无人飞行器以及发射器和地面站。

图 10-7　"影子"无人飞行器及其发射器

图 10-8　"企鹅"C无人飞行器及其发射器和地面站（来源：无人飞行器工厂提供）

10.3.2　坡道/滑道

由于发射力的作用，无人飞行器会滑上坡道。坡道通常由一个或两个平行的轨道组成。轨道发射器为无人飞行器提供稳定的轨道和发射能量，将无人飞行器从静止状态发射到空中。无人飞行器被固定在一个滑块上，该滑块通过导轨沿轨道移动（滑动）。轨道发射器通常采用坡道的形式，无人飞行器在滑车上加速，由弹力绳、压缩空气或火箭推动，直到飞行器达到可以维持空中飞行的空速。

发射方法必须为无人飞行器和发射器提供安全的物理隔离，并能够避免整个发射操作过程中发生其他危险。大多数带有气动/液压动力装置的轨道发射器能够发射重量为

500～1000 lb 的无人飞行器。小型无人飞行器的典型发射速度约为 50～70 kn。

10.3.3　推进装置

气动活塞是提供发射能量最常用的装置。压缩机对蓄能器中的空气加压。发射器必须有一定的重量，或者发射器被固定在地面时应具备稳定性。英西图公司的"Aerosonde"无人飞行器是由载具发射的，完成了横跨大西洋的飞行，飞行器结构重量轻，不需要起落架。

为缩小跑道/发射器的长度，可以用火箭发动机/助推器来发射无人飞行器。火箭的高推重比和模块化使得安装较为简单。在没有跑道的情况下，用火箭发射是合适的，其他发射技术(比如气动轨道发射)占地面积过大。作用在无人飞行器上的力主要有火箭发动机的推力、无人飞行器重力、正常推进系统的推力。因此，火箭发动机所产生的力是在传统发动机推力基础上附加的力。它可用在跑道起飞和发射装置起飞上。发射之后，火箭发动机被丢掉。

有一种机械装置称为止动机构，用来防止无人飞行器在开始时发生移动。当发动机的推力达到某个值的时候，该机构便失去作用，无人飞行器可以自由移动。止动机构被建模为一种力。在某一力值处止动机构失去作用。与无人飞行器方向相反的力代表止动机构。

10.3.4　升降平台

俯仰角调节机构(即升降平台)是调整发射角的机械系统。存在一个最佳的发射角度，在这个角度上无人飞行器将以最低的成本达到发射速度。该角度和无人飞行器质量、阻力、发射速度、发射推力有关。当调整无人飞行器发射角时，必须锁定无人飞行器，以防发射角进一步变化。典型的发射角为 $20°～30°$。

发射角建议在无人飞行器最大爬升角与无人飞行器最大爬升率对应的爬升角之间取值：

$$\gamma_{\mathrm{ROC_{max}}} < \theta_{\mathrm{L}} < \gamma_{\mathrm{max}}$$

第 14 章提供了一些方法，用于计算无人飞行器最大爬升角以及与最大爬升率相对应的爬升角。

升降平台可以是液压式的，也可以是气动式的，还可以是传动螺杆式的。传动螺杆(见图 10-9)是一种将角运动转换为线运动来传递机械动力的装置，通常与螺母配对使用。其他常见的应用包括车床丝杠、钳用螺丝、压力机和千斤顶。

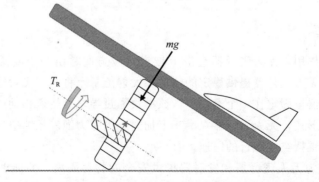

图 10-9　蜗轮螺旋千斤顶用作升降平台

在克服螺纹摩擦的同时，提升载荷（如无人飞行器质量）所需的扭矩（T_R）可通过以下方法获得[141]：

$$T_R = \frac{F_N d_m}{2}\left(\frac{\pi \mu d_m + l}{\pi d_m - \mu l}\right) \tag{10.12}$$

其中，d_m 是单线方牙螺纹传动螺杆的平均直径（中径），μ 是螺纹之间的摩擦系数，法向力为无人飞行器质量（m_U）加上发射轨道质量（m_R）的法向分量：

$$F_N = (m_R + m_U)g\cos\theta \tag{10.13}$$

其中，θ 代表发射角。参数 l 被称为导程，它是当螺母转动一圈时螺母平行于螺杆轴线移动的距离。对于单线螺纹，导程与螺距相同。对于有 n 条螺纹的螺杆，有：

$$l = np \tag{10.14}$$

其中，p 代表螺距。自锁是升降机构的一个理想特性，它使得机械装置不会因为无人飞行器的重量而向下滑动。参数是无人飞行器质量与发射臂质量之和的法向分量。表 10-1 给出了螺纹副的摩擦系数[141]。

当螺纹摩擦系数等于或大于螺纹导程角的正切值时，便会发生自锁现象。当获得正的下降转矩时，称螺杆处于自锁状态。因此，自锁的条件是

$$\pi \mu d_m > l \tag{10.15}$$

式（10.12）和式（10.13）适用于方牙螺纹，其中法向螺纹载荷平行于螺杆轴线。对于 Acme 螺纹或其他螺纹，法向螺纹载荷是向轴线倾斜的，可以参考文献[141]。

机械功率是扭矩乘以螺杆的角速度，因此，抬起发射器所需的功率为：

$$P = T_R \omega \tag{10.16}$$

式中，ω 代表抬起发射器轨道和无人飞行器时传动螺杆的角速度。

表 10-1　螺纹副的摩擦系数

序号	螺杆材料	螺母材料			
		钢	青铜	黄铜	铸铁
1	钢，干燥	0.15～0.25	0.15～0.23	0.15～0.19	0.15～0.25
2	钢，机油	0.11～0.17	0.10～0.16	0.10～0.15	0.11～0.17
3	青铜	0.08～0.12	0.04～0.06	—	0.06～0.09

例 10.2　为无人飞行器发射器设计一个升降平台。该平台由中径为 30 mm、螺距为 4 mm 的方牙双线传动螺杆组成。传动螺杆由钢制成，并涂机油。假设发射角为 15°，无人飞行器质量为 20 kg，发射轨道重 40 kg。

1）求抬起无人飞行器所需的扭矩。

2）如果螺纹需要以 100(°)/s 的转速转动，确定所需功率。

3）动力由电压为 12 V 的电动机提供，确定电流。

解　1）根据表 10-1，机械润滑钢制传动螺杆的摩擦系数为 0.11～0.17。我们选择平均值 0.14。

导程：

$$l = np = 2 \times 4 = 8 \text{ mm}$$

法向力：

$$F_N=(m_R+m_U)g\cos\theta=(20+40)\times9.81\times\cos15°=568.3\text{ N}$$

$$T_R=\frac{F_Nd_m}{2}\left(\frac{\pi\mu d_m+l}{\pi d_m-\mu l}\right)=\frac{568.3\times30}{2}\times\left(\frac{3.14\times0.14\times30+8}{3.14\times30-0.14\times8}\right)=1.94\text{ N}\cdot\text{m}$$

2）功率：

$$P=T_R\omega=1.94\times\frac{100}{57.3}\approx3.38\text{ W}$$

3）电流：

$$P=IV\Rightarrow I=\frac{P}{V}=\frac{3.38}{12}\approx0.282\text{ A}=282\text{ mA}$$

10.3.5 动力源

发射器需要动力源来驱动升降平台等机械装置。动力可以由各种动力源提供，如电动机、往复式活塞发动机或人力。第3章介绍了电动机的特点，第11章将介绍人力的局限。

在气动或液压发射器中，动力来自压缩空气或液压油。然而，压缩空气和液压油的能量由电源产生。第11章将简要论述发电机的功能和特点。

10.4 发射基本原理

进行发射分析和发射器设计，需要了解发射的概念并能够应用控制方程。本节介绍发射操作的主要元件、参数、作用力和控制方程。基本上，无人飞行器发射器是一个独立于跑道的平台，可以引导和指挥无人飞行器。在操作方面，如果可行的话，在有风时发射无人飞行器比较好，因为可以使无人飞行器在较短距离内达到飞行速度。

10.4.1 基本原理

根据无人飞行器的任务和重量，有各种类型的发射器。典型的发射方法包括：轨道发射、火箭发射、空中发射、手动发射、弹力绳发射（即弹射器发射）、枪发射以及地面装置发射。

例如，"凤凰"无人飞行器的发射系统使用9 m长的液气弹射器，安装在一辆大卡车上。相比之下，"陨石"B无人飞行器利用弹力绳发射器发射，而"沙漠鹰"在用弹力绳发射之前是用手发射的。

发射系统的主要组成部分（见图10-10）有发射装置、固定平台、方位平台、升降平台、发射坡道（如轨道）、机械装置和锁，以及发电机。与导弹不同，无人飞行器发射通常并不匆忙，因此方位平台和升降平台通常由操作员调整，而不是闭环控制系统。

飞行器在发射装置中移动的时间很短。理想情况下，无人飞行器需要沿着发射器做直线运动。然而，在实践中，由于整个系统的动力学特性，这是不可能实现的。发动机推力、发射器和无人飞行器的灵活性、接头的特点、质量不平衡和推力不对中对发射系统的动力学特性有诸多影响。

　　在实际应用中，不可能有这样理想的情况。在设计这种动力学系统时，必须考虑数学建模中的微小误差。如果发射系统产生的误差可以预测，则可以对相互作用特性采取必要的预防措施。发射装置组件、固定平台、方位平台和升降平台以及发射导轨均为柔性体。 415

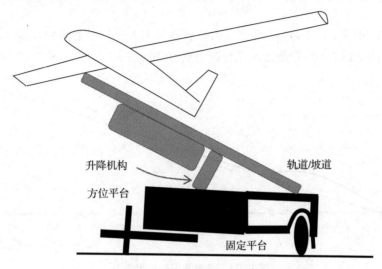

图 10-10　发射系统的主要组成

10.4.2　控制发射方程

　　发射过程是指让无人飞行器沿着坡道做线性加速运动的过程。加速度、发射速度和发射器长度之间的关系对发射器设计具有重要影响。由于实际的发射力很少是常数，所以建议采用积分形式的方程。峰值载荷往往明显高于平均载荷。在动力学理论[142]中，当运动物体以 V_1 的初速度加速到 V_2 时，经过的距离（x）可以由下式确定：

$$V_2^2 - V_1^2 = 2ax$$

其中，a 代表线加速度。对于无人飞行器发射器，初速度通常为零，经过的距离等于发射器的长度（L_L）。因此，控制方程可以表示为

$$V_L^2 = 2aL_L \tag{10.17}$$

　　此外，为了使发射器产生这样的加速度，必须提供足够的发射力（F_L）。根据牛顿第二定律，沿着发射器坡道，x 轴方向的合力产生的加速度为

$$\sum F_x = ma \tag{10.18}$$

其中，m 表示无人飞行器的质量。加速发射运动过程中的作用力有发射力（如发动机推力）F_L、无人飞行器坡道摩擦力 F_f、无人飞行器重力（W）、无人飞行器阻力（D）、无人飞行器升力（L_L）。在 x 方向（沿着坡道）上，力方程可表示为 416

$$F_L - F_f - W\cos\theta - D = ma \tag{10.19}$$

　　摩擦力与无人飞行器法向力 N（重力沿 z 轴的分量减去升力）成正比。摩擦力等于摩擦系数 μ 与法向力 N 的乘积，与运动方向相反。因此，无人飞行器的坡道摩擦力（F_f）为

$$F_f = \mu N \tag{10.20}$$

其中，μ 是无人飞行器机架与坡道之间的摩擦系数，N 是坡道上的法向力，表 10-1 提供

了不同材料坡道与无人飞行器之间的摩擦系数[141]。

法向力由两个力合成：无人飞行器的重力和无人飞行器的升力 L_L。坡道通常有一个发射角（即爬升角），由于无人飞行器在加速，升力也在不断增大。

$$N = W\cos\theta - L_L \tag{10.21}$$

其中，θ 是发射角（见图 10-11），F_f 是发射器轨道与无人飞行器之间的摩擦力（实际上，是两种金属之间的摩擦力），W 是无人飞行器的重力（$W = mg$）。

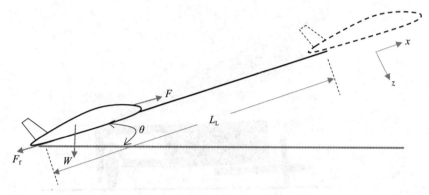

图 10-11 发射器上的作用力

无人飞行器与发射器轨道之间的摩擦系数（μ）通常为 0.05～0.12。在发射开始时，升力（L_L）和阻力（D）都为零。将方程（10.20）中的摩擦力与式（10.21）中的法向力一起带入式（10.19），可以得到：

$$F_L - \mu W\cos\theta - W\cos\theta = ma \Rightarrow F_L = W\cos\theta(1+\mu) + ma \tag{10.22}$$

开始发射时，为产生理想加速度，发射器必须提供力 F_L。提供发射力的动力源可以是气动力（如"扫描鹰"的发射器）、液压或弹簧。发动机推力也有助于发射过程，它将产生一部分发射力。

当发射角增大时，需要的发射力更大。选择发射器长度需要折中考虑，因为虽然发射器越长需要的力越小，但发射器也越重，并且需要的存放空间也越大。为了计算更精确，必须将无人飞行器的升力和阻力包括在内。

只有当无人飞行器在坡道上时发射力才会施加给无人飞行器，当无人飞行器离开坡道时，唯一的前进力是发动机推力。在离开发射器之前，必须确保无人飞行器获得足够的空速。建议发射速度等于最大爬升率对应的无人飞行器速度。最大爬升率对应的无人飞行器速度的计算方法见第 14 章。无人飞行器在发射器上的最终速度通常比失速速度大 10%～30%。无人飞行器的失速速度是控制发射能量的关键参数。为了减少无人飞行器的载荷和辅助设备的占地面积，需要降低发射能量。

$$V_s = \sqrt{\frac{2W}{\rho S C_{L_{max}}}} \tag{10.23}$$

其中，S 是机翼面积，ρ 是空气密度（在海平面处为 1.225 kg/m³）。$C_{L_{max}}$ 是最大升力系数（通常是 1.2～1.6）。本节的公式可用来计算发射器的长度和要求的发射力大小。发射器的总长度不应超过实际可运输和储存的尺寸，但轨道可由多段组成。许多起飞操作的控制方程被应用于发射中。文献[9]详细介绍了起飞操作的细节以及控制方程和影响参数。

如果无人飞行器有螺旋桨发动机，建议在发射器上安装一个特殊的外壳，用于覆盖螺旋桨(即螺旋桨防护罩)，以防止任何与人相关的事故发生，保障操作员的安全。

发射后，无人飞行器以瞬时爬升角 γ 进行爬升。

$$\sin\gamma = \frac{T-D}{W} \tag{10.24}$$

瞬时爬升率(Rate Of Climb，ROC)如下：

$$V\sin\gamma = \frac{(T-D)V}{W} \tag{10.25}$$

式(10.25)的左侧定义为无人飞行器的爬升率，即 ROC：

$$ROC = V\sin\gamma \tag{10.26}$$

式(10.25)的分子，即 $(T-D)V$，是剩余功率。为使无人飞行器在发射后能够爬升，剩余功率必须是正值。否则，在发射操作后无人飞行器将会下降或坠毁。请注意，在发射时，发射力是 F_L，在发射后这一力将会减小到发动机的推力 (T) 大小。在发射器的设计中必须将这一重要的安全要点考虑在内。

显然，爬升率(发射后)直接取决于剩余功率的大小以及无人飞行器重力。推力越大，阻力越小，重力越小，爬升性能就会越好。

418

例 10.3　设计一个发射器来发射质量为 500 kg 的无人飞行器。发射角为 20°，发射器的长度为 3 m，摩擦系数为 0.06。要求无人飞行器在发射轨道的末端速度达到 30 kn。在发射过程中忽略无人飞行器升力和阻力的作用。

1) 需要产生多大的加速度？

2) 在发射器上推动无人飞行器需要多大的力？

解　$V_L^2 = 2aL_L \Rightarrow a = \dfrac{V_L^2}{2L_L} = \dfrac{(30\times0.514)^2}{2\times3} \approx 39.6 \text{ m/s}^2$

$$F_L = W\cos\theta(1+\mu) + ma$$

$$F_L = 500\times9.81\times\cos20°\times(1+0.06) + 500\times39.63 = 25\,300 \text{ N}$$

请注意，部分发射力是由无人飞行器发动机提供的。

10.4.3　机翼和水平尾翼的作用

当无人飞行器沿着坡道加速时，升力和阻力随着速度的增加而增加，而法向力和摩擦力也随之减小。无人飞行器在发射过程中的升力和阻力通过以下表达式获得：

$$L_L = \frac{1}{2}\rho V^2 S C_{L_L} \tag{10.27}$$

$$D_L = \frac{1}{2}\rho V^2 S C_{D_L} \tag{10.28}$$

其中，V 是无人飞行器在发射器上的线速度，S 代表机翼投影面积，ρ 是空气密度。C_{L_L} 和 C_{D_L} 分别表示升力系数和阻力系数。C_{L_L} 的典型值在 0.1～0.5 之间。发射操作一直持续，直到升力足以使无人飞行器升空。

在常规构型的无人飞行器中，发射时的总升力（L_L）等于机翼-机身升力（L_{wf}）和水平尾翼升力（L_{ht}）的代数和：

$$L_L = L_{wf} \pm L_{ht} \qquad (10.29)$$

其中，"±"号代表水平尾翼升力为正值或负值。该符号取决于一系列参数，包括无人飞行器重心与机翼-机身气动中心之间的关系。在大多数情况下，如果无人飞行器的重心在机翼-机身气动中心之前，水平尾翼将会产生负升力（即$-L_{ht}$）。相反，如果无人飞行器的重心在机翼-机身气动中心之后，水平尾翼通常会产生正升力（即$+L_{ht}$）。机翼-机身升力与水平尾翼升力是空气密度、空速、参考面积和攻角的函数：

$$L_{wf} = \frac{1}{2}\rho V^2 S C_{L_{wf}} \qquad (10.30)$$

$$L_{ht} = \frac{1}{2}\rho V^2 S_{ht} C_{L_{ht}} \qquad (10.31)$$

式（10.29）中水平尾翼升力的负号表示该作用力向下。

机翼-机身升力系数和尾翼升力系数是其气动特性（主要是机翼和尾翼的翼型）和攻角的函数。此外，在常规构型的无人飞行器中，水平尾翼的系数由升降舵控制。在机翼和水平尾翼的空气动力学设计过程中必须考虑到对发射活动的作用。因此，水平尾翼的空气动力学设计对发射装置的设计有重要影响。

10.4.4　无人飞行器纵向配平

无人飞行器需要在发射期间和发射后保持纵向配平。这是保证发射安全和成功的一项重要要求。本节探讨采用常规构型的无人飞行器在发射期间和发射后的纵向配平要求。

在发射过程中，使用硬挡块和锁定机构很容易保持纵向配平（当无人飞行器在坡道上时）。然而，在发射结束时，无人飞行器便摆脱了这种机械装置及锁定装置，因此，需要提供一个装置来保证纵向配平。如果在发射操作结束时，无人飞行器没有纵向配平，它将坠毁。正确的升降舵偏转可以保证无人飞行器纵向配平，从而保证发射的成功。因此，力是由升降舵上下偏转产生的。

发射过程可以被设计成以两种方式来保持无人飞行器纵向配平，两种方式分别为开环控制和闭环控制。在开环控制模式下，在发射开始之前可以对升降舵偏转进行调整和固定。然而，在闭环控制模式下，自动驾驶仪在坡道的末端控制升降舵偏转，以便立即增大/调整无人飞行器的攻角。在开环控制模式下，无人飞行器将一直沿着发射器加速，直到升力（加上发动机推力的垂直分量）超过无人飞行器的重力。

配平是安全飞行（包括发射操作）的必然要求之一。当飞行器处于配平状态时，飞行器将不会绕其重心旋转，而将继续沿期望方向移动或按期望的圆周运动轨迹移动。

当飞行路线、x方向和z方向上所有力（见图10-12）的总和为零，包括绕y轴的气动俯仰力矩在内的所有力矩之和也为零时，称飞行器处于纵向配平状态。由于无人飞行器在爬升过程中会加速，因此合力可以表示为以下形式：

$$\sum F_x = ma_x \qquad (10.32)$$

$$\sum F_z = 0 \qquad (10.33)$$

然而，为了保持爬升角恒定，绕 y 轴的力矩之和应为零。

$$\sum M_{cg} = 0 \qquad (10.34)$$

沿 x 轴（即飞行方向），我们可以把力的平衡公式写为

$$T\cos(i_T + \alpha) - D - W\sin\gamma = ma = m\frac{\mathrm{d}V}{\mathrm{d}t} \qquad (10.35)$$

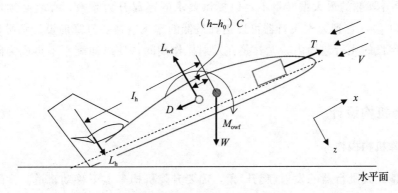

图 10-12　发射时的力和力矩

如果在计算中忽略发动机的安装角（i_T），那么推力的作用方向平行于机身的中心线。通常，这并不完全正确，但对于传统构型的飞行器，推力矢量倾角的影响很小，可以忽略不计。此外，为了方便起见，我们可以假设推力方向线在飞行方向上（忽略攻角对发动机推力的影响）。为了更简单，我们假设所有的力都通过飞行器重心并且飞行器的攻角为零。基于以上简化假设，我们有：

$$T - D - mg\sin\gamma = m\frac{\mathrm{d}V}{\mathrm{d}t} \qquad (10.36)$$

考虑到上述假设，在 z 方向，力的平衡将导致：

$$L - W\cos\gamma = 0 \qquad (10.37)$$

其中，γ 是爬升角。在固定翼无人飞行器上，通过生成必要的水平尾翼升力和绕 y 轴的力矩，水平尾翼（包括升降舵）负责保持纵向配平，并使式（10.36）和式（10.37）有效。

应用力矩配平方程（假设推力 T 和阻力 D 均通过无人飞行器重心）可得出以下结果：

$$\sum M_{cg} = 0 \Rightarrow M_{owf} + M_{L_{wf}} + M_{L_h} = 0 \qquad (10.38)$$

其中，M_{owf} 是机翼-机身气动俯仰力矩。

$$M_{owf} = \frac{1}{2}\rho V^2 S C_{m_{owf}} \overline{C} \qquad (10.39)$$

其中，$C_{m_{owf}}$ 是机翼-机身气动俯仰力矩系数，$\overline{C}$（或简写成 C）是机翼的平均气动弦。参考文献[8]进一步将配平公式（10.38）简化为以下无量纲形式：

$$C_{m_{owf}} + C_L(h - h_0) - \overline{V}_h C_{L_h} = 0 \qquad (10.40)$$

这个纵向配平方程为水平尾翼的设计以及发射系统的设计提供了关键依据。关于式（10.40）中新参数的定义和计算，请参考文献[8]。水平尾翼升力系数被建模为[40]

$$C_{L_h} = C_{L_{h_0}} + C_{L_{\alpha_h}}\alpha_h + C_{L_{\delta_E}}\frac{S}{S_h}\delta_E \qquad (10.41)$$

421

其中，$C_{L_{a_h}}$ 是尾翼升力曲线斜率，$C_{L_{\delta_E}}$ 是升降舵控制导数，δ_E 是升降舵偏转量，$C_{L_{h_0}}$ 是攻角为零时的尾翼升力系数。大多数水平尾翼倾向于使用对称翼型，因此参数 $C_{L_{h_0}}$ 通常为零。

当无人飞行器重心位于最前方时，这是发射分离时无人飞行器要满足纵向配平的一种最坏情况。对于这种情况，升降舵的最大偏转量应足够大，以便提供要求的尾翼升力系数（C_{L_h}）。如果升降舵的最大偏转量不足以提供要求的尾翼升力系数，那就必须增加发射器坡道的长度（L_L），直到无人飞行器可以达到最低的起飞空速。升降舵设计师必须这样设计升降舵：在预设的飞行包线内，尤其是在发射操作期间，使纵向配平不再成为限制升降舵设计的因素。

10.5　升降机构设计

10.5.1　升降机构操作

为了调整无人飞行器的发射（爬升）角，需要升降机构来上下移动轨道。升降机构的主要组成部分是两个液压或气动的执行机构，在针对特定应用设计执行机构时，工程师需要处理这种多变量相关性。中小型无人飞行器执行机构设计中的主要未知参数为：执行机构的几何形状、所需功率、重量以及介质（油或空气）。

执行机构的机械性能要求可以用力、位移、尺寸、质量、响应时间（或工作频率）、功率、效率、成本、耐久性和维护性来表示。执行机构可以自行设计（定制），也可以购买现成的。这些要求必须与执行机构的性能特性相匹配，以确定其是否能提供所需的性能。

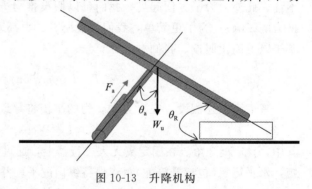

图 10-13　升降机构

图 10-13 展示了可改变发射器坡道角度（θ_R）的升降机构。执行机构沿其轴线施加一个力，将坡道提升至适当的角度。

当执行机构的活塞伸长时，执行机构角度（θ_R）便增大。随着坡道角度增加，移动坡道（包括无人飞行器）所需的力/功率就会减少。执行机构的两端都是铰链，因此它们可以根据需要旋转。

10.5.2　液压和气动执行机构

液压和气动执行机构通过加压流体（油或空气）的流动产生力和位移。执行机构动力学可采用二阶微分方程进行建模：

$$F_a = m_u \ddot{x} + b_a \dot{x} + k_a x \tag{10.42}$$

其中，x 是执行机构位移，k_a 是弹性常数，b_a 是阻尼系数，F_a 是执行机构的力，m_u 代表轨道质量加上沿执行机构轴线的无人飞行器质量。执行机构产生力所需的功率（P_a）为

$$P_a = F_a \dot{x} = F_a V_a \tag{10.43}$$

其中，V_a 是执行机构沿气缸/活塞的线速度（如滑动速度）。该速度是轨道和力臂（连接轨道的执行机构与轨道铰链之间的距离）角速度的函数：

$$V_a = L_a \omega \tag{10.44}$$

典型的轨道角速度（ω）为 $2 \sim 10(°)/s$。

升降机构的细节分析不在本书的讨论范围内，机构的详细分析与综述可参考文献[143]。执行机构所需的最大流体功率[144]为

$$P_{max} = 4 C_c \sigma_{max} \varepsilon_{max} V_{max} A \tag{10.45}$$

其中，A 是执行机构气缸的内部面积，σ_{max} 是最大驱动应力，ε_{max} 是最大驱动应变。V_{max} 是最大滑动速度，被限制在 $0.5\,m/s$ 左右。系数 C_c 称为循环工作系数，是循环操作中 σ-ε 曲线形状的有效度量，对于液压/气动系统而言，其范围为 $0.4 \sim 0.5$。

423

10.6　垂直起降

垂直起飞是最温和的发射方式，几乎能够在任何地形上操作无人飞行器系统，不需要跑道或临时跑道或笨重的弹射装置。发射不受风向影响，飞行器可以在短时间内起飞。所有四旋翼无人飞行器和无人直升机都采用垂直起降技术。四旋翼无人飞行器的动力学模型和控制见第 5 章。

10.7　回收技术

10.7.1　基本原理

回收是指将无人飞行器从飞行状态转换到非飞行状态的过程。回收系统消除了跑道着陆的复杂性。回收是通过可展开的气动减速器来拦截无人飞行器并使其静止的过程。回收涉及一系列事情，包括减速、下降、进近、着陆、回收，有时还包括修整飞行器，使修复后的飞行器可以反复使用。回收子系统是一种特殊部件的组合，这些部件集成在无人飞行系统（UAS）中，在可预测条件下对无人飞行器进行回收。在传统跑道回收的情况下，这一阶段被称为着陆阶段。

着陆涉及无人飞行器在跑道入口控制其起落架触地，并沿跑道减速，然后滑行或被拖回机库。无人飞行器的回收（捕获）比发射更具挑战性。对于像"全球鹰"这样的远程无人飞行器来说，需要进行一定的判断，以便在正确的位置和空速下着陆，这可以使用一种带制导的、使用无线电波束的控制方式，在 GPS 的帮助下进行初始的无线电波束定位。

回收包含两个目标：最小损耗、回收。回收系统不需要任何跑道，要求无人飞行器的水平和垂直速度分量与回收平台的速度分量相等（在大多数情况下，这意味着静止状态）。无人飞行器的回收要求无人飞行器能够安全着陆，并且能够回到基地或机库。对于重量超过 $500\,lb$ 的无人飞行器来说，除了用起落架以外，通过任何方式吸收回收能量都是一项挑战，而且几乎是不切实际的。一些实用的回收技术（常规着陆除外）有：降落伞回收、制动器回收、撞网回收、缆绳辅助回收（带挂钩的悬空绳）以及机腹滑行回收。

弹射式无人飞行器的回收技术有：引导进入捕捉网、机腹着陆、将飞行器引导到拦

阻杆和悬空绳上，以及在飞行过程中展开降落伞以减少与地面的撞击。悬空缆绳限制了无人飞行器相对于回收平台的水平和垂直运动。水平平台上的拦阻索仅阻止水平运动，并与传统跑道着陆一起发挥作用。其动力学与撞网回收技术的动力学有很多相似之处。

|424|

机腹着陆是一种无人飞行器直接接触地面、不使用传统起落架的回收技术。滑橇或无人飞行器机身都是与地面的接触点，提供着陆减震和摩擦力，使无人飞行器减速至静止。滑橇或机身地面接触点处的设计必须能承受刮擦地面时的摩擦力。

10.7.2 撞网回收

回收是通过可展开的减速器拦截无人飞行器运动并使其静止的过程。根据回收的目的和概念，期望以最小的损耗回收。用网来实现快速着陆是回收固定翼无人飞行器最直接的解决方案。在这项技术中，网被垂直安放，无人飞行器将会飞入其中。该过程相当颠簸，因为无人飞行器减速很快并且对网的初始冲击很大。对大型无人飞行器而言，目前的撞网技术的网还不足以吸收无人飞行器撞网产生的所有能量。无人飞行器飞入网中，其相对于网（即平台）的运动被终止。

撞网回收技术简单可靠，并且不会涉及复杂的组件。然而，回收相对较大的无人飞行器时需要制动器来配合撞网回收。无人飞行器可能有被网缠住的风险，这样会损坏螺旋桨。为了解决无人飞行器螺旋桨可能受到损坏的问题，一些无人飞行器使用脉冲螺旋桨作为推进装置。这种技术通常用于大型无人飞行器，因为对于简单的机腹滑行回收来说大型无人飞行器太重了。重量超过 500 lb 的无人飞行器通常避免采用这种方法，而采用传统着陆或降落伞回收方法。

英西图公司的"扫描鹰"无人飞行器设计采用两种技术：撞网回收和天钩回收。这需要一个安装在机身上并能水平伸长的吊钩。英西图公司的"扫描鹰"无人飞行器最小起飞质量为 22 kg，翼展为 3.1 m，装备两冲程活塞式发动机（1.5 hp），最大速度为 800 kn，实用升限为 19 500 ft。

预计将针对回收过程添加一些要求，以减轻着陆的影响。撞网回收的一个问题是，当突然减速时可能会对无人飞行器造成损坏。回收的目的是在被网捕获后断开减速器与无人飞行器的连接。撞网回收成功时，捕获的无人飞行器不应对网造成损坏。撞网回收的缺点是撞网回收系统是一种劳动密集型、耗时、后勤复杂的系统。撞网回收系统应在回收操作前搭建好，并在回收完成后拆卸。网通常很大（为无人飞行器顶部面积的 10～20 倍），因此占地面积相当大。如果系统在船上，这个大尺寸的网可能会给直升机飞行带来风险。

通常，撞网回收系统的两个优点是：它属于零长度回收，解决方案简单。相比之下，它的四个缺点是：需要大量人员配备，有损坏无人飞行器的风险，安装时间长，甲板占地面积大。这种回收方法需要大量的人手来操作撞网回收系统。撞网回收系统已经成功应用于 AAI 公司的"Aerosonde"无人飞行器（见图 10-14）和 AAI 公司的 RQ-2"先锋"无人飞行器（见图 10-15）。

|425|

图 10-14　AAI 公司"Aerosonde"无人飞行器撞网回收

图 10-15　AAI 公司 RQ-2"先锋"无人飞行器撞网回收

10.7.3　阻拦索回收

作为一种回收技术，阻拦索通常用于固定翼无人飞行器着舰或降落在航母上的场景。该系统通常包括阻拦索以及与支柱和吊杆连接在一起的制动系统[145]。阻拦索系统可以在甲板上，也可以在船一侧。使用该回收系统，无人飞行器必须配备一个挂钩，以便能够锁定在拦阻索上。改装会影响无人飞行器有效载荷（如相机）的有效性。在无人飞行器上增加钩子会略微增加无人飞行器的空气阻力。

一般来说，阻拦索回收的两个优点是：零长度回收，回收快。相比之下，它的四个缺点是：着陆颠簸，受舰船运动的影响，安装时间长，无人飞行器需要安装挂钩。

阻拦索回收系统已经成功应用于英西图公司的"扫描鹰"无人飞行器（见图 10-16）。

426

"扫描鹰"的回收系统被称为"绳球",在船上,起重机可以在离船 $10 \sim 15$ ft 的地方悬挂一条缆绳,缆绳离船大约高 40 ft,无人飞行器机翼末端有钩子,用于悬挂船侧的缆绳。这种回收方法不需要甲板空间,而且不需要使用机库、拦阻网或小艇。

10.7.4　天钩回收

天钩回收系统是阻拦索回收的一种变体,它用到了垂直的抓绳。该系统由可伸缩起重机和钢丝绳组成。该过程是让无人飞行器用翼梢飞到钢丝绳上。这个过程相当不平顺,因为无人飞行器减速非常快而且对钢丝绳的初始冲击很大。从结构角度看,无人飞行器将承受相当大的载荷系数,因为无人飞行器受到的撞击集中在一个小区域(即翼梢)。与撞网回收相比,天钩回收系统的安装时间稍短。

天钩回收系统需要一个大型起重机,而大型起重机又需要较大的储存空间。当无人飞行器被捕获时,它会朝着起重机的框架向下转动。悬空的无人飞行器可能会使起重机掉头,这也可能对起重机造成危险。之后无人飞行器从钢丝绳上释放,这一操作需要由熟练的人员来完成。

一般来说,天钩回收系统的两个优点是:零回收长度,需要的人手少。相比之下,它的四个缺点是:回收过程很颠簸,存放场地大,可能会受到船舶运动的影响,无人飞行器容易发生结构损坏。天钩回收系统已经成功应用于英西图公司的"扫描鹰"无人飞行器(见图 10-16)。

图 10-16　"扫描鹰"天钩回收(来源:英西图)

10.7.5　风向筒回收

从理论上讲,风向筒回收系统回收时间较短并且复杂程度较低。该设计包括一个巨大的圆锥形风向筒（由坚固的塑料或厚织物制成），安装在可移动的支架上部。风向筒较大的开放式入口要比无人飞行器翼展大得多（见图 10-17），而小的封闭端靠近地面。回收时，无人飞行器应该飞入风向筒的大端，通过风向筒逐渐缩小的几何形状来减速。

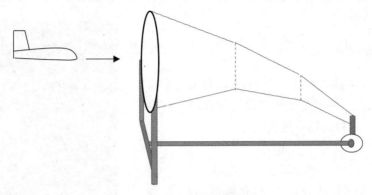

图 10-17　风向筒回收系统概念

一旦无人飞行器停在风向筒靠近小端的一侧，打开风向筒的小端就可以很容易地将其收回。由于风向筒的性质，风向筒回收配备螺旋桨发动机的无人飞行器似乎是不可行的。然而，回收配备单台推进式螺旋桨发动机的无人飞行器可能会成功。在进近阶段，应关闭无人飞行器的发动机，使桨叶停止转动，以便安全回收。螺旋桨发动机可能会损坏风向筒，但通过仔细的设计可以把风险降到最低，使回收更顺利。该系统的占地面积大，可在地面或舰船甲板上使用。风向筒通常很廉价，每操作一次后便会更换。

一般来说，风向筒回收系统的优点有：回收距离短，低成本，重量轻，复杂程度低，设计简单，无人飞行器上不需要相关设备。相比之下，它的四个缺点是：占地面积大，限制无人飞行器推进系统的类型，无人飞行器容易发生结构损伤，存放场地大。

427
～
428

10.7.6　降落伞回收

降落伞回收系统没有地面设备，但地面操作员对回收的成功与否起着重要作用。对于没有垂直起降能力的无人飞行器来说，一种回收方法是使用降落伞。降落伞可以使带机轮的无人飞行器或带滑橇的无人飞行器在地面上着陆。降落伞安装在无人飞行器的内部，从起飞时便携带着，并在着陆器上方的适当高度展开。当降落伞变大时，对地面的冲击会变小。

然而，大型降落伞很重，会增加无人飞行器的重量。因此，在选择降落伞尺寸时需要做一个折中处理。降落伞的设计基于阻力和最终速度。着陆/冲击速度等于最终速度。降落伞回收的精度和效率很大程度上受风速和风向的影响。着陆点的控制也会受风的影响。此外，如果空气中有湍流，由于尾流效应，回收系统会对无人飞行器造成危险。正在下降的降落伞可能在半空中被拦截，从而改变降落过程的性质。滑翔伞是降落伞的一种变形，它需要一个类似降落伞的特殊设计的伞翼。

参考文献[146]介绍了一种用于通用原子航空系统公司"捕食者"A 飞行器（1800 lb）紧急终止飞行的回收系统的开发和测试，研制了一种特别有效的主降落伞蓬，其稳定性非常好，每磅伞蓬的阻力面积超过 100 ft^2。

10.8 回收原理

10.7 节已经介绍了各种地面回收技术。本节将简要回顾两种回收技术的基本原理，并给出其控制方程。

10.8.1 降落伞回收

降落伞可以使携带机轮或滑橇的无人飞行器降落到地面上。着陆/冲击速度等于最终速度(V_t)。让阻力等于重力，可得到最终速度：

$$V_t = \sqrt{\frac{2W}{\rho S C_D}} \qquad (10.46)$$

其中，W 是无人飞行器的重力（包括降落伞）。S 是降落伞的投影面积，C_D 是降落伞阻力系数。降落伞阻力系数的典型值在 $1.2 \sim 2$ 之间。投影面积为 500 ft^2 的人用降落伞[44]的阻力系数约为 1.3。

无人飞行器相对于平台的着陆速度是控制回收能量的关键参数。为了减少无人飞行器受到的冲击力和其他辅助设备的占地面积，需要使回收能量降到最小。图 10-18 所示为"陨石"无人飞行器正在使用降落伞进行回收。

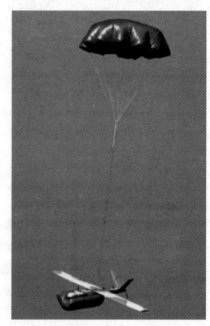

图 10-18 "陨石"无人飞行器降落伞回收（来源：英西图）

例 10.4 在降落伞的帮助下，要求一架质量为 100 kg 的小型无人飞行器以 3 m/s 的冲击速度着陆。在海平面高度着陆需要多大的降落伞投影面积？其半径为多大？

解 在海平面上，空气密度为 $1.225\,kg/m^3$。降落伞的投影面积由式(10.46)决定。对于降落伞的阻力系数，我们取平均值 1.75。

$$V_t = \sqrt{\frac{2W}{\rho S C_D}} \Rightarrow S = \frac{2W}{\rho C_D V_t^2} = \frac{2 \times 100 \times 9.81}{1.225 \times 1.75 \times 3^2} \approx 101.7\ m^2$$

$$S = \pi R^2 \Rightarrow R = \sqrt{\frac{S}{\pi}} = \sqrt{\frac{101.7}{\pi}} = 5.7\ m$$

10.8.2 撞击回收

回收设备的三种基本形式为：制动装置、网、带钩的阻拦索。针对这些情况的回收系统设计是基于冲量-动量定理的。网和天钩是两种主要用于回收微型到迷你型无人飞行器的技术。在这两种情况下，可以用一张大网、传送带装置或吊钩来捕捉飞行的无人飞行器。这需要一种吸收冲击能量的方法，通常包括使用安全气囊或可更换的脆性材料。用到冲量-动量方程的阻拦技术适用于大型无人飞行器。无人飞行器停下来后，回收系统的作用力应迅速撤去，以防止无人飞行器向后和向上运动。

冲量等于物体上的合力(F)乘以该合力施加在物体上的时间(t)。冲量-动量定理说明撞击中的冲量等于线动量的变化。

$$Ft = m(V_2 - V_1) \tag{10.47}$$

由于最终速度为零：

$$Ft = mV_2 \tag{10.48}$$

冲击能量(如动能)必须被网、钩或制动装置吸收，并且不会对无人飞行器造成任何伤害。网的尺寸取决于无人飞行器迎风面积以及期望的可靠性。网越大，回收系统越可靠。网应该很柔韧，这样无人飞行器才能够被安全地捕获。这种柔韧性将为无人飞行器的撞击提供更长的时间(t)。回收时吸收的能量越多，安全风险就越高。给定张力下的冲击速度和高度由吊钩位置控制。

10.9　发射和回收系统的移动性

10.9.1　移动性要求

发射和回收系统的基本要求是能够在各种各样的地形上移动。一辆合适的移动车辆便符合该要求。车辆应具有良好的机动性以及移动能力。面对新的挑战，应探索新的车辆，以应用于操作友好型发射器。

发射/回收系统概念设计的主要约束因素是无人飞行器的任务剖面。在各种地形上的移动性、有效操作控制、运输所需有效载荷的能力都是任务剖面的明确要求。对于军用无人飞行器，期望能够在战场环境中操作是车辆设计的另一个限制因素。作为一种新型专用车辆，设计师可能会提出一种先进的移动方法，并将其用在概念设计中。军事用途的移动性要求源于战场地形是未知的。车辆必须能在各种崎岖地形上行驶。控制约束要求车辆适应所需的操作模式。

通常，随着移动性得到提升，发射和回收系统的总重量和成本也将增加。因此，必须做出妥协，以获得最佳解决方案。换句话说，可以通过减小发射和回收系统的重量来提升移动性。此外，为降低设计成本，建议使用普通卡车作为基本载具。

用于发射和回收的车辆有两种选择，一种是目前可用的商用轮式车辆，另一种是新型专用车辆。10.9.2 节将介绍传统轮式车辆的特点。

10.9.2　传统轮式车辆

为发射和回收系统提供移动性的首选是使用传统轮式车辆，例如卡车。此设计方案将降低设计复杂性，并借用了现有车辆的优点。但是，仍需要设计附件机构。对于小型无人飞行器，无须考虑专用的发射装置，发射器通过轮子安置在地面上(作为拖车式发射器)。

提升轮式车辆移动性的方法有很多，其中使用最普遍的方法是采用四轮驱动和大胎面轮胎。另一种提高移动性的方法是降低地面接触压力。使用低压轮胎可有效地降低地面接触压力，并且可以增加车辆与地面的接触面积。

基于相同理念，一个更先进的系统是轮胎中央充放气系统。通过这种设计，轮胎的压力可以根据遇到的地面类型变化。因此，高压力轮胎可用于在公路上行驶，以最大限度地增加行驶里程，当地形变得难以通过时，可逐渐降低轮胎压力。另一个涉及轮胎的有趣概

431

念是防爆轮胎。这种轮胎依靠其出色的结构强度,在缺气时仍然可以工作。这种轮胎在沙漠环境中很有价值,因为在沙漠中轮胎很容易被刺穿。

无论是轮式还是履带式铰接车辆,都能在不规则、崎岖的地形上提供更高的移动性。使用两个或三个单元车辆与铰接接头连接可以显著提升越障性能,使车辆与地面保持更长时间的接触。

另一种可提升移动性的铰接式接头技术是可控的铰接悬架。这一概念将轮式车辆良好的公路性能和在高度困难、松软地面、越野条件下机动的能力结合了起来。这种设计是通过可控铰接悬架和独立驱动式车轮来实现的。铰接的一个重要问题是它使车辆在机械和控制方面复杂化。提高的移动性可能在短时间内是有价值的,但在简单环境中价值不大。

在比较这两种可用车辆时,权衡决策时最重要的是考虑成本与生存能力。如果一辆车和发射器的成本是另一辆车的两倍,那么这种车辆的生存能力应该是另一种的两倍。生存能力可以通过机动性测试来评估。此外,使用传统的轮式车辆(如普通卡车)可以使发射装置的单位重量和成本降低,轮式车辆可以拖着发射装置进行运输。

10.10　发射和回收系统设计流程

发射和回收系统设计是一项具有挑战性的任务,需要进行大量的分析和计算。与无人飞行系统(UAS)的设计流程类似,发射和回收系统设计也始于概念设计,终止于测试和评估。概念设计可以有许多不同的方式,从头脑风暴得到的简单草图到几乎可以用于生产的草图不等。这个阶段从确定需求开始,到设计好结构布局结束。概念设计通常包括可行性研究,以确保概念在给定的约束条件下是可行的。在这一阶段,设计师可能会提出一些未完全经过验证的设计或仅仅处于概念层面的解决方案。当选择一种技术进行检查时,应将其视为合理的解决方案。

10.10.1　发射和回收技术选择

发射和回收系统技术的选择是发射和回收系统设计中最重要的一步。发射系统设计和回收系统设计两个主要部分可以同时进行。在设计过程中的任何阶段,都要根据设计要求检查输出,并进行反馈。重复这个过程直到满足要求为止。

选择发射/回收技术的基本准则有:移动性要求、运输要求、性能要求、稳定性要求、结构刚度要求、操作要求、尺寸(特别是长度)要求、安全性要求、可靠性要求、成本要求、无人飞行器特点、可维护性要求、重量要求、制造技术要求、操作与安装考虑因素、供电系统要求、机动性要求、安装时间要求以及人员因素。由于有各种各样的发射和回收技术,因此这里没有详细说明设计过程。每种方法都有一组独特的设备,并且包含特定的设计流程。

在制定设计要求后,就要准备好用于发射/回收固定翼无人飞行器的不同系统/技术的清单。根据每个设计要求(例如,成本、重量、尺寸、安全问题、占地面积、装载情况和对其他系统的影响)以及这些技术的实施情况,对这些技术进行评估和比较。分数越高,系统在该准则下的性能越好。接着,将结果制成表格,根据优先级对准则进行权衡。通过权衡研究,为每一种技术打一个分数(即品质因数)。得分较高的系统将是发射和回收过程的最佳候选系统。第1章中介绍了这种方法。

　　图 10-19 展示了各种回收系统的相对安装时间。搭建系统和准备回收所用的时间是选 433
择回收系统的一个重要标准。撞网回收
系统搭建起来最慢，准备过程最复杂。
杆子必须安装好，网也必须伸展开，因
为这是一个相对较大的系统，所以需要
一些时间。

　　天钩系统的准备过程稍微快一点，
因为可以使用液压系统让起重机快速伸
出。然而，起重机通常装在存放在机库
里的拖车上，因此需要将拖车带到地面
上并做好准备。相比之下，阻拦索回收

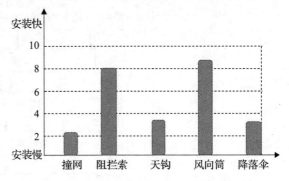

图 10-19　各种回收系统的相对安装时间

系统安装时间非常短，如果它是一个永久性的系统，则会被安装在船的侧面。

　　如果计划在船舶或运输舰上使用该系统，则还必须考虑其他设计要求，例如对船舶设
计的影响、对船舶操作的影响、甲板占地面积、对直升机操作的影响、部署模式、损坏船
舶的风险以及船员人数。对零部件成本的估算是一项重要的设计工作。如果部件/子系统
都能在市场上买到，那么总体成本将会大大降低。

　　无人飞行器发射和回收系统的重要设计要求有：性能要求、成本要求、稳定性要求、可
靠性要求、安全性要求、制造技术要求、重量要求、尺寸要求、可销售性要求以及处理要
求。本章介绍了用于发射和回收的不同技术或解决方案以及这些技术和方案存在的利弊。必
须根据设计驱动因素对技术进行评估，以便针对未来的开发和分析选择技术。图 10-20 和
图 10-21 展示了发射和回收系统的总体设计流程。该过程始于设计需求，具有迭代性。

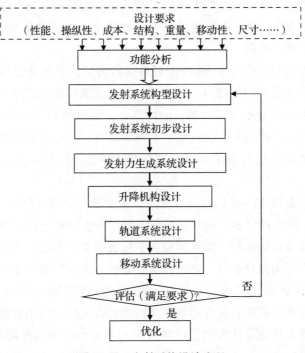

图 10-20　发射系统设计流程

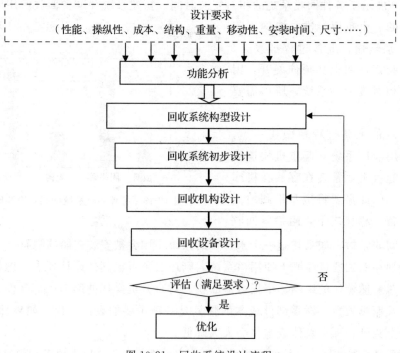

图 10-21　回收系统设计流程

10.10.2　发射系统设计

发射系统的设计(见图 10-20)从问题陈述和设计问题制定开始。该活动基于给定的目标(由客户确定)和技术要求(通过工程评估)。接着是功能分析,用来描述发射系统及其主要部件的任务或"功能"。功能分析确定了可靠性要求、可维护性要求、人为因素要求、保障性要求和制造要求的基线。

然后,将进行概念设计来开发/选择发射系统的构型。必须确定每个子系统的设计要求。功能分析也在详细设计时期进行,因为它会将系统级的要求分解到子系统。因此,下一步是分解,将发射系统分解为子系统/元件/部件。重要的相关子系统包括:固定平台、运输系统、供电系统、升降机构、方向平台和坡道系统。产生发射力的动力源可以有多种类型,包括气动、液压和电气系统。第 3 章介绍了机械/动力传动/电气系统设计的基本原理。

发射装置运行所需的空间是发射装置的一个重要设计要求。例如,"扫描鹰"发射装置占据了大约 5 ft×15 ft 的甲板空间,最好将其放置在上层甲板上有轨道的位置。

在发射装置的初步设计阶段,需要确定发射装置的主要参数,如所需功率、发射力和总体尺寸。之后,在详细设计阶段,通过计算、建模和模拟发射器操作设计子系统。移动性设计和分析是设计评估之前的最后一步,用来确定是否满足设计要求。如果答案是"是",则执行优化过程。否则,没有达到要求的项目将返回到适当阶段重新进行设计,持续进行迭代,直到满足所有设计要求。优化过程的主要目标是在保持发射器性能的同时,降低成本、减小重量和总体尺寸。多学科设计优化是一项发展良好的技术,因此推荐使用它来进行优化。

理想的发射装置是一种可运输性强、通用性强、适用于多种型号的无人飞行器的发射装置。例如，KONTIO（由 Robonic 设计）是一种可移动的通用发射器，能够以 70 m/s 的速度发射质量高达 140 kg 的飞行器，还能以 37 m/s 的速度发射 500 kg 的飞行器。

10.10.3　回收系统设计

回收系统的设计从问题陈述和设计问题制定开始（见图 10-21）。该活动基于给定的目标（由客户确定）和技术要求（通过工程评估）。接着是功能分析，用来描述回收系统及其主要部件的任务或"功能"。功能分析确定了可靠性要求、可维护性要求、人为因素要求、保障性要求和制造要求的基线。

434
～
436

然后，将进行概念设计来开发/选择回收系统的构型。必须确定每个子系统的设计要求。功能分析也将在详细设计阶段进行，因为它会将系统级的要求分解到子系统。因此，下一步是分解，将回收系统分解为子系统/元件/部件。重要的相关子系统包括：固定平台、运输系统、供电系统、升降（收回）机构和方向平台。可用于无人飞行器回收的动力源有很多种，包括气动、液压和电气系统。第 3 章介绍了机械/动力传动/电气系统设计的基本原理。

在回收系统的初步设计阶段，需要确定回收系统的主要参数，如所需功率、扩展机制和总体尺寸。之后，在详细设计阶段，通过计算、建模和模拟回收过程来设计子系统。移动性设计与分析是设计评估之前的最后一步，用来确定是否满足设计要求。如果答案是"是"，则执行优化过程。否则，不满足要求的项目将返回到适当阶段重新进行设计，持续进行迭代，直到满足所有的设计要求。优化过程的主要目标是在保持回收性能的同时，降低成本、减小重量和总体尺寸。这里同样推荐使用多学科设计优化技术来优化。

可以开发一个针对四旋翼飞行器和小型无人飞行器的坠毁检测和救援系统，提供快速有效的基于降落伞的安全解决方案，以降低伤害地面人员的风险，并保证无人飞行器在飞行过程中发生故障时可以安全着陆。该系统应当自主工作，并且独立于无人飞行器自动驾驶仪，可以在一秒钟内将降落伞弹出，即使在拥挤的区域也能保证无人飞行器的安全运行。整个降落伞是一个系统，即使无人飞行器完全失效，也可以独立展开。在紧急情况下，降落伞是由弹性绳系统或以火药作为触发机制弹射出来的。降落伞应该设计的足够轻巧，且在摇摆时或在风的作用下能够保持稳定（例如圆形或矩形降落伞）。

简答题

1. 列出无人飞行器发射系统的主要设计要求。
2. 列出无人飞行器回收系统的主要设计要求。
3. 在设计发射器时，必须确定哪些参数？
4. 发射器的主要部件有哪些？
5. 无人飞行器回收系统的功能是什么？
6. 列举一些实用的无人飞行器回收技术。

437

7. 在回收"陨石"、英西图"扫描鹰""全球鹰"无人飞行器过程中分别用到了哪些技术？

8. 描述手动发射无人飞行器的过程。

9. 空中发射无人飞行器要求的主要要素是什么？

10. 发射"先锋"无人飞行器用到的技术有哪些？

11. 当无人飞行器被降落伞回收时，它的典型冲击速度是多少？

12. "扫描鹰"无人飞行器的最大起飞重量和翼展是多少？

13. 描述"扫描鹰"无人飞行器的回收系统。

14. 描述移动性要求。

15. 发射器的运输车辆有哪两种？

16. 发射器的止动机构是什么？

17. 列出三种发射无人飞行器的技术。

18. 简要描述"侧臂"（SideArm）系统。

19. 列出七种典型的发射方法。

20. 列出五种最常见的无人飞行器回收系统和技术。

21. 在发射操作期间，载荷系数的典型值是多少？

22. 火箭助推发射的主要优点有哪些？

23. 简要描述弹力绳发射。

24. 简要描述弹力绳弹射器发射的操作。

25. 弹力绳弹射器发射的主要组成部分有哪些？

26. 通过弹力绳发射可获得的最大无人飞行器空速是多少？

27. 列出弹力绳发射操作中的作用力。

28. 在弹力绳发射的分离点上实现更高的无人飞行器速度有哪些设计方案？

29. 简要描述气动发射系统。

30. 气动发射系统的优点有哪些？

31. 气动发射系统的缺点有哪些？

32. 简要描述液压发射系统。

33. 液压发射系统的优点有哪些？

34. 液压发射系统的缺点有哪些？

35. RQ-7"影子"用到了什么发射系统？

36. 简要描述手动发射系统。

37. 小型无人飞行器的典型发射速度是多少？

38. 传动螺杆的功能是什么？

39. 通过升降机构抬起发射轨道所需的扭矩受哪些参数影响？

40. 升降机构的自锁条件是什么？

41. 通过升降机构抬起发射轨道所需的功率受哪些参数影响？

42. 在回收"陨石"B无人飞行器时用到了什么技术？

43. 无人飞行器机架与发射器坡道之间摩擦系数的典型值是多少？

44. 无人飞行器在发射中的最终典型速度与失速速度相比是多少？

45. 无人飞行器发射后哪些力和力矩对无人飞行器的纵向配平有影响？

46. 中小型无人飞行器升降机构的执行机构的设计参数有哪些？

47. 简要描述回收过程。

48. 无人飞行器回收过程的目的是什么？

49. 简要描述撞网回收过程。

50. 与无人飞行器顶部面积相比，网的典型尺寸为多大？ 439

51. 列出撞网回收系统的优点。

52. 列出撞网回收系统的缺点。

53. 列出阻拦索回收系统的优点。

54. 列出阻拦索回收系统的缺点。

55. 简要描述阻拦索回收过程。

56. 列出天钩回收系统的优点。

57. 列出天钩回收系统的缺点。

58. 简要描述天钩回收过程。

59. 简要描述风向筒回收过程。

60. 简要描述降落伞回收过程。

61. 列出回收设备的三种基本形式。

62. 讨论并比较各种回收系统的相对安装时间。

63. 理想无人飞行器发射器的特点是什么？

练习题

1. 设计一个发射器来发射质量为 300 kg 的无人飞行器。发射角为 25°，发射器的长度为 2.6 m，摩擦系数为 0.05。要求无人飞行器在发射器轨道末端速度达到 20 kn。推动无人飞行器在轨道上滑行需要多大的力？忽略无人飞行器在发射过程中的阻力。

2. 设计一个发射器来发射质量为 200 kg 的无人飞行器。发射角为 30°，发射器的长度为 2.2 m，摩擦系数为 0.055。要求无人飞行器在发射器轨道末端速度达到 15 kn。推动无人飞行器在轨道上滑行需要多大的力？忽略无人飞行器在发射过程中的阻力。

3. 一架质量为 70 kg 的小型无人飞行器需要在降落伞帮助下以 4 m/s 的冲击速度着陆到地面上。着陆在海平面的高度上需要降落伞投影面积多大？忽略无人飞行器本身在降落过程中的阻力。

4. 一架质量为 150 kg 的小型无人飞行器需要在降落伞帮助下以 3 m/s 的冲击速度着陆到地面上。着陆在海平面的高度上需要降落伞投影面积多大？忽略无人飞行器本身在降落过程中的阻力。 440

5. "影子"无人飞行器是通过拖车上安装的气动发射器发射的。该气动发射器可以使 170 kg 的无人飞行器在 12 m 内加速到 30 kn。忽略阻力，确定所施加的力的大小。假设发射角为 30°，摩擦系数为 0.043。

6. 一架无人飞行器从拖车上安装的气动发射器发射。该气动发射器可以使 120 kg 的无人飞行器在 9 m 内加速到 50 kn。忽略阻力，确定所施加的力的大小。假设发射角为 40°，摩擦系数为 0.035。

7. 一架无人飞行器从拖车上安装的气动发射器发射。该气动发射器可以使 50 kg 的无人飞行器在 6 m 内加速到 30 kn。忽略阻力，确定所施加的力的大小。假设发射角为 25°，摩擦系数为 0.06。

8. 一架质量为 5 kg 的无人飞行器使用弹力绳发射。无人飞行器以 25°的发射角在 5 m 内可获得 20 kn 的速度。确定绳子的弹性系数。假设摩擦系数为 0.06。

9. 一架质量为 12 kg 的无人飞行器使用弹力绳发射。无人飞行器以 30°的发射角在 7 m 内可获得 30 kn 的速度。确定绳子的弹性系数。假设摩擦系数为 0.06。

10. 一架质量为 180 kg 的无人飞行器在降落伞的帮助下着陆。降落伞的投影面积为 60 m²。确定在海平面高度上的着陆冲击速度。

11. 一架小型无人飞行器的质量为 1 kg。一位最大可使出 80 N 的操作员被安排发射这架无人飞行器。如果他的手伸出 75 cm，确定释放速度。

12. 一位最大可使出 100 N 的操作员被安排发射一架非常小的无人飞行器。他的手可伸出 70 cm，要求无人飞行器的释放速度为 6 m/s。确定可发射的无人飞行器的最大质量。

13. 设计一个发射器来发射 30 kg 的无人飞行器。发射角为 40°，摩擦系数为 0.05。要求无人飞行器在发射器轨道末端达到 25 kn 的速度。在发射器上推动无人飞行器的发射力为 700 N。发射器的长度应为多少？

14. 设计一个发射器来发射 120 kg 的无人飞行器。发射角为 20°，摩擦系数为 0.06。要求无人飞行器在发射器轨道末端达到 45 kn 的速度。在发射器上推动无人飞行器的发射力为 10 000 N。发射器的长度应为多少？

15. 设计一个发射器来发射 100 kg 的无人飞行器。发射角为 25°，摩擦系数为 0.05。要求无人飞行器在发射器轨道末端达到 20 kn 的速度。在发射器上推动无人飞行器的发射力为 2000 N。发射器的长度应为多少？

16. 无人飞行器的气动发射器可以在 10 m 内将 120 kg 的无人飞行器加速到 35 kn 的速度。假设发射角为 40°，摩擦系数为 0.08，忽略发射过程中无人飞行器升力和阻力的作用，确定发射力的大小。

17. 无人飞行器的气动发射器可以在 6 m 内将 60 kg 的无人飞行器加速到 30 kn 的速度。假设发射角为 20°，摩擦系数为 0.045，忽略发射过程中无人飞行器升力和阻力的作用，确定发射力的大小。

18. 重复第 16 题，但需要考虑飞行器阻力的影响。假设阻力系数为 0.035，机翼面积为 4.1 m²。提示：编写 MATLAB 代码并使用短时间步长，例如 0.02 s。

19. 重复第 17 题，但需要考虑飞行器阻力的影响。假设阻力系数为 0.04，机翼面积为 4 m²。提示：编写 MATLAB 代码并使用短时间步长，例如 0.02 s。

20. 为无人飞行器发射器设计一个升降平台。平台由传动螺杆和中径为 40 mm、螺距为 6 mm 的方牙双线螺纹组成。传动螺杆由钢制成，并涂有机油。假设发射角为 10°，无人飞行器的质量为 15 kg，发射器轨道为 35 kg。

   1) 计算抬起无人飞行器所需的扭矩。

   2) 如果螺纹需要以 120(°)/s 的转速转动，确定所需功率。

   3) 假设动力由电压为 12 V 的电动机提供，计算电流大小。

21. 为无人飞行器发射器设计一个升降平台。平台由传动螺杆和中径为 20 mm、螺距为 8 mm 的方牙双线螺纹组成。传动螺杆由钢制成，并涂有机油。假设发射角为 12°，无人飞行器的质量为 10 kg，发射器轨道为 20 kg。

    1) 计算抬起无人飞行器所需的扭矩。

    2) 如果螺纹需要以 150(°)/s 的转速转动，确定所需功率。

    3) 假设动力由电压为 8 V 的电动机提供，计算电流大小。

22. 一架小型无人飞行器的发射质量为 20 kg，机翼面积为 2 m²，水平尾翼面积为 0.5 m²，$C_{L_{h_0}}=0$，$C_{L_\alpha}=5.61\ \mathrm{rad}^{-1}$，$C_{L_{\alpha_h}}=41\ \mathrm{rad}^{-1}$，$\alpha_h=0$，$C_{L_{\delta_E}}=0.41\ \mathrm{rad}^{-1}$，$AR=8$，$C_{m_{owf}}=-0.09$，$h=0.18$，$h_0=0.24$，$\overline{V}_h=0.8$。

    发射速度为 20 kn，升降舵偏转最大角度为 ±20°。假设在海平面上，如果发射角为 20°，判断在发射结束时无人飞行器还能否保持纵向配平。

23. 一架无人飞行器的发射质量为 1000 kg，机翼面积为 12 m²，水平尾翼面积为 3 m²，$C_{L_{h_0}}=0$，$C_{L_\alpha}=61\ \mathrm{rad}^{-1}$，$C_{L_{\alpha_h}}=4.71\ \mathrm{rad}^{-1}$，$\alpha_h=-1°$，$C_{L_{\delta_E}}=0.351\ \mathrm{rad}^{-1}$，$AR=6$，$C_{m_{owf}}=-0.04$，$h=0.12$，$h_0=0.25$，$\overline{V}_h=0.5$。

    发射速度为 50 kn，升降舵偏转最大角度为 ±25°。假设在海平面上，如果发射角为 15°，判断在发射结束时无人飞行器还能否保持纵向配平。

24. 一架小型无人飞行器以 18° 的发射角、20 kn 的速度发射。假设在爬升飞行过程中无人飞行器一直保持恒定的速度和发射角。发射地点在一个树木繁茂的区域内，树高 20 m，相距 50 m。发射器长 6 m，无人飞行器能安全越过树木吗？

25. 一架小型无人飞行器以 20° 的发射角、25 kn 的速度发射。假设在爬升飞行过程中无人飞行器一直保持恒定的速度和发射角。发射地点在一个树木繁茂的区域内，树高 22 m，相距 60 m。发射器长 5 m，无人飞行器能安全越过树木吗？

设计题

1. 针对质量为 100 kg 传统操纵面的固定翼无人飞行器，设计了一种带有气动动力源的发射器。然而，无人飞行器在离开发射器后便坠毁了。在调查这起坠毁事故时，通过报告得出了结论，无人飞行器离开发射架时的速度低于失速速度。假设让你来重新设计系统(无人飞行器或发射器)。针对此问题，请至少提供两种解决方案，并证明解决方案是正确的。

2. 针对质量为 100 kg 传统操纵面的固定翼无人飞行器，设计了一种带有气动动力源的发射器。然而，无人飞行器在离开发射器后便坠毁了。在调查这起坠毁事故时，通过报告得出了结论，升降舵(在其最大偏转时)无法使无人飞行器纵向配平，因此在离开发射器时升降舵的控制力不足。假设让你来重新设计系统(无人飞行器或发射器)。针对此问题，请至少提供两种解决方案，并证明解决方案是正确的。

第11章 地面控制站

教学目标

经过本章的学习，读者将能够：

1）论述当前地面控制站（GCS）技术。

2）阐述目前几种无人飞行器地面控制站的功能特点。

3）进行地面控制站项目设计。

4）阐述各种类型的地面控制站。

5）开发符合人体工程学的相关设计要求。

6）阐述地面控制站辅助设备。

7）描述地面控制站子系统。

8）描述从地面控制站向无人飞行器发送命令的过程。

9）描述从无人飞行器接收信号的过程。

10）阐述数学模型、函数以及电位器原理。

11）进行大型无人飞行器地面控制站内部布局设计。

12）论述人体工程学的基本原理。

13）设计飞行员/操作员控制台。

11.1 引言

地面站是无人飞行系统（UAS）的重要组成部分，通常作为与无人飞行器连接的人机接口。地面站在文献中的其他替代术语是"地面控制站"（GCS）、"指挥和控制站"（Command and Control Station，CCS）、"任务控制站"（Mission Control Station，MCS）和"任务规划和地面控制站"（Mission Planning and Ground Control Station，MPGCS）。地面飞行员通过地面控制站对无人飞行器及其有效载荷进行控制和监控。地面控制站是数据收集和分发系统的主要组成部分，能够接收无人飞行器收集的信息，处理这些信息，并借助数据链将其重新发送给相应的终端用户。由于不同任务的飞行范围和类型（无人飞行器系统的复杂性）的差异，不同无人飞行器的操作通信方式也各不相同，小型无人飞行器通过视觉接触手动实时控制，而大型无人飞行器配备有通信系统（事先存储在无人飞行器上）。

地面控制站（GCS）里的操作员或飞行员可以通过通信系统（上行链路）与无人飞行器通信，从而控制飞行器的飞行或更新飞行路径。地面站支持无人飞行器的远程控制，通过数据链接收、处理来自无人飞行器的导航数据；地面站可以制定飞行计划，并通过接口与地面上的自动驾驶仪通信，还可以直接操控无人飞行器携带的各种有效载荷（例如，相机、武器等）。如果安装了数据链，即使不与无人飞行器视觉接触，地面站也可以通过软件对无人飞行器进行飞行控制。操作员编写的飞行计划可以通过无人飞行器自动驾驶仪与地面站的串行连接上传。地面站的三个主要功能是任务规划、监察和飞行控制。

飞行器可以通过下行通信链路（见图 11-1）将信息和图像返回给操作员，这种信息返回既可以是实时的，也可以是按指令进行的。有效信息通常指来自有效载荷的数据，比如无人飞行器子系统的状态信息、高度、空速和位置信息。无人飞行器的发射和回收也可以通过地面站控制。地面站有一个类似驾驶舱的地方，内置显示器、操纵杆/操纵轮和控制无人飞行器的各类按钮。操作员可以通过改变通信信号来控制无人飞行器操纵面和发动机节气门。

445
～
446

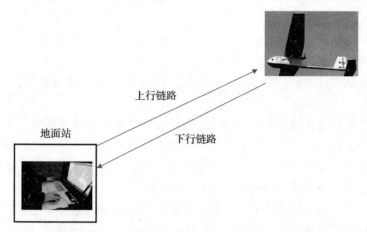

上行链路

地面站

下行链路

图 11-1　地面控制站（GCS）和飞行器（RQ-11"大乌鸦"无人飞行器）

传统的远程控制负责自动驾驶仪的接合和脱离，在与无人飞行器有视觉接触的情况下可以遥控飞行。无人飞行器中的自动驾驶仪由地面站的操作员控制。本章主要介绍地面站的功能、主要组成部分、辅助设备、设计要求和设计技术。此外，工作站内通常有一名或多名工作人员，所以本章还将简要介绍人体工程学设计要求。

一般来说，地面站的操作员有三个主要任务：（a）控制无人飞行器的轨迹；（b）使用有效载荷；（c）监测传感器。如果无人飞行器不具备完全自主飞行的能力（例如"捕食者"A），地面站的操作员就必须在整个飞行操作过程中都与无人飞行器进行实时通信，从而保证其正常飞行。对于完全自主无人飞行器，地面站的操作员主要进行监视工作，并且只在需要时采取行动。

操作员的一般任务包括：（a）控制无人飞行器以给定的高度、半径和速度围绕指定的地面网格基准运行；（b）指挥无人飞行器在选定区域上空盘旋并进行监视；（c）控制飞行器以给定的速度下降并着陆；（d）控制飞行器下降到地面，采集大气样本，然后再次爬升到工作高度。地面控制站（GCS）中的操作员可以通过无人飞行器携带的各类传感器来确定无人飞行器目前的观察对象。

在某些无人飞行器中，飞行器的成本只占飞行系统的一小部分。例如，每架 RQ-7"影子"无人飞行器的成本约为 75 万美元（2011 年），而包括地面控制站（GCS）、发射器和辅助设备在内的每个系统的成本约为 1550 万美元；通用原子航空系统公司的 MQ-1C"灰鹰"无人飞行器的成本约为 150 万美元（2013 年），而包括地面控制站、发射器和辅助设备

447 在内的每个系统的成本约为 2150 万美元。

11.2　地面控制站子系统

地面控制站(GCS)通常包含一些实现整体功能的子系统。这些子系统由无人飞行器的
类型(民用或军用)和需要完成的任务(例如射程、续航时间和运输)决定。一般来说，地面
控制站由以下子系统组成：

- **无人飞行器飞行控制台**。操作员通过操控无人飞行器自动驾驶仪(即控制系统)执行
  任务，既可以手动实时控制无人飞行器，也可以选择并启用存储在飞行器的软件对
  无人飞行器进行控制。
- **操纵杆**：发动机控制操纵杆(用于控制空速和高度)；姿态控制操纵杆(用于调节俯
  仰、滚动和偏航)。
- **有效载荷监测控制台**。操作员在这里监测有效载荷(例如摄像机)的状态，并对其工
  作状态进行实时控制。
- **无人飞行器以及其他指令编码器、发射机和接收机的通信子系统**。无人飞行器通信
  既有上行链路，也有下行链路。该系统具有控制通信元件状态的功能。例如，利用
  该系统升降无线电天线杆，通过手动或自动调整可以获得良好的无线电波传输和接
  收效果，并在必要时改变频率，详见 11.5 节。
- **导航显示器**。用于监视无人飞行器的状态和飞行路径，无人飞行器的位置可以自动
  显示在导航显示器上。
- 用于记录各个设备和有效载荷测量数据的显示器。
- 地面地图显示器。
- **总控计算机**。用于数据处理与计算、任务规划、保存无人飞行器飞行程序和内务数
  据存储。
- 为操作员提供舒适工作环境的各类设备(如加热器、空调、除湿器等)。
- 向各种设备提供电力与机械、液压动力的辅助子系统。
- 办公设备(如桌子、座椅等)。
- 计算软件和计算机程序/代码。
- 人类操作员。

在设计地面控制站(GCS)时，必须考虑到所有子系统和组成部分的设计，然后将其集
成为一个单元(即地面控制站)。在小型无人飞行器中，所有子系统将集成到一个小型手持
遥控器中；而对于大型无人飞行器，通常需要多个地面平台安放所有的驾驶仪、操作员和
设备。

11.3　地面站类型

从小型手持遥控器到简单的笔记本计算机，再到移动卡车，再到固定的综合中央指挥
448 站，地面站的形式多种多样。用于近距离系统或中程系统的移动型地面站通常安装在适用
全地域的车辆上；用于中空长航时(MALE)和高空长航时(HALE)系统的中央指挥站通常
是固定在基地中的。一般来说，控制站不一定要设在地面上，还可以放置在潜艇上、舰船

上甚至另一架飞行器(机载)上。本节将简单介绍几种类型的地面站。

11.3.1 手持无线电控制器

1. 总体结构

大多数小型自制无人飞行器和遥控模型飞行器都是通过重量为 1~2 lb 的简单手持遥控器控制的。遥控器有一些侧杆、操纵杆和按钮(见图 11-2),这类遥控器带有天线,通过无线电、红外信号与无人飞行器进行通信。操作员将通过推、拉操纵杆来实现偏转操纵面、启动发动机、改变飞行轨迹等操作,因此这类地面站通常用于实时控制。

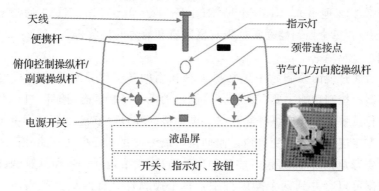

图 11-2 小型无人飞行器用于手持遥控器

图 11-3 描述了由手持遥控器发送命令信号到正在飞行的无人飞行器的过程。操作员偏转操纵杆,电位器将产生与偏转角度(δ_s)相对应的电压;手持遥控器内的微控制器将处理该电压,产生模拟的命令信号并传输给发射机;发射机产生相应的数字信号(例如无线电波),然后通过天线将其再传送到空中无人飞行器的接收机上。

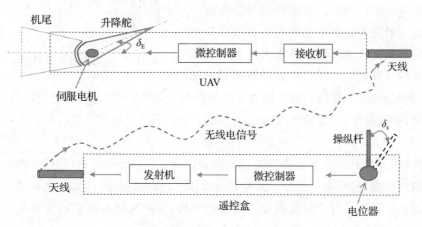

图 11-3 从手持遥控器向无人飞行器发送命令的过程

地面操作员完全通过手持遥控器引导和控制无人飞行器,通过机载摄像机观察无人飞行器飞行情况并直接做引导和控制的决定。一般来说,采用这种地面控制站时,无人飞行器的颜色不能选择为全蓝或全白,因为天空要么是晴天的蓝色,要么是多云时的白色,地面操作员很难探测到白色或蓝色的无人飞行器。因此,在无人飞行器涂装时必须考虑这一需求。

如果无人飞行器在视线范围内，遥控器的天线就很容易接收到无线电波，从而向接收机发送信号。然后，接收机将产生电压信号并将其发送到无人飞行器内部的微控制器，由微控制器创建命令信号（电压），并将模拟信号（例如电压）发送给升降舵的伺服电机。伺服电机的转速是一个与接收的电压有关的函数。当伺服电机以某一转速旋转时，升降舵以相同的速度偏转。为保证控制的时效性，上述过程将在几分之一秒内完成。下面将介绍电位器的结构和控制方程。

市面上有许多商用手持控制器——价格可达几百美元，例如 Spektrum DX8（8 通道）、Graupner MX-20（12 通道）、RealFlight RF8 Horizon InterLink-X（10 通道）和 Radiolink AT10II（12 通道）。每个控制器通常都带有发射机和兼容的接收机。

2. 操纵杆

远程飞行员通过地面控制站中包括操纵杆在内的各类工具对无人飞行器进行飞行控制。无人飞行器的控制功能主要有两种：控制发动机、控制姿态（俯仰、横滚和偏航）。这些控制是由飞行员手动操作操纵杆实现的。电动机（发动机）节气门由飞行员控制，当操纵杆偏转时将改变空速，还能改变攻角、俯仰角，最终改变飞行高度。此外，还可以通过操纵杆控制三个姿态角：俯仰角（包括攻角和爬升角）、横滚角（倾斜）和偏航（航向）角。

这四个控制可以合并到两个操纵杆中，每个操纵杆具有四组控制方向，即向前、向后、向左和向右。

对于 GCS 操作员转动操纵杆（角度）和无人飞行器姿态角之间的关系，可以采用估算理论（例如模糊逻辑、神经网络和自适应控制）来计算姿态角的估值。

GCS 中的操纵杆偏转通常会带动电位器旋转（见图 11-4），从而产生模拟信号（通常是电压）。产生的电压进入微控制器，进而将信号发送到发射机。然后，通过天线借助无线电波将数字信号（即命令）发送到无人飞行器。当无人飞行器的接收机通过天线接收到信号时，将向微控制器发送

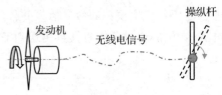

图 11-4　通过操纵杆偏转控制发动机

模拟信号（例如电压）。之后，微控制器将处理该命令并生成应用于各个元件（例如发动机）的模拟信号（例如电压）。发动机的转速（ω_E）是关于操纵杆偏转（δ_s）的函数：

$$\omega_E = K_\omega \delta_{s1} \tag{11.1}$$

其中，K_ω 是发动机杆比例常数或传动比。但是，该常数受许多因素（包括发射机、接收机和微控制器的性能）的影响。此外，该常数也取决于发动机类型（例如，电动发动机、涡轮螺旋桨发动机、活塞式发动机或涡轮风扇发动机）。使用相同的标记定义其他三个操纵面的传动比：

$$\delta_E = K_E \delta_{s2} \tag{11.2}$$

$$\delta_A = K_A \delta_{s3} \tag{11.3}$$

$$\delta_R = K_R \delta_{s4} \tag{11.4}$$

其中，K_E、K_A 和 K_R 分别是升降舵（δ_E）、副翼（δ_A）和方向舵（δ_R）偏转的传动比。下标 1、2、3 和 4 对应各种操纵杆及其偏转。例如，对于带有两个操纵杆的遥控器，下标 1~4 可

能是指右操纵杆的前后运动、左操纵杆的前后运动、右操纵杆的左右运动和左操纵杆的左右运动（参见图 11-2）。对于四旋翼飞行器，操纵杆运动的功能定义有所不同（请参见 5.5.7 节）。

例 11.1　当 GCS 的远程飞行员操作操纵杆偏转 30° 时，无人飞行器的活塞式发动机将以 1500 r/min 的转速旋转。确定此无人飞行器的发动机操纵杆比例常数（K_ω）。

解
$$\omega_E = K_\omega \delta_s \Rightarrow K_\omega = \frac{\omega_E}{\delta_s} = \frac{1500}{30} = 50 \ \frac{\text{r/min}}{(°)} = 300 \ \text{s}^{-1}$$

为了控制无人飞行器的发动机和姿态，遥控器必须至少有两个操纵杆（触发器），并且位置（前后和左右）均可调。每个前、后和左、右转向都通过发射机的专用通道作用于无人飞行器，进而控制变量。手持式遥控器的典型发射机至少具有六个信号通道，包含专用频率（例如 2.4 GHz）通道、调制通道和用于兼容接收机的编程通道。显然，操纵杆的阻力（F_s）必须在飞行员的力气范围内。

451

---

3. 电位器

操作员通过节气门和操纵杆控制发动机和操纵面的运动及偏转。电位器是将操纵杆和节气门的偏转转换成其他信号的元件。

电位器可视为机电换能器[132]，其主要元件是可变电阻器。操作人员利用其将无人飞行器的线位移或角位移转换为电压（即电势）。因此，当内部滑片在电阻表面上移动时，其输出电阻也会发生变化。电位器具有三根引线，中心滑片引线连接到模拟输入引脚。

电位器是零阶测量设备，可以为控制系统提供反馈信号。输出电压（V_{out}）作为输入（位移）的函数可线性建模为

$$V_{out} = \left(\frac{R_x}{R_p}\right) V_{in} \tag{11.5}$$

$$V_{out} = V_{in}\left(\frac{X_{in}}{L}\right) （线性电位器） \tag{11.6}$$

$$V_{out} = V_{in}\left(\frac{\theta_{in}}{\theta_{max}}\right) （旋转电位器） \tag{11.7}$$

其中，R_x 是电位器引线之间的电阻，R_p 是电位器的最大电阻，X_{in} 是滑片的线位移，θ_{in} 是滑片的角位移，L 是滑片的最大线性行程，θ_{max} 是滑片的最大角范围。当操纵杆（旋钮）转到其最大位置时，滑片引线上的输出电压在 0 V（接地）和最大（例如 5 V）值 V_{in} 之间变化。因此，电位器的传递函数为

$$\frac{V_{out}(s)}{X_{in}(s)} = K_L \tag{11.8}$$

$$\frac{V_{out}(s)}{\theta_{in}(s)} = K_A \tag{11.9}$$

其中，K_L（以 V/m 为单位）和 K_A[以 V/(°) 为单位] 分别是线性电位器和旋转电位器（也称角电位器）的增益。因此，旋转电位器的增益为

$$K_A = \frac{V_{\text{battery}}}{\theta_{\max}} \tag{11.10}$$

例 11.2　旋转电位器经过编程，可提供 5 V 电压，可完整旋转 360°。求这个电位器的增益是多少？

解　$K_A = \dfrac{V_{\text{battery}}}{\theta_{\max}} = \dfrac{5\text{ V}}{360°} \approx 0.014 \text{ V/(°)} = 0.796 \text{ V/rad}$

因此，其增益为 5 V/360°或 0.014 V/(°)或 0.796 V/rad。

增益的最终选择取决于所需信号的线性度和精度以及力和转矩的大小。

要将电位器连接到微控制器上（请参见第 9 章），就必须将模拟电压输出转换为数字形式（使用 A/D 转换器）。PIC ⊖微控制器具有内置的 A/D 转换器。图 11-5 展示了几种典型的单圈角电位器。角电位器的典型应用是测量操纵面（例如升降舵）的偏转角。大多数旋转电位器从一端到另一端经历 270°的旋转。因此，"单圈"电位器实际上只是一个 3/4 圈测量装置。

图 11-5　典型的单圈角电位器

多数电位器都是线性的。但是，对于某些电位器，输出电压随输入位移的变化呈非线性变化（例如对数和平方变化）。使用新型电位器时，读者需要确定其控制规律（有时称为锥度）。电位器的适用类型和报价容差可以通过供应商的目录进行验证。否则，测得的信号会产生错误或偏差。

在固定翼无人飞行器中，用于控制无人飞行器电动机的电位器只会产生一个正电压。但是，用于控制无人飞行器操纵面（升降舵、副翼和方向舵）的电位器会产生正负两个电压。这是由于操纵面可以向两面（正面和负面）偏转。例如，升降舵和副翼能够上、下偏转，而方向舵则能够左、右偏转。

11.3.2　便携式地面控制站

当监测和控制无人飞行器的必要设备的尺寸略大于手持遥控器时，可采用更大的便携式地面控制站，对于微型或小型无人飞行器也是如此。在某些情况下，无人飞行器和地面控制站都可以装在一个小行李箱中携带。这种地面控制站的尺寸相当于一台笔记本计算机大小。这种地面控制站通常集成了图形用户界面（GUI）和笔记本计算机大小的功能，操作

⊖　外围接口控制器，也称为可编程智能计算机。

员可以简单地访问关键数据和常用数据。便携式 GCS 需要直接用肉眼观测，以便飞行员看到无人飞行器并发送命令信号。操作员可使用实时平台监控系统状态，同时查看显示屏，实时查看有效载荷的视频。

便携式地面控制站的总质量（例如，小于 3 kg）应控制在操作员能够在飞行期间（例如，20 min）正常携带的程度。如果总质量大于这一值，操作员虽可以在短时间内移动地面控制站，但无法长时间搬运。在这种情况下，便携式地面控制站常被安放在桌子或平台上。由于操作员必须在飞行器飞行期间用肉眼观测，所以便携式地面控制站适用于航程小于 500 m 的无人飞行器。

典型便携式地面控制站（GCS）的主要组件（见图 11-6）包括：相机视频/图像的显示屏、飞行数据监测器、发动机控制系统、运动操纵杆、定时器、电源开关、键盘、各种按钮、天线、有效载荷控制平台、计算机（处理器/内存/硬盘）、外部连接器、接口、电池、音频子系统、发射机、接收机和电池指示灯。当飞行器为应对环境变化而重新执行任务时，任务的信息很容易更新。图 11-7 展示了小型无人飞行器"沙漠鹰"Ⅲ和它的便携式控制站。

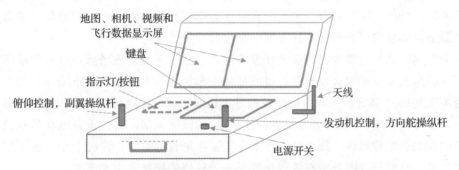

图 11-6 典型便携式地面控制站（GCS）的主要组件

图 11-7 小型无人飞行器"沙漠鹰"Ⅲ及其便携式控制站

11.3.3 移动卡车

短航程无人飞行器的 GCS 有许多装备和设备，不适合装在便携式箱子里。这种类型的 GCS 提供了通过定制控制台控制无人飞行器飞行的接口。这些设备的体积和重量应使其可以装进卡车的后车厢。使用卡车的优点是：(a)卡车可以将无人飞行器、GCS 和人类操作员运输到任何指定的区域；(b)卡车可为 GCS 提供电力；(c)卡车后车厢可成为操作员操作无人飞行器的舒适场所；(d)人工操作员可在卡车中执行任务。卡车很容易满足无人飞行器系统的移动性要求。因此，用于短航程无人飞行器的 GCS 通常是可移动的，并被安置在"全地域"车辆中。在车辆的后部有一个气动升高的可操作无线电桅杆，携带天线用于与无人飞行器通信。

这些系统的飞行器通常采用坡道发射方法发射或通过垂直起降法实现发射和回收。除了需要考虑发射和回收期间的控制细节，这两个系统的要求和功能基本上是相似的。虽然无人飞行器系统意味着不涉及操作员，但这些系统仍然可能需要与载人飞行器相当的操作人数。区别是在任何操作中都体会不到没有速度、姿态和重力改变的感觉。每个操作员将分配到不同的任务，另外还有一名机组成员作为指挥官，负责系统间的通信。通常，机组成员之间都是容易沟通协作的，任务的分配也具有灵活性。

地面车辆的底盘通常都配备有千斤顶或锚，一旦卡车到达现场后，将放到地面上进行固定。这些是稳定卡车的必要操作，目的是防止车辆在风力晃动或防止操作人员在车辆移动的影响下晃动。GCS 后车厢内还配备有发电机和空调，这既可以为操作员提供舒适的工作环境，又有助于电气设备(如监视器、计算机)的温度控制。这些设备也在单独的机架中有自己的控制和监控系统。操作员会在卡车里工作更长的时间，同时卡车里也可以容纳更多的操作员，这对于具有复杂有效载荷的无人飞行器的控制非常重要。

卡车里有许多监视器和显示器，监视器可以播放相机的视频图像。监视器下方是控制面板，面板上有操纵杆，操作员可以直接控制飞行状态下的无人飞行器。键盘可用于输入任务数据、软件更新或指向控制平台上的无人飞行器路径点。控制装置可用于启动飞行器、选择飞行前测试数据和控制飞行器起飞。

GCS 能够显示飞行时的有效载荷状态和数据(图像/视频或其他类型的数据)。因此，地面控制站的主要部分是识别安装在无人飞行器上的有效载荷类型和控制有效载荷操作的子系统。地面站内还应该有显示通信状态的显示器。显示器的屏幕应该足够大，以便操作员充分利用无人飞行器传感器的全分辨率。

GCS 的操作员不能直接看到他们所控制的无人飞行器。他们看到的只是显示器中出现的一个移动图标和显示在监视器上的有效载荷图像。无人飞行器可以有各种形状和尺寸，但它们在地图上的图标没有区别。图 11-8 展示了 RQ-7A "影子 200" GCS 的内部构造(如包含的操作员以及显示器)。图 11-9 展示的是 NASA 研究飞行员 Mark Pestana，他从 NASA 德莱顿地面控制站远程控制"伊哈纳"无人飞行器。MQ-TB "猎人"、"复仇者" 和 MQ-1 "捕食者" 的 GCS 分别有 3 个、6 个和 12 个屏幕。在"捕食者"无人飞行器中，地面站最初有 6 个显示器。但是，用户/操作员可以根据需要添加更多的显示器、监视器。现在，它有 12 个显示器。

图 11-8　RQ-7A "影子 200" 的地面控制站（GCS）内部构造

图 11-9　"伊哈纳" 飞行员工作站

　　当短航程无人飞行器从海上发射时，毫无疑问，此时控制站处在船上。英西图公司的 "扫描鹰" 无人飞行器（见图 3-3）具有 20 小时以上的续航能力，是地面控制站（GCS）位于海军舰艇上的一个例子。船只也类似于卡车，能够为操作员提供舒适的工作环境，同时可运输地面控制站（GCS）和无人飞行器，并为地面控制站（GCS）提供电能。此外，地面控制站（GCS）也有可能设置在空中，如在另一架飞行器（即母机）上。

　　图 11-10 展示了一辆用于无人飞行器的典型地面控制站（GCS）卡车的内部布局平面图。这个地面控制站（GCS）可以容纳两位无人飞行器工作人员：一名飞行员，一名有效载荷操作员。它内设一扇门、两扇窗、一台空调（和加热器）。两位工作人员可以坐在自己的座位

上，可以自由移动，也可以观看显示器和屏幕。引航站的操纵杆用于偏转操纵面和调节无人飞行器的发动机节气门。有效载荷操作员工作台的操纵杆可以控制相机、雷达等有效载荷操作和姿态。

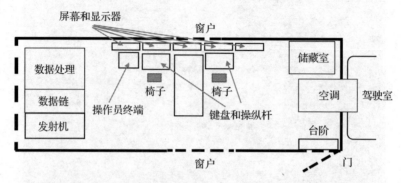

图 11-10   无人飞行器地面控制站(GCS)卡车内部布局的平面图

可机械操作的外部天线(如气象雷达天线)、特征齿轮和发动机可能会因腐蚀而失效，在安装时必须充分考虑到这一点。

11.3.4   中央指挥站

对于长航程(超过 1 万 km)和超长续航时间(超过 10 h)的无人飞行器(如"全球鹰"和"捕食者")，GCS 必须是综合型的地面站，并位于固定的位置。这样的地面站通常能够实现比普通地面站更多的任务，有更多有效载荷;只有在固定 GCS 中才可以包含多个单类型 GCS。固定 GCS 可以为操作人员提供更宽敞的住宿环境，即使长时间工作也能感觉舒适。固定 GCS 拥有完整办公和生活设备，可以容纳几名机组人员、有效载荷操作员和指挥官。在设计长续航无人飞行器时，一个具有挑战性的部分就是其固定 GCS 的设计。

长航程无人飞行器通常会在滑道上借助机轮水平起飞，所以必须在飞行器起飞和升空期间对其进行控制。这个操作以及随后的回收工作都是在操作员的直接控制下完成的，他们通常是与飞行器有直接视觉接触的操作员。特别是在携带更复杂的有效载荷的情况下，控制站可能需要更多的机组人员。此外，还可能有其他机组人员参与无人飞行器的控制，整个任务的执行也离不开他们。大多数现代无人飞行器都有任务有效载荷操作员工作站，目的是使操作员能够发挥有效载荷功能，利用有效载荷数据。如果无人飞行器配备了 EO/IR(光电/红外)传感器或合成孔径雷达(SAR)，这些有效载荷便可以由基地工作站控制和管理。

对于更大范围的网络连接，则需要用到远程无线电设备。在无人飞行器长时间飞行期间，机组人员会轮班操作。因此，机组人员要为移交任务做好准备。如果无人飞行器携带有武器，则另一名机组成员(即武器系统操作员)需要就武器对准目标做出选择、监控、释放、引导等操作。无人飞行系统(如"捕食者"和"全球鹰")都可以选择从靠近目标区域的机场地面控制站发射无人飞行器，在发射后，操作员依然可以从几千公里外的指挥中心控制。"全球鹰"系统使用两个地面 GCS，分别是发射回收单元(又被称为卫星控制站)和任务控制单元。

操作手册、维修手册、耗材、维修工具、备件和专用测试设备等物品需要保存在固定

GCS中。图11-11展示了NASA位于阿姆斯特朗的"全球鹰"(见图1-2)行动中心。2010年，机组人员和科学家使用该GCS进行了飓风起源和快速强化过程的研究。

图11-11 NASA位于阿姆斯特朗的"全球鹰"行动中心

重组和升级GCS的典型案例有固定翼"全球鹰"和旋翼MQ-8"火力侦察兵"。2016年，NASA计划为"全球鹰"无人飞行器搭载新的有效载荷控制设备，并将GCS从临时建筑转移到位于加利福尼亚比勒空军基地和北达科他州大福克斯空军基地的永久性建筑中。另外，NASA计划为美国海军的诺斯罗普MQ-8B"火力侦察兵"建造控制站，该侦察机部署在美国科罗纳多号(USS Coronado)上，其控制装置与RQ-4系统中的开放式体系结构相同。

11.3.5 海上控制站

当飞行作业目标区域在海上或靠近海洋时，可使用海上控制站(Sea Control Station, SCS)。因此，海军行动既可以使用舰载无人飞行器，也可以继续使用从地面控制站起飞/发射的无人飞行器。固定翼无人飞行器(例如"扫描鹰"，见图3-3)和旋翼无人飞行器(例如，"火力侦察兵"、雅马哈RMAX和"海鹰")都可以由海上控制站控制。由于船舶长度有限，所以固定翼无人飞行器发射和回收应该在船舶上进行。在海上控制站中，由船舶动力中心提供所需能源。地面控制站和海上控制站的布局和设备有许多相似之处。

海上控制站的通信系统可以和船舶通信系统合并，组成一个成本低、效率高的整体通信系统。同时，无人飞行器控制可以完全或部分集成在船舶的控制中心内。但出于安全考虑，建议将两系统分开。

11.3.6 通用地面控制站

在"全球鹰"无人系统的地面控制站(GCS)中，只有对应的无人飞行器可以被控制，同时也只能处理对应无人飞行器传感器传输的数据。同样，"捕食者"GCS一次只能控制

458

459

一架"捕食者"无人飞行器，并监控这架无人飞行器的有效载荷。目前所有的无人飞行系统都是如此，因为每个无人飞行器都有自己专有的 GCS 系统。然而，美国大多数大型无人飞行器都同属于政府，应该通过定义适用于政府拥有的无人飞行器的标准化、政府化和管理模块化开放式地面控制系统的体系结构，降低总体成本，从而提高无人飞行器的效率。

2008 年，美国国防部提出了一个控制多类型无人飞行器的通用 GCS 方案。该方案将涵盖从 MQ-8"火力侦察兵"到高空长航时"全球鹰"（图 11-12）等所有超过 20 磅最大起飞重量的无人飞行器（美国国防部称其为 UAS 2-5 组）。

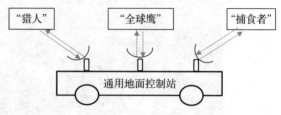

图 11-12   控制各种无人飞行器的通用 GCS

新型 GCS 致力于发展能够快速集成各种数据库和共享所有类型无人飞行器信息的平台。制造商正在开发具有标准软件模块的通用地面站来控制各种无人飞行器。此外，还可以收集无人飞行器各种有效载荷的信息。这项新方案的目的是更好地实现可视化、数据存档、自动跟踪等，从而改进地面站的功能。有了通用的 GCS，指挥官能够按需向有效载荷操作员分配采集原始图像或视频的任务。

11.4   多无人飞行器的地面控制站

本节介绍多无人飞行器的 GCS 的一般特征。无人飞行器设计师应当熟悉当前的 GCS 技术及特点，才能设计高效的 GCS。接下来将简要讨论以下几种无人飞行器的 GCS 特点："全球鹰""捕食者""猎人""影子 200"和雅马哈 RMAX。

11.4.1   "全球鹰"

第 1 章介绍了"全球鹰"无人飞行器的任务、性能、技术特征和有效载荷。"全球鹰"是大型飞行器，具有多单元的 GCS，并且采用了高度自动化的无人飞行器系统。"全球鹰"的 GCS 中有三名飞行员来远程控制无人飞行器，一名负责发射和回收，一名负责任务控制，另一名负责传感器操作。

NASA 位于德莱顿的地面控制站中有一个大型有效载荷操作区。每个 GCS 工作站配备以下设备：地图跟踪显示器、平视显示器、下视显示器、辅助显示器、公共中心显示器、机组人员站控制台、有效载荷操作员手动控制器、电动可调方向舵/制动踏板、数字飞行记录器和对讲机/无线电系统。"全球鹰"飞行员/有效载荷操作员的工作站配备 11 个显示器。诺斯罗普·格鲁曼公司原计划在飞行作业的 GCS 中配备五名人员：首席飞行员、第二飞行员（教官）、飞行作业管理员、有效载荷管理员和 GCS 系统管理员。

包括起飞和着陆在内的所有飞行任务都需要在起飞前预先规划和编程，并上传到飞行器中。机组人员只需要在无人飞行器飞行过程中监测其状态并控制有效载荷即可。虽说预先规划可以使"全球鹰"的飞行任务变得简单，但任务规划过程仍然具有挑战性，需要工作人员花费大量的时间和精力来完成。

飞行员和有效载荷操作员之间有一个 24 in 的显示器，专门用来显示天气和空域等可以共用的数据。此外，GCS 还为机组人员提供了电动可调的加热座椅和方向舵踏板。为了提高工作效率，这些设备及其布局是根据人体工程学标准来设计的。雷神（Raytheon）公司制造的 GCS 可以接收飞行器传感器套件获得的高质量图像，然后将图像转发给战场上的军事指挥官和用户。

另一种"全球鹰"辅助载具是追逐车，GCS 里的飞行员可在其中为无人飞行器起飞和着陆阶段提供安全保障。车载一名训练有素的飞行员作为地面飞手，在飞行器滑行起飞时与远程飞行员保持联系。两者的联系对无人飞行器的正常运行至关重要，因为飞行器的尺寸很大（翼展为 131 ft），在滑行过程中翼梢极有可能会撞击某些地面的障碍物。

任务控制地面站（由雷神公司制造）内含 8 ft×8 ft×24 ft 的工作空间，包含通信、指挥和控制、任务规划与图像处理计算机等设备，并为任务控制人员和指挥官配备四个工作站。雷神发射和回收地面站也设在 8 ft×8 ft×10 ft 的工作空间内，内部配备两个工作站以及执行发射和回收任务的计算机。

11.4.2　"捕食者"

第 1 章介绍了"捕食者"无人飞行器的任务、性能、技术特征和有效载荷。"捕食者"无人飞行系统包括四架飞行器、GCS、通信设备、维修备件和人员。"捕食者"飞行器从 GCS 内部飞行，类似于载人飞行器，使用了操纵杆、方向舵踏板和为飞行员提供 30° 视场的前视相机。相机（红外和夜视相机）的作用是帮助飞行器起飞和着陆。

每架"捕食者"都由一个三人团队控制，这三人分别为飞行员、传感器操作员和任务情报协调员，三人协作实现无人飞行器的远程操作。飞行员控制飞行，传感器操作员监视各种传感器/有效载荷的性能。

每四架"捕食者"分为一组。每一架"捕食者"都由位于 GCS 的飞行员和操作员控制。实际上这些小组能够在飞行中切换对飞行器的控制。例如，阿富汗某个空军基地的小组可以在阿富汗基地控制飞行器起飞，随后根据需要将飞行器控制权移交给美国的 GCS。

461

"捕食者"GCS 被安置在商用拖车或轻型卡车中。GCS 包含五个主要部分：电源；环境控制系统；飞行员和有效载荷操作员工作站；数据开发、任务规划和通信终端；合成孔径雷达工作站。"捕食者"没有机载记录能力，因此所有图像记录都位于 GCS 内。GCS 和"捕食者"之间通信链路的地面组件包括：编码器、发射机、接收机和飞行任务的控制组件。

飞行器和传感器的控制、数据开发、任务规划、任务跟踪、有效载荷监测以及系统管理都是通过 GCS 来实现的。美国空军计划重新设计"捕食者"B——"收割者"——的 GCS，采用用户友好型视频游戏式控制器和触摸屏地图来访问数据。2019 年 1 月 8 日，美国空军新的 Block 50 地面控制站（GCS）（由通用原子航空系统公司开发）在加利福尼亚州帕尔姆代尔附近的飞行试验中首次控制了 MQ-9 "收割者"的飞行操作。

11.4.3　MQ-5A "猎人"

第 1 章介绍了 MQ-5 "猎人"无人飞行器的任务、性能、技术特征和有效载荷。MQ-

5A"猎人"GCS 由三个控制舱和一个可选的情报舱组成：操作员控制舱用于控制无人飞行器的飞行；观察员控制舱用于控制有效载荷功能；导航控制舱配备了跟踪飞行路径和监测飞行进度的数字地图显示器；情报舱提供数据处理和分配功能。GCS 中的两名机组人员负责飞行器及其有效载荷的跟踪、指挥、控制和通信。

外部飞行员控制"猎人"起飞和着陆，同时站在起飞跑道边观察飞行器飞行情况，并通过控制箱远程指挥无人飞行器(操作方式和遥控飞行器的操作相似)。飞行器起飞和初步爬升后，控制权将转移给另一名飞行员(即内部飞行员)，他将在地面站内控制飞行器。位于 GCS 内的飞行员使用一组旋钮和操纵杆来控制无人飞行器的高度、空速和航向，进而控制"猎人"的飞行状态。着陆时，处于 GCS 外部的飞行员可以直接获得飞行器的控制权。因此，内外两名飞行员(一个内部和一个外部)为"猎人"任务提供了更多的可靠性和安全性保障。

一个 GCS 可以控制一到两个飞行器。这种侦察无人飞行器的独特任务规划系统提供了灵活的自动战术任务规划功能，还可以访问数字地形高程数据、数字地图数据，以及国防测绘局的数据。

11.4.4　"影子 200"

"影子 200"的飞行由 GCS 内的两名操作员控制，操作员同时还要处理飞行器的传感器和有效载荷。"影子 200"的 GCS 安装在轻型四轮卡车上(见图 11-13)。每个 GCS 都有一个地面数据终端，这个数据终端会接收 GCS 生成的命令，并将其调制成无线电信号发送给"影子"。地面数据终端还接收来自"影子"相机的视频图像以及来自"影子"发射机的遥测数据，并将接收到的数据发送给 GCS。

462

图 11-13　"影子 200"的 GCS

"影子 200"系统还可以包括一个便携式 GCS 和一个便携式地面数据终端，可以替代两个 GCS，是 GCS 基础版本的精简版。一个野战"影子 200"系统共需要 22 个操作员/士兵。拖车由辅助车辆牵引，携带地面数据终端，并且配有一台 10 kW 发电机为相关的 GCS 提供电力。

11.4.5　DJI"精灵"

小型四旋翼飞行器 DJI"精灵"[147]由地面飞行员通过遥控器远程控制。飞行器的最大传输距离为 3.5 km，工作频率为 2.4～2.483 GHz，发射机功率为 FCC(联邦通信委员会)规定的 26 dBm。工作电流为 7.2 A，工作电压为 7.4 V，使用的电池是容量为 6000 mA·h 的 Li-Po 2S 电池。视频输出端口为 GL300E(HDMI)和 GL300C(USB)。充电器的额定功率为 100 W。此外，它还有一个内置的显示装置(5.5 in 屏幕，分辨率为 1920×1080，1000 cd/m²，安卓系统，4 GB RAM＋16 GB ROM)。

463

11.4.6　雅马哈 RMAX

雅马哈 RMAX 的 GCS 有一名内部操作员(用于非 LOS 控制和观察)和一名外部操作员(用于 LOS 控制)。GCS 共提供三台个人计算机和三个显示器供操作员控制飞行器。GCS 使用全球定位系统(GPS)、三台个人计算机和基站通信调制解调器[148]将校正数据发送到无人飞行器的 GPS 上。

操作员可以在四窗口分割监视器上查看飞行器的相关数据。首先，飞行器状态显示器提供飞行过程中飞行器的性能数据，包括高度、滚转角、俯仰角、速度和爬升率等。其次，该显示器还会显示飞行器的系统状态，包括发动机转速、发动机温度、电池状况和无线电状况等。此外，显示器还显示了飞行器的三维图像，飞行器的位置可以在飞行控制显示器中的地图上查找。图像显示器显示飞行器上四个摄像头的图像，操作员可以在四窗口分割监视器上查看。

11.5　人体工程学设计要求

11.5.1　地面站飞行员/操作员数量

操作无人飞行器最重要的是安全，这在很大程度上取决于远程飞行员。GCS 中的操作员通过通信信号直接控制无人飞行器及其有效载荷。最常见的无人飞行器需要两名操作员：飞行器飞行操作员(或管理员、地面飞行员)和任务有效载荷操作员。GCS 可能扮演的角色是：任务指挥官、通信操作员、智能控制专家和气象观察员。大多数无人飞行器的损坏都是由远程飞行员/操作员的失误造成的；其中有一部分与无效的接口设计相关。就操作员而言，在 GCS 设计环节可能存在的一些缺陷是：(a) GCS 承担过多的工作量；(b) GCS 不能有效地提供关键信息；(c) GCS 不能提供应急响应；(d) GCS 内部不舒服的环境会给操作员带来压力。

表 11-1 列出了当前一些无人飞行器 GCS 所需的操作员数量。GCS 只需一名操作员(例如，传统的四旋翼飞行器)通常意味着 GCS 掌握在操作员手中(即它是手持设备)。

表 11-1　若干现役无人飞行器地面控制站(GCS)的人类操作员数量

序号	无人飞行器	GCS 中的操作员数量	备注
1	RQ-4 "全球鹰"	3～5	飞行员、有效载荷/传感器操作员、负责发射和回收的人员、负责飞行任务控制的人员
2	MQ-1B "捕食者" A	3	飞行员、有效载荷操作员和操作管理员
3	MQ-9 "收割者" / "捕食者" B	2	飞行员和传感器操作员
4	通用原子 "复仇者"	2	

（续）

序号	无人飞行器	GCS 中的操作员数量	备注
5	RQ-5"猎人"	3	包括在 GCS 外的跑道上的人员
6	诺斯罗普·格鲁曼"火鸟"	2	
7	"影子 200"	2	悍马上的 GCS
8	洛克希德·马丁公司 RQ-170"哨兵"	3	一名负责发射/回收，一名负责任务控制，一名传感器操作员
9	"先锋"	2	一名在 GCS 内的飞行员和一名负责起飞和着陆的外部飞行员
10	四旋翼飞行器	1	有四个电动机
11	雅马哈 RMAX	1	直升机
12	固定翼 RC 飞行器	1	主要适用于业余爱好者
13	"大角星" T-20	2	一名飞行员和一名有效载荷操作员

11.5.2　人体工程学

人体工程学是一门设计设备和工作场所的外形以满足用户需求的科学。人体工程学使用与人类行为相关的科学知识设计和使用人机系统，目的是通过最小化人为错误和优化性能、舒适性和安全性提高系统效率。操作人员的工作环境应相对舒适，接口的连接必须有效，否则工作人员会出现操作疲劳的情况，可能造成无人飞行器的损失。开始设计为人所用的工程设备时，必须考虑人体工程学标准。本节参考了一些设计 GCS 时需要考虑的人体工程学数据。

国际人体工程学协会对人体工程学的定义如下："人体工程学（或人类因素）是涉及理解人类与系统其他要素之间的相互作用，应用理论、原则、数据和方法进行设计并优化整体系统性能使其达到便于人类使用的一门科学学科"。参考文献[47，68]介绍了人体工程学、原则、基本原理以及与人类因素相关的数据，这些信息在 GCS 设计过程中起到了至关重要的作用。

由于不良的操作姿势和频繁的任务压力会给工作人员带来健康风险，因此人体工程学需求不容忽视。无论是飞行员还是操作员，座位的设计都必须确保坐在座位上的人保持健康的坐姿。下面是一些基于人体工程学的与健康座椅有关的建议。

MIL-STD-1472G[69] 为军事系统、设备和设施的设计和开发制定了一般人类工程学标准，目的是说明用于系统、设备和设施设计的人体工程学设计标准、原则和实践。设计目标应满足操作人员、控制人员和维护人员的需求，并尽可能减少操作经验需求、人员要求和培训时间。

人体工程学研究的首要任务之一是将工作和生活领域与人类特征相匹配。人类的一些基本特征与身体的大小、形状以及身体各部分的运动有关。这些数据在 GCS 中的几处位置都有应用。在远程飞行员工作站和有效载荷操作员工作站中，这些人体工程学基本数据在基本几何设计、操作装置的位置和设计、座椅和门的设计等方面都有应用，同时还能为 GCS 提供足够的内部可视范围。此外，装载的设备和维修区的设计也考虑到了人体数据，确保能够充分使用设备和工作空间。

11.5.3　人类飞行员/操作员的特征

适当的人体工程学设计是必要的，这可以防止因重复操作而给操作员带来损伤。这种损伤可能会随着时间的推移而发展，严重的话可能导致操作员长期残疾。因此，在考虑设计要求时必须考虑到人体工程学因素。参考文献[47]介绍了人体工程学各个方面的原理、基础知识和有用数据。关于更多细节，建议参考文献[149]，其中综述了与无人飞行器指挥和控制有关的人体工程学因素。

人类力量、体型、耐力的极限是有限的。同时还值得注意的是：（a）人类需要休息；（b）操作不准确；（c）可能生病；（d）不能承受超过 12g 的负荷；（e）当压力超过 0.75～1个大气压时不能工作。但是，人类相较于机器也有优势：（a）能够对意外情况做出反应；（b）对飞行器可以做出直观的判断。

GCS 中的操作员必须能够在需要时访问所有相关信息，但与此同时，相关信息也不应被大量数据淹没。此外，操作员必须拥有控制 GCS 的温度和湿度的权限，以便在舒适的环境中高效操作。此外，并行事件的数量也不应超出人类的处理能力。因此，操纵杆、按钮和监视器/显示器的数量也不应过多。座位、桌子之间的摆放关系也必须根据人体工程学的基本原理来设计。软件/算法应该设计成菜单驱动的界面，使操作员在单击鼠标 1～3次便能找到必要的信息。当 GCS 内部有多名操作员时，必须定义清楚每个操作员的任务。

几年前的一项人口普查显示，半个多世纪以来，人类身高普遍增加，男性每年增加1.3 mm，女性每年增加 0.9 mm。最可信的数据来源是美国国防部[76]出版的三册数据手册，涵盖了全球各个人群。使用设备的代表性人群样本数据可以由发展成熟的摄影技术测量和收集。在使用与人类有关的物理尺寸的数据时需要格外注意的是，这些数据也正在缓慢地变化。

在美国，联邦航空管理局（FAA）目前的条例规定，载人运输类飞行器应由身高157～190 cm 的机组人员操作。该准则也可应用于 GCS 的设计。

建议在设计时不考虑身高范围在前 5% 和后 5% 的人群，保证 90% 的人能够使用，这种设计是为 5%～95% 的人群设计的。满足更大比例的人群使用可能会提高造价，因为在设计座椅或设备时要想适合所有人是需要增加设计成本的。因此，会有一些人因太过肥胖而无法进入 GCS 门或无法使用紧急逃生舱，也会有人因太矮而无法看到监视器，更会有人因太高而无法避免在进入 GCS 门时撞到头。在设计过程中，考虑设计产品不能满足多少比例的人群使用是一个基本问题。座椅设计和控制台设计应考虑人体尺寸，其尺寸应覆盖 90% 的飞行员。

11.5.4　控制台尺寸和限制

中型或大型无人飞行器的 GCS 通常至少容纳两名人员：飞行员和有效载荷操作员。这两名人员都有自己的办公桌和控制台。对于一般控制台的设计指导，请参阅 MIL-HD-BK-759 中站立身体、坐立身体、深度和宽度、周长和表面、手和脚以及头部和面部的尺寸。控制台的设计应保证控制台上方的视野范围、操作员的活动性（例如，坐、站或坐立）、面板空间和工作面下方区域的体积。此外，还应考虑控制台中显示器的数量是否过多而导致控制台承重过大，并考虑环境光的可变性、操作员的活动性，振动是否会导致视力下降以及其他环境因素的影响。

显示器位置不正确会导致颈部酸痛和视觉疲劳，并可能因为座椅位置不佳而对背部造成压力。当坐立时，监视器的顶部应该高于眼睛水平线。这是"视锥"的最佳位置，"视锥"是最适宜的视野范围，包含从眼睛水平线开始到向下 30° 的位置。当监视器离得太远时，人们为看清屏幕往往会前倾。随着年龄的增长，这一现象越发明显，因为随着时间的推移，视力几乎不可避免地会下降。根据经验，人与屏幕保持一个手臂的距离时，就处于正确的位置。

为使手腕和手臂保持在最佳的位置，减少重复运动损伤的风险，操纵杆和开关应该与坐下时的肘部处于同一水平面。因为标准尺寸不能符合每个人的需求，简单的解决办法就是设计一个可调节的座椅。正确的坐姿可以减轻腰背部 20%～30% 的压力。座椅应深 17～19 in，并且应该有腰背部支撑。身体的姿势应该是背部靠着座椅，臀部打开。如果需要身体前倾才能看到面板，就可以向前移动座椅。

对腿部合理的定位也有助于减轻背部的压力，因此确保腿在膝盖处弯曲约 90°。然而，血液循环时运动是必不可少的，所以要考虑到人体位置的细微变化，确保至少每隔几个小时站立、伸展并行走几步。除此之外，脚要与地面紧密贴合。如果手腕位置合适，由于座椅太高而导致双脚无法触地，可以使用某些搁脚板来支撑脚，利用支撑物的高度使腿在膝盖处保持直角。

飞行员/操作员控制台几何结构的尺寸建议值如表 11-2 所示。控制台的各种尺寸如图 11-14 所示。A 和 B 的值随屏幕尺寸和数量的变化而变化。此外，C 和 D 取决于人体体型。假设搁脚板厚度为 25 mm，如果是其他厚度，应进行适当调整。由于 F 是固定的，如果 D 超过 460 mm，则必须在椅子上增加搁脚板。图 11-15 展示了"收割者"的地面控制站（GCS）。在这个 GCS 中，可以看到一些符合人体工学建议的设计。

表 11-2　飞行员/操作员控制台几何结构的尺寸建议值

序号	参数	含义描述	尺寸/cm
1	A	总控制台最大高度	可调
2	B	面板的垂直尺寸（包括窗台部分）	可调
3	C	控制台表面的高度	可调
4	D	座椅高度	可调
5	E	最小膝盖间隙	46
6	F	搁脚板到座位表面的距离	46
7	G	座椅高度可调整距离	15
8	H	G 中点处最小大腿间隙	19
9	I	控制台表面深度（包括架子部分）	40
10	J	最小架子深度	10
11	K	眼睛到控制台前方的距离	40

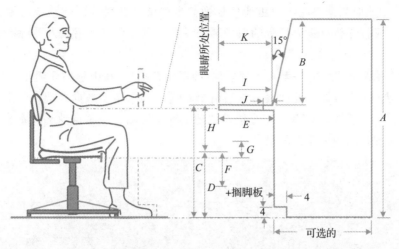

图 11-14 标准控制台尺寸

图 11-15 "收割者"地面控制站(来源：美国空军军士长史蒂夫·霍顿)

控制台的深度是可选的；但实际上越短越好，以便在 GCS 内安置其他设备。为了节省空间，一些设备和装置可以放在控制台内。为了展示不同的距离和高度，图 11-14 将操作员移动(分开)到控制台的左侧。

11.6 辅助设备

11.6.1 简介

无人飞行系统的两个主要组成部分是无人飞行器和地面控制站(GCS)。然而，对于飞行任务极具挑战性的大型无人飞行器来说，还需要有其他组成部分，这些部分可归为辅助设备。运输设备、发电机、暖通空调(Heating，Ventilation，and Air Conditioning，

HVAC)系统、地面数据终端、卫星通信地面数据终端、发射和回收系统与地面保障设备都是中型无人飞行器执行重大任务的典型辅助设备。本节专门介绍无人飞行系统(UAS)的辅助设备。

　　图 11-16 展示了"凤凰"无人飞行系统(即军用系统),其中包括 5 辆车、11 名工作人员和 1 架大型无人飞行器。地面设备包括两个 GCS、两个地面数据终端、一个卫星通信地面数据终端、一个便携式 GCS、一个便携式地面数据终端、一套自动起降系统、两个战术自动着陆系统和相应的地面保障设备。

图 11-16　"凤凰"无人飞行系统(UAS)

11.6.2　运输设备

　　GCS 的设计应方便运输。小型手持式 GCS 重量轻,便于飞行员随身携带。然而,大型 GCS 非常沉重,这就需要另一辆载具将其移动到飞行任务所在地。运输是将物品从 A 点移动到 B 点的过程。对于像"全球鹰"这样的大型无人飞行器,运输过程需要一套完整的运输系统作为基础设施,这套设施由移动 GCS 和其他辅助设备需要用到的工具和设备组成。在设计大型无人飞行器的无人飞行系统(UAS)时,设计师应意识到运输系统的挑战性,并在 GCS 的设计过程中考虑这一问题。

　　"影子 200"无人飞行器是大型系统的一部分,目前使用多辆悍马车进行所有地面设备和空中设备的地面运输。RQ-7"影子 200"系统配备有一辆飞行器运输卡车和一辆人员运输车。典型的"影子"无人飞行系统(UAS)包括三架载有有效载荷的飞行器(加上一架备用飞行器)、两个 GCS、便携式 GCS、飞行器运输卡车、发射和回收设备与人员运输车。

　　"影子 200"无人飞行系统(UAS)由四架飞行器组成,其中三架是用特殊的大型载重运输车运输的。第四架放在专门设计的储存容器中运输,作为备用飞行器。大型载重运输车还载着发射装置。运输车和拖车都装有诸如自动着陆系统等额外的设备,用来发射和回收飞行器。飞行器的维修零件和设备存放在另一辆车及其拖车中。

　　每个安装在悍马上的 GCS 都有一个地面数据终端,用于接收 GCS 生成的命令,并将其调制成无线电波,进而通过发射机发送给无人飞行器。地面数据终端接收无人飞行器传感器的视频图像以及飞行器的遥测数据,并将这些信息发送给 GCS。整个系统可以用两架 C-130 飞行器运送到目标区域。

　　完整的 GCS 与"全球鹰"的发射和回收组件可以共用一架洛克希德 C-5 货机装载,

也可以使用两架波音 C-17 飞行器装载。

11.6.3　发电机

任何 GCS 都需要电源,因为在无人飞行器飞行期间,各种 GCS 设备都在消耗能量。对于手持式或便携式的小型 GCS,使用一组电池即可。然而,卡车或拖车上的 GCS 会消耗大量的电能,卡车发动机几乎无法提供足够的能源。当 GCS 所需的功率超出卡车发动机容量时,就需要配备独立的发电机。无人飞行器设计师不需要再额外设计发电机,因为可以很容易地从市面上购得。GCS 设计师需要考虑的主要信息是具体使用多大功率的发电机。

通常,无人飞行器应用过程中需要独立配备发动机。这一设备通常消耗化石燃料来产生机械能,但是 GCS 需要的是电能,因此,必须通过特定的设备(通常是交流发电机)将机械能转换为电能。

由于这种发电机体积很大,而且常常需要移动,因此也需要一辆专用卡车或拖车协助运输。例如 Tenkel TK10355 系统,它包括一个发电机和一个带有辅助设备的拖车。这种发电机消耗化石燃料,能够为整个系统提供 18 kW 的电力。其四缸柴油发动机在 1500 r/min 时的机械功率为 30 kW,通过交流发电机(额定功率为 25 kV·A)的转换,最终以 50 Hz 提供 220 V 电压(电力)。"影子 200"无人飞行器拖车由 GCS 辅助车辆牵引,车内携带 GDT(Ground Data Terminal,地面数据终端),并配备 10 kW 发电机。

对于迷你型到小型无人飞行器和四旋翼飞行器,插座式充电器可将电池插入电源插座进行充电。例如,Contixo F18 四旋翼飞行器配备了一组 2100 mA·h 的锂聚合物电池。电池充满电大约需要 5 h,飞行时间约 18 min。

11.6.4　暖通空调系统

在 GCS 中工作的远程飞行员和有效载荷操作员工作量较大,在理想的工作场所中才能发挥最高的效率和最佳的性能。人体舒适区是由人体工程学考虑温度、湿度和空气质量等多方面因素确定的。在舒适区中,操作员可以轻松地适应工作环境,降低工作压力,集中注意力。影响舒适区的一个重要因素是工作场所的温度和湿度。由于季节的变化,大气温度和湿度不断变化。为了给飞行员提供舒适的温度,GCS 必须配备暖通空调(供暖、通风和空调)系统,以便在需要时降低或增加 GCS 内部的温度和湿度。暖通空调系统的设计不在本书的讨论范围内,感兴趣的读者可以参考文献[150]等。

11.6.5　其他设备

辅助设备很多,这里列出了最基本的设备:维修零件、工具、消耗品、操作手册、维护手册。无人飞行系统(UAS)设计师必须将辅助设备的设计要求纳入无人飞行系统(UAS)整体的设计规划当中。

11.7　地面控制站设计流程

前面几节已经描述了各种类型的 GCS。在设计无人飞行器的 GCS 时,必须选择 GCS 的类型,选择测量装置,确定操作人员的数量,然后针对上述内容进行一些必要的计算和分析。一般而言，GCS 的主要设计要求有：制造技术要求、精度要求、任务要求、天气要求、可靠性要求、生命周期成本要求、无人飞行器构型要求、人体工程学要求、可维护性要求、续航时间要求、通信系统要求、重量要求、控制水平要求、任务控制位置要求、移动性要求、操作员工作负荷要求、模块化和接口要求、操作可用性要求、网络基础设施要求与信息显示器要求。

图 11-17 展示了 GCS 的设计流程图，用反馈框图来表示 GCS 的设计过程。一般来说，设计过程始于权衡研究，以在成本和性能（即精度）要求之间建立清楚的关系，最后进行优化。设计师必须确定两个部分，即选择 GCS 的类型和所需的设备。在完成计算后，必须进行相应的校核，以确保计算结果满足设计要求。如若不满足要求，在设计迭代中就会遇到缺陷反馈。

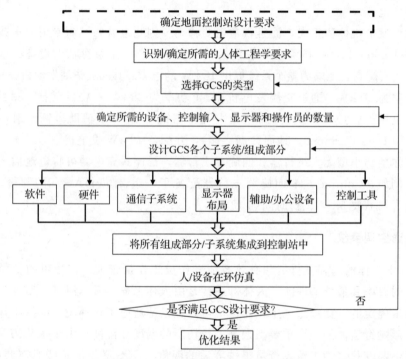

图 11-17　地面控制站（GCS）设计流程

在整个设计过程[151]中，将地面控制站（GCS）与飞行器结合起来是关键的一步。即使已经选择/购买了所有设备/显示器，组合所有设备仍然是非常复杂的。增加模块化和接口有助于应对制造资源的短缺和减少。此外，改善换线单元的访问能力可以减少停机维护时间，还可以提高操作可用性。GCS 内部必须确保操作员的舒适度和效率（人体工程学指标），将事故和失误的发生率控制到最低。

由于 GCS 是人机（即飞行操作员/控制者与无人飞行器）交互的体现，因此必须在设计布局中遵循人机工程学和人体效率的基本原理。

在 GCS 的设计中，应确保人机界面的设计能够发挥工作场所的效能。为了提高操作员的反应速度和准确性，引出了最小化认知负荷的概念。使用先进的图形技术可以提高任务情况的可视性，同时可以快速识别目标。采用触摸屏来快速反应并采用多屏系统显示必要信息，人机界面会更加高效。

在 GCS 中，显示有效载荷状态和记录媒介的数据(例如图像/视频)时，应考虑采用多种显示方式。更大的屏幕可以将信息的呈现最大化。适当地将屏幕上下移动，可以减少飞行员和有效载荷操作员的疲惫感。此外，可以通过个性化定制实现飞行员/操作员在屏幕配置方面的个人习惯，以提高工作效率。不同的信息和飞行数据可以使用不同的颜色来区分。此外，最好使用三维地图，它可以更直观地表达包括地形和目标位置在内的飞行任务的细节。

为了提高飞行员和有效载荷操作员的快速感知能力，GCS 设计建议采用以下方案：(a) 通过若干符号和地理数据显示数据；(b) 使用颜色编码进行快速识别；(c) 使用简单但有效的符号；(d) 用易于理解的方式表示目标情况；(e) 允许用户放大或缩小显示范围；(f) 监视器应当在显示多个显示屏的同时，提供特定目标区域的放大视图；(g) 使用 2D 和 3D 颜色来表示目标和目标区域的各种特征，包括移动目标、飞行动态和地形；(h) 允许用户设置表达样式，适应不同的情况；(i) 允许操作员根据飞行任务在屏幕上自由设置。

简答题

1. GCS 的替代术语有哪些？

2. GCS 的功能有哪些？

3. 简要列出 GCS 子系统。

4. 什么是人体工程学？

5. 当 GCS 不是最佳设计时，操作员会收到哪几个输出？

6. 列出 GCS 的主要类型。

7. 手持无线电控制器的重量大概是多少？

8. 在什么情况下，设计师需要选择固定的综合 GCS？

9. 移动卡车作为 GCS 的特点是什么？

10. 描述便携式 GCS 的特性。

11. 内务数据是什么？

12. 有哪些因素会在视线范围内起作用？

13. 第一个通过卫星通信控制的无人飞行器是什么？

14. 比较飞行员和自动驾驶仪，列出飞行员相对自动驾驶仪的三个优势以及自动驾驶仪相对于飞行员的三个优势。

15. 描述从手持控制器向无人飞行器发送命令的过程。

16. 什么是运输系统？

17. "全球鹰"的 GCS 共配有多少人员？

18. 描述无人飞行器电动机从 GCS 中通过飞行员移动操纵杆改变转速的过程。

19. 什么是副翼-操纵杆传动比？

20. 描述电位器三个引线的作用。

21. 给出电位器的功能。

22. 什么是 SCS？

23. 列出典型便携式 GCS 的主要组成部分/模块。

473

24. 简要描述"全球鹰"GCS 的特点。

25. 简要描述"影子 200"GCS 的特点。

26. 简要描述"猎人"无人飞行器 GCS 的特点。

27. 简要描述"捕食者"无人飞行器 GCS 的特点。

28. 在 GCS 中最常见的无人飞行器人员角色是什么？

29. 一般人体工程学为军事系统、装备和设施的设计和开发建立了哪些标准？

30. 人类有哪些明显的局限性？

31. 列出大型无人飞行器的典型辅助设备。

32. 列出 RQ-4"全球鹰"GCS 中每个人员的岗位。

33. 列出 MQ-1B"捕食者"A 的 GCS 中每个人员的岗位。

34. 列出洛克希德·马丁公司 RQ-170"哨兵"GCS 中每个人员的岗位。

35. 为军事系统设计和开发建立的通用人体工程学标准的军事标准(MIL-STD)是什么？

练习题

1. 当 GCS 的远程飞行员将操纵杆偏转 45°时，无人飞行器的电动机会以 2000 r/min 的速度旋转。确定该无人飞行器的发动机-操纵杆比例常数(K_ω)。

2. 当 GCS 的远程飞行员将操纵杆偏转 40°时，无人飞行器的涡轮风扇发动机会以 15 000 r/min 的速度旋转。确定该无人飞行器的发动机-操纵杆比例常数(K_ω)。

3. 当 GCS 的远程飞行员将操纵杆偏转 40°时，无人飞行器的升降舵偏转 15°。确定该无人飞行器的升降舵-操纵杆传动比(K_E)。

4. 当 GCS 的远程飞行员将操纵杆偏转 40°时，无人飞行器的方向舵偏转 30°。确定该无人飞行器的方向舵-操纵杆传动比(K_R)。

5. 当 GCS 的远程飞行员将操纵杆偏转 −30°时，无人飞行器的副翼偏转 −25°。确定该无人飞行器的副翼-操纵杆传动比(K_A)。

6. GCS 的远程飞行员将副翼操纵杆偏转 45°。这个操纵杆连接到增益为 0.015 V/(°)的电位器上。相应的信号通过通信系统传输到无人飞行器。无人飞行器中使用类似的电位器控制副翼。在这个信号的作用下，无人飞行器微控制器对副翼电位器施加 0.5 V 电压，请确定副翼偏转角并计算副翼-操纵杆传动比。

7. GCS 的远程飞行员将升降舵操纵杆偏转 25°。这个操纵杆连接到增益为 0.012 V/(°)的电位器上。相应的信号通过通信系统传输到无人飞行器。无人飞行器中使用类似的电位器控制升降舵。在这个信号的作用下，无人飞行器微控制器对升降舵电位器施加 0.42 V 电压，请确定升降舵偏转角并计算升降舵-操纵杆传动比。

8. GCS 的远程飞行员将方向舵操纵杆偏转 30°。这个操纵杆连接到增益为 0.01 V/(°)的电位器上。相应的信号通过通信系统传输到无人飞行器。无人飞行器中使用类似的电位器控制方向舵。在这个信号的作用下，无人飞行器微控制器对方向舵电位器施加 0.38 V 电压，请确定方向舵偏转角并计算方向舵-操纵杆传动比。

9. 若旋转电位器被编程完成 360°旋转时提供 3.3 V 电压，则这个电位器的增益是多少？

10. 若旋转电位器被编程完成 270°旋转时提供 5 V 电压，则这个电位器的增益是多少？

设计题

1. 假设目前处于执行空中拍摄任务的遥控固定翼无人飞行器的无人飞行系统(UAS)的概念设计阶段。无人飞行器配备一台电动机，并且：

$$m_{TO}=3\text{ kg}, \quad V_c=20\text{ kn}, \quad E=20\text{ min}, \quad R=4\text{ km}, \quad 升限=500\text{ ft}$$

有效载荷只有位于机身机头下方的光学日间相机。为这种无人飞行器设计和布置一个低成本、高效率的 GCS。为此，请确定设计要求，并列出 GCS 类型、GCS 的近似重量、所需控制设备的清单和总体功能、通信设备清单以及供电特点。

2. 假设目前处于执行空中拍摄任务的遥控四旋翼无人飞行器的无人飞行系统(UAS)的概念设计阶段。无人飞行器配备四台电动机，并且：

$$m_{TO}=0.6\text{kg}, \quad V_c=10\text{ kn}, \quad E=15\text{ min}, \quad R=2\text{ km}, \quad 升限=200\text{ ft}$$

有效载荷有位于机身机头下方的光学日间相机和测距仪。为这种无人飞行器设计和布置一个低成本、高效率的 GCS。为此，请确定设计要求，并列出 GCS 类型、GCS 的近似重量、所需控制设备的清单和总体功能、通信设备清单以及供电特点。

476

3. 假设目前处于执行空中拍摄和地面移动目标跟踪任务的遥控固定翼无人飞行器的无人飞行系统(UAS)的概念设计阶段。无人飞行器配备一台电动机，并且：

$$m_{TO}=5000\text{ kg}, \quad V_c=120\text{ kn}, \quad E=5\text{ h}, \quad R=2000\text{ km}, \quad 升限=20\,000\text{ ft}$$

有效载荷为位于机身机头下方的光学日间相机和红外相机。为这种无人飞行器设计和布置一个低成本、高效率的 GCS。为此，请确定设计要求，并列出 GCS 类型、GCS 的近似重量、所需控制设备的清单和总体功能、通信设备清单、供电特点，并绘制 GCS 内部布局平面图。

4. 假设目前处于执行跟踪飓风任务的遥控固定翼无人飞行器的无人飞行系统(UAS)的概念设计阶段。无人飞行器配备一台电动机，并且：

$$m_{TO}=15\,000\text{kg}, \quad V_c=300\text{ kn}, \quad E=10\text{ h}, \quad R=15\,000\text{ km}, \quad 升限=50\,000\text{ ft}$$

无人飞行器综合传感器套件包括合成孔径雷达(用于点成像和广域搜索)、光电-红外传感器系统、有源电子扫描阵列雷达和地面移动目标指示器。为这种无人飞行器设计和布置一个低成本、高效率的 GCS。为此，请确定设计要求，并列出 GCS 类型、GCS 的近似重量、所需控制设备的清单和总体功能、通信设备清单、供电特点，并绘制 GCS 内部布局平面图。

实验

1. 使用伺服电机、电位器和 Arduino Uno 微控制器设置电路，进而由操作员探索升降舵开环控制过程。使用图 11-18 所示的布线模型，并编写类似于 9.7.4 节中演示的 Arduino 代码。要求旋转电位器偏转 40°使升降舵偏转(即伺服)−30°。然后根据这个实验编写一份报告，并附上 Arduino 代码的副本。指导老师要向学生提供必要的实验物品。图 11-19 展示了此实验。

2. 使用伺服电机、电位器和 Arduino Uno 微控制器设置电路，进而由操作员探索升降舵开环控制过程。使用图 11-18 所示的布线模型，并编写类似于 9.7.4 节中演示的

Arduino 代码。要求旋转电位器偏转 45°使升降舵偏转(即伺服)－25°。然后根据这个实验编写一份报告，并附上 Arduino 代码的副本。指导老师要向学生提供必要的实验物品。图 11-19 展示了此实验。

3. 使用两个伺服电机、两个电位器和一个 Arduino Uon 微控制器设置电路，进而由操作员探索升降舵和方向舵开环控制过程。参考图 11-18 所示的布线模型，并编写类似于 9.7.4 节中演示的 Arduino 代码。要求旋转电位器±45°，使升降舵和方向舵的偏转(即伺服)达到±25°。然后根据这个实验编写一份报告，并附上 Arduino 代码的副本。指导老师要向学生提供必要的实验物品。

4. 使用两个伺服电机、一个电位器和一个 Arduino Uno 微控制器来设置电路，进而由操作员探索副翼开环控制过程。参考图 11-18 所示的布线模型，并编写类似于 9.7.4 节中演示的 Arduino 代码。要求旋转电位器 45°使副翼偏转 25°(＋25°和－25°)。然后根据这个实验编写一份报告，并附上 Arduino 代码的副本。指导老师要向学生提供必要的实验物品。

5. 使用一个电位器、一个电动机和一个 Arduino Uno 微控制器来设置电路，进而由操作员探索电动机开环控制过程。参考图 11-18 所示的布线模型，并编写类似于 9.7.4 节中演示的 Arduino 代码。要求电位器旋转 45°可获得 1000 r/min 的电动机转速。然后根据这个实验编写一份报告，并附上 Arduino 代码的副本。指导老师要向学生提供必要的实验物品。

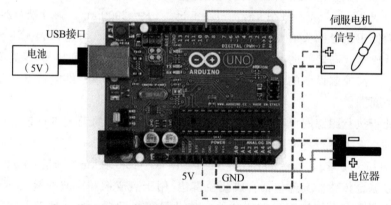

图 11-18　伺服控制系统的电路、布线和原理图

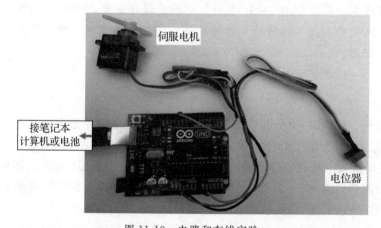

图 11-19　电路和布线实验

第12章　有效载荷选择和设计

教学目标

经过本章的学习，读者将能够：

1）讨论当前各种无人飞行器的有效载荷技术。

2）了解无人飞行器的各种有效载荷。

3）了解现役无人飞行器的有效载荷特点。

4）为无人飞行器飞行任务选择有效载荷。

5）了解各种有效载荷的特点。

6）了解各种有效载荷的功能和结构。

7）识别各种侦察/监视有效载荷。

8）为侦察/监视任务选择合适的光电/红外（EO/IR）相机。

9）提供有效载荷安装指南。

10）了解一些商用相机的技术特点。

11）开发有效载荷控制和管理技术。

12）评估雷达在移动目标跟踪任务中的应用。

13）讨论无人飞行器军事有效载荷的特点。

14）了解各种电子对抗（Electronic Counter Measure，ECM）技术和有效载荷。

15）进行有效载荷的空气动力学设计。

16）计算有效载荷的气动阻力。

17）分析有效载荷结构集成。

18）开发有效载荷稳定技术。

12.1　引言

无人飞行器可以携带特定的有效载荷，并且能够执行给定的飞行任务。因此，有效载荷可以定义为安装在无人飞行器提供的运输平台上的物体/零件/设备。无人飞行器的有效载荷容量可以用为执行除常规飞行外的任务而附加的尺寸、重量和能源进行衡量。无人飞行器在移除有效载荷后，仍应当保持安全飞行。

有效载荷一般不需要无人飞行器设计师设计。然而，为保证成功飞行，在无人飞行器的设计过程中将所需的有效载荷考虑在内是很有必要的。因此，无人飞行器设计师应该了解各种有效载荷的技术规格和特点。此外，有效载荷的重量和大小会影响设计要求，因此设计过程中必须通过评估反馈结果来确定无人飞行器在飞行期间的有效载荷性能。无人飞行器电源可用于驱动雷达天线、传感器和相机的转动。无人飞行器上传感器的位置一般由

481
～
482

电位器确定，电位器可将机械运动转换为电信号。

和其他物体一样，有效载荷具有一定的质量和体积。无人飞行器应具有承载有效载荷的能力（在空间和重量方面）。当无人飞行器的航程和续航时间增加时，能够携带的有效载荷就会减少。表 2-1 给出了几种大型、小型固定翼和旋翼无人飞行系统（UAS）的特点及其有效载荷的重量系数。有效载荷重量和体积是载荷选择过程中要考虑的两个非常重要的因素。

有效载荷可分为两种基本类型，即非必要载荷和必要载荷。必要载荷在整个飞行过程中都搭载在无人飞行器上，如传感器和相机；非必要载荷可在飞行过程中进行空投或发射（如军用武器、民用除草剂或消防材料）。传感器也可分为两种类型，即作为有效载荷的传感器和导航/制导系统所需的传感器，本章只考虑作为有效载荷的传感器（非通信设备）。第 6 章介绍了用于定位传感器和雷达天线的伺服机构的现代控制理论，第 7 章和第 8 章介绍了常规飞行所需的传感器（如导航/制导系统中使用的传感器）。

本章主要介绍有效载荷的定义、有效载荷的类型以及无人飞行器对于有效载荷选择、安装的设计要求。此外，还介绍部分无人飞行器的有效载荷，并对其特点进行详细描述。

12.2　有效载荷组成

12.2.1　有效载荷定义

对于载人飞行器，有效载荷通常指的是乘客、货物等，有效载荷的定义最初源于客户借助飞行器运载货物并支付相应运费的重物。与此相比，对于无人飞行器来说，有效载荷的定义是客户安装的用于执行特定任务的传感器或设备。显然，不管是载人飞行器还是无人飞行器，飞行器都应该能够在移除有效载荷后保持正常飞行，且在正常飞行过程中所需的设备或传感器不能称为有效载荷，如通信系统、自动驾驶仪和导航系统中的传感器（加速度计、陀螺仪、磁强计等）不能被视为有效载荷。甚至发射或回收过程中所需的部分设备同样不能被视为有效载荷，如用于比萨配送的无人飞行器，只有比萨是有效载荷，保存和释放比萨的设备不能视为有效载荷。

在部分参考文献中，有效载荷有着更宽泛的定义，这些资料中提到，有效载荷包括无人飞行器结构中的所有设备和传感器，包括航空电子设备和通信设备。这样的定义比较模糊，很难比较两架无人飞行器的有效载荷，因此本书将飞行、导航和回收过程中所需的设备均不视为有效载荷。当某个无人飞行器的有效载荷定义不明确时，建议读者详细询问其制造商。

483

12.2.2　有效载荷分类

无人飞行器飞行的主要目的是为特定任务携带有效载荷，其有效载荷主要可分为以下五类：

- 商品、货物。
- 侦察、监视传感器。
- 科研传感器。

- 军事有效载荷。

- 电子对抗系统。

上述有效载荷都能搭载在无人飞行器上，执行各种目标任务或飞行任务。

货运/空运有效载荷是指民用货物、商品或其他因商业利益运输的产品。监视传感器的三个主要功能是探测、识别和鉴定。三种监视有效载荷（即传感器）是日间相机、红外夜视仪和雷达。监视传感器（民用和军用）对于飞行安全至关重要，对于感知避障系统的有效运用也同样至关重要，这三种传感器的特性见 12.5 节。

科研传感器用于科学项目研究，如监测和测量环境和大气参数，如温度、湿度和压力。军事有效载荷主要包括用于军事行动和军事防御的武器，如导弹和炸弹。电子对抗有效载荷用于模拟飞行器或飞行器上的电子设备、通信设备，在战场上起到迷惑敌方探测系统的作用，图 12-1 给出了 MQ-1 "捕食者" A 的有效载荷，即军事有效载荷（导弹）和监视有效载荷（相机单元）。下面几节将介绍一些常见的有效载荷及其技术特征。

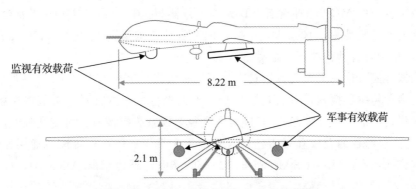

图 12-1　MQ-1 "捕食者" A 的有效载荷

12.3　典型无人飞行器的有效载荷

无人飞行器设计师有必要了解现代有效载荷和现役无人飞行器的相关技术信息。本节简要介绍部分无人飞行器的有效载荷，其中包括 RQ-4 "全球鹰"、RQ-7 "影子 200"、RQ-5A "猎人"、MQ-9 "捕食者" B "收割者"、DJI "精灵" 四旋翼飞行器和 X-45 无人战斗飞行器（UCAV）。

484

12.3.1　RQ-4 "全球鹰"

"全球鹰" 采用铝制机身，包含增压有效载荷和航空电子设备舱。"全球鹰"（见图 1-2）的集成传感器套件[152]包括合成孔径雷达（Synthetic Aperture Radar，SAR）（用于点成像和广域搜索）、光电和红外传感器系统、有源电子扫描阵列（Active Electronically Scanned Array，AESA）雷达[属于空军机载信号情报（SIGINT）平台的一部分]与地面移动目标指示器。

其他有效载荷包括用于化学和生物制剂检测的高光谱传感器，以及作为 SIGINT 平台替代方案的电子情报（ELINT）有效载荷。此外，在 IR/TV/SAR 载荷上还安装有诺斯罗普·格鲁曼公司的导航系统。

光电/红外传感器配有直径 0.25 m 的反射望远镜，传感器在 0.4～0.8 μm 的可见光波段和 3.6～5 μm 的红外波段工作。在点采集模式下，覆盖范围为每天 1900 个点，点的大小为 2 km^2，地理精度达到 20 m（圆概率误差）。合成孔径雷达（SAR）和地面移动目标指示器（Moving Target Indicator，MTI）工作在 X 波段，带宽为 600 MHz，峰值功率为 3.5 kW，该系统在广域搜索模式下可以获得 0.9 m 分辨率的图像，在点成像模式下可以获得 0.3 m 分辨率的图像。

海军型 RQ-4N"全球鹰"配备有诺斯罗普·格鲁曼公司的有源电子扫描阵列（AESA）雷达、雷声公司的光电/红外传感器、L-3 通信组件和内华达山脉股份有限公司的电子支援措施（Electronic Support Measure，ESM）。高分辨率传感器（包括可见光、红外/光电系统及合成孔径雷达）可以在 65 000 ft 高度下于 24 h 内对 40 000 km^2 的区域进行监视。

12.3.2   MQ-9"捕食者"B"收割者"

通用原子公司的 MQ-9"捕食者"B 无人飞行器（见图 5-11）与 MQ-1"捕食者"A 相比具有更大的发动机功率，且比 MQ-1 携带的有效载荷重量多 15 倍（约 1700 kg）。MQ-1"捕食者"A 携带有各种传感器、数据链和武器载荷。

在传感器方面，这一无人飞行器具有强大的有效载荷集成能力，可以使用包括热成像相机在内的多种传感器搜索目标、观察地形。无人飞行器配备有彩色头部摄像机（用于地面控制站操作员的前视飞行控制）、日间可变孔径电视系统摄像机、可变孔径红外相机（夜用）和可穿过云层监视的合成孔径雷达（SAR）。无人飞行器还可选择配备通用原子航空系统公司的合成孔径雷达（Lynx SAR）和雷声公司的光电红外传感器（MTS-B），以及高清晰度光电/红外全动态视频传感器。相机能够拍摄全动态视频，而合成孔径雷达能够拍摄静止的雷达图像。根据资料，机载摄像头能够获取 3.2 km 外的车牌信息。

在军事有效载荷方面，MQ-9 提供了 6 个武器挂架，机翼内部的武器挂架最大可携带 680 kg 的载荷，可用于外部油箱运输；中间的武器挂架最多可承载 272 kg 的载荷，而外部武器挂架最多只能承载 91 kg 的载荷。

MQ-9 可以将各种任务套件、武器以及传感器等有效载荷进行组合，以满足作战需求。其可以携带 2 枚空对地"地狱火"（AIM-114）导弹，或 4 枚"毒刺"（AIM-92）导弹，或 6 枚"格里芬"（AGM-176）空对地导弹，或"宝石路 II"（GBU-12）激光制导炸弹，或加装 227 kg 弹药的"联合直接攻击弹药"（GBU-38）。此外携带"毒刺"（AIM-92）空对空导弹的飞行测试正在进行中。2014 年，MQ-9 通过携带欧洲的传感器和数据链等有效载荷，实现了准确定位坠毁的目标残骸。

未来改进后的"捕食者"（"收割者"）无人飞行器还有争夺高空市场的计划，并增加随时可用的传感器、武器和威胁检测系统等有效载荷。例如，增加无人飞行器被导弹瞄准时可用到的雷达告警接收机。这些载荷可以提高无人飞行器的态势感知能力，以执行具有风险的飞行任务，并通过提供精确的导航和授时系统，以在无法使用 GPS 的地区飞行。2017 年 4 月，MQ-9 Block 5 在其有效载荷吊舱中搭载了雷神 AN/ALR-67 雷达告警接收机，以展示无人飞行器在防空系统附近执行任务的能力。荷兰的 MQ-9 配备了具有海上搜索功能的合成孔径雷达（SAR），以及搜索范围更大的特殊地面搜索雷达和电子传感器，以探测地面雷达信号。

12.3.3　RQ-7 "影子 200"

RQ-7 "影子 200"（见图 10-5）的主要有效载荷是一组光电和红外传感器，其中包括前视红外相机、配备可选近红外滤光片的日间 TV 摄像机和激光指示器。

该无人飞行器的有效载荷还可以包括合成孔径雷达（SAR）、地面移动目标指示器（MTI）、高光谱成像器、通信中继组件、标记/照明器、激光测距仪和目标指示器，可根据具体任务的飞行操作要求选择每个任务的有效载荷。

12.3.4　RQ-5A "猎人"

RQ-5A "猎人" 无人飞行器在发展初期是被用作有效载荷的演示平台，因此已经证明该无人飞行器能够携带其他先进有效载荷执行任务。RQ-5A "猎人" 的基本有效载荷是军用多任务光学/电子设备，其中包括电视系统和红外相机，能够提供昼夜监视的能力。其他有效载荷还包括激光指示器和通信设备。通信中继有效载荷增加了甚高频（VHF）/超高频（UHF）通信能力，能够实现超视距通信。电子对抗有效载荷包括通信告警接收机、通信干扰机和雷达干扰机。2003 年 6 月，诺斯罗普·格鲁曼公司测试了一架配备合成孔径雷达（SAR）和地面移动目标指示器（MTI）的 RQ-5A "猎人" 无人飞行器。

12.3.5　DJI "精灵" 四旋翼飞行器

DJI "精灵" 质量为 1.37 kg，是一个小型四旋翼飞行器（见图 2-6），具有四个电动机，能够通过手持遥控器进行远程控制。DJI "精灵" 4[147] 有一个 1 in、2000 万像素 CMOS 传感器的六轴稳定相机。"精灵" 4 带有两个遥控器，其中一个配有专用显示器而另一个没有。显示器集成了升级的高清（HD）视频传输系统，增加了 5.8 GHz 宽带传输支持，最大下行视频传输范围达到 7 km。飞行器具有 5 个方向传感器，升级了避障功能。配备了 6 个红外相机和导航系统，飞行器有能力避开飞行路径上的障碍物。

飞行器具有两个视觉系统：前视系统，其视场（Field Of View，FOV）为 60°，水平，垂直±27°；下视系统，FOV 为 70°，前后，左右 50°。前视相机频率为 10 Hz，下视相机频率为 20 Hz，相机镜头参数：FOV 为 84°，8.8 mm/24 mm（35 mm 等效焦距），f/2.8-f/11 自动对焦（对焦距离 1 m 到无穷远）。

12.3.6　X-45 无人战斗飞行器

X-45A（见图 4-10）的机身携带两个内部武器舱，无人飞行器能够携带先进的精确制导弹药、907 kg 炸药或其他武器/弹药。X-45 无人飞行器还配备了一套传感器，包括有源电子扫描阵列（AESA）雷达、合成孔径雷达（SAR）和雷神公司开发的相关系统。搭载这些有效载荷的 X-45 无人飞行器可由位于地面控制站（GCS）中的地面操作员操控，并用于军事行动。

12.3.7　雅马哈 RMAX

雅马哈 RMAX（见图 1-1）装有观测平台[148]，其中包括一个数字动态摄像机、一个数字静态相机和三个用于导航的微型相机。这些相机的图像能够实时地发送到地面控制站(GCS)，无人飞行器还配备了通信调制解调器以接收 GPS 校正数据和地面控制站(GCS)的控制指令，并将自身位置和姿态角信息发回到地面控制站(GCS)。

无人飞行器上装载的相机能够调整角度位置。此外，为了保证系统安全，操作员可以使用普通的无线电发射机和带有通信调制解调器的发射机进行系统备份。

12.4　货运有效载荷

如上所述，货运或空运是指由于商业利益而运输的民用货物或产品。货物可以储存在集装箱/包装盒内，也可以单独包装。运输这种有效载荷的主要目的是将货物交付给客户。无人飞行器运输的民用货物载荷可以是多种多样的，包括邮件、书籍、比萨、包裹和杂货等。由于安全法规和运输成本的限制，这类有效载荷在目前的市场上还不常见。

但在科技界，人们对使用无人飞行器快速高效交付货物具有很大兴趣。过去几年里，许多公司试图使用无人飞行器来配送物品。2016 年初[153]，谷歌曾在弗吉尼亚理工大学用无人飞行器运送过墨西哥卷饼，并与星巴克就无人飞行器送餐问题进行了商讨。此外，达美乐已经通过无人飞行器在新西兰实现了配送比萨的服务。

2016 年 12 月，亚马逊[153]启动了备受期待的无人飞行器配送货物试验。亚马逊表示，未来几个月将扩大到英国工厂附近的数十家客户，之后将扩大到数百家。该试验仅限于天气适宜的白天进行。亚马逊计划在 30 min 内免费送货。一周前，亚马逊在剑桥用其中一架自主飞行器进行了第一次送货试验，运输了一台亚马逊 Fire TV 机顶盒和一袋爆米花。亚马逊表示，从顾客下单到包裹送达，共花费了 13 min。

此外，2017 年 3 月，亚马逊在美国完成了首次 Prime Air 无人飞行器配送的公开展示，将防晒霜运送给了在加利福尼亚州参加亚马逊主办会议的与会者。这是这家在线零售商的自主无人飞行器首次在美国公众面前亮相。在这次任务中，一架四旋翼无人飞行器在机身正下方携带了一个装满防晒霜的盒子(约 1.8 kg)。然后，无人飞行器在田野中的小停机坪上着陆，在那里释放有效载荷后垂直起飞，这一任务是通过亚马逊的软件自主完成的。

最近，马里兰大学医学中心也首次借助无人飞行器完成了救生器官和组织的输送，此次试验在 2019 年 4 月 19 日进行，飞行距离为 4.2 km，耗时 10 min。

要想广泛应用无人飞行器技术将包裹送到客户手中，需要对这种新型的取件/送件系统成本和效益进行全面分析。参考文献[154]回顾了无人飞行系统在民用领域的基本应用方向，讨论了民用无人飞行系统的创建和组织概念，此外，还讨论了现有的设计、制造和操作能力，以及公共空间的整合等各种问题。

在处理民用货物有效载荷时，通常无人飞行器设计师没有参与设计或选择过程。有效载荷的技术特性由客户提供。设计师的主要工作是解决有效载荷的调节、整合、装载和分配等问题。此外，设计师还可以就货物包装、运输过程中存在的问题向客户提出一些建议，为客户降低成本，提高有效载荷运输的效率。

12.5　侦察/监视有效载荷

侦察/监视传感器的三个主要功能是探测、识别和鉴定。探测可定义为在目标区域的特定点上确定是否存在感兴趣的目标的活动。识别是指传感器确定相关目标是否属于某一通类(如树、鸟、人、驱逐舰或坦克)的方法。鉴定可定义为确定目标的具体身份(如敌人或自己人，轿车或货车，M1"艾布拉姆斯"坦克或 T-92 坦克)。侦察/监视传感器的日常工作是为各种公共设施公司或土木工程项目进行航空照片调查。

488

三种最常见的监视载荷(即传感器)类型为日间光电相机、夜视红外相机和雷达。本节会对这三种监视传感器的技术特性进行介绍。

无人飞行器可以搭载各种传感器，包括用于侦察/监视任务的光电/红外传感器、合成孔径雷达(SAR)、通信情报(SIGINT)平台、多光谱成像仪和高光谱成像仪。监视任务主要有三种类型，即护航监视、路线监视和固定监视。无人飞行器应用于监视任务的一种可能方式是利用无人飞行器沿既定路线进行护航并获得护航收益。此外，无人飞行器还可以用于固定地点的安全监视，作为更大型的安全监视系统的组成部分，通常使用的载荷主要为雷达和固定相机。在军事应用中，还可以在军事力量部署之前，借助无人飞行器侦察战区。此外，无人飞行器还能用于对错过空投区域的货物进行定位。但目前来说，在现有技术条件下，还无法将搭载了 LIDAR 的无人飞行器用于河流导航。

侦察和监视任务非常重视传感器的实时性，即无须冗长和费时的后处理过程来使其易于理解就能使结果立即使用。对实时性的需求意味着只能选择光电/红外传感器、某些合成孔径雷达(SAR)和通信情报(SIGINT)载荷等。其他采用不同光谱的成像系统无法满足实时要求。

基于图像的目标探测、识别和鉴定的成功不仅取决于传感器的灵敏度和分辨率，还与目标的特征有关。基于成像的目标探测、跟踪、识别和鉴定是一个复杂的过程，会受各种参数的影响。

侦察/监视有效载荷(如相机)的一个重要参数是**帧率**，它与图像的更新和处理能力有关。帧率(即频率)是相机/成像仪更新输出图像的速度，帧率越高，图像更新的速度越快。20 Hz 的相机每秒更新图像 20 次，100 Hz 的相机每秒更新图像 100 次。较高的帧率会对应较高的电流和功率，这意味着成本也更高。更快的帧率在实际的任务应用中尤其重要，因为目标(如车辆或无人飞行器)可能会以较高的速度移动，而较高的刷新率意味着能够得到更准确的目标检测结果。光学相机需要满足两个标准，即 PAL(Phase Alternating Line，逐行倒相)和 NTSC(National Television System Committee，美国国家电视系统委员会)。PAL 相机的帧率为 25 帧/s，NTSC 相机为 30 帧/s。显然，高质量的相机会具有更高的帧率(如 75 帧/s 及以上)。

12.5.1　光电相机

相机/成像仪是用于记录或捕获图像的光学仪器(即成像传感器)，拍摄的图像可以存储在本地，也可以传输到另一个位置。图像可以是静态的照片，也可以是能够组成视频的图像序列。相机是一种远程设备，捕获图像时不需要与目标进行物理接触。由于数码相机和低成本 GPS/INS 系统的发展，目前光学图像捕获技术将朝无人飞行器操作自动化和利用成品相机获取高分辨率图像的方向发展。

影响图像/视频质量的因素有镜头的分辨率、对焦、光圈、快门速度、白平衡、测光模式、感光度和对焦速度。相机的感光元件面积和像素数量将决定图像的分辨率。

正如之前提到的，一般有三类相机，即光电（EO）相机、红外（IR）相机、激光指示器（LD）。光电相机可将传感器捕获的图像以人眼可见的形式进行输出。光电相机包括简单的黑白、彩色单帧摄像机、彩色电视摄像机、微光电视摄像机、热成像摄像机、多光谱摄像机等。光学相机在 $0.4\sim0.7\ \mu m$ 可见光波长范围内工作。红外相机呈现的图像代表了场景中物体的温度和辐射功率的变化，红外线或热辐射的光谱波长较长，在 $0.7\sim1000\ \mu m$ 之间。

相机拍摄的图像质量受光照条件的影响。对于相机来说，想要获得高质量的图像，需要满足最小的曝光量。流明（lm）是光通量（即照度）的单位，用来衡量光源发出的可见光总量，$1\ lx=1\ lm/m^2$。表 12-1 给出了不同光照条件下的照度[155]。在晴朗的夜晚，月亮的亮度为 $0.1\sim1\ lx$。对于发光强度为 1 坎德拉（cd）的灯泡，其大致相当于 12.57 lx。

表 12-1　不同光照条件下的照度

序号	光照条件	照度/(lm·m^{-2})
1	阳光直射	$(1\sim1.3)\times10^5$
2	间接日光	$(1\sim2)\times10^4$
3	阴天	.1000
4	暗日	100
5	灯泡照明	10~4000
6	黄昏	10
7	暮色	1
8	满月	0.1
9	弦月	0.01
10	无月晴空	0.001
11	无月多云	0.0001

区分描述光照强度的三个相关术语：流明、勒克斯、坎德拉。流明用于测量光源发出的光量，勒克斯用于测量物体表面或天空的亮度，而坎德拉则用于测量光源的可见强度。当照度不够时（如在夜间），必须选择红外相机监视目标。

选择相机时考虑的最重要的因素之一是图像/视频分辨率。为更好地描述相机图像分辨率，通常使用标准的二维矩阵。图像/视频/监视器的分辨率通常是指图像/屏幕上水平及垂直排列的像素数，例如 640×480 像素（307 200 像素）。另一种描述图像分辨率的方法是使用一种编码（如 720p 或 1080p），720p 表示 1280×720 像素、1080p 表示 1920×1080 像素。可将 720p 的分辨率称为 HD（高清），将 1080p 称为 FHD（Full HD，全高清），分辨率为 4096×2160 像素时称为 UHD（Ultra HD，超高清）。

图 12-2 中为 NASA "牵牛星" 无人飞行器的传感器，其中包括海洋水色传感器、无源微波测深器和光电传感器。这些传感器是 NOAA 及 NASA 在 2005 年的一次飞行演示中展示的。DJI Zenmuse X5 相机是一款小型相机，视场为 72°，可拍摄 30 帧/s 的 4K 视

频。相机的平衡框架平台可以在不依赖无人飞行器运动的情况下，做到三轴倾斜、滚转以及前后平移。该相机没有整流罩，所以携带该相机时会产生较大阻力。这种有效载荷只适合搭载于速度较低的无人飞行器中。

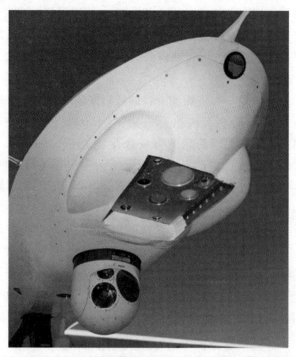

图 12-2　NASA "牵牛星" 无人飞行器的传感器

成像传感器可产生不同分辨率的图像。这些分辨率由 NIIRS[一]的数值评分来表征，范围通常为 1~9，其中 1 代表极低分辨率图像，9 代表极高分辨率图像。正常情况下，在 5 分的图像中，分辨率足以区分汽车、建筑及农作物。实际使用的实时传感器通常能够生成 NIIRS 评分在 5~6.5 之间的图像。随着载荷小型化的发展，相信传感器技术也会得到改进。

目前市场上已有的相机包括测距相机、即时拍照相机、单反相机、双反相机、大画幅相机、中画幅相机、迷你相机、电影摄像机、便携式摄像机、数码相机、全景相机和 VR（虚拟现实）相机。

这里将比较用于 RC 模型爱好者的简单、廉价商用相机和用于火星探测器的先进相机。第一种相机是支持 Wi-Fi 功能的高清 FPV Ominus 相机，尺寸为 73 mm×28 mm×14 mm，100 mm 范围的分辨率为 1280×720 DPI（Dots Per Inch，每英寸点数），该款相机能够拍摄照片和视频，标价约为 63 美元。

火星探测器上的相机有 9 个摄像头，两对黑白成像避障摄像头装在探测器前方，另外两对安装在探测器后方，还有一个彩色成像的 Mars Descent 成像仪。探测器机械臂的末端装有一个相机，被称为 Mars Hand Lens 成像仪（MAHLI）。MAHLI 类似于商品类数码相机，具有自动对焦功能。其部分特征如下：图像最大为 1600×1200 像素，图像分辨率

[一]　美国国家图像解译度分级标准（National Imagery Interpretability Rating Scale）。

约为 13.9 μm/像素，最小工作距离时的焦距为 18.3 mm，无限远时的焦距为 21.3 mm，焦比为 f/9.8～f/8.5，视场为 34°～39.4°，8 GB 闪存，128 MB 同步动态随机存取存储器（SDRAM），可拍摄 720p 高清视频。这些先进相机的成本超过数百万美元。

若侦察行动中采用大型高空长航时无人飞行器去探测目标，需要其具有宽视场镜头，以使之有足够的像素点聚焦到目标上。这种类型的相机通常很大、很重、很复杂，并且耗电量较大。相比之下，短航程无人飞行器需要的相机则更轻、更便宜、体积更小，能力也较弱。

为了获得 360°的全景视场，可将能够旋转的转台安装在无人飞行器的下方，在转台上安装能使相机调节俯仰和滚转姿态的执行机构。Controp 公司的中航程稳定光电/红外（EO/IR）相机是三轴平衡框架陀螺稳定的有效载荷，适用于中航程（3～5 km）图像拍摄。三轴平衡框架能够为相机提供稳定的平台，使得无人飞行器飞行期间能够捕捉清晰的图像。此外，该框架平台还可以在不依赖无人飞行器运动的情况下，控制相机的平移、滚转和倾斜。

图像分辨率被定义为能够看到的图像细节范围，图像中水平线的数量决定了相机的分辨率，垂直线或扫描线的数量受图像扫描系统限制。例如，PAL 格式使用 50 Hz 频率需扫描 625 行，而 NTSC 格式使用 60 Hz 频率需扫描 525 行。表 12-2 展示了部分用于小型无人飞行器和四旋翼飞行器的商用光电相机的技术特征，包括尺寸和重量。其中，Tarot TL300MN FPV 相机的价格约为 20 美元，DJI Zenmuse X5 相机的价格约为 2000 美元。

表 12-2　部分商用相机的技术特征

序号	型号	最低亮度/lx	水平线数量	电流/mA	电压/V	质量	尺寸
1	Micro Color	1.5	380	30	7～12	0.35 oz	0.31 in×0.31 in×0.39 in
2	Micro B/W	0.5	380	15	7～12	0.32 oz	0.31 in×0.31 in×0.39 in
3	Sony CC-1SBHR	0.2	550	65	9～14.5	10.2 oz	1.3 in×1.3 in×1.1 in
4	Sony CC-1XHRM	0.05	480	120	9～14.5	10.2 oz	1.4 in×1.4 in×1.4 in
5	KX-131G	1	330	120	5	7.8 oz	0.87 in×1.0 in×1.1 in
6	KX-121	5	330	120	5	2.12 oz	0.87 in×1.0 in×0.59 in
7	Pencil Eraser Cam	1.5	380	0.35	7～12	2.4 oz	0.32 in×0.32 in(宽×高)
8	Miniature ProSeries	1.5	380	—	5～12	2.4 oz	2 in×1 in×1 in
9	Tarot TL300MN FPV	0.008	520	40	12	15 g	21 mm×26 mm×30 mm
10	DJI Zenmuse X5	1.5	380	360～700	18～22	526 g	120 mm×135 mm×140 mm
11	Foxeer 16：9 RCX09-459-NTSC	0.05	960	70	5～40	50 g	19 mm×13 mm×13 mm

注：1 oz＝28.3495 g，1 in＝0.0254 m。

DJI "精灵" 4 Pro 无人飞行器（见图 2-6）中使用的相机为 DJI Zenmuse X5，该相机具有三轴平衡框架，具有以下技术特征：4/3 in CMOS 传感器，最高支持 30 帧/s 拍摄 4K 视频，1920×1080 像素的分辨率录制（60 帧/s），16MP 照片，12.8 档动态范围，镜头最大支持 F1.7 光圈，视场为 72°，精度为 0.02°。

包括 RQ-4 "全球鹰"、MQ-1 "捕食者" 和 MQ-9 "捕食者" 在内的各种高空长航时

（HALE）和中空长航时（MALE）无人飞行器均配备合成孔径雷达（SAR）、光电相机及红外相机。此外，"扫描鹰"（见图 3-3）的惯性稳定平台上同样装载有红外相机；RQ-7"影子"在步进凝视平台上装载有数字稳定的光电/红外（EO/IR）相机，可通过数据链将视频实时传输到地面控制站（GCS）。

"捕食者" A 无人飞行器使用精密雷达和一台摄像机协助飞行员手动着陆。质量为 1.9 kg 的小型无人飞行器 RQ-11B"大乌鸦"具有以下有效载荷：带有红外照明的框架稳定 EO/IR 相机；双前视和侧视 EO 稳定相机。EO/IR 相机能够拍摄从 +10° 至 -90° 倾斜的连续镜头。

RQ-11B"大乌鸦"（见图 10-6）是由 AeroVironment 公司设计制造的配备了光电红外稳定相机的小型手动发射遥控无人飞行器，翼展为 1.37 m。无人飞行器配备有 250 W 的无刷电动机，巡航速度为 30 km/h，升限为 150 m，航程为 10 km，续航时间为 90 min。飞行员可通过视线或无线通信方式由地面控制站（GCS）控制无人飞行器。图 12-3 为 Epsilon 135（EO）和 Epsilon 175（IR）陀螺稳定相机。

图 12-3　Epsilon 135（EO）和 Epsilon 175（IR）陀螺稳定相机（无人飞行器工厂提供）

显然，对于满足图像分辨率和光照条件等要求的相机，应当选择重量轻、体积小、功耗低、价格低的。在选择光学相机时，无人飞行器设计师应该进行权衡研究，以确定最优选择。

12.5.2　红外相机

热传感器（成像仪）中的红外相机工作在红外光谱波段。红外光的波长从可见光的 700 nm 红光边缘起延伸到 1 mm，这个波长范围对应的频率范围为 300 GHz~430 THz。红外传感器可用于检测弱光环境下的目标，可区分冷热物体，有利于检测人体。因此，要在低能见度的夜间或恶劣天气等条件下定位人或物，红外传感器是理想且必要的选择。

红外相机的图像或视频分辨率的定义与光学相机的类似，指检测器阵列上的像素数量，可使用标准的二维矩阵描述红外相机的图像分辨率。标准格式有：常规分辨率 160×120 像素（19 600 像素）和 384×288 像素（110 592 像素）；高分辨率 640×480 像素（307 200 像素）、1024×768 像素（786 432 像素）。因此，一般来说，红外相机的像素比光学相机要少。

红外相机可测量目标与周围环境之间热量辐射的差异。许多红外相机以专有格式存储图像，只能用专门的软件读取和分析。也有些相机能够支持标准的 JPEG 图像格式，且包含温度数据。与有源设备（雷达等）相比，红外电视摄像机和前视红外（Forward Looking IR，FLIR）传感器更不容易被发现。

红外相机的价格在过去几年中急剧下降。这类相机选择较丰富，有极其便宜的简单型相机，也有高度专业的高分辨率复杂型相机。分辨率更高的红外相机能够测量更远地方的小型目标，并生成更清晰的热图像。一些红外相机允许用户将实时图像/视频传送至电脑或显示屏幕上，这有助于捕获并记录机动目标或移动物体。所以，可以通过通信系统将相机连接到智能手机和地面控制站（GCS）。

红外相机的温度范围和灵敏度是影响其性能的重要因素，温度范围是指相机可以测量的最低和最高温度（如 -20 ℉ 和 2000 ℉ [⊖]）。人的正常体温范围为 $97\sim99$ ℉（$36.1\sim37.2$ ℃）；汽车的排气管温度可达 1200 ℉。红外相机能区分的两个物体之间的最小温差约为 0.05 ℃。为捕获对应目标，无人飞行器设计师应选择温度范围足够大的红外相机。

EO/IR 传感器平台一般包含一个 IR 传感器和一个高分辨率 EO 彩色相机，还可能有其他附加的激光有效载荷，与 IR 传感器和 EO 彩色相机一同搭载。

12.5.3　雷达

1. 基本原理

雷达是一种利用电磁波来测量物体距离、角度或速度的探测装置。无人飞行器雷达可用于自动探测和跟踪移动的地面车辆以及在其测量范围内飞行的飞行器等。雷达的四个主要组成部分是发射机、接收机、信号处理器和天线，其中发射天线和接收天线一般为同一个。

与红外相机等光学传感器相比，雷达既有优势，也有不足。雷达是有源的，能够自己提供能源，因此不依赖从目标辐射或反射的光和热。正因如此，雷达与无源传感器（如电视摄像机和前视红外传感器）相比更容易被发现。在有利条件下，光学传感器可以获得比雷达更高质量的目标图像以供判读，然而，光学传感器的视场有限，且在恶劣天气和烟尘环境下性能会严重降低。

远程监视雷达可以对他国领土的大面积区域进行快速监视。现代雷达可以快速扫描大面积区域，且受烟雾、灰尘、湿度和天气等影响较小。雷达能够传达目标运动信息的合成图像，通常包含伪彩，这些伪彩传达有关目标运动和返回信号的信息。与之相比，光电相机能够获得更清晰的彩色图像/照片或视频。

雷达发出的波可以是连续波，也可以是脉冲波。雷达发射机向预设方向发射无线电信号，如果发射机转动，则发射信号的方向也转动。如果地球表面是完全平坦的水平面，则雷达信号仅来自最近的点，并且可以度量真实的高度。然而，地球并不平坦，因此发射机照射到的地表各个部分都会将能量散射回雷达。

发射机通过振荡器（如磁控管等）产生无线电信号。接收机是接收无线电波并将其携带的无线电信息转换成可用形式的电子设备。天线是将无线电波与电信号互相转换的电子设

⊖　华氏温度 $=\dfrac{9}{5}$ 摄氏温度 $+32$。——编辑注

备。天线能够接收来自电磁场的能量，也能够发送（即辐射）高频发生器产生的或从目标返回的电磁波。天线是自由空间传播的波与其连接的电路的波动电压之间的转换设备。雷达最常用的天线类型是抛物面天线（见图 13-6）。

反射回来的雷达信号由接收机接收，并发送至信号处理器。雷达借助无线电波来往目标所需的时间来测量距离。无人飞行器的雷达频率通常为 9～35 GHz。电磁波以光速传播，因此即使目标距离雷达 100 km，测量时间也很短，接近实时传输。但是，大多数雷达的性能会受限于雷达从杂波中分离目标的能力。如果雷达波长比目标尺寸大得多，则远程探测性能会更好。

雷达高度计是一种特殊的雷达，通常用于恶劣天气下的飞行器着陆。雷达高度计比压力高度计精确得多，但也更昂贵。它们是许多盲降系统和导航系统的重要组成部分，常用于山地地形勘测。雷达高度计能够快速确定轮廓轨迹，已装载在各种航天器上，用于测量地面形状和海浪或潮汐的高度。

相较于传统的波束扫描雷达，合成孔径雷达（SAR）能够获得更好的空间分辨率。SAR是一种侧视雷达系统，利用电子技术模拟超大孔径天线，生成高分辨率遥感图像。在此过程中，会涉及相干检测，将返回信号的相位与传输信号的相位进行比较。雷达设计的细节不在本书的讨论范围内，详见参考文献[156]。

496

雷达是避障系统和目标识别系统中的重要设备。一旦雷达探测并定位到目标，就会部署相应的传感器平台，并根据距离、光线和环境条件使用光学或红外相机（或两者一起使用）定向对目标进行细节识别。卡尔曼滤波器（见第 8 章）用于许多跟踪和数据预测任务，如使用雷达跟踪移动目标（如飞行器、地面移动目标）。对于目标来说，搜索雷达（测量距离 20～2000 km）具有高功率密度和高天线增益，跟踪雷达则更注重对角度和距离的精确测量。一般采用闭环控制系统控制雷达天线的方位调整，持续跟踪移动目标。天线的动力学模型可以用一阶传递函数 $G(s) = 10/(s + 10)$ 来描述，其时间常数为 0.1 s。

2. 雷达控制方程

雷达工作的实现基于多普勒效应（多普勒频移），多普勒频移是指观察者相对于信号源移动时，信号波的频率或波长的变化。雷达发出的信号通常是一系列窄的矩形脉冲信号。其传输频率 f_p（即每秒脉冲数）与两个脉冲之间的间隔时间 t_0 有关：

$$f_p = \frac{1}{t_0} \tag{12.1}$$

信号以光速到达目标，遇到目标后以同样的速度反射回来，只是仅有一部分发射的电磁波能够从目标反射回来。接收天线接收到反射的电磁波并将其传送至接收机。接收机会处理这些信号以探测目标是否存在，若存在的话，计算其位置、大小和相对速度。

到目标的距离 R：

$$R = \frac{ct_r}{2} \tag{12.2}$$

其中，t_r 是电磁波来回所用时间，即反射电磁波在发射脉冲后的 t_r 秒后被雷达天线接收。

影响观测频率的相对运动仅为反射源到接收机的视线的运动，当反射源和接收机相对于

介质(空气)的运动速度低于介质中波的传播速度时，观测频率 f 与发射频率 f_0 的关系为

$$f = \left(\frac{c \pm v_r}{c \pm v_s}\right) f_0 \tag{12.3}$$

式中，c 为光速($299\,792\,458$ m/s)，v_r 为接收机(无人飞行器)的速度，v_s 为反射源速度(无人飞行器/目标)。当接收机向反射源移动时，v_r 为正；当反射源远离接收机时，v_s 为正。如果无人飞行器与目标保持某一角度移动，则需要考虑角运动的影响，将无人飞行器和目标速度(v_r 和 v_s)与 $\cos\theta$ 相乘。θ 是无人飞行器/目标移动速度与无人飞行器到目标的视线之间的夹角。通过测量发射和接收频率，雷达处理器可借助该方程计算目标速度。任何正弦信号(电磁波或无线电波)的频率均以波长(合成波长)表示：

$$f = \frac{c}{\lambda} \tag{12.4}$$

雷达回波功率 P_r 与发射功率 P_t 的关系式为

$$P_r = \frac{P_t G_t A_r \sigma F^4}{(4\pi)^2 R^4} \tag{12.5}$$

其中，G_t 为发射天线增益，A_r 为有效孔径，σ 为雷达横截面(Radar Cross Section，RCS)，F 为传播因数，R 为无人飞行器雷达与目标之间的距离。上述公式表明，雷达天线接收到的能量与距离的四次方成反比，这意味着从远处目标接收到的能量会相对较小。

例 12.1 考虑脉冲重复频率为 500 kHz 的雷达，在脉冲发送后 12 μs，收到远方物体(即目标)的反射脉冲。

1) 确定目标与雷达的距离。

2) 确定两个脉冲之间的间隔时间。

解

1) 距离

$$R = \frac{ct_r}{2} = \frac{299\,792\,458 \times 12 \times 10^{-6}}{2} \approx 1799 \text{ m} \approx 1.8 \text{ km}$$

2) 脉冲间隔时间

$$f_p = \frac{1}{t_0} \Rightarrow t_0 = \frac{1}{f_p} = \frac{1}{500 \times 10^3} = 0.002 \times 10^{-3} \text{ s} = 2 \ \mu\text{s}$$

---

3. 实例

美国陆军和美国国防部高级研究计划局(DARPA)资助了一款由林肯实验室开发的用于无人飞行器的机载广域、近全天候监视雷达[12]。该雷达能够探测和跟踪 15 km 范围内的地面移动目标，如坦克、卡车和低空飞行的直升机。

该雷达系统所需功率小于 1400 W，重量为 175 lb，雷达系统自己的重量为 110 lb，其余 65 lb 为辅助设备重量，如惯性导航系统(INS)、数据链和高度计等的重量。在自由飞行配置过程中，辅助系统通常与飞行控制系统共用同一配套设备。该雷达系统具有 360°广域监视模式，雷达天线 18 s 扫描一次 5～15 km 的环形区域。当无人飞行器在 3 km 高度飞行

时，扫描 5～15 km 环形区域时的倾角为 11°～37°。

该雷达天线重 14 lb，功率为 75 W，采用机械旋转方式旋转，尺寸为 18 in×8 in，具有 3°方位角带宽以及−40°～−11°仰角的余割平方加权波束。表 12-3 给出了无人飞行器雷达的技术参数[12]，第 2 章已对该雷达系统的重量分配进行了介绍。

表 12-3　林肯实验室雷达参数

序号	参数	值
1	雷达类型	相干检测脉冲多普勒
2	频率	Ku 波段
3	RF 带宽（瞬时）	10 MHz
4	接收机噪声系数	7 dB
5	脉冲重复频率（可变）	3～10 kHz
6	距离分辨率	15、30 和 50 m
7	线性动态范围	最小 40 dB
8	辅助量化 I/O 视频	8 bit/通道
9	天线反射器类型	18 in×8 in 抛物面
10	旋转接头	方位和俯仰
11	视图模式	余割平方
12	方位角波束宽度	3°
13	扫描速度（可变）	0～48(°)/s
14	方位角旁瓣	−28 dB（最大），−35 dB（平均）
15	峰值增益	30 dBi
16	极化方式	水平

该雷达有三种基本的线性 FM 脉冲压缩波形，可多模式运行以满足不同的检测和跟踪需求。在广域监视模式中，雷达能够 360°扫描，并探测 5～15 km 范围内的地面移动目标。在这种模式下，使用的是 50 m 分辨率的波形。在移动目标跟踪模式下，雷达以"边跟踪边扫描"的模式运行，选择扇形扫描以重点关注特定区域。

广域监视模式的 50 m 分辨率不足以分辨密集目标。因此，在地面移动目标跟踪模式中使用了更高分辨率（即 15 m）的波形，可以更好地分离单个车辆。高脉冲重复频率专用于直升机探测模式，以区分直升机和地面移动目标。高脉冲重复频率可用于探测直升机主旋翼叶片的反射特征。表 12-4 介绍了三种雷达模式的基本波形特征。

表 12-4　无人飞行器雷达模式的基本波形特征

序号	雷达模式	波形特征
1	地面移动目标检测（广域监视）	● 每 18 s 扫描 360° ● 5～15 km 范围 ● 50 m 分辨率波形 ● 7 kHz 最大脉冲重复频率
2	地面移动目标跟踪（特定区域目标监视）	● 每 5 s 扫描 30° ● 6 km 范围分割为两个 3 km 间隔扫描 ● 15 m 分辨率波形 ● 4.4 kHz 最大脉冲重复频率

（续）

序号	雷达模式	波形特征
3	直升机探测	● 每 2.5 s 扫描 25° ● 4 km 范围 ● 30 m 分辨率波形 ● 10 kHz 最大脉冲重复频率

4. 应用

本节简要介绍"全球鹰"、MQ-1C"灰鹰"、"猎人"、X-45 四种无人飞行器的雷达系统。

美国空军的"全球鹰"无人飞行器配备了 Garmin GSX 70 气象雷达，该雷达可提供实时气象信息，使用水平扫描模式更好地获得空气对流的情况，使用垂直扫描模式分析风暴大小的情况。这种小尺寸、低重量的雷达使用垂直扫描模式为用户分析不同高度范围内风暴的顶峰、梯度和累积情况。其水平扫描角度可达 120°。表 12-5 给出了装配于"全球鹰"无人飞行器（见图 1-2）的 Garmin GSX 70 雷达的技术特征。图 12-4 为 Global express Primus LSZ-860 气象雷达，该雷达可以检测可见和不可见的电磁和静电放电，监测湍流活动。

表 12-5   用于"全球鹰"无人飞行器的 Garmin GSX 70 雷达的技术特征

序号	参数	值
1	输出频率范围	X 波段（9.3～9.5 GHz）
2	接收机增益调节	+12～−64 dB
3	接收灵敏度	最小可辨信号−126 dBm
4	手动增益	+12～−64 dB
5	天线尺寸和波束宽度	18 in 天线，5.3°
6	大小	● 底座直径：6.3 in ● 天线：直径 18 in
7	重量（质量）	12.7 lb（5.76 kg）
8	功率要求	● 14 V，小于 3.0 A ● 28 V，小于 1.5 A
9	发射机功率（额定）	40 W

通用原子公司的 MQ-1C"灰鹰"无人飞行器装配了 AN/ZPY-1"星光"小型战术雷达。该雷达重 29 kg，体积为 1.2 ft³，能耗不足 750 W。在缓慢移动目标指示器（Moving Target Indicator, MTI）模式下，可以跟踪 8 km 范围内在地面上行走的人员。

2003 年 6 月，诺斯罗普·格鲁曼公司测试了一架配备了 SAR/MTI 有效载荷的"猎人"无人飞行器。雷声公司为 X-45 无人战斗飞行器（见图 4-10）开发的 SAR 在目标距离 80 km 的情况下能够提供 60 cm 的分辨率。

在一系列满足探测距离和频率等要求的候选雷达中，应当选择重量最轻、体积最小、功耗最低、

图 12-4   Global express Primus LSZ-860 气象雷达

效率最高且价格最低的雷达。选择雷达时，无人飞行器设计师应该进行权衡，确定最优选择。

例 12.2 一架飞行高度为 1 km 的无人飞行器，从一辆地面移动卡车后方水平距离 5 km 处开始接近。无人飞行器以 120 kn 的速度平行于道路飞行，且用频率为 10 GHz 的雷达跟踪卡车。回波和源频率之间的多普勒频移为 2948 Hz，请计算卡车的速度。

解 雷达波的速度为光速(即 3×10^8 m/s)，用式(12.3)来计算卡车的速度 v_r：

500
∼
501

$$f = \left(\frac{c + v_r}{c + v_s} \right) f_0$$

由于雷达信号从卡车反射回来的过程中，波的频率改变了两次，因此，需要用式(12.3)计算两次。更简单的方法是直接将频移除以 2，只用式(12.3)计算一次，则卡车的频移为 2948 Hz/2＝1474 Hz，卡车的频率为 10.000 001 474 GHz。视线角为：

$$\theta = \arctan\left(\frac{H}{D} \right) = \arctan\left(\frac{1}{5} \right) = 11.3°$$

式(12.3)中，需要用到无人飞行器及卡车沿视线方向的速度分量，通过将数值代入，可得：

$$10.000 001 474 = \left(\frac{3 \times 10^8 + v_r \times \cos 11.3°}{3 \times 10^8 - 120 \times 0.514 \times \cos 11.3°} \right) \times 10$$

其中，0.514 是将 kn 换算为 m/s 的系数，且无人飞行器的速度 v_s 是负的，因为发射源(无人飞行器)是向着接收者(卡车)移动的。通过求解该方程可得到 v_r 值为 -16.67 m/s 或 -60 km/h。

$$v_r = -60 \text{ km/h}$$

因此，卡车正以 60 km/h 的速度远离无人飞行器。

12.5.4 激光雷达

虽然相机提供的图像已经包含了丰富的环境信息，但在获取有用线索方面，图像的实时处理仍存在较为明显的劣势。图像处理具有很高的计算要求，并且对环境因素(如光线和材质等)高度敏感。解决这些问题的有效办法是采集分析目标的声学特征而不是其图像信息。激光雷达能够提供有关目标或环境建筑的准确信息，且计算要求较低。

激光雷达是一种类似于雷达的设备，利用了电磁光谱的其他部分，即利用来自紫外线、可见光或近红外光的激光，而不是无线电波。激光雷达是一种测量观测者到目标距离的光学测距传感器，通过脉冲激光照射目标，利用传感器测量反射脉冲。激光返回时间和波长的差异可以用来对物体进行三维数字表征。这种激光雷达实际上也是一种测距仪，可以用来测量高度。

激光雷达的两个缺点是质量较大和功耗较大(与光学相机相比)，这些限制导致其仅适用于能够搭载较重载荷的无人飞行器(如雅马哈 RMAX)。近期关于激光雷达微型化方面的研究进展是可以将其作为四旋翼飞行器感知外界环境的主要传感器。无人飞行器的激光雷达感知技术大多用于构建高精度环境地图。

12.5.5　测距仪

502

　　测距仪是一种通过向目标发射激光(不可见光)来测量观测者(如无人飞行器)到目标的距离的设备。测距仪发射的光束被远处目标反射,并由测距仪的接收机接收(见图12-5)。测距仪的时钟能够测量光束从发射到返回所花费的总时间。因此,测距仪有四个主要部件:信号发生器、发射机、接收机、处理器。

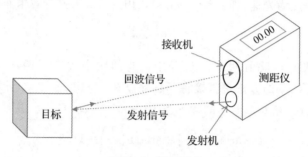

图 12-5　测距原理

　　发射的激光是波长介于 $0.18 \sim 1.5~\mu m$ 的连续波和重复脉冲激光。由于激光的传播速度是已知的($299\,792\,458~m/s$),处理器通过将测距周期乘以光速来计算距离(信号传播的距离),然后将距离值显示给用户。影响测距仪性能的因素有很多,包括目标尺寸、与目标的距离和大气条件(如湿度、云或雨)。

　　Lidar-Lite 是一种较为流行的商用测距仪。如果想要测量与目标的距离,安装了测距仪的相机也能够实现同样的功能。测距相机是一种采用对焦机制的分割图像测距仪,使用者/摄影师可以用它测量被摄对象的距离,并在锐焦状态下拍摄照片。测距仪是避撞系统、感知避障系统及防撞系统的重要组成。表12-6列出了一些商用测距仪的特征,包括尺寸、质量、功耗和量程。

表 12-6　部分商用测距仪的特征

序号	型号	尺寸/(cm×cm×cm)	质量/kg	电压/V	电流/mA	最小距离/m	最大距离/m
1	BOD 63 M-LA04-S115	3.5×7×9	0.26	24	200	1	6
2	Opti Logic	8×8×3	0.22	8	14.4	91	550
3	Nikon Coolshot 80 VR	10×5×8	0.22	3	—	8	915
4	Micro-Laser	4×4×10	0.57	1.5	—	25	1500

　　表12-7给出了测距仪 BOD 63 M-LA04-S115 的光学特征,该测距仪使用的激光信号频率为 2050 kHz,波长为 660 nm。

503

表 12-7　测距仪 BOD 63 M-LA04-S115 的光学特征

序号	参数	值/类型	单位
1	光束类型	红色激光	
2	光束传播原理	光传播时间	
3	光束特性	平行	
4	最大光照	10 000	lx

（续）

序号	参数	值/类型	单位
5	平均功率 P_{omax}	1	mW
6	光斑大小（6 m）	10（直径）	mm
7	脉冲持续时间	0.007	μs
8	脉冲频率	2050	kHz
9	脉冲功率	70	mW
10	波长	660	nm

12.5.6　激光指示器

顾名思义，激光指示器（Laser Designator，LD）是一种用于指示目标的激光光源。激光指示器通常会发射一系列经过编码的激光脉冲，且发射的激光是不可见的，当目标被指示器标记后，探测器/导引头（见图 12-6）能够探测到从目标反射的激光信号。在军事应用中，指示器和目标之间以及目标和跟踪器或激光制导武器（即另一个观察者）之间会保持一定的视线角。

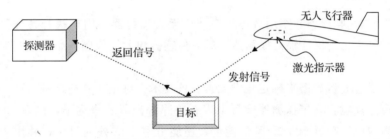

图 12-6　激光指示器（LD）原理

因此，激光指示器有三个主要组成部分：信号发生器、发射机和激光信号脉冲转换器。"捕食者"无人飞行器（见图 8-5）搭载有一套多光谱目标靶向系统，该系统集成了用于情报侦察/监视任务的红外传感器、日间电视摄像机、图像增强电视摄像机、激光照明器和激光指示器。

诺斯罗普·格鲁曼公司将轻型激光指示器和测距仪组合在一起（AN/PED-1 LLDR），可以在昼/夜/暗箱条件下识别目标，以对人眼安全的波长对目标进行测距，并利用自身的 GPS/俯仰/方位功能计算网格坐标。

12.5.7　雷达告警接收机

雷达告警接收机用于探测雷达系统具有威胁性的无线电信号，当雷达信号具有威胁性时（如来袭导弹的雷达）会发出警告。无人飞行器就能通过电子对抗系统干扰或躲避导弹，或通过其防御系统摧毁导弹。这种告警系统通常会安装在无人飞行器的尾部（如水平尾翼内部），方便向机身后方探测。为提高生存力，"全球鹰"无人飞行器配备了雷声公司的自我保护装置，其中就包括 AN/APR-49 雷达告警接收机。

12.6   科研有效载荷

无人飞行器平台上的自主飞行和有效载荷控制在未来执行科研任务中有着巨大前景。NASA 最近的一些科研任务概念包括：（a）气候变化（在垂直剖面上观察太阳辐射）；（b）碳循环、生态系统和生物地球化学（用于温室气体 CO_2 的通量测量）；（c）水和能源（在垂直剖面测量云的性质）；（d）大气化学和组成（用于对流层臭氧污染跟踪）；（e）地球表面和内部结构（观察极地冰川动态）；（f）天气（观察飓风的形成、演变和登陆）。

这些科研任务概念依赖于新型无人飞行器有效载荷（科研有效载荷）的发展和自主水平的实现。例如，美国国家航空航天局（NASA）的"全球鹰"无人飞行器带有云层物理激光雷达（Cloud Physics Lidar，CPL），可为科研任务收集大气数据。CPL 是一种紧凑的弹性机载激光雷达系统，能够对卷云及气溶胶进行高时间、空间分辨率的多波长测量，使用的是 1064、532 和 355 nm 波长的激光，激光重复频率为 5 kHz。本节给出了科研有效载荷的分类和无人飞行器传感器。温度传感器的技术规范将作为范例在 12.6.2 节中详细描述。

12.6.1   分类

有许多非侦察/监视、非军用载荷可搭载于无人飞行器，用来执行各种科学任务。比较重要的仪器包括光谱仪、辐射探测器、环境传感器和大气传感器。本节将对这些传感器作简要介绍。

- 光谱仪通过分析光谱来确定化学元素。该技术也可用于其他极端条件下，如核反应堆和海底环境。火星探测器配备了岩石破碎激光器及望远镜，能在 50 亿分之一秒的时间内产生超过 100 万 W 的能量，还能击中 7 m 外的目标，并用望远镜观测发光的电离气体，然后利用光谱仪对观测结果进行分析。
- 辐射探测器用于监测来自太阳、遥远的超新星和其他目标源的高能原子及亚原子粒子，以确定监测目标是否适合生命生存。自然产生的辐射对微生物和人类都是有害的，地球大气层具有防辐射的保护性磁场。
- 环境传感器能记录环境信息，如一氧化碳、水蒸气、气溶胶、臭氧、组成空气的气体、空气黏度、空气中的化学物质和紫外线辐射等。电子设备能够测量风速、风向、温度和湿度，气压计能测量大气压力。其他的大气现象包括雨、冰雹、雪、风、阵风、湍流、飓风、龙卷风、雷雨和闪电。
- 大气传感器能记录大气信息，如风速、风向、气压、相对湿度、空气温度、地面温度等。电子设备能够测量风速、风向、温度和湿度，气压计能测量大气压力。

科研有效载荷具有多种构型、尺寸和重量。详细特征可参考制造商相关网站，你也可以自己设计有效载荷。NASA 从 2006 年便开始采购通用原子公司的 MQ-9"捕食者"无人飞行器（命名为"伊哈纳"），用于推动地球科学任务和先进航空技术的发展。2007 年，"伊哈纳"（见图 13-7）曾用于控制加利福尼亚南部几处山火险情，通过捕捉热红外图像，帮助消防员对山火进行控制。

飞行器将"伊哈纳"运输至圣贝纳迪诺国家森林大火的现场。10 月 26 日的周五，"伊哈纳"拍摄了加利福尼亚橘郡克利夫兰国家森林大火的影像。"伊哈纳"自身装载了集成热红外成像传感器和实时数据通信设备的自主模块化扫描仪。传感器能够穿透浓烟和重霾，长时间记录高温点和火灾进展。数据能够通过下行链路传送至 NASA 研究中心，在谷歌地图上显示，以接近实时的速度传输至位于爱达荷州博伊西的消防中心，并提供给消防事故指挥官，协助他们分配灭火资源。

2009 年，NASA 为"全球鹰"无人飞行器（见图 12-7）装配了多个科研传感器，如气象传感器、闪电传感器和 Ku 波段雷达，用于科学研究任务和新技术验证。在地球科学任务中，无人飞行器的球状机头中装有通信及传感器相关载荷。其中的一些科学应用包括臭氧层测量、空气污染物和气溶胶的跨太平洋移动，以及大西洋盆地飓风情况监测。带有闪电传感器的无人飞行器可对空中到地面的雷击进行跟踪，以识别可能的被击目标，根据人员和财产风险对潜在目标进行优先排序，对飞行轨迹进行引导，并对火灾情况进行调查和报告。

图 12-7　NASA 的"全球鹰"无人飞行器（来源：NASA，Carla Thomas）

美国国家航空航天局（NASA）及美国国家海洋和大气管理局（NOAA）最近研发的科研传感器包括机载紧凑型大气制图仪（Airborne Compact Atmospheric Mapper，ACAM）、云层物理激光雷达（CPL）、聚焦腔气溶胶光谱仪（Focused Cavity Aerosol Spectrometer，FCAS）、气象测量系统（Meteorological Measurement System，MMS）、微波温度分析仪（Microwave Temperature Profiler，MTP）、高清视频（High-Definition Vedio，HDV）系统、核模式气溶胶光谱仪（Nuclei-Mode Aerosol Size Spectrometer，NMASS）、臭氧测量双光束紫外线光度计（O$_3$）、大气微量物质光谱仪（Chromatograph for Atmospheric Trace Species，UCATS）、超高灵敏度气溶胶光谱仪（Ultra-High Sensitivity Aerosol Spectrometer，UHSAS）以及用于现场高精度大气水蒸气测量的激光湿度计（Laser Hygrometer，ULH）。这些传感器都可作为科研有效载荷装载在 NASA 的"全球鹰"无人飞行器中用于执行各种地球科学飞行任务。

英西图公司的"扫描鹰"小型无人飞行系统（sUAS）配备了特殊的传感器，其中包括 5 个模块盒和 4 个通过式粒子收集器，能够进行多次测量。该系统可由卫星控制，能够飞行 250 n mile，并在测量区域停留一个小时。

12.6.2 温度传感器

作为科研有效载荷的无人飞行器传感器有很多。本节以温度传感器为例介绍其技术规范。TMP37 温度传感器（来自 Analog Devices ⊖）是一种硅基温度传感器（即温度计），具有三个引脚：接地引脚、模拟电压引脚和正电压引脚（电压范围为 2.7～5 V），如图 12-8 所示。传感器周围温度的变化转换成了传感器二极管两端的电压，产生的电压经放大后形成模拟信号。

TMP37 是一种低电压、低成本、高精度的温度传感器，提供的电压输出与温度成线性比例。TMP37 的低输出阻抗、线性输出和精确校准简化了温控电路和模数转换器的接口。TMP37 具有 3 脚 TO-92、8 脚 SOIC_N 和 5 脚 SOT-23 贴片封装。

该设备适用于单电源运行，最大电压在 2.7～5.5 V 之间。供电电流远低于 50 μA，且自发热极低（静止条件下小于 0.1 ℃）。

图 12-8　TMP37 温度传感器

此外，还有关机功能，可将电源电流切断至 0.5 μA 以下。表 12-8 总结了 TMP37 温度传感器的特性。

表 12-8　TMP37 温度传感器特性

序号	参数	值
1	温度范围	−40～+125 ℃
2	电压	2.7～5.5 V
3	电流	<50 μA
4	线性温度范围	±0.5 ℃
5	标度因数	20 mV/℃
6	精度	±2 ℃
7	尺寸	3 mm×3 mm×1.45 mm

TMP37 适用于 5～100 ℃ 环境条件，输出标度因数为 20 mV/℃。TMP37 在 25 ℃ 时会提供 500 mV 的输出。TMP37 不需要任何外部校准即可保证 +25 ℃ 时精度为 ±1 ℃ 及 −40～+125 ℃ 范围内精度为 ±2 ℃。

12.7　军事有效载荷

一般来说，有两类军事任务：向目标投放打击弹药的军事行动和没有打击弹药的军事行动。前者涉及打击、拦截和攻击（如简易爆炸装置、地雷探测和销毁）等行动。后者包括诸如军事侦察和监视、电子情报（ELINT）和激光目标指示等任务，其相关的有效载荷见

⊖　http://www.analog.com/。

12.5 节。需要强调的是制导武器(如巡航导弹)不在本书讨论的范畴。本节讨论的携带武器有效载荷的无人飞行器属于无人战斗飞行器(UCAV)类别。

武器有效载荷主要包括导弹、火箭炮和炸弹。这些武器经常被装配在无人飞行器下部，并在需要的时候进行释放、投掷或发射。任务所需的武器数量与更远的航程、更轻的质量、更小的尺寸及更低的成本之间不能同时兼顾，需要进行权衡。如果作战半径小于指定航程，则可用更少的燃料携带更多的有效载荷。

武装无人飞行器的一个基本要求是具备装载武器载荷起飞的能力。许多因素都会影响无人飞行器携带军事载荷的能力，包括载荷重量等。一般来说，陆军的导弹比空军的导弹轻。基于此，"捕食者"无人飞行器最初装备的是"地狱火"导弹，原因就是空军的空对地导弹质量太大，"捕食者"无人飞行器无法携带。

就重量、尺寸、构型、弹头类型和任务而言，有多种武器有效载荷可供无人战斗飞行器携带。本节中，作为例子只介绍一种导弹。有关其他航空武器的更多信息可以参考美国国防部(DOD)相关出版物。

AGM-114"地狱火"导弹如图 12-9 所示，它是一种空对地导弹，该导弹最初用于反装甲中，但后来逐渐发展，可对其他类型的目标进行精确打击。基础型"地狱火"导弹长 163 cm，质量为 45 kg，装载了一个固体燃料火箭发动机和一个半主动激光寻的制导系统，可以瞄准坦克、装甲车，甚至人。该导弹的射程为 8 km，一架"捕食者"无人飞行器最多可以携带 2 枚"地狱火"导弹，已被多次用于针对知名人士的定向打击。

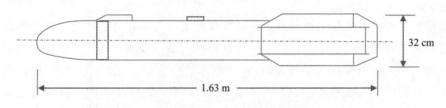

图 12-9　AGM-114"地狱火"导弹

空对地导弹是一种精密而昂贵的武器载荷，目前由地面控制站(GCS)控制(即发射)。设计携带这样的有效载荷的无人飞行器是非常具有挑战性的任务。因为机电接口的存在，所以必须非常小心才能保证无人飞行器在发射期间的安全。

通用原子公司的 MQ-1"捕食者"无人飞行器机翼下有两个挂载点，可以携带 2 枚 AIM-114"地狱火"导弹，或 4 枚 AIM-92"毒刺"导弹，或 6 枚 AGM-176"格里芬"空对地导弹。

"捕食者"可以携带 2 枚"地狱火"导弹，最高时速 135 mile/h，航程 770 mile。实际而言，"地狱火"导弹不属于空军导弹，只是因为质量轻(14.2 kg)和体型小(53 cm 长)而被"捕食者"挂载和携带，而空军导弹质量相对较重(86 kg)、体型较大(2.89 m 长)。

12.8　电子对抗有效载荷

军用无人飞行器应该有自我防御系统，否则可能坠毁，或被敌人的导弹摧毁。有很多方法可以使无人飞行器无法继续执行任务或跟随地面飞行员的命令。例如，当无人飞行器失去与地面控制站(GCS)的通信链路时，其控制将会中断。无人飞行器飞行安全的另一个威胁是干扰。对无人飞行器的干扰攻击是阻断服务攻击(Denial of Service，DoS)的一部分，恶意干扰节点通过故意干扰数据链来阻断合法的通信。

当生存能力变得至关重要时，可以增加对抗措施来提高无人飞行器的生存能力。阻止 DoS 攻击的技术可归类为一种名为 ECM 的方法。ECM 是一种虚拟物体、电子设备或通信操作(例如抗干扰)，目的是欺骗或干扰战场上敌方的探测系统。欺骗操作可包括：使物体(例如无人飞行器)在来袭导弹的雷达中消失的操作；把物体分成许多单独的目标的操作；使物体看起来是随意移动的操作。大多数军用无人飞行系统使用 ECM 技术保护其飞行器免受攻击。

基本的自我保护(防御)ECM 策略有：雷达干扰、目标修改和空气电性能的改变。两种 ECM 干扰技术是干扰和寻的导弹的欺骗。

干扰被定义为通过故意传输干扰信号来降低敌方导弹侧的信噪比，从而干扰现有信号。干扰是由无人飞行器平台来完成，在雷达频率上产生足够的噪声水平来隐藏无人飞行器的回波信号。干扰器的连续噪声传输为敌方的雷达提供了明确的方向，但没有距离信息。干扰作为一种防御手段可对抗窃听攻击。

无人飞行器通信系统可以被不同类型的干扰器以不同的方式干扰。在这种情况下，干扰是一种攻击手段，而不是防御手段。干扰是指故意使用无线电干扰，使发射机/接收机处于忙碌状态，从而干扰通信[158]。发射机在感知到无线介质繁忙或接收端被损坏的信号时将自动关闭。

欺骗使用应答机来模拟雷达回波，并通过延迟来指示不正确的距离。应答机增加回波强度，使小诱饵看起来像一个大目标。一种欺骗技术是使用廉价的雷达诱饵诱骗敌人向诱饵发射导弹。另一种欺骗技术是散布箔条/曳光弹的小金属条(通常是铝条)来改变空气的电磁特性，以提供令人迷惑的雷达信号。箔条可产生一个与无人飞行器相当的雷达横截面。还有一种可供选择的欺骗技术是使用廉价的护航无人飞行器攻击敌人的搜索雷达。诱饵和箔条在一次飞行中只能使用一次，而干扰可以连续使用。因此，诱饵和箔条是有限的电子对抗资源。

针对可能来袭的导弹，"全球鹰"有三个级别的防御行动。该飞行器配备了一个模块化的自我防御系统，它包括 AN/ALR 89 雷达告警接收机、机载干扰系统和一套 ALE 50 拖曳式诱饵系统(见图 12-10)。

图 12-10 "全球鹰"拖曳式诱饵系统

ECM 平台在尺寸、重量、成本、电力和对抗能力方面差别很大。无人飞行器电子对抗有效载荷的选择和设计取决于潜在的威胁和传入的信号。有关这一部分的内容不在本书的讨论范围内，感兴趣的读者可以参考文献[158, 159]了解更多细节。

综合防御电子对抗(Integrated Defensive Electronic Countermeasure，IDECM)套件由 ITT 电子系统公司和 BAE 系统公司开发[159]，包含 ALQ-214 接收机/处理器/干扰器和 ALE-55 光纤拖曳诱饵，还包括 ALR-67 雷达告警接收机和 ALE-47 箔条/曳光弹分配器。单个系统集成可提高飞行器的生存能力。IDECM 套件包括：IR/EO 导弹接近预警系统、ALR-67(V)雷达告警接收机、ALE-47(V)对策分配器、3 个 ALE-50(V)拖曳诱饵(GFE)和 ALQ-214 干扰技术发生器。包括 ALQ-214 和 ALE-55 在内的系统总体积为 0.06 m³、总质量为 73.8 kg，单位成本为 170 万美元。

〔510〕

IDECM 提供了三层防御：压制，否认、延迟和降低对手的捕获和跟踪；欺骗，如果轨迹信息已被破解且武器已经发射，误导制导武器远离飞行器；终止，使诱饵成为首选目标，诱导突破第一层和第二层防御的敌方导弹。

12.9　有效载荷安装

选择无人飞行器的有效载荷后便是安装载荷，载荷的安装可能影响无人飞行器的最终配置。有效载荷至少需要分配一定的空间和功率。有效载荷安装涉及很多方面，本节将简要介绍其中的五个方面，即有效载荷连接、有效载荷位置、有效载荷空气动力学(如果安装在外部的话)、有效载荷结构一体化和有效载荷稳定。

建议在不改变机身的情况下采用开放式航空电子系统。这一方案不使用高度集成的有效载荷、传感器和通信系统，而是采用具有标准接口的高度模块化组件。

12.9.1　有效载荷连接

所有的有效载荷通常都会消耗电能，所以需要与电源(VCC)——如电池组——相连接。因此，需要通过连接线连接(线 1)。另外，每个有效载荷均由微控制器经连接线(线 2 或 Com 端口)控制。同时，所有有效载荷的输出将发送到微控制器进行处理并进行进一步应用，这也是通过线 2 实现的。最后，为了闭合电路，所有的电路都用接地(GND)线(线 3)连接回电源。由小到大几乎所有类型的有效载荷都是这样的。本节将以相机为例，简要描述相机的布线。

相机通常有三根线，一根用于视频信号(通常为白色)，一根用于电源输入(通常为红色)，另一根用于接地(通常为黑色)。借助三个带有陀螺仪(见图 12-11)的框架来稳定相机。陀螺仪是机械旋转的。旋转机构由基于预定程序的微控制器控制。相机图像/视频被发送到微控制器，经过处理后，再发送到发射机，以无线电信号的形式将数据发送到地面控制站(GCS)。

三轴平衡框架为相机提供了一个稳定的平台，在无人飞行器飞行期间捕捉高质量的图像。该框架平台可在不依赖无人飞行器姿态的情况下使相机绕三个轴旋转。框架可使相机围绕重心(CG)旋转。相机的布线/电路有很多元件，为清楚起见，这里没有显示所有细节。例如，元件与电源的连接由微控制器控制。这些连接没有显示在图 12-11 中。

〔511〕

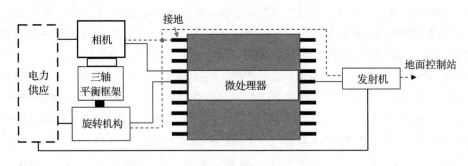

图 12-11　无人飞行器相机布线

与传统相机相比，带有串行通信接口的小型化相机（如 JPEG 相机模块）最近才开始使用。该相机能够捕捉高分辨率图像，并通过串口以 JPEG 格式发送。图像将以 JPEG 格式文件保存在 SD 卡中。该相机有一个四脚连接器，其中两脚用于电源（＋5 V 和 GND），另外两脚用于串口（RX 和 TX）。相机连接到硬件需要将红色线（RX）连接到硬件的数字 3 引脚（数据输入模块），棕色线（TX）连接到数字 2 引脚（数据模块），灰色线连接到＋5 V 信号，紫色线接地（GND）。保存相机图像还需要使用另外两根电线连接外部存储器（如 SD 卡），一条线接地，另一条线连接到复合视频广播信号（Composite Video Broadcast Signal，CVBS）引脚。

12.9.2　有效载荷位置

通常，有效载荷有两种放置方式，即放置在无人飞行器内部（即埋置）和放置在无人飞行器外部（通常是吊舱/整流罩）。如果有效载荷尺寸较大，且没有空气动力学外形（例如雷达），推荐将其安装在无人飞行器内部。

如果考虑将有效载荷（例如雷达）安装在无人飞行器内部，必须进行空间管理和重心调整。相反，如果有效载荷安装在无人飞行器外面（例如，在机身下面），则需要一定的放样技术来减少有效载荷阻力。当有效载荷安装在机体内时，设计师必须确保有效载荷的性能不会受到负面影响。例如，雷达天线罩的设计（即材料、厚度和曲率选择）会影响雷达的性能。

由于雷达需要通过信号连接到目标，雷达天线罩不能是金属材料的。这也适用于卫星通信天线。由复合材料制成的天线罩可以调节表面结构应力，同时允许信号双向通过。

影响有效载荷位置的两个重要因素是有效载荷的质量和尺寸，由后续作战任务需求决定。有效载荷的类型和性能可以是：相对简单的子系统，包括质量只有 200 g、带固定镜头的非防抖相机；观察范围更大的摄像系统，采用具有变焦、陀螺稳定、平移和倾斜功能的长焦镜头，质量为 3～4 kg；高功率雷达，包含电源的质量可能高达 1000 kg。

影响适航性和其他性能的飞行器重量分布由两个飞行器参数决定，它们是飞行器重心和转动惯量。在飞行包线内，飞行器必须是稳定的、可控的，无论重心位置在何处都是安全的。在飞行器设计过程中，与有效载荷位置相关的主要关注点是无人飞行器的重量分布。无人飞行器重量分布（有时称为重量和平衡）将极大地影响飞行器的适航性和其他性能。重心是飞行器稳定性、可控性和配平分析的基础。

　　如果有效载荷是消耗性的(例如武器),其位置也会影响重心范围。军用有效载荷释放后,无人飞行器重心将移动到新的位置。根据经验,飞行器重心最好的位置是在机翼-机身气动中心附近。最前和最后的重心极限之间的距离称为重心范围或重心沿 x 轴的极限。一般来说,有效载荷的位置必须确保整个无人飞行器重心在允许范围内(最初和释放有效载荷后都在允许范围内)。对于重量分配和无人飞行器重心范围确定的方法,请参考文献[8]的第 11 章。

12.9.3　有效载荷空气动力学

　　大多数有效载荷最初没有流线型,且通常安装在无人飞行器机身外部(例如,机身下方)。对于这种情况,应采用相关技术(例如放样)来减少有效载荷阻力。几乎所有的武器有效载荷和相机都是这样的。在设计有效载荷罩(即整流罩)时,需要同时考虑空气动力学和总重量。整流罩是具有流线型(例如机翼)的局部覆盖物(见图 12-12)。设计精良的整流罩可以减少 90% 的阻力。此外,整流罩还可以减少气流对机翼和尾翼等升力面的干扰。因此,流线型的有效载荷将使机翼和尾翼在空气动力学方面更高效。

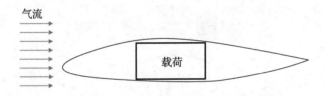

气流

载荷

图 12-12　有效载荷整流罩(侧视图和俯视图)

　　短的整流罩很轻,但可能会产生很大的阻力。相比之下,长整流罩可以减少阻力,但重量会比较大。因此,需要在重量和尺寸之间进行权衡。一般来说,有效整流罩的厚度与长度之比应小于 20%,其中长度是沿飞行路径测算的。

　　有效载荷和无线电天线的实际安装和操作要求使无人飞行器的气动阻力尽可能低。当有效载荷与机身连接时,需要采用某些形式的圆角以避免气流分离和湍流。确切的形状可以通过风洞实验来确定。图 10-8 演示了"企鹅"C 无人飞行器防抖 EO/IR 相机的空气动力学整流罩。图 12-13 展示了"捕食者"B"收割者"的两个天线(例如数据链 LOS)的整流罩。

图 12-13　"捕食者"B"收割者"无人飞行器两个外部天线的整流罩

第 4 章介绍了飞行器的空气动力学设计，包括安装有效载荷的一些准则。关于空气动力学的基本原理，请参考文献[14, 15]。

雷达跟踪地面移动目标（如卡车）的最佳位置是机身前部的下面。相比之下，卫星通信抛物面天线的最佳位置是机身顶部的内侧。抛物面天线通常很大（直径 20～60 in），并且需要旋转至少 120°。对于机身机头来说，当装有大型雷达天线或大型卫星通信天线时，至少有五个要求，即允许天线自由旋转、低阻力、低失真、低成本和重量轻。这些要求将使机身前端呈抛物线状、球鼻状或鲸状。

球鼻状可以让巨大的卫星天线自由旋转，并连接和跟踪通信卫星。"全球鹰"的鲸状前机身安装了一个用于高带宽数据链的抛物面天线。有趣的是，大型商用飞行器都使用全球定位系统，但不使用大型抛物面天线与卫星通信。使用卫星通信，地面控制站（GCS）的操作员可以实时接收侦察数据。图 12-14 展示了一架携带地面移动目标跟踪雷达的无人飞行器的低阻力、低失真天线罩的截面。这样的机头使得巨大的雷达天线能够自由旋转，在有效跟踪地面移动目标的同时保持低阻力。

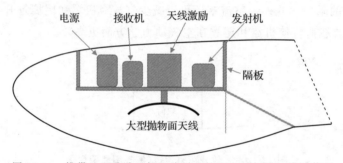

图 12-14　携带地面移动目标跟踪雷达的无人飞行器天线罩截面

确定无人飞行器阻力（包括整流罩阻力）的方法在文献[9]等参考文献中给出。有效载荷（如相机）的气动阻力取决于面攻角、几何参数（例如正面面积 S_f）、整流罩、速度（V）、空气密度（ρ）和气流的雷诺数。阻力由下式确定：

$$D_P = \frac{1}{2}\rho V^2 S_f C_D \tag{12.6}$$

其中，C_D 是有效载荷阻力系数。一些低速时具有阻力值[160]的对称形状如表 12-9 所示，表中的阻力系数值是基于正面面积的，气流是从左到右的。

表 12-9　各种几何形状的阻力系数值

物体类型	物体	状态	形状	C_D
二维物体（L 表示平行于气流方向长度，D 表示垂直于气流方向长度）	方形	锐角		2.2
		圆角		1.2
	圆形	层流		1.2
		湍流		0.3
	三角形	锥面（迎流面）		1.5
		平面（迎流面）		2

514

（续）

物体类型	物体	状态	形状	C_D
二维物体（L 表示平行于气流方向长度，D 表示垂直于气流方向长度）	矩形	锐角	$L/D=0.1$	1.9
			$L/D=0.5$	2.5
			$L/D=3$	1.3
		圆角	$L/D=0.5$	1.2
			$L/D=1$	0.9
			$L/D=4$	0.7
	椭圆	层流	$L/D=2$	0.6
			$L/D=8$	0.25
		湍流	$L/D=2$	0.2
			$L/D=8$	0.1
	壳体	凹面（迎流面）		2.3
		凸面（迎流面）		1.2
	半圆	凸面（迎流面）		1.2
		平面（迎流面）		1.7
三维物体（L 表示长度，D 表示直径）	立方体	$Re>10\,000$		1.05
	薄圆盘	$Re>10\,000$		1.1
	圆锥（$\theta=30°$）	$Re>10\,000$		0.5
	球体	层流 $Re\leqslant 2\times 10^5$		0.5
		湍流 $Re\geqslant 2\times 10^6$		0.2
	椭圆体	层流 $Re\leqslant 2\times 10^5$		0.3~0.5
		湍流 $Re\geqslant 2\times 10^6$		0.1~0.2
	半球	$Re>10\,000$	凹面（迎流面）	0.4
		$Re>10\,000$	平面（迎流面）	1.2
	矩形	$Re>10\,000$	垂直于流面	1.1~1.3
	直立柱体	$Re\leqslant 2\times 10^5$	$L/D=1$	0.6
			$L/D=\infty$	1.2
	横立柱体	$Re>10\,000$	$L/D=0.5$	1.1
			$L/D=8$	1
	降落伞	层流		1.3

在文献[9]中，作者提供了确定无人飞行器主要组件（如机翼和机身）阻力的方法。

例 12.3　一小型四旋翼飞行器有一个安装在机身下方的相机。该相机为立方体形状，圆角，正面面积为 $5\times 10\ \mathrm{cm}^2$，没有整流罩。确定相机的阻力。四旋翼飞行器以 20 m/s 的速度在海平面巡航。假设雷诺数大于 10 000。

515 ~ 516

解　由表 12-9 可知，立方体相机的阻力系数为 1.05。在海平面上，空气密度为 1.225 kg/m³。相机正面面积为 $5\times 10\ \mathrm{cm}^2=0.005\ \mathrm{m}^2$，因此

$$D_P = \frac{1}{2}\rho V^2 S_f C_D = \frac{1}{2} \times 1.225 \times 20^2 \times 0.05 \times 0.1 \times 1.05 = 1.28 \text{ N}$$

12.9.4　有效载荷结构一体化

无论有效载荷在无人飞行器内部还是外部，都要保证无人飞行器的结构完整性，使机身结构安全应对各种飞行载荷（如阵风、气动力和重量）和应力（如法向、剪切、弯曲应力）。在高速转弯和硬着陆时，负载明显更高。当有效载荷安装在无人飞行器内部时，应该设计一个特殊的安装装置来保证有效载荷正确地执行。

如果有效载荷安装在无人飞行器外部（例如机身下方），则需要规定将有效载荷安装在机翼或机身下方所谓的"硬点"上。结构设计时，必须设计能够支撑发射轨道或炸弹架的安装点的结构。在结构外部安装有效载荷时，需要通过加强邻近的结构构件（加强筋、框架）来解决。当导弹发射时，反作用力从轨道传递到结构上。因此，靠近轨道的结构构件必须加固。无人飞行器结构设计不在本书讨论范围内，读者可以参考文献[16]等参考文献。

在隐形无人飞行器中，有效载荷安装会带来无线电/雷达信号的问题。通常，有三种方法可以将反射回接收器的脉冲降到最低：（a）使用雷达半透明材料（如凯夫拉或玻璃复合材料）制造无人飞行器的某些区域，如用于安装雷达的雷达天线罩；（b）用雷达吸波材料覆盖飞行器的外表面；（c）塑造飞行器外形，使其向远离发射机的方向反射雷达脉冲。

增加器械装置的雅马哈 RMAX 无人飞行器（见图 1-1）的有效载荷集成和操作由文献[21]实现。组成基础飞行航空电子设备的硬件组件包括通用处理能力和传感功能，在基本机身重量上增加了约 35 lb，总重量约为 157 lb。这些组件已包装成四种可替换模块：两个计算机模块，以及 GPS 模块、数据链模块（无线以太网、无线串口、以太网交换机）和惯性测量单元（IMU）模块。

图 12-15 展示了执行监视任务的带有推进式发动机的无人飞行器有效载荷布局示例。为保证高效的飞行操作，所有设备、组件和有效载荷必须位于机身内。有效载荷与飞行控制系统、制导系统和其他内部组成部分的集成是一个重大的挑战，因为有些要求是相互冲突的。

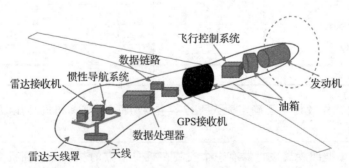

图 12-15　带推进式发动机的无人飞行器有效载荷布局

"全球鹰"的铝制机身包含加压载荷和航空电子设备舱。图 12-16 说明了 NASA "全球鹰"的载荷和仪器布局。请注意，一些传感器应该放置在加压空间中，以保证正常有效地运行。例如，云层物理激光雷达（CPL）可以在不加压的空间中工作，而用于臭氧（O_3）精确测量的双光束紫外线光度计则需要放置在加压隔舱中。

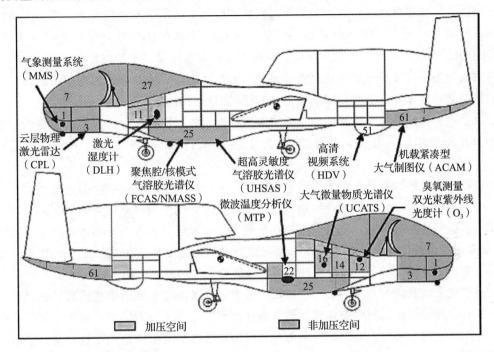

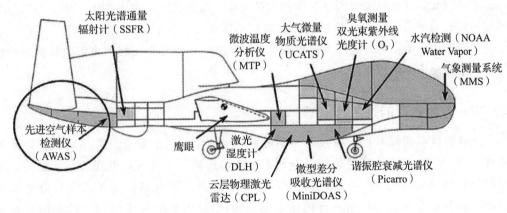

图 12-16 NASA"全球鹰"中的仪器布局

（来源：https://espo.nasa.gov/attrex-epo/image/ATTREX_Global_Hawk_Instrument_Layout）

517
~
518

12.9.5 有效载荷稳定

大多数有效载荷（如相机）和传感器（如热成像传感器、激光测距仪和照明器）需要稳定的位置，以获得更好的摄影性能。此外，为了获得高质量的图像，光线必须以所需角定向到角空间。稳定系统可以满足这两个要求，它是闭环系统，基座的运动可以被感知并反馈。相机稳定系统通常使用陀螺仪来检测干扰。相机稳定器（即相机稳定支架）是一种固定相机的装置，防止或补偿不需要的相机移动，如振动。

旋转部件（例如螺旋桨）和活塞发动机中的往复式部件是无人飞行器中两个常见的振动

源。此外，大气扰动(如阵风和净空湍流)也对相机和传感器施加了额外的扰动。

使用单轴平衡框架可以使相机在运动中保持平衡，易于在跟踪移动目标时进行操作。三轴平衡框架可使相机具有独立于无人飞行器的结构，从而不引起相机振动。当无人飞行器振动或抖动时，由三个电动机提供动力的平衡框架能够在所有轴上使相机保持水平。IMU可以感受到反馈并对运动做出反应，利用三个独立的电动机来稳定相机。

算法的应用可以使稳定器注意到有意运动和无意抖动之间的差异，如期望的旋转和不想要的振动之间的差异。这使得相机不能感知任何无意的动作。

可以稳定相机的平衡框架是安装相机的常用有效元件。装有多个传感器的陀螺稳定平衡框架可用于空中监视任务，如管道/电力线路/桥梁检查、空中执法、测绘、测量和监视。

控制器向执行机构发送命令来旋转平衡框架。因此，基座的任何运动都会被平衡框架抵消，可使相机保持静止。例如，如果基座向上倾斜5°，则平衡框架向下倾斜5°。

相机可以安装在机头上，也可以安装在框架上。对于消除无人飞行器运动和飞行器因阵风/湍流而产生的位移的影响，视线的稳定是必要的。为了使镜头视场更窄，视线必须保持得更精确。三轴(x、y、z)稳定性是提供视线稳定性的最可行的方式。

维持稳定光线有两种基本方法：将相机组件安装在带有姿态和速率传感器的稳定平台上；将相机组件安装在远离姿态传感器的平衡框架上。在第一种方法中，相机及其平衡框架安装在陀螺稳定的平台上。快速反应的执行机构随时准备消除任何使相机远离水平方向的运动。因此，视线可相对于底座保持水平视线方向。在第二种方法中，整个相机包含在可替换的有效载荷模块中，并且平衡框架的基座固定在该模块的结构上以提供稳定的图像。一般来说，第二种方法的可维护性更好，而且成本更低。飞行器姿态数据来自导航系统，用于驱动框架执行机构。

519

12.10 有效载荷的控制和管理

武器有效载荷具有机电接口，为保证无人飞行器发射的安全，需小心谨慎。外部有效载荷(如导弹、相机)通过连接器与无人飞行器连接。连接器可以插入有效载荷，并控制有效载荷的释放/发射。连接器组件的配置必须确保有效载荷和无人飞行器能够安全分离。各种数据通过连接线进行传输，例如相机/导引头的图像信号、控制信号和发射信号。

除了保持飞行器的操控性和稳定性，对有效载荷的控制也同样重要，如果仅仅控制无人飞行器飞过目标区域，而不对有效载荷进行适当的控制，那将是无效的。有效载荷控制是通过控制系统来实现的，该系统可以是无人飞行器飞行控制系统的一部分，也可以使用单独的控制模块。对于相机来说，控制过程的输出是将视线精确地对准目标并保持住。视线的陀螺稳定是相机控制系统的重要功能。

载荷控制、稳定系统与飞行控制系统的集成是一项具有挑战性的任务。在集成系统中，同一套陀螺仪将同时用于无人飞行器及有效载荷的控制和稳定。集成系统管理两组坐标轴，即飞行器坐标轴和有效载荷坐标轴，即使后者固定在飞行器内部。因此，无人飞行器朝另一方向飞行时，有效载荷视线也能瞄准目标位置。

有效载荷控制还包括数据管理、处理及传输。各种有效载荷的图像或数据必须传送到地面控制站(GCS)。有效载荷内传感器的输出需要处理和转换为无线电信号。不同传感器需要不同的无线电带宽和不同的数据速率。因此，为了减少通信系统的信号负载，有必要在无人飞行器内进行尽可能多的信号处理。总的来说，有效载荷控制的基本原理与飞行控制系统非常相似，两者都有反馈、控制器和测量装置。控制理论和控制系统设计已在第6章中有所介绍，此处不再重复。

12.11　有效载荷设计指南

有效载荷的选择对无人飞行器构型有重要影响，因为其与无人飞行器的任务及性能相关。无人飞行器设计师必须意识到有效载荷功能存在模糊性，因此需要使用一致的定义。飞行中的有效载荷的功能可能会干扰无人飞行器的飞行控制，为了不影响无人飞行器的飞行安全，应该准确地考虑和管理这些干扰。

新的挑战性飞行任务需要新的、现代的且复杂的有效载荷来完成，这反过来要求人们开发新的平台。然而，某些有效载荷还可能需要访问无人飞行器的系统数据，如位置、姿态或空速等。因此，必须存在一种机制使得在向有效载荷提供无人飞行器数据时保证有效载荷失效不会影响无人飞行器自身系统的安全。在某些情况下，无人飞行器需要承担一系列不同的任务，并且在任务中携带各种有效载荷，发挥不同的能力。因此，在设计有效载荷的安装舱室时，有必要做出一定妥协。

前几节已经对各种有效载荷的特性和控制、处理及管理技术进行了介绍。此外，还解决了包括减阻、有效载荷结构一体化和有效载荷最佳安装位置等问题。在无人飞行器有效载荷的选择/设计过程中，必须选择有效载荷类型、有效载荷设备，然后进行计算和性能/稳定性分析。

一般而言，影响有效载荷选择/设计过程的主要因素包括：制造技术、精度、尺寸、体积、可靠性、生命周期成本、无人飞行器的构型、隐形要求、可维护性、能源消耗、集成性、安装复杂性、功耗、是否会干扰飞行安全、与控制系统的兼容性、重量、无线电/雷达信号、环境因素和空气动力学因素。图 12-17 展示了有效载荷选择/设计过程。

对于给定的无人飞行器，可以通过减少有效载荷重量来增加航程和续航能力。因此，一种提高无人飞行器性能的方法是用现代有效载荷代替传统有效载荷，例如，可以使用重量较轻的相机和微机电系统(MEMS)电子设备。使用外部燃料箱替换机翼挂载的部分武器是一种增加军用无人飞行器航程/续航能力的简单的方式。

一般来说，设计过程从权衡研究开始，首先确定成本和性能(即精度)要求之间的明确界限，最后以优化结束。设计师必须完成两件事：选择有效载荷的类型；选择有效载荷设备。大多数有效载荷设备都可以从商业市场订购/购买。在完成计算后，必须进行校核，确保满足设计要求。

设计过程中非常关键的部分是将有效载荷与结构和控制系统(即一致的自动驾驶仪)集成在一起。即使选择/购买了完整的有效载荷(例如相机)，也必须集成，这涉及结构安装、管理、接口和电力要求等。这里将不做详细讨论。

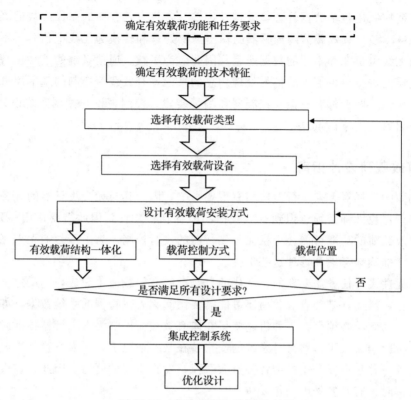

图 12-17　有效载荷选择/设计过程

视觉系统(例如相机)是大多数无人飞行器(从小型四旋翼飞行器到大型"全球鹰"无人飞行器)最基本的有效载荷。针对航空成像选择恰当的相机是具有挑战性的任务,将会影响无人飞行器的飞行性能。选择相机时需要考虑的技术参数有像素大小、焦点、百万像素、灵敏度、传感器大小、快门类型、动态范围和位深度。这里将简要讨论其中一些参数。

分辨率是航拍的重要指标。地面采样距离(Ground Sampling Distance,GSD)是对图像分辨率采样限制的度量。GSD 由无人飞行器高度(H)、相机镜头的焦距(f)和像素大小(p_x)决定:

$$GSD = \frac{H \cdot p_x}{f} \tag{12.7}$$

因此,要有较高的图像分辨率,需要选择具有较高像素和较短焦距的相机。焦距越短(比如 20 mm),拍摄角度就越宽,拍摄区域也就越大。更远的物体(例如高空飞行的物体)需要更长的焦距。同样,较短的焦距可以捕捉到相机前的更多场景。在地面采样距离为 2 m 的图像中,图像相邻像素位置在地面上相距 2 m。然而,虽然更小的像素可以提供更大的地面分辨率,但是也会限制无人飞行器的速度。无人飞行器的速度取决于像素大小、离地高度和镜头焦距。

有趣的是,地面采样距离与像素无关。像素大小由相机传感器决定。的确,在航拍图像中,像素大小决定了图像的分辨率,而不是像素的数目。像素少但像素尺寸大也会提升无人飞行器的飞行续航能力,消耗更少的燃料/电力,降低总体运营成本。传感器的大小决定了视场。

521
~
522

灵敏度和噪声是影响图像分辨率和无人飞行器最大速度的参数。相机越灵敏，曝光时间越短，无人飞行器就可以飞得越快。噪声越小意味着增益越高，同时还能保持图像的高质量。因此，更短的曝光时间意味着更快的无人飞行器速度。较高的动态范围有利于对地面上的阴影区域成像，同时在光线充足的区域保持能见度。所需的位深度由应用决定。如果由操作员肉眼观看图像，每个颜色通道用 8 位的数据就足够了。

简答题

1. 定义有效载荷。

2. 一架无人飞行器可能携带用于各种任务的有效载荷，给出至少五种类型。

3. 影响相机图像/视频质量的因素有哪些？

4. 在设计有效载荷舱室时有哪些规定？

5. 影响有效载荷选择/设计的主要因素有哪些？

6. 说出四个科研有效载荷。

7. 定义多普勒效应。

8. 无人飞行器使用的典型雷达频率是多少？

9. 从雷达方程可以得出什么结论？

10. 多普勒效应的典型结果是什么？

11. 哪些因素会影响相机的分辨率？

12. 描述 SAR。

13. 无线电波的速度是多少？

14. 简要描述接收机、发射机和天线。

15. 什么是激光雷达？

16. 给出武器有效载荷的三个例子。

17. 列出有效载荷安装的四个方面。

18. 有效载荷连接线的功能是什么？

523

19. 描述整个有效载荷选择/设计过程。

20. 定义 ECM。

21. 基本的自我保护 ECM 策略有哪些？

22. 描述寻的导弹的干扰。

23. ECM 中的箔条是什么？

24. 什么是流明？

25. 图像分辨率是如何衡量的？

26. 间接日光下的照度是多少？

27. 月圆之夜的照度是多少？

28. 如何描述图像/显示器的分辨率？

29. PAL 和 NTSC 系统的相机帧率是多少？

30. 三轴平衡框架能为无人飞行器相机提供什么功能？

31. 测距仪的作用是什么？画图描述。

32. 测距仪的主要组成部分有哪些？

33. LD 的功能是什么？画图描述。

34. LD 的主要组成部分有哪些？

35. 雷达告警接收机的功能是什么？

36. 有效载荷 AN/APR-49 的功能是什么？

37. 列出雷达与光学仪器相比的优点和缺点。

38. 无人飞行器对抗来袭导弹的三种基本欺骗技术是什么？

39. IDECM 提供的三层防御是什么？

40. 箔条/曳光弹在电子对抗中的作用是什么？

524 41. 描述陀螺仪是如何稳定相机的。

42. 气象雷达通常能侦测到哪些气象活动？

43. 列举最近由 NASA 开发的用于无人飞行器应用的科研传感器（至少提及 5 个）。

44. TMP37 温度传感器的输出信号是什么类型的？模拟的还是数字的？

45. 具有闪电传感器的无人飞行器可以跟踪空对地的雷击，其潜在应用有哪些？

46. NASA 开发的激光湿度计的应用有哪些？

47. 描述由 NASA 开发的云层物理激光雷达的特征。

48. 列出 TMP37 温度传感器的技术规范。

49. 为了正常有效地执行任务，NASA "全球鹰" 的哪些传感器应该放在加压空间？至少列出三个传感器。

50. 小型相机有三根电线连接到微控制器（例如 Arduino 开发板）。解释每条线的连接对象。

练习题

1. 声波以 800 Hz 的频率移动。假设声音以 290 m/s 的速度传播，确定波长。

2. 考虑脉冲重复频率为 1200 kHz 的雷达。脉冲发射 15 μs 后，接收到来自远处目标的回波。

   1）目标与雷达之间的距离是多少？

   2）两个脉冲之间的间隔时间为多少？

3. 考虑脉冲重复频率为 2000 kHz 的雷达。脉冲发射 15 μs 后，接收到来自远处目标的回波。

   1）目标与雷达之间的距离是多少？

   2）两个脉冲之间的间隔时间为多少？

4. 无人飞行器发射机的天线发射频率为 20 GHz 的无线电信号。假设无线电信号以 299 792 458 m/s 的速度传播，确定波长。

525 5. 一架飞行高度为 2 km 的无人飞行器在水平距离 10 km 处尾随接近一艘航母。无人飞行器的速度为 100 m/s（平行于地面），用一台频率为 12 GHz 的雷达跟踪舰艇。船以 5 m/s 的速度巡航（远离）。如果雷达波速度为 3×10^8 m/s，计算：

1）航母探测到的雷达波频率；

2）无人飞行器探测到的回波频率；

3）回波与源频率之间的多普勒频移；

4）波长。

6. 一架飞行高度为 3 km 的无人飞行器在水平距离 10 km 处尾随接近一艘航母。无人飞行器的速度为 50 m/s(平行于地面)，用一台频率为 20 GHz 的雷达跟踪舰艇。船以 7 m/s 的速度巡航(远离)。如果雷达波速度为 3×10^8 m/s，计算：

1）航母探测到的雷达频率；

2）无人飞行器探测到的回波频率；

3）回波和源频率之间的多普勒频移；

4）波长。

7. 无风时，固定声源在空气中声速为 340 m/s，声波频率为 1 MHz。如果你以 20 m/s 的速度向声源移动，你收到的声波频率是多少？

8. 无风时，运动声源在空气中声速为 330 m/s，声波频率为 2 MHz。如果声源以 30 m/s 的速度向你移动，你收到的声波频率是多少？假设你是静止的。

9. 一架小型四旋翼飞行器有一个安装在机身下方的相机。相机形状为立方体，带圆角，正面面积为 3×5 cm^2，无整流罩。确定相机的阻力。假设四旋翼飞行器以 15 m/s 的速度在海平面巡航，雷诺数大于 10 000。

10. 一架固定翼小型无人飞行器有一个安装在机身下方的相机。相机正面面积为 2×3 cm^2，覆盖椭球面整流罩。确定相机的阻力。假设无人飞行器以 25 kn 的速度在海平面巡航，雷诺数大于 2×10^6。

11. 一架小型无人飞行器有一个安装在机身上方的天线。天线呈薄圆盘状，正面面积 1×10 cm^2。确定天线的阻力。假设无人飞行器巡航高度为 12 000 ft，空速为 120 kn，雷诺数大于 10 000。

12. 一架大型无人飞行器有一个安装在机身下方的 EO/IR 相机单元。相机正面面积为 10×15 cm^2，覆盖着一个整流罩，整流罩看起来像带有凹面的半球。确定相机单元的阻力。假设无人飞行器在 10 000 ft 高度巡航，空速为 90 kn，雷诺数大于 10 000。

13. 一架在 500 m 高度飞行的无人飞行器跟随在一辆地面移动卡车后方，并在水平距离 3 km 处靠近它。无人飞行器以 150 kn 的速度平行于道路飞行，用频率为 15 GHz 的雷达跟踪卡车。回波和源频率之间的多普勒频移为 6383 Hz。计算卡车的速度。

526

14. 一架在 300 m 高度飞行的无人飞行器跟随在一辆地面移动卡车后方，并在水平距离 1 km 处靠近它。无人飞行器以 90 kn 的速度平行于道路飞行，用频率为 20 GHz 的雷达跟踪卡车。回波和源频率之间的多普勒频移为 4497 Hz。计算卡车的速度。

15. 一架以 130 kn 的速度飞行的无人飞行器跟随在一架载人飞行器后方，其水平距离为 2 km。无人飞行器用频率为 25 GHz 的雷达跟踪载人飞行器。回波与源频率之间的多普勒频移为 12 012 Hz。计算载人飞行器的速度。

设计题

1. 为小型四旋翼飞行器选择有效载荷(相机)，以便在盘旋和巡航飞行期间拍摄图像/视频。该飞行器计划只在白天飞行。有效载荷要求如下：

(a) 有效载荷费用少于50美元；(b) 无人飞行器巡航速度30 kn；(c) 允许的有效载荷质量30 g；(d) 允许的有效载荷正面面积50×50 mm²；(e) 所需功率少于2 W；(f) 电压小于3 V；(g) 视场大于60°；(h) 图像/视频分辨率1080p；(i) 续航10 min以上；(j) 数据可以存储在内部硬盘或SD卡中。

分析给定的要求，至少给出一个满足要求的相机。可在制造商的网站搜索各种商用相机。相机应能够安装在三轴陀螺稳定平衡框架上。列出所选相机的型号和技术特点。

2. 为固定翼无人飞行器选择有效载荷(相机)，以便在巡航飞行期间拍摄图像/视频。该飞行器计划只在白天飞行。有效载荷要求如下：

(a) 有效载荷费用少于200美元；(b) 无人飞行器巡航速度50 kn；(c) 允许的有效载荷质量100 g；(d) 允许的有效载荷正面面积100×100 mm²；(e) 所需功率少于10 W；(f) 电压小于5 V；(g) 视场大于45°；(h) 全高清图像/视频分辨率4096×2160像素；(i) 续航15 min以上；(j) 数据可以存储在内部硬盘或SD卡中。

分析给定的要求，至少给出一个满足要求的相机。可在制造商的网站搜索各种商用相机。相机应能够安装在三轴陀螺稳定平衡框架上。列出所选相机的型号和技术特点。

3. 为无人直升机选择有效载荷(相机)，以便在盘旋和巡航飞行期间拍摄图像/视频。该飞行器计划只在白天飞行。有效载荷要求如下：

(a) 有效载荷费用少于500美元；(b) 无人飞行器巡航速度25 kn；(c) 允许的有效载荷质量800 g；(d) 允许的有效载荷正面面积120×150 mm²；(e) 所需功率少于15 W；(f) 电压小于12 V；(g) 视场大于70°；(h) 图像/视频分辨率为超高清4096×2160像素；(i) 续航30 min以上；(j) 数据可以存储在内部硬盘或SD卡中。

分析给定的要求，至少给出一个满足要求的相机。可在制造商的网站搜索各种商用相机。相机应能够安装在三轴陀螺稳定平衡框架上。列出所选相机的型号和技术特点。

4. 为固定翼无人飞行器选择有效载荷(相机)，以便在巡航飞行期间拍摄图像/视频。该飞行器计划在白天和晚上飞行。有效载荷要求如下：

(a) 有效载荷费用少于1000美元；(b) 无人飞行器巡航速度70 kn；(c) 允许的有效载荷质量1000 g；(d) 允许的有效载荷正面面积200×100 mm²；(e) 所需功率小于60 W；(f) 电压小于20 V；(g) 视场大于60°；(h) 白天图像/视频分辨率为全高清，晚上为384×288像素(110 592像素)；(i) 续航30 min以上；(j) 数据可以存储在内部硬盘或SD卡中。

分析给定的要求，至少给出一组满足要求的相机。可在制造商的网站搜索各种商用相机。相机应能够安装在三轴陀螺稳定平衡框架上。列出所选相机的型号和技术特点。

5. 一架迷你四旋翼飞行器的任务是在白天在繁忙的市区内飞行，所以需要有感知和避障系统。期望无人飞行器有完全自主的能力，并且没有地面飞行员控制，具有5 km的航程，和1 h的续航时间。这类无人飞行器的最小有效载荷是多少？只需列出名称和类型。

6. 一架小型四旋翼飞行器的任务是在白天在开放区域内飞行，由一名地面飞行员通过手持遥控器进行视线控制。唯一的任务是拍摄视频，并将视频实时发送到地面控制站

（GCS）。所需的航程和续航时间分别为 2 km 和 20 min。这类无人飞行器的最小有效载荷是多少？只需列出名称和类型。

7. 一架军用无人飞行器的任务是在白天和晚上在未知区域内飞行，由一名飞行员和一名有效载荷操作员通过地面控制站（GCS）控制。所需的航程和续航时间分别是 5000 km 和 20 h。无人飞行器的飞行任务之一是识别特定目标并做出指示。这类无人飞行器执行这种任务的最小有效载荷是多少？只需列出名称和类型。

8. 一架军用无人飞行器的任务是在白天和晚上在未知区域内飞行，由一名飞行员和一名有效载荷操作员通过地面控制站（GCS）控制。所需的航程和续航时间分别是 10 000 km 和 30 h。无人飞行器的飞行任务是识别和攻击具有军事装备的特定地面固定目标。这类无人飞行器执行这种任务的最小有效载荷是多少？只需列出名称和类型。

9. 一架大型军用无人飞行器的任务是在白天和晚上在未知区域内飞行，由一名飞行员和一名有效载荷操作员通过地面控制站（GCS）控制。所需的航程和续航时间分别为 12 000 km 和 25 h。无人飞行器的飞行任务是识别和攻击具有军事装备的特定地面移动目标。此外，无人飞行器应能够欺骗潜在来袭的敌方导弹。这类无人飞行器执行这种任务的最小有效载荷是多少？只需列出名称和类型。

10. 用于航拍的四旋翼飞行器项目中，需要设计电路，将具有捕获模式的小型 EO 相机（有三根引线）连接到 Arduino Uno 板上。Arduino 应该在飞行器起飞 30 s 后启动相机，2 min 后停止拍摄，画出相机和电路板之间的连接线，然后编写 Arduino 代码，通过 Arduino 板控制相机输出信号。

528
～
529

第 13 章　通信系统设计

教学目标

经过本章的学习，读者将能够：

1）论述当前无人飞行器通信系统技术。

2）论述通信过程。

3）阐述现役无人飞行器通信系统的功能。

4）阐述无人飞行器通信系统的功能和组成部分。

5）提供通信系统安装指南。

6）评估通信-系统-结构的集成。

7）阐述发射机的功能。

8）阐述接收机的功能。

9）描述遥测操作。

10）阐述从地面站到无人飞行器的命令传输过程。

11）阐述从无人飞行器到地面站的数据传输过程。

12）了解天线技术。

13）了解通信中常用的频段。

14）论述加密过程。

15）进行通信系统设计。

13.1　引言

无线电通信（简称"通信"）系统是无人飞行系统（UAS）的一个重要子系统，它实现了无人飞行器与地面站的连接，用于传输和接收数字信息。通过该子系统，飞行器和地面控制站（GCS）的数据链接在一起（即数据链），产生一个上行链路和一个下行链路。通信的另一个重要功能是避免无人飞行器与其他飞行器在空中碰撞。本节将介绍通信系统各个方面的知识。

与载人飞行器相比，无人飞行器更加依赖通信系统。对于使用多传感器［如 EO/IR 相机、高分辨率点模式 SAR、广域搜索 SAR 以及 ISR 的全动态视频（FMV）设备］收集大量图像/数据的无人飞行器而言，通信系统尤为重要。通信中继是海军无人飞行系统（UAS）（尤其是高空长航时无人飞行器）的传统军事应用。通信系统可以将数据和情报传输到地面站，以进行实时控制和实时操作，而不是存储无人飞行器传感器数据供任务后分析。

无线电通信系统具有三个主要组成部分[161]：发射机，用于将数据转换为数字或模拟信号，并进行发送；接收机，用于接收信号并将其解码为数据；介质，通信信号需要通过介质传播。通常，地面控制站(GCS)与无人飞行器之间的无线通信可以通过三种不同的介质来实现，三种介质分别为无线电波、激光束和红外光。

数字信号是由一组离散数据包编码而成的信息，而在模拟信号中，信息以连续波(例如余弦波)的形式编码。无线电波可分为三类：窄带无线电波，它使用 25 kHz 或更低的带宽传输信号；扩频无线电波，用于传播在宽频带扩展的信号；超宽带无线电波，它在比扩频无线电带宽更宽的频率上传输信号，更不易被探测到。

地面控制站(GCS)有两个主要任务：将驾驶命令转换为信号，并将其发送到有源天线，以使用上行无线电传输链路将其发送到无人飞行器；使用下行链路接收无人飞行器的位置和正常运行参数。这两个任务是通过有效的通信系统实现的。通信设备主要有两组，一组在无人飞行器上，另一组在地面控制站(GCS)内部。

通信技术的主要问题是灵活性、适应性、安全性，以及带宽、频率和信息/数据流的能观能控性。通信系统应当能够快速地双向传输数据，同时具有足够的可靠性和安全性。

图 13-1 描绘了用于无人飞行系统(UAS)的全球数据链网络图，其中包括卫星(例如Inmarsat)、雷达站(例如 Gateway)、互联网和宽带终端。单一应用场景下的卫星和雷达站类型可能是相同的。

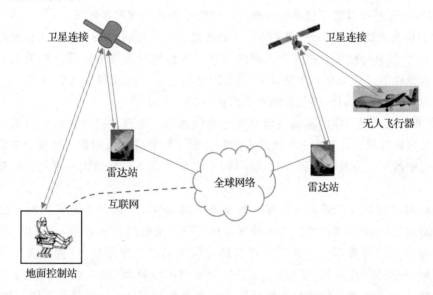

图 13-1　无人飞行系统的全球数据链网络图

飞行数据通常由地面控制站(GCS)以 20~2000 Hz 的频率接收，地面控制站应该与载具自动驾驶仪机载传感器具有相兼容的频率。100 Hz 的信号频率相当于 0.01 s 的时间步长，这意味着每秒记录 100 次信号数据。SBG IG-500 N 是一种微型全球定位系统增强的惯性导航系统，其刷新速率为 100 Hz。

准确定位和进行卫星通信的三种主要方法是 GPS、Inmarsat 和 Iridium。GPS 由美国政府提供，它随时可以选择性地拒绝用户访问或降低服务质量。例如，1999 年卡吉尔冲突期间，印度军方遇到了一次拒绝访问的情况。

Inmarsat 是一家英国卫星通信公司，它通过便携式终端为全球用户提供电话和数据服务。该服务由地面站提供，地面站与 13 个地球同步轨道卫星进行通信，这些卫星在 35 786km 高度的轨道运行。但是，Inmarsat 5-F3 是波音公司制造的商用通信卫星，由英国公司 Inmarsat 运营，提供全球移动卫星服务。

Iridium 卫星星座可覆盖 L 波段语音和数据通信。Iridium 的覆盖范围由该系统的超过 66 颗卫星提供，高度大约为 485 mile。"扫描鹰"无人飞行器配备了 Iridium 数据链，用于超视距(Beyond-LOS，BLOS)通信。Inmarsat 卫星绕赤道运行，而 Iridium 卫星绕极地轨道运行。

德莱顿(Dryden)飞行研究中心针对 NASA"全球鹰"的空中交通管制(Air Traffic Control，ATC)和指挥与控制(Command and Control，C2)可用于两个不同的区域：视线(LOS)范围内和超视距(BLOS)。用于 LOS 的通信链通过 UHF/VHF 链路实现。用于 BLOS 的基础通信链路是两个 Iridium 卫星通信链路。但是，Inmarsat 卫星通信链路具有备用通信功能。

NASA"全球鹰"的有效载荷通信架构独立于控制飞行器的通信链路。四个专用的 Iridium 卫星通信链路用于地面站与无人飞行器有效载荷之间的连续窄带通信。此外，另外两个 Iridium 链路用于监视各个有效载荷的功耗，并对激光和空投式无线电探空仪等进行控制。Iridium 系统提供了包括极地地区在内的完整的全球覆盖范围。

GPS 卫星在大约 20 200 km 高度的中地球轨道运行。每颗 GPS 卫星每天绕地球旋转两周。每颗 GPS 卫星持续发射包含当前时间及其位置数据的无线电信号。在无人飞行器作为导航仪的操作中，必须有 4 颗及以上 GPS 卫星可见，才能获得准确的结果。截至 2015 年初，增强型 FAA 级 GPS 接收机的水平精度小于 3.5 m。

"捕食者"无人飞行器的原始通信系统延时较大。从飞行员移动操纵杆到无人飞行器响应存在几秒钟的延迟。其中一种改进方法是将更好的卫星通信和数据链融合进去，用来提高飞行控制效率。卫星链路可在超视距(BLOS)的情况下，让地面控制站(GCS)和飞行器通信。

改进后的"捕食者"无人飞行器不在地面控制站(GCS)的可见范围内时，操作员会使用卫星数据链。在"捕食者"地面控制站(GCS)中接收的视频信号，通过地面商业广播系统直接转发给运营用户，或者通过卫星通信转发给全球用户。"捕食者"的外部通信基于高频/超高频/甚高频(数据)、地面控制站(GCS)蜂窝/固定电话以及与卫星通信终端的硬线连接。其他卫星通信系统可用于将地面控制站(GCS)链接到智能架构。

13.2　数据链

通信系统的一个重要功能是提供无人飞行系统(UAS)中各个组成部分之间的数据链。数据链是为了发送和接收数字信息而将一个地方链接到另一个地方(例如，无人飞行器到地面控制站)的手段。飞行器和地面控制站(GCS)的数据通过通信系统链接在一起(包含数据链)，包含上行链路和下行链路。因此，地面控制站(GCS)(地面)与无人飞行器(空中)之间的通信均具有上行链路和下行链路。如果安装了数据链，地面站可能会通过软件应用程序在无视线的情况下支持无人飞行器自动驾驶。例如，"捕食者"无人飞行器系统包括四架无人飞行器、一个地面控制站(GCS)和一个数据链套装。

534

无人飞行器和地面控制站(GCS)的数据链通常包括发射机、接收机、天线,以及将这些部分与传感器连接起来的调制解调器。地面控制站(GCS)主要有两个用途:将飞行指令转换为信号,并将其发送至有源天线,以便使用上行无线电传输链路将其发送给无人飞行器;使用下行链路接收无人飞行器位置/正常运行参数和有效载荷数据。接收机和发射机一体的是收发机,收发机是同时实现接收机和发射机功能的设备。

遥测是数据链的一种功能,它是一种可以收集无人飞行器飞行测量数据并将其自动传输到地面控制站(GCS)的接收机中的通信过程。由于地面控制站(GCS)和无人飞行器之间没有物理连接(例如连接线),因此通信过程称为无线遥测。从无人飞行器到地面控制站(GCS)的遥测数据链包含其内部所有运行状态参数。机载遥测数据链通过机载遥测天线进行无线传输。如果无人飞行器配备了距离数据链(遥测数据链的子集),则地面控制站(GCS)可以提供以地面控制站(GCS)为参考的无人飞行器位置信息。

地面控制站(GCS)接收的无人飞行器数据由数据处理单元进行实时处理,生成称为"提示数据"的重要信息。如果因系统故障而无法找到无人飞行器,那么提示数据可用作距离传感器的指导信息。

在小型无人飞行器和四旋翼无人飞行器中,铜缆是无人飞行器和地面控制站(GCS)发送信号的一种介质。高容量数据链的一项重大进展是用可靠的光纤替代了铜缆,这带来了许多好处。光纤重量更轻、直径更小、成本更低,并且具有防水和耐蚀性能,它们也完全不受电磁干扰。此外,光纤不受发生器、发射机、天线及其他噪声源的干扰和污染。这不仅消除了有害的辐射,还防止了电缆嗅探器未经授权地拦截敏感信息。

光纤的这些优点对于无人飞行器和地面控制站(GCS)来说至关重要,可以将它们的各种子系统、传感器、组件和天线紧密地聚集在一起。因此,使用光纤会让无人飞行器和地面控制站(GCS)的数据链更加有效、可靠。

无人飞行器和地面控制站(GCS)之间的数据链可由视线线路(LOS)或使用卫星的互联网连接提供。当"捕食者"无人飞行器不在地面控制站(GCS)的视线内时,运营商利用卫星数据链进行通信。"天空卫士"无人飞行器采用 BST100 卫星数据链,无人飞行器和地面控制站(GCS)上各有一个组件(盒子)。"捕食者"无人飞行器可通过编程实现在数据链丢失时自动返回地面基地。

由于无人飞行器与地面站之间的距离远,飞行速度快且无线电频谱的可用性有限,因此设计无人飞行系统(UAS)的无线数据链非常具有挑战性。这些挑战和频谱会影响数据链的性能。无人飞行器和商用载人飞行器共享相同的非隔离空域,并且需要互相了解对方的情况。无人飞行系统(UAS)数据链的设计要求有可用性强、联网和脱机控制器、先到先占、连锁,以及与载人飞行器数据链兼容。

535

13.3 发射机

飞行器和地面控制站(GCS)(见图 13-2)都需要一个发射机,用于将信号/数据/命令传递到另一侧。地面控制站(GCS)主要将命令发送给飞行器,而飞行器将其飞行状态以及其测量传感器的输出发送给地面控制站(GCS)。

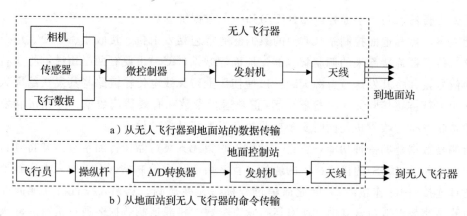

a）从无人飞行器到地面站的数据传输

b）从地面站到无人飞行器的命令传输

图 13-2　两个位置的发射机

发射机是一种通过天线产生无线电波的电子设备[162]。发射机首先产生交流电，然后通过天线将其转换为无线电波。电流激发天线会使天线辐射出无线电波。任何无线电发射机都需要天线，以将其电气连接（例如铜缆或光纤）耦合到电磁场。光纤不受发生器、发射机、天线及其他噪声源的干扰和污染。

在发射机中，电磁波是由时变电流流过金属导体、天线而产生的。发射机的功能之一是通过调制过程将所需的信息（数据）添加到无线电波中。主要有三种调制技术：幅度调制、频率调制和相位调制。

由振荡磁场和电场组成的电磁波以光速（约 3×10^8 m/s 或 3×10^5 km/s）传播。与机械波（例如声波）不同，电磁波的传播不需要任何介质。因此，电磁波可以在真空或太空中传输。电磁波或无线电波的波长（λ）、频率（f）和速度（c）之间的关系如下：

$$\lambda f = c \tag{13.1}$$

由于光速（c）是恒定的，因此随着波的频率增加，波长减小。发射机（及其天线）的设计直接取决于无线电频率。发射机的设计不在本书的讨论范围内，感兴趣的读者可以参考文献[162-164]。

536

例 13.1　一种海上型号的"天空卫士"无人飞行器使用 Inmarsat 通信系统。飞行在 15 000 m 高度的无人飞行器通过 Inmarsat 天线向地面控制站（GCS）传输数据。该信号需要多长时间才能到达地面控制站（GCS）？忽略地面控制站（GCS）与无人飞行器之间的距离。

解　Inmarsat 卫星在大约 35 786 km 的高度绕地球运行，而无人飞行器则在距海平面 15 km 的高度飞行。此外，无线电波的速度约为 3×10^5 km/s。地面控制站（GCS）与 Inmarsat 卫星之间的距离为 35 786 km，而无人飞行器与卫星之间的距离为（35 786−15）km，即 35 771 km。因此

$$t_u = \frac{D_{UAV}}{c} = \frac{35\ 771}{3 \times 10^5} \approx 0.1192\ \text{s}$$

$$t_d = \frac{D_{GCS}}{c} = \frac{35\ 786}{3 \times 10^5} \approx 0.1193\ \text{s}$$

因此，总时间为

$$T = t_u + t_d = (0.1192 + 0.1193)\ s = 0.2385\ s$$

电磁波的信号强度会随其与发射机的距离的增大而减小，因此只能在其发射机的有限范围内接收到信号。发射机覆盖范围取决于发射机的功率、接收机的灵敏度以及大气和内部噪声（例如，发动机振动）。

在手持式地面控制站（GCS）中，前、后、左、右每个操作都通过发射机的专用通道发送给无人飞行器控制变量。典型的手持式地面控制站（GCS）发射机至少有六个通道、一个专用通信频率（例如2.4GHz）、调制功能及用于兼容接收机的编程功能。

发射机的尺寸、重量和成本直接取决于其所需的输出功率。发射机功率输出取决于发射机产生并在其输出（即发射天线）上辐射的能量。天线能量主要取决于所需的范围（至无人飞行器或目标）、无线电频率、发射机位置、辐射阻抗和损耗。辐射功率通过未调制的无线电频率进行测量：

$$P_t = I_t V_t \cos\phi \qquad (13.2)$$

式中，ϕ 是振荡电压（V_t）和电流（I_t）之间的相位差。

13.4 接收机

飞行器和地面控制站（GCS）（见图13-3）都需要接收机，用于接收对方的信号/数据。飞行器主要接收来自地面控制站（GCS）的指令，而地面控制站（GCS）接收无人飞行器的飞行状态数据，以及飞行器上传感器的输出数据。通常，接收机可被视为与发送机相对的部分。它使用天线捕获无线电波，并对这些电波进行处理：首先仅提取那些期望频率的振动波，再提取添加在这些波中的信号，将其放大，然后将其发送给用户（例如，微控制器）。

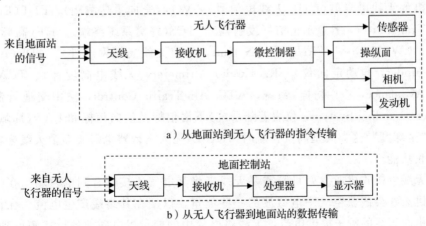

a）从地面站到无人飞行器的指令传输

b）从无人飞行器到地面站的数据传输

图13-3 两个位置的接收机

接收机是一种接收无线电波并将其携带的信息转换为可用格式（例如，数字数据或图像）的电子设备。它与天线相连，将无线电波的能量转换为输入接收机的交流（AC）电压。接收机通过解调从信号中提取所需的信息。

接收机对来自天线的信号执行三个基本操作：滤波、放大、解调。所有无线电波接收机都需要天线来将其电气连接耦合到电磁场。接收机通过滤波器将期望的频率信号与天线拾取的所有其他信号分开。解调是从无线电波中提取数据的过程。数据将被发送到微控制器进行进一步的处理。

接收机天线的无线电信号的信号强度主要取决于三个因素，它们分别为与发射机的距离、发射机功率以及沿无线电波路径的传播条件。在现代接收机中，信号经采样和数字化后通过数字信号处理功能实现滤波和检测。

与手持式地面控制站（GCS）配套使用的典型接收机至少有六个通道，包含专用频率（例如 2.4 GHz）通道、解调通道和用于兼容发射机的编程通道。某些无人飞行器采用 VOR（VHF 全向信标）接收机来确定其相对信标的方向，以进行空中导航。这种短距离导航仪器使用 VOR 导航信标的 VHF 信号，其频率在 108～117.95 MHz 之间。

接收机的功率取决于各种因素，包括无线电频率、路径损耗、信号数据、天线类型和信号强度。接收机的尺寸、重量和成本直接取决于其所需电功率。接收机功率取决于滤波、放大和解调所需的能量。接收机的设计不在本书的讨论范围内，感兴趣的读者可以参考文献[162-164]。

538

13.5 天线

发射机和接收机均配有天线，用于传播和接收信号。天线是在太空中传播的无线电波与在接收机/发射机金属导体中流动的电流之间的接口。天线是电气连接到接收机或发射机的导体阵列。关于天线的理论和设计，请参考文献[73]。本节将简要回顾天线的基本原理。

波音 787 客机的机身上安装了 20 多个天线。它们包括：GPS 接收机、SatCom（卫星通信）、标记信标、气象雷达、UHF DME（Distance-Measuring Equipment，测距设备）、基于应答机的无线电导航（UHF 无线电信号）、VOR（全向雷达测距）、ELT（Emergency Location Transmitter，紧急示位信标发射器）、TCS（蜂窝系统终端）、HF（高频）、VHF（甚高频）、CWLU（Crew Wireless LAN Unit，机组无线局域网组件）、ADF（Automatic Direction-Finder，自动定向仪）、RA（Radio Altimeter，无线电高度计）、TCA（Traffic Collision-Avoidance，空中防撞）系统、ATC（Air Traffic Control，空中交通管制）、ILS（Instrument Landing System，仪表着陆系统）下滑信标及航向信标和 LAN（局域网）。与之类似，"全球鹰"这类大型高空长航时（HALE）无人飞行器也需要多个天线来实现各种发射和接收功能。

所有无线电接收机或发射机都需要天线来将其电气连接耦合到电磁场。在接收过程中，接收机天线会截获空气中电磁波的一些能量，以便在其终端产生电流。在传输过程中，发射机向天线的端子提供电流，天线将电流中的能量以电磁波的形式辐射到空气中。通常，适用于无人飞行器系统的天线类型有四种（见图 13-4）：单极天线、偶极子天线（最常见的是八木天线）、阵列天线和孔径天线。

- 单极天线由单个导体（如金属杆）组成，垂直或平行安装于地面或无人飞行器机身上。单极天线最常见的类型是 1/4 波长天线。其他常用的单极天线有鞭状天线、橡胶天线、伞形天线、天线塔和地平面天线。这种天线经常用在 RC 飞行器模型上，其中飞行器在操作员视线范围内。然而，它易被干扰，在电子战方面并不安全。该天线可用于无人飞行器及其地面控制站（GCS）。

- 基本的偶极子天线由两根导体组成，两根导体通常是金属棒或金属丝，对称布置，平衡馈线的一侧连接到发射机或接收机。半波偶极子天线是最常见的偶极子天线，它们单独用作全向天线。该天线是许多复杂定向天线的基础。八木天线是 HF、VHF 和 UHF 上最常见的定向天线之一。它由共线的多个半波偶极子元件组成，具有一个驱动元件和多个寄生元件，这些元件可用来创建单向天线。其他常用的偶极子天线有十字形天线、贴片和长周期偶极子阵列。由于其尺寸和阻力，该天线不常用于无人飞行器上，但可以在地面控制站（GCS）中使用。

- 阵列天线由多个相同的驱动元件（例如，单个偶极子）组成，用作单个天线，例如共线阵列、反射阵列、相控阵列、帘形阵列和蝙蝠翼阵列。由于其尺寸和阻力，该天线不常用于无人飞行器上，但可以在地面控制站（GCS）中使用。

- 孔径天线是在微波频率及更高频率下使用的定向天线的主要类型。它们由三维大结构内的小偶极子组成，三维结构体带有可发射无线电波的孔径。孔径天线主要有四种类型：抛物面形天线（最常用）、喇叭天线、缝隙天线和介电质共振器天线。抛物面形天线利用大的（与波长相比）碟形金属抛物面反射器，焦点处带有馈线。它具有所有天线类型中最高的增益，高达 60 dB。抛物面形天线的应用十分广泛，包括雷达、点对点数据链、卫星通信和射电望远镜。最常见的孔径天线是碟状的，它通常被称为碟形天线。抛物面天线的主要优点是它具有很强的方向性。该天线可用于无人飞行器上及其地面控制站（GCS）中。

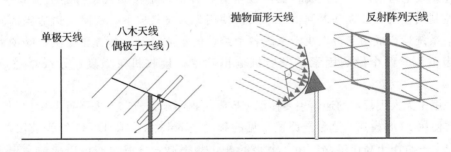

跟踪天线（由无人飞行器工厂提供）

图 13-4　天线类型

通常，人们将无线电天线安装在地面控制站（GCS）中，以最大限度地缩短导体长度。

同时，将天线放置在能够良好地发送和接收无线电波的位置是十分必要的。在丘陵地带，可能会放置在山顶上。对于某些军事行动来说，除非地面控制站（GCS）很小且容易隐藏，否则它的位置对于敌对部队来说可能会十分明显，因此易被攻击。一种解决方案是将天线安装在小型、可移动且很难被检测到的平台上，然后将该平台放置在合适的位置。

"捕食者"无人飞行器配有两个天线。它的地面控制站（GCS）也有一些天线。主要卫星链路为无人飞行器提供了超视距通信功能。地面数据终端天线针对起飞和着陆提供 LOS 通信功能。

13.6 无线电频率

无线电频率的选择是通信系统（发射机或接收机）设计中的重要一步。地面控制站（GCS）和无人飞行器之间以及无人飞行器和地面控制站（GCS）之间的通信可以通过两种不同的介质来实现：电磁（无线电）波和激光束。无人飞行器和地面控制站（GCS）之间的通信可以通过无线电波直接进行，也可以通过卫星或其他无线电中继方式进行。可用于通信的典型无线电频率范围为 3 MHz～300 GHz（低于电磁波的红外光谱）。3 Hz（ELF ⊖）到 3 GHz（UHF）范围内的频率是有效的无线电频率，因为它们会在较低的大气中折射，从而产生一定程度的弯曲。

选择工作频率时需要折中。较低频率的无线电波可以更好、更可靠地传播，但是会降低数据速率。相反，较高频率的无线电波能够承载较高的数据速率，但这需要在视线内直线传播且需要较高的功率。例如，一台高分辨率电视摄像机将产生 75 MB/s 的数据速率。

通过无线电通信跟踪无人飞行器的技术有两种：一是在无人飞行器上安装应答机，让它从控制站接收、放大并返回信号；二是使用无人飞行器下行链路发送适当的脉冲信号。通信系统运行成功与否取决于系统各个组件的集成情况，是否能提供足够的能量以到达规定范围。四个影响因素是发射机输出功率、接收机灵敏度、天线增益和路径损耗。

这些用于无人飞行器的通信主要使用 RF 应用程序来完成，无人飞行器中的卫星通信链路通常使用 LOS 模式。这种链路最常见的频段是 Ku、K、S、L、C 和 X 波段。Ku 波段在历史上一直用于高速链路。由于其波长短、频率高，该波段的传播损耗会更大。但是，它也能够穿过大多数障碍，从而传达大量数据。K 波段具有较大的频率范围，可传输大量数据。但是，它需要功能强大的发射机，并且对环境干扰很敏感。

S 和 L 波段不支持传输速度超过 500 kbit/s 的数据链。它们的大波长信号能够穿透地面基础设施，并且发射机所需的功率比 K 波段的功率小。C 波段需要相对较大的发射和接收天线。X 波段已被留作军事用途。过去，通用无线电频率为 72 MHz，但是现在通用无线电频率变为 2.4 GHz。L 波段（1～2 GHz）似乎是无人飞行器安全飞行的首选。表 13-1 列出了通信系统常用的波段[165]。

⊖ Extremely Low Frequency，极低频率。

表 13-1 通信系统常用的波段

序号	波段	频率	应用
1	HF	3～30 MHz	超视距雷达监视
2	VHF	30～300 MHz	超远距离监视
3	UHF	300～1000 MHz	超远距离监视
4	L	1～2 GHz	● 远程监视 ● 途中交通管制
5	S	2～4 GHz	● 中程监视 ● 终端交通管制 ● 远程天气
6	C	4～8 GHz	● 远程跟踪 ● 机载气象探测
7	X	8～12 GHz	● 短程跟踪 ● 导弹制导 ● 测绘 ● 船用雷达 ● 侦听
8	Ku	12～18 GHz	● 高分辨率测绘 ● 卫星测高
9	K	18～27 GHz	很少使用(水蒸气吸收)
10	Ka	27～40 GHz	● 超高分辨率测绘 ● 机场监视

如果地面控制站(GCS)通信系统使用的频率高于无人飞行器摄像机的频率,图像将以相同的帧率显示/更新在飞行员的屏幕上。因此,地面控制站(GCS)通信系统的频率应至少等于监视系统(如摄像机)的频率。

图 13-5 展示了地面控制站(GCS)指挥、控制和通信(Command,Control and Communication,C3)模型。无人飞行器 C3 相关技术和操作程序分为两类:视距内无线电频率和超视距无线电频率。每一类无人飞行器技术问题可分为两种方法:指挥与控制(C2);空中交通管制。在 C2 方法下,完全自主控制和远程控制都适用。

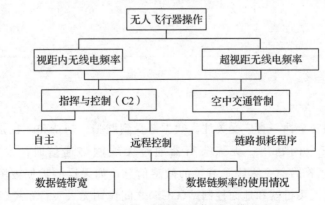

图 13-5 指挥、控制和通信(C3)模型

表 13-2 展示了大型无人飞行器(如"全球鹰")在各种应用下的无线电频率。军方建议将 14 GHz 和 15 GHz 频段用于视线链路,同时将 20 GHz 和 30 GHz 用于超视距链路。"捕食者"数据链套件包括 UHF 和 VHF 无线电中继链,C 波段 LOS 数据链,以及 Ku 波段卫星数据链。在"捕食者"UAV 中,GCS 使用 C 波段和 Ku 波段数据链分别与无人飞行器进行视线范围内通信和超视距通信。

表 13-2　大型无人飞行器的典型无线电频率

序号	类型	应用	频率
1	通信链路	Ku 卫星通信上行链路	14 GHz
2		Ku 卫星通信下行链路	11.7 GHz
3		UHF 卫星通信	200~400 MHz
4		飞行遥测	2387 MHz
5	导航设备	雷达高度计	4300 MHz
6		IFF	1030 MHz
7		IFF	1090 MHz
8		GPS L1	1575 MHz
9		GPS L2	1227 MHz
10		差分 GPS	113 MHz
11	有效载荷	EO/IR 传感器	8~10 GHz

NASA"全球鹰"使用的雷达是 Garmin GSX 70,它采用的输出频率范围为 9.3~9.5 GHz(X 波段)。任务控制中心与"全球鹰"飞行器直接或通过 Ku 卫星和 UHF 卫星系统实现上下行数据链。发射和回收站与"全球鹰"飞行器和 UHF 通信卫星间也有上下行数据通信链路。

例 13.2　一架大型无人飞行器使用无线电频率为 15 GHz 的卫星通信系统。计算这种通信信号的波长。

解　无线电波是一种速度为 3×10^8 m/s 的电磁波,因此

$$\lambda f=c\Rightarrow\lambda=\frac{c}{f}=\frac{3\times10^8}{15\times10^9}=0.02\ \text{m}=2\ \text{cm}$$

信号波长为 2 cm。

13.7　加密

无人飞行器的安全性一直广受关注。数据链受到欺骗、劫持和干扰是无人飞行器通信系统面临的主要安全问题[77]。无人飞行器通过无线网络通信时,很容易受到网络攻击[166]。无人飞行器携带与个人隐私有关的敏感信息,如果这些数据被黑客利用,会造成严重后果。确保无人飞行器和地面控制站(GCS)之间民用无人飞行系统(UAS)通信所需的带宽和电磁频谱是一项严峻的挑战。

针对无人飞行器中无线网络的攻击有很多[167]，例如 Telnet/FTP 攻击、拒绝服务（DoS）、ARP(Address Resolution Protocol，地址解析协议)欺骗、自组网络和中间人攻击。通过反认证无人飞行器并通过树莓派上的脚本[167]向其发布命令，安全研究人员可以控制 Parrot AR 无人飞行器。美国空军长期以来一直要求诺斯罗普·格鲁曼公司提升"全球鹰"的防御能力，防止计算机黑客在飞行中夺取飞行器。因此，"全球鹰"的海上卫星通信链路已升级，以防止计算机黑客突破现有的数据安全防护，从而对"全球鹰"侦察无人飞行器进行未经授权的控制。

许多无人飞行系统(UAS)，包括美国空军的 RQ-4B "全球鹰"、海军的 RQ-4N BAMS (Broad Area Maritime Surveillance，广域海上监视)无人飞行系统和"捕食者"的改进型，都依赖以下卫星通信功能：接收指令和控制；将传感器数据发送到地面控制站。与 GPS 类似，卫星通信容易受到噪声干扰。随着噪声干扰器辐射功率的增加，在固定服务质量下，无人飞行器可实现的通信数据速率将显著降低。提供抗干扰通信功能可以使军事指挥官利用无人飞行系统(UAS)的某些优势，尤其是在环境差、乏味和危险的任务中。

解决无人飞行器安全问题和网络攻击的技术很多。保护无人飞行器信息的一个解决方案是备用安全通道系统。如果备用安全通道遭到破坏，会激活自毁功能。然而，标准的解决方案是对信息进行加密处理，它是对数据或信息进行编码的过程，加密后，只有授权方才能访问数据或信息，未经授权的人不能访问。加密是保证数据安全的重要方法之一，尤其是对数据链中传输的数据进行端到端保护。如今，密码学对于确保信息安全至关重要。

加密[168]是获取数据信号、可读文档或图像并将它们更改为不可读的过程。加密将任意类型的数据从可读形式转换为只能由另一个实体(如果有权访问解密密钥的话)解码的编码版本。加密是为了保护和隐藏信息源的内容，防止不当泄露。因此，加密的主要目的是保护通过无人飞行器通信系统传输的数字数据或信号的机密性。现代加密算法可确保机密性，它们在保证通信安全方面起着关键作用。

应当阐明编码和加密之间的区别。编码器是将信息从一种格式或代码转换为另一种格式或代码的设备、电路、传感器、软件程序或算法，具有标准化、处理速度快或压缩的特点。编码器可采用不同类型的技术(例如，机械、磁、电阻和光学技术)来创建信号。因此，编码用于维护数据可用性并使用通用的格式，而加密用于维护数据机密性，因此反转转换代码的能力仅限于某些人。加密是将数据转换为密码的过程。

13.8　个别无人飞行器的通信系统

通用原子公司的 RQ-1 "捕食者"无人飞行器(见图 9-5)是首个通过卫星通信进行控制的无人飞行器，也是首个提供语音无线电通信的无人飞行器。大型现代无人飞行器——例如 MQ-9 "收割者"(见图 5-11)和 NASA "牵牛星"(见图 13-6)——配备了卫星通信天线。RQ-1A "捕食者"的地面控制站(GCS)分别使用 C 和 Ku 波段数据链与无人飞行器进行 LOS 和非 LOS 通信。非 LOS 链路的范围以及飞行器的有效飞行半径约为 740 km。前三套"捕食者"系统中的非视距通信是通过 Trojan SPIRIT 卫星通信链路处理的。

544

图 13-6   NASA "牵牛星" 卫星通信天线

　　上行链路将操作员的指令和控制信号传输到无人飞行器（或多个操作中的无人飞行器），下行链路将有效载荷数据、飞行状态和图像从无人飞行器传输到地面控制站（GCS）及任何其他卫星接收站。无人飞行器状态数据（例如位置、空速和姿态、天气状况）通常被称为 "内务管理" 数据。在飞行操作过程中中断通信，可能会导致无人飞行器坠毁。

　　通信系统的范围取决于通信天线高度和飞行器飞行高度。这两个因素决定了无人飞行器和地面控制站（GCS）之间 LOS 通信是否可用。随着无人飞行器高度的增加，LOS 通信范围将增加。图 13-7 展示了 NASA "伊哈纳" "捕食者" B 无人飞行器的一些天线，这些天线用于辅助地球科学任务和先进的航空技术开发。

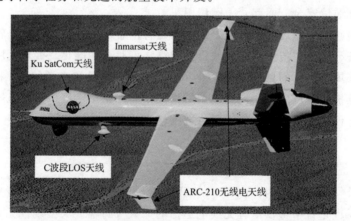

图 13-7   NASA "伊哈纳" "捕食者" B 无人飞行器的天线

　　"守护者" 无人飞行器的另一种海上改进型号有六个天线：Ku SatCom 天线、C 波段 LOS 天线、Inmarsat [⊖]天线、ARC-210 无线电天线、AIS 天线和 Wulfsburg 天线。另外，

　　⊖　Inmarsat PLC 是一家英国卫星通信公司，通过 13 颗地球同步通信卫星与地面站提供全球移动服务。

它有一个 SeaVue 监视雷达和一组 EO/IR 传感器。天线的设计不在本书的讨论范围内，感兴趣的读者可以参考文献[162]。

　　"全球鹰"无人飞行器配备了许多天线：1.2 m Ku SatCom 天线、UHF 天线、LOS 天线、合成孔径雷达(SAR)组合天线和双频公共数据链天线。"全球鹰"具有宽带卫星数据链和 LOS 数据链。机身顶部的前表面装有 48 in Ku 波段宽带卫星通信天线。数据通过以下方式传输：Ku 波段卫星通信、X 波段 LOS 链路以及卫星通信和 UHF 频段的 LOS 链路。SAR 和地面移动目标指示器工作于 600 MHz 带宽的 X 波段。表 13-3 展示了"全球鹰"通信系统中的组件的重量和电功率。

545
～
546

表 13-3　"全球鹰"通信系统中的组件的重量和电功率

序号	组件	重量/lb	功率/W	备注
1	Ku SatCom 天线	46	35	框架式 8 in 碟形，Ku 波段
2	UHF 天线	8	—	
3	LNA/双工器	3	7	低噪声放大器
4	UHF PA	14	700	功率放大器
5	UHF RX/TX	13	150	发射机/接收机
6	HPA	56	33	大功率放大器
7	CAMA	85	310	调制解调器组件

　　大型无人飞行系统(UAS)(例如"全球鹰"和"捕食者")通常会对通信数据进行加密，以保护无人飞行器免受网络攻击。使用卫星通信和加密的数据链，"全球鹰"无人飞行器可以安全飞行。在 MQ-5A"猎人"中，上行通信链路和下行通信链路通道采用固定编码帧格式。主上行链路通道上还有一个可选的扩频调制解调器，提供抗干扰能力。

13.9　安装

　　无人飞行器和地面控制站(GCS)通信系统的组成部分选择完成后，就需要将它们安装起来，这可能会影响无人飞行器的构型。发射机/接收机需要分配一定的空间和功率，无人飞行器的天线需要整流罩。因为无人飞行器空间有限，更容易与设计要求发生冲突，所以在无人飞行器上安装发射机/接收机/天线比在地面控制站(GCS)中安装更具挑战性。

　　在无人飞行器上安装发射机/接收机时，设计人员应注意到各个方面的问题，其中主要关注的四个方面是接线、位置确定、空气动力学(如果安装在外部的话)和发射机/接收机/天线结构的集成。发射机、接收机和天线的基本安装原理与有效载荷的基本安装原理非常相似，更多详细信息和指南，详见 12.9 节。

13.10　通信系统设计流程

　　通常，通信系统设计的主要标准有：当前可用的技术、要求的精度、任务复杂程度、天气、可靠性、成本、无人飞行器构型、兼容性、可维护性、无人飞行器航程、无人飞行器实用升限、重量、移动性、无人飞行器阻力、网络安全、有效载荷、数据的大小和类型，以及感知和避障系统。

　　如果无人飞行器配备了距离数据链(遥测数据链的子集)，则地面控制站(GCS)应提供

547

无人飞行器相对于地面控制站(GCS)的位置信息。地面控制站(GCS)有两个主要用途:一是将飞行指令转换为信号,将其发送到有源天线,使用上行无线电传输链路将其发送到无人飞行器;二是使用下行链路接收无人飞行器的位置和正常运行参数。这两个目标应通过有效的通信系统来实现。

长距离覆盖和飞行器高速飞行是设计无人飞行器通信系统的关键挑战。这些挑战以及无线电频谱的有限可用性会影响数据链的性能。无人飞行器无线数据链设计比其他无线链路更具挑战性。关键的挑战是长距离、高速度和频谱。无人飞行器和商业载人飞行器共享同一空域,它们需要了解彼此的存在,因此需要为它们开发新的数据链。

通信系统设计流程如图 13-8 所示。无人飞行器和地面控制系统的通信系统设计是并行进行的。在这两个部分中,都详细设计了发射机、接收机、天线、电源和处理器。应谨慎选择通信频率,以便无人飞行器和地面控制站(GCS)在最坏的情况下都能保持通信。

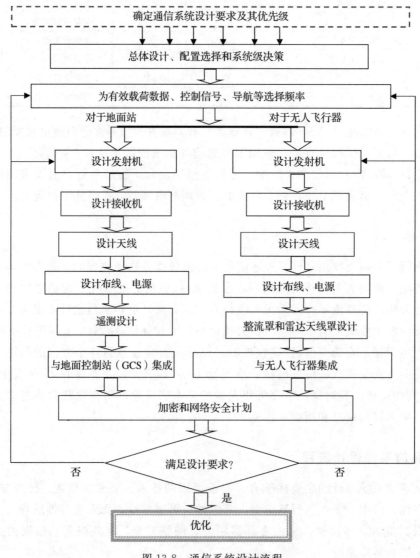

图 13-8　通信系统设计流程

在设计通信系统时，应考虑不断增长的带宽和多频段要求。在美国，频段分为三类：联邦专用频段、民用专用频段和联邦/民用公用频段。民用和军用无人飞行系统（UAS）的频谱需求都在不断增长。潜在的缓解技术有数据压缩、带宽有效的调制技术以及智能拉动。

如果需要保护和隐藏通信信息的内容，防止其被不当泄露，应对其进行加密。加密是一种安全保证，它能够保护通过 UAV 通信系统传输的数字数据或信号的机密性。

13.11　基于 Arduino 开发板的双向通信

Arduino 是开源的电子硬件（例如微控制器）和软件（例如代码）。更多相关的说明，请参阅 9.7 节。本节将介绍基于 Arduino 板的双向无线通信。

13.11.1　通信模块

Arduino 设计、制造了各种微控制器/板，以及用于无线双向通信的许多模块，例如 NRF24L01 无线电收发机、用于 Wi-Fi 的 ESP8266、用于蓝牙的 HC-05 和用于蓝牙的 CC2541。这些收发机模块与 Arduino 兼容，需要成对使用（每对模块配套一块 Arduino 板），一个作为发射机，另一个作为接收机。若要与笔记本计算机而不是第二块 Arduino 板建立连接并接收数据，应使用蓝牙模块（例如 HC-05）。

13.11.2　NRF24L01 模块

NRF24L01 模块（见图 13-9）使用 2.4 GHz 频段，并以 250 kbit/s～2 Mbit/s 的波特率工作。如果在开放空间中使用且波特率较低，覆盖范围可以达到 100 m。该模块的工作电压为 1.9～3.6 V，传输期间的电流约为 12 mA。表 13-4 给出了 NRF24L01 模块的技术规格。NRF24L01 模块能够创建并读取数字信号，因此，模块的所有引脚都应连接到 Arduino Uno 板的数字引脚。

548
～
549

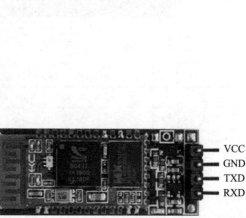

　a）两个带天线的NRF24L01模块（正视图和后视图）　　　　　b）HC-05模块及引脚

图 13-9　NRF24L01 模块和 HC-05 模块

表 13-4　NRF24L01 模块的技术规格

序号	参数	值
1	频率	2.4 GHz
2	波特率	250 kbit/s～2 Mbit/s
3	电流	12 mA
4	电压	1.9～3.6 V
5	功率	22.8～43.2 mW
6	覆盖范围	100 m
7	尺寸(不包括天线、插头)	29 mm×15.2 mm×4.6 mm

NRF24L01 模块具有 8 个引脚，分别为 GND、IRQ、MISO、MOSI、SCK、CSN、CE 和 VCC。VCC 和 GND 引脚分别连接电源(电压)和接地。如果使用分线板，则 VCC 引线可以连接至 5 V Arduino 引脚。MOSI、MISO 和 SCK 三个引脚用于 SPI 通信，它们需要连接到 Arduino 的 SPI 引脚(即引脚 11、12 和 13)(见图 13-10)。CSN 和 CE 引脚可以连接到 Arduino 板的任何数字引脚(例如用于数字信号的引脚 8 和 7 或用于模拟信号的引脚 A1 和 A2)。它们用于将模块设置为待机或激活模式，以及在传输或指令模式之间切换。IRQ 引脚是一个中断引脚，不需要使用。表 13-5 总结了 NRF24L01 模块与 Arduino Uno 的引脚连接。

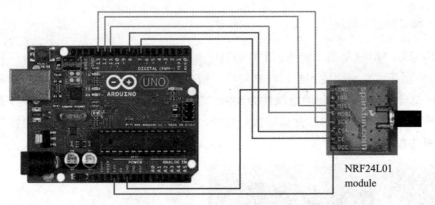

图 13-10　NRF24L01 模块与 Arduino Uno 的典型引脚连接

表 13-5　NRF24L01 模块与 Arduino Uno 的引脚连接

板	引脚							
NRF24L01 模块	VCC	GND	CSN	CE	SCK	MOSI	MISO	IRQ
Arduino Uno	3.3 V	GND	8	7	13	11	12	—

NRF24L01 模块可以同时使用 125 个不同的通道，能够搭建一个由 125 个独立调制解调器组成的网络。每个通道最多可以有 6 个地址，即每个单元最多可以同时与 6 个其他单元通信。

将 NRF24L01 模块连接到 Arduino 板后，应编写并上传两个单独的 Arduino 代码，一个上传到发射机，另一个上传到接收机。下面提供了两个用于无线通信的 Arduino 代码[131]，可通过 NRF24L01 模块发送 "Hello World" 消息。

发射机代码：

```
#include <SPI.h>
#include <nRF24L01.h>
#include <RF24.h>
RF24 radio(7, 8);
const byte address[6] = "00001";
void setup()
{
  radio.begin();
  radio.openWritingPipe(address);
  radio.setPALevel(RF24_PA_MIN);
  radio.stopListening();
}
void loop()
{
  const char text[] = "Hello World";
  radio.write(&amp;text, sizeof(text));
  delay(1000);
}
------------------------------
```

接收机代码：

```
#include <SPI.h>
#include <nRF24L01.h>
#include <RF24.h>
RF24 radio(7, 8);
const byte address[6] = "00001";
void setup()
{
  Serial.begin(9600);
  radio.begin();
  radio.openReadingPipe(0, address);
  radio.setPALevel(RF24_PA_MIN);
  radio.startListening();
}
void loop()
{
  if (radio.available())
  {
    char text[32] = "";
    radio.read(&amp;text, sizeof(text));
    Serial.println(text);
  }
}
------------------------------
```

Arduino Uno 板有 6 个模拟引脚，可以同时连接多达 6 个模拟输入设备（例如电位器），因此一次最多发送 6 条指令。此外，Arduino Uno 板有 14 个数字引脚，其中 6 个引脚由 NRF24L01 通信模块使用，因此，最多可以同时传输 8 个输出信号。例如，如果需要驱动 s1、s2、s3、s4、s5、s6 六个伺服器，则在代码循环中需插入以下函数：s1.attach(2)、s2.attach(3)、s3.attach(4)、s4.attach(5)、s5.attach(6)和 s6.attach(7)。

13.11.3 蓝牙模块

蓝牙是一种无线技术，用于在固定设备和移动设备之间进行短距离的数据交换。该技术使用短波长 UHF 无线电波，工作频率为 2.4～2.485 GHz。无人飞行器中的蓝牙模块可以与主蓝牙设备（例如计算机、笔记本计算机、智能手机和平板计算机）配对。当地面控制站的飞行员或有效载荷操作员需要与无人飞行器进行实时通信以监视飞行数据或查看相机的图像/视频时，这一点很有意义。

　　HC-06 模块（其引脚与图 13-9b 所示的 HC-05 模块相同）是为无线串行通信设计的 2 级从属蓝牙收发机。它的工作频率为 2.4 GHz（即工业、科学和医疗），电源电压为 3.3 V 直流电，电流为 50 mA。该模块的尺寸为 36.5 mm×16 mm，质量为 4 g。

　　该模块设有串行接口，使用方便。它有 4 个引脚，分别为 VCC（用于连接 5 V 电源的正极）、GND（用于接地）、TXD（发射端）和 RXD（接收端）。在连接到 Arduino Uno 板时，HC-06 TXD 引脚连接到数字引脚 D0（即接收引脚 RX0），HC-06 RXD 引脚连接到数字引脚 D1（即发射引脚 TX0）。默认波特率是 9600 bit/s。

　　需要对 HC-06 模块进行配置，以验证其能否正常运行，连接是否正确，并修改其名称、PIN 码和通信速度（即波特率）等参数。模块配置完成后，可将 HC-06 模块与任意蓝牙设备配对。应开发并上传 Arduino 代码，通过串行监视器修改参数。上传代码时，请勿将蓝牙模块连接到 Arduino 板。

　　在构建电路前，应编译并上传与下面类似的代码[131]。通过该代码，可以在显示屏上看到，发送了"Hi"并返回了"Hello"。此外，当发送信号（即"Hi"）后，Arduino 板上的 LED 将闪烁。在代码的第一行中，定义了引脚 13 的内置 LED 灯。

```
#define ledPin 13
int val;
void setup()
{
  Serial.begin(9600);
  pinMode(ledPin, OUTPUT);
}
void loop()
{
  if(Serial.available())
  {
    val = Serial.read();
    if(val =='Hi')
    {
      digitalWrite(ledPin, HIGH);
      delay(500);
    digitalWrite(ledPin, LOW);
    delay(500);
    Serial.println("Hello");
  }
}
```

　　修改此代码可以将任何其他信号（例如无人飞行器轨迹或有效载荷测量数据）传输到地面控制站。

13.11.4　应用

　　本节以示例的形式介绍 NRF24L01 通信模块的应用。该示例展示了通过地面控制站对无人飞行器操纵面（例如升降舵）进行远程开环控制的过程，详细描述了 Arduino 代码开发和接线。

　　例 13.3　使用两块 Arduino Uno 板和两个 NRF24L01 模块设计一个通信系统，使用模拟电位器远程驱动伺服机构。伺服机构代表地面控制站的操纵杆，伺服电机代表无人飞行器任意操纵面的驱动器。

解　此实验需要以下器材：两块 Arduino Uno 板，两个 NRF24L01 模块，两个实验电路板，两个 LED，两个 220 Ω 电阻，通用跨接导线。实验电路板、LED 和电阻是可选的。实验电路板支持 5 V 连接，接线更加容易。LED 闪烁表示信号已接收或发射。通信过程不断重复，并且两块 Arduino 板都在不断发送和接收数据。这两个电路的物理构造非常相似(几乎相同)。

1. 接线图

伺服电机有三根线：接地线、电源线(中间)和信号线(通常为橙色)。在接收机端，伺服电机的信号线连接到 Arduino Uno 板的数字引脚 6，你也可以将其连接到其他数字引脚。电源线(中间，通常为红色)连接至 Arduino 板上的 5 V 引脚。接地线连接到板上的接地引脚。

电位器的接线应确保其两个外部引脚连接到电源(+5 V)和地，中间引脚(用于信号，通常为红色)连接到板上的模拟输入引脚 0。在发射机端，由于采用了模拟电位器，电位器的信号引脚(即中间引线)可任意连接到 Arduino Uno 板的模拟输入引脚 0，你可以将其连接到其他模拟引脚。由于电位器具有模拟电阻，没有极性，因此，任何一侧的引脚都可以连接到电源，另一侧接地。

两个 NRF24L01 模块的 CE 和 CSN 引脚都任意连接到 Arduino Uno 板的引脚 9 和引脚 10。NRF24L01 模块的其他引脚与 Arduino Uno 的连接情况如表 13-6 所示。图 13-11 展示了伺服电机开环控制系统的电路、接线和原理图。表 13-6 展示了 NRF24L01 模块、电位器和伺服电机与 Arduino Uno 板的引脚连接。

554

表 13-6　NRF24L01 模块、电位器和伺服电机与 Arduino Uno 板的引脚连接

板	引脚								
NRF24L01 模块	VCC	GND	CSN	CE	SCK	MOSI	MISO	IRQ	
电位器	+	−							中间引脚
伺服电机	+	−					橙线		
Arduino Uno 板	5 V	GND	10	9	13	11	12	—	D6	A0

2. 发射机和接收机代码

下面开发了两个用于无线通信的 Arduino 代码[131]。它们通过 NRF24L01 模块发送电位器指令来驱动伺服电机。各个板的读写通道有一些差异。

在发射机端，电位器的中心引线任意连接到模拟输入引脚 0[对应函数 "PotVal analogRead(A0)"]。在接收机端，伺服电机的中心引线连接到数字引脚 6[对应函数 "S1. attach(6)"]。

在两块 Uno 板中，我们创建的 RF24 对象需要包含基本的 SPI 和 RF24 库。两个 NRF24L01 模块的参数是 CSN 和 CE 引脚，我们选择将它们连接到 Uno 的 9 和 10 引脚[对应 "RF24 radio(9, 10)"]。函数 "const byte addresses[][6] = {}" 创建了一个由 6 个字节组成的数组。

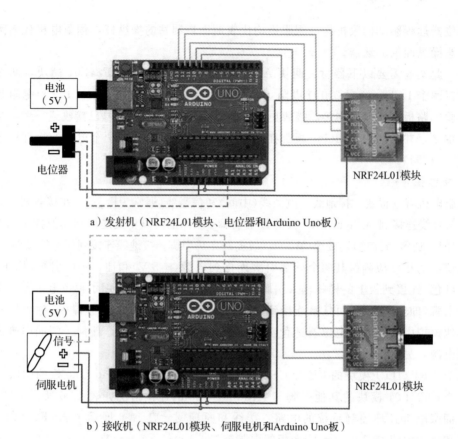

a）发射机（NRF24L01模块、电位器和Arduino Uno板）

b）接收机（NRF24L01模块、伺服电机和Arduino Uno板）

图 13-11　NRF24L01 模块、电位器、伺服电机与 Arduino Uno 板的接线图

对于双向通信来说，我们需要创建两个通道或地址。使用字节数组来表示地址，因此，两个模块将通过所谓的"通道"进行通信。在 setup 部分，我们需要定义两个通道，并注意第一块 Arduino 的写入地址应与第二块 Arduino 的读取地址一致，第一块 Arduino 的读取地址应与第二块 Arduino 的写入地址一致。这些地址的值可以改变为任意 5 个字母的字符串，这样我们就可以选择与哪一个接收机通信。

在发射机代码中，我们写道：

- radio. openWritingPipe(addresses[1])；//00001
- radio. openReadingPipe(1, addresses[0])；//00002

在接收机代码中，我们写道：

- radio. openWritingPipe(addresses[0])；//00002
- radio. openReadingPipe(1，addresses[1])；//00001

在 setup 部分，我们需要对发射机进行初始化，并使用 radio. openWritingPipe()函数，设置将要发送数据的接收机地址。另外，在接收机端，我们使用 radio. setReadingPipe()函数设置相同的地址，实现两个模块之间的通信。

然后，我们需要使用 radio. setPALevel()函数设置功率放大器的电平。在示例中，我们将其设置为最小值，因为我们的模块是相同的。如果采用更高的电平，建议在 GND 两端使用一个旁路电容，使它们在工作时具有稳定的电压。在发射机端，我们将第一块

Arduino 设置为接收机,通过一个空的"while"循环等待第二块 Arduino 发送信号。

接下来,我们使用 radio. stopListening()函数将一个模块设置为发射机(在发射机代码中)。在接收机代码中,我们使用 radio. startListening()函数将第二个模块设置为接收机。

在 loop 部分,我们首先通过添加 10 ms 的延迟[即 delay(10)]分配一个延迟。我们读取并映射电位器(即操纵杆)偏转值,从 0 到 180。通过"angle = map()"函数,我们可以将电位器的值 0~1023 缩放至伺服器的值 0~180°。在发射机端,我们需要创建一个字符数组,将发射信号分配给它。使用 radio. write()函数可以将指令信号发送到接收机。

555
∼
556

- delay(10);
- int angleValue = map(PotVal, 0, 1023, 0, 180);
- radio. write(&angleValue, sizeof(angleValue));

通过在变量名(即角度值)前使用"&",我们设置了一个变量的指示,它存储了我们想要发送的数据。使用第二个参数设置要从该变量中获取的字节数。在本例中,sizeof()函数会得到"角度值"的所有字节。

在接收机端的 loop 部分中,使用 radio. read()函数可以读取传入的信号,并将数据存储到"servoAngle"变量中。

当存在可用数据时,我们将读取它,并将其保存到"servoAngle"变量中,然后使用该值来驱动伺服电机旋转。通过使用 servo. write()函数,它立即返回,随后伺服电机将移动到新的位置。由于只有一个伺服电机,我们可以用 S1 代替伺服电机(即"Servo S1;")。

- delay(10);
- radio. read(&servoAngle, sizeof(servoAngle));
- S1. write(servoAngle);

此外,还可以添加 LED 灯,让它在信号传递(发送或接收)时点亮。为获得正确的 LED 电压,必须在每个 LED 上串联一个电阻。小型 LED 通常使用 220 Ω 的电阻。在这种情况下,应将模拟 Arduino 引脚(例如引脚 2)连接到 LED 长引线(阳极),并将 LED 短引线(阴极)连接到电阻。然后,将电阻的另一端连接到 GND。如果使用的是 Arduino Uno R3,它已经嵌入了 LED 和电阻。

当端口工作或伺服电机旋转时,LED 会被点亮。所以,该过程不断重复,两块 Arduino 板都在不断发送和接收信号。

上传两组代码后,在接收机上运行串行监视器。你会发现指令信号每 10 ms 保存一次。

发射机代码:

```
#include <SPI.h>
#include <nRF24L01.h>
#include <RF24.h>
#define PotVal analogRead(A0)
RF24 radio(9, 10);
const byte addresses[][6] = {"00001", "00002"};
void setup()
{
```

```
        radio.begin();
        radio.openWritingPipe(addresses[1]);
        radio.openReadingPipe(1, addresses[0]);
        radio.setPALevel(RF24_PA_MIN);
        radio.stopListening();
}
void loop()
{
        delay(10);
        int angleValue = map(PotVal, 0, 1023, 0, 180);
        radio.write(&amp;angleValue, sizeof(angleValue));
}
```

接收机代码：

```
#include <SPI.h>
#include <nRF24L01.h>
#include <RF24.h>
#include <Servo.h>
RF24 radio(9, 10);
const byte addresses[][6] = {"00001", "00002"};
int srevoAngle = 90;
Servo S1;
void setup()
{
        S1.attach(6);
        radio.begin();
        radio.openWritingPipe(addresses[0]);
        radio.openReadingPipe(1, addresses[1]);
        radio.setPALevel(RF24_PA_MIN);
        radio.startListening();
}
void loop()
{
        delay(10);
        radio.read(&amp;servoAngle, sizeof(servoAngle));
        S1.write(servoAngle);
}
```

简答题

1. 无人飞行器通信的频率范围是多少？
2. 地面控制站（GCS）中通信系统的主要组成部分有哪些？
3. 无人飞行器通信系统的主要功能是什么？
4. 列出适用于无人飞行器的天线类型。
5. Inmarsat 通信系统的典型频率是多少？
6. GPS 信号的典型频率是多少？
7. 哪些因素会影响发射机的设计？
8. 哪些因素会影响接收机的设计？
9. 加密的定义是什么？
10. 什么是卫星通信？
11. 什么是编码器？

12. 讨论编码和加密的区别。

13. 地面控制站(GCS)与飞行器之间有哪些不同的通信介质？

14. 遥测的定义是什么？

15. 收发机的定义是什么？

16. 上行链路和下行链路的定义是什么？

17. 接收机天线的无线电信号的信号强度主要取决于三个因素。它们是什么？

18. 实现定位和进行卫星通信的两种主要方法是什么？

19. 在连接电子系统方面，相比铜缆光纤具有哪些优势？

20. 列出"天空卫士"无人飞行器海上型号的天线。

21. 大型无人飞行器 EO/IR 传感器的典型无线电频率是多少？

22. 三种调制技术分别是什么？

23. 在无人飞行器上安装发射机/接收机时，设计师应该注意哪些方面？

24. Ku 波段的频率范围是多少？

25. VHF 和 UHF 波段的频率范围是多少？

26. 无人飞行器应使用哪种类型的天线？

27. 什么是雷达天线罩？

28. C2 代表什么？

29. C3 代表什么？

30. 描述"捕食者"数据链套件的组成部分？

31. 在地面控制站(GCS)中安装天线和在无人飞行器中安装天线哪个更具挑战性？为什么？ [559]

32. 列出"天空卫士"无人飞行器海上型号的天线。

33. 列出"全球鹰"无人飞行器的天线。

34. NASA"全球鹰"使用的 Garmin GSX 70 雷达的频率范围是多少？

35. "全球鹰"通信系统的 Ku 波段天线需要多大功率？

36. "全球鹰"通信系统的 LNA(低噪声放大器)/双工器需要多大功率？

37. "全球鹰"通信系统的 UHF RX/TX(发射机/接收机)重量是多少？

38. "全球鹰"通信系统的 UHF 功率放大器需要多少功率？

39. "全球鹰"的 Ku 波段卫星通信天线的直径是多少？

40. BAMS 代表什么？

练习题

1. 一架大型无人飞行器采用无线电频率为 18 GHz 的卫星通信系统。计算这种通信信号的波长。

2. 一架大型无人飞行器采用无线电频率为 30 GHz 的卫星通信系统。计算这种通信信号的波长。

3. 一架大型无人飞行器采用无线电频率为 25 GHz 的卫星通信系统。计算这种通信信号的波长。

4. 一架大型无人飞行器采用 Inmarsat 通信系统。该无人飞行器在 10 000 m 高处飞行，通过 Inmarsat 天线向其地面控制站(GCS)传输数据。这个信号需要多久才能到达地面控制站(GCS)？忽略地面控制站(GCS)和无人飞行器之间的距离。

5. 一架侦察无人飞行器采用 Inmarsat 通信系统。该无人飞行器在 20 000 m 高处飞行，通过 Inmarsat 天线向其地面控制站(GCS)传输数据。这个信号需要多久才能到达地面控制站(GCS)？忽略地面控制站(GCS)与无人飞行器之间的距离。

6. 一架侦察无人飞行器采用 Inmarsat 通信系统。该无人飞行器在 18 000 m 高处飞行，通过 Inmarsat 天线向其地面控制站(GCS)传输数据。这个信号需要多久才能到达地面控制站(GCS)？忽略地面控制站(GCS)与无人飞行器之间的距离。

7. 一根无人飞行器发射机天线在 3.5 V 电压下消耗的电流为 65 mA。电压和电流之间的相位角是 75°。该天线辐射的功率是多少？

8. 一根地面控制站(GCS)发射机天线在 120 V 电压下消耗的电流为 0.6 A。电压和电流之间的相位角是 30°。该天线辐射的功率是多少？

9. 一根地面控制站(GCS)发射机天线在 120 V 电压下消耗的功率为 1.5 kW。电压和电流之间的相位角是 45°。通过这根天线的电流有多大？

10. 一根无人飞行器发射机天线在 24 V 电压下消耗的功率为 20 W。电压与电流的相位角为 0°。通过这个天线的电流有多大？

实验

1. 使用伺服电机、电位器、两块 Arduino Uno 板、发射机和接收机来探索升降舵的开环控制过程。在本次实验中，使用接线模型(类似于图 13-11 中的模型)创建两个电路，并编写两段类似于例 13.3 中所示的 Arduino 代码。要求旋转电位器 45°，使升降舵(即伺服电机)偏转 −20°。然后，写一份实验报告，并附上 Arduino 代码。指导老师将为学生提供必要的实验物品。

2. 使用伺服电机、电位器、两块 Arduino Uno 板、发射机和接收机来探索方向舵的开环控制过程。在本次实验中，使用接线模型(类似于图 13-11 中的模型)创建两个电路，并编写两段类似于例 13.3 中所示的 Arduino 代码。要求旋转电位器 45°，使方向舵(即伺服电机)偏转 30°。然后，写一份实验报告，并附上 Arduino 代码。指导老师将为学生提供必要的实验物品。

3. 使用伺服电机、电位器、两块 Arduino Uno 板、发射机和接收机来探索副翼的开环控制过程。在本次实验中，使用接线模型(类似于图 13-11 中的模型)创建两个电路，并编写两段类似于例 13.3 中所示的 Arduino 代码。要求旋转电位器 60°，使副翼获得两个 20°的偏转(一个 +20°和一个 −20°)。然后，写一份实验报告，并附上 Arduino 代码。指导老师将为学生提供必要的实验物品。

4. 使用伺服电机、电位器、两块 Arduino Uno 板、发射机和接收机来探索发动机的开环控制过程。在本次实验中，使用接线模型(类似于图 13-11 中的模型)创建两个电路，并编写两段类似于例 13.3 中所示的 Arduino 代码。要求旋转电位器 30°，使发动机节气门全开(即伺服器电机)。然后，写一份实验报告，并附上 Arduino 代码。发动机全油门由 Arduino 板的 4VV 实现。指导老师将为学生提供必要的实验物品。

5. 使用两个伺服电机、两个电位器、两块 Arduino Uno 板、发射机和接收机来探索升降舵和方向舵的开环控制过程。在本次实验中，使用接线模型(类似于图 13-11 中的模型)创建两个电路，并编写两段类似于例 13.3 中所示的 Arduino 代码。要求旋转电位器 $\pm45°$，使升降舵和方向舵(即伺服电机)偏转 $\pm30°$。一个电位器控制升降舵，另一个电位器控制方向舵。然后，写一份实验报告，并附上 Arduino 代码。指导老师将为学生提供必要的实验物品。

设计题

1. 用两块 Arduino Uno 板、发射机和接收机设计并建立一个控制系统，用模拟电位器远程控制伺服电机的位置。指导老师将提供必要的零件和设备。
2. 用两块 Arduino Uno 板、发射机和接收机设计并建立一个控制系统，用数字电位器远程控制伺服电机的位置。指导老师将提供必要的零件和设备。
3. 用两块 Arduino Uno 板、发射机和接收机设计并建立一个控制系统，远程读取皮托管中的气压，将结果发送到计算机并绘制结果。指导老师将提供必要的零件和设备。
4. 用两块 Arduino Uno 板、发射机和接收机设计并建立一个控制系统，远程读取皮托管(在风洞中)的空速，将结果发送到计算机并绘制结果。指导老师将提供必要的零件和设备。
5. 用两块 Arduino Uno 板、发射机和接收机设计并建立一个控制系统，远程读取温度计的温度并保存数据。指导老师将提供必要的零件和设备。
6. 用 Arduino Uno 板、发射机和接收机设计并建立一个控制系统，读取高度计中的高度并将数据保存到笔记本计算机中。指导老师将提供必要的零件和设备。

562

7. 用 Arduino Uno 板、发射机和接收机设计并建立一个控制系统，将数字照相机拍摄的图像传输到地面站。指导老师将提供必要的零件和设备。
8. 用 Arduino Uno 板、发射机和接收机设计并建立一个控制系统，将 GPS 测量的无人飞行器位置数据传输到地面站。指导老师将提供必要的零件和设备。
9. 用 Arduino Uno 板、发射机和接收机设计并建立一个控制系统，将 GPS 测量的无人飞行器速度传输到地面站。指导老师将提供必要的零件和设备。
10. 用 Arduino Uno 板、发射机和接收机设计并建立一个控制系统，将测距仪测量的无人飞行器与障碍物间的距离传输到地面站。指导老师将提供必要的零件和设备。

563

第14章 设计分析和反馈

教学目标

经过本章的学习，读者将能够：
1) 论述分析无人飞行器构型的方法。
2) 执行无人飞行器设计分析过程。
3) 执行无人飞行器稳定性分析过程。
4) 执行无人飞行器性能分析过程。
5) 执行无人飞行器可控性分析过程。
6) 计划无人飞行器成本分析过程。
7) 实现无人飞行器的重量配比与重心平衡。
8) 评估无人飞行器设计方案并提供反馈。

14.1 引言

设计分析与评估是无人飞行器设计项目中的一项重要技术活动。无人飞行器是一种可遥控或自动驾驶的飞行器，可以携带有效载荷执行特定的飞行任务。设计分析是指根据规范要求对拟定的系统设计进行正式检查。在每个主要的设计阶段（概念设计、初步设计和详细设计）都应进行分析，以审查设计，确保在继续下一阶段之前设计是可用的。

设计民用无人飞行器是为了以低于载人飞行器的成本执行同等任务。对于军用无人飞行器设计师来说，成本并不是优先考虑的问题，军用无人飞行器设计师的首要任务是保证无人飞行器的性能（如机动性）。军用无人飞行器的设计要求更具挑战性（如隐形性能、作战能力）。

最终设计审查通常安排在详细设计阶段结束之后、进入生产阶段之前。它主要完成两项任务：发现并解决任何设计问题和子系统/组件层面的问题；验证并记录系统能力，以便认证或客户验收。无人飞行器设计本质上是一种迭代操作，而且是开放式的。每份分析报告的反馈信息都应该用来改善设计，改进最终构型和规格以满足要求。

处理设计活动和成立设计小组的方法主要有两种：根据飞行器组件分设计小组；根据专业知识分设计小组。这两种分组方法在管理的容易程度、通信速度、效率、任务相似性等方面各有优缺点。但是，如果项目规模较大——如设计大型无人飞行器，则可同时采用两种分组方式。

如果选择根据专业知识分组，总设计师必须建立以下小组（见图14-1）：结构分析小组、有效载荷性能分析小组、空气动力学分析小组、飞行稳定性分析小组、无人飞行器性能分析小组、可控性分析小组、任务成功性分析小组和成本分析小组。本章简要介绍飞行稳定性分析、可控性分析、飞行性能分析和成本分析。

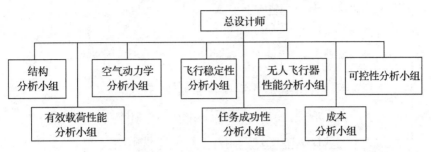

图 14-1 无人飞行器分析小组

14.2 设计反馈回路

无人飞行器由机翼、机身、尾翼、发动机和起落架等组件组成,外加有效载荷、燃料和自动驾驶仪。每个组件都有两个特性对无人飞行器的稳定性和控制有很大的影响,它们是质量和转动惯量。任何物理组件都有一个固定的重心(cg)。飞行器重心和转动惯量是整个设计过程中的两种反馈信息,如图 14-2 所示。飞行器重心位置、飞行器重心范围和围绕 x、y、z 三个轴的飞行器转动惯量是分析飞行器稳定性和控制性能的三组信息。

因此,首先要确定各组件的质量、重心和转动惯量。14.3.1 节将介绍确定无人飞行器重心的方法。参考文献[169]的第 10 章给出了计算各组件转动惯量的方法。

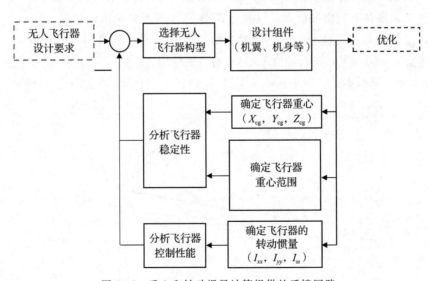

图 14-2 重心和转动惯量计算提供的反馈回路

整个设计过程中的三个主要反馈回路如图 14-3 所示。第二个回路中要计算飞行器重量,它提供了有关飞行器稳定性分析的反馈。这个反馈最初的目的是利用组件的重量来平衡飞行器,将它们分配在合适的位置上,以给出恰当的重心位置。如图 14-3 所示,计算出的飞行器重量被用来修改之前根据估计的飞行器重量设计的所有组件。此外,还简要描述了三个设计阶段(概念、初步和详细设计)之间的关系。

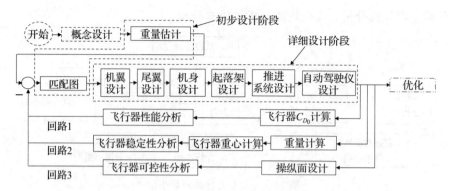

图 14-3   无人飞行器(UAV)设计过程中的三大反馈回路

14.3   重量和平衡

14.3.1   无人飞行器重心

飞行器由机翼、机身、尾翼、发动机和起落架等组件组成,外加有效载荷、燃料和自动驾驶仪。每个组件都有唯一的质量(重量)、唯一的重心,会影响飞行器的整体重心。为了确定飞行器的重心,必须定义一个坐标系。此外,对于每个坐标轴都应指定一条参考线。

主要有四个坐标系,即地面坐标系、机体坐标系、风轴坐标系和稳定轴坐标系。机体坐标系、风轴坐标系和稳定轴坐标系随飞行器的运动而运动和旋转,并以飞行器重心为中心。这四种坐标系各有应用和优点,这里选用图 14-4 所示的机体坐标系。

在机体坐标系中,我们定义了一个正交轴,其中 x 轴沿机身中心线向前,y 轴向右,根据右手定则,z 轴向下。飞行器重心沿 x 轴的坐标用 X_{cg} 表示,沿 y 轴用 Y_{cg} 表示,沿 z 轴用 Z_{cg} 表示。飞行器重心位置(X_{cg}, Y_{cg}, Z_{cg})有 n 个分量,用以下公式确定:

$$X_{cg} = \frac{\sum_{i=1}^{n} m_i x_{cg_i}}{\sum_{i=1}^{n} m_i} \quad (14.1)$$

$$Y_{cg} = \frac{\sum_{i=1}^{n} m_i y_{cg_i}}{\sum_{i=1}^{n} m_i} \quad (14.2)$$

$$Z_{cg} = \frac{\sum_{i=1}^{n} m_i z_{cg_i}}{\sum_{i=1}^{n} m_i} \quad (14.3)$$

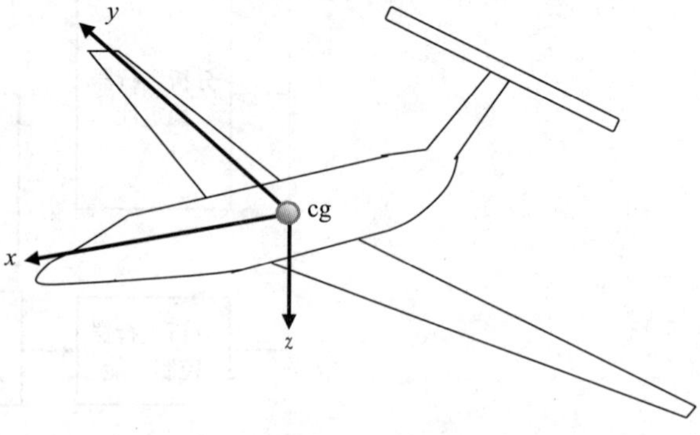

图 14-4   机体坐标系的定义

其中,m_i 表示各飞行器组件的质量,x_{cg_i}、y_{cg_i} 和 z_{cg_i} 是各个组件的重心坐标。坐标根据特定的参考线测量,参考线的选择是任意,它不影响最终结果。但是,建议选择一条通过飞行器最前端的垂线(如机身机头)作为 x 坐标的参考线。y 坐标的参考线建议选择机身中心线,位于 xz 平面。z 坐标的参考线建议选择地面水平线(位于机轮与地面的接触面)。

当飞行器携带最大允许有效载荷和最大燃油时，所有组件的重量总和等于最大起飞重量：

$$\sum W_i = W_{TO} \tag{14.4}$$

否则，总和等于该特定构型和条件下各组件的重量。

$$\sum W_i = W_w + W_F + W_{HT} + W_{VT} + W_E + W_{LG} + W_{PL} + W_{fuel} + W_A + \cdots \tag{14.5}$$

其中，W_w、W_F、W_{HT}、W_{VT}、W_E、W_{LG}、W_{PL}、W_{fuel}、W_A 表示机翼、机身、水平尾翼、垂直尾翼、发动机、起落架、有效载荷、燃油和自动驾驶仪的重量。因此，式（14.1）至式（14.3）可修改为以下形式：

$$X_{cg} = \frac{\begin{array}{c}(W_w x_w + W_F x_F + W_{HT} x_{HT} + W_{VT} x_{VT} + W_E x_E + W_{LG} x_{LG} + \\ W_{PL} x_{PL} + W_{fuel} x_{fuel} + W_A x_A + \cdots)\end{array}}{\sum W_i} \tag{14.6}$$

$$Y_{cg} = \frac{\begin{array}{c}(W_w y_w + W_F y_F + W_{HT} y_{HT} + W_{VT} y_{VT} + W_E y_E + W_{LG} y_{LG} + \\ W_{PL} y_{PL} + W_{fuel} y_{fuel} + W_A y_A + \cdots)\end{array}}{\sum W_i} \tag{14.7}$$

$$Z_{cg} = \frac{\begin{array}{c}(W_w z_w + W_F z_F + W_{HT} z_{HT} + W_{VT} z_{VT} + W_E z_E + W_{LG} z_{LG} + \\ W_{PL} z_{PL} + W_{fuel} z_{fuel} + W_A z_A + \cdots)\end{array}}{\sum W_i} \tag{14.8}$$

570

这些方程必须根据飞行器的组件进行修改。例如，如果飞行器有特殊系统（如自动飞行控制系统或自动驾驶仪），则这些方程中必须考虑该系统的重心贡献。

另一个与飞行器重量分布直接相关的问题是确定是否沿 x 轴扩大或缩小重心范围。对于这一难题，设计师、客户的回答是相反的，在这个问题上，设计师的兴趣或期望与顾客的不同。一般来说，客户通常会寻求更大的重心范围，而设计师会尽量缩小重心范围。

重心范围需要多大，必须在与市场部协商后确定。总而言之，需要大载荷的客户愿意购买重心范围较大的飞行器，而飞行器设计师则试图将重心范围限制在最短距离内。

图 14-5 给出了重心位置沿 x 轴的理想区域。出于可控性的目的，建议确定好无人飞行器载荷的位置，使总重心（沿 x 轴）靠近机翼-机身气动中心（ac_{wf}），这样配平阻力会更小，更容易稳定无人飞行器，具有更少的控制功率需求。机翼自身的气动中心通常位于平均气动弦四分之一（25%MAC）处。

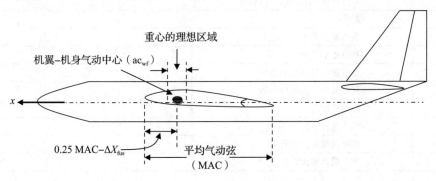

图 14-5　重心位置沿 x 轴的理想区域

14.3.2　重量分布

载荷平衡旨在将自动驾驶仪、电池、货物和燃油的重量分配到整个飞行器上，以使飞行器的重心靠近其机翼-机身气动中心，从而减少升降舵偏转的纵向配平。在军用无人飞行器中，地面控制站(GCS)小组通常会有一名武器安装师，他们的职责包括安装有效载荷，确保武器正确放置和固定，防止其移动。

在大型飞行器上，经常使用多个油箱和泵，这样随着燃油的消耗，可以对剩余的燃油进行定位，以保持飞行器平衡，减少自由液面效应带来的稳定性问题。在飞行过程中，有多种方法可以维持飞行器重心允许的极限，其中一种方法就是在飞行时转移各油箱之间的燃油。

一般来说，影响飞行器重量/载荷分布(即重心位置和限制)决策的设计要求有可控性要求、稳定性要求、飞行品质要求和作战要求与约束。但是，不同飞行器的任务和要求不同，所以它们没有相同的优先级顺序和类似的约束条件。

在重量分配中，一些物品和组件的位置是不言而喻的，如自动驾驶仪、尾翼和某些有效载荷(如相机)。其他组件——如机翼、油箱、发动机和其他有效载荷(如雷达)——可以在一定程度上移动，以使重心位于所需的位置。应准备并完成类似于表 14-1 的表格，确保正确分配无人飞行器质量，使飞行器在任何飞行条件下都能保持平衡。

对于民用/商用飞行器而言，纵向静稳定性标准要求重心不能位于飞行器中性点或飞行器气动中心(X_{np})之后。就无量纲导数而言，俯仰力矩相对于攻角的变化率必须为负值，这样飞行器才能保持纵向静态稳定。该导数由以下公式决定：

$$C_{m_a} = C_{L_a}(\overline{X}_{cg} - \overline{X}_{np}) \tag{14.9}$$

表 14-1　典型的重量与平衡表

序号	组件	重量/力	力臂	力矩
1	机翼			
2	机身			
3	尾翼			
4	发动机			
5	燃油/电池			
6	自动驾驶仪			
7	导航系统			
8	通信系统			
9	有效载荷(如相机、雷达)			
10	起落架			
11	翼身最大升力			
12	翼身最小升力			
13	翼身最小气动俯仰力矩			
14	翼身最大气动俯仰力矩			
15	发动机推力			
16	无人飞行器阻力			
17	**水平尾翼最大正升力**			
18	**水平尾翼最大负升力**			
	合计			

这一标准决定了对于纵向静态稳定的飞行器而言，重心最靠后的位置必须在飞行器中性点的前方。式(14.9)表明，飞行器重心的位置将直接影响其纵向静稳定性。

14.4　稳定性分析

14.4.1　基本原理

飞行稳定性是无人飞行器设计的一个重要要求。在设计无人飞行器时，应对其稳定性进行分析，以确保设计、构型、组件和有效载荷安装有效。

稳定性是指在受到干扰时，飞行器抵抗干扰(如阵风)并恢复到其初始稳态配平状态的趋势。稳定性通常分为两种：

- 静稳定性。
- 动稳定性。

静稳定性是指飞行器的一种初始趋势，在没有自动驾驶仪辅助/介入的情况下，飞行器产生力和力矩以抵抗稳态飞行条件下运动变量的瞬时扰动。动稳定性是指在没有自动驾驶仪辅助/介入的情况下，扰动改变配平值后，飞行器返回到初始稳态配平状态的趋势。如果飞行器是动态稳定的，那么它也一定是静态稳定的。但是，如果飞行器是静态稳定的，它不一定具有动稳定性。

图 14-4 给出了一个飞行器机体坐标系，以及滚转、俯仰和偏航三个旋转运动。按照惯例，从无人飞行器重心看，绕轴的顺时针旋转被定义为正旋转。飞行器运动(飞行)有 6 个自由度，由于 x、y、z 三个轴各有 2 个自由度，因此，稳定性是围绕这三个轴来测量的：

- 横向稳定性。
- 纵向稳定性。
- 航向稳定性。

横向稳定性是指任何绕 x 轴的旋转运动(即滚转)和相应的沿 yz 平面的线性运动(即侧滑运动)的稳定性。纵向稳定性是指任何绕 y 轴的旋转运动(即俯仰)和相应的沿 xz 平面的线性运动(即向前和向后以及向上和向下)的稳定性。航向稳定性是指任何绕 z 轴的旋转运动(例如偏航)和相应的沿 xy 平面的线性运动(例如侧滑)的稳定性。

飞行器静稳定性和动稳定性(纵向、横向和航向)的要求是不同的。当飞行器导数 C_{m_α} 为负值时，称飞行器为纵向静态稳定的。表 14-2 给出了纵向、横向-航向静稳定性要求。

573

表 14-2　纵向、横向-航向静稳定性要求

序号	要求	稳定性导数	符号	典型值/rad^{-1}
1	纵向静稳定性	俯仰力矩系数相对于攻角的变化率	C_{m_α}	$-1.5 \sim -0.3$
2	航向静稳定性	偏航力矩系数相对于侧滑角的变化率	C_{n_β}	$+0.05 \sim +0.4$
3	横向静稳定性	滚转力矩系数相对于侧滑角的变化率	C_{l_β}	$-2 \sim -0.1$

14.4.2　纵向静稳定性

通过纵向稳定性导数 C_{m_α} 的符号或飞行器中性点的位置检查纵向静稳定性。只要满足

以下条件，就可以满足纵向静稳定性。

$$C_{m_a} < 0 \tag{14.10}$$

当导数 C_{m_a} 为负或中性点位于飞行器重心的后面时，称飞行器是纵向静态稳定的。对于尾翼固定的飞行器，其纵向静稳定性导数可确定为[70]

$$C_{m_a} = C_{L_{a_{wf}}}(h - h_o) - C_{L_{a_h}} \eta_h \frac{S_h}{S}\left(\frac{l}{C} - h\right)\left(1 - \frac{d\varepsilon}{d\alpha}\right) \tag{14.11}$$

其中，S_h 和 S 分别表示水平和机翼面积。参数 h 和 h_o 分别是飞行器重心和机翼-机身气动中心的无量纲位置。此外，l 和 C 表示水平尾翼力臂和机翼气动弦。

在飞行器主要组件中，水平尾翼对飞行器纵向稳定性的贡献最大。原因是水平尾翼能够产生反俯仰力矩，以恢复纵向配平位置。

改善纵向静稳定性的三种基本方法是：增加水平尾翼面积；增加水平尾翼力臂；重新放置或重新分配组件、有效载荷和油箱，使无人飞行器重心移至飞行器中性点之前。

14.4.3 纵向动稳定性

在设计完所有组件并计算出纵向特性方程的根(λ)之后，需要进行纵向动稳定性分析。飞行器纵向特性方程的一般形式如下：

$$A_1\lambda^4 + B_1\lambda^3 + C_1\lambda^2 + D_1\lambda + E_1 = 0 \tag{14.12}$$

其中，系数 A_1、B_1、C_1、D_1 和 E_1 是几个稳定性导数（例如 C_{m_a} 和 C_{m_q}）的函数。如果纵向特性方程所有根的实部均为负，那么飞行器是纵向动态稳定的。分析纵向动稳定性的另一种方法是确保纵向模态（即短周期和长周期模态）是有阻尼的。

如果使用无人飞行器的状态空间动态模型：

$$\dot{x} = Ax + Bu$$

$$y = Cx + Du \tag{14.13}$$

如果状态矩阵(A)所有特征值的实部均为负，那么无人飞行器是纵向动态稳定的。可以用以下公式计算矩阵 A：

$$A = \frac{A^*}{E} \tag{14.14}$$

其中，A^* 和 E 详见式(5.73)。

读者可参考文献[70]，了解如何推导飞行器纵向特性方程。除非包括机翼和机身在内的所有组件都已设计完毕，否则无法确定纵向稳定性导数。这就是采取简化标准的原因，该标准可以作为水平尾翼初步设计的基础。当水平尾翼体积系数($\overline{V}_h$)在变动范围内时，我们就有 90% 的把握确定纵向稳定性要求已经满足。当机身、机翼等组件设计完成后，再在纵向稳定性分析过程中对水平尾翼设计进行修正和优化。

为了获得纵向动稳定性，需要研究飞行器对纵向扰动的响应。纵向动态稳定的飞行器对垂直阵风的响应是一种振荡响应，包括两个模态，即短周期模态和长周期模态。

14.4.4 横向-航向静稳定性

当飞行器导数 C_{l_β}（称为上反角效应）为负时，称飞行器是横向静态稳定的。当飞行器

导数 C_{n_β} 为正时，称飞行器是航向静态稳定的。

当横向-航向动态稳定的飞行器遇到横向-航向干扰（如水平阵风打到垂直尾翼）时，飞行器会抵抗干扰，最终回到初始配平点。横向-航向稳定性有静态和动态两种。如果满足以下两个条件，就可以满足横向-航向静稳定性。

$$C_{l_\beta} < 0 \tag{14.15}$$

$$C_{n_\beta} > 0 \tag{14.16}$$

横向-航向动稳定性是通过飞行器对横向-航向干扰的响应来研究的。在常规飞行器中，飞行器的响应涉及二阶振荡模态（通常称为"荷兰滚"）以及两个一阶模态（螺旋和滚转模态）。本节从这三种模态的角度来检查飞行器横向-航向操纵品质的某些方面。

垂直尾翼面积必须足够大，以满足航向稳定性、控制和配平要求。对航向稳定性影响最大的两个参数是 C_{n_β} 和 C_{n_r}，对航向静稳定性导数（C_{n_β}）影响最大的是垂直尾翼[40]：

$$C_{n_\beta} \approx C_{n_{\beta_V}} = K_f C_{L_{\alpha_V}} \left(1 - \frac{\mathrm{d}\sigma}{\mathrm{d}\beta}\right) \eta_V \frac{l_{V_t} S_V}{bS} \tag{14.17}$$

其中，$C_{L_{\alpha_V}}$ 表示垂直尾翼升力曲线斜率，$\frac{\mathrm{d}\sigma}{\mathrm{d}\beta}$ 为垂直尾翼侧洗梯度，η_V 为垂直尾翼的动压比。参数 K_f 表示机身对飞行器 C_{n_β} 的影响，它很大程度上取决于机身的形状及其侧投影面积。机身对航向静稳定性的贡献强烈趋向于负。常规飞行器 K_f 的典型值为 $0.65 \sim 0.85$。航向静态稳定的飞行器的 C_{n_β} 值为正。C_{n_β} 的值越大，飞行器的航向静稳定性越好。C_{n_β} 的典型值为 $0.2 \sim 0.4 \ \mathrm{rad}^{-1}$。

表 14-2 汇总了静态纵向和横向-航向稳定性要求。另外，垂直尾翼对飞行器航向稳定性的影响最大。垂直尾翼能够产生反偏航力矩，以便恢复航向配平位置。

14.4.5 横向-航向动稳定性

当所有的模态和振荡（包括荷兰滚、螺旋和衰减横摇模态）都有阻尼时，称飞行器是横向-航向动态稳定的。

水平尾翼和垂直尾翼都对飞行器的横向稳定性有显著影响，因为它们都能产生反滚转力矩，以便恢复横向配平位置。

垂直尾翼的主要功能是保持飞行器的航向稳定性。横向-航向静稳定性要求见 14.4.4 节。总之，稳定性导数 C_{n_β} 必须为正（满足航向静稳定性要求），但稳定性导数 C_{n_r} 必须为负（满足航向动稳定性要求）。

影响这些稳定性导数的两个主要因素是垂直尾翼面积（S_V）和垂直尾翼力臂（l_V）。如果垂直尾翼面积足够大且垂直尾翼力臂足够长，则可以轻松满足航向稳定性要求。在设计完所有组件并计算出横向-航向特性方程的根（λ）之后，就可以进行航向稳定性分析了。飞行器横向-航向特性方程的一般形式如下：

$$A_2 \lambda^4 + B_2 \lambda^3 + C_2 \lambda^2 + D_2 \lambda + E_2 = 0 \tag{14.18}$$

其中，系数 A_2、B_2、C_2、D_2 和 E_2 是几种稳定性导数（例如 C_{n_β} 和 C_{n_r}）的函数。如果横向-航向特性方程所有根的实部均为负，则飞行器是航向动态稳定的。分析航向动稳定性的另一种方法是确保航向模态（即荷兰滚和螺旋模态）是有阻尼的。

读者可参考文献[70]，了解如何推导飞行器的横向-航向特性方程。除非包括机翼和机身在内的所有组件都已经设计完成，否则无法确定航向稳定性导数。因此，我们必须借助一些其他的简化标准，作为垂直尾翼初步设计的基础。与水平尾翼体积系数类似，定义一个新的参数，即垂直尾翼体积系数(V_V)。如果这个参数的值在变动范围内，我们就有90%的把握确定飞行器满足航向稳定性要求。当飞行器其他组件设计完成后，再在航向稳定性分析过程中对垂直尾翼设计进行修正和优化。

1. 衰减横摇模态

衰减横摇模态是飞行器对任意横向-航向扰动的响应的产物。此外，当配平滚转角（即使是在滚转角为零的水平巡航飞行中）受到干扰时，横向-航向动态稳定的飞行器将通过滚转运动模式恢复到初始滚转角。

顾名思义，滚转模式对应的是绕 x 轴的滚转运动，涉及滚转角的变化。滚转模式或衰减横摇模式是一个一阶响应，它的特征由时间常数决定。为了使飞行器具有可接受的横向-航向操纵品质，要求衰减横摇模式的滚转时间常数(T_R)小于给定参考文献中给出的规定值。

2. 螺旋模态

另一个对横向-航向扰动响应有影响的模态是螺旋模态。螺旋模态是一阶响应，其特征由时间常数决定。顾名思义，螺旋模态对应的是围绕 z 轴的偏航运动，涉及偏航角的变化。对常规构型的无人飞行器而言，螺旋模态通常是不稳定的。因此，对任何飞行器的螺旋稳定性都没有特殊要求。因此，螺旋模态通常允许轻微的不稳定，但限制了加倍振幅（即模态的可允许发散）的最小时间。

3. 荷兰滚模态

荷兰滚模态是对横向-航向扰动的二阶响应模态，主要涉及同时侧滑和偏航。大多数荷兰滚模态中也存在滚转运动，但是，相对而言它的影响可以忽略不计。虽然荷兰滚模态对飞行器横向-航向动稳定性影响很小，但它确实具有很大的负面影响。荷兰滚（即二阶）响应的特征由阻尼比(ζ_d)和振荡频率(ω_d)决定。

14.4.6 稳定性导数的典型值

表 14-3 和表 14-4 列出了采用常规构型的固定翼无人飞行器纵向、横向-航向稳定性导数的典型值。这些值可用于检查计算结果。

表 14-3 纵向稳定性导数

导数	典型值/rad^{-1}		小型固定翼无人飞行器（巡航）
	所有类型的无人飞行器（从 UCAV 到大型无人飞行器）		
	最小值	最大值	
C_{D_u}	-0.01	$+0.3$	0
C_{L_u}	-0.2	$+0.6$	0
C_{m_u}	-0.4	$+0.6$	0
C_{D_α}	$+0$	$+2.0$	0.1
C_{L_α}	$+1.0$	$+8.0$	$4\sim5$
C_{m_α}	$+0$	-20	$-1.5\sim-0.5$

（续）

导数	典型值/rad^{-1}		小型固定翼无人飞行器（巡航）
	所有类型的无人飞行器（从 UCAV 到大型无人飞行器）		
	最小值	最大值	
$C_{D_{\dot{\alpha}}}$	—	—	0
$C_{L_{\dot{\alpha}}}$	-5.0	$+15.0$	2
$C_{m_{\dot{\alpha}}}$	$+0$	-20.0	$-6 \sim -3$
C_{D_q}	—	—	0
C_{L_q}	$+0$	$+30.0$	$2 \sim 6$
C_{m_q}	0	-90	$-15 \sim -10$

表 14-4 横向-航向稳定性导数

导数	典型值/rad^{-1}		小型固定翼无人飞行器（巡航）
	所有类型的无人飞行器（从 UCAV 到大型无人飞行器）		
	最小值	最大值	
C_{y_β}	-0.1	-2.0	-0.4
C_{l_β}	$+0.1$	-0.4	-0.1
C_{n_β}	0	$+0.4$	$0.05 \sim 0.1$
C_{y_p}	-0.3	$+0.8$	-0.4
C_{l_p}	-0.1	-0.8	-0.5
C_{n_p}	-0.5	$+0.1$	-0.04
C_{y_r}	0	$+1.2$	0.2
C_{l_r}	0	$+0.6$	0.1
C_{n_r}	0	-1.0	-0.1

578

14.5 可控性分析

飞行器可控性的基本原理参见 6.5 节和 6.6 节。本节将介绍其应用和分析方法。

14.5.1 纵向控制

如第 6 章所述，纵向控制定义为在 xz 平面上的任何旋转运动（例如，绕 y 轴的俯仰、纵摇、爬升、巡航、上拉和下降）控制。升力、阻力和俯仰力矩的任何变化都会对该运动产生很大影响。假定俯仰控制为纵向控制，那么纵向控制的两个主要输入是升降舵偏转（δ_E）和发动机节气门调定（δ_T）。

设计的操纵面必须使飞行器在允许的重心范围、允许的飞行器重量以及作战飞行包线内的任何地方都具有可接受的飞行品质。作战飞行包线定义了速度、高度和载荷系数的边界，飞行器必须在该边界内运行才能完成预期的任务。图 14-6 展示了高空长航时（HALE）无人飞行器的典型作战飞行包线。

飞行器必须是纵向可控的，且在飞行包线范围内必须是机动的（见图 14-7）。在常规飞行器中，纵向控制主要通过升降舵偏转（δ_E）和发动机节气门调定（δ_T）实现。飞行器的纵向可控性有两类要求，即所需的升降舵伺服力和飞行器对伺服输入的响应。

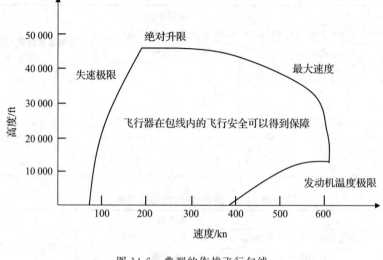

图 14-6　典型的作战飞行包线

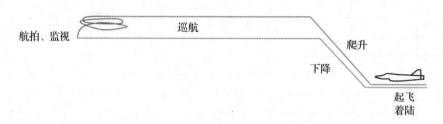

图 14-7　典型飞行中的主要操作

飞行器在纵向控制中的响应通常以俯仰角(θ)和俯仰速率(q)表示。然而，前进速度和攻角也会变化。俯仰控制的最关键飞行条件是飞行器低速飞行。起飞和着陆是飞行器的两种速度很慢的飞行操作。出于安全考虑，起飞控制要比着陆控制难得多。起飞操作通常分为三个部分，即地面部分，旋转或过渡部分，以及爬升部分。起飞时的纵向控制主要存在于旋转部分，飞行器在这个阶段绕主起落架机轮旋转使机头向上倾斜。

起飞过程中纵向控制的操纵品质要求如下：在配备三点式前起落架的飞行器中，应有合适的俯仰速率，以确保起飞旋转所花费的时间不超过指定的时间。由于起飞旋转动力学满足牛顿第二定律，因此起飞旋转时间可以很容易地用飞行器绕主起落架机轮旋转点的角加速度($\ddot{\theta}$)表示。例如，在大型无人飞行器中，可接受的起飞旋转时间为 3～5 s。满足此要求的角速度的等效值为 5～7(°)/s。当飞行器重心位于最靠前的位置时，必须满足此要求。

纵向可控性标准要求重心不得位于特定位置的前方，以使飞行器纵向可控。在大多数情况下，它会转换为起飞旋转要求。该标准规定了重心最靠前的位置。对于配备三点式前起落架的飞行器，重心最靠前的位置必须能使飞行器达到 80% 的起飞速度时，升降舵能令飞行器绕主起落架旋转并抬起机头。绕主起落架(旋转点)的初始角加速度应为 6～8(°)/s²[170]。然后应保持 2～3(°)/s 的恒定角速度，以使起飞旋转过程不超过 4 s。

此外，在配备三点式前起落架的常规飞行器中，当飞行器在地面上时，其重心不应位于主起落架的后方，否则，飞行器将向其尾部倾斜，机体后段/尾部将受损。

14.5.2　横向控制

如第 6 章所述，横向控制定义为绕 x 轴的旋转运动(例如，绕 x 轴滚转)控制。升力分布和滚转力矩的任何变化都会对该运动产生重大影响。假定滚转控制为横向控制。主要的横向控制输入是副翼偏转(δ_A)。但是，方向舵(δ_R)的偏转也对该运动有间接影响。

滚转或横向控制的要求决定了飞行器对副翼偏转的响应，因此，在副翼设计中要考虑这些要求。通常根据在单位阶跃函数输入条件下滚转角在给定时间内变化的响应来定义滚转功率。因此，飞行器对副翼偏转的响应应在特定的指定时间内具有最小滚转角。

"1.3 s 内 60°"表示副翼完全偏转后，从初始滚转角(例如 0°)到与其相差 60°的滚转角所需的最长时间。也可以将其解释为滚转角从 $-30°$ 到 $+30°$ 所需的最长时间。对于 Ⅳ 级飞行器，1 级水准应不使用偏航控制。对于其他飞行器和其他等级，允许使用偏航控制来减小会降低滚转速率的侧滑。不允许用这种偏航控制引发增加滚转速率的侧滑。

14.5.3　航向控制

如第 6 章所述，航向控制定义为围绕 z 轴的旋转运动以及任何沿 y 轴的运动(例如，绕 z 轴的偏航、侧滑和斜滑)控制。侧向力和偏航力矩的任何变化都会对这种控制产生重大影响。假定偏航控制为航向控制。水平转弯是横向运动和航向运动的组合。主要的航向控制输入是方向舵偏转(δ_R)。但是，副翼偏转(δ_A)也对该运动有间接影响。

通常，在传统飞行器中，所有空速下都只通过空气动力学控制(如方向舵)来维持航向控制。在许多情况下，必须在指定的限制和约束下实现航向控制。本节将介绍最重要的部分。航向控制特性应使方向舵伺服器能够平衡偏航力矩并控制偏航和侧滑。偏航控制踏板力的灵敏度应足够高，以满足航向控制和力的要求，并且不需要过大的踏板力就可以实现令人满意的调整，但灵敏度又不能太低，这样偶尔不适当地调整控制输入不会严重降低飞行品质。

在多发动机飞行器中，在高于 $1.4V_s$ 的速度下，由于最关键因素导致推力不对称损失而其他发动机产生正常的额定推力，飞行器无须使用偏航控制踏板就可以保持航向平衡，进行稳定的直线飞行。配平设定应为故障前机翼水平直线飞行所需的设定。

当飞行器处于具有对称功率/推力的航向配平状态时，螺旋桨驱动式飞行器的配平变化应使其在配平速度的 $\pm30\%$ 或 ±100 kn 当量空速的速度范围内保持机翼水平直线飞行，以偏航控制装置(即方向舵)为准(除非受到飞行包线边界的限制)。如果一台发动机不工作(推力不对称)，则在整个飞行包线内，应能通过偏航控制装置(如方向舵)使飞行器保持直线飞行。

14.5.4　控制导数的典型值

表 14-5 给出了采用常规构型的固定翼无人飞行器的纵向、横向和航向控制导数的典型值。

表 14-5   纵向、横向和航向控制导数的典型值

导数	典型值/rad^{-1}		
	所有类型的无人飞行器(从 UCAV 到大型无人飞行器)		小型固定翼无人飞行器(巡航)
	最小值	最大值	
$C_{D_{\delta_E}}$	—	—	0
$C_{L_{\delta_E}}$	$+0$	$+0.6$	0.4
$C_{m_{\delta_E}}$	$+0$	-4.0	$-2 \sim -1$
$C_{y_{\delta_A}}$	—	—	0
$C_{l_{\delta_A}}$	0	$+0.4$	0.2
$C_{n_{\delta_A}}$	-0.08	$+0.08$	-0.03
$C_{y_{\delta_R}}$	0	$+0.5$	0.2
$C_{l_{\delta_R}}$	-0.04	$+0.04$	0.01
$C_{n_{\delta_R}}$	0	-0.15	-0.05

14.6   飞行性能分析

另一个设计分析是无人飞行器飞行力学评估,它主要集中在性能参数(例如最大速度、航程和续航时间)上。图 14-7 展示了典型无人飞行器飞行任务中的一般操作。起飞、爬升、巡航、下降和着陆是执行常规飞行任务所必需的操作。不同的无人飞行器在执行任务(如航拍任务)时通常需要机动和多次转弯。本节中的飞行性能控制方程摘自参考文献[9],相关的推导和假设,请参考该文献。

14.6.1   最大速度

装有喷气式发动机(如涡轮风扇发动机)的无人飞行器的最大速度($V_{\max}$)由以下方程确定:

$$\frac{1}{2}\rho V_{\max}^2 S C_{D_0} + \left(\frac{2KW^2}{\rho S}\right)\frac{1}{V_{\max}^2} - T_{\max} = 0 \qquad (14.19)$$

其中,S 为机翼面积,W 为飞行器重量,C_{D_0} 为飞行器零升阻力系数,K 为诱导阻力修正系数,ρ 为给定高度下的空气密度。飞行器零升阻力系数的计算请参考文献[9]。

式(14.19)中唯一未知的是最大速度。该方程是一个四阶非线性代数方程。在求解这个方程时,可以得到 4 个解,只有一个解是可以接受的,通常是最大的那个。

配备螺旋桨发动机(如涡轮螺旋桨发动机)的无人飞行器的最大速度($V_{\max}$)由以下方程确定[9]:

$$P_{\max_{SL}} \eta_P \left(\frac{\rho}{\rho_0}\right)^{0.9} = \frac{1}{2}\rho V_{\max}^3 S C_{D_0} + \frac{2K(mg)^2}{\rho V_{\max} S} \text{(涡轮螺旋桨发动机)} \qquad (14.20)$$

$$P_{\max_{SL}} \eta_P \left(\frac{\rho}{\rho_0}\right)^{1.2} = \frac{1}{2}\rho V_{\max}^3 S C_{D_0} + \frac{2K(mg)^2}{\rho V_{\max} S} \text{(活塞/电动螺旋桨发动机)} \qquad (14.21)$$

其中,$P_{\max_{SL}}$ 为海平面上发动机的最大功率,η_P 为螺旋桨效率。

图 14-8 展示了环境研究飞行器和传感器技术(Environmental Research Aircraft and Sensor Technology,ERAST)项目开发的 NASA "太阳神" 无人飞行器。"太阳神" 是继 "探路者" 和 "百夫长" 之后研发的第四代飞行器,是太阳能无人飞行器改进系列的一部

分。创建它们是为了开发技术，使长航程高空飞行器能够用作大气(或伪)卫星。"太阳神"HP03 的翼展为 75.3 m，质量为 1052 kg，由 10 台额定功率为 2 hp 的电动机提供动力。2003 年 6 月 26 日，"太阳神"解体，坠入太平洋。调查报告给出了发生事故的两个根本原因：缺乏足够的分析方法；飞行器构型的安全系数低。

图 14-8 NASA "太阳神"(Helios)无人飞行器
(来源：https://upload.wikimedia.org/wikipedia/commons/4/4c/Helios_in_flight.jpg)

14.6.2 最大航程

配备喷气式发动机的无人飞行器的最大航程($R_{\max}$)由以下公式确定[9]：

$$R_{\max} = \frac{0.866 V_{\max_R} (L/D)_{\max}}{C} \ln\left(\frac{1}{1-\left(\frac{W_f}{W_1}\right)}\right) \tag{14.22}$$

其中，C 为特定的油耗率，W_1 为无人飞行器初始重量，W_f 为燃油总重量。燃油重量的计算见第 2 章。最大升阻比是飞行器零升阻力系数(C_{D_0})和诱导阻力修正系数(K)的函数：

$$\left(\frac{C_L}{C_D}\right)_{\max} = \frac{1}{2\sqrt{KC_{D_0}}} \tag{14.23}$$

当飞行程序处于恒定空速和恒定升力系数飞行模式时，通常可以获得最大航程。喷气式飞行器的最大航程速度可通过以下方法获得：

$$V_{\max_R} = \sqrt{\frac{2mg}{\rho S \sqrt{\frac{C_{D_0}}{3K}}}} = \left(\frac{2mg}{\rho S}\right)^{\frac{1}{2}} \left(\frac{3K}{C_{D_0}}\right)^{\frac{1}{4}} \tag{14.24}$$

配备螺旋桨发动机的无人飞行器的最大航程($R_{\max}$)由以下公式确定：

$$R_{\max} = \frac{\eta_P (L/D)_{\max}}{C} \ln\left(\frac{1}{1-G}\right) \tag{14.25}$$

这个方程并不是高度的直接函数。参数 G 为燃油系数，即 $\frac{W_f}{W_1}$。

式(2.33)可用于确定配备电动机的无人飞行器以巡航速度飞行时的航程。若要计算配备电动螺旋桨发动机的无人飞行器的最大航程，请见参考文献[171]。

14.6.3 最大续航时间

584 配备喷气式发动机的无人飞行器的最大续航时间($E_{\max}$)由以下公式确定：

$$E_{\max} = \frac{(L/D)_{\max}}{C} \ln\left(\frac{1}{1-G}\right) \tag{14.26}$$

配备非电动螺旋桨发动机的无人飞行器的最大续航时间由以下公式确定：

$$E_{\max} = \frac{0.866\eta_P (L/D)_{\max}}{C V_{\min_P}} \ln\left(\frac{1}{1-G}\right) \tag{14.27}$$

最小功率速度的计算公式如下：

$$V_{\min_P} = \sqrt{\frac{2mg}{\rho S \sqrt{\dfrac{3C_{D_0}}{K}}}} \tag{14.28}$$

配备电动螺旋桨发动机的无人飞行器的最大续航时间（单位为 h）由以下公式确定：

$$E_{\max} = \frac{E_D m_B}{P_{\min}} \tag{14.29}$$

其中，$P_{\min}$ 为续航飞行任务所需的最低功率（W），E_D 为电池的能量密度（W·h/kg），m_B 为电池组的重量。表 3-5 给出了一些可充电电池的能量密度。

14.6.4 爬升性能

通过评估最快爬升和最陡爬升来分析无人飞行器的爬升性能。本节介绍了这两个爬升性能的特点。最快爬升和最陡爬升都对无人飞行器飞行任务的成功具有重要意义，特别是在避障机动和编队飞行中。

1. 最快爬升

以最大爬升率（$\mathrm{ROC}_{\max}$）爬升的飞行被称为最快爬升。分析配备喷气式发动机的无人飞行器和配备螺旋桨发动机的无人飞行器最快爬升的方法是不同的。

当飞行器以最大爬升率所对应的速度（$V_{\mathrm{ROC}_{\max}}$）爬升，并采用最大爬升率所对应的爬升角（$\gamma_{\mathrm{ROC}_{\max}}$）时，配备喷气式发动机的无人飞行器可实现最快爬升。

$$\mathrm{ROC}_{\max} = V_{\mathrm{ROC}_{\max}} \sin\gamma_{\mathrm{ROC}_{\max}} \tag{14.30}$$

585 两个参数 $V_{\mathrm{ROC}_{\max}}$ 和 $\gamma_{\mathrm{ROC}_{\max}}$ 分开确定。最大爬升率对应的速度可通过下式得到：

$$V_{\mathrm{ROC}_{\max}} = \sqrt{\frac{T_{\max}}{3\rho C_{D_0} S}\left[1 + \sqrt{1 + \frac{3}{\left[\left(\dfrac{L}{D}\right)_{\max}\dfrac{T_{\max}}{W}\right]^2}}\right]} \tag{14.31}$$

最大爬升率对应的爬升角可通过以下公式获得：

$$\gamma_{\mathrm{ROC}_{\max}} =$$
$$-\arcsin\left[\frac{0.25}{KW}\left(\sqrt{-8K\rho T_{\max} S V_{\mathrm{ROC}_{\max}}^2 + \rho^2 S^2 V_{\mathrm{ROC}_{\max}}^4 (1+4KC_{D_0})} - \rho S V_{\mathrm{ROC}_{\max}}^2\right)\right] \tag{14.32}$$

其中，$T_{\max}$ 为发动机最大推力，W 为无人飞行器重量。

然而，当飞行器以最大爬升率对应的速度（$V_{\mathrm{ROC_{max}}}$）爬升，并采用最大爬升率对应的爬升角（$\gamma_{\mathrm{ROC_{max}}}$）时，配备螺旋桨发动机的无人飞行器可实现最快爬升或最大爬升率（$\mathrm{ROC_{max}}$），见式(14.30)。

配备螺旋桨发动机的无人飞行器在最大爬升率下的速度可由以下公式得到：

$$V_{\mathrm{ROC_{max}}} = \sqrt{\frac{2mg}{\rho S \sqrt{\dfrac{3C_{D_0}}{K}}}} \tag{14.33}$$

注意，这个速度应大于失速速度。

配备螺旋桨发动机的无人飞行器的最大爬升率对应的爬升角可通过以下公式获得：

$$\gamma_{\mathrm{ROC_{max}}} = -\arcsin\left[\frac{0.25}{KW} \times \right.$$

$$\left.\left(\sqrt{16K^2W^2 + \rho^2 S^2 V_{\mathrm{ROC_{max}}}^4 (1+4KC_{D_0})} - 8P_{\max}KS\rho\eta_{\mathrm{P}}V_{\mathrm{ROC_{max}}} - \rho S V_{\mathrm{ROC_{max}}}^2\right)\right] \tag{14.34}$$

其中，$P_{\max}$ 为发动机最大功率。

2. 最陡爬升

以最大爬升角爬升的飞行称为最陡爬升。分析配备喷气式发动机的无人飞行器和配备螺旋桨发动机的无人飞行器最陡爬升的方法是不同的。

配备喷气式发动机的无人飞行器的最大爬升角可通过以下公式获得：

$$\gamma_{\max} = \arcsin\left[\frac{1}{W}\left(T_{\max} - 2W\sqrt{KC_{D_0}}\right)\right] \tag{14.35}$$

配备螺旋桨发动机的无人飞行器的最大爬升角可通过以下公式获得：

$$\gamma_{\max} = \arcsin\left(\frac{P_{\max}\eta_{\mathrm{P}}}{WV_{\gamma_{\max}}} - \frac{1}{2W}\rho V_{\gamma_{\max}}^2 SC_{D_0} - \frac{2KW}{\rho V_{\gamma_{\max}}^2 S}\right) \tag{14.36}$$

其中，螺旋桨驱动式飞行器最大爬升角对应的速度可通过以下公式获得：

$$V_{\gamma_{\max}} = \frac{4W^2 K}{P_{\max}\rho\eta_{\mathrm{P}}S} \tag{14.37}$$

注意，这个速度应大于失速速度。若要分析其他与爬升飞行有关的问题（例如最经济的爬升、爬升时间和滑翔飞行），可以参考文献[9]。

14.6.5 起飞性能

对于不带发射装置的固定翼无人飞行器来说，应使用起落架从跑道上起飞，需要进行起飞分析。起飞操作分析中令人感兴趣的主要参数是起飞滑跑距离。

起飞滑跑距离分为三段：地面滑跑段（S_{G}）、旋转或过渡段（S_{R}）、离地（初始爬升）段（S_{A}）。起飞滑跑距离（S_{TO}）是这三段的总和：

$$S_{\mathrm{TO}} = S_{\mathrm{G}} + S_{\mathrm{R}} + S_{\mathrm{A}} \tag{14.38}$$

为了确定地面滑跑距离，可使用以下公式：

$$S_{\mathrm{G}} = \frac{m}{\rho S(C_{D_{\mathrm{TO}}} - \mu C_{L_{\mathrm{TO}}})}\ln\left[\frac{\dfrac{T_{\mathrm{TO}}}{mg} - \mu}{\dfrac{T_{\mathrm{TO}}}{mg} - \mu - \dfrac{k_{\mathrm{LO}}^2(C_{D_{\mathrm{TO}}} - \mu C_{L_{\mathrm{TO}}})}{C_{L_{\max}}}}\right] \tag{14.39}$$

586

其中，μ 为静态滚动摩擦系数。起飞阻力系数 $C_{D_{TO}}$ 为

$$C_{D_{TO}} = C_{D_{0_{TO}}} + KC_{L_{L_{TO}}}^2 \tag{14.40}$$

起飞升力系数 $C_{L_{TO}}$ 是巡航升力系数和襟翼偏转的函数：

$$C_{L_{TO}} = C_{L_C} + \Delta C_{L_{flap_{TO}}} \tag{14.41}$$

小型 RC 固定翼无人飞行器的 $\Delta C_{D_{0_{TO}}}$ 为 0.005～0.01，对于大型无人飞行器（例如"全球鹰"）而言，为 0.01～0.015。

对于配备喷气式发动机的无人飞行器，起飞时发动机推力（T_{TO}）几乎是发动机最大推力的 90%。然而，在螺旋桨驱动飞行器中，螺旋桨效率取决于飞行器速度；定桨距螺旋桨驱动飞行器起飞时发动机推力（T_{TO}）可以根据以下公式估算：

$$T_{TO} = \frac{0.5 P_{max}}{V_R} \tag{14.42}$$

旋转段距离（S_R 或 S_T）可以通过以下线性方程简单地估算：

$$S_R = T_R V_R \tag{14.43}$$

其中，T_R 为旋转持续时间，小型无人飞行器为 0.3～1 s，大型无人飞行器为 1～2 s。

式（14.38）中的最后一项是起飞滑跑距离的离地段，即空中段（S_A），其长度可由以下公式计算：

$$S_A = \sqrt{(S'_A)^2 - h_o^2} \tag{14.44}$$

其中，参数 S'_A 由以下公式确定：

$$S'_A = \frac{mg}{T-D}\left(\frac{V_2^2 - V_{LO}^2}{2g} + h_o\right) \tag{14.45}$$

障碍物高度（h_o）是适航标准规定的。对于微型到小型无人飞行器，建议此高度为 3 ft；对于中型到大型无人飞行器，建议此高度为 50 ft。

14.6.6 转弯性能

转弯是一项重要的机动性要求，它会影响各种机动操作，尤其是在需要感知并避让目标时。转弯性能涉及两个方面，即最快转弯和最急转弯。本节仅介绍最急转弯。对于完整的转弯性能分析，请参考文献[9]。

当飞行器以最小可能半径（R_{min}）转弯时，称为最急转弯（其英文为 tightest turn，故下标为 tt）。寻找一组能够产生最小转弯半径的参数（例如，载荷系数 n、滚转角 ϕ、空速 V）。对于配备螺旋桨发动机或喷气式发动机的小型 RC 固定翼无人飞行器，最急转弯半径（R_{tt}）或最小转弯半径（R_{min}）可通过以下公式获得：

$$R_{min} = \frac{V_{tt}^2}{g\sqrt{n_{tt}^2 - 1}} \tag{14.46}$$

最急转弯的速度通常为弯道速度（V^*），其定义如下：

$$V^* = \left(\frac{2n_{max}W}{\rho S C_{L_{max}}}\right)^{\frac{1}{2}} \tag{14.47}$$

弯道速度是指飞行器在具有最大升力系数并以最大滚转角转弯时的速度。它通常位于 n-V 图的左上角。

与最急转弯对应的滚转角为

$$\varphi_{tt} = \cos^{-1}\left(\frac{1}{n_{tt}}\right) \tag{14.48}$$

最急转弯的载荷系数值 n_{tt}（或最大载荷系数 n_{max}）将由无人飞行器的结构极限决定。

图 14-9 展示了 NASA 高机动飞行器技术（Highly Meneuverable Aircraft Technology，HiMAT）无人飞行器。从 1979 年年中至 1983 年 1 月，为了开发高性能战斗机技术，在 NASA 德莱顿飞行研究中心使用了两架遥控的试验性高机动飞行器技术飞行器。每架飞行器的体积约为 F-16 的一半，具有几乎两倍于战斗机的转弯能力。在该项目的 3 年半的历程中，飞行器共飞行了 26 次。

在德莱顿的 HiMAT 研究是由 NASA 和空军飞行动力学实验室联合进行的。飞行器由地面控制站控制，采用试验性质的技术进行高风险机动性实验。

HiMAT 飞行器采用后悬挂式后掠翼、数字飞行控制系统和前向可控鸭翼，使飞行器的转弯半径是传统战斗机的转弯半径的 1/2。在接近音速和 25 000 ft 高度下，HiMAT 飞行器可以承受 8g 的转弯负载。相比之下，在同一高度，F-16 可承受的最大转弯负载约为 4.5g。

HiMAT 项目的一个有趣的地方是飞行试验机动自动驾驶仪，它是基于 Teledyne Ryan Aeronautical 开发的设计。HiMAT 项目对飞行技术的重要贡献是在结构设计中使用了新的复合材料。

图 14-9　NASA 高机动飞行器技术（HiMAT）无人飞行器

例 14.1　考虑具有以下特性的小型固定翼无人飞行器：

$$m = 700 \text{ g}, \quad S = 0.2 \text{ m}^2, \quad C_{L_{max}} = 1.2, \quad b = 1 \text{ m}, \quad n_{max} = 1.5$$

它使用电动螺旋桨发动机，在海平面高度巡航。无人飞行器配备了感知和避障系统。测距仪突然发现无人飞行器前方 8 m 处有障碍物。该无人飞行器能否通过转弯避免与该障碍物碰撞？假设飞行器以弯道速度飞行。

解　我们需要找到最小转弯半径，它是弯道速度的函数：

$$V^* = V_{tt} = \left(\frac{2 n_{max} W}{\rho S C_{L_{max}}}\right)^{\frac{1}{2}} = \left(\frac{2 \times 1.5 \times 0.7 \times 9.81}{1.225 \times 0.2 \times 1.2}\right)^{\frac{1}{2}} = 8.37 \text{ m/s} = 30.1 \text{ km/h}$$

最急转弯的转弯半径（R_{tt}）为

589

$$R_{\min}=\frac{V_{\mathrm{tt}}^2}{g\sqrt{n_{\mathrm{tt}}^2-1}}=\frac{8.37^2}{9.81\times\sqrt{1.5^2-1}}=6.39\text{ m}$$

转弯半径比到障碍物的距离短约 1.4 m。如果无人飞行器反应非常快，那么它可以避免碰撞。即使我们需要在半径上再加半个翼展（1/2＋6.39＝6.89），无人飞行器与障碍物之间仍然存在安全距离（即 8－6.89＝1.11）。图 14-10 展示了无人飞行器航向和障碍物的几何关系。

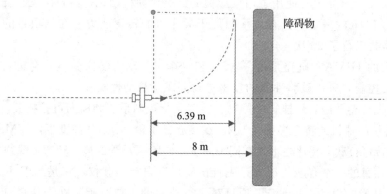

图 14-10　无人飞行器航向和障碍物的几何关系

14.6.7　绝对升限

绝对升限是指飞行器能够安全地水平直线飞行的最高高度。它是飞行器通过自己的发动机可以达到并持续飞行的最高高度。绝对升限的计算分为两种情况：配备喷气式（涡轮风扇或涡轮喷气式）发动机的无人飞行器；配备螺旋桨（活塞式螺旋桨或涡轮螺旋桨）发动机的无人飞行器。

1. 配备喷气式发动机的无人飞行器

对于配备喷气式发动机的无人飞行器，与绝对升限相对应的空气密度（ρ）由下列公式之一确定：

$$\rho_{\mathrm{ac}_1}=\rho_0\left(\frac{2m_{\mathrm{ac}}g\sqrt{KC_{D_0}}}{T_{\max_{\mathrm{SL}}}}\right)^{\frac{1}{1.2}} \tag{14.49}$$

$$\rho_{\mathrm{ac}_2}=\frac{2m_{\mathrm{ac}}g\sqrt{KC_{D_0}}\,(\rho_0)^{1.2}}{T_{\max_{\mathrm{SL}}}(\rho_{11\,000})^{0.2}} \tag{14.50}$$

式中，$\rho_{11\,000}$ 为 11 000 m 高度的空气密度（即 0.365 kg/m³）。当绝对升限位于第一层大气（低于 11 000 m）时，使用式（14.49）；当绝对升限位于第二层大气（高于 11 000 m）时，使用式（14.50）。参数 m_{ac} 表示无人飞行器在最大飞行高度处的质量。计算空气密度（ρ_{ac}）时，参考大气表确定相应的高度。

2. 配备螺旋桨发动机的无人飞行器

对于配备活塞式螺旋桨发动机的无人飞行器，绝对升限对应的空气密度（ρ）由以下公式确定：

$$\rho_{ac} = \left(\frac{2\rho_0^{2.7} V_{\mathrm{min}P_E}^3 SC_{D_0}}{\eta_P P_{\mathrm{max}_{SL}}}\right)^{\frac{1}{1.7}} \tag{14.51}$$

当采用海平面空气密度(ρ_0)时，等效最小功率对应的空速($V_{\mathrm{min}P_E}$)由式(14.28)确定。

对于配备涡轮螺旋桨发动机的无人飞行器，绝对升限对应的空气密度(ρ)由以下公式之一确定：

$$\rho_{ac_1} = \left[\frac{2\rho_0^{2.4} V_{\mathrm{min}P_E}^3 SC_{D_0}}{\eta_P P_{\mathrm{max}_{SL}}}\right]^{\frac{1}{1.4}} \tag{14.52}$$

$$\rho_{ac_2} = \left[\frac{2\rho_0^{2.4} \rho_{11\,000} V_{\mathrm{min}P_E}^3 SC_{D_0}}{\eta_P P_{\mathrm{max}_{SL}}}\right]^{\frac{1}{2.4}} \tag{14.53}$$

其中，$P_{\mathrm{max}_{SL}}$ 为海平面高度上发动机的最大功率。当空气密度(ρ_{ac})确定后，参考大气表找出其相应的高度。

14.7　成本分析

无人飞行器设计项目中的重要一步是成本分析，它可以预测无人飞行器整个生命周期的成本。这一举措是为了确保整个项目在资金上可以得到支持，并且保证无人飞行器具有竞争力。无人飞行器设计的成本占整个生命周期成本的 $1\%\sim10\%$，但是，这 $1\%\sim10\%$ 决定了其他 $90\%\sim99\%$。此外，设计成本约为生产(采购)成本的 20%。因此，对设计团队成员的任何必要投资都是值得的。大多数无人飞行器厂商在投产的前几年没有任何利润，寄希望于将来能赚钱。

图 14-11 从概念上说明了设计过程中的成本状态以及设计变更的容易程度[172]。据估计，在设计证明的早期阶段，基于工程设计和管理决策可以确定给定产品大约 70% 的生命周期成本。随着设计的进行，设计变更越来越难。因此，设计方案早期阶段的决策要比后期阶段的决策影响更深远。因此，对设计师在概念设计阶段做出的任何决定都要高度自信。文献[5]为小型无人飞行系统提供了生命周期成本分析模型。

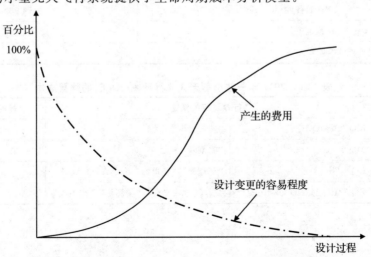

图 14-11　设计过程中成本状态和设计变更的容易程度

备件需求取决于多个因素，包括系统数量、使用量、零件可靠性以及备件最低使用时间。小型无人飞行系统(sUAS)备件的使用量与飞行时间或发射和回收装置的使用次数有关。单位飞行时间的维护成本是根据备件的消耗量计算的。

应准备一份成本清单，给出构成无人飞行系统(UAS)的每个组件/元件的成本，当然备件除外。它包括诸如飞行器、地面控制站以及发射和回收系统之类的东西。例如，表14-6展示了[5]部署在一艘海岸警卫队巡逻艇上的小型无人飞行系统(sUAS)的设备的成本。参考文献[172]提供了一种估算工程项目生命周期成本的成本模型。

每年，美国国防部都会按武器系统公布采购成本。表14-7展示了2017年某些无人飞行系统(UAS)的购置成本[173]，涉及的无人飞行系统(UAS)包括"捕食者""灰鹰""收割者""全球鹰""特里顿""影子""大乌鸦""美洲狮"和"黑杰克"。表14-6和表14-7可为未来无人飞行系统(UAS)设计和开发成本的预测提供指南。

表 14-6　部署在一艘海岸警卫队巡逻艇上的小型无人飞行系统(sUAS)的设备的成本

序号	采购运营测试系统	成本/美元
1	机身单位成本-基准	133 671
2	航空电子设备-基准	149 047
3	推进系统-基准	40 601
4	EO/IR 传感器-基准	268 268
5	通信中继	131 301
6	AIS	7851
7	地面控制站(GCS)-船	392 054
8	发射装置-船	236 050
9	回收装置-船	236 050
10	每个系统的特殊保障设备	69 624
11	EO/IR 表面探测系统	75 000
12	船上团队的移动视频终端(1)	10 000
13	初始备件	174 952
14	标准工作站	16 800
带有一架飞行器的船舶系统		1 936 473

表 14-7　2017 年一些小型无人飞行系统(sUAS)的购置成本

序号	飞行器及相关系统		费用/100 万美元
1	MQ-1B/MQ-1C	"捕食者""灰鹰"	308.1
2	MQ-9	"收割者"	1053.1
3	RQ-4/MQ-4C	"全球鹰""特里顿"和 NATO AGS	1213.6
4	RQ-7/RQ-11/RQ-20/RQ-21	"影子""大乌鸦""美洲狮""黑杰克"	522.4

简答题

1. 绘图展示无人飞行器分析小组。

2. 主要的无人飞行器设计分析有哪些？

593

3. 重心和转动惯量计算可以提供哪些反馈回路？

4. 无人飞行器设计过程中的三个主要反馈回路是什么？

5. 描述确定无人飞行器重心的方法。

6. 推荐的无人飞行器重心在沿 x 轴的哪个位置？

7. 对于纵向静态稳定的无人飞行器，X_{cg} 和 X_{np} 之间有什么关系？

8. 定义静稳定性。

9. 定义动稳定性。

10. 定义横向稳定性。

11. 定义纵向稳定性。

12. 定义航向稳定性。

13. 纵向静稳定性的标准是什么？

14. 横向静稳定性的标准是什么？

15. 航向静稳定性的标准是什么？

16. 稳定性导数 C_{m_α} 的典型值是多少？

17. 稳定性导数 C_{n_β} 的典型值是多少？

18. 稳定性导数 C_{l_β} 的典型值是多少？

19. 说明如果给出了纵向传递函数，如何进行纵向动稳定性分析。

20. 说明如果给出了横向-航向传递函数，如何进行横向-航向动稳定性分析。

21. 说明如果给出了纵向状态空间动力学模型，如何进行纵向动稳定性分析。

22. 说明如果给出了横向-航向状态空间动力学模型，如何进行横向-航向动稳定性分析。

23. 定义纵向控制。

24. 定义横向控制。

594

25. 定义航向控制。

26. 列出一些无人飞行器飞行性能参数。

27. 爬升性能分析中令人感兴趣的两项是什么？

28. 转弯性能分析中令人感兴趣的两项是什么？

29. 起飞操作分析中令人感兴趣的主要参数有哪些？

30. 弯道速度是什么？

31. 简要描述 NASA HiMAT 研究项目。

32. 与整个生命周期成本相比，无人飞行器设计的典型成本是多少？

33. 美国国防部在 2017 年采购"捕食者""灰鹰"无人飞行器的成本是多少？

34. 美国国防部在 2017 年采购"收割者"无人飞行器的成本是多少？

35. 稳定性导数 C_{l_p}、C_{m_q}、C_{n_r} 的名称和单位是什么？

36. 哪些设计参数会影响配备电动发动机的无人飞行器的最大续航时间？

37. 哪些设计参数会影响配备电动发动机的无人飞行器的最大航程？

38. 哪些设计参数会影响配备活塞式螺旋桨发动机的无人飞行器的绝对升限？

39. 哪些设计参数会影响配备涡轮风扇发动机的无人飞行器的爬升率？

40. 哪些设计参数会影响配备电动发动机的无人飞行器的最大速度？

练习题

1. 考虑具有以下特性的小型固定翼无人飞行器：

$$m_{TO}=1.2\,\text{kg}, \quad S=0.3\,\text{m}^2, \quad C_{L_{max}}=1.4, \quad b=1.2\,\text{m}, \quad n_{max}=1.4$$

它配备电动螺旋桨发动机，在海平面高度巡航，配备了感知和避障系统。测距仪突然在无人飞行器前方 8 m 处发现了障碍物。它能否通过转弯避免与障碍物碰撞？假设飞行器以弯道速度飞行。

2. 考虑具有以下特性的小型固定翼无人飞行器：

$$m_{TO}=12\,\text{kg}, \quad S=1.6\,\text{m}^2, \quad C_{L_{max}}=1.6, \quad b=3\,\text{m}, \quad n_{max}=2$$

它配备电动螺旋桨发动机，在海平面高度巡航，配备了感知和避障系统。测距仪突然在无人飞行器前方 30 m 处发现了障碍物。它能否通过转弯避免与障碍物碰撞？假设飞行器以弯道速度飞行。

3. 考虑具有以下特性的小型固定翼无人飞行器：

$$m_{TO}=1000\,\text{kg}, \quad V_s=40\,\text{kn}, \quad C_{L_{max}}=1.7, \quad b=15\,\text{m}, \quad n_{max}=2.5$$

它配备电动螺旋桨发动机，在海平面高度巡航，配备了感知和避障系统。测距仪突然在无人飞行器前方 100 m 处发现了障碍物。它能否通过转弯避免与障碍物碰撞？假设飞行器以弯道速度飞行。

4. 考虑具有以下特性的大型无人飞行器：

$$m_{TO}=15\,000\,\text{kg}, \quad V_s=80\,\text{kn}, \quad C_{L_{max}}=1.8, \quad AR=12, \quad n_{max}=2.7$$

它配备喷气式发动机，在海平面高度巡航，配备了感知和避障系统。测距仪突然在无人飞行器前方 400 m 处发现了障碍物。它能否通过转弯避免与障碍物碰撞？假设飞行器以弯道速度飞行。

5. 具有以下特性的监视无人飞行器正在寻找目标：

$$T_{max}=64\,\text{kN}, \quad S=41\,\text{m}^2, \quad m_{TO}=17\,000\,\text{kg}, \quad C_{L_{max}}=2.2, \quad K=0.09,$$

$$C_{D_0}=0.025, \quad m_f=5000\,\text{kg}, \quad C=0.84\,\text{lb/h/lb}$$

这架飞行器可以搜索多长时间？

6. 配备喷气式发动机的 UCAV 具有以下特性：

$$T_{max_{SL}}=300\,\text{kN}, \quad S=217\,\text{m}^2, \quad m_{TO}=63\,000\,\text{kg}, \quad C_{L_{max}}=2.1,$$

$$K=0.043, \quad C_{D_0}=0.021$$

这架 UCAV 能在 20 000 ft 高度以 1.7 的马赫数飞行吗？

7. 考虑配备喷气式发动机的无人飞行器，它具有以下特性：

$$T_{max}=27\,\text{kN}, \quad S=56\,\text{m}^2, \quad m_{TO}=11\,000\,\text{kg}, \quad C_{L_{max}}=1.7, \quad K=0.05,$$

$$C_{D_0}=0.018, \quad m_f=2000\,\text{kg}, \quad C=0.7\,\text{lb/h/lb}$$

确定其最大航程。

8. 确定配备活塞式螺旋桨发动机的小型无人飞行器的最大速度，假设它具有以下特性：

$m_{TO} = 1.5 \text{ kg}, \qquad S = 1.6 \text{ m}^2, \qquad K = 0.05, \qquad C_{D_0} = 0.025, \qquad P = 0.6 \text{ hp},$

$\eta_P = 0.82, \qquad C_{L_{max}} = 1.3$

9. 确定配备活塞式螺旋桨发动机的小型无人飞行器的最大速度,假设它具有以下特性:

$m_{TO} = 1500 \text{ kg}, \qquad S = 18 \text{ m}^2, \qquad K = 0.04, \qquad C_{D_0} = 0.022, \qquad P_{max} = 300 \text{ hp},$

$\eta_P = 0.82, \qquad C_{L_{max}} = 1.6$

10. 确定配备活塞式螺旋桨发动机的小型无人飞行器的最大航程,假设它具有以下特性:

$m_{TO} = 2 \text{ kg}, \qquad S = 0.5 \text{ m}^2, \qquad K = 0.06, \qquad C_{D_0} = 0.042, \qquad \eta_P = 0.6,$

$m_f = 0.3 \text{ kg}, \qquad C_{L_{max}} = 1.6, \qquad C = 0.6 \text{ lb/h/lb}$

11. 确定配备涡轮螺旋桨发动机的无人飞行器的最大续航时间,假设它具有以下特性:

$m_{TO} = 1200 \text{ kg}, \qquad S = 17 \text{ m}^2, \qquad K = 0.03, \qquad C_{D_0} = 0.024, \qquad P_{max} = 200 \text{ hp},$

$\eta_P = 0.75, \qquad m_f = 400 \text{ kg}, \qquad C_{L_{max}} = 1.6, \qquad C = 0.5 \text{ lb/h/lb}$

12. 确定配备电动发动机的小型无人飞行器的起飞地面滑跑距离,假设它具有以下特性:

$m_{TO} = 1.2 \text{ kg}, \qquad S = 0.3 \text{ m}^2, \qquad K = 0.03, \qquad C_{D_0} = 0.028, \qquad P_{max} = 0.2 \text{ hp},$

$\eta_P = 0.75, \qquad V_s = 12 \text{ kn}, \qquad C_{L_{max}} = 0.3$

它带有固定起落架且没有襟翼,正在 2000 ft 高度的跑道上起飞。

13. 考虑配备电动发动机的无人飞行器,假设它具有以下特性:

$m_{TO} = 10 \text{ kg}, \qquad S = 2 \text{ m}^2, \qquad K = 0.03, \qquad C_{D_0} = 0.028, \qquad P_{max} = 1.2 \text{ hp},$

$\eta_P = 0.75, \qquad V_s = 15 \text{ kn}$

确定其最大爬升角。

14. 考虑配备电动发动机的无人飞行器,假设它具有以下特性:

$m_{TO} = 20 \text{ kg}, \qquad S = 2 \text{ m}^2, \qquad K = 0.05, \qquad C_{D_0} = 0.032, \qquad P_{max} = 2 \text{ hp},$

$\eta_P = 0.73, \qquad V_s = 20 \text{ kn}$

确定其最大爬升率。

15. 大型无人飞行器在巡航飞行时滚转角到副翼偏转角的传递函数如下:

$$\frac{\phi(s)}{\delta_A(s)} = \frac{120s^2 + 35s + 150}{810s^4 + 550s^3 + 670s^2 + 410s + 16}$$

确定无人飞行器是否为横向-航向动态稳定的?为什么?

16. 小型无人飞行器在巡航飞行时横向-航向特性方程如下:

$$207s^4 + 3045s^3 + 7426s^2 + 38\,587s - 337.9 = 0$$

识别横向-航向动力学荷兰滚、滚转和螺旋模态,然后确定荷兰滚模态的阻尼比、固有频率和周期,以及滚转模态和螺旋模态的时间常数。飞行器横向-航向动态稳定吗?为什么?

17. 小型无人飞行器在巡航飞行时纵向特性方程如下:

$$125s^4 + 308s^3 + 354s^2 + 30s + 29 = 0$$

确定纵向模态的特征(即阻尼比、固有频率和周期)。飞行器纵向动态稳定吗?为什么?

18. 大型无人飞行器攻角到升降舵偏转角的传递函数如下:

$$\frac{\alpha(s)}{\delta_{E}(s)}=\frac{-18s^{3}-1055s^{2}-85s-2}{880s^{4}+890s^{3}+1600s^{2}+121s+1.6}$$

飞行器纵向动态稳定吗？为什么？

598

19. 监视无人飞行器在巡航飞行时纵向状态空间模型如下：

$$\begin{bmatrix} \dot{u} \\ \dot{\alpha} \\ \dot{q} \\ \dot{\theta} \end{bmatrix} = \begin{bmatrix} -0.1 & 7 & 0 & -32.2 \\ -0.03 & -2.71 & 0.99 & 0 \\ 0 & -103.9 & -1.42 & 0 \\ 0 & 0 & 1 & 1 \end{bmatrix} \begin{bmatrix} u \\ \alpha \\ q \\ \theta \end{bmatrix} + \begin{bmatrix} 0 \\ 0.22 \\ -15.83 \\ 0 \end{bmatrix} \delta_{E}$$

1) 飞行器纵向动态稳定吗？为什么？

2) 如果是，确定其纵向模态的特征（即阻尼比、固有频率和周期）。

20. 搜救无人飞行器在巡航飞行时纵向状态空间模型如下：

$$\begin{bmatrix} \dot{u} \\ \dot{\alpha} \\ \dot{q} \\ \dot{\theta} \end{bmatrix} = \begin{bmatrix} -0.07 & 11.34 & 0 & -32.08 \\ -0.0022 & -0.6063 & 0.9866 & -0.0165 \\ 0.0007 & -1.7581 & -1.1160 & 0.0049 \\ 0 & 0 & 1 & 0 \end{bmatrix} \begin{bmatrix} u \\ \alpha \\ q \\ \theta \end{bmatrix} + \begin{bmatrix} 0 \\ -0.0458 \\ -2.8663 \\ 0 \end{bmatrix} \delta_{E}$$

1) 飞行器纵向动态稳定吗？为什么？

2) 如果是，确定其纵向模态的特征（即阻尼比、固有频率和周期）。

21. 小型无人飞行器在巡航飞行时横向-航向状态空间模型如下：

$$\begin{bmatrix} \dot{\beta} \\ \dot{p} \\ \dot{\phi} \\ \dot{r} \end{bmatrix} = \begin{bmatrix} -0.084 & 0 & 0.1886 & -0.9954 \\ -1.6754 & -0.3742 & 0 & 0.435 \\ 0 & 1 & 0 & 0 \\ 0.8686 & -0.071 & 0 & -0.1517 \end{bmatrix} \begin{bmatrix} \beta \\ p \\ \phi \\ r \end{bmatrix} + \begin{bmatrix} 0 & 0.0161 \\ 1.437 & 0.1403 \\ 0 & 0 \\ -0.2965 & -0.4231 \end{bmatrix} \begin{bmatrix} \delta_{A} \\ \delta_{R} \end{bmatrix}$$

确定横向-航向模态（即滚转、螺旋和荷兰滚模态）的特征。飞行器横向-航向动态稳定吗？为什么？

22. 根据练习题 20 中给出的无人飞行器，绘制升降舵产生−2.3°偏转时俯仰角和空速的变化曲线。如果初始空速和俯仰角分别为 160 kn 和 3°，那么这两个飞行参数的新值是多少？状态空间方程中以 ft/s 和 rad 为单位。

23. 根据练习题 18 中给出的无人飞行器，绘制升降舵产生−1.5°偏转时攻角的变化曲线。如果初始攻角为 4°，那么此飞行参数的新值是多少？

599

24. 考虑配备涡轮风扇发动机的无人飞行器，假设它具有以下特性：

$$T_{\max_{SL}}=30 \text{ kN}, \quad S=50 \text{ m}^{2}, \quad m_{TO}=15\,000 \text{ kg}, \quad C_{L_{\max}}=2.1,$$
$$K=0.04, \quad C_{D_{0}}=0.022$$

确定绝对升限。假设无人飞行器在升限处的质量是最大起飞质量的 95%。

25. 考虑配备活塞式螺旋桨发动机的无人飞行器，假设它具有以下特性：

$$P_{\max_{SL}}=85 \text{ kW}, \quad S=12 \text{ m}^{2}, \quad m_{TO}=1000 \text{ kg}, \quad C_{L_{\max}}=1.8, \quad K=0.036,$$
$$C_{D_{0}}=0.024, \quad \eta_{P}=0.74$$

确定绝对升限。假设无人飞行器在升限处的质量是最大起飞质量的 94%。

26. 考虑配备涡轮螺旋桨发动机的无人飞行器，假设它具有以下特性：

$$P_{max_{SL}} = 130 \text{ kW}, \quad S = 15 \text{ m}^2, \quad m_{TO} = 1300 \text{ kg}, \quad C_{L_{max}} = 1.9,$$

$$K = 0.033, \quad C_{D_0} = 0.023, \quad \eta_P = 0.72$$

确定绝对升限。假设无人飞行器在升限处的质量是最大起飞质量的 93%。

27. 练习题 12 中的无人飞行器有一组质量为 0.15 kg 的锂电池。确定无人飞行器的最大续航时间。提示：首先计算所需的最小功率。

28. 练习题 13 中的无人飞行器有一组质量为 0.8 kg 的镍镉电池。确定无人飞行器的最大续航时间。提示：首先计算所需的最小功率。

29. 确定练习题 14 中的无人飞行器在 5000 ft 高度的最大速度。

30. 确定练习题 13 中的无人飞行器在海平面高度的最大速度。

600

缩 略 语

缩略语	英文全称	中文释义
2d	Two dimensional	二维
3d	Three dimensional	三维
AC	Alternating Current, Aerodynamic Center	交流电、气动中心
ADF	Automatic Direction Finder	自动测向仪
AI	Artificial Intelligence	人工智能
AIA	Aerospace Industries Association	美国航空航天工业协会
AFCS	Automatic Flight Control Systems	自动飞行控制系统
APU	Auxiliary Power Unit	辅助动力装置
ATC	Air Traffic Control	空中交通管制
C2	Command and Control	指挥与控制
C3	Command, Control, and Communications	指挥、控制和通信
C4ISR	Command, Control, Communications, Computer, Intelligence, Surveillance, and Reconnaissance	指挥、控制、通信、计算机、情报、监视和侦察
CFD	Computational Fluid Dynamics	计算流体力学
cg	center of gravity	重心
CMOS	Complementary Metal Oxide Semiconductor	互补金属氧化物半导体
COTS	Commercial Off-The-Shelf	商用现货
DARPA	Defense Advanced Research Projects Agency	美国国防部高级研究计划局
DC	Direct Current	直流电
DOD	Department Of Defense	美国国防部
DoS	Denial of Service	拒绝服务
EO/IR	Electro-Optic/Infra-Red	光电/红外线
ECM	Electronic Counter Measures	电子对抗
EM	Electro Magnetic	电磁
FAA	Federal Aviation Administration	美国联邦航空管理局

（续）

缩略语	英文全称	中文释义
FAR	Federal Aviation Regulations	联邦航空条例
FBW	Fly-By-Wire	电传飞行
FLIR	Forward looking infrared	前视红外
FOV	Field Of View	视场
GA	General Aviation	通用航空
GCS	Ground Control Station	地面控制站
GIS	Geographic Information System	地理信息系统
GNC	Guidance-Navigation-Control	制导-导航-控制
GPS	Global Positioning System	全球定位系统
GUI	Graphical User Interface	图形用户界面
HALE	High-Altitude Long-Endurance	高空长航时
HLD	High Lift Device	增升装置
HTOL	Horizontal Takeoff and Landing	水平起降
HVAC	Heating, Ventilation, and Air Conditioning	暖通空调
IC	Integrated Circuit	集成电路
I2C	Inter-Integrated Circuit	内部集成电路
ILS	Instrument Landing System	仪表着陆系统
IMU	Inertial Measurement Unit	惯性测量单元
INS	Inertial Navigation System	惯性导航系统
IR	Infra-Red	红外
ISA	International Standard Atmosphere	国际标准大气
JATO	Jet Assisted Take Off	喷气辅助起飞
KEAS	Knot Equivalent Air Speed	当量空速
KTAS	Knot True Air Speed	真空速
LED	Light Emitting Diode	发光二极管
LIDAR	Light Detection And Ranging	激光雷达
LOS	Line-Of-Sight	视线
LQR	Linear Quadratic Regulator	线性二次调节器
MAC	Mean Aerodynamic Chord	平均气动弦
MAV	Micro Air Vehicle	微型飞行器

（续）

缩略语	英文全称	中文释义
MCE	Mission Control Element	任务控制分队
MDO	Multidisciplinary Design Optimization	多学科设计优化
MEMS	Micro Electro Mechanical System	微机电系统
MIL-STD	Military Standards	军标
MIMO	Multiple-Input Multiple-Output	多输入多输出
MTBF	Mean Time Between Failures	平均无故障时间
MTI	Moving Target Indicator	移动目标指示器
MTOW	Maximum Takeoff Weight	最大起飞重量
NACA	National Advisory Committee for Aeronautics	美国国家航空咨询委员会
NASA	National Administration for Aeronautics and Astronautics	美国国家航空航天局
NTSB	National Transportation Safety Board	美国国家运输安全委员会
OS	Operating System	操作系统
PIC	Pilot-In-Command	机长
Pot	Potentiometer	电位器
PRF	Pulse-Repetition Frequency	脉冲重复频率
PWM	Pulse Width Modulation	脉冲宽度调制
RC	Remote Control，Radio Control	遥控，无线电控制
RCS	Radar Cross Section	雷达横截面
RPV	Remotely Piloted Vehicle	遥控飞行器
SAR	Synthetic Aperture Radar	合成孔径雷达
SAS	Stability Augmentation System	增稳系统
Satcom	Satellite Communication	卫星通信
SDRAM	Synchronous Dynamic Random Access Memory	同步动态随机存取存储器
SFC	Specific Fuel Consumption	单位油耗
SIGINT	Signals Intelligence	信号情报
SISO	Single-Input Single-Output	单输入单输出
sUAS	small Unmanned Aircraft System	小型无人飞行系统
sUAV	small Unmanned Aerial Vehicle	小型无人飞行器
TCA	Traffic Collision-Avoidance	空中防撞
TCAS	Traffic Alert and Collision Avoidance System	交通预警与防撞系统

（续）

缩略语	英文全称	中文释义
TE	Trailing Edge	机翼后缘
UAS	Unmanned Aerial System	无人飞行系统
UAV	Unmanned Aerial Vehicle	无人飞行器
UCAV	Unmanned Combat Air Vehicle	无人战斗飞行器
USB	Universal Serial Bus	通用串行总线
VHF	Very High Frequency	甚高频
UHF	Ultra High Frequency	超高频
VOR	Very High Frequency Omni-Directional Range	甚高频全向信标
VTOL	Vertical Takeoff and Landing	垂直起降
WGS	World Geodetic System	世界大地测量系统

参 数 命 名

专业术语表

符号	名称	单位
a	声速	m/s、ft/s
a	加速度	m/s^2、ft/s^2
a_C	指令法向加速度、科里奥利加速度	m/s^2、ft/s^2
A	面积	m^2、ft^2
A_r	有效孔径	m^2、ft^2
AR	展弦比	—
b	升力面（机翼、尾翼）翼展	m、ft
C	单位油耗	N/(h·kW)、lb/(h·hp)
c	波/光速	m/s、km/h
C、c	当地弦长、加速度计的力臂	m、ft
$\overline{C}$	平均气动弦长	m、ft
C_D、C_L、C_Y	阻力、升力和侧向力系数	—
C_l、C_m、C_n	滚转、俯仰和偏航力矩系数	—
C_{L_R}	旋转升力系数	—
$C_{m_{acwf}}$	机翼-机身俯仰力矩系数（相对于机翼-机身的气动中心）	—
$C_{L_{max}}$	最大升力系数	—
C_{m_α}	俯仰力矩系数对攻角的导数	1/rad
C_{m_q}	俯仰力矩系数对俯仰角速度的导数，$\partial C_m / \partial q$	1/rad
C_{l_β}	滚转力矩系数对侧滑角的导数，$\partial C_l / \partial \beta$	1/rad
C_{n_β}	偏航力矩系数对侧滑角的导数，$\partial C_n / \partial \beta$	1/rad
C_{n_r}	偏航力矩系数对偏航速率的导数	1/rad
C_{D_0}	零升阻力系数	—
C_D	阻力系数	—
C_{D_G}	地面阻力系数	—
$C_{D_{TO}}$	起飞阻力系数	—
C_{L_α}	机翼/尾部/飞行器（3D）升力曲线斜率	1/rad
C_{l_α}	翼型升力曲线斜率	1/rad
$C_{L_{max}}$	最大升力系数	—

（续）

符号	名称	单位
C_p	压力系数	—
D	阻力	N、lb
D、d	距离	m、ft
E	航时	h、s
E	能量	J、ft·lb
E_D	能量密度	W·h/kg
e	奥斯瓦尔德翼展效率因子、误差、地球偏心率	—
f	波频率、每秒脉冲数	Hz
F	力、摩擦力	N、lb
F_C	离心力、科里奥利力	N、lb
g	重力常数	9.81 m/s²、32.17 ft/s²
G	燃油系数	—
G_t	发射天线增益	—
h	高度	m、ft
h，h_o	从重心（h）或气动中心（h_o）到参考线的无量纲距离	—
H	角动量	kg·m²/s、slug·ft²/s
i_h	尾翼倾角	(°)、rad
i_w	机翼倾角	(°)、rad
l	长度，尾翼力臂	m、ft
I	质量惯性矩	kg·m²、slug·ft²
I	电流	A、mA
J_{TP}	转子转动惯量	kg·m²、slug·ft²
K	诱导阻力系数，传递函数增益，控制器增益	—
k	弹簧常数	N/m
L，L_A	滚转力矩	Nm、lb·ft
l	螺杆导程	m、in
L	长度	m、ft
L	升力	N、lb
$(L/D)_{max}$	最大升阻比	—
M	马赫数	—
M，M_A	俯仰力矩	Nm、lb·ft
m	质量	kg、slug
m_B	电池质量	kg、slug
$\dot{m}$	发动机的空气质量流率	kg/s、lb/s
MTOW	最大起飞重量	N、lb
MAC	平均气动弦	m、ft

（续）

符号	名称	单位
n	载荷系数	—
n	转速	r/min、rad/s
n_C	指令加速度	—
N	法向力	N、lb
N'	制导增益	—
N、N_A	偏航力矩	N·m、lb·ft
p	压强	N/m^2、Pa、lb/in^2、psi
p	功率	W、kW、hp、lb·ft/s
p	螺距	m、in
P_{req}	需求功率	W、kW、hp、lb·ft/s
P_{av}	可用功率	W、kW、hp、lb·ft/s
P_{exc}	剩余功率	W、kW、hp、lb·ft/s
P，p	滚转速率	W、kW、hp、lb·ft/s
q、$\overline{q}$	动压	N/m^2、Pa、lb/in^2、psi
Q、q	俯仰速率	rad/s、(°)/s
R	航程	m、km、ft、mile、n mile
R	气体常数	287.26 J/(kg·K)
R	半径、转弯半径	m、ft
Re	雷诺数	—
ROC	爬升率	m/s、ft/min
R、r	偏航速率	rad/s、(°)/s
s	拉普拉斯变换运算符	—
S	升力面/控制面的面积	m^2、ft^2
S_A	起飞滑跑的空中距离	m、ft
S_G	地面滚转	m、ft
S_{TO}	起飞滑跑距离	m、ft
t	时间	s、min、h
T	发动机推力	N、lb
T	温度	°C、°R、K、°F
T	力矩	N·m、lb·ft
T、t	厚度	m、ft
t/c	翼型相对厚度	—
T/W	推重比	—
U	空速	m/s、ft/min、km/h、kn
u	状态空间的控制输入	—
V	速度、空速	m/s、ft/min、km/h、kn

（续）

符号	名称	单位
V_C	巡航速度、接近速度	m/s、ft/min、km/h、kn
V	体积	m^3、ft^3
V	电压	V
V_n	法向速度	m/s、kn
V_{max}	最大速度	m/s、ft/min、km/h、kn
$V_{E_{max}}$	最大续航速度	m/s、ft/min、km/h、kn
V_{min_D}	最小阻力速度	m/s、ft/min、km/h、kn
$V_{P_{min}}$	最小功率速度	m/s、ft/min、km/h、kn
V_R	旋转速度	m/s、ft/min、km/h、kn
$V_{ROC_{max}}$	最大爬升率速度	m/s、ft/min、km/h、kn
V_s	失速速度	m/s、ft/min、km/h、kn
V_T	真空速	m/s、ft/min、km/h、kn
V_t	终端速度	m/s、ft/min、km/h、kn
V_{TO}	起飞速度	m/s、ft/min、km/h、kn
V_W	风速	m/s、ft/min、km/h、kn
V^*	弯道速度	m/s、ft/min、km/h、kn
$\bar{V}_h$、$\bar{V}_v$	水平尾翼、垂直尾翼容积系数	—
W	重量	N、lb
W_A	自动驾驶仪重量	N、lb
W_B	电池重量	N、lb
W_E	空载重量	N、lb
W_f	燃油重量	N、lb
W_L	着陆重量	N、lb
W_{PL}	有效载荷重量	N、lb
W_{TO}	最大起飞重量	N、lb
W/P	功率载荷	N/W、lb/hp
W/S	机翼载荷	N/m^2、lb/ft^2
x、y、z	x、y 和 z 方向上的位移	m、ft
x	状态空间方程中的状态变量	—
Y	侧向力	N、lb
y	状态空间中的输出变量	—
z	离散传递函数中的变量	—

希腊符号含义表

符号	名称	单位
α	攻角	(°)、rad
β	侧滑角	(°)、rad
ε	下洗角	(°)、rad
ε	偏航误差	m、ft
γ	爬升角	(°)、rad
θ	俯仰角、角位移、发射角	(°)、rad
λ	梢根比、特征方程的根	—
λ	波长	m、in
λ	定位器误差角、视线角	(°)
λ	经度	(°)
ϕ	滚转角、纬度	(°)、rad
δ	控制面偏转	(°)、rad
σ	空气密度比	—
σ	侧洗角	(°)、rad
σ	雷达横截面	m^2、ft^2
σ_{max}	最大驱动应力	N/m^2、psi
ρ	空气密度、材料密度	kg/m^3、$slug/ft^3$
μ	动力黏度	$kgf \cdot s/m^2$、$lbf \cdot s/ft^2$
μ	摩擦系数	—
η_P	螺旋桨效率	—
Λ	后掠角	(°)、rad
ω	无人飞行器角速度、发动机转速、转弯速率	rad/s、(°)/s、r/min
ω	频率	Hz
ω_n	固有频率	rad/s、(°)/s
ω_C	视线角速率	rad/s、(°)/s
Ω	螺旋桨总速度、地球角速度	rad/s、(°)/s
ψ, φ	偏航角，航向角	(°)、rad
π	3.14	—
τ	四旋翼中的力矩	$N \cdot m$、$lb \cdot ft$
ξ	阻尼比	—
τ	时间常数	s
Γ	二面角	(°)、rad
$d\varepsilon/d\alpha$	下洗对攻角导数	—
$d\sigma/d\beta$	侧洗对侧滑角的导数	—
$\ddot{\theta}$	起飞旋转角加速度	$(°)/s^2$、rad/s^2

参 考 文 献

1 Fitzpatric A. (2018). Drones are everywhere, get used to it., *Time magazine*, 11 June 2018.
2 Federal Aviation Regulations, Part 107 (2016). *Operation and Certification of Small Unmanned Aircraft Systems*. Washington DC: Federal Aviation Administration, Department of Transportation.
3 Peters, J.E., Seong, S., Bower, A. et al. (2012). *Unmanned Aircraft Systems for Logistics Applications*. RAND.
4 Austin, R. (2010). *Unmanned Aircraft Systems: UAVs Design, Development and Deployment*. Wiley.
5 Erdman, T.J. and Mitchum, M. (2013). *Life-Cycle Cost Analysis for Small Unmanned Aircraft Systems*, NPS-CE-13-096, Naval Postgraduate School.
6 Daily Launch. (2018). American Institute of Aeronautics and Astronautics, Reston, VA, Oct 30, 2018
7 Swan, S. (2006). X-45A Unmanned Combat Vehicle on Display, *Aerotech News and Review*, Nov 17 2006
8 Sadraey, M. (2012). *Aircraft Design; A Systems Engineering Approach*. Wiley.
9 Sadraey, M. (2017). *Aircraft Performance Analysis: An Engineering Approach*. CRC Press.
10 Su, Y., Liahng, H., and Wu, J. (2008). "Multilevel Peukert Equations Based Residual Capacity Estimation Method for Lead-Acid Batteries," *IEEE International Conference on Sustainable Energy Technologies*, IEEE Publication, Piscataway, NJ, 2008, pp. 101–105.
11 Simpson, C. (1995). *Characteristics of Rechargeable Batteries*. Santa Clara, CA: National Semiconductor.
12 Schwartz, C.E., Bryant, T.G., Cosgrove, J.H. et al. (1990). A radar for unmanned air vehicles. *The Lincoln Laboratory Journal* 3 (1): 119–143.
13 Up: A Chinese firm has taken the lead in a promising market. *The Economist*, 11 April 2015.
14 Anderson, J.D. (2016). *Fundamentals of Aerodynamics*, 6e. McGraw-Hill.
15 Shevell, R.S. (1989). *Fundamentals of Flight*, 2e. Prentice Hall.
16 Megson, T. (2012). *Aircraft Structures for Engineering Students*, 5e. Elsevier.
17 Paul, K. (1956). *Stresses in Aircraft and Shell Structures*. McGraw-Hill.
18 Farokhi, S. (2014). *Aircraft Propulsion*, 2e. Wiley.
19 Mattingly, J.D. *Elements of Gas Turbine Propulsion*, 2e. AIAA.
20 Dorf, R.C. and Svoboda, J.A. (2013). *Introduction to Electric Circuits*, 9e. Wiley.
21 Johnson, E.N. and Schrage, D.P. (January 2004). System integration and operation of a research unmanned aerial vehicle. *Journal of Aerospace Computing, Information, and Communication* 1: 5–14.
22 Linden, D. and Reddy, T.B. (2002). *Handbook of Batteries*, 3e. New York: McGraw-Hill.
23 Associate Administrator for Commercial Space Transportation (2011). *Flight Safety Analysis Handbook*. Federal Aviation Administration.
24 ARP, SAE. 4761 (1996). *Guidelines and methods for conducting the safety assessment process on civil airborne systems and equipment*.

25 Roskam, J. (2007). *Lessons Learned in Aircraft Design*. DAR Corporation.

26 Roskam, J. (2006). *Roskam's Airplane War Stories*. DAR Corporation.

27 Boyne, Walter J. (2009). How the Predator Grew Teeth. *Air Force Magazine,* July 2009

28 National Transportation Safety Board (2011). *Table 10: Aviation Accidents, Fatalities and Rates, 1990 Through 2009*. Washington, DC: U.S. General Aviation.

29 Sommer, G., Smith, G.K., Birkler, J.L. et al. (1997). *The Global Hawk Unmanned Aerial Vehicle Acquisition Process*, a summary of phase 1, DARPA.

30 Hodge N. (2011). U.S. Says Drone Cargo Plane Collide Over Afghanistan, *Wall Street Journal*, 17 August 2011

31 Tvaryanas, A. P. (2004). USAF UAV mishap epidemiology, 1997–2003, *Human Factors of Uninhabited Aerial Vehicles First Annual Workshop*, Phoenix, AZ, May 24–25, 2004.

32 Schaefer, R. (February 2003). *Unmanned Aerial Vehicle Reliability Study*. Washington, DC: Office of the Secretary of Defense.

33 Houghton, E.L. and Carpenter, P.W. (2003). *Aerodynamics for Engineering Students*, 5e. Elsevier.

34 Katz, J. and Plotkin, A. (2006). *Low-Speed Aerodynamics*, 2e. Cambridge University Press.

35 Eppler, R. (1990). *Airfoil Design and Data*. Berlin: Springer-Verlag.

36 Abbott, I.H., Von Doenhoff, A.F., and Stivers, L.S. Jr. (1945). *Summary Of Airfoil Data, National Advisory Committee For Aeronautics*. Report No. 824.

37 Abbott, I.H. and Von Donehoff, A.F. (1959). *Theory of Wing Sections*. Dover.

38 Selig, M.S., Guglielmo, J.J., Broeren, A.P., and Giguere, P. (1995). *Summary of Low-Speed Airfoil Data*. Virginia Beach, Virginia: SoarTech Publications.

39 Etkin, B. and Reid, L.D. (1996). *Dynamics of Flight, Stability and Control*, 3e. Wiley.

40 Roskam, J. (2007). *Airplane Flight Dynamics and Automatic Flight Controls*. DARCO.

41 Martins, J.R.A. and Lambe, A.B. (2013). Multidisciplinary design optimization: a survey of architectures. *AIAA Journal*, 51 (9): 2049–2075.

42 Liebeck, R.H. (January–February 2004). Design of the blended wing body subsonic transport. *AIAA Journal of Aircraft* 41 (1): 10–25.

43 Sobester, A. and Forrester, A.I. (2014). *Aircraft Aerodynamic Design: Geometry and Optimization*, 1e. Wiley.

44 Leishman, J.G. (2000). *Principles of Helicopter Aerodynamics*. New York, NY: Cambridge University Press.

45 Clough, B.T. (2005). Unmanned aerial vehicles: autonomous control challenges, a researcher's perspective. *Journal of Aerospace Computing, Information, and Communication* 2 (8): 1542–9423.

46 Beard, R.W., Kingston, D., Quigley, M. et al. (2005). Autonomous vehicle technologies for small fixed-wing UAVs. *Journal of Aerospace Computing, Information, and Communication* 2 (1): 1542–9423.

47 Salyendy, G. (2006). *Handbook of Human Factors and Ergonomics*, 3e. Wiley.

48 Sadraey, M. (2009). *Robust Nonlinear Controller Design for Complete UAV Mission*. VDM Verlag Dr. Müller.

49 Dorf, R.C. and Bishop, R.H. (2017). *Modern Control Systems*, 13e. Pearson.

50 Ogata, K. (2010). *Modern Control Engineering*, 5e. Prentice Hall.

51 James Stewart, (2015). *Calculus*, 8e, Brooks Cole.

52 Hoak, D.E., Ellison, D.E. et al. (1978). *USAF Stability and Control DATCOM*. Wright-Patterson AFB, Ohio: Flight Control Division, Air Force Flight Dynamics Laboratory.

53 Nelson, R. (1989). *Flight Stability and Automatic Control*. McGraw Hill.

54 Stevens, B.L., Lewis, F.L., and Johnson, E.N. (2016). *Aircraft Control and Simulation*, 3e. Wiley.

55 Sadraey, M and Colgren, R. (2006). Derivation of coupling stability derivatives and coupling transfer function. *6th AIAA Aviation Technology, Integration and Operations Conference*, Wichita, Kansas, Sept 2006

56　Butcher, J.C. (2016). *Numerical Methods for Ordinary Differential Equations*, 3e. Wiley.

57　The Mathworks, Inc., (2005). MATLAB, Simulink, www.mathworks.com.

58　Buschek, H. (Jan-Feb 1999). Full envelope missile autopilot design using gain scheduled robust control. *Journal of Guidance, Control, and Dynamics* 22 (1): 46–59.

59　McFarland, M. B. and Hoque, S. (2000). "Robustness of a Nonlinear Missile Autopilot Designed using Dynamic Inversion," *AIAA Guidance, Navigation, and Control Conference,* 14–17 August 2000.

60　Wang Q., and Stengel, Robert F. (1999). Robust Nonlinear Control of a Hypersonic Aircraft. *Guidance, Navigation, and Control Conference*, AIAA-99-4000.

61　Menon P. K., Iragavarapu V. R., and Ohlmeyer E. J. (1997). Nonlinear Missile Autopilot Design using Time-scale Separation. *Guidance, Navigation, and Control Conference*, AIAA-97-3765.

62　Snell, S.A., Enns, D.F., and Garrad, W.L. (July-August 1992). Nonlinear inversion flight control for a supermaneuverable aircraft. *Journal of Guidance, Control, and Dynamics* 15 (4): 976–984.

63　Mahony, R., Kumar, V., and Corke, P. (2012). Multirotor aerial vehicles: modeling, estimation, and control of quadrotor. *IEEE Robotics and Automation Magazine* 19 (3): 20–32.

64　Wingo, B. (2016). *Mathematical Modeling of Quadcopter Dynamics*. Rose-Hulman Undergraduate Research Publications, Rose-Hulman Institute of Technology.

65　Zhicheng H., Isabelle F., and Arturo Z. (2013). Modeling and Decentralized Control for the Multiple UAVs Formation based on Lyapunov design and redesign, *2nd IFAC Workshop on Research, Education and Development of Unmanned Aerial Systems,* 20–22 November 2013. Compiegne, France

66　Chapra, S.C. (2017). *Applied Numerical Methods with MATLAB for Engineers and Scientists*, 4e. McGraw-Hill.

67　Holmberg, Jessica A., King, Daniel, J., and Leonard, John R. (2008). Flying Qualities Specifications and Design Standards for Unmanned Air Vehicles, *AIAA Atmospheric Flight Mechanics Conference and Exhibit,* 18–21 August 2008, Honolulu, Hawaii

68　Bridger, R.S. (2008). *Introduction to Ergonomics*, 3e. CRC Press.

69　MIL-STD-1472G (2012). Department of Defense Design Criteria Standard: Human Engineering, 2012

70　Federal Aviation Regulations, Part 23, Airworthiness Standards: Normal, Utility, Aerobatic, and Commuter Category Airplanes. Washington, DC: Federal Aviation Administration, Department of Transportation

71　Federal Aviation Regulations, Part 25, Airworthiness Standards: Transport Category Airplanes. Washington, DC: Federal Aviation Administration, Department of Transportation.

72　Gieras, J.F. (2002). *Permanent Magnet Motor Technology: Design and Applications*, 2e. CRC Press.

73　Dell, T.W. (2015). *Hydraulic Systems for Mobile Equipment*. Goodheart-Willcox.

74　Beater, P. (2007). *Pneumatic Drives: System Design, Modelling and Control*. Springer.

75　MIL-STD-1797 (1997). *Flying Qualities of Piloted Aircraft*. Washington, DC: Department of Defense.

76　MIL-F-8785C (1980). *Military Specification: Flying Qualities of Piloted Airplanes*. Washington, DC: Department of Defense.

77　Watterson, Kent B. (1983). Bank-to-turn cruise missile terminal guidance and control law comparison, Master's Thesis, Naval postgraduate school, Monterey, CA, 1983

78　Anderson, B.D.O. and Moore, J.B. (2007). *Optimal Control: Linear Quadratic*

Methods. Dover.

79 Kendoul, F. (2012). Survey of advances in guidance, navigation, and control of unmanned rotorcraft systems. *Journal of Field Robotics* 29 (2): 315–378.

80 Doyle, J.C. and Glover, K. (1989). State-space solution to standard H_2 and H_∞ control problems. *IEEE Transactions on Automatic Control* 34 (8): 831–847.

81 Phillips, C.L., Nagle, T., and Chakrabortty, A. (2014). *Digital Control System Analysis & Design*, 4e. Pearson.

82 Anonymous, Literature Review on Detect, Sense, and Avoid Technology for Unmanned Aircraft Systems. (2009). DOT/FAA/AR-08/41, National Technical Information Service.

83 Dalamagkidis, K., Valavanis, K.P., and Piegl, L.A. (2009). *On Integrating Unmanned Aircraft Systems into the National Airspace System: Issues,* Challenges, Operational Restrictions, Certification and Recommendations, International Series on Intelligent Systems, Control, and Automation: Science and Engineering, vol. 26. Springer-Verlag.

84 Blakelock, J.H. (1991). *Automatic Control of Aircraft and Missiles*, 2e. Wiley.

85 Heath, R.L. and Bryant, J. (2000). *Human Communication: Theory and Research: Concepts, Contexts, and Challenges*, 2e. Lawrence Erlbaum.

86 Wagner, S., Prinz, R., Bierstedt, C. et al. (2004). Accessible multimedia: status-quo, trends and visions. *IT – Information Technology*: 346–352.

87 Pastrick, H.L., Seltzer, S.M., and Warren, M.E. (1981). Guidance laws for short-range tactical missiles. *Journal of Guidance, Control, and Dynamics* 4 (2): 98–108.

88 Gu, D. (Feb. 2011). A game theory approach to target tracking in sensor networks. *Transactions on Systems, Man, and Cybernetics – Part B: Cybernetics* 41 (1): 2.

89 Di Cairano, S., Bemporad, A., and Caldelli, A. (2007). Moving Target Detection and Tracking in Wireless Sensor Networks, *Proceedings of the European Control Conference*, Kos, Greece, 2–5 July 2007

90 Uijlings, J.R., Van De Sande, K.E., Gevers, T., and Smeulders, A.W. (2013). Selective search for object recognition. *International Journal of Computer Vision* 104 (2): 154–171.

91 Davies, R. (2017). *Computer Vision: Principles, Algorithms, Applications, Learning*, 5e. Academic Press.

92 Shneydor, N.A. (2008). *Missile Guidance and Pursuit: Kinematics, Dynamics and Control*. Cambridge: Woodhead Publishing Limited, UK.

93 Zarchan, P. (2013). *Tactical and Strategic Missile Guidance*, 6e. Reston, VA: American Institute of Aeronautics and Astronautics.

94 Siouris, G.M. (2004). *Missile Guidance and Control Systems*. Springer.

95 Meenakshisundaram, V.S., Gundappa, V.K., and Kanth, B.S. (2010). Vector field guidance for path planning of MAVs in three dimensions for variable altitude maneuvers. *International Journal of Micro Air Vehicles* 2: 255–265.

96 Cichella, V., Choe, R., Mehdi, S. Bilal et al. (2013). A 3D Path-Following Approach for a Multirotor UAV on SO(3), *2nd IFAC Workshop on Research, Education and Development of Unmanned Aerial Systems*, November 20–22, 2013. Compiegne, France.

97 Degen, S.C., Alvarez, L.M., Ford, J.J. and Walker, R.A. (2009). Tensor Field Guidance for Time-Based Waypoint, Arrival of UAVs by 4D Trajectory Generation, *IEEE Proceedings of Aerospace Conference*, USA.

98 Capello, E., Guglieri, G., and Quagliotti, F. (2013). A Waypoint-Based Guidance Algorithm for mini UAVs, *2nd IFAC Workshop on Research, Education and Development of Unmanned Aerial Systems*, November 20–22, 2013. Compiegne, France

99 Prats, X., Delgado, L., Ramirez, J. et al. (May 2012). Requirements, issues, and challenges for sense and avoid in unmanned aircraft systems. *Journal of Aircraft* 49 (3): 677–687.

100 FAA (2007). Unmanned Aircraft Operations in the National Airspace System, 72 Fed. Reg. 6689, 6690, 2007

101 Angelov, P. and Angelov, P. (2012). *Sense and Avoid in UAS: Research and Applications.* Wiley.

102 Unmanned aircraft system airspace integration plan, Version 2.0 ed, in Series Unmanned Aircraft System Airspace Integration Plan, Department of Defense, 2011

103 US Code of Federal Regulations. Title *14 Aeronautics and Space,* Part 91 General operating and flight rules, Section 225, Automatic Dependent Surveillance – Broadcast (ADS-B).

104 Theodore, C., Rowley, D., Hubbard, D. et al. (2006). Flight trials of a rotorcraft unmanned aerial vehicle landing autonomously at unprepared sites, *Proceedings of the 62nd Annual Forum of the American Helicopter Society,* Phoenix, AZ, May 2006

105 Airborne Collision Avoidance System Manual, Doc 9863, 1st ed. (2006). International Civil Aviation Organization.

106 Minimum operational performance standards for traffic alert and collision avoidance system II, version 7.1, DO-185B, RTCA, Inc., June 2008.

107 Han, S.C. and Bang H. (2004). Proportional navigation-based optimal collision avoidance for UAVs. *Second International Conference on Autonomous Robots and Agents,* pp. 76–81, Massey University, New Zealand.

108 Ota, T. Nagati and Lee, D. (1998). Aircraft collision avoidance trajectory generation, in *Proceedings of the AIAA Guidance, Navigation, and Control Conference,* Boston, MA, pp. 828–837, August 1998.

109 Kim, Hae-Jun and Ahn, Hyo-Sung (2016). Realization of Swarm Formation Flying and Optimal Trajectory Generation For Multi-Drone Performance Show, *Proceedings of the 2016 IEEE/SICE International Symposium on System Integration,* Japan, 13–15 December 2016.

110 Marques, P. and Da Ronch, A. (2017). *Advanced UAV Aerodynamics, Flight Stability and Control: Novel Concepts, Theory and Applications.* Wiley.

111 Kluever, C.A. (November–December 2004). Unpowered approach and landing guidance using trajectory planning. *Journal of Guidance, Control, and Dynamics* 27 (6): 967–974.

112 Ben-Asher, J.Z. and Yaesh, I. (1998). *Advances in Missile Guidance Theory.* Reston, VA: American Institute of Aeronautics and Astronautics.

113 Palumbo, N.F., Blauwkamp, R.A., and Lloyd, J.M. (2010). Basic principles of homing guidance. *Johns Hopkins APL Technical Digest* 29 (1): 25–40.

114 Jamal, S.Z. (2012). Tightly coupled GPS/INS airborne navigation system. *IEEE Aerospace and Electronic Systems Magazine* 27 (4): 39–42.

115 Kortunov, V.I., Dybska, I.Y., Proskura, G.A., and Kravchuk, A.S. (Jan. 2009). Integrated mini INS based on MEMS sensors for UAV control. *IEEE Aerospace and Electronic Systems Magazine* 24: 41–43.

116 Merrigan, M., Swift, E., Wong, R., and Saffel, J.; "A Refinement to the World Geodetic System 1984 Reference Frame"; Proceedings of the ION-GPS-2002; Portland, Oregon; September 2002

117 Grewal, M.S., Andrews, A.P., and Bartone, C.G. (2013). *Global Navigation Satellite Systems, Inertial Navigation, and Integration,* 3e. Wiley.

118 Zarchan, P. (2015). *Fundamentals of Kalman Filtering,* 4e. Reston, VA: American Institute of Aeronautics and Astronautics.

119 Grewal, M.S. and Andrews, A.P. (2008). *Kalman Filtering: Theory and Practice Using MATLAB,* 3e. Wiley.

120 El-Rabbany, A. (2006). *Introduction to GPS: The Global Positioning System,* 2e. Artech House Publishers.

121 Santos, J.P.M.D. (2012). *Robotic Navigation in Reduced Visibility Scenarios: State of*

The Art, Technical report, Faculty of Science and Technology, University of Coimbra.

122 Fang, Z., Yang, S., Jain, S. et al. (2015). Robust Autonomous Flight in Constrained and Visually Degraded Environments, in *Field and Service Robotics,* Toronto, Canada, 24–26 June 2015.

123 Motion Design (2018). Supplement to Tech Briefs magazine, Page 13, *SAE International*, Vol 42, No. 12 Dec. 2018

124 Rauw, M.O. (2001). *FDC 1.2 – A Simulink Toolbox for Flight Dynamics and Control Analysis*, 2. Zeist, The Netherlands: Dutchroll.

125 Hibbeler, R.C. (2015). *Engineering Mechanics: Dynamics*, 14e. Pearson.

126 Cady, F.M. (1997). *Microcontrollers and Microcomputers*. Oxford University Press.

127 Ball, S. (2001). *Analog Interfacing to Embedded Microprocessors*. Newnes.

128 Berger, A.S. (2002). *Embedded Systems Design*. CMP Books.

129 Miller, G.H. (2004). *Microcomputer Engineering*, 3e. Pearson Prentice Hall.

130 Wilmshurst, T. (2009). *Designing Embedded Systems with PIC Microcontrollers, Principles and Applications*, 2e. Newnes.

131 ATmega644P microcontroller Datasheet Complete. (2016). Atmel.

132 Alciatore, D.G. (2011). *Introduction to Mechatronics and Measurement Systems*, 4e. McGraw-Hill.

133 Graham, D.L. (2016). *C Programming Language: A Step by Step Beginner's Guide to Learn C Programming in 7 Days*. CreateSpace Independent Publishing Platform.

134 Blum, J. (2013). *Exploring Arduino*, 1e. Wiley.

135 Geddes, M. (2016). *Arduino Project Handbook: 25 Practical Projects to Get You Started*, 1e. No Starch Press.

136 www.arduino.cc

137 Monk, S. (2016). *Programming Arduino: Getting Started with Sketches*, 2e. McGraw-Hill.

138 ArduPilot 2.6 manual (2003). ArduPilot Development Team, http://ardupilot.org,

139 Lavagno, L., Martin, G., and Scheffer, L. (2006). *Electronic Design Automation for Integrated Circuits Handbook*. CRC Press.

140 Bronson, R. (2003). *Outline of Theory and Problems of Differential Equations, Schaum's Series*, 2e. McGraw-Hill.

141 Budynas, R.G. and Nisbett, J.K. (2015). *Shigley's Mechanical Engineering Design*, 10e. McGraw-Hill.

142 Tenenaum, R.A. (2004). *Fundamentals of Applied Dynamics*. Springer-Verlag.

143 Erdman, A.G., Sandor, G.N., and Kota, S. (2001). *Mechanism Design: Analysis and Synthesis*, 4e. Pearson.

144 Gomis-Bellmunt, O. and Campanile, L.F. (2010). *Design Rules for Actuators in Active Mechanical Systems*. London: Springer.

145 Adamski, M.D., Root, R.G., Jr., and Watts, A.M. (2007). *UAV recovery system*, U.S.A. Patent US7219856 B2.

146 Butler C Manley, Loney, Troy. (1995). Design, Development and Testing of a Recovery System for the Predator UAV. *13th AIAA Aerodynamic Decelerator Systems Technology Conference*, 15–19 May 1995, Clearwater Beach, FL

147 DJI (2017). DJI Phantom Instruction Manual (https://www.dji.com/phantom-4-adv/info#specs).

148 Sato, A. (2003). *The RMAX Helicopter UAV, Aeronautic Operations*. Japan: Yamaha Motor Co.

149 Tso K., Tharp G. K., Tai A. T., et al. (2003) A Human Factors Testbed for Command and Control of Unmanned Air Vehicles. *22nd Digital Avionics Systems Conference*, Oct 2003, Indianapolis, IN.

150 Larsen Angel, W. (2011). *HVAC Design Sourcebook*. McGraw-Hill.

151 Kwon, Y., Heo, J., Jeong, S. et al. (2016). Analysis of design directions for ground control station. *Journal of Computer and Communications* 4: 1–7.

152 Jackson P., Jane's All the World's Aircraft, Jane's information group, Various years

153 CNN, Washington. 14 December 2016, http://money.cnn.com.

154 Kharchenko, V. and Prusov, D. (2012). Analysis of unmanned aircraft systems application in the civil field. *Transport* 27 (3): 335–343. https://doi.org/10.3846/16484 142.2012.721395.

155 Ostroverkhova, O. (2013). *Handbook of Organic Materials for Optical and Electronic Devices: Properties and Applications*. Woodhead Publishing.

156 Richards, M.A., Scheer, J.A., and Hilm, W.A. (2010). *Principles of Modern Radar: Basic Principles*. SciTech Publishing.

157 Daily Launch. American Institute of Aeronautics and Astronautics, Reston, VA, June 13, 2018

158 Bellardo, J. and Savage S. (2003). Denial-of-service attacks: Real vulnerabilities and practical solutions, *Proceedings of the 12th Conference on USENIX Security Symposium*, 802. 11, pp 15–28, 2003

159 Electronic Warfare Forecast. (2007) www.forecastinternational.com, Archived report, February 2007.

160 Cengel, Y.A. and Cimbala, J.M. (2013). *Fluid Mechanics: Fundamentals and Applications*, 3e. McGraw-Hill.

161 Toolev, M. and Wyatt, D. (2007). *Aircraft Communications and Navigation Systems: Principles, Maintenance and Operation*. Routledge.

162 Ellingson, S.W. (2016). *Radio Systems Engineering*, 1e. Cambridge University Press.

163 Tooley, M. and Wyatt, D. (2017). *Aircraft Communications and Navigation Systems*, 2e. Routledge.

164 Sen, A.K. and Bhattacha, A.B. (2018). *Radar Systems and Radio Aids to Navigation*. Mercury Learning & Information.

165 Frenzel, L. (2015). *Principles of Electronic Communication Systems*, 4e. McGraw-Hill.

166 Rodday, N.M., Schmidt, R.D.O., and Pras, A. (2016). Exploring security vulnerabilities of unmanned aerial vehicles, *Network Operations and Management Symposium*, 2016 IEEE/IFIP, 2016, pp. 993–994

167 Yoon, K., Park, D., Yim, Y. et al. (2017). Security Authentication System using Encrypted Channel on UAV Network, *First IEEE International Conference on Robotic Computing*, Taiwan, 10–12 April, 2017

168 Ferguson, N. (2010). *Cryptography Engineering: Design Principles and Practical Applications*. Wiley.

169 ArduPilot 2.x manual (2003) ArduPilot Development Team, http://ardupilot.org.

170 Mclean, D. (1990). *Automatic Flight Control Systems*. Prentice-Hall.

171 Traub, L.W. (March–April 2011). Range and endurance estimates for battery-powered aircraft. *Journal of Aircraft* 48 (2): 703–707.

172 Blanchard, B.S. and Fabrycky, W.J. (2006). *Systems Engineering and Analysis*, 4e. Prentice Hall.

173 FY 2018 Program acquisition cost by weapon system (2017). US Department of Defense, Ref. ID: E-7DE12B0.

索 引

推荐阅读

机器人学导论（原书第4版）

作者：[美] 约翰 J. 克雷格 ISBN: 978-7-111-59031 定价: 79.00元

现代机器人学：机构、规划与控制

作者：[美] 凯文 • M.林奇 等 ISBN: 978-7-111-63984 定价: 139.00元

自主移动机器人与多机器人系统：运动规划、通信和集群

作者：[以] 尤金 • 卡根 等 ISBN: 978-7-111-68743 定价: 99.00元

移动机器人学：数学基础、模型构建及实现方法

作者：[美] 阿朗佐 • 凯利 ISBN: 978-7-111-63349 定价: 159.00元

工业机器人系统及应用

作者：[美] 马克 • R. 米勒 等 ISBN: 978-7-111-63141 定价: 89.00元

ROS机器人编程：原理与应用

作者：[美] 怀亚特 • S. 纽曼 ISBN: 978-7-111-62576 定价: 199.00元

移动机器人原理与设计

作者：[法]吕克·若兰 ISBN：978-7-111-59186-3 定价：69.00元

ROS机器人编程：原理与应用

作者：[美]怀亚特·S.纽曼 ISBN：978-7-111-62576-6 定价：199.00元

机器人自动化：建模、仿真与控制

作者：[法]吕克·若兰 ISBN：978-7-111-57042-4 定价：49.00元

并联机器人：机构学与控制

作者：[伊朗]哈米德 D.塔吉拉德 ISBN：978-7-111-58859-7 定价：99.00元

工业机器人系统及应用

作者：[美]马克·R.米勒 等 ISBN：978-7-111-63141-5 定价：89.00元

机器人系统实施：制造业中的机器人、自动化和系统集成

作者：[英]麦克·威尔逊 ISBN：978-7-111-54937-6 定价：49.00元